C. W. BORCHARDT'S

GESAMMELTE WERKE.

Photogravure Heinr. Riffarth. Berlin.

Borchardt

C. W. BORCHARDT'S

GESAMMELTE WERKE.

AUF VERANLASSUNG DER KÖNIGLICH PREUSSISCHEN
AKADEMIE DER WISSENSCHAFTEN

HERAUSGEGEBEN

VON

G. HETTNER.

MIT DEM BILDNISSE BORCHARDT'S.

BERLIN.
DRUCK UND VERLAG VON GEORG REIMER.
1888.

Vorrede.

Die Gesammelten Werke Borchardt's, deren Herausgabe ich auf Veranlassung der hiesigen Akademie der Wissenschaften übernommen habe, enthalten nur Abhandlungen und kürzere Mittheilungen, welche bereits gedruckt vorlagen. In dem Nachlasse Borchardt's fand sich keine in den wesentlichen Punkten abgeschlossene Arbeit vor, auch die Doctordissertation, sowie die meisten Abhandlungen, welche Borchardt in der Akademie der Wissenschaften gelesen, aber nicht veröffentlicht hat, waren nicht mehr vorhanden. Die Abhandlungen sind chronologisch geordnet, ihnen folgen kurze Notizen mathematischen und biographischen Inhalts. Den kurzen Lebenslauf Borchardt's, welcher der 13. Auflage des Brockhaus'schen Conversationslexicon mit Erlaubniss des Herrn Verlegers entnommen ist, hat ein Freund Borchardt's verfasst.

Ausser dem hier zum Abdruck Gelangten hat Borchardt nur noch einige Vorreden, kurze Anmerkungen zu Abhandlungen anderer Autoren und Anzeigen des Ablebens von Joachimsthal, von Staudt und Roch in seinem Journal veröffentlicht, es erschien aber nicht erforderlich dieselben in die Gesammelten Werke aufzunehmen.

Berlin, den 19. Januar 1888.

G. Hettner.

INHALTS-VERZEICHNISS.

ABHANDLUNGEN.

KLEINERE MITTHEILUNGEN.

ABHANDLUNGEN.

Neue Eigenschaft der Gleichung, mit deren Hülfe man die secularen Störungen der Planeten bestimmt.

Crelle, Journal für die reine und angewandte Mathematik, Bd. 30 p. 38—45, 1846.

Neue Eigenschaft der Gleichung, mit deren Hülfe man die secularen Störungen der Planeten bestimmt.

Herr Professor Kummer hat im 26. Bande des Crelleschen Journals ein äusserst merkwürdiges Resultat in Beziehung auf die bekannte Gleichung dritten Grades, von welcher die Bestimmung der Axen einer Fläche zweiter Ordnung abhängt, publicirt. Es ist demselben nämlich durch eine Combination geschickter Versuche und scharfsinniger Vermuthungen gelungen, den Ausdruck, dessen Zeichen die Realität der Wurzeln jener Gleichung bedingt, und welcher bekanntlich gleich dem Quadrat des Products der Differenzen der Wurzeln ist, als Summe von Quadraten darzustellen. Dieses schon an sich überraschende Resultat hat später Herr Professor Jacobi in dem in Rom erscheinenden *Giornale Arcadico* T. XCIX [Jacobi's Gesammelte Werke, Bd. 3 p. 459] in seiner Bedeutung für die analytische Geometrie weiter verfolgt und aus demselben ein merkwürdiges und bisher unbekanntes System von Formeln entwickelt, welches selbstständig bewiesen und dann zur Verificirung des Kummerschen Resultats gebraucht werden kann. Der Gegenstand dieser Note ist es nun, die wahre analytische Quelle anzugeben, welche sowohl das Kummersche auf die Gleichung dritten Grades bezügliche Resultat ohne Kunstgriff ergiebt, als auch eine Ausdehnung dieses Resultats auf die allgemeine Gleichung n^{ter} Ordnung, mit deren Hülfe man die secularen Störungen der Planeten findet.

Die Gleichung, von welcher die Bestimmung der secularen Störungen der Planeten abhängt, und auf welche man bei anderen Gelegenheiten in der Analysis stösst, ist das Resultat der Elimination der Unbekannten $x_1, x_2, \ldots x_n$ aus den Gleichungen

$$(1) \qquad \begin{cases} gx_1 = a_{1,1}x_1 + a_{2,1}x_2 + \cdots + a_{n,1}x_n \\ gx_2 = a_{1,2}x_1 + a_{2,2}x_2 + \cdots + a_{n,2}x_n \\ \cdot \quad \cdot \quad \cdot \quad \cdot \quad \cdot \quad \cdot \quad \cdot \quad \cdot \quad \cdot \\ gx_n = a_{1,n}x_1 + a_{2,n}x_2 + \cdots + a_{n,n}x_n, \end{cases}$$

wo die n^2 Coëfficienten $a_{1,1}$, $a_{2,1}$, ... $a_{n,n}$ als bekannt angenommen werden und die Eigenschaft haben, dass

$$a_{i,k} = a_{k,i}.$$

Bezeichnen wir die Finalgleichung der Elimination mit

$$(a) \qquad \Gamma = 0,$$

so enthält Γ die einzige Unbekannte g und zwar diese bis zum n^{ten} Grade, die Gleichung (a) hat also n Wurzeln: g_1, g_2, ... g_n. Nun sei

$$(b) \quad \left\{ \begin{aligned} M = (g_1-g_2)^2(g_1-g_3)^2 \ldots (g_1-g_{n-1})^2(g_1-g_n)^2 \\ (g_2-g_3)^2 \ldots (g_2-g_{n-1})^2(g_2-g_n)^2 \\ \ldots\ldots\ldots\ldots \\ (g_{n-1}-g_n)^2, \end{aligned} \right.$$

welcher Ausdruck bekanntlich bei allen Gleichungen eine ganze rationale Function der Coëfficienten ist, so soll im Folgenden bewiesen werden, dass für die Gleichung $\Gamma = 0$ sich M als Summe von Quadraten darstellen lässt; wodurch zu den bekannten merkwürdigen Eigenschaften der Gleichung $\Gamma = 0$ eine neue hinzugefügt wird.

Da wir es mit den Algorithmen zu thun haben werden, welche bei der Auflösung eines Systems lineärer Gleichungen vorkommen, so ist es nöthig, die Ausdrücke und Bezeichnungen anzuwenden, welche in dieser Theorie gebräuchlich sind. Es seien

$$\begin{matrix} \alpha_{1,1}, & \alpha_{2,1}, & \ldots & \alpha_{n,1} \\ \alpha_{1,2}, & \alpha_{2,2}, & \ldots & \alpha_{n,2} \\ \cdot & \cdot & \cdots & \cdot \\ \alpha_{1,n}, & \alpha_{2,n}, & \ldots & \alpha_{n,n} \end{matrix}$$

die Coëfficienten eines Systems von n lineären Gleichungen mit n Unbekannten, so haben die aus der Auflösung dieser Gleichungen hervorgehenden Werthe der Unbekannten einen gemeinschaftlichen Nenner, welcher die Determinante des Systems von Gleichungen oder auch die Determinante aus den Grössen $\alpha_{i,k}$ genannt und durch die symbolische Form

$$\Sigma \pm \alpha_{1,1}\alpha_{2,2} \ldots \alpha_{n,n}$$

bezeichnet wird.

In dem Folgenden werden drei Sätze über Determinanten gebraucht, welche ich nicht beweisen, sondern nur historisch anführen will.

Der erste Satz, welcher von Vandermonde herrührt, findet sich in einer Abhandlung des Herrn Professor Jacobi „de functionibus alternantibus etc.“

im 22. Bande des Crelleschen Journals p. 360 [Jacobi's Gesammelte Werke, Bd. 3 p. 439]; er lautet:

Satz I. Die Determinante

$$\Sigma \pm \alpha_{1,1}\alpha_{2,2}\dots\alpha_{n,n}$$

geht, wenn man

$$\alpha_{i,k} = \alpha_i^{k-1}$$

setzt, in das Product aus allen Differenzen der Grössen α_i über, d. h.

$$\begin{aligned}\Sigma \pm \alpha_1^0\alpha_2^1\alpha_3^2\dots\alpha_n^{n-1} = \pm(\alpha_1-\alpha_2)(\alpha_1-\alpha_3)\dots(\alpha_1-\alpha_{n-1})(\alpha_1-\alpha_n)\\ (\alpha_2-\alpha_3)\dots(\alpha_2-\alpha_{n-1})(\alpha_2-\alpha_n)\\ \dots\dots\dots\dots\\ (\alpha_{n-1}-\alpha_n).\end{aligned}$$

Der zweite Satz ist ein allgemein bekannter, er findet sich in der Abhandlung des Herrn Professor Jacobi „de formatione et proprietatibus determinantium" im 22. Bande des Crelle'schen Journals p. 312 [Jacobi's Gesammelte Werke, Bd. 3 p. 385] und lautet:

Satz II. Das Quadrat einer Determinante lässt sich wiederum als Determinante darstellen, und zwar so, dass die Elemente der neuen Determinante ganze rationale Functionen der Elemente der alten Determinante sind. Nämlich

$$\{\Sigma \pm \alpha_{1,1}\alpha_{2,2}\dots\alpha_{n,n}\}^2 = \Sigma \pm \beta_{1,1}\beta_{2,2}\dots\beta_{n,n},$$

wo

$$\beta_{i,k} = \alpha_{1,i}\alpha_{1,k} + \alpha_{2,i}\alpha_{2,k} + \dots + \alpha_{n,i}\alpha_{n,k}.$$

Der dritte Satz findet sich an dem nämlichen Ort und rührt von Cauchy her (Journal de l'École Polytechnique, T. X, Cah. 17), er lautet:

Satz III. Ist $p > n$ und

$$\beta_{i,k} = \alpha_{1,i}\alpha_{1,k} + \alpha_{2,i}\alpha_{2,k} + \dots + \alpha_{p,i}\alpha_{p,k},$$

so ist

$$\Sigma \pm \beta_{1,1}\beta_{2,2}\dots\beta_{n,n} = S\{\Sigma \pm \alpha_{r',1}\alpha_{r'',2}\dots\alpha_{r^{(n)},n}\}^2,$$

wo $r', r'', \dots r^{(n)}$ irgend eine Combination der Indices 1 bis p zu n ist und das Summenzeichen S auf alle Combinationen dieser Art auszudehnen ist.

Wenden wir nun den Satz I auf die Gleichung (b) an, so ergiebt sich

$$M = \{\Sigma \pm g_1^0 g_2^1 g_3^2 \dots g_n^{n-1}\}^2$$

und diese Gleichung transformirt sich nach Satz II in

$$M = \Sigma \pm \beta_{1,1}\beta_{2,2}\dots\beta_{n,n},$$

wo

$$\beta_{i,k} = g_1^{i-1} g_1^{k-1} + g_2^{i-1} g_2^{k-1} + \cdots + g_n^{i-1} g_n^{k-1}$$
$$= g_1^{i+k-2} + g_2^{i+k-2} + \cdots + g_n^{i+k-2},$$

also, wenn wir

$$s_m = g_1^m + g_2^m + \cdots + g_n^m$$

setzen,

$$\beta_{i,k} = s_{i+k-2}.$$

Es wird also M die Determinante aus dem System

$$(c) \quad \begin{cases} s_0, & s_1, & s_2, & \ldots & s_{n-1} \\ s_1, & s_2, & s_3, & \ldots & s_n \\ s_2, & s_3, & s_4, & \ldots & s_{n+1} \\ \cdot & \cdot & \cdot & \cdots & \cdot \\ s_{n-1}, & s_n, & s_{n+1}, & \ldots & s_{2n-2}, \end{cases}$$

wo

$$(d) \qquad s_m = g_1^m + g_2^m + \cdots + g_n^m.$$

Dies vorausgesetzt, was natürlich ganz allgemein gültig ist, welche Gleichung auch $\Gamma = 0$ sein mag, kehren wir zu unserer besonderen Aufgabe zurück. Das System der Gleichungen (1) war

$$(1) \quad \begin{cases} g x_1 = a_{1,1} x_1 + a_{2,1} x_2 + \cdots + a_{n,1} x_n \\ g x_2 = a_{1,2} x_1 + a_{2,2} x_2 + \cdots + a_{n,2} x_n \\ \cdot \quad \cdot \quad \cdot \quad \cdot \quad \cdot \quad \cdot \quad \cdot \quad \cdot \quad \cdot \\ g x_n = a_{1,n} x_1 + a_{2,n} x_2 + \cdots + a_{n,n} x_n, \end{cases}$$

wo

$$a_{i,k} = a_{k,i}.$$

Multipliciren wir jede dieser Gleichungen mit g und setzen im Resultat auf der rechten Seite für $g x_1, g x_2, \ldots g x_n$ ihre Werthe aus (1) ein, so ergiebt sich

$$(2) \quad \begin{cases} g^2 x_1 = a''_{1,1} x_1 + a''_{2,1} x_2 + \cdots + a''_{n,1} x_n \\ g^2 x_2 = a''_{1,2} x_1 + a''_{2,2} x_2 + \cdots + a''_{n,2} x_n \\ \cdot \quad \cdot \quad \cdot \quad \cdot \quad \cdot \quad \cdot \quad \cdot \quad \cdot \quad \cdot \\ g^2 x_n = a''_{1,n} x_1 + a''_{2,n} x_2 + \cdots + a''_{n,n} x_n, \end{cases}$$

wo

$$a''_{i,k} = a''_{k,i} = \sum_{s=1}^{s=n} a_{i,s} a_{s,k}.$$

Aehnliche Systeme von Gleichungen findet man für die dritten und höheren

Potenzen von g, allgemein

$$(m)\quad \begin{cases} g^m x_1 = a^{(m)}_{1,1} x_1 + a^{(m)}_{2,1} x_2 + \cdots + a^{(m)}_{n,1} x_n \\ g^m x_2 = a^{(m)}_{1,2} x_1 + a^{(m)}_{2,2} x_2 + \cdots + a^{(m)}_{n,2} x_n \\ \cdot\quad\cdot\quad\cdot\quad\cdot\quad\cdot\quad\cdot\quad\cdot\quad\cdot\quad\cdot\quad\cdot \\ g^m x_n = a^{(m)}_{1,n} x_1 + a^{(m)}_{2,n} x_2 + \cdots + a^{(m)}_{n,n} x_n, \end{cases}$$

wo

$$a^{(m)}_{i,k} = a^{(m)}_{k,i} = \sum_{s_1} \sum_{s_2} \cdots \sum_{s_{m-1}} a_{i,s_1} a_{s_1,s_2} a_{s_2,s_3} \ldots a_{s_{m-2},s_{m-1}} a_{s_{m-1},k}.$$

Auf diese Weise erhalten wir eine Reihe von Systemen lineärer Gleichungen, welche den verschiedenen Potenzen von g entsprechen und deren Coëfficienten mit $a''_{i,k}$, $a'''_{i,k}$, ... $a^{(m)}_{i,k}$, ... bezeichnet werden. Zwischen diesen Coëfficienten finden sehr wichtige Relationen statt, welche man erhält, wenn man die Gleichungen des Systems (m) mit $g^{m'}$ multiplicirt und aus dem analogen System (m') die Werthe von $g^{m'} x_1$, $g^{m'} x_2$, ... $g^{m'} x_n$ substituirt. Vergleicht man die Coëfficienten des Resultats mit den Coëfficienten des Systems $(m+m')$, so ergiebt sich

$$a^{(m+m')}_{i,k} = \sum_s a^{(m)}_{s,i} a^{(m')}_{s,k},$$

oder, wenn man für m und m' resp. r und $m-r$ setzt, wo $r < m$ angenommen wird,

$$(3)\qquad a^{(m)}_{i,k} = \sum_s a^{(r)}_{s,i} a^{(m-r)}_{s,k}.$$

Diese Formel gilt für alle Werthe von r von $r = 1$ bis $r = m-1$ und zwar inclusive dieser äussersten Werthe, wenn man

$$a^{(1)}_{i,k} = a_{i,k}$$

setzt. Man hat daher

$$(4)\qquad a^{(m)}_{i,k} = \sum_s a_{s,i} a^{(m-1)}_{s,k},$$

wodurch man von einem Systeme von Coëfficienten zu dem nächst höheren übergeht.

Der Ausdruck Γ, als linke Seite der Gleichung, welche durch Elimination der Unbekannten x_1, x_2, ... x_n aus dem System der Gleichungen (1) hervorgegangen, ist nach der bekannten Theorie der lineären Gleichungen nichts anderes als die Determinante

$$\Sigma \pm a_{1,1} a_{2,2} \ldots a_{n,n},$$

wenn man die in der Diagonale stehenden Grössen $a_{1,1}$, $a_{2,2}$, ... $a_{n,n}$ sämmtlich um g vermindert. Demnach ist, nach fallenden Potenzen von g geordnet,

$$\pm \Gamma = g^n - (a_{1,1} + a_{2,2} + \cdots + a_{n,n}) g^{n-1} + \cdots$$

Hieraus folgt

$$s_1 = g_1 + g_2 + \cdots + g_n = a_{1,1} + a_{2,2} + \cdots + a_{n,n} = \sum_i a_{i,i}.$$

Aehnliche Betrachtungen auf das System (m) angewendet, geben

$$s_m = \sum_i a_{i,i}^{(m)},$$

oder, wenn man für $a_{i,i}$ seinen Werth aus (3) substituirt,

$$(5) \qquad s_m = \sum_i \sum_s a_{i,s}^{(r)} a_{i,s}^{(m-r)}.$$

Diese Formel umfasst die Werthe $r = 1$ bis $r = m-1$, wenn, wie schon oben bemerkt,

$$(6) \qquad a_{i,k}^{(1)} = a_{i,k}$$

gesetzt wird. Sie umfasst aber auch die Werthe $r = 0$ und $r = m$, wenn

$$(7) \qquad \begin{cases} a_{i,k}^{(0)} = 1, & \text{für } i = k, \\ \phantom{a_{i,k}^{(0)}} = 0, & \text{wenn } i \text{ von } k \text{ verschieden,} \end{cases}$$

angenommen wird.

Vermöge der Formeln (5), (6), (7) lassen sich die in dem Schema (c) enthaltenen Grössen jetzt so schreiben:

$$\begin{array}{lllll}
s_0 = \Sigma a_{i,k}^{(0)} a_{i,k}^{(0)}, & s_1 = \Sigma a_{i,k}^{(0)} a'_{i,k}, & s_2 = \Sigma a_{i,k}^{(0)} a''_{i,k}, & \ldots & s_{n-1} = \Sigma a_{i,k}^{(0)} a_{i,k}^{(n-1)} \\
s_1 = \Sigma a'_{i,k} a_{i,k}^{(0)}, & s_2 = \Sigma a'_{i,k} a'_{i,k}, & s_3 = \Sigma a'_{i,k} a''_{i,k}, & \ldots & s_n = \Sigma a'_{i,k} a_{i,k}^{(n-1)} \\
s_2 = \Sigma a''_{i,k} a_{i,k}^{(0)}, & s_3 = \Sigma a''_{i,k} a'_{i,k}, & s_4 = \Sigma a''_{i,k} a''_{i,k}, & \ldots & s_{n+1} = \Sigma a''_{i,k} a_{i,k}^{(n-1)} \\
\cdot & \cdot & \cdot & \cdots & \cdot \\
s_{n-1} = \Sigma a_{i,k}^{(n-1)} a_{i,k}^{(0)}, & s_n = \Sigma a_{i,k}^{(n-1)} a'_{i,k}, & s_{n+1} = \Sigma a_{i,k}^{(n-1)} a''_{i,k}, & \ldots & s_{2n-2} = \Sigma a_{i,k}^{(n-1)} a_{i,k}^{(n-1)},
\end{array}$$

wo sämmtliche Summen Σ auf alle Werthe von i und k auszudehnen sind. Da nun, wie wir oben gefunden haben, M die Determinante aus diesem System von Grössen ist, so hat man

$$M = \Sigma \pm \beta_{0,0} \beta_{1,1} \beta_{2,2} \cdots \beta_{n-1,n-1},$$

$$\beta_{t,u} = \sum_{i=1}^{i=n} \sum_{k=1}^{k=n} a_{i,k}^{(t)} a_{i,k}^{(u)}.$$

Hieraus geht hervor, dass M in die Classe von Determinanten gehört, auf welche der Satz III Anwendung findet, da hier $p = n^2$, also $> n$ ist. Die Anwendung dieses Satzes giebt

$$M = S \{ \Sigma \pm a_{i,k}^{(0)} a'_{i',k'} a''_{i'',k''} \cdots a_{i^{(n-1)}, k^{(n-1)}}^{(n-1)} \}^2,$$

wo das Summenzeichen S auf je n von einander verschiedene Combinationen $i, k; i', k'; \ldots i^{(n-1)}, k^{(n-1)}$ aus den n^2 möglichen Combinationen i, k auszudehnen ist.

Dies Resultat lässt sich in folgendes Theorem zusammenfassen:

„Es sei

$$\Gamma = 0$$

das Resultat der Elimination aus den Gleichungen

$$\begin{aligned}
0 &= (a_{1,1}-g)x_1 + a_{2,1}x_2 + \cdots + a_{n,1}x_n \\
0 &= a_{1,2}x_1 + (a_{2,2}-g)x_2 + \cdots + a_{n,2}x_n \\
&\cdots\cdots\cdots\cdots \\
0 &= a_{1,n}x_1 + a_{2,n}x_2 + \cdots + (a_{n,n}-g)x_n,
\end{aligned}$$

es seien $g_1, g_2, \ldots g_n$ die Wurzeln der Gleichung $\Gamma = 0$ und

$$\begin{aligned}
M = (g_1-g_2)^2(g_1-g_3)^2 &\cdots (g_1-g_n)^2 \\
(g_2-g_3)^2 &\cdots (g_2-g_n)^2 \\
&\cdots\cdots \\
&(g_{n-1}-g_n)^2,
\end{aligned}$$

man setze ferner

$$a''_{i,k} = \sum_s a_{s,i} a_{s,k}, \quad a'''_{i,k} = \sum_s a_{s,i} a''_{s,k}, \quad \ldots \quad a^{(m)}_{i,k} = \sum_s a_{s,i} a^{(m-1)}_{s,k}, \quad \ldots$$

und bilde folgendes Schema von Grössen:

$$(8) \quad \left\{\begin{array}{lllllllllll}
1 & 0 & \ldots 0; & 0 & 1 & \ldots 0; & \ldots & 0 & 0 & \ldots 1 \\
a_{1,1} & a_{2,1} & \ldots a_{n,1}; & a_{1,2} & a_{2,2} & \ldots a_{n,2}; & \ldots & a_{1,n} & a_{2,n} & \ldots a_{n,n} \\
a''_{1,1} & a''_{2,1} & \ldots a''_{n,1}; & a''_{1,2} & a''_{2,2} & \ldots a''_{n,2}; & \ldots & a''_{1,n} & a''_{2,n} & \ldots a''_{n,n} \\
\cdot & \cdot & \ldots \cdot & \cdot & \cdot & \ldots \cdot & \ldots & \cdot & \cdot & \ldots \cdot \\
a^{(n-1)}_{1,1} & a^{(n-1)}_{2,1} & \ldots a^{(n-1)}_{n,1}; & a^{(n-1)}_{1,2} & a^{(n-1)}_{2,2} & \ldots a^{(n-1)}_{n,2}; & \ldots & a^{(n-1)}_{1,n} & a^{(n-1)}_{2,n} & \ldots a^{(n-1)}_{n,n},
\end{array}\right.$$

man combinire endlich diese n^2 Verticalreihen zu je n und bilde hieraus die Determinanten

$$M_1, \quad M_2, \quad M_3, \quad \ldots$$

so ist

$$M = M_1^2 + M_2^2 + M_3^2 + \cdots\text{“}$$

Das Kummersche Resultat ergiebt sich hieraus, wenn man $n = 3$ setzt und

$$a_{1,1} = A, \qquad a_{2,2} = B, \qquad a_{3,3} = C,$$

$$a_{2,3} = a_{3,2} = D, \quad a_{1,3} = a_{3,1} = E, \quad a_{1,2} = a_{2,1} = F.$$

Setzt man zugleich

$$\begin{aligned}
A_1 &= A^2+F^2+E^2, & B_1 &= F^2+B^2+D^2, & C_1 &= E^2+D^2+C^2, \\
D_1 &= (B+C)D+EF, & E_1 &= (A+C)E+DF, & F_1 &= (A+B)F+DE,
\end{aligned}$$

so geht in diesem Fall das Schema (8) über in

$$\begin{matrix} 1, & 0, & 0; & 0, & 1, & 0; & 0, & 0, & 1 \\ A, & F, & E; & F, & B, & D; & E, & D, & C \\ A_1, & F_1, & E_1; & F_1, & B_1, & D_1; & E_1, & D_1, & C_1. \end{matrix}$$

Die Determinanten M_1, M_2, M_3, ... bleiben unverändert, wenn wir jede in der dritten Horizontalreihe stehende Grösse um das λfache der entsprechenden Grösse der zweiten Reihe plus dem μfachen der entsprechenden Grösse der ersten Reihe vermehren. Setzen wir nun

$$\lambda = -(A+B+C), \quad \mu = BC+AC+AB-D^2-E^2-F^2,$$

so geht die dritte Horizontalreihe über in

$$A', \; F', \; E'; \quad F', \; B', \; D'; \quad E', \; D', \; C',$$

wo

$$(9) \quad \begin{cases} A' = BC-D^2, & B' = AC-E^2, & C' = AB-F^2, \\ D' = EF-AD, & E' = DF-BE, & F' = DE-CF. \end{cases}$$

Wir können demnach für das obige Schema folgendes substituiren:

$$\begin{matrix} 1, & 0, & 0; & 0, & 1, & 0; & 0, & 0, & 1 \\ A, & F, & E; & F, & B, & D; & E, & D, & C \\ A', & F', & E'; & F', & B', & D'; & E', & D', & C' \end{matrix}$$

und erhalten nach dem allgemeinen oben aufgestellten Theorem folgendes Resultat:

$$(10) \quad M = 12\{M_1^2+M_2^2+M_3^2\}+2\{N_1^2+N_2^2+N_3^2+P_1^2+P_2^2+P_3^2+Q_1^2+Q_2^2+Q_3^2\}+R^2,$$

wo

$$M_1 = EF'-FE', \quad M_2 = FD'-DF', \quad M_3 = DE'-ED',$$
$$N_1 = CD'-DC'-(BD'-DB'), \quad P_1 = CE'-EC'-(BE'-EB'),$$
$$Q_1 = CF'-FC'-(BF'-FB'),$$
$$N_2 = AD'-DA'-(CD'-DC'), \quad P_2 = AE'-EA'-(CE'-EC'),$$
$$Q_2 = AF'-FA'-(CF'-FC'),$$
$$N_3 = BD'-DB'-(AD'-DA'), \quad P_3 = BE'-EB'-(AE'-EA'),$$
$$Q_3 = BF'-FB'-(AF'-FA'),$$
$$R = BC'-CB'+CA'-AC'+AB'-BA',$$

welches sich noch zusammenziehen lässt.

Man hat bekanntlich die Gleichungen

$$FE'+BD'+DC' = 0, \quad EA'+DF'+CE' = 0, \quad AF'+FB'+ED' = 0,$$
$$EF'+DB'+CD' = 0, \quad AE'+FD'+EC' = 0, \quad FA'+BF'+DE' = 0$$

und hieraus folgt

$$M_1+N_1 = 0, \quad M_2+P_2 = 0, \quad M_3+Q_3 = 0,$$

ferner ergiebt der blosse Anblick der Werthe der Grössen N, P, Q die Relationen

$$N_1+N_2+N_3=0,\qquad P_1+P_2+P_3=0,\qquad Q_1+Q_2+Q_3=0,$$

also ist

$$N_2+N_3=-N_1=M_1,\quad P_1+P_3=-P_2=M_2,\quad Q_1+Q_2=-Q_3=M_3.$$

Wendet man nun die Formel

$$2(a^2+b^2)=(a+b)^2+(a-b)^2$$

auf die drei Quadratsummen $2(N_2^2+N_3^2)$, $2(P_1^2+P_3^2)$, $2(Q_1^2+Q_2^2)$ an, so geht die Formel (10) über in

$$M=15\{M_1^2+M_2^2+M_3^2\}+(N_3-N_2)^2+(P_1-P_3)^2+(Q_2-Q_1)^2+R^2,$$

welches genau mit dem Kummerschen Resultat übereinstimmt, und zwar mit der Form, welche Herr Professor Jacobi demselben im *Giornale Arcadico* gegeben hat.

Wendet man das oben entwickelte allgemeine Theorem auf den nächst höheren Fall an, wo die Gleichung $\Gamma=0$ vom 4ten Grade, so erhält man hier zunächst M als eine Summe von 135 verschiedenen Quadraten, welche sich aber sogleich auf eine Summe von 84 Quadraten und dann auf eine noch bedeutend geringere Anzahl reduciren lässt. Ich werde auf das Detail dieser Entwicklung hier nicht eingehen, sondern mich begnügen, gezeigt zu haben, dass sich in allen Fällen M als Summe von Quadraten darstellen lässt.

Berlin, im Januar 1845.

Développements sur l'équation à l'aide de laquelle on détermine les inégalités séculaires du mouvement des planètes.

Liouville, Journal de Mathématiques pures et appliquées, T. XII. p. 50—67, 1847.

Développements sur l'équation à l'aide de laquelle on détermine les inégalités séculaires du mouvement des planètes*).

1. On sait que différentes questions d'analyse pure et appliquée, entre autres la détermination des inégalités séculaires du mouvement des planètes, conduisent à l'équation que l'on obtient en éliminant les quantités $x_1, x_2, \ldots x_n$ entre les équations

$$\begin{aligned} g x_1 &= a_{1,1} x_1 + a_{2,1} x_2 + \cdots + a_{n,1} x_n \\ g x_2 &= a_{1,2} x_1 + a_{2,2} x_2 + \cdots + a_{n,2} x_n \\ & \cdots\cdots\cdots\cdots \\ g x_n &= a_{1,n} x_1 + a_{2,n} x_2 + \cdots + a_{n,n} x_n, \end{aligned}$$

les coefficients $a_{1,1}$, $a_{2,1}$, ... étant supposés connus et devant satisfaire à l'équation de condition

$$a_{i,k} = a_{k,i}.$$

L'équation du $n^{\text{ième}}$ degré en g, qui résulte de cette élimination, et que je représenterai par

$$\Gamma = 0,$$

a, comme l'on sait, toutes ses racines réelles. On possède aujourd'hui plusieurs démonstrations de cette propriété de l'équation $\Gamma = 0$, et il ne serait pas d'un grand intérêt d'en offrir une nouvelle, si elle ne prouvait rien de plus que les démonstrations données jusqu'à présent. Mais j'ai reconnu qu'en suivant une marche différente de celles que l'on prend ordinairement, on parvient à faire connaître une circonstance assez remarquable qui a lieu pour l'équation $\Gamma = 0$.

Voici en quoi elle consiste. On sait que la réalité des racines d'une équation algébrique dépend des signes de certaines expressions formées de ses coefficients, expressions qui, lorsque l'équation a toutes ses racines réelles, devront être toutes positives. Or, pour l'équation $\Gamma = 0$, toutes ces expressions peuvent être mises sous la forme d'une somme de carrés de quantités réelles.

*) J'ai publié, dans le tome 30 du Journal de M. Crelle, un Mémoire [voyez p. 3 de ce volume] sur le même sujet, mais moins complet; le Mémoire actuel peut être considéré comme une extension du premier.

La démonstration de cette propriété de l'équation $\Gamma = 0$ formera l'objet de ce Mémoire.

Pour le cas de $n = 2$, l'équation $\Gamma = 0$ est le résultat de l'élimination entre les deux équations

$$gx_1 = a_{1,1}x_1 + a_{2,1}x_2$$
$$gx_2 = a_{1,2}x_1 + a_{2,2}x_2,$$

ce qui donne

$$\Gamma = g^2 - Ag + B = 0,$$

en posant

$$A = a_{1,1} + a_{2,2}, \quad B = a_{1,1}a_{2,2} - a_{1,2}^2;$$

pour que cette équation ait ses racines réelles, il n'y a qu'une condition à remplir, il faut que la quantité

$$A^2 - 4B$$

soit positive. Dans l'équation proposée, on a

$$A^2 - 4B = (a_{1,1} - a_{2,2})^2 + 4a_{1,2}^2,$$

c'est-à-dire égale à la somme de deux carrés, ce qui démontre la proposition énoncée ci-dessus, pour le cas de $n = 2$.

Pour le cas de $n = 3$, c'est-à-dire quand l'équation $\Gamma = 0$ est du troisième degré, la réalité des racines ne dépend encore que du signe d'une seule expression qui est fort compliquée, mais que, malgré cette complication, M. Kummer, par des tentatives aussi ingénieuses qu'heureuses, est parvenu à représenter sous la forme d'une somme de sept carrés (voyez le Journal de M. Crelle, T. 26), résultat dont M. Jacobi a montré les applications à la géométrie analytique dans le tome XCIX du *Giornale Arcadico* [Jacobi's Gesammelte Werke, Bd. 3 p. 459]. C'est en cherchant la vraie source analytique de laquelle découle le résultat de M. Kummer, que j'ai trouvé la proposition générale énoncée ci-dessus. Avant d'en donner la démonstration, il sera nécessaire de rappeler quelques notions préliminaires.

2. Les considérations suivantes reposeront principalement sur les propriétés des algorithmes que l'on rencontre dans la résolution d'un système de n équations linéaires à n inconnues. On sait que les valeurs des n inconnues auront toujours un dénominateur commun, que les géomètres sont convenus d'appeler *déterminant*. Donc, si les coefficients des n inconnues dans le système des équations données sont

$$\begin{matrix} \alpha_{1,1}, & \alpha_{2,1}, & \dots & \alpha_{n,1} \\ \alpha_{1,2}, & \alpha_{2,2}, & \dots & \alpha_{n,2} \\ . & . & \dots & . \\ \alpha_{1,n}, & \alpha_{2,n}, & \dots & \alpha_{n,n}, \end{matrix}$$

ce dénominateur commun sera appelé déterminant du système d'équations, ou simplement déterminant des quantités $\alpha_{i,k}$, et il sera représenté par la notation symbolique

$$\Sigma \pm \alpha_{1,1}\alpha_{2,2}\dots\alpha_{n,n},$$

que l'on a adoptée parce que tous les termes de la somme dont le déterminant est composé se déduisent du terme

$$+\alpha_{1,1}\alpha_{2,2}\dots\alpha_{n,n},$$

lorsque, en conservant la série des premiers indices des lettres α dans l'ordre naturel, on substitue pour la série des seconds indices toutes les permutations possibles, et que l'on prend le terme correspondant avec le signe $+$ ou $-$, suivant qu'on est parvenu à la permutation dont il s'agit en échangeant deux à deux les indices 1, 2, ... n un nombre pair ou un nombre impair de fois. Relativement à ces déterminants ou sommes alternées, je vais rappeler ici deux propositions dont j'aurai besoin dans la suite.

Proposition I. „En posant

$$\alpha_{i,k} = \alpha_i^{k-1},$$

le déterminant

$$\Sigma \pm \alpha_{1,1}\alpha_{2,2}\dots\alpha_{n,n}$$

se transforme dans le produit de toutes les différences des quantités α_i prises deux à deux, c'est-à-dire

$$\begin{aligned} \Sigma \pm \alpha_1^0 \alpha_2^1 \dots \alpha_n^{n-1} = \pm(\alpha_1-\alpha_2)(\alpha_1-\alpha_3)&\dots(\alpha_1-\alpha_n) \\ (\alpha_2-\alpha_3)&\dots(\alpha_2-\alpha_n) \\ &\dots\dots \\ &(\alpha_{n-1}-\alpha_n).\text{“} \end{aligned}$$

Cette propriété des déterminants remarquée par Vandermonde a été posée comme leur définition par plusieurs géomètres. (Voyez le *Cours d'Analyse algébrique* de M. Cauchy.)

Proposition II. „Soient données les quantités suivantes, en nombre $n.p$,

$$(A) \qquad \left\{ \begin{matrix} \alpha_{1,1}, & \alpha_{2,1}, & \dots & \alpha_{p,1} \\ \alpha_{1,2}, & \alpha_{2,2}, & \dots & \alpha_{p,2} \\ . & . & \dots & . \\ \alpha_{1,n}, & \alpha_{2,n}, & \dots & \alpha_{p,n}, \end{matrix} \right.$$

et soit

$$p \geqq n;$$

de ces quantités α déduisons les n^2 quantités

$$\begin{array}{llll} \beta_{1,1}, & \beta_{2,1}, & \dots & \beta_{n,1} \\ \beta_{1,2}, & \beta_{2,2}, & \dots & \beta_{n,2} \\ . & . & \dots & . \\ \beta_{1,n}, & \beta_{2,n}, & \dots & \beta_{n,n}, \end{array}$$

en faisant

$$\beta_{i,k} = \alpha_{1,i}\alpha_{1,k} + \alpha_{2,i}\alpha_{2,k} + \dots + \alpha_{p,i}\alpha_{p,k}.$$

Cela posé, le déterminant des quantités β est égal à la somme des carrés de tous les déterminants que l'on peut former avec n^2 quantités α, composant n colonnes verticales du tableau (A); c'est-à-dire que l'on a

$$\Sigma \pm \beta_{1,1}\beta_{2,2}\dots\beta_{n,n} = \mathrm{S}\left[\Sigma \pm \alpha_{r',1}\alpha_{r'',2}\dots\alpha_{r^{(n)},n}\right]^2,$$

le signe S se rapportant à toutes les combinaisons r', r'', ... $r^{(n)}$ des nombres 1, 2, ... p prises n à n."

Ce théorème (et même un théorème plus général où les carrés sont remplacés par des produits) a été donné pour la première fois par M. Cauchy*).

3. Avant d'entrer dans la question spéciale à laquelle se rapporte la proposition énoncée dans le n° 1, il faut encore rappeler les expressions du signe desquelles dépend la réalité des racines des équations algébriques. La détermination de ces expressions est une simple application du célèbre théorème de M. Sturm sur les équations algébriques. En effet, d'après le théorème de M. Sturm, le nombre N des racines réelles d'une équation $V = 0$ du $n^{\text{ième}}$ degré en x, situées entre les limites $x = A$ et $x = B$, B étant supposé $> A$, se détermine de la manière suivante:

Soit V_1 la dérivée de V, et faisons les opérations nécessaires pour développer la fraction $\frac{V}{V_1}$ en une fraction continue. Soit pour cela

$$\begin{aligned} V &= V_1 q_1 - V_2 \\ V_1 &= V_2 q_2 - V_3 \\ V_2 &= V_3 q_3 - V_4 \\ &\dots\dots \\ V_{n-2} &= V_{n-1} q_{n-1} - V_n, \end{aligned}$$

*) Dans le Mémoire intitulé *Sur les fonctions qui ne peuvent obtenir que deux valeurs etc* (*Journal de l'École Polytechnique*, T. X, Cah. 17). Voyez aussi un travail de M. Jacobi inséré dans le tome 22 du Journal de M. Crelle [Jacobi's Gesammelte Werke, Bd. 3 p. 355], et qui contient une théorie complète des déterminants.

où les fonctions V_2, V_3, V_4, ... V_{n-2}, V_{n-1}, V_n seront, en général, des degrés $n-2$, $n-3$, $n-4$, ... 2, 1, 0. Substituons, dans ces fonctions, les valeurs A et B, et formons les deux séries

$$V(A),\ V_1(A),\ V_2(A),\ V_3(A),\ \ldots\ V_{n-1}(A),\ V_n(A),$$
$$V(B),\ V_1(B),\ V_2(B),\ V_3(B),\ \ldots\ V_{n-1}(B),\ V_n(B);$$

soient A' le nombre des changements de signes qui se trouvent dans la première série, B' le nombre correspondant pour la seconde série: on aura le nombre des racines réelles entre les limites $x = A$ et $x = B$,

$$N = A' - B'.$$

Pour avoir le nombre de toutes les racines réelles de l'équation $V = 0$, il faut donc faire $A = -\infty$, $B = +\infty$. Mais alors la question se simplifie beaucoup, puisque les valeurs des fonctions V, V_1, V_2, ... V_n pour $x = -\infty$ et $x = +\infty$ ne dépendent que des coefficients de leurs plus hautes puissances. En effet, soient v, v_1, v_2, ... v_n les coefficients des plus hautes puissances dans V, V_1, V_2, ... V_n, c'est-à-dire v le coefficient de x^n dans V, v_1 celui de x^{n-1} dans V_1, v_2 celui de x^{n-2} dans V_2, etc. Alors les deux séries de valeurs seront de même signe terme à terme avec les deux séries

$$(-1)^n v,\ (-1)^{n-1}v_1,\ (-1)^{n-2}v_2,\ \ldots\ +v_{n-2},\ -v_{n-1},\ +v_n,$$
$$v,\ v_1,\ v_2,\ \ldots\ v_{n-2},\ v_{n-1},\ v_n.$$

En désignant par α et β les nombres de changements de signes qui se trouvent dans ces séries, le nombre des racines réelles de l'équation $V = 0$ sera égal à

$$\nu = \alpha - \beta.$$

Mais on prouve aisément que

$$\alpha + \beta = n.$$

En effet, supposons d'abord que, dans la seconde série, il n'y ait aucun changement de signe; il y en aura nécessairement n dans la première, et il est aisé de voir que, par chaque changement de signe que la seconde série gagne, la première en perd autant: donc la somme reste invariablement égale à n. On a donc en même temps

$$\nu = \alpha - \beta,$$
$$n = \alpha + \beta,$$

et de là

$$\nu = n - 2\beta;$$

c'est-à-dire que l'équation $V = 0$ a $n - 2\beta$ racines réelles, et, partant, β paires de racines imaginaires, β désignant le nombre des changements de signe dans la série

$$v, \quad v_1, \quad v_2, \quad \ldots \quad v_{n-1}, \quad v_n,$$

et v_k le coefficient de la plus haute puissance x^{n-k} de x dans la fonction V_k.

Le théorème que je viens d'énoncer n'est pas encore sous sa forme finale; pour la lui donner, il faut chercher les valeurs explicites des quantités $v, v_1, v_2, \ldots v_n$. C'est à quoi nous parviendrons facilement en ayant recours aux formules de M. Sylvester, démontrées et précisées par M. Sturm dans sa *Démonstration d'un théorème d'algèbre de M. Sylvester*, insérée au tome VII (1842) du Journal de M. Liouville. En effet, supposons que le coefficient de x^n dans V soit $= 1$, et que les racines réelles ou imaginaires de l'équation $V = 0$ soient représentées par les lettres $a, b, c, \ldots h$ (au nombre de n); M. Sturm donne les expressions suivantes:

$$V = (x-a)(x-b)\ldots(x-h)$$
$$V_1 = \Sigma(x-b)(x-c)\ldots(x-h)$$
$$V_2 = \frac{1}{\lambda_2}\Sigma(a-b)^2(x-c)(x-d)\ldots(x-h)$$
$$V_3 = \frac{1}{\lambda_3}\Sigma(a-b)^2(a-c)^2(b-c)^2(x-d)(x-e)\ldots(x-h)$$
$$\ldots\ldots\ldots\ldots\ldots\ldots$$
$$V_n = \frac{1}{\lambda_n}(a-b)^2(a-c)^2\ldots(a-h)^2(b-c)^2\ldots(g-h)^2,$$

les quantités $\lambda_2, \lambda_3, \ldots \lambda_n$ étant déterminées par les formules

$$\lambda_2 = p_1^2, \quad \lambda_3 = \left(\frac{p_2}{p_1}\right)^2, \quad \lambda_4 = \left(\frac{p_1 p_3}{p_2}\right)^2, \quad \lambda_5 = \left(\frac{p_2 p_4}{p_1 p_3}\right)^2, \quad \ldots$$
$$p_1 = n,$$
$$p_2 = \Sigma(a-b)^2,$$
$$p_3 = \Sigma(a-b)^2(a-c)^2(b-c)^2,$$
$$\ldots\ldots\ldots\ldots$$
$$p_n = (a-b)^2(a-c)^2\ldots(a-h)^2(b-c)^2\ldots(g-h)^2.$$

Ces formules nous montrent que les coefficients des plus hautes puissances de x dans les fonctions $V, V_1, \ldots V_n$, c'est-à-dire les quantités $v, v_1, \ldots v_n$, ont les valeurs suivantes:

$$v = 1$$
$$v_1 = n = p_1$$
$$v_2 = \frac{1}{\lambda_2}\Sigma(a-b)^2 = \frac{1}{\lambda_2}p_2$$
$$v_3 = \frac{1}{\lambda_3}\Sigma(a-b)^2(a-c)^2(b-c)^2 = \frac{1}{\lambda_3}p_3$$
$$\ldots\ldots\ldots\ldots\ldots\ldots$$
$$v_n = \frac{1}{\lambda_n}(a-b)^2(a-c)^2\ldots(a-h)^2(b-c)^2\ldots(g-h)^2 = \frac{1}{\lambda_n}p_n.$$

Mais les quantités $p_2, p_3, \ldots p_n$ étant des fonctions symétriques des racines de l'équation $V = 0$, et, partant, des quantités réelles, les quantités $\lambda_2, \lambda_3, \ldots \lambda_n$ sont nécessairement positives; donc les quantités $v, v_1, v_2, v_3, \ldots v_n$ ont les mêmes signes que

$$1, \; p_1, \; p_2, \; p_3, \; \ldots \; p_n;$$

dans le théorème énoncé ci-dessus, on pourra donc substituer cette série au lieu de la série des quantités $v, v_1, \ldots v_n$.

Ces quantités $p_2, p_3, \ldots p_n$ peuvent encore être représentées sous une autre forme en y appliquant les deux propositions sur les déterminants rappelées au n⁰ 2. En effet, soit m le nombre des quantités $a, b, \ldots f$; nous avons

$$p_m = \Sigma[(a-b)(a-c)\ldots(a-f)(b-c)\ldots(e-f)]^2;$$

mais, d'après la proposition I du n⁰ 2, nous savons que

$$\pm(a-b)(a-c)\ldots(a-f)(b-c)\ldots(e-f)$$

est égal au déterminant des quantités

$$\begin{array}{llll} 1, & 1, & 1, & \ldots\; 1 \\ a\,, & b\,, & c\,, & \ldots\; f \\ a^2, & b^2, & c^2, & \ldots\; f^2 \\ a^3, & b^3, & c^3, & \ldots\; f^3 \\ . & . & . & \ldots\; . \\ a^{m-1}, & b^{m-1}, & c^{m-1}, & \ldots\; f^{m-1}; \end{array}$$

donc p_m est la somme des carrés de tous les déterminants qu'on peut former par m colonnes verticales du tableau

$$\begin{array}{llll} 1, & 1, & 1, & \ldots\; 1 \\ a\,, & b\,, & c\,, & \ldots\; h \\ a^2, & b^2, & c^2, & \ldots\; h^2 \\ . & . & . & \ldots\; . \\ a^{m-1}, & b^{m-1}, & c^{m-1}, & \ldots\; h^{m-1}, \end{array}$$

en sorte que p_m rentre dans la catégorie des quantités dont il est question dans la proposition II du n⁰ 2. Ainsi, d'après cette proposition, en posant

$$\beta_{i,k} = a^{i-1}a^{k-1} + b^{i-1}b^{k-1} + \cdots + h^{i-1}h^{k-1},$$

nous aurons

$$p_m = \Sigma \pm \beta_{1,1}\beta_{2,2}\cdots\beta_{m,m};$$

mais $\beta_{i,k}$ n'est autre chose que la somme des puissances $i+k-2$ des racines de l'équation $V = 0$: p_m est donc le déterminant des m^2 quantités*)

*) Résultat qui coïncide avec les formules données par M. Cayley dans le tome XI (1846) du Journal de M. Liouville.

$$\begin{matrix} s_0, & s_1, & s_2, & \ldots & s_{m-1} \\ s_1, & s_2, & s_3, & \ldots & s_m \\ s_2, & s_3, & s_4, & \ldots & s_{m+1} \\ . & . & . & \ldots & . \\ s_{m-1}, & s_m, & s_{m+1}, & \ldots & s_{2m-2}, \end{matrix}$$

s_k représentant la somme des puissances $k^{\text{ièmes}}$ des racines de l'équations $V = 0$.

En réunissant les résultats obtenus dans ce numéro, nous pouvons énoncer le théorème suivant:

Théorème. „Soit proposée une équation $V = 0$ du $n^{\text{ième}}$ degré; des coefficients de cette équation déduisons les sommes des puissances de ses racines jusqu'à l'ordre $2n-2$ inclusivement, et avec ces quantités, que nous désignerons par s_0, s_1, s_2, ... s_{2n-2}, formons les quantités p_1, p_2, p_3, ... p_n en posant

$$p_1 = s_0 = n,$$

p_2 égale au déterminant des quantités

$$\begin{matrix} s_0, & s_1 \\ s_1, & s_2, \end{matrix}$$

p_3 égale au déterminant des quantités

$$\begin{matrix} s_0, & s_1, & s_2 \\ s_1, & s_2, & s_3 \\ s_2, & s_3, & s_4, \end{matrix}$$

et ainsi de suite, jusqu'à p_n qui sera le déterminant des quantités

$$\begin{matrix} s_0, & s_1, & s_2, & \ldots & s_{n-1} \\ s_1, & s_2, & s_3, & \ldots & s_n \\ . & . & . & \ldots & . \\ s_{n-1}, & s_n, & s_{n+1}, & \ldots & s_{2n-2}; \end{matrix}$$

cela posé, l'équation $V = 0$ aura autant de paires de racines imaginaires qu'il y aura de changements de signes dans la série

$$p_1, \; p_2, \; p_3, \; \ldots \; p_n.\text{“}$$

A ce théorème, on peut ajouter les corollaires suivants:

Corollaire 1. Dans la série

$$p_1, \; p_2, \; p_3, \; \ldots \; p_n$$

il ne peut y avoir que $\frac{n}{2}$ changements de signes tout au plus.

Corollaire 2. Pour que l'équation $V = 0$ ait toutes ses racines réelles, il est nécessaire et suffisant que les quantités

$$p_1, \; p_2, \; \ldots \; p_n$$

soient toutes positives.

4. Retournons à présent à la proposition énoncée dans le n° 1, et prouvons que, pour l'équation $\Gamma = 0$, les quantités $p_2, p_3, \ldots p_n$ sont des sommes de carrés.

L'équation $\Gamma = 0$ est le résultat de l'élimination des n inconnues x_1, $x_2, \ldots x_n$ entre les n équations

$$(1) \quad \begin{cases} g x_1 = a_{1,1} x_1 + a_{2,1} x_2 + \cdots + a_{n,1} x_n \\ g x_2 = a_{1,2} x_1 + a_{2,2} x_2 + \cdots + a_{n,2} x_n \\ \cdot \quad \cdot \quad \cdot \quad \cdot \quad \cdot \quad \cdot \quad \cdot \quad \cdot \\ g x_n = a_{1,n} x_1 + a_{2,n} x_2 + \cdots + a_{n,n} x_n, \end{cases}$$

où

$$a_{i,k} = a_{k,i}.$$

Multiplions chacune de ces équations par g, puis substituons dans le second membre, au lieu de $gx_1, gx_2, \ldots gx_n$, leurs valeurs tirées des équations (1); nous obtiendrons

$$(2) \quad \begin{cases} g^2 x_1 = a''_{1,1} x_1 + a''_{2,1} x_2 + \cdots + a''_{n,1} x_n \\ g^2 x_2 = a''_{1,2} x_1 + a''_{2,2} x_2 + \cdots + a''_{n,2} x_n \\ \cdot \quad \cdot \quad \cdot \quad \cdot \quad \cdot \quad \cdot \quad \cdot \quad \cdot \\ g^2 x_n = a''_{1,n} x_1 + a''_{2,n} x_2 + \cdots + a''_{n,n} x_n, \end{cases}$$

où

$$a''_{i,k} = a''_{k,i} = \sum_{h=1}^{h=n} a_{h,i} a_{h,k}.$$

En multipliant chacune de ces équations par g, et substituant pour gx_1, $gx_2, \ldots gx_n$ leurs valeurs tirées des équations (1), nous obtiendrons un troisième système d'équations également semblable au système (1) dans lequel g sera remplacé par g^3 et les quantités $a_{i,k}$ par

$$a'''_{i,k} = a'''_{k,i} = \sum_h a_{h,i} a''_{h,k} = \sum_{h'} \sum_{h''} a_{i,h'} a_{h',h''} a_{h'',k}.$$

En continuant de cette manière, nous trouverons le système d'équations suivantes qui correspondent à la $r^{\text{ième}}$ puissance de g:

$$(r) \quad \begin{cases} g^r x_1 = a^{(r)}_{1,1} x_1 + a^{(r)}_{2,1} x_2 + \cdots + a^{(r)}_{n,1} x_n \\ g^r x_2 = a^{(r)}_{1,2} x_1 + a^{(r)}_{2,2} x_2 + \cdots + a^{(r)}_{n,2} x_n \\ \cdot \quad \cdot \quad \cdot \quad \cdot \quad \cdot \quad \cdot \quad \cdot \quad \cdot \\ g^r x_n = a^{(r)}_{1,n} x_1 + a^{(r)}_{2,n} x_2 + \cdots + a^{(r)}_{n,n} x_n, \end{cases}$$

où

$$a_{i,k}^{(r)} = a_{k,i}^{(r)} = \sum_{h'}\sum_{h''}\ldots\sum_{h^{(r-1)}} a_{i,h'}a_{h',h''}\ldots a_{h^{(r-2)},h^{(r-1)}}a_{h^{(r-1)},k} = \sum_h a_{h,i}a_{h,k}^{(r-1)},$$

toutes les sommations se rapportant aux quantités h dont chacune prend les valeurs 1, 2, ... n.

A présent, multiplions le système d'équations (r) par $g^{r'}$, et substituons pour $g^{r'}x_1$, $g^{r'}x_2$, ... $g^{r'}x_n$ leurs valeurs tirées du système d'équations (r'); le résultat devant être identique avec le système d'équations ($r+r'$), nous aurons l'équation

$$a_{i,k}^{(r+r')} = \sum_{h=1}^{h=n} a_{h,i}^{(r)}a_{h,k}^{(r')},$$

qui, en substituant q et $r-q$ au lieu de r et r', devient

$$a_{i,k}^{(r)} = \sum_{h=1}^{h=n} a_{h,i}^{(q)}a_{h,k}^{(r-q)}. \tag{3}$$

Cette équation subsistera pour toutes les valeurs de q moindres que r depuis $q=1$ jusqu'à $q=r-1$. Pour ces valeurs extrêmes, il faudra faire

$$a'_{i,k} = a_{i,k}. \tag{4}$$

L'équation (3) subsistera même pour les valeurs $q=0$ et $q=r$, si nous faisons

$$\left\{\begin{array}{ll} a_{i,k}^{(0)} = 1, & \text{pour } i=k, \\ \quad\;\; = 0, & i \text{ étant différent de } k. \end{array}\right. \tag{5}$$

Après avoir établi l'équation (3) pour toutes les valeurs de q depuis $q=0$ jusqu'à $q=r$, retournons à l'équation $\Gamma=0$. Cette équation est le résultat de l'élimination des n inconnues x_1, x_2, ... x_n entre les n équations (1); Γ sera donc ce que devient le déterminant

$$\Sigma \pm a_{1,1}a_{2,2}\ldots a_{n,n},$$

lorsqu'on diminue les n quantités $a_{1,1}$, $a_{2,2}$, ... $a_{n,n}$ de la même quantité g. On aura donc

$$\pm\Gamma = g^n - (a_{1,1}+a_{2,2}+\cdots+a_{n,n})g^{n-1}+\cdots,$$

et de là

$$s_1 = g_1+g_2+\cdots+g_n = \sum_i a_{i,i},$$

où g_1, g_2, ... g_n sont les n racines de l'équation $\Gamma=0$. En appliquant le même raisonnement au système d'équations (r), nous obtiendrons

$$s_r = g_1^r+g_2^r+\cdots+g_n^r = \sum_i a_{i,i}^{(r)},$$

ce qui, à l'aide de l'équation (3), se transformera en

$$(6) \qquad s_r = \sum_{i=1}^{i=n} \sum_{k=1}^{k=n} a_{i,k}^{(q)} a_{i,k}^{(r-q)},$$

q ayant une quelconque des valeurs 0, 1, 2, ... r. Cette équation, remarquable par sa symétrie et par sa généralité, nous conduira à la démonstration de notre théorème.

Les quantités p_m ont été définies dans le numéro précédent comme les déterminants des quantités

$$\begin{matrix} s_0, & s_1, & s_2, & \dots & s_{m-1} \\ s_1, & s_2, & s_3, & \dots & s_m \\ s_2, & s_3, & s_4, & \dots & s_{m+1} \\ . & . & . & \dots & . \\ s_{m-1}, & s_m, & s_{m+1}, & \dots & s_{2m-2}. \end{matrix}$$

Or les quantités renfermées dans ce tableau, en y appliquant l'équation (6), peuvent être représentées sous la forme suivante:

$$\begin{matrix} s_0 = \Sigma a_{i,k}^{(0)} a_{i,k}^{(0)}, & s_1 = \Sigma a_{i,k}^{(0)} a'_{i,k}, & s_2 = \Sigma a_{i,k}^{(0)} a''_{i,k}, & \dots & s_{m-1} = \Sigma a_{i,k}^{(0)} a_{i,k}^{(m-1)} \\ s_1 = \Sigma a'_{i,k} a_{i,k}^{(0)}, & s_2 = \Sigma a'_{i,k} a'_{i,k}, & s_3 = \Sigma a'_{i,k} a''_{i,k}, & \dots & s_m = \Sigma a'_{i,k} a_{i,k}^{(m-1)} \\ s_2 = \Sigma a''_{i,k} a_{i,k}^{(0)}, & s_3 = \Sigma a''_{i,k} a'_{i,k}, & s_4 = \Sigma a''_{i,k} a''_{i,k}, & \dots & s_{m+1} = \Sigma a''_{i,k} a_{i,k}^{(m-1)} \\ . & . & . & \dots & . \\ s_{m-1} = \Sigma a_{i,k}^{(m-1)} a_{i,k}^{(0)}, & s_m = \Sigma a_{i,k}^{(m-1)} a'_{i,k}, & s_{m+1} = \Sigma a_{i,k}^{(m-1)} a''_{i,k}, & \dots & s_{2m-2} = \Sigma a_{i,k}^{(m-1)} a_{i,k}^{(m-1)}, \end{matrix}$$

les sommes de ce tableau se rapportant à toutes les valeurs de i et de k depuis 1 jusqu'à n inclusivement. En faisant

$$\beta_{t,u} = \sum_{i=1}^{i=n} \sum_{k=1}^{k=n} a_{i,k}^{(t)} a_{i,k}^{(u)},$$

on a donc

$$p_m = \Sigma \pm \beta_{0,0} \beta_{1,1} \cdots \beta_{m-1,m-1};$$

sous cette forme p_m rentre dans la forme des déterminants considérés dans la proposition II du n^0 2, les $n.p$ quantités α étant ici remplacées par les $m.n^2$ quantités

$$a_{i,k}^{(0)}, \quad a'_{i,k}, \quad a''_{i,k}, \quad \dots \quad a_{i,k}^{(m-1)}.$$

Nous avons donc, d'après cette proposition,

$$p_m = \mathrm{S}\left[\Sigma \pm a_{i,k}^{(0)} a'_{i',k'} a''_{i'',k''} \cdots a_{i^{(m-1)},k^{(m-1)}}^{(m-1)}\right]^2,$$

$i, k; i', k'; i'', k''; \dots i^{(m-1)}, k^{(m-1)}$ représentant m systèmes quelconques des deux indices i, k, et la somme S se rapportant à toutes les combinaisons m à m des n^2 systèmes i, k.

Voilà le résultat annoncé au n⁰ 1, résultat qui peut être énoncé par le théorème suivant:

Théorème. „Soit

$$\Gamma = 0$$

l'équation du $n^{\text{ième}}$ degré en g qui résulte de l'élimination des n inconnues $x_1, x_2, \ldots x_n$ entre les équations

$$\begin{array}{l} 0 = (a_{1,1}-g)x_1 + a_{2,1}x_2 + \cdots + a_{n,1}x_n \\ 0 = a_{1,2}x_1 + (a_{2,2}-g)x_2 + \cdots + a_{n,2}x_n \\ \cdots\cdots\cdots\cdots\cdots \\ 0 = a_{1,n}x_1 + a_{2,n}x_2 + \cdots + (a_{n,n}-g)x_n; \end{array}$$

soit s_h la somme des puissances $h^{\text{ièmes}}$ des racines de cette équation, et p_m le déterminant des quantités

$$\begin{array}{lllll} s_0, & s_1, & s_2, & \ldots & s_{m-1} \\ s_1, & s_2, & s_3, & \ldots & s_m \\ s_2, & s_3, & s_4, & \ldots & s_{m+1} \\ \cdot & \cdot & \cdot & \cdots & \cdot \\ s_{m-1}, & s_m, & s_{m+1}, & \ldots & s_{2m-2}; \end{array}$$

de sorte que $p_1, p_2, \ldots p_n$ sont les quantités des signes desquelles dépend la réalité des racines de l'équation $\Gamma = 0$; soit, de plus,

$$a''_{i,k} = \sum_{h=1}^{h=n} a_{h,i}a_{h,k}, \quad a'''_{i,k} = \sum_{h=1}^{h=n} a_{h,i}a''_{h,k}, \quad \ldots \quad a^{(m-1)}_{i,k} = \sum_{h=1}^{h=n} a_{h,i}a^{(m-2)}_{h,k},$$

et formons le tableau suivant:

$$\begin{array}{llllllllllll} 1 & 0 & \ldots 0; & 0 & 1 & \ldots 0; & \ldots & 0 & 0 & \ldots 1 \\ a_{1,1} & a_{2,1} & \ldots a_{n,1}; & a_{1,2} & a_{2,2} & \ldots a_{n,2}; & \ldots & a_{1,n} & a_{2,n} & \ldots a_{n,n} \\ a''_{1,1} & a''_{2,1} & \ldots a''_{n,1}; & a''_{1,2} & a''_{2,2} & \ldots a''_{n,2}; & \ldots & a''_{1,n} & a''_{2,n} & \ldots a''_{n,n} \\ \cdot & \cdot & \ldots \cdot & \cdot & \cdot & \ldots \cdot & \ldots & \cdot & \cdot & \ldots \cdot \\ a^{(m-1)}_{1,1} & a^{(m-1)}_{2,1} & \ldots a^{(m-1)}_{n,1}; & a^{(m-1)}_{1,2} & a^{(m-1)}_{2,2} & \ldots a^{(m-1)}_{n,2}; & \ldots & a^{(m-1)}_{1,n} & a^{(m-1)}_{2,n} & \ldots a^{(m-1)}_{n,n}, \end{array}$$

tableau qui consiste en n^2 colonnes verticales, chacune de m quantités; combinons m à m ces n^2 colonnes verticales de toutes les manières possibles, et pour chaque combinaison renfermant m^2 quantités formons le déterminant: que ces déterminants soient désignés par M, M', M'', ...; cela posé, on aura

$$p_m = M^2 + M'^2 + M''^2 + \cdots \text{“}$$

5. Faisons l'application de ce théorème général au cas de $n = 3$, traité par M. Kummer. Posons, pour ce cas,

$$a_{1,1} = A, \qquad a_{2,2} = B, \qquad a_{3,3} = C,$$
$$a_{2,3} = a_{3,2} = D, \quad a_{1,3} = a_{3,1} = E, \quad a_{1,2} = a_{2,1} = F,$$

d'où l'on tire

$$A_1 = a''_{1,1} = A^2+F^2+E^2, \quad D_1 = a''_{2,3} = a''_{3,2} = (B+C)D+EF,$$
$$B_1 = a''_{2,2} = F^2+B^2+D^2, \quad E_1 = a''_{1,3} = a''_{3,1} = (A+C)E+DF,$$
$$C_1 = a''_{3,3} = E^2+D^2+C^2, \quad F_1 = a''_{1,2} = a''_{2,1} = (A+B)F+DE.$$

On aura donc, pour la quantité p_2, le tableau

$$\begin{matrix} 1, & 0, & 0; & 0, & 1, & 0; & 0, & 0, & 1 \\ A, & F, & E; & F, & B, & D; & E, & D, & C; \end{matrix}$$

et pour la quantité p_3 on formera le tableau

$$\begin{matrix} 1, & 0, & 0; & 0, & 1, & 0; & 0, & 0, & 1 \\ A, & F, & E; & F, & B, & D; & E, & D, & C \\ A_1, & F_1, & E_1; & F_1, & B_1, & D_1; & E_1, & D_1, & C_1. \end{matrix}$$

De là on conclut

$$p_2 = (A-B)^2+(B-C)^2+(C-A)^2+6D^2+6E^2+6F^2.$$

Dans le tableau duquel on tire les carrés qui forment la valeur de p_3, il est évident qu'à chaque quantité de la troisième ligne horizontale, on peut ajouter la quantité correspondante de la seconde ligne multipliée par λ, plus la quantité correspondante de la première ligne multipliée par μ, sans altérer en aucune façon la valeur des déterminants qu'on en forme. En posant

$$\lambda = -(A+B+C), \quad \mu = BC+AC+AB-D^2-E^2-F^2,$$

on trouvera que la troisième ligne horizontale du tableau se change en

$$A', \; F', \; E'; \quad F', \; B', \; D'; \quad E', \; D', \; C',$$

où

$$A' = BC-D^2, \quad B' = AC-E^2, \quad C' = AB-F^2,$$
$$D' = EF-AD, \quad E' = DF-BE, \quad F' = DE-CF.$$

De là on tire la valeur suivante de p_3:

$$p_3 = 12(M_1^2+M_2^2+M_3^2)+2(N_1^2+N_2^2+N_3^2+P_1^2+P_2^2+P_3^2+Q_1^2+Q_2^2+Q_3^2)+R^2,$$

où l'on a

$$M_1 = EF'-FE', \quad M_2 = FD'-DF', \quad M_3 = DE'-ED',$$
$$N_1 = CD'-DC'-(BD'-DB'), \quad P_1 = CE'-EC'-(BE'-EB'),$$
$$Q_1 = CF'-FC'-(BF'-FB'),$$
$$N_2 = AD'-DA'-(CD'-DC'), \quad P_2 = AE'-EA'-(CE'-EC'),$$
$$Q_2 = AF'-FA'-(CF'-FC'),$$
$$N_3 = BD'-DB'-(AD'-DA'), \quad P_3 = BE'-EB'-(AE'-EA'),$$
$$Q_3 = BF'-FB'-(AF'-FA'),$$
$$R = BC'-CB'+CA'-AC'+AB'-BA'.$$

En se rappelant les équations identiques connues,

$$FE'+BD'+DC' = 0,\quad EA'+DF'+CE' = 0,\quad AF'+FB'+ED' = 0,$$
$$EF'+DB'+CD' = 0,\quad AE'+FD'+EC' = 0,\quad FA'+BF'+DE' = 0,$$

on prouve aisément que

$$M_1 = -N_1 = N_2+N_3,\quad M_2 = -P_2 = P_1+P_3,\quad M_3 = -Q_3 = Q_1+Q_2;$$

on aura donc

$$2(N_1^2+N_2^2+N_3^2) = 3M_1^2+(N_3-N_2)^2,$$
$$2(P_1^2+P_2^2+P_3^2) = 3M_2^2+(P_1-P_3)^2,$$
$$2(Q_1^2+Q_2^2+Q_3^2) = 3M_3^2+(Q_2-Q_1)^2,$$

et, après cette réduction, la valeur de p_3 prendra la forme suivante:

$$p_3 = 15(M_1^2+M_2^2+M_3^2)+(N_3-N_2)^2+(P_1-P_3)^2+(Q_2-Q_1)^2+R^2,$$

résultat qui coïncide exactement avec celui de M. Kummer, représenté sous la forme que lui a donnée M. Jacobi dans le *Giornale Arcadico*.

Il est bon de remarquer que la valeur de p_2 n'est pas nécessaire pour reconnaître la réalité des trois racines; car, d'après le corollaire 1 du théorème énoncé dans le n° 3, dans une équation du troisième degré dans laquelle la quantité p_3 est positive, la quantité p_2 doit l'être également.

D'après le théorème général que nous avons démontré dans le numéro précédent, il n'y a aucune difficulté de faire, pour $n = 4$ et pour les valeurs plus élevées de n également, le calcul des carrés dont la somme forme les quantités $p_2, p_3, \ldots p_n$. Ainsi, pour le cas de $n = 4$, les quantités p_2, p_3, p_4 sont respectivement représentées par une somme de 12, de 55 et de 135 carrés. Par des considérations analogues à celles qui, pour le cas de $n = 3$, ont réduit de 13 à 7 le nombre des carrés formant la valeur de p_3, on parvient également à rabaisser ces nombres 12, 55 et 135. Je n'entrerai pas dans ces détails, et je me contenterai d'avoir indiqué, pour tous les cas, les opérations nécessaires au calcul des carrés qui forment les valeurs des quantités $p_2, p_3, \ldots p_n$.

Application des transcendantes abéliennes à la théorie des fractions continues.

Crelle, Journal für die reine und angewandte Mathematik, Bd. 48 p. 69—104, 1854.

Application des transcendantes abéliennes à la théorie des fractions continues.

Un des résultats mémorables que l'Analyse doit à Abel, est la liaison trouvée par lui entre les propriétés des intégrales à différentielles irrationnelles et le développement des fonctions irrationelles en fractions continues. En cherchant les conditions sous lesquelles les intégrales de la forme $\int \frac{f(x)}{\sqrt{X}}dx$, $f(x)$ et X désignant des fonctions entières de x, peuvent être évaluées en logarithmes, il est parvenu à faire dépendre cette évaluation d'un caractère spécial qui affecte en même temps le développement de $\sqrt{X}$ en fraction continue. (Voir T. 1 p. 185 du Journal de M. Crelle; ou Oeuvres complètes d'Abel, édit. publ. par Holmboe, T. 1 p. 33 [nouv. édit. publ. par Sylow et Lie, T. 1 p. 104]).

Jacobi, en poursuivant les recherches d'Abel, est allé plus loin; en se bornant au cas, où X est du quatrième degré et $\int \frac{f(x)}{\sqrt{X}}dx$ une intégrale elliptique, il a établi une liaison plus générale que celle qui avait été trouvée par Abel, liaison qui existe même lorsque l'intégrale $\int \frac{f(x)}{\sqrt{X}}dx$ ne peut pas être évaluée en logarithmes. Le résultat auquel il est parvenu, est en quelque sorte l'inverse du résultat obtenu par Abel. Au lieu de faire dépendre certaines propriétés des intégrales elliptiques $\int \frac{f(x)}{\sqrt{X}}dx$ (X représentant une fonction du quatrième degré) du développement de $\sqrt{X}$ en fraction continue, il a, au contraire, donné des formules qui font dépendre le développement de $\sqrt{X}$ en fraction continue de la multiplication des intégrales elliptiques. (Voir T. 7 p. 41 du Journal de M. Crelle [Jacobi's Gesammelte Werke, Bd. 1 p. 327]).

Mais les formules de Jacobi se rapportent exclusivement au cas, où X ne dépasse pas le quatrième degré, et, même pour ce cas, elles ont été publiées par lui sans démonstration. On ne connaît pas la route qui l'y a conduit, mais quelques remarques faites dans son Mémoire cité ci-dessus portent à croire qu'elle a été entièrement différente de celle qui a été suivie dans les recherches dont on va lire l'exposé. Le présent Mémoire donne une méthode directe pour établir la liaison générale qui existe entre le développement de la racine carrée $\sqrt{X}$ d'une fonction entière de degré pair en fraction continue et la multiplication des intégrales abéliennes $\int \frac{f(x)}{\sqrt{X}} dx$; et cette méthode conduit tant aux formules de Jacobi exprimées en fonctions elliptiques, lorsqu'on suppose X être une fonction du quatrième degré, qu'à des formules plus générales exprimées en fonctions abéliennes, lorsqu'on laisse indéterminé le degré de X.

1.

Soit x une variable indépendante, et X une fonction de x du degré pair 2ν, dans laquelle la plus haute puissance de x est affectée d'un coefficient positif $= A^2$, A représentant une constante positive, différente de zéro; le procédé employé par Abel dans son Mémoire cité ci-dessus pour développer $\sqrt{X}$ en fraction continue se réduit aux opérations suivantes:

Il n'y a qu'une seule manière de satisfaire à l'équation

$$X = r_0^2 + s_0,$$

en sorte que r_0 et s_0 soient des fonctions entières de x,

que s_0 soit d'un degré moindre que ν,

que le signe de r_0 soit pris de façon que la plus haute puissance de x s'y trouve multipliée par $+A$.

Considérons le radical $\sqrt{X}$ pour des valeurs de x comprises entre la plus petite racine réelle de l'équation $X = 0$ et $-\infty$, ou entre la plus grande racine et $+\infty$. Ce radical pouvant être pris avec le signe $+$ ou le signe $-$, il ne sera entièrement déterminé que lorsqu'on aura fait une convention précise sur son signe. Entre les limites assignées pour la variable x ce signe est déterminé sans ambiguité par la double condition: 1° que $\sqrt{X}$ varie d'une manière continue avec x; 2° que pour des valeurs numériques de x indéfiniment croissantes positives ou négatives, le rapport de $\sqrt{X}$ à Ax^ν converge vers l'unité positive.

Cela posé, faisons

$$\sqrt{X} = r_0 + \frac{1}{w_0},$$

d'où

$$w_0 = \frac{1}{\sqrt{X}-r_0} = \frac{\sqrt{X}+r_0}{s_0}, \quad \frac{1}{w_0} = \frac{s_0}{\sqrt{X}+r_0}.$$

Pour des valeurs numériques de x indéfiniment croissantes, le dénominateur $\sqrt{X}+r_0$ de $\frac{1}{w_0}$ divisé par Ax^ν converge vers 2, tandis que son numérateur s_0 divisé par la même quantité converge vers zéro, donc $\frac{1}{w_0}$ converge aussi vers zéro; donc r_0 est la fonction entière de x déterminée de manière que la différence $\sqrt{X}-r_0$ s'évanouit pour des valeurs infinies de x*).

Soit

$$r_0 = v_0 s_0 + u_0,$$

v_0 représentant le quotient, et $\frac{u_0}{s_0}$ le reste de la division de r_0 par s_0; faisons

$$w_0 = 2v_0 + \frac{1}{w_1},$$

d'où

$$w_1 = \frac{1}{w_0 - 2v_0} = \frac{\sqrt{X}+r_1}{s_1},$$

$$r_1 = 2v_0 s_0 - r_0 = r_0 - 2u_0, \quad s_1 = 1 + 4u_0 v_0.$$

La quantité r_1 est du degré ν tandis que s_1 ne peut pas dépasser le degré $\nu-1$, donc, en ayant égard au signe de $\sqrt{X}$, on reconnaît que pour des valeurs numériques de x indéfiniment croissantes, $\frac{1}{w_1}$ converge vers zéro.

Soit

$$r_1 = v_1 s_1 + u_1,$$

v_1 représentant le quotient, et $\frac{u_1}{s_1}$ le reste de la division de r_1 par s_1; faisons

$$w_1 = 2v_1 + \frac{1}{w_2},$$

d'où

$$w_2 = \frac{1}{w_1 - 2v_1} = \frac{\sqrt{X}+r_2}{s_2},$$

$$r_2 = 2v_1 s_1 - r_1 = r_1 - 2u_1, \quad s_2 = s_0 + 4u_1 v_1.$$

*) Si l'on définit de cette manière la fonction r_0, la notion de *la fonction entière contenue dans une fonction donnée*, notion qui a sa source dans les fonctions rationelles fractionnaires, prend un sens si général, qu'elle s'applique en même temps à une classe très-étendue de fonctions irrationelles.

La quantité r_2 est du degré ν tandis que s_2 ne peut pas dépasser le degré $\nu-1$, etc.

En répétant ces opérations un nombre indéfini de fois, on arrive au développement suivant de $\sqrt{X}$ en fration continue:

$$\sqrt{X} = r_0 + \cfrac{1}{2v_0 + \cfrac{1}{2v_1 + \cfrac{1}{2v_2 + \dots + \cfrac{1}{2v_{n-1} + \cfrac{1}{w_n}}}}}. \tag{1}$$

w_n, le quotient complet de la fraction continue (1), est donné par l'équation

$$w_n = \frac{\sqrt{X}+r_n}{s_n}, \tag{2}$$

et les quantités $r_0, r_1, \dots r_n, \dots; s_0, s_1, \dots s_n, \dots; v_0, v_1, \dots v_n, \dots$ sont définies par les systèmes suivants d'équations:

$$(3)\quad \left\{\begin{aligned} X &= r_0^2+s_0 \\ r_0 &= v_0 s_0+u_0 \\ r_1 &= v_1 s_1+u_1 \\ &\dots\dots \\ r_{n-1} &= v_{n-1}s_{n-1}+u_{n-1} \\ r_n &= v_n s_n+u_n, \end{aligned}\right.$$

$$(4)\quad \left\{\begin{aligned} r_1 &= 2v_0 s_0-r_0 = r_0-2u_0 \\ r_2 &= 2v_1 s_1-r_1 = r_1-2u_1 \\ &\dots\dots\dots \\ r_n &= 2v_{n-1}s_{n-1}-r_{n-1} = r_{n-1}-2u_{n-1} \\ r_{n+1} &= 2v_n s_n-r_n = r_n-2u_n, \end{aligned}\right. \qquad (5)\quad \left\{\begin{aligned} s_1 &= 1+4u_0 v_0 \\ s_2 &= s_0+4u_1 v_1 \\ &\dots\dots \\ s_n &= s_{n-2}+4u_{n-1}v_{n-1} \\ s_{n+1} &= s_{n-1}+4u_n v_n. \end{aligned}\right.$$

Pour vérifier ces équations on n'a qu'à considérer les relations qui lient entre eux les quotients complets consécutifs, savoir

$$w_{n-1} = 2v_{n-1}+\frac{1}{w_n}, \qquad w_n = 2v_n+\frac{1}{w_{n+1}},$$

$$w_{n-1} = 2v_{n-1}+\cfrac{1}{2v_n+\cfrac{1}{w_{n+1}}} = 2v_{n-1}+\frac{w_{n+1}}{2v_n w_{n+1}+1}.$$

En substituant dans la première et la troisième de ces relations les valeurs de w_{n-1}, w_n, w_{n+1} tirées de la formule (2), on trouve

$$(\sqrt{X}+r_{n-1}-2v_{n-1}s_{n-1}).(\sqrt{X}+r_n) = s_n s_{n-1},$$

$$(\sqrt{X}+r_{n-1}-2v_{n-1}s_{n-1}).(2v_n\sqrt{X}+2v_n r_{n+1}+s_{n+1}) = s_{n-1}(\sqrt{X}+r_{n+1}),$$

d'où, en égalant de part et d'autre la partie irrationelle à la partie irrationnelle, on obtient

$$\begin{aligned} r_n &= 2v_{n-1}s_{n-1} - r_{n-1}, \\ s_{n-1} &= s_{n+1} + 2v_n r_{n+1} + 2v_n(r_{n-1} - 2v_{n-1}s_{n-1}) \\ &= s_{n+1} + 2v_n(r_{n+1} - r_n), \end{aligned}$$

ce qui démontre les équations (4), (5).

Les quantités r_0, r_1, ... sont toutes du degré ν, les quantités s_0, s_1, ... et u_0, u_1, ... ne peuvent pas dépasser respectivement les degrés $\nu-1$ et $\nu-2$, les quantités v_0, v_1, ... sont au moins du premier degré. Les degrés des quantités r_i, s_i et le signe donné au radical $\sqrt{X}$ sont tels que pour des valeurs numériques de x indéfiniment croissantes les valeurs numériques des quotients complets w_i croissent aussi jusqu'à l'infini. Si l'on ne dispose pas d'une manière particulière des coefficients qui entrent dans la fonction X, les quantités s_i et v_i sont précisément des degrés $\nu-1$ et 1. Dans ce cas, auquel se rapportent les considérations suivantes, le développement de $\sqrt{X}$ en fraction continue sera nommé *régulier* *).

Formons à présent les réduites de la fraction continue (1) et posons

$$\frac{p_0}{q_0} = r_0, \quad \frac{p_1}{q_1} = r_0 + \frac{1}{2v_0}, \quad \frac{p_2}{q_2} = r_0 + \frac{1}{2v_0 + \frac{1}{2v_1}}, \quad \ldots$$

les numérateurs p_0, p_1, ... et les dénominateurs q_0, q_1, ... sont donnés par les systèmes d'équations

$$(6) \quad \begin{cases} p_0 = r_0 \\ p_1 = 2v_0 p_0 + 1 \\ p_2 = 2v_1 p_1 + p_0 \\ \cdot \quad \cdot \quad \cdot \quad \cdot \quad \cdot \quad \cdot \\ p_n = 2v_{n-1} p_{n-1} + p_{n-2} \\ p_{n+1} = 2v_n p_n + p_{n-1}, \end{cases} \qquad (7) \quad \begin{cases} q_0 = 1 \\ q_1 = 2v_0 \\ q_2 = 2v_1 q_1 + q_0 \\ \cdot \quad \cdot \quad \cdot \quad \cdot \quad \cdot \quad \cdot \\ q_n = 2v_{n-1} q_{n-1} + q_{n-2} \\ q_{n+1} = 2v_n q_n + q_{n-1}. \end{cases}$$

Dans le cas *régulier* que nous considérons, chacun des quotients v_0, v_1, ... est du premier degré, donc q_0, q_1, q_2, ... q_n, ... sont des degrés 0, 1, 2, ... n, ... et p_0, p_1, p_2, ... p_n, ... des degrés ν, $\nu+1$, $\nu+2$, ... $\nu+n$, ... Ces quantités satisfont à l'équation connue

$$(8) \qquad p_n q_{n-1} - q_n p_{n-1} = (-1)^{n-1},$$

*) Le cas *irrégulier* dans lequel les quantités s_0, s_1, ... peuvent s'abaisser au-dessous du degré $\nu-1$ tandis que v_0, v_1, ... peuvent dépasser le premier degré, offre un grand intérêt, car les irrégularités du développement de $\sqrt{X}$ annoncent (comme Abel l'a montré dans le cas le plus simple) une réduction correspondante d'intégrales abéliennes à des intégrales du même genre et d'un ordre moins élevé. Mais cette importante matière mérite d'être prise pour objet d'un travail à part.

commune à toutes les fractions continues dans lesquelles les numérateurs partiels sont égaux à l'unité. Elles satisfont en outre à des relations spéciales qui n'ont lieu que pour la fraction continue proposée, et qui établissent une liaison entre les quantités p_n, q_n d'une part, et les quantités r_n, s_n d'autre part. En effet, divisant les deux dernières des équations (6), (7), l'une par l'autre, on obtient

$$\frac{p_{n+1}}{q_{n+1}} = \frac{2v_n p_n + p_{n-1}}{2v_n q_n + q_{n-1}}.$$

Si l'on remplace le quotient partiel $2v_n$ par le quotient complet w_n, la réduite $\frac{p_{n+1}}{q_{n+1}}$ se change en la vraie valeur $\sqrt{X}$ de la fraction continue, et il vient

$$(9) \qquad \sqrt{X} = \frac{p_n w_n + p_{n-1}}{q_n w_n + q_{n-1}}.$$

Multipliant par $q_n w_n + q_{n-1}$, substituant la valeur de w_n donnée par l'équation (2) et égalant séparément la partie rationnelle à la partie rationnelle et la partie irrationelle à la partie irrationnelle, on obtient les deux équations

$$p_n = q_n r_n + q_{n-1} s_n, \quad X q_n = p_n r_n + p_{n-1} s_n,$$

et de là, en éliminant successivement r_n et s_n, et se servant de l'équation (8)

$$(10) \qquad p_n^2 - X q_n^2 = (-1)^{n-1} s_n,$$

$$(11) \qquad p_n p_{n-1} - X q_n q_{n-1} = (-1)^n r_n.$$

Multipliant l'une par l'autre l'équation (10) et celle que l'on en déduit en remplaçant n par $n-1$, on trouve, à l'aide d'une identité algébrique connue et des équations (8) et (11),

$$r_n^2 - X = -s_n s_{n-1},$$

ou

$$(12) \qquad X = r_n^2 + s_n s_{n-1}.$$

Les trois équations (10), (11), (12) se rapportent à toutes les valeurs entières et positives de n et même à $n = 0$, si l'on convient de poser

$$p_{-1} = 1, \quad q_{-1} = 0, \quad s_{-1} = 1.$$

Des équations (8), (9) on déduit

$$(13) \qquad p_n - q_n \sqrt{X} = \frac{(-1)^{n-1}}{q_n w_n + q_{n-1}},$$

d'où l'on conclut qu'avec des valeurs numériques de x indéfiniment croissantes, $p_n - q_n\sqrt{X}$ converge vers zéro.

Le développement actuel de $\sqrt{X}$ en fraction continue tel qu'il est donné par le système de formules que l'on vient d'obtenir, est parfaitement analogue à celui de la racine carrée d'un nombre entier, avec cette seule différence que les fonctions entières y remplacent les nombres entiers.

Les équations (10), (12) sont de la même forme que l'équation algébrique qui sert de base au théorème d'Abel, et c'est sur cette concordance que se fonde le moyen de faire dépendre le développement dont il s'agit de la multiplication des intégrales abéliennes. Pour faire à la question qui nous occupe l'application de ce théorème, il convient de le formuler préalablement en un énoncé complet.

Mais auparavant, introduisons, au lieu de x, une nouvelle variable y par une substitution linéaire et fractionnaire. Une telle substitution peut être déterminée de manière qu'en l'introduisant dans les équations (10), (12), elles se changent en d'autres de la même forme, dans lesquelles X est remplacé par une fonction Y du degré $2\nu-1$ seulement, et ayant les facteurs y, $1-y$. Ainsi déterminée, cette substitution coïncide avec celle par laquelle M. Richelot (T. 12 p. 181 du Journal de M. Crelle) réduit les intégrales abéliennes $\int \frac{f(x)}{\sqrt{X}} dx$ à leur forme canonique.

2.

Supposons, pour plus de simplicité, que tous les facteurs linéaires de X soient réels et différents entre eux. Posons

$$X = (x-a_1)(x-a_2)\dots(x-a_{2\nu}), \tag{14}$$

les quantités a_1, a_2, ... $a_{2\nu}$ étant rangées dans l'ordre de leur grandeur relative, de sorte que

$$a_1 < a_2 < \dots < a_{2\nu},$$

ou

$$a_1 > a_2 > \dots > a_{2\nu}.$$

Cela posé, la substitution linéaire et fractionnaire dont on vient de parler peut être partagée en deux plus simples que nous allons exposer l'une après l'autre.

Introduisons en premier lieu une nouvelle variable z par la substitution linéaire et entière

$$x-a_1 = (a_2-a_1)z; \tag{15}$$

posons

$$(16)\qquad b_1 = \frac{a_3 - a_1}{a_2 - a_1}, \quad b_2 = \frac{a_4 - a_1}{a_2 - a_1}, \quad \ldots \quad b_{2\nu-2} = \frac{a_{2\nu} - a_1}{a_2 - a_1},$$

d'où

$$1 < b_1 < b_2 < \cdots < b_{2\nu-2},$$

de sorte qu'à des valeurs de x, décroissantes depuis a_1 jusqu'à $-\infty$ et de $+\infty$ jusqu'à $a_{2\nu}$ dans le premier cas, ou croissantes depuis a_1 jusqu'à $+\infty$ et de $-\infty$ jusqu'à $a_{2\nu}$ dans le second cas, correspondent, dans l'un et l'autre cas, des valeurs de z décroissantes depuis 0 jusqu'à $-\infty$ et de $+\infty$ jusqu'à $b_{2\nu-2}$. On aura

$$(17)\qquad \sqrt{X} = (a_2 - a_1)^\nu \sqrt{Z},$$

$$(18)\qquad Z = z(z-1)(z-b_1)(z-b_2)\ldots(z-b_{2\nu-2}),$$

le radical $\sqrt{Z}$ devant être pris avec le même signe que z^ν dans l'un et l'autre des deux intervalles de z que l'on considère.

Concevons que le radical $\sqrt{Z}$ soit développé en fraction continue d'après la méthode du n^0 1, la variable z étant considérée comme variable indépendante, et soient ϖ_n, χ_n, ϱ_n, σ_n, $\omega_n = \frac{\sqrt{Z}+\varrho_n}{\sigma_n}$ les quantités qui dans le développement de $\sqrt{Z}$ remplacent les quantités p_n, q_n, r_n, s_n, $w_n = \frac{\sqrt{X}+r_n}{s_n}$ obtenues dans le développement de $\sqrt{X}$; ces nouvelles quantités ϖ_n, χ_n, ... se distingueront seulement par des facteurs constants de leurs correspondantes p_n, q_n, ... En effet, on s'assure aisément que l'on a

$$(19)\qquad \begin{cases} p_{2n} = (a_2 - a_1)^\nu \varpi_{2n}, & p_{2n+1} = \varpi_{2n+1}, \\ q_{2n} = \chi_{2n}, & q_{2n+1} = \dfrac{1}{(a_2 - a_1)^\nu} \chi_{2n+1}, \\ & r_n = (a_2 - a_1)^\nu \varrho_n, \\ s_{2n} = (a_2 - a_1)^{2\nu} \sigma_{2n}, & s_{2n+1} = \sigma_{2n+1}, \\ w_{2n} = \dfrac{1}{(a_2 - a_1)^\nu} \omega_{2n}, & w_{2n+1} = (a_2 - a_1)^\nu \omega_{2n+1}. \end{cases}$$

Les valeurs de $\sqrt{X}$, p_n, q_n, r_n, s_n étant substituées dans les équations (8), (10), (11), (12), (13), celles-ci deviennent

$$(8^*)\qquad \varpi_n \chi_{n-1} - \chi_n \varpi_{n-1} = (-1)^{n-1},$$

$$(10^*)\qquad \varpi_n^2 - Z\chi_n^2 = (-1)^{n-1}\sigma_n,$$

$$(11^*)\qquad \varpi_n \varpi_{n-1} - Z\chi_n \chi_{n-1} = (-1)^n \varrho_n,$$

$$(12^*)\qquad \varrho_n^2 - Z = -\sigma_n \sigma_{n-1},$$

$$(13^*)\qquad \varpi_n - \chi_n \sqrt{Z} = \frac{(-1)^{n-1}}{\chi_n \omega_n + \chi_{n-1}},$$

équations qui se rapportent même à $n=0$, si l'on convient de faire

$$\varpi_{-1}=1,\quad \chi_{-1}=0,\quad \sigma_{-1}=1.$$

Introduisons, en second lieu, une nouvelle variable y au lieu de z par la substitution linéaire et fractionnaire

$$(20)\qquad \frac{z}{z-1}=\frac{y}{\eta},\quad z=\frac{y}{y-\eta}.$$

Posons

$$\eta=\frac{b_{2\nu-2}-1}{b_{2\nu-2}},\quad \varkappa_1^2\eta=\frac{b_{2\nu-3}-1}{b_{2\nu-3}},\quad \varkappa_2^2\eta=\frac{b_{2\nu-4}-1}{b_{2\nu-4}},\quad \ldots\quad \varkappa_{2\nu-3}^2\eta=\frac{b_1-1}{b_1},$$

d'où

$$(21)\quad b_{2\nu-2}=\frac{1}{1-\eta},\quad b_{2\nu-3}=\frac{1}{1-\varkappa_1^2\eta},\quad b_{2\nu-4}=\frac{1}{1-\varkappa_2^2\eta},\quad \ldots\quad b_1=\frac{1}{1-\varkappa_{2\nu-3}^2\eta},$$

$$0<\eta<1,\quad 1>\varkappa_1^2>\varkappa_2^2>\cdots>\varkappa_{2\nu-3}^2>0,$$

de sorte qu'à des valeurs de z décroissantes depuis 0 jusqu'à $-\infty$ et de $+\infty$ jusqu'à $b_{2\nu-2}$ correspondent des valeurs de y croissantes depuis 0 jusqu'à η et de η jusqu'à 1. On aura

$$z=\frac{y}{y-\eta},\quad z-1=\frac{\eta}{y-\eta},$$

$$z-b_{2\nu-2}=\frac{\eta}{1-\eta}\cdot\frac{1-y}{y-\eta},\quad \ldots\quad z-b_{2\nu-2-i}=\frac{\eta}{1-\varkappa_i^2\eta}\cdot\frac{1-\varkappa_i^2 y}{y-\eta},\quad \ldots$$

$$(22)\qquad \sqrt{Z}=\left(\frac{\eta}{y-\eta}\right)^{\nu}\sqrt{\frac{Y}{H}},$$

$$(23)\qquad \begin{cases} Y=y(1-y)(1-\varkappa_1^2 y)(1-\varkappa_2^2 y)\ldots(1-\varkappa_{2\nu-3}^2 y)\\ H=\eta(1-\eta)(1-\varkappa_1^2\eta)(1-\varkappa_2^2\eta)\ldots(1-\varkappa_{2\nu-3}^2\eta),\end{cases}$$

le radical $\sqrt{\frac{Y}{H}}$ ayant le signe + dans tout l'intervalle de y depuis 0 jusqu'à 1. Si l'on convient de prendre $\sqrt{H}$ avec le signe +, $\sqrt{Y}$ aura donc aussi le signe +.

En introduisant y au lieu de z dans ϖ_n, χ_n, ϱ_n, σ_n, $\omega_n=\frac{\sqrt{Z}+\varrho_n}{\sigma_n}$, ces quantités prennent la forme

$$(24)\qquad \begin{cases} \varpi_n=\dfrac{P_n}{(y-\eta)^{n+\nu}},\quad \chi_n=\dfrac{Q_n}{(y-\eta)^n},\quad \varrho_n=\dfrac{R_n}{(y-\eta)^{\nu}},\quad \sigma_n=\dfrac{S_n}{(y-\eta)^{\nu-1}},\\[2ex] \omega_n=\dfrac{W_n}{y-\eta},\quad W_n=\dfrac{\eta^{\nu}\sqrt{\frac{Y}{H}}+R_n}{S_n},\end{cases}$$

P_n, Q_n, R_n, S_n représentant des fonctions entières de y respectivement des degrés $n+\nu$, n, ν, $\nu-1$. En même temps les équations (8*), (10*), (11*), (12*), (13*) se changent en

$$P_n Q_{n-1} - Q_n P_{n-1} = (-1)^{n-1}(y-\eta)^{2n+\nu-1}, \tag{25}$$

$$P_n^2 - \eta^{2\nu} Q_n^2 \frac{Y}{H} = (-1)^{n-1}(y-\eta)^{2n+\nu+1} S_n, \tag{26}$$

$$P_n P_{n-1} - \eta^{2\nu} Q_n Q_{n-1} \frac{Y}{H} = (-1)^n (y-\eta)^{2n+\nu-1} R_n, \tag{27}$$

$$R_n^2 - \eta^{2\nu} \frac{Y}{H} = -(y-\eta)^2 S_n S_{n-1}, \tag{28}$$

$$P_n - \eta^\nu Q_n \sqrt{\frac{Y}{H}} = (-1)^{n-1} \cdot \frac{(y-\eta)^{2n+\nu+1}}{Q_n W_n + (y-\eta)^2 Q_{n-1}}. \tag{29}$$

Le premier membre de l'équation (29) est divisible par $(y-\eta)^{2n+\nu+1}$. En effet, d'après les équations (17), (19), (22), (24), on a

$$\frac{r_n}{\sqrt{X}} = \frac{\varrho_n}{\sqrt{Z}} = \frac{R_n}{\eta^\nu \sqrt{\frac{Y}{H}}}.$$

Mais, en vertu des conventions faites sur le signe de r_0, en vertu des équations (4), et en égard aux degrés des quantités $u_0, u_1, u_2, \ldots$, on a pour $y=\eta$, c. à. d. pour $x = \pm\infty$

$$\frac{r_0}{\sqrt{X}} = 1, \quad \frac{r_n}{r_0} = 1,$$

donc pour $y=\eta$ il vient

$$R_n = \eta^\nu.$$

Par conséquent, pour $y=\eta$ la quantité $W_n = \dfrac{\eta^\nu \sqrt{\frac{Y}{H}} + R_n}{S_n}$, dont le numérateur devient $= 2\eta^\nu$, ne peut pas s'évanouir. Pour $y=\eta$ la quantité Q_n ne peut non plus s'évanouir, car si Q_n était divisible par $y-\eta$, q_n serait d'un degré inférieur à n, ce qui est impossible. Donc, pour $y=\eta$, le dénominateur $Q_n W_n + (y-\eta)^2 Q_{n-1}$ du second membre de l'équation (29) est différent de zéro, donc le premier membre est divisible par $(y-\eta)^{2n+\nu+1}$, c. q. f. d.

Tout se réduit à présent à la solution des deux équations (26), (28), après quoi les quantités r_n, s_n sont déterminées par les formules (19), (24).

Les deux substitutions (15), (20) réunies donnent

$$\frac{x-a_1}{x-a_2} = \frac{y}{\eta},$$

et en éliminant les quantités $b_1, b_2, \ldots b_{2\nu-2}$ entre les équations (16), (21), il vient

$$\eta = \frac{a_{2\nu}-a_2}{a_{2\nu}-a_1}, \quad \varkappa_1^2\eta = \frac{a_{2\nu-1}-a_2}{a_{2\nu-1}-a_1}, \quad \varkappa_2^2\eta = \frac{a_{2\nu-2}-a_2}{a_{2\nu-2}-a_1}, \quad \ldots \quad \varkappa_{2\nu-3}^2\eta = \frac{a_3-a_2}{a_3-a_1},$$

donc y dépend de x par l'équation

$$\frac{x-a_1}{x-a_2} = \frac{a_{2\nu}-a_1}{a_{2\nu}-a_2}y.$$

Cette substitution, équivalente à deux substitutions différentes dans les deux hypothèses que les quantités $a_1, a_2, \ldots a_{2\nu}$ forment une série croissante ou décroissante, est identique à deux des 4ν substitutions linéaires de M. Richelot, énumérées dans le Mémoire cité ci-dessus. En examinant de plus près ces 4ν substitutions, l'on trouve que dans $4\nu-4$ de ces substitutions, la quantité η est > 1; que dans deux, η peut être > 1 ou < 1, suivant les valeurs particulières de $a_1, a_2, \ldots a_{2\nu}$; et que les deux substitutions qui restent sont les seules dans lesquelles η est toujours < 1, quelles que soient les valeurs particulières de $a_1, a_2, \ldots a_{2\nu}$. Ce sont ces deux dernières substitutions que l'on vient de composer en appliquant l'une après l'autre les substitutions (15), (20).

3.

Après avoir exposé dans le numéro précédent la substitution linéaire qui conduit de la variable x à la variable y par l'intermédiaire de z, énonçons à-présent le théorème d'Abel sous la forme dont nous aurons besoin dans le cours de ces recherches. Ce théorème*) peut être énoncé comme il suit:

„Soient $\varphi_1(y)$, $\varphi_2(y)$ deux fonctions entières données de y, telles que le produit $\varphi_1(y)\varphi_2(y)$ s'élève au degré 2ν ou $2\nu-1$; soit $\Psi(y)$ la fonction transcendante définie par l'équation

$$(30) \qquad \Psi(y) = \int \frac{L_0 + L_1 y + \cdots + L_{\nu-2}y^{\nu-2}}{\sqrt{\varphi_1(y)\varphi_2(y)}}\,dy,$$

les coefficients $L_0, L_1, \ldots L_{\nu-2}$ désignant des quantités quelconques; soient V, W deux fonctions entières de y telles que l'expression

$$\mathfrak{Y} = \varphi_1(y)V^2 - \varphi_2(y)W^2$$

*) Voyez le Mémoire d'Abel: „*Remarques sur quelques propriétés générales d'une certaine sorte de fonctions transcendantes*“, T. 3 p. 313 du Journal de M. Crelle, ou Oeuvres complètes d'Abel, édit. publ. par Holmboe, T. 1 p. 288 [nouv. édit. publ. par Sylow et Lie, T. 1 p. 444]; et le Mémoire de Jacobi: „*Ueber die Additionstheoreme der Abelschen Integrale zweiter und dritter Gattung*“, T. 30 p. 121 du Journal de M. Crelle [Jacobi's Gesammelte Werke, Bd. 2 p. 75].

s'élève au degré N. Déterminons V, W de sorte que $\mathfrak{Y}$ soit divisible par le produit des $N-\nu+1$ facteurs linéaires

$$y-x_1,\quad y-x_2,\quad \ldots\quad y-x_{N-\nu+1},$$

et soient y_1, y_2, ... $y_{\nu-1}$ les $\nu-1$ racines que l'on obtient en égalant à zéro le quotient

$$\frac{\varphi_1(y)V^2-\varphi_2(y)W^2}{(y-x_1)(y-x_2)\ldots(y-x_{N-\nu+1})},$$

de sorte que l'on a identiquement

$$(31)\quad \begin{cases} \mathfrak{Y}=\varphi_1(y)V^2-\varphi_2(y)W^2 \\ =\mathfrak{Y}(a)\cdot\dfrac{(y-x_1)(y-x_2)\ldots(y-x_{N-\nu+1})(y-y_1)(y-y_2)\ldots(y-y_{\nu-1})}{(a-x_1)(a-x_2)\ldots(a-x_{N-\nu+1})(a-y_1)(a-y_2)\ldots(a-y_{\nu-1})}, \end{cases}$$

a désignant une constante quelconque. Cela posé, les $\nu-1$ racines y_1, y_2, ... $y_{\nu-1}$ sont des fonctions des $N-\nu+1$ racines x_1, x_2, ... $x_{N-\nu+1}$ telles qu'elles vérifient en même temps, pour toutes les valeurs possibles des coefficients L_0, L_1, ... $L_{\nu-2}$, la relation transcendante

$$(32)\quad \begin{cases} \delta_1\Psi(x_1)+\delta_2\Psi(x_2)+\cdots+\delta_{N-\nu+1}\Psi(x_{N-\nu+1}) \\ =\delta'\Psi(y_1)+\delta''\Psi(y_2)+\cdots+\delta^{(\nu-1)}\Psi(y_{\nu-1})+C, \end{cases}$$

C désignant une constante. δ_1, δ_2, ... $\delta_{N-\nu+1}$, δ', δ'', ... $\delta^{(\nu-1)}$ sont $+1$ ou -1, et l'on a

$$\delta_i=+1 \text{ ou } =-1,$$

suivant que $y-x_i$ divise $\sqrt{\varphi_1(y)}.V-\sqrt{\varphi_2(y)}.W$ ou $\sqrt{\varphi_1(y)}.V+\sqrt{\varphi_2(y)}.W$;

$$\delta^{(k)}=+1 \text{ ou } =-1,$$

suivant que $y-y_k$ divise $\sqrt{\varphi_1(y)}.V+\sqrt{\varphi_2(y)}.W$ ou $\sqrt{\varphi_1(y)}.V-\sqrt{\varphi_2(y)}.W$."

Non seulement l'équation transcendante (32) est une conséquence de l'équation algébrique (31), mais ces deux équations peuvent se remplacer mutuellement, de sorte que l'on a aussi le théorème inverse:

„Les quantités x_1, x_2, ... $x_{N-\nu+1}$ et les signes δ_1, δ_2, ... $\delta_{N-\nu+1}$ étant donnés, les quantités y_1, y_2, ... $y_{\nu-1}$ et les signes δ', δ'', ... $\delta^{(\nu-1)}$ propres à satisfaire, pour toutes les valeurs possibles des coefficients L_0, L_1, ... $L_{\nu-2}$, à l'équation transcendante (32) vérifient en même temps l'équation algébrique (31), et cette vérification se fait en sorte que

$$(33)\quad \begin{cases} y-x_i \text{ divise le facteur irrationnel } \sqrt{\varphi_1(y)}.V-\delta_i\sqrt{\varphi_2(y)}.W, \\ y-y_k \text{ divise le facteur irrationnel } \sqrt{\varphi_1(y)}.V+\delta^{(k)}\sqrt{\varphi_2(y)}.W." \end{cases}$$

La dernière partie de ce théorème établit entre les intégrales et les expressions algébriques une correspondance de signe qui est d'une grande importance pour les applications ultérieures.

Les limites inférieures des intégrales sont des constantes quelconques. Dans le cas particulier où ces limites inférieures forment un second système de racines propres à vérifier l'équation $\mathfrak{Y} = 0$, la constante C s'évanouit, quelles que soient les valeurs des coefficients $L_0, L_1, \ldots L_{\nu-2}$.

Posons

$$(34) \qquad (1-y)(1-\varkappa_1^2 y)(1-\varkappa_2^2 y)\ldots(1-\varkappa_{2\nu-3}^2 y) = \Phi(y) = \frac{Y}{y},$$

et faisons les hypothèses spéciales suivantes:

1°. $\varphi_1(y) = 1$, $\varphi_2(y) = y\Phi(y)$, V du degré $n+\nu$, W du degré n.

2°. $\varphi_1(y) = y$, $\varphi_2(y) = \Phi(y)$, V du degré $n+\nu-1$, W du degré n.

Dans l'un et l'autre cas toutes les racines de l'équation $\mathfrak{Y} = 0$ peuvent s'évanouir ensemble, donc, en prenant toutes les intégrales depuis la limite inférieure 0, la constante C disparaît, quelles que soient les valeurs des coefficients L_0, $L_1, \ldots L_{\nu-2}$, et en faisant $a = 0$ l'on obtient les deux théorèmes:

Théorème I. Soit

$$(35) \qquad \Psi(y) = \int_0^y \frac{L_0 + L_1 y + \cdots + L_{\nu-2} y^{\nu-2}}{\sqrt{y\Phi(y)}}\, dy,$$

$\Phi(y)$ désignant la fonction définie par l'équation (34), soient V et W des fonctions entières de y des degrés $n+\nu$ et n; considérons l'équation transcendante

$$(36) \qquad \begin{cases} \delta_1 \Psi(x_1) + \delta_2 \Psi(x_2) + \cdots + \delta_{2n+\nu+1} \Psi(x_{2n+\nu+1}) \\ = \delta' \Psi(y_1) + \delta'' \Psi(y_2) + \cdots + \delta^{(\nu-1)} \Psi(y_{\nu-1}), \end{cases}$$

ayant lieu pour toutes les valeurs possibles des coefficients L_0, $L_1, \ldots L_{\nu-2}$, et l'équation algébrique

$$(37) \qquad \begin{cases} \mathfrak{Y} = V^2 - y\Phi(y) W^2 \\ = V^2(0)\left(1-\frac{y}{x_1}\right)\left(1-\frac{y}{x_2}\right)\cdots\left(1-\frac{y}{x_{2n+\nu+1}}\right)\left(1-\frac{y}{y_1}\right)\left(1-\frac{y}{y_2}\right)\cdots\left(1-\frac{y}{y_{\nu-1}}\right), \end{cases}$$

avec les conditions

$$(38) \qquad \begin{cases} V - \delta_i \sqrt{y\Phi(y)}.\, W \text{ divisible par } y - x_i, \\ V + \delta^{(k)} \sqrt{y\Phi(y)}.\, W \text{ divisible par } y - y_k. \end{cases}$$

Cela posé, les quantités $x_1, x_2, \ldots x_{2n+\nu+1}$ et les signes $\delta_1, \delta_2, \ldots \delta_{2n+\nu+1}$ étant donnés, l'équation transcendante (36) d'une part, et l'équation algébrique (37) avec les conditions (38) d'autre part, donnent aux quantités $y_1, y_2, \ldots y_{\nu-1}$ et aux signes $\delta', \delta'', \ldots \delta^{(\nu-1)}$ des valeurs identiques et peuvent, par conséquent, être remplacées l'une par l'autre.

Théorème II. Soit

$$\Psi(y) = \int_0^y \frac{L_0 + L_1 y + \cdots + L_{\nu-2} y^{\nu-2}}{\sqrt{y\Phi(y)}} dy, \tag{35}$$

$\Phi(y)$ désignant la fonction définie par l'équation (34), soient V et W des fonctions entières de y des degrés $n+\nu-1$ et n; considérons l'équation transcendante

$$\left\{\begin{array}{l} \delta_1 \Psi(x_1) + \delta_2 \Psi(x_2) + \cdots + \delta_{2n+\nu} \Psi(x_{2n+\nu}) \\ = \delta' \Psi(y_1) + \delta'' \Psi(y_2) + \cdots + \delta^{(\nu-1)} \Psi(y_{\nu-1}), \end{array}\right. \tag{39}$$

ayant lieu pour toutes les valeurs possibles des coefficients $L_0, L_1, \ldots L_{\nu-2}$, et l'équation algébrique

$$\left\{\begin{array}{l} \mathfrak{Y} = yV^2 - \Phi(y)W^2 \\ = -W^2(0)\left(1-\frac{y}{x_1}\right)\left(1-\frac{y}{x_2}\right)\cdots\left(1-\frac{y}{x_{2n+\nu}}\right)\left(1-\frac{y}{y_1}\right)\left(1-\frac{y}{y_2}\right)\cdots\left(1-\frac{y}{y_{\nu-1}}\right), \end{array}\right. \tag{40}$$

avec les conditions

$$\left\{\begin{array}{ll} \sqrt{y}.V - \delta_i \sqrt{\Phi(y)}.W & \text{divisible par } y - x_i, \\ \sqrt{y}.V + \delta^{(k)} \sqrt{\Phi(y)}.W & \text{divisible par } y - y_k. \end{array}\right. \tag{41}$$

Cela posé, les quantités $x_1, x_2, \ldots x_{2n+\nu}$ et les signes $\delta_1, \delta_2, \ldots \delta_{2n+\nu}$ étant donnés, l'équation transcendante (39) d'une part, et l'équation algébrique (40) avec les conditions (41) d'autre part, donnent aux quantités $y_1, y_2, \ldots y_{\nu-1}$ et aux signes $\delta', \delta'', \ldots \delta^{(\nu-1)}$ des valeurs identiques, et peuvent, par conséquent, être remplacées l'une par l'autre.

4.

Revenons, après ces explications préliminaires, à la solution des équations (26), (28), solution à laquelle se réduit, comme il a déjà été remarqué dans le n° 2, toute la question dont il s'agit.

Considérons d'abord les équations (26) et (29) du n° 2, savoir

$$P_n^2 - \eta^{2\nu} Q_n^2 \frac{Y}{H} = (-1)^{n-1} (y-\eta)^{2n+\nu+1} S_n, \tag{26}$$

$$P_n - \eta^\nu Q_n \sqrt{\frac{Y}{H}} = (-1)^{n-1} . \frac{(y-\eta)^{2n+\nu+1}}{Q_n W_n + (y-\eta)^2 Q_{n-1}}, \tag{29}$$

P_n étant du degré $n+\nu$ et Q_n du degré n.

L'équation (26) se trouve comprise dans le nombre des équations (37), auxquelles se rapporte le théorème I du numéro précédent. En effet, soient $\alpha_1, \alpha_2, \dots \alpha_{\nu-1}$ les $\nu-1$ valeurs de y pour lesquelles S_n s'évanouit, et posons

$$V = P_n, \quad W = \frac{\eta^\nu Q_n}{\sqrt{H}},$$

$$x_1 = x_2 = \cdots = x_{2n+\nu+1} = \eta, \quad y_1 = \alpha_1, \quad y_2 = \alpha_2, \dots y_{\nu-1} = \alpha_{\nu-1},$$

alors l'équation (37) se change en l'équation (26).

Or, en vertu des remarques faites à la fin du n° 2 relativement à l'équation (29) son premier membre est divisible par $(y-\eta)^{2n+\nu+1}$, c. à. d. que toutes les différences $y-x_i$ divisent le même facteur irrationel

$$P_n - \eta^\nu Q_n \sqrt{\frac{Y}{H}} = V - W\sqrt{y\Phi(y)},$$

ou, ce qui revient au même, que tous les signes $\delta_1, \delta_2, \dots \delta_{2n+\nu+1}$ sont positifs. Donc, en désignant dans le cas spécial dont il s'agit par $\varepsilon', \varepsilon'', \dots \varepsilon^{(\nu-1)}$ les signes représentés par $\delta', \delta'', \dots \delta^{(\nu-1)}$ dans le cas général du théorème I, on parvient, par l'application de ce théorème, au résultat suivant:

Les $\nu-1$ racines $\alpha_1, \alpha_2, \dots \alpha_{\nu-1}$ de l'équation $S_n = 0$ sont des fonctions de η telles qu'en posant

$$(35) \qquad \Psi(y) = \int_0^y \frac{L_0 + L_1 y + \cdots + L_{\nu-2} y^{\nu-2}}{\sqrt{Y}} dy,$$

elles vérifient, pour toutes les valeurs possibles des coefficients $L_0, L_1, L_2, \dots L_{\nu-2}$, l'équation transcendante

$$(42) \qquad (2n+\nu+1)\Psi(\eta) = \varepsilon'\Psi(\alpha_1) + \varepsilon''\Psi(\alpha_2) + \cdots + \varepsilon^{(\nu-1)}\Psi(\alpha_{\nu-1}),$$

$\varepsilon', \varepsilon'', \dots \varepsilon^{(\nu-1)}$ étant $+1$ ou -1.

Quel que soit le nombre entier μ, on peut toujours définir $\nu-1$ arguments $\eta'_\mu, \eta''_\mu, \dots \eta^{(\nu-1)}_\mu$ par la condition que l'on ait, pour des valeurs quelconques des coefficients $L_0, L_1, \dots L_{\nu-2}$, l'équation

$$(43) \qquad \mu\Psi(\eta) = \pm\Psi(\eta'_\mu) \pm \Psi(\eta''_\mu) \pm \cdots \pm \Psi(\eta^{(\nu-1)}_\mu),$$

et alors $\eta'_\mu, \eta''_\mu, \dots \eta^{(\nu-1)}_\mu$ seront ce que l'on peut appeler *les arguments multiples de η de l'ordre μ* (relativement aux intégrales Ψ). Cette notation introduite, les racines $\alpha_1, \alpha_2, \dots \alpha_{\nu-1}$ de l'équation $S_n = 0$ sont identiques aux $\nu-1$ arguments $\eta'_{2n+\nu+1}, \eta''_{2n+\nu+1}, \dots \eta^{(\nu-1)}_{2n+\nu+1}$, multiples de η de l'ordre $2n+\nu+1$. Donc, en désignant par $S_n(0)$ la valeur de S_n pour $y=0$, on obtient

$$(44) \qquad S_n = S_n(0)\left(1 - \frac{y}{\eta'_{2n+\nu+1}}\right)\left(1 - \frac{y}{\eta''_{2n+\nu+1}}\right)\cdots\left(1 - \frac{y}{\eta^{(\nu-1)}_{2n+\nu+1}}\right).$$

De plus, on conclut de la correspondance de signe établie par le théorème d'Abel que chaque différence

$$y-\alpha_i \text{ divise le facteur irrationnel } P_n+\varepsilon^{(i)}\eta^\nu Q_n\sqrt{\frac{Y}{H}},$$

de sorte que

$$(45)\qquad P_n=-\varepsilon^{(i)}\eta^\nu Q_n\sqrt{\frac{Y}{H}} \quad \text{pour } y=\alpha_i.$$

Ayant déterminé la fonction S_n au coefficient $S_n(0)$ près, il s'agit de calculer ce coefficient et la fonction R_n, ce qui se fait à l'aide de l'équation (28) du nº.2, savoir de l'équation

$$(28)\qquad R_n^2-\eta^{2\nu}\frac{Y}{H}=-(y-\eta)^2 S_n S_{n-1}.$$

Soit, pour abréger,

$$(46)\qquad \begin{cases} \eta'_{2n+\nu+1}=\alpha_1, & \eta''_{2n+\nu+1}=\alpha_2, & \ldots & \eta^{(\nu-1)}_{2n+\nu+1}=\alpha_{\nu-1} \\ \eta'_{2n+\nu}\ \ =\beta_1, & \eta''_{2n+\nu}\ \ =\beta_2, & \ldots & \eta^{(\nu-1)}_{2n+\nu}\ \ =\beta_{\nu-1} \\ \eta'_{2n+\nu-1}=\gamma_1, & \eta''_{2n+\nu-1}=\gamma_2, & \ldots & \eta^{(\nu-1)}_{2n+\nu-1}=\gamma_{\nu-1}, \end{cases}$$

tous les arguments $\eta^{(i)}_{2n+\nu+1}$, $\eta^{(i)}_{2n+\nu}$, $\eta^{(i)}_{2n+\nu-1}$ étant définis par des équations de la forme (43), et soit

$$(47)\qquad \begin{cases} A(y)=(y-\alpha_1)(y-\alpha_2)\ldots(y-\alpha_{\nu-1}) \\ B(y)=(y-\beta_1)(y-\beta_2)\ldots(y-\beta_{\nu-1}) \\ C(y)=(y-\gamma_1)(y-\gamma_2)\ldots(y-\gamma_{\nu-1}), \end{cases}$$

de sorte que les quantités $\alpha_1, \alpha_2, \ldots \alpha_{\nu-1}$; $\beta_1, \beta_2, \ldots \beta_{\nu-1}$; $\gamma_1, \gamma_2, \ldots \gamma_{\nu-1}$ satisfont aux équations transcendantes

$$(48)\qquad \begin{cases} (2n+\nu+1)\Psi(\eta)=\varepsilon'\Psi(\alpha_1)+\varepsilon''\Psi(\alpha_2)+\cdots+\varepsilon^{(\nu-1)}\Psi(\alpha_{\nu-1}) \\ \qquad (2n+\nu)\Psi(\eta)=e'\Psi(\beta_1)+e''\Psi(\beta_2)+\cdots+e^{(\nu-1)}\Psi(\beta_{\nu-1}) \\ (2n+\nu-1)\Psi(\eta)=\varepsilon'_1\Psi(\gamma_1)+\varepsilon''_1\Psi(\gamma_2)+\cdots+\varepsilon_1^{(\nu-1)}\Psi(\gamma_{\nu-1}), \end{cases}$$

$\varepsilon', \varepsilon'', \ldots \varepsilon^{(\nu-1)}$; $e', e'', \ldots e^{(\nu-1)}$; $\varepsilon'_1, \varepsilon''_1, \ldots \varepsilon_1^{(\nu-1)}$ étant $+1$ ou -1.

De ces équations on déduit

$$(49)\qquad \begin{cases} e'\Psi(\beta_1)+e''\Psi(\beta_2)+\cdots+e^{(\nu-1)}\Psi(\beta_{\nu-1})+\Psi(\eta) \\ \qquad =\varepsilon'\Psi(\alpha_1)+\varepsilon''\Psi(\alpha_2)+\cdots+\varepsilon^{(\nu-1)}\Psi(\alpha_{\nu-1}), \end{cases}$$

$$(50)\qquad \begin{cases} e'\Psi(\beta_1)+e''\Psi(\beta_2)+\cdots+e^{(\nu-1)}\Psi(\beta_{\nu-1})-\Psi(\eta) \\ \quad =\varepsilon_1'\Psi(\gamma_1)+\varepsilon_1''\Psi(\gamma_2)+\cdots+\varepsilon_1^{(\nu-1)}\Psi(\gamma_{\nu-1}), \end{cases}$$

$$(51)\qquad \begin{cases} \varepsilon_1'\Psi(\gamma_1)+\varepsilon_1''\Psi(\gamma_2)+\cdots+\varepsilon_1^{(\nu-1)}\Psi(\gamma_{\nu-1})+2\Psi(\eta) \\ \quad =\varepsilon'\Psi(\alpha_1)+\varepsilon''\Psi(\alpha_2)+\cdots+\varepsilon^{(\nu-1)}\Psi(\alpha_{\nu-1}), \end{cases}$$

dont la dernière est une conséquence des deux premières.

Considérons les équations (25), (27), (28) du n° 2, savoir

$$(25)\qquad P_nQ_{n-1}-Q_nP_{n-1}=(-1)^{n-1}(y-\eta)^{2n+\nu-1},$$

$$(27)\qquad P_nP_{n-1}-\eta^{2\nu}Q_nQ_{n-1}\frac{Y}{H}=(-1)^n(y-\eta)^{2n+\nu-1}R_n,$$

$$(28)\qquad R_n^2-\eta^{2\nu}\frac{Y}{H}=-(y-\eta)^2S_nS_{n-1}.$$

Des équations (25), (27) on déduit

$$(-1)^n(y-\eta)^{2n+\nu-1}\left\{R_n-\varepsilon\eta^\nu\sqrt{\frac{Y}{H}}\right\}=\left\{P_n-\varepsilon\eta^\nu Q_n\sqrt{\frac{Y}{H}}\right\}\left\{P_{n-1}+\varepsilon\eta^\nu Q_{n-1}\sqrt{\frac{Y}{H}}\right\},$$

ε pouvant être $+1$ ou -1. Dans cette équation,

pour $\varepsilon=+1$, le premier facteur du second membre est divisible par $(y-\eta)^{2n+\nu+1}$, d'après l'équation (29);

pour $\varepsilon=-\varepsilon^{(i)}$, le premier facteur du second membre est divisible par $y-\alpha_i$, d'après l'équation (45);

pour $\varepsilon=\varepsilon_1^{(i)}$, le second facteur du second membre est divisible par $y-\gamma_i$, d'après l'équation que l'on déduit de (45), lorsqu'on y change n en $n-1$.

Donc on a les conditions:

$$(52)\qquad \begin{cases} R_n-\eta^\nu\sqrt{\frac{Y}{H}} \quad \text{divisible par } (y-\eta)^2, \\ R_n+\varepsilon^{(i)}\eta^\nu\sqrt{\frac{Y}{H}} \quad \text{divisible par } y-\alpha_i, \\ R_n-\varepsilon_1^{(i)}\eta^\nu\sqrt{\frac{Y}{H}} \quad \text{divisible par } y-\gamma_i. \end{cases}$$

L'équation (28) et les conditions (52) se trouvent comprises respectivement dans l'équation (37) et dans les conditions (38) du théorème I, sous les hypothèses:

$$n=0,\quad V=R_n,\quad W=\frac{\eta^\nu}{\sqrt{H}}$$

$$x_1=\gamma_1,\quad x_2=\gamma_2,\quad \ldots\quad x_{\nu-1}=\gamma_{\nu-1},\quad x_\nu=\eta,\quad x_{\nu+1}=\eta$$

$$\delta_1=\varepsilon_1',\quad \delta_2=\varepsilon_1'',\quad \ldots\quad \delta_{\nu-1}=\varepsilon_1^{(\nu-1)},\quad \delta_\nu=1,\quad \delta_{\nu+1}=1$$

$$y_1=\alpha_1,\quad y_2=\alpha_2,\quad \ldots\quad y_{\nu-1}=\alpha_{\nu-1}$$

$$\delta'=\varepsilon',\quad \delta''=\varepsilon'',\quad \ldots\quad \delta^{(\nu-1)}=\varepsilon^{(\nu-1)},$$

donc l'équation (51) est l'équation transcendante par laquelle, en vertu du théorème I, l'équation algébrique (28), avec les conditions (52), peut être remplacée.

Aux conditions (52) on peut substituer les 2ν équations:

$$(52^*)\quad \begin{cases} \frac{\sqrt{H}}{\eta^\nu} R_n(\eta) = \sqrt{H}, & \frac{\sqrt{H}}{\eta^\nu} R'_n(\eta) = \frac{1}{2}\frac{H'}{\sqrt{H}} \\ \frac{\sqrt{H}}{\eta^\nu} R_n(\alpha_i) = -\varepsilon^{(i)}\sqrt{\alpha_i \Phi(\alpha_i)}, & \frac{\sqrt{H}}{\eta^\nu} R_n(\gamma_i) = \varepsilon_1^{(i)}\sqrt{\gamma_i \Phi(\gamma_i)} \\ (i = 1, 2, \ldots \nu-1). \end{cases}$$

Si parmi ces 2ν équations on en choisissait arbitrairement $\nu+1$ quelconques, elles suffiraient pour déterminer, au moyen de la formule d'interpolation de Lagrange, la quantité R_n (fonction entière de x du degré ν). Mais la forme, sous laquelle R_n se présenterait alors, manquerait de symétrie, ou serait au moins très-compliquée.

Pour arriver à l'expression la plus simple de R_n on prendra la route suivante:

On remplacera d'abord l'équation algébrique (28) avec les conditions (52) par l'équation transcendante (51), puis cette dernière par les deux équations transcendantes (49), (50), dont elle est la conséquence. Enfin, les équations transcendantes (49), (50) se trouvant comprises dans l'équation (39) du théorème II, on les remplacera, en vertu de ce théorème, par deux équations algébriques de la forme (40) avec des conditions de la forme (41), et l'on se trouvera ainsi conduit à remplacer l'équation algébrique (28) avec les conditions (52) par deux équations algébriques simultanées avec les conditions nécessaires qu'il faut y joindre.

Tout se réduit donc à appliquer le théorème II du numéro précédent aux équations (49), (50). Ces deux équations transcendantes sont en effet comprises dans l'équation (39) du théoreme II sous les deux hypothèses:

$$1^{\circ}.\quad \begin{cases} n = 0, \quad V = V, \quad W = 1 \\ x_1 = \beta_1, \quad x_2 = \beta_2, \quad \ldots \quad x_{\nu-1} = \beta_{\nu-1}, \quad x_\nu = \eta \\ \delta_1 = e', \quad \delta_2 = e'', \quad \ldots \quad \delta_{\nu-1} = e^{(\nu-1)}, \quad \delta_\nu = +1 \\ y_1 = \alpha_1, \quad y_2 = \alpha_2, \quad \ldots \quad y_{\nu-1} = \alpha_{\nu-1} \\ \delta' = \varepsilon', \quad \delta'' = \varepsilon'', \quad \ldots \quad \delta^{(\nu-1)} = \varepsilon^{(\nu-1)}; \end{cases}$$

$$2^0.\quad \begin{cases} n=0,\ V=V_1,\quad W=1 \\ x_1=\beta_1,\ x_2=\beta_2,\ \ldots\ x_{\nu-1}=\beta_{\nu-1},\ x_\nu=\eta \\ \delta_1=e',\ \delta_2=e'',\ \ldots\ \delta_{\nu-1}=e^{(\nu-1)},\ \delta_\nu=-1 \\ y_1=\gamma_1,\ y_2=\gamma_2,\ \ldots\ y_{\nu-1}=\gamma_{\nu-1} \\ \delta'=\varepsilon_1',\ \delta''=\varepsilon_1'',\ \ldots\ \delta^{(\nu-1)}=\varepsilon_1^{(\nu-1)}. \end{cases}$$

Donc, en vertu de l'équation (40) et des conditions (41) du théorème II, les équations transcendantes (49), (50) sont remplacées par les deux équations algébriques

$$(53)\qquad yV^2(y)-\Phi(y)=\frac{A(y)}{A(0)}\cdot\frac{B(y)}{B(0)}\cdot\frac{y-\eta}{\eta},$$

$$(54)\qquad yV_1^2(y)-\Phi(y)=\frac{C(y)}{C(0)}\cdot\frac{B(y)}{B(0)}\cdot\frac{y-\eta}{\eta},$$

avec les conditions

$$(55)\qquad V(\eta)=\sqrt{\frac{\Phi(\eta)}{\eta}},\quad V(\beta_i)=e^{(i)}\sqrt{\frac{\Phi(\beta_i)}{\beta_i}},$$

$$(56)\qquad V_1(\eta)=-\sqrt{\frac{\Phi(\eta)}{\eta}},\quad V_1(\beta_i)=e^{(i)}\sqrt{\frac{\Phi(\beta_i)}{\beta_i}},$$

et

$$(57)\qquad V(\alpha_i)=-\varepsilon^{(i)}\sqrt{\frac{\Phi(\alpha_i)}{\alpha_i}},$$

$$(58)\qquad V_1(\gamma_i)=-\varepsilon_1^{(i)}\sqrt{\frac{\Phi(\gamma_i)}{\gamma_i}},$$

l'indice i devant avoir partout les valeurs $1, 2, \ldots \nu-1$.

Rien n'est plus facile que de prendre la route inverse et de déduire des équations (53), (54) et des conditions (55), (56), (57), (58) l'équation (28) et les conditions (52). En effet, multipliant l'une par l'autre les deux équations (53), (54), et se servant de la même identité algébrique qui a déjà été employée dans le n° 1, on obtient

$$\{\Phi(y)\pm yV(y)V_1(y)\}^2-Y\{V(y)\pm V_1(y)\}^2=\frac{A(y)}{A(0)}\cdot\frac{C(y)}{C(0)}\cdot\left(\frac{B(y)}{B(0)}\right)^2\cdot\left(\frac{y-\eta}{\eta}\right)^2.$$

Si l'on prend les signes inférieurs, chacune des expressions

$$\Phi(y)-yV(y)V_1(y),\quad V(y)-V_1(y)$$

est divisible par le produit $(y-\beta_1)(y-\beta_2)\ldots(y-\beta_{\nu-1})=B(y)$, comme il est facile de le vérifier par les formules (55), (56); donc en posant

$$U(y) = \frac{\Phi(y) - yV(y)V_1(y)}{2B(y)}, \quad G = \frac{V(y) - V_1(y)}{2B(y)}, \tag{59}$$

G désignant une constante, on a

$$U^2(y) - G^2 Y = \frac{1}{4B^2(0)} \cdot \frac{A(y)}{A(0)} \cdot \frac{C(y)}{C(0)} \cdot \left(\frac{y-\eta}{\eta}\right)^2, \tag{60}$$

équation qui, comme il est aisé de s'en assurer, ne diffère de (28) que par un multiplicateur constant.

Des équations (59) on déduit

$$U(y) - \varepsilon G\sqrt{Y} = \frac{\{\sqrt{\Phi(y)} - \varepsilon\sqrt{y}\,.\,V(y)\}\{\sqrt{\Phi(y)} + \varepsilon\sqrt{y}\,.\,V_1(y)\}}{2B(y)},$$

ε étant $+1$ ou -1. De là, en posant successivement $\varepsilon = +1$, $\varepsilon = -\varepsilon^{(i)}$, $\varepsilon = \varepsilon_1^{(i)}$, on trouve à l'aide des équations (55), (56), (57), (58) les résultats:

$$\begin{array}{ll} U(y) - G\sqrt{Y} & \text{divisible par } (y-\eta)^2, \\ U(y) + \varepsilon^{(i)} G\sqrt{Y} & \text{divisible par } y - \alpha_i, \\ U(y) - \varepsilon_1^{(i)} G\sqrt{Y} & \text{divisible par } y - \gamma_i, \end{array}$$

ce qui équivaut aux équations:

$$\frac{U(\eta)}{G} = \sqrt{H}, \qquad \frac{U'(\eta)}{G} = \frac{1}{2}\frac{H'}{\sqrt{H}}$$

$$\frac{U(\alpha_i)}{G} = -\varepsilon^{(i)}\sqrt{\alpha_i \Phi(\alpha_i)}, \qquad \frac{U(\gamma_i)}{G} = \varepsilon_1^{(i)}\sqrt{\gamma_i \Phi(\gamma_i)}$$

$$(i = 1, 2, \ldots \nu - 1).$$

Ces valeurs de $\frac{U(y)}{G}$, comparées aux valeurs de $\frac{\sqrt{H}}{\eta^\nu} R_n$ données par les équations (52*), montrent que la différence

$$\frac{U(y)}{G} - \frac{\sqrt{H}}{\eta^\nu} R_n$$

est divisible par

$$(y-\eta)^2 (y-\alpha_1)(y-\alpha_2)\ldots(y-\alpha_{\nu-1})(y-\gamma_1)(y-\gamma_2)\ldots(y-\gamma_{\nu-1}).$$

Mais comme chacune des deux fonctions $U(y)$ et R_n ne dépasse pas le degré ν, on en conclut que, pour des valeurs quelconques de y, on a identiquement

$$R_n = \frac{\eta^\nu}{\sqrt{H}} \cdot \frac{U(y)}{G},$$

ou, en substituant la valeur (59) de $U(y)$,

$$R_n = \frac{\eta^\nu}{\sqrt{H}} \cdot \frac{\Phi(y) - yV(y)V_1(y)}{2GB(y)}. \tag{61}$$

Les formules (55), (56) donnent ν valeurs de chacune des fonctions $V(y)$, $V_1(y)$, et comme ces fonctions sont l'une et l'autre du degré $\nu-1$, ce nombre de valeurs est précisément le nombre nécessaire et suffisant pour déterminer $V(y)$ et $V_1(y)$ à l'aide de la formule d'interpolation de Lagrange.

Mais la détermination de ces deux fonctions peut être réduite à celle de la seule fonction

$$T(y)=\frac{V(y)+V_1(y)}{2(y-\eta)}. \tag{62}$$

En effet, d'après les équations (55), (56), la somme $V(y)+V_1(y)$ est divisible par $y-\eta$, donc $T(y)$ est une fonction entière du degré $\nu-2$. L'équation (62) et la seconde des équations (59) forment un système d'équations qui, résolues d'après $V(y)$ et $V_1(y)$, donnent

$$\begin{cases} V(y)=(y-\eta)\,T(y)+GB(y) \\ V_1(y)=(y-\eta)\,T(y)-GB(y). \end{cases} \tag{63}$$

De plus, les équations (55), (56) combinées avec l'équation (62) et la seconde des équations (59) donnent

$$T(\beta_i)=\frac{e^{(i)}}{\beta_i-\eta}\cdot\sqrt{\frac{\Phi(\beta_i)}{\beta_i}}$$

$$G=\frac{1}{B(\eta)}\cdot\sqrt{\frac{\Phi(\eta)}{\eta}} \tag{64}$$

et, de là, par la formule d'interpolation de Lagrange

$$T(y)=\sum_{i=1}^{i=\nu-1}\frac{e^{(i)}}{\beta_i-\eta}\cdot\sqrt{\frac{\Phi(\beta_i)}{\beta_i}}\cdot\frac{1}{B'(\beta_i)}\cdot\frac{B(y)}{y-\beta_i}. \tag{65}$$

En portant la valeur de G donnée par la formule (64) dans les équations (63), on obtient

$$V(y)=(y-\eta)\,T(y)+\sqrt{\frac{\Phi(\eta)}{\eta}}\cdot\frac{B(y)}{B(\eta)},$$

$$V_1(y)=(y-\eta)\,T(y)-\sqrt{\frac{\Phi(\eta)}{\eta}}\cdot\frac{B(y)}{B(\eta)},$$

et en substituant ces valeurs de G, $V(y)$, $V_1(y)$ dans l'équation (61), il vient

$$\begin{cases} R_n=\frac{1}{2}\eta^\nu\cdot\frac{B(\eta)}{\Phi(\eta)}\cdot\frac{\Phi(y)-y\,V(y)\,V_1(y)}{B(y)} \\ \quad =\frac{1}{2}\eta^\nu\cdot\frac{yB(y)}{\eta B(\eta)}+\frac{1}{2}\eta^\nu\cdot\frac{B(\eta)}{\Phi(\eta)}\cdot\frac{\Phi(y)-y(y-\eta)^2T^2(y)}{B(y)}, \end{cases} \tag{66}$$

$T(y)$ étant défini par l'équation (65).

Telle est l'expression cherchée de R_n, expression dont la simplicité ne laisse, à ce qu'il semble, rien à désirer. Elle montre que R_n dépend de la multiplication de l'ordre $2n+\nu$ des intégrales Ψ (car c'est à cet ordre que se rapportent les arguments $\beta_1, \beta_2, \dots \beta_{\nu-1}$), tandis que S_n dépend de la multiplication de l'ordre $2n+\nu+1$.

Quoique une partie de R_n se présente sous une forme fractionnaire, la division se fait pourtant sans reste; en effet, $T(y)$ étant la fonction entière du degré $\nu-2$, égale à $\pm\frac{1}{y-\eta}\sqrt{\frac{\Phi(y)}{y}}$ pour les $\nu-1$ valeurs $y=\beta_1, \beta_2, \dots \beta_{\nu-1}$, la différence $\Phi(y)-y(y-\eta)^2T^2(y)$ est divisible par le produit $(y-\beta_1)(y-\beta_2)\dots(y-\beta_{\nu-1})=B(y)$, et c'est précisément ce quotient qui entre dans l'expression (66) de R_n.

On peut signaler une valeur de R_n qui se distingue par sa simplicité, c'est la valeur $R_n(0)$ que cette fonction prend pour $y=0$. En effet, dans la partie de R_n qui contient $T(y)$, le carré de cette fonction se trouve multiplié par $y(y-\eta)^2$. Par conséquent, aux deux valeurs connues $R_n(\eta)$, $R'_n(\eta)$, qui se trouvent déjà parmi les équations (52*), on ne peut joindre qu'une seule troisième valeur $R_n(0)$ qui ait cela de commun avec elles d'être indépendante de tous les radicaux contenus en $T(y)$. Ces trois valeurs réunies forment le tableau suivant:

(67) $$R_n(\eta)=\eta^\nu,\quad R'_n(\eta)=\tfrac{1}{2}\eta^\nu\cdot\frac{H'}{H},$$

(68) $$R_n(0)=\tfrac{1}{2}\frac{\eta^\nu}{\Phi(\eta)}\cdot\frac{B(\eta)}{B(0)}.$$

La valeur (68) de $R_n(0)$ conduit en même temps à la détermination de la constante $S_n(0)$, le seul élément qui reste encore inconnu dans l'expression (44) de S_n.

Au lieu de $R_n(0)$ et $S_n(0)$ considérons les valeurs $\varrho_n(0)$ et $\sigma_n(0)$ que ϱ_n et σ_n prennent pour $z=0$. Les variables y et z s'évanouissant ensemble, d'après les équations (24) on a

$$\varrho_n(0)=(-1)^\nu\frac{R_n(0)}{\eta^\nu},\quad \sigma_n(0)=(-1)^{\nu-1}\frac{S_n(0)}{\eta^{\nu-1}},$$

et, à l'aide de l'équation (68), on conclut de là

$$\varrho_n(0)=\frac{(-1)^\nu}{2\Phi(\eta)}\cdot\frac{B(\eta)}{B(0)}=\frac{(-1)^\nu}{2\Phi(\eta)}\cdot\prod_{i=1}^{i=\nu-1}\left(1-\frac{\eta}{\beta_i}\right),$$

ou, en substituant pour β_i sa valeur $\eta^{(i)}_{2n+\nu}$ tirée des équations (46),

(69) $$\varrho_n(0)=\frac{(-1)^\nu}{2\Phi(\eta)}\cdot\prod_{i=1}^{i=\nu-1}\left(1-\frac{\eta}{\eta^{(i)}_{2n+\nu}}\right).$$

De plus l'équation (12*), savoir

$$\varrho_n^2 - Z = -\sigma_n \sigma_{n-1}$$

à laquelle il faut ajouter

$$\sigma_{-1} = 1,$$

donne, pour $z = 0$,

$$\varrho_n^2(0) = -\sigma_n(0).\sigma_{n-1}(0).$$

De là on trouve par voie de substitution successive

$$\sigma_0(0) = -\frac{\varrho_0^2(0)}{\sigma_{-1}(0)} = -(\varrho_0(0))^2$$

$$\sigma_1(0) = -\frac{\varrho_1^2(0)}{\sigma_0(0)} = +\left(\frac{\varrho_1(0)}{\varrho_0(0)}\right)^2$$

$$\sigma_2(0) = -\frac{\varrho_2^2(0)}{\sigma_1(0)} = -\left(\frac{\varrho_2(0)\varrho_0(0)}{\varrho_1(0)}\right)^2$$

$$\sigma_3(0) = -\frac{\varrho_3^2(0)}{\sigma_2(0)} = +\left(\frac{\varrho_3(0)\varrho_1(0)}{\varrho_2(0)\varrho_0(0)}\right)^2$$

. . . .

$$\sigma_n(0) = -\frac{\varrho_n^2(0)}{\sigma_{n-1}(0)} = (-1)^{n-1}\left(\frac{\varrho_n(0)\varrho_{n-2}(0)\varrho_{n-4}(0)\ldots}{\varrho_{n-1}(0)\varrho_{n-3}(0)\varrho_{n-5}(0)\ldots}\right)^2.$$

On n'a qu'à porter dans ces formules les valeurs de $\varrho_0(0)$, $\varrho_1(0)$, ... tirées de l'équation (69) pour trouver les valeurs finales des quantités $\sigma_0(0)$, $\sigma_1(0)$, ... De cette manière il vient

$$\sigma_0(0) = -\left\{\frac{1}{2\Phi(\eta)}\cdot\prod_{i=1}^{i=\nu-1}\left(1-\frac{\eta}{\eta_\nu^{(i)}}\right)\right\}^2$$

$$\sigma_1(0) = +\left\{\prod_{i=1}^{i=\nu-1}\frac{\left(1-\frac{\eta}{\eta_{\nu+2}^{(i)}}\right)}{\left(1-\frac{\eta}{\eta_\nu^{(i)}}\right)}\right\}^2$$

$$\sigma_2(0) = -\left\{\frac{1}{2\Phi(\eta)}\cdot\prod_{i=1}^{i=\nu-1}\frac{\left(1-\frac{\eta}{\eta_{\nu+4}^{(i)}}\right)\left(1-\frac{\eta}{\eta_\nu^{(i)}}\right)}{\left(1-\frac{\eta}{\eta_{\nu+2}^{(i)}}\right)}\right\}^2$$

$$\sigma_3(0) = +\left\{\prod_{i=1}^{i=\nu-1}\frac{\left(1-\frac{\eta}{\eta_{\nu+6}^{(i)}}\right)\left(1-\frac{\eta}{\eta_{\nu+2}^{(i)}}\right)}{\left(1-\frac{\eta}{\eta_{\nu+4}^{(i)}}\right)\left(1-\frac{\eta}{\eta_\nu^{(i)}}\right)}\right\}^2$$

. . . .

et généralement

$$(70)\begin{cases} \sigma_{2n-1}(0) = +\left\{\prod_{i=1}^{i=\nu-1} \dfrac{\left(1-\frac{\eta}{\eta_{\nu+2}^{(i)}}\right)\left(1-\frac{\eta}{\eta_{\nu+6}^{(i)}}\right)\cdots\left(1-\frac{\eta}{\eta_{\nu+4n-2}^{(i)}}\right)}{\left(1-\frac{\eta}{\eta_{\nu}^{(i)}}\right)\left(1-\frac{\eta}{\eta_{\nu+4}^{(i)}}\right)\cdots\left(1-\frac{\eta}{\eta_{\nu+4n-4}^{(i)}}\right)}\right\}^2 \\ \sigma_{2n}(0) = -\left\{\dfrac{1}{2\Phi(\eta)}\cdot\prod_{i=1}^{i=\nu-1} \dfrac{\left(1-\frac{\eta}{\eta_{\nu}^{(i)}}\right)\left(1-\frac{\eta}{\eta_{\nu+4}^{(i)}}\right)\cdots\left(1-\frac{\eta}{\eta_{\nu+4n-4}^{(i)}}\right)\left(1-\frac{\eta}{\eta_{\nu+4n}^{(i)}}\right)}{\left(1-\frac{\eta}{\eta_{\nu+2}^{(i)}}\right)\left(1-\frac{\eta}{\eta_{\nu+6}^{(i)}}\right)\cdots\left(1-\frac{\eta}{\eta_{\nu+4n-2}^{(i)}}\right)}\right\}^2. \end{cases}$$

Introduisons encore dans l'équation (44) z et σ_n, au lieu de y et S_n, à l'aide des formules (20), (24), et nous aurons

$$(71)\qquad \sigma_n = \sigma_n(0).\prod_{i=1}^{i=\nu-1}\left[1-\left(1-\frac{\eta}{\eta_{2n+\nu+1}^{(i)}}\right)z\right].$$

5.

Les résultats obtenus dans le numéro précédent contiennent la solution complète du problème. La valeur de σ_n est donnée par les équations (70), (71); et pour connaître celle de ϱ_n on n'a qu'à diviser l'équation (66) par $(y-\eta)^\nu$ et à introduire z au lieu de y. De plus, en posant

$$(72)\qquad \varrho_n = h_0^{(n)}z^\nu + h_1^{(n)}z^{\nu-1} + \cdots + h_{\nu-1}^{(n)}z + h_\nu^{(n)},$$

les trois équations (67), (69) donnent les valeurs de $h_0^{(n)}$, $h_1^{(n)}$, $h_\nu^{(n)}$. En effet, on en tire, d'après la troisième des équations (24),

$$R_n = h_0^{(n)}y^\nu + h_1^{(n)}y^{\nu-1}(y-\eta) + \cdots + h_\nu^{(n)}(y-\eta)^\nu,$$

d'où

$$R_n(\eta) = \eta^\nu h_0^{(n)},$$
$$R_n'(\eta) = \nu\eta^{\nu-1}h_0^{(n)} + \eta^{\nu-1}h_1^{(n)}.$$

Comparant ces valeurs à celles qui ont été données par les formules (67), on trouve

$$(73)\qquad h_0^{(n)} = 1,\quad h_1^{(n)} = -\tfrac{1}{2}\left(2\nu - \eta\frac{H'}{H}\right) = -\tfrac{1}{2}\left\{1 + \frac{1}{1-\eta} + \sum_{i=1}^{i=2\nu-3}\frac{1}{1-\varkappa_i^2\eta}\right\}.$$

$h_\nu^{(n)}$, identique à $\varrho_n(0)$, est donné par l'équation (69), et l'on a

$$(69^*)\qquad h_\nu^{(n)} = \frac{(-1)^\nu}{2\Phi(\eta)}\cdot\prod_{i=1}^{i=\nu-1}\left(1-\frac{\eta}{\eta_{2n+\nu}^{(i)}}\right).$$

Dans le cas des fonctions elliptiques, c. à. d. pour $\nu = 2$, ces dernières équations sont suffisantes, et l'on n'a même pas besoin d'introduire z au lieu de y dans l'équation (66), car dans ce cas ϱ_n est du second degré et par conséquent entièrement déterminé par les trois coefficients $h_0^{(n)}$, $h_1^{(n)}$, $h_\nu^{(n)} = h_2^{(n)}$. Le problème de déterminer le développement en fraction continue de la racine carrée d'une fonction du quatrième degré est donc résolu par les équations (69), (70), (71), (72), (73), et le résultat peut être énoncé dans le théorème suivant:

Théorème. „Soit

$$\sqrt{Z} = \sqrt{z(z-1)\left(z-\frac{1}{1-\eta}\right)\left(z-\frac{1}{1-\varkappa^2\eta}\right)} = \varrho_0 + \cfrac{1}{2v_0 + \cfrac{1}{2v_1 + \cdots + \cfrac{1}{2v_{n-1} + \cfrac{1}{\cfrac{\sqrt{Z}+\varrho_n}{\sigma_n}}}}},$$

$$0 < \eta < 1,$$

$$\Phi(y) = (1-y)(1-\varkappa^2 y), \quad H = \eta\Phi(\eta),$$

$$\Psi(y) = \int_0^y \frac{dy}{\sqrt{y(1-y)(1-\varkappa^2 y)}},$$

et soit η_μ défini par l'équation transcendante

$$\mu\Psi(\eta) = \pm\Psi(\eta_\mu).$$

Cela posé, les quantités ϱ_n, σ_n sont données par les équations:

$$\varrho_n = z^2 - \tfrac{1}{2}\left(4-\eta\frac{H'}{H}\right)z + \frac{1}{2\Phi(\eta)}\left(1-\frac{\eta}{\eta_{2n+2}}\right),$$

$$\sigma_n = \sigma_n(0)\left\{1-\left(1-\frac{\eta}{\eta_{2n+3}}\right)z\right\},$$

$$\sigma_{2n-1}(0) = +\left\{\frac{\left(1-\frac{\eta}{\eta_4}\right)\left(1-\frac{\eta}{\eta_8}\right)\cdots\left(1-\frac{\eta}{\eta_{4n}}\right)}{\left(1-\frac{\eta}{\eta_2}\right)\left(1-\frac{\eta}{\eta_6}\right)\cdots\left(1-\frac{\eta}{\eta_{4n-2}}\right)}\right\}^2,$$

$$\sigma_{2n}(0) = -\left\{\frac{1}{2\Phi(\eta)}\cdot\frac{\left(1-\frac{\eta}{\eta_2}\right)\left(1-\frac{\eta}{\eta_6}\right)\cdots\left(1-\frac{\eta}{\eta_{4n-2}}\right)\left(1-\frac{\eta}{\eta_{4n+2}}\right)}{\left(1-\frac{\eta}{\eta_4}\right)\left(1-\frac{\eta}{\eta_8}\right)\cdots\left(1-\frac{\eta}{\eta_{4n}}\right)}\right\}^2.\text{“}$$

Ces résultats s'accordent entièrement avec ceux que Jacobi a donnés sans démonstration dans le tome 7 p. 42 du Journal de M. Crelle [Jacobi's Gesammelte Werke, Bd. 1 p. 330]. Pour les rendre identiques on n'a qu'à poser

$$\varrho_n = z^2 - \tfrac{1}{2}az + i_{n+1}, \quad \sigma_n = -q_{n+1}(1 - r_{n+1}z), \quad \Psi(\eta) = u,$$

d'où, d'après la notation des fonctions elliptiques introduite par Jacobi,

$$\eta = \sin^2\mathrm{am}(u), \quad \eta_\mu = \sin^2\mathrm{am}(\mu u);$$

alors les quantités a, i_n, q_n, r_n, u sont précisément celles que Jacobi à désignées par les mêmes lettres.

6.

Il ne reste plus qu'à réduire les fonctions ϱ_n, σ_n à leur plus simple expression.

Introduisons les quantités

$$(74) \qquad \zeta_\mu^{(i)} = \frac{\eta_\mu^{(i)}}{\eta_\mu^{(i)} - \eta},$$

de sorte que, pour $y = \eta_\mu^{(i)}$, z prend la valeur $\zeta_\mu^{(i)}$, et posons

$$(75) \qquad Z = zF(z),$$

d'où, d'après (18), (21),

$$F(z) = (z-1)(z-b_1)(z-b_2)\dots(z-b_{2\nu-2})$$
$$= (z-1)\left(z - \frac{1}{1-\eta}\right)\left(z - \frac{1}{1-\varkappa_1^2\eta}\right)\dots\left(z - \frac{1}{1-\varkappa_{2\nu-3}^2\eta}\right),$$

et, d'après (34),

$$F(0) = -\frac{1}{\Phi(\eta)}.$$

Cela posé, les équations (71), (70), par lesquelles on détermine σ_n, prennent la forme simple*)

$$(71^*) \qquad \sigma_n = \sigma_n(0).\Pi\left(1 - \frac{z}{\zeta_{2n+\nu+1}}\right),$$

*) Pour plus de simplicité on s'est abstenu d'écrire dans les produits suivants les indices supérieurs des quantités $\zeta_\mu^{(i)}$. Les signes Π se rapportent à toutes les valeurs 1, 2, ... $\nu-1$ de l'indice supérieur, de sorte que p. e. $\Pi\zeta_\mu = \zeta'_\mu \zeta''_\mu \dots \zeta_\mu^{(\nu-1)}$.

$$(70^*)\qquad \begin{cases} \sigma_{2n-1}(0) = \left\{ \Pi \dfrac{\zeta_\nu \ \zeta_{\nu+4} \cdots \zeta_{\nu+4n-4}}{\zeta_{\nu+2}\zeta_{\nu+6}\cdots\zeta_{\nu+4n-2}} \right\}^2 \\ \sigma_{2n}(0) = -\left\{ \tfrac{1}{2}F(0).\Pi \dfrac{\zeta_{\nu+2}\zeta_{\nu+6}\cdots\zeta_{\nu+4n-2}}{\zeta_\nu\zeta_{\nu+4}\cdots\zeta_{\nu+4n-4}\zeta_{\nu+4n}} \right\}^2. \end{cases}$$

Pour le calcul de ϱ_n, divisons la formule

$$(22)\qquad \sqrt{Z} = \frac{\eta^\nu}{\sqrt{H}}\cdot\frac{\sqrt{Y}}{(y-\eta)^\nu}$$

par

$$(20)\qquad z = \frac{y}{y-\eta},$$

d'où, d'après (75), (34),

$$\sqrt{\frac{F(z)}{z}} = \frac{\eta^\nu}{\sqrt{H}}\cdot\frac{1}{(y-\eta)^{\nu-1}}\cdot\sqrt{\frac{\Phi(y)}{y}};$$

donc, en posant

$$\frac{\eta^\nu}{\sqrt{H}}\cdot\frac{T(y)}{(y-\eta)^{\nu-2}} = \theta(z),$$

l'on obtient

$$(76)\qquad \theta(z) = \sum_{i=1}^{i=\nu-1} e^{(i)} \sqrt{\frac{F(\zeta^{(i)}_{2n+\nu})}{\zeta^{(i)}_{2n+\nu}}}\cdot\frac{(z-\zeta'_{2n+\nu})\ldots(z-\zeta^{(\nu-1)}_{2n+\nu})}{(\zeta^{(i)}_{2n+\nu}-\zeta'_{2n+\nu})\ldots(\zeta^{(i)}_{2n+\nu}-\zeta^{(\nu-1)}_{2n+\nu})},$$

celle des différences qui a $\zeta^{(i)}_{2n+\nu}$ pour terme soustractif devant être omise dans le numérateur comme dans le dénominateur. On obtient de même

$$\frac{\eta^\nu}{\sqrt{H}}\cdot\sqrt{\frac{\Phi(\eta)}{\eta}}\cdot\frac{B(y)}{B(\eta)}\cdot\frac{1}{(y-\eta)^{\nu-1}} = \frac{\eta^{\nu-1}}{(y-\eta)^{\nu-1}}\cdot\frac{B(y)}{B(\eta)} = \Pi(z-\zeta_{2n+\nu}).$$

En substituant ces valeurs dans les équations (63), on trouve

$$\frac{\eta^\nu}{\sqrt{H}}\cdot\frac{V(y)}{(y-\eta)^{\nu-1}} = \theta(z)+\Pi(z-\zeta_{2n+\nu}),$$

$$\frac{\eta^\nu}{\sqrt{H}}\cdot\frac{V_1(y)}{(y-\eta)^{\nu-1}} = \theta(z)-\Pi(z-\zeta_{2n+\nu});$$

et, à l'aide de ces valeurs, l'équation

$$(y-\eta)^\nu\varrho_n = R_n = \tfrac{1}{2}\eta^\nu\cdot\frac{B(\eta)}{\Phi(\eta)}\cdot\frac{\Phi(y)-yV(y)V_1(y)}{B(y)},$$

qui résulte de la combinaison de l'équation (66) et de la troisième des équations

(24), se change en

$$\varrho_n = \tfrac{1}{2}\left\{z\Pi(z-\zeta_{2n+\nu}) + \frac{F(z)-z\theta^2(z)}{\Pi(z-\zeta_{2n+\nu})}\right\}. \tag{77}$$

En introduisant la substitution

$$z = \frac{y}{y-\eta}, \tag{20}$$

dans l'intégrale

$$\Psi(y) = \int_0^y \frac{L_0 + L_1 y + \cdots + L_{\nu-2} y^{\nu-2}}{\sqrt{y\Phi(y)}} dy \tag{35}$$

on obtient

$$\Psi(y) = \Omega(z) = \int_0^z \frac{\lambda_0 + \lambda_1 z + \cdots + \lambda_{\nu-2} z^{\nu-2}}{\sqrt{zF(z)}} dz, \tag{78}$$

$\lambda_0, \lambda_1, \ldots \lambda_{\nu-2}$ représentant un nouveau système de coefficients arbitraires déterminés convenablement en fonction de $L_0, L_1, \ldots L_{\nu-2}$.

Ces transformations (20), (74), (78), introduites dans l'équation (43) et dans la seconde des équations (48), permettent de définir directement les quantités $\zeta'_\mu, \zeta''_\mu, \ldots \zeta^{(\nu-1)}_\mu$ et les signes $e', e'', \ldots e^{(\nu-1)}$ par les équations transcendantes

$$\mu\Omega(-\infty) = \pm\Omega(\zeta'_\mu) \pm \Omega(\zeta''_\mu) \pm \cdots \pm \Omega(\zeta^{(\nu-1)}_\mu), \tag{79}$$

$$(2n+\nu)\Omega(-\infty) = e'\Omega(\zeta'_{2n+\nu}) + e''\Omega(\zeta''_{2n+\nu}) + \cdots + e^{(\nu-1)}\Omega(\zeta^{(\nu-1)}_{2n+\nu}), \tag{80}$$

ayant lieu pour toutes les valeurs possibles des coefficients $\lambda_0, \lambda_1, \ldots \lambda_{\nu-2}$.

Introduisons enfin, au lieu de z et de ϱ_n, σ_n, la première variable x et les quantités r_n, s_n par les relations

$$x - a_1 = (a_2 - a_1)z, \tag{15}$$

$$r_n = (a_2-a_1)^\nu \varrho_n, \quad s_{2n} = (a_2-a_1)^{2\nu}\sigma_{2n}, \quad s_{2n+1} = \sigma_{2n+1}. \tag{19}$$

Posons

$$\xi^{(i)}_\mu - a_1 = (a_2-a_1)\zeta^{(i)}_\mu \tag{81}$$

et

$$X = (x-a_1)\varphi(x), \tag{82}$$

d'où, d'après (14), (16),

$$\varphi(x) = (x-a_2)(x-a_3)\ldots(x-a_{2\nu}),$$
$$\varphi(a_1) = (a_2-a_1)^{2\nu-1}F(0),$$

et divisons la formule

(17) $$\sqrt{X} = (a_2-a_1)^{\nu}\sqrt{Z}$$

par

(15) $$x-a_1 = (a_2-a_1)z,$$

d'où, d'après (82), (75),

$$\sqrt{\frac{\varphi(x)}{x-a_1}} = (a_2-a_1)^{\nu-1}\sqrt{\frac{F(z)}{z}},$$

donc, en posant

$$(a_2-a_1)^{\nu-1}\theta(z) = t_n,$$

$\theta(z)$ étant défini par l'équation (76), on obtient

(83) $$t_n = \sum_{i=1}^{i=\nu-1} e^{(i)}\sqrt{\frac{\varphi(\xi_{2n+\nu}^{(i)})}{\xi_{2n+\nu}^{(i)}-a_1}}\cdot\frac{(x-\xi'_{2n+\nu})\ldots(x-\xi_{2n+\nu}^{(\nu-1)})}{(\xi_{2n+\nu}^{(i)}-\xi'_{2n+\nu})\ldots(\xi_{2n+\nu}^{(i)}-\xi_{2n+\nu}^{(\nu-1)})},$$

celles des différences qui a $\xi_{2n+\nu}^{(i)}$ pour terme soustractif devant être omise dans le numérateur comme dans le dénominateur. On obtient de même*)

$$(a_2-a_1)^{\nu-1}\Pi(z-\zeta_{2n+\nu}) = \Pi(x-\xi_{2n+\nu}).$$

En substituant ces valeurs dans l'équation (77), ϱ_n étant exprimé en r_n par l'une des relations (19), on trouve

(84) $$r_n = (a_2-a_1)^{\nu}\varrho_n = \tfrac{1}{2}\left\{(x-a_1)\Pi(x-\xi_{2n+\nu})+\frac{\varphi(x)-(x-a_1)t_n^2}{\Pi(x-\xi_{2n+\nu})}\right\}.$$

Un calcul analogue transforme (71*) et (70*) dans les formules suivantes:

(85) $$s_n = s_n(0).\Pi\left(1-\frac{x-a_1}{\xi_{2n+\nu+1}-a_1}\right) = s_n(0).\Pi\left(\frac{x-\xi_{2n+\nu+1}}{a_1-\xi_{2n+\nu+1}}\right),$$

(86) $$\begin{cases} s_{2n-1}(0) = \left\{\Pi\dfrac{(\xi_\nu-a_1)(\xi_{\nu+4}-a_1)\ldots(\xi_{\nu+4n-4}-a_1)}{(\xi_{\nu+2}-a_1)(\xi_{\nu+6}-a_1)\ldots(\xi_{\nu+4n-2}-a_1)}\right\}^2, \\ s_{2n}(0) = -\left\{\tfrac{1}{2}\varphi(a_1).\Pi\dfrac{(\xi_{\nu+2}-a_1)(\xi_{\nu+6}-a_1)\ldots(\xi_{\nu+4n-2}-a_1)}{(\xi_\nu-a_1)(\xi_{\nu+4}-a_1)\ldots(\xi_{\nu+4n-4}-a_1)(\xi_{\nu+4n}-a_1)}\right\}^2. \end{cases}$$

---

*) On s'est abstenu d'écrire dans les produits suivants les indices supérieurs des quantités $\xi_\mu^{(i)}$. Les signes Π se rapportent à toutes les valeurs 1, 2, ... $\nu-1$ de l'indice supérieur.

En introduisant la substitution

(15) $$x-a_1=(a_2-a_1)z,$$

dans l'intégrale (78), on obtient

(87) $$\Omega(z)=\psi(x)=\int_{a_1}^{x}\frac{l_0+l_1x+\cdots+l_{\nu-2}x^{\nu-2}}{\sqrt{X}}\,dx,$$

$l_0, l_1, \ldots l_{\nu-2}$ représentant un troisième système de coefficients arbitraires déterminés convenablement en fonction de $\lambda_0, \lambda_1, \ldots \lambda_{\nu-2}$.

Ces transformations (15), (81), (87), introduites dans les équations (79), (80), permettent de définir directement les quantités $\xi'_\mu, \xi''_\mu, \ldots \xi^{(\nu-1)}_\mu$ et les signes $e', e'', \ldots e^{(\nu-1)}$ par les équations transcendantes

(88) $$\mu\psi(\pm\infty)=\pm\psi(\xi'_\mu)\pm\psi(\xi''_\mu)\pm\cdots\pm\psi(\xi^{(\nu-1)}_\mu),$$

(89) $$(2n+\nu)\psi(\pm\infty)=e'\psi(\xi'_{2n+\nu})+e''\psi(\xi''_{2n+\nu})+\cdots+e^{(\nu-1)}\psi(\xi^{(\nu-1)}_{2n+\nu}),$$

l'infini étant positif ou négatif, suivant que a_1 est la plus grande ou la plus petite des racines de l'équation $X=0$.

Les équations (1), (2), (14) et (82) jusqu'à (89) donnent la solution complète et générale du problème de développer en fraction continue la racine carrée d'une fonction entière de degré pair. Sans en restreindre aucunement la généralité et sans changer ni la valeur de la racine carrée ni celle du quotient complet de la fraction continue, on peut simplifier les formules en écrivant x au lieu de $x-a_1$.

Si, pour fixer les idées, l'on suppose que a_1 soit la plus petite des quantités $a_1, a_2, \ldots a_{2\nu}$, on arrive par ce changement au même résultat que l'on obtiendrait en posant $a_1=0$, les quantités $a_2, a_3, \ldots a_{2\nu}$ étant toutes positives.

En introduisant dans les équations (82) jusqu'à (89) le changement mentionné de $x-a_1$ en x et en écrivant en même temps

$$\begin{array}{lll} a_1,\ a_2,\ \ldots\ a_{2\nu-1} & \text{au lieu de} & a_2-a_1,\ a_3-a_1,\ \ldots\ a_{2\nu}-a_1, \\ \xi'_\mu,\ \xi''_\mu,\ \ldots\ \xi^{(\nu-1)}_\mu & \text{au lieu de} & \xi'_\mu-a_1,\ \xi''_\mu-a_1,\ \ldots\ \xi^{(\nu-1)}_\mu-a_1, \\ e'_n,\ e''_n,\ \ldots\ e^{(\nu-1)}_n & \text{au lieu de} & e',\ e'',\ \ldots\ e^{(\nu-1)}, \end{array}$$

on est conduit au théorème suivant que l'on peut considérer comme le résultat essentiel des recherches qui forment l'objet de ce Mémoire:

Théorème. „*Soient* a_1, a_2, ... $a_{2\nu-1}$ *des quantités positives, soit*

$$\varphi(x) = (x-a_1)(x-a_2)\ldots(x-a_{2\nu-1}),$$

$$\sqrt{x\varphi(x)} = r_0 + \cfrac{1}{2v_0 + \cfrac{1}{2v_1 + \cdots + \cfrac{1}{2v_{n-1} + \cfrac{1}{\cfrac{\sqrt{x\varphi(x)}+r_n}{s_n}}}}},$$

le développement en fraction continue étant fait d'après la méthode du n^0 1, *soit*

$$\psi(x) = \int_0^x \frac{l_0 + l_1 x + \cdots + l_{\nu-2} x^{\nu-2}}{\sqrt{x\varphi(x)}}\,dx,$$

et soient les quantités ξ'_μ, ξ''_μ, ... $\xi^{(\nu-1)}_\mu$ *et les signes* e'_n, e''_n, ... $e^{(\nu-1)}_n$ *définis par les équations*

$$\mu\psi(-\infty) = \pm\psi(\xi'_\mu) \pm \psi(\xi''_\mu) \pm \cdots \pm \psi(\xi^{(\nu-1)}_\mu),$$

$$(2n+\nu)\psi(-\infty) = e'_n\psi(\xi'_{2n+\nu}) + e''_n\psi(\xi''_{2n+\nu}) + \cdots + e^{(\nu-1)}_n\psi(\xi^{(\nu-1)}_{2n+\nu}),$$

ayant lieu pour toutes les valeurs possibles de l_0, l_1, ... $l_{\nu-2}$: *cela posé, les fonctions* r_n, s_n *à la détermination desquelles se réduit celle du quotient complet de la fraction continue proposée, et la fonction auxiliaire* t_n *sont données par les équations suivantes:*

$$s_n = s_n(0).\Pi\left(1 - \frac{x}{\xi_{2n+\nu+1}}\right),$$

$$s_{2n-1}(0) = \left\{\Pi \frac{\xi_\nu\ \xi_{\nu+4}\ldots\xi_{\nu+4n-4}}{\xi_{\nu+2}\xi_{\nu+6}\ldots\xi_{\nu+4n-2}}\right\}^2,$$

$$s_{2n}(0) = -\left\{\tfrac{1}{2}\varphi(0).\Pi \frac{\xi_{\nu+2}\xi_{\nu+6}\ldots\xi_{\nu+4n-2}}{\xi_\nu\xi_{\nu+4}\ldots\xi_{\nu+4n-4}\xi_{\nu+4n}}\right\}^2,$$

$$r_n = \tfrac{1}{2}\left\{x\Pi(x-\xi_{2n+\nu}) + \frac{\varphi(x)-xt_n^2}{\Pi(x-\xi_{2n+\nu})}\right\},$$

$$t_n = \sum_{i=1}^{i=\nu-1} e^{(i)}_n \sqrt{\frac{\varphi(\xi^{(i)}_{2n+\nu})}{\xi^{(i)}_{2n+\nu}}}\cdot\frac{(x-\xi'_{2n+\nu})\ldots(x-\xi^{(\nu-1)}_{2n+\nu})}{(\xi^{(i)}_{2n+\nu}-\xi'_{2n+\nu})\ldots(\xi^{(i)}_{2n+\nu}-\xi^{(\nu-1)}_{2n+\nu})},$$

les produits Π *se rapportant aux valeurs* 1, 2, ... $\nu-1$ *de l'indice supérieur* (i) *des quantités* $\xi^{(i)}_\mu$ (indice que, pour plus de simplicité, on s'est abstenu d'écrire) *et celle des différences qui a* $\xi^{(i)}_{2n+\nu}$ *pour terme soustractif devant être omise dans le numérateur comme dans le dénominateur du terme général de* t_n."

Ainsi, l'on est parvenu à faire dépendre le développement de

$$\sqrt{x(x-a_1)(x-a_2)\ldots(x-a_{2\nu-1})}$$

en fraction continue de la multiplication de la transcendante $\psi(-\infty)$, c. à. d. de la multiplication de l'intégrale abélienne

$$\int \frac{l_0+l_1x+\cdots+l_{\nu-2}x^{\nu-2}}{\sqrt{x(x-a_1)(x-a_2)\ldots(x-a_{2\nu-1})}}\,dx,$$

prise entre les limites $-\infty$ et 0.

Berlin, Août 1853.

Sur la quadrature définie des surfaces courbes.

Liouville, Journal de Mathématiques pures et appliquées, T. XIX p. 369—394, 1854.

Sur la quadrature définie des surfaces courbes.

1. Le Mémoire suivant se rapporte à la quadrature des surfaces courbes. Il traite spécialement des problèmes de ce genre que l'on désigne sous le nom de *quadrature définie*, et où il s'agit d'évaluer des aires entières de surfaces fermées, ou, plus généralement, des aires de certaines portions de surface dont les limites sont intimement liées à la nature même de la surface. Le caractère qui distingue la méthode dont je me servirai consiste en ce qu'elle donne l'aire cherchée sous forme d'une intégrale triple, qui, pour l'évaluation de l'aire entière d'une surface fermée, se rapporte à tous les éléments de volume contenus dans cette surface; tandis que la méthode ordinaire la donne sous forme d'une intégrale double, qui se rapporte à tous les éléments d'une surface plane (projection de la surface courbe sur un plan).

Cette différence de forme permet surtout de conserver dans les problèmes où les trois coordonnées jouent le même rôle, la symétrie des calculs, avantage que n'offre pas la méthode ordinaire, laquelle, au contraire, oblige de donner à deux des trois coordonnées la préférence sur la troisième, ou d'avoir recours à de nouvelles variables dont le choix reste pourtant très-arbitraire dans la classe de problèmes qui m'occupe.

J'exposerai deux routes différentes pour arriver à l'expression de l'aire en intégrale triple. Dans la première, je m'appuie sur une propriété des surfaces parallèles. On sait que le volume compris entre deux surfaces parallèles se réduit au produit de l'aire de l'une des deux surfaces par leur distance, lorsque cette dernière devient infiniment petite. L'inversion de ce résultat montre que l'aire d'une surface peut être considérée comme la limite vers laquelle converge le rapport, dont le numérateur est le volume compris entre la surface et sa parallèle, et le dénominateur la distance des deux surfaces. Le numérateur de ce rapport pouvant être exprimé, comme tous les volumes, sous forme d'une intégrale triple, on est conduit à une expression semblable pour la limite du rapport en question, c'est-à-dire pour l'aire de la surface.

Cette première route a plusieurs points de commun avec les belles recherches sur les surfaces parallèles, que M. Steiner a communiquées à l'Académie de Berlin (voir Monatsberichte der Berliner Akademie, 1840 p. 114 [Steiner's Gesammelte Werke, Bd. 2 p. 171]).

La seconde route repose sur des considérations précisément inverses de celles par lesquelles M. Gauss, dans son célèbre Mémoire: *Theoria attractionis corporum sphaeroidicorum etc.* (Commentationes societatis Gottingensis, Vol. II, 1813 [Gauss' Werke, Bd. 5 p. 1]), réduit plusieurs intégrations triples, telles que la détermination du volume d'un corps, à des intégrations doubles qui se rapportent à tous les éléments superficiels de ce corps. Par cette voie, on arrive à une formule très-générale qui embrasse toutes les intégrales doubles prises par rapport aux éléments superficiels d'une surface fermée.

J'applique ensuite les expressions en intégrales triples à l'évaluation de l'aire entière de l'ellipsoïde et à la détermination d'une autre intégrale qui s'étend aussi à toute la surface de l'ellipsoïde, et dans laquelle l'élément superficiel est multiplié par la somme des valeurs réciproques des rayons de courbure principale. De cette application, il résulte que ces deux intégrales dépendent du potentiel de l'ellipsoïde aux demi-axes réciproques par rapport au centre (l'attraction étant supposée proportionnelle à la puissance — 2 ou — 3 de la distance), et qu'elles se déduisent de ce potentiel par des différentiations partielles prises relativement aux axes.

2. Je commence par rappeler une proposition, qui, dans son énoncé analytique, coïncide avec la formule générale dont on se sert pour la transformation des variables dans les intégrales triples, et qui en diffère seulement par la signification géométrique qu'on lui attribue.

„Soient

$$X = \varphi_1(x, y, z), \quad Y = \varphi_2(x, y, z), \quad Z = \varphi_3(x, y, z)$$

trois équations qui font dépendre X, Y, Z de x, y, z. Considérons x, y, z et X, Y, Z comme les coordonnées rectangulaires de deux points variables p et P, et nommons le point P le correspondant de p. Soient dm un élément de volume infiniment petit, et dM l'élément de volume correspondant, c'est-à-dire l'élément tel qu'un point p trouve son correspondant P dans dM ou ne le trouve pas, suivant qu'il fait partie de dm ou qu'il n'en fait pas partie. Cela posé, le rapport des deux éléments correspondants de volume dm et dM est donné par l'équation

$$\frac{dM}{dm} = \Sigma \pm \frac{dX}{dx}\,\frac{dY}{dy}\,\frac{dZ}{dz},$$

cette notation désignant le déterminant différentiel de X, Y, Z par rapport à x, y, z, c'est-à-dire le déterminant des neuf quantités

$$\begin{array}{ccc} \frac{dX}{dx}, & \frac{dX}{dy}, & \frac{dX}{dz} \\ \frac{dY}{dx}, & \frac{dY}{dy}, & \frac{dY}{dz} \\ \frac{dZ}{dx}, & \frac{dZ}{dy}, & \frac{dZ}{dz}. \end{array}$$"

A l'aide de cette proposition, il est aisé d'établir une formule dont j'aurai besoin dans la suite, et qui exprime le rapport de *l'élément superficiel* ds d'une surface donnée et de l'élément superficiel correspondant dS de sa surface parallèle. J'entends ici par *points correspondants* de deux surfaces parallèles, deux points déterminés par l'intersection de ces surfaces avec une quelconque de leurs normales communes. Deux *éléments superficiels* de ces deux surfaces seront donc *correspondants* lorsqu'un point quelconque de l'un des deux éléments trouve son correspondant sur l'autre, et *vice versâ*. Pour le rapport entre deux éléments superficiels dont la correspondance est ainsi définie, on connaît déjà l'expression

$$(a) \qquad ds : dS = \varrho\varrho' : (\varrho+\lambda)(\varrho'+\lambda),$$

où λ désigne la distance entre les deux surfaces parallèles, et ϱ, ϱ' les rayons de courbure principaux en un point de l'élément superficiel ds de l'une des deux surfaces, ces rayons étant pris avec le signe $-$ ou $+$, suivant qu'ils sont dirigés vers l'élément correspondant dS de l'autre surface ou dans le sens opposé. Mais il s'agit ici d'une autre formule pour le même rapport.

Soit c un paramètre variable qui peut obtenir toutes les valeurs comprises entre les deux limites infiniment peu différentes c_0 et c_1, c_1 étant supposé $> c_0$; soient (f_0), (f), (f_1) les surfaces déterminées par les équations

$$(f_0) \qquad f(x, y, z) = c_0,$$
$$(f) \qquad f(x, y, z) = c,$$
$$(f_1) \qquad f(x, y, z) = c_1,$$

surfaces dont la seconde, en changeant de forme par la variation de c, reste, en général, comprise entre la première et la troisième; soient (F_0), (F), (F_1) les surfaces respectivement parallèles à (f_0), (f), (f_1), à la distance λ, et situées du côté où $f(x, y, z)$ croît.

Soient:

ds_0 un élément superficiel de (f_0);

(ψ) la surface lieu des normales menées à (f_0) le long du contour de ds_0;

ds, ds_1 les éléments superficiels formés sur (f), (f_1) par l'intersection avec (ψ);

dS_0, dS, dS_1 les éléments superficiels situés sur (F_0), (F), (F_1) et correspondants de ds_0, ds, ds_1;

(Ψ) la surface lieu du contour de l'élément variable dS;

dm_0, dm_1, dm les éléments de volume renfermés respectivement entre ds_0, ds, (ψ); ds_1, ds, (ψ); ds_0, ds_1, (ψ);

dM_0, dM_1, dM les éléments de volume correspondants de dm_0, dm_1, dm, c'est-à-dire renfermés respectivement entre dS_0, dS, (Ψ); dS_1, dS, (Ψ); dS_0, dS_1, (Ψ);

de sorte que

$$dm_0 + dm_1 = dm, \quad dM_0 + dM_1 = dM.$$

Cela posé, on a, d'une part,

$$(b) \qquad dm : dM = ds : dS.$$

En effet, chacun des deux couples d'éléments superficiels ds_0 et dS_0, ds et dS comprend deux éléments parallèles entre eux à la distance λ; donc, en considérant ds, dS comme les bases des éléments de volume dm_0, dM_0, les hauteurs de ces derniers sont égales: d'où il suit que les volumes sont entre eux comme les bases, c'est-à-dire que

$$dm_0 : dM_0 = ds : dS.$$

La même proportion a lieu pour

$$dm_1 : dM_1;$$

donc aussi pour

$$dm_0 + dm_1 : dM_0 + dM_1,$$

ou, ce qui est la même chose, pour

$$dm : dM. \qquad \text{C. Q. F. D.}$$

D'autre part, à chaque point p faisant partie de l'élément de volume dm et situé sur la surface (f), correspond un point P faisant partie de l'élément de volume dM et situé sur la surface (F).

Soient x, y, z les coordonnées du point p situé sur la surface (f), de sorte que x, y, z satisfont à l'équation

$$f(x, y, z) = c;$$

soit N la normale menée à (f) en p, et dirigée vers la région de l'espace où

$$f(x, y, z) > c;$$

soient, enfin, ξ, η, ζ les angles que N forme avec les côtés positifs des axes des coordonnées, de sorte que

$$\cos\xi = \frac{1}{\sqrt{R}}\frac{df}{dx}, \quad \cos\eta = \frac{1}{\sqrt{R}}\frac{df}{dy}, \quad \cos\zeta = \frac{1}{\sqrt{R}}\frac{df}{dz},$$

où

$$R = \left(\frac{df}{dx}\right)^2 + \left(\frac{df}{dy}\right)^2 + \left(\frac{df}{dz}\right)^2$$

et où $\sqrt{R}$ doit être prise avec le signe positif; cela posé, les coordonnées X, Y, Z du point P qui correspond à p se déterminent en fonction de x, y, z à l'aide des conditions que P soit situé sur N et à la distance λ de p, ce qui donne les équations

$$(1) \qquad \begin{cases} X = x + \lambda\cos\xi = x + \dfrac{\lambda}{\sqrt{R}}\dfrac{df}{dx} \\ Y = y + \lambda\cos\eta = y + \dfrac{\lambda}{\sqrt{R}}\dfrac{df}{dy} \\ Z = z + \lambda\cos\zeta = z + \dfrac{\lambda}{\sqrt{R}}\dfrac{df}{dz}. \end{cases}$$

Et comme ces formules lient les coordonnées x, y, z d'un point quelconque p de l'élément de volume dm aux coordonnées X, Y, Z d'un point correspondant P de l'élément de volume dM, et *vice versâ*, on aura, d'après la proposition énoncée au commencement de ce numéro et d'après les proportions (a), (b),

$$(2) \qquad \frac{dM}{dm} = \frac{dS}{ds} = \left(1 + \frac{\lambda}{\varrho}\right)\left(1 + \frac{\lambda}{\varrho'}\right) = \Sigma \pm \frac{dX}{dx}\frac{dY}{dy}\frac{dZ}{dz}.$$

Ce résultat fournit le lemme suivant:

Lemme. „L'élément superficiel d'une surface donnée se trouve à l'élément correspondant de sa surface parallèle dans le rapport de 1 : L, L étant défini par l'équation

$$(2^*) \qquad L = \left(1 + \frac{\lambda}{\varrho}\right)\left(1 + \frac{\lambda}{\varrho'}\right) = \Sigma \pm \frac{dX}{dx}\frac{dY}{dy}\frac{dZ}{dz} = 1 + G\lambda + H\lambda^2,$$

où

$$(3)\quad \begin{cases} \mathrm{G} = \dfrac{1}{\varrho} + \dfrac{1}{\varrho'} = \dfrac{d}{dx}\left(\dfrac{1}{\sqrt{\mathrm{R}}}\dfrac{df}{dx}\right) + \dfrac{d}{dy}\left(\dfrac{1}{\sqrt{\mathrm{R}}}\dfrac{df}{dy}\right) + \dfrac{d}{dz}\left(\dfrac{1}{\sqrt{\mathrm{R}}}\dfrac{df}{dz}\right) \\ \mathrm{H} = \dfrac{1}{\varrho\varrho'} = \dfrac{d}{dy}\left(\dfrac{1}{\sqrt{\mathrm{R}}}\dfrac{df}{dy}\right)\dfrac{d}{dz}\left(\dfrac{1}{\sqrt{\mathrm{R}}}\dfrac{df}{dz}\right) + \dfrac{d}{dz}\left(\dfrac{1}{\sqrt{\mathrm{R}}}\dfrac{df}{dz}\right)\dfrac{d}{dx}\left(\dfrac{1}{\sqrt{\mathrm{R}}}\dfrac{df}{dx}\right) \\ \qquad + \dfrac{d}{dx}\left(\dfrac{1}{\sqrt{\mathrm{R}}}\dfrac{df}{dx}\right)\dfrac{d}{dy}\left(\dfrac{1}{\sqrt{\mathrm{R}}}\dfrac{df}{dy}\right) - \dfrac{d}{dz}\left(\dfrac{1}{\sqrt{\mathrm{R}}}\dfrac{df}{dy}\right)\dfrac{d}{dy}\left(\dfrac{1}{\sqrt{\mathrm{R}}}\dfrac{df}{dz}\right) \\ \qquad - \dfrac{d}{dx}\left(\dfrac{1}{\sqrt{\mathrm{R}}}\dfrac{df}{dz}\right)\dfrac{d}{dz}\left(\dfrac{1}{\sqrt{\mathrm{R}}}\dfrac{df}{dx}\right) - \dfrac{d}{dy}\left(\dfrac{1}{\sqrt{\mathrm{R}}}\dfrac{df}{dx}\right)\dfrac{d}{dx}\left(\dfrac{1}{\sqrt{\mathrm{R}}}\dfrac{df}{dy}\right), \end{cases}$$

$$(4)\qquad \mathrm{R} = \left(\frac{df}{dx}\right)^2 + \left(\frac{df}{dy}\right)^2 + \left(\frac{df}{dz}\right)^2.$$

Dans ces formules,

$$f(x, y, z) = \text{constante}$$

est l'équation de la surface donnée (f), λ la distance de (f) à sa surface parallèle; ϱ, ϱ' sont les rayons de courbure principaux de (f) et X, Y, Z sont définis en fonction de x, y, z par les équations (1).“

Dans le développement de L suivant les puissances de λ, le coefficient de λ^3 disparaît d'après un théorème connu, car il est le déterminant différentiel des trois quantités $\frac{1}{\sqrt{\mathrm{R}}}\frac{df}{dx}$, $\frac{1}{\sqrt{\mathrm{R}}}\frac{df}{dy}$, $\frac{1}{\sqrt{\mathrm{R}}}\frac{df}{dz}$, qui, ayant la somme de leurs carrés égale à 1, ne sont pas indépendantes entre elles.

Changeons λ en $-\lambda$, et nommons Λ ce que devient L après ce changement; alors

$$\Lambda = \left(1 - \frac{\lambda}{\varrho}\right)\left(1 - \frac{\lambda}{\varrho'}\right)$$

s'évanouit pour $\lambda = \varrho$ et $\lambda = \varrho'$, d'où l'on tire le corollaire suivant:

Corollaire[*]. „Soit

$$\mathrm{X}' = x - \frac{\lambda}{\sqrt{\mathrm{R}}}\frac{df}{dx}$$
$$\mathrm{Y}' = y - \frac{\lambda}{\sqrt{\mathrm{R}}}\frac{df}{dy}$$
$$\mathrm{Z}' = z - \frac{\lambda}{\sqrt{\mathrm{R}}}\frac{df}{dz},$$

---

[*] Dieser Satz findet sich auch in einer unter dem Titel: „*Deux théorèmes de M. Borchardt*“ in den *Nouvelles Annales de Mathematiques, réd. par Terquem et Gerono*, T. 14 p. 26—27, *Janvier* 1855, erschienenen Note als zweites Theorem angeführt. Ueber das erste in der Note enthaltene Theorem vergleiche die Anmerkung auf p. 104 dieser Ausgabe. Nach einer Mittheilung am Schlusse der Note ist deren Inhalt einem Briefe Borchardt's vom 21. März 1854 an Herrn Hermite entnommen. H.

$$R=\left(\frac{df}{dx}\right)^2+\left(\frac{df}{dy}\right)^2+\left(\frac{df}{dz}\right)^2,$$

regardons λ comme indépendant de x, y, z, et formons le déterminant différentiel

$$\varDelta=\begin{vmatrix}\frac{dX'}{dx}, & \frac{dX'}{dy}, & \frac{dX'}{dz}\\ \frac{dY'}{dx}, & \frac{dY'}{dy}, & \frac{dY'}{dz}\\ \frac{dZ'}{dx}, & \frac{dZ'}{dy}, & \frac{dZ'}{dz}\end{vmatrix}=1-G\lambda+H\lambda^2;$$

alors les deux racines de l'équation

$$\varDelta=1-G\lambda+H\lambda^2=0$$

sont les deux rayons de courbure principaux ϱ, ϱ' de la surface déterminée par l'équation

$$f(x, y, z)=\text{constante},$$

de sorte que

$$\frac{1}{\varrho}+\frac{1}{\varrho'}=G,\quad \frac{1}{\varrho\varrho'}=H,$$

G et H étant donnés par les équations (3)."

3. Considérons à présent le cas où l'équation

$$f(x, y, z)=c$$

représente une surface fermée (f) qui sépare un volume fini (μ), dans lequel

$$f(x, y, z)<c,$$

du reste de l'espace infini, dans lequel

$$f(x, y, z)>c.$$

Supposons que la surface (f) soit continue ou composée de parties continues, qu'elle soit de courbure continue (sans arêtes et sans pointes) et que sa surface parallèle (F) soit à une distance λ assez petite, pour que (f) et (F) ne se coupent pas et pour que deux surfaces (F), qui correspondent à deux valeurs infiniment peu différentes de c, ne se coupent pas non plus*).

*) On suppose ici que $f(x, y, z)$ soit une fonction bien définie. Sous cette hypothèse, deux surfaces (f), qui correspondent à des valeurs infiniment peu différentes de c, ne se coupent pas, et la même propriété se maintient dans les surfaces (F), au moins pour les valeurs de λ situées au-dessous d'une certaine limite.

En conservant les signes du numéro précédent, soient:
dm l'élément de volume;
V_0 le volume entier compris entre (f_0) et sa parallèle (F_0);
V_1 le volume entier compris entre (f_1) et sa parallèle (F_1);
$m_{0,1}$ le volume entier compris entre (f_0) et (f_1);
$M_{0,1}$ le volume entier compris entre (F_0) et (F_1).

Cela posé, le volume entier compris entre (f_0) et (F_1) aura la double expression

$$V_0+M_{0,1}=m_{0,1}+V_1,$$

d'où

$$V_1-V_0=M_{0,1}-m_{0,1};$$

mais on a

$$m_{0,1}=\iiint\limits_{c_0<f(x,y,z)<c_1} dm,$$

et, d'après les équations (2) et (2*),

$$M_{0,1}=\iiint\limits_{c_0<f(x,y,z)<c_1} L\,dm,$$

où

$$L=1+G\lambda+H\lambda^2,$$

G et H étant déterminés par les équations (3). On a donc

$$(5)\qquad V_1-V_0=\iiint(L-1)dm=\iiint\limits_{c_0<f(x,y,z)<c_1}(G\lambda+H\lambda^2)dm.$$

Il est aisé de s'assurer que cette équation ne cessera pas d'être exacte lorsque la différence c_1-c_0, au lieu d'être infiniment petite, devient finie. Pour le prouver, on n'a qu'à ajouter un nombre indéfini d'équations semblables, qui se succèdent de manière à ce que, dans chaque équation, la limite inférieure de l'inégalité à laquelle $f(x, y, z)$ doit satisfaire, coïncide avec la limite supérieure de l'équation précédente. L'équation (5) permet donc de réduire la détermination du volume V_1 compris entre la surface (f_1), définie par l'équation

$$f(x, y, z)=c_1,$$

et sa surface parallèle (F_1), à la solution du même problème pour une autre valeur c_0 de c.

La fonction $f(x, y, z)$ étant $<c_1$ pour tous les points du volume ren-

fermé dans la surface (f_1), elle y aura une valeur minimum (si nous excluons le cas dans lequel $f(x, y, z)$ peut être discontinue ou infinie pour des valeurs finies de x, y, z), et, ce minimum n'ayant lieu que pour des valeurs de x, y, z qui satisfont aux trois équations

$$\frac{df}{dx}=0,\quad \frac{df}{dy}=0,\quad \frac{df}{dz}=0,$$

il n'y aura, en général, que des points isolés pour lesquels

$$f(x, y, z) = \text{minimum}.$$

Soient c_0 la valeur minimum de $f(x, y, z)$, et n le nombre des points isolés pour lesquels

$$f(x, y, z) = c_0;$$

alors la condition

$$c_0 < f(x, y, z) < c_1$$

se réduit simplement à

$$f(x, y, z) < c_1;$$

de plus, le volume V_0 se réduit au volume de n sphères au rayon λ, c'est-à-dire à $\frac{4}{3}n\pi\lambda^3$. Par conséquent, la formule (5) (en y omettant les indices de c_1 et de V_1) devient

$$V = \iiint\limits_{f(x,y,z)<c} (G\lambda + H\lambda^2)\,dm + \tfrac{4}{3}n\pi\lambda^3.$$

Divisant par λ et faisant décroître cette quantité jusqu'à zéro, la limite vers laquelle converge le rapport $\frac{V}{\lambda}$ est l'aire entière s de la surface fermée (f), d'où

$$s = \iiint\limits_{f(x,y,z)<c} G\,dm.$$

On a donc les deux théorèmes:

Théorème I. „*Soit f une fonction de x, y, z telle, que l'équation $f = c$ représente une surface fermée (f) qui sépare un volume fini (μ), dans lequel $f < c$, du reste de l'espace infini dans lequel $f > c$; cela posé, l'aire entière s de la surface fermée (f) est*

$$(6)\qquad \left\{\begin{aligned} s &= \iiint G\,dm \\ &= \iiint \left[\frac{d}{dx}\left(\frac{1}{\sqrt{R}}\frac{df}{dx}\right) + \frac{d}{dy}\left(\frac{1}{\sqrt{R}}\frac{df}{dy}\right) + \frac{d}{dz}\left(\frac{1}{\sqrt{R}}\frac{df}{dz}\right)\right] dm,\end{aligned}\right.$$

où les intégrales triples s'étendent à tous les éléments de volume dm qui font partie du volume (μ), *ou, ce qui est la même chose, à toutes les valeurs de* x, y, z *propres à vérifier l'inégalité* $f < c$."

Théorème II. „*En maintenant les hypothèses du théorème précédent, soit* n *le nombre des points isolés pour lesquels la fonction* f *a sa valeur minimum, soit* (F) *la surface parallèle à* (f) *à la distance* λ *et du côté où* $f > c$; *cela posé, le volume entier* V *compris entre* (f) *et* (F) *est*

$$V = s\lambda + s_1\lambda^2 + \tfrac{4}{3}n\pi\lambda^3, \tag{7}$$

s_1 *étant donné par l'équation*

$$\left\{\begin{aligned} s_1 &= \iiint \mathrm{H}\,dm \\ &= \iiint \left\{\begin{aligned} &\frac{d}{dy}\left(\frac{1}{\sqrt{\mathrm{R}}}\frac{df}{dy}\right)\frac{d}{dz}\left(\frac{1}{\sqrt{\mathrm{R}}}\frac{df}{dz}\right) + \frac{d}{dz}\left(\frac{1}{\sqrt{\mathrm{R}}}\frac{df}{dz}\right)\frac{d}{dx}\left(\frac{1}{\sqrt{\mathrm{R}}}\frac{df}{dx}\right) \\ &+ \frac{d}{dx}\left(\frac{1}{\sqrt{\mathrm{R}}}\frac{df}{dx}\right)\frac{d}{dy}\left(\frac{1}{\sqrt{\mathrm{R}}}\frac{df}{dy}\right) - \frac{d}{dz}\left(\frac{1}{\sqrt{\mathrm{R}}}\frac{df}{dy}\right)\frac{d}{dy}\left(\frac{1}{\sqrt{\mathrm{R}}}\frac{df}{dz}\right) \\ &- \frac{d}{dx}\left(\frac{1}{\sqrt{\mathrm{R}}}\frac{df}{dz}\right)\frac{d}{dz}\left(\frac{1}{\sqrt{\mathrm{R}}}\frac{df}{dx}\right) - \frac{d}{dy}\left(\frac{1}{\sqrt{\mathrm{R}}}\frac{df}{dx}\right)\frac{d}{dx}\left(\frac{1}{\sqrt{\mathrm{R}}}\frac{df}{dy}\right) \end{aligned}\right\} dm, \end{aligned}\right. \tag{7*}$$

où les variables x, y, z *doivent prendre toutes les valeurs propres à vérifier l'inégalité* $f < c$."

4. Je passe maintenant à la seconde manière d'établir les résultats obtenus ci-dessus. Au lieu de se borner à ces résultats spéciaux, on arrive, par les considérations suivantes, avec la même facilité, à une formule plus générale, qui transforme toute intégrale double

$$\iint \varphi(x, y, z)\,ds,$$

étendue aux éléments superficiels ds d'une surface fermée, en une intégrale triple.

Conservons les signes des numéros précédents.

Soient (f) la surface fermée définie par l'équation

$$f(x, y, z) = c;$$

(μ) le volume renfermé dans (f) et pour tous les points duquel on a

$$f(x, y, z) < c;$$

ds un élément superficiel de (f); p un point faisant partie de ds et ayant les coordonnées x, y, z; N la normale de (f) en p dirigée vers la région extérieure au volume (μ); ξ, η, ζ les angles formés par la normale N et les côtés positifs des axes des x, y, z.

Concevons, avec M. Gauss, une droite g parallèle à l'axe des x, qui perce le plan des y, z dans le point dont les coordonnées sont y, z.

Dans ce plan, soit

$$d\omega = dy\,dz$$

le rectangle élémentaire dont les quatre angles sont les points correspondants aux coordonnées y, z; $y+dy$, z; y, $z+dz$; $y+dy$, $z+dz$; et soit (C) le prisme infiniment mince dont $d\omega$ est la base et g l'une des arêtes. En parcourant la droite g depuis $x=-\infty$ jusqu'à $x=+\infty$, on trouve un nombre pair de points p', p'', p''', etc., correspondants aux valeurs x', x'', x''', etc. de x, auxquels cette droite rencontre la surface (f): savoir, elle entre dans le volume (μ) en p', elle en sort en p'', elle y rentre en p''', etc. Soient ds', ds'', ds''', etc. les éléments superficiels de (f), desquels les points p', p'', p''', etc. font partie, et que le prisme (C) détermine sur la surface (f) en la coupant. Soient N', N'', N''', etc. les normales de (f) en p', p'', p''', etc., et soient ξ', η', ζ', ξ'', η'', ζ'', ξ''', η''', ζ''', etc., ce que deviennent les angles ξ, η, ζ pour les normales N', N'', N''', etc. Cela posé, on a les équations

$$\begin{aligned}
\cos\xi'\,.ds' &= -d\omega\\
\cos\xi''\,.ds'' &= +d\omega\\
\cos\xi'''.ds''' &= -d\omega\\
&\ldots\ldots\ldots
\end{aligned}$$

Soit $\varphi(x, y, z)$ une fonction quelconque de x, y, z; multiplions ces équations respectivement par

$$\begin{aligned}
&\varphi(x', y, z).\cos\xi'\\
&\varphi(x'', y, z).\cos\xi''\\
&\varphi(x''', y, z).\cos\xi'''\\
&\ldots\ldots\ldots
\end{aligned}$$

et faisons la somme des produits; alors il vient

$$\begin{aligned}
&\varphi(x', y, z).\cos^2\xi' ds' + \varphi(x'', y, z).\cos^2\xi'' ds'' + \varphi(x''', y, z).\cos^2\xi''' ds + \cdots\\
&= d\omega[-\varphi(x', y, z).\cos\xi' + \varphi(x'', y, z).\cos\xi'' - \varphi(x''', y, z).\cos\xi''' + \cdots].
\end{aligned}$$

La série qui, dans le second membre de cette équation, se trouve multipliée par $d\omega$, peut être convertie en une intégrale. En effet, on a

$$\cos\xi = \frac{1}{\sqrt{R}}\frac{df}{dx},$$

où

$$R = \left(\frac{df}{dx}\right)^2 + \left(\frac{df}{dy}\right)^2 + \left(\frac{df}{dz}\right)^2,$$

la racine de R devant être prise avec le signe positif. La différence

$$\varphi(x'', y, z).\cos\xi'' - \varphi(x', y, z).\cos\xi'$$

est donc égale à l'intégrale

$$\int_{x'}^{x''} \frac{d}{dx}\left[\frac{\varphi(x, y, z)}{\sqrt{\mathrm{R}}}\frac{df}{dx}\right]dx,$$

et de même la série

$$-\varphi(x', y, z).\cos\xi' + \varphi(x'', y, z).\cos\xi'' - \varphi(x''', y, z).\cos\xi''' + \cdots$$

est égale à

$$\int_{x'}^{x''} \frac{d}{dx}\left[\frac{\varphi(x, y, z)}{\sqrt{\mathrm{R}}}\frac{df}{dx}\right]dx + \int_{x'''}^{x''''} \frac{d}{dx}\left[\frac{\varphi(x, y, z)}{\sqrt{\mathrm{R}}}\frac{df}{dx}\right]dx + \cdots,$$

c'est-à-dire égale à l'intégrale

$$\int \frac{d}{dx}\left[\frac{\varphi(x, y, z)}{\sqrt{\mathrm{R}}}\right]dx,$$

étendue à tous les éléments linéaires dx de la droite g, faisant partie du volume (μ). Cette intégrale, multipliée par $d\omega = dy\,dz$, c'est-à-dire par la base du prisme infiniment mince (C), est donc égale à l'intégrale triple

$$\iiint \frac{d}{dx}\left[\frac{\varphi(x, y, z)}{\sqrt{\mathrm{R}}}\frac{df}{dx}\right]dx\,dy\,dz,$$

étendue à tous les éléments de volume $dx\,dy\,dz$ du prisme (C), faisant partie du volume (μ).

En variant le prisme (C), de sorte qu'il reste toujours parallèle à l'axe des x, et en sommant tous les résultats partiels, on arrive à ce résultat final, que l'intégrale double

$$\iint \varphi(x, y, z)\cos^2\xi\,ds,$$

étendue à tous les éléments superficiels ds de la surface (f), est égale à l'intégrale triple

$$\iiint \frac{d}{dx}\left[\frac{\varphi(x, y, z)}{\sqrt{\mathrm{R}}}\frac{df}{dx}\right]dx\,dy\,dz,$$

étendue à tous les éléments de volume $dx\,dy\,dz$ qui font partie du volume (μ).

Il y a deux égalités semblables qui se rapportent d'une manière analogue à l'axe des y et à l'axe des z. En désignant, comme dans les numéros précédents, par dm l'élément de volume $dx\,dy\,dz$, on a donc les trois équations

$$(8)\quad \begin{cases} \iint \varphi(x, y, z)\cos^2\xi\, ds = \iiint \frac{d}{dx}\left[\frac{\varphi(x, y, z)}{\sqrt{R}}\frac{df}{dx}\right] dm \\ \iint \varphi(x, y, z)\cos^2\eta\, ds = \iiint \frac{d}{dy}\left[\frac{\varphi(x, y, z)}{\sqrt{R}}\frac{df}{dy}\right] dm \\ \iint \varphi(x, y, z)\cos^2\zeta\, ds = \iiint \frac{d}{dz}\left[\frac{\varphi(x, y, z)}{\sqrt{R}}\frac{df}{dz}\right] dm, \end{cases}$$

les intégrales doubles s'étendant à tous les éléments superficiels ds de la surface (f), et les intégrales triples à tous les éléments de volume dm qui font partie du volume (μ), c'est-à-dire à toutes les valeurs de x, y, z propres à vérifier l'inégalité

$$f(x, y, z) < c.$$

En faisant la somme des équations (8) et en remarquant que

$$\cos^2\xi + \cos^2\eta + \cos^2\zeta = 1,$$

on arrive au théorème général suivant:

Théorème III. „*Soient φ une fonction quelconque de x, y, z, et f une fonction des mêmes variables telle que $f = c$ représente une surface fermée (f) qui sépare un volume fini (μ), dans lequel $f < c$, du reste de l'espace infini dans lequel $f > c$; cela posé, l'intégrale double*

$$\iint \varphi\, ds,$$

étendue à tous les éléments superficiels de la surface (f), est transformée en une intégrale triple par la formule

$$(9)\quad \iint \varphi\, ds = \iiint \left[\frac{d}{dx}\left(\frac{\varphi}{\sqrt{R}}\frac{df}{dx}\right) + \frac{d}{dy}\left(\frac{\varphi}{\sqrt{R}}\frac{df}{dy}\right) + \frac{d}{dz}\left(\frac{\varphi}{\sqrt{R}}\frac{df}{dz}\right)\right] dm,$$

où

$$R = \left(\frac{df}{dx}\right)^2 + \left(\frac{df}{dy}\right)^2 + \left(\frac{df}{dz}\right)^2,$$

et où l'intégrale triple s'étend à tous les éléments de volume dm qui font partie du volume (μ), c'est-à-dire à toutes les valeurs de x, y, z propres à vérifier l'inégalité $f < c$.“

Si, dans ce théorème, on pose

$$\varphi = 1,$$

on retrouve l'expression (6) pour l'aire s de la surface (f).

Si l'on pose

$$\varphi = L = \left(1 + \frac{\lambda}{\varrho}\right)\left(1 + \frac{\lambda}{\varrho'}\right) = 1 + G\lambda + H\lambda^2,$$

L, G, H étant définis par les équations (2^*), (3), alors (d'après le lemme du n° 2) la seconde partie de l'équation (9) donne pour l'aire complète S de la surface (F), parallèle à (f) à la distance λ, une expression en intégrales triples, analogue à celle que l'équation (7) a fournie pour le volume V compris entre (f) et (F), tandis que ces mêmes quantités S et V ont été exprimées par M. Steiner en intégrales doubles.

Chacune des deux parties de l'équation (9) prend, par la substitution de L au lieu de φ, la forme

$$s+t\lambda+u\lambda^2,$$

on a donc

$$S=s+t\lambda+u\lambda^2,$$

$$s=\iint ds=\iiint\left[\frac{d}{dx}\left(\frac{1}{\sqrt{R}}\frac{df}{dx}\right)+\frac{d}{dy}\left(\frac{1}{\sqrt{R}}\frac{df}{dy}\right)+\frac{d}{dz}\left(\frac{1}{\sqrt{R}}\frac{df}{dz}\right)\right]dm$$

$$t=\iint\left(\frac{1}{\varrho}+\frac{1}{\varrho'}\right)ds=\iiint\left[\frac{d}{dx}\left(\frac{G}{\sqrt{R}}\frac{df}{dx}\right)+\frac{d}{dy}\left(\frac{G}{\sqrt{R}}\frac{df}{dy}\right)+\frac{d}{dz}\left(\frac{G}{\sqrt{R}}\frac{df}{dz}\right)\right]dm$$

$$u=\iint\frac{1}{\varrho\varrho'}ds=\iiint\left[\frac{d}{dx}\left(\frac{H}{\sqrt{R}}\frac{df}{dx}\right)+\frac{d}{dy}\left(\frac{H}{\sqrt{R}}\frac{df}{dy}\right)+\frac{d}{dz}\left(\frac{H}{\sqrt{R}}\frac{df}{dz}\right)\right]dm.$$

De l'aire complète S de la surface (F) on passe au volume V par la formule suivante qu'il est aisé de démontrer,

$$V=\int_0^\lambda S\,d\lambda,$$

d'où

$$V=s\lambda+\tfrac{1}{2}t\lambda^2+\tfrac{1}{3}u\lambda^3.$$

En comparant ce résultat avec l'équation (7), on trouve

$$t=2s_1=\iint\left(\frac{1}{\varrho}+\frac{1}{\varrho'}\right)ds=2\iiint H\,dm$$

$$=\iiint\left[\frac{d}{dx}\left(\frac{G}{\sqrt{R}}\frac{df}{dx}\right)+\frac{d}{dy}\left(\frac{G}{\sqrt{R}}\frac{df}{dy}\right)+\frac{d}{dz}\left(\frac{G}{\sqrt{R}}\frac{df}{dz}\right)\right]dm,$$

$$u=4n\pi=\iint\frac{1}{\varrho\varrho'}ds$$

$$=\iiint\left[\frac{d}{dx}\left(\frac{H}{\sqrt{R}}\frac{df}{dx}\right)+\frac{d}{dy}\left(\frac{H}{\sqrt{R}}\frac{df}{dy}\right)+\frac{d}{dz}\left(\frac{H}{\sqrt{R}}\frac{df}{dz}\right)\right]dm.$$

En y joignant l'équation (6), c'est-à-dire l'équation

$$s=\iint ds=\iiint G\,dm$$

$$=\iiint\left[\frac{d}{dx}\left(\frac{1}{\sqrt{R}}\frac{df}{dx}\right)+\frac{d}{dy}\left(\frac{1}{\sqrt{R}}\frac{df}{dy}\right)+\frac{d}{dz}\left(\frac{1}{\sqrt{R}}\frac{df}{dz}\right)\right]dm,$$

et en se rappelant que

$$G = \frac{1}{\varrho} + \frac{1}{\varrho'}, \quad H = \frac{1}{\varrho\varrho'},$$

on arrive aux égalités suivantes:

$$(10) \qquad \begin{cases} \iint ds = \iiint \left(\frac{1}{\varrho} + \frac{1}{\varrho'}\right) dm \\ \frac{1}{2}\iint \left(\frac{1}{\varrho} + \frac{1}{\varrho'}\right) ds = \iiint \frac{1}{\varrho\varrho'}\, dm \\ \iint \frac{1}{\varrho\varrho'}\, ds = 4n\pi, \end{cases}$$

qui méritent d'être signalées, et que l'on peut regarder comme se rapportant à un système de surfaces de niveau. Dans les premiers membres de ces équations, les rayons de courbure ϱ, ϱ' sont relatifs à une surface de niveau déterminée; dans les seconds membres, ils sont relatifs à tout le système, de sorte que, dans cette dernière acception, il existe, pour chaque point de l'espace, deux rayons de courbure principaux. Les intégrations doivent être étendues, comme dans ce qui précède, à tous les éléments superficiels ds de la surface (f) et à tous les éléments de volume dm renfermés dans la même surface.

L'équation

$$\iint \frac{1}{\varrho\varrho'}\, ds = 4n\pi$$

est l'expression analytique du théorème connu, que la courbure entière (*curvatura integra*) d'une surface fermée complète est égale à un nombre entier n de surfaces sphériques au rayon 1. Ce nombre n est donc égal au nombre de points isolés auxquels se réduit la surface fermée, déterminée par l'équation

$$f = c,$$

pour la valeur minimum de c.

Dans l'article cité plus haut, M. Steiner a donné aux deux intégrales

$$\iint \left(\frac{1}{\varrho} + \frac{1}{\varrho'}\right) ds \quad \text{et} \quad \iint \frac{1}{\varrho\varrho'}\, ds,$$

étendues à une portion quelconque de surface, des noms que je traduis un peu librement par ceux de *courbure cylindrique* et de *courbure sphérique*, de sorte que notre courbure sphérique est identique à la courbure entière (*curva-*

tura integra) de M. Gauss*). Les intégrales $t = 2s_1$ et $u = 4n\pi$ sont donc les courbures cylindrique et sphérique complètes d'une surface fermée.

En substituant dans l'expression obtenue de S la valeur de u, on arrive au théorème suivant:

Théorème IV. „*En admettant les hypothèses des théorèmes I et II, l'aire complète* S *de la surface* (F), *parallèle à* (f) *à la distance* λ, *est*

$$S = s + t\lambda + 4n\pi\lambda^2,$$

s *désignant l'aire complète de* (f), n *le nombre des points isolés pour lesquels* $f(x, y, z)$ *a sa valeur minimum, et* t *la courbure cylindrique complète de* (f), *c'est-à-dire l'expression*

$$(11) \quad \begin{cases} t = \iint \left(\frac{1}{\varrho} + \frac{1}{\varrho'}\right) ds \\ = \iiint \left[\frac{d}{dx}\left(\frac{G}{\sqrt{R}}\frac{df}{dx}\right) + \frac{d}{dy}\left(\frac{G}{\sqrt{R}}\frac{df}{dy}\right) + \frac{d}{dz}\left(\frac{G}{\sqrt{R}}\frac{df}{dz}\right)\right] dm, \end{cases}$$

où les intégrations se rapportent à tous les éléments superficiels ds de la surface (f) *et à tous les éléments de volume dm renfermés dans la même surface* (f).“

En terminant ce numéro, j'observerai que les résultats précédents concernant tous des intégrations étendues à des surfaces fermées complètes, peuvent, avec de légères modifications et des conditions convenables, être appliqués à des intégrations étendues à certaines portions des surfaces non fermées. Pour en donner un exemple, j'énoncerai le théorème suivant:

Théorème V. „*Soit* (E) *la portion positive de l'espace, c'est-à-dire la portion de l'espace qui correspond à des valeurs positives des coordonnées; soit* (f) *la surface représentée par l'équation*

$$f = c;$$

et soit f *une fonction de* x, y, z, *telle que la portion positive* s *de la surface* (f), *c'est-à-dire la portion de* f *qui se trouve dans* (E), *sépare un volume fini* (μ), *dans lequel* $f < c$, *du reste de* (E), *dans lequel* $f > c$; *soit enfin*

$$\frac{df}{dx} = 0 \text{ pour } x = 0 \text{ quels que soient } y \text{ et } z,$$

$$\frac{df}{dy} = 0 \text{ pour } y = 0 \text{ quels que soient } z \text{ et } x,$$

$$\frac{df}{dz} = 0 \text{ pour } z = 0 \text{ quels que soient } x \text{ et } y.$$

---

*) Les dénominations inventées par M. Steiner sont textuellement *Summe der Kantenkrümmung* et *Summe der Eckenkrümmung*. Considérez une surface comme un polyèdre, suivant l'esprit du calcul infinité-

Cela posé, la portion positive s de la surface (f) est

$$s=\iiint\left[\frac{d}{dx}\left(\frac{1}{\sqrt{R}}\frac{df}{dx}\right)+\frac{d}{dy}\left(\frac{1}{\sqrt{R}}\frac{df}{dy}\right)+\frac{d}{dz}\left(\frac{1}{\sqrt{R}}\frac{df}{dz}\right)\right]dm,$$

où les variables doivent prendre toutes les valeurs positives propres à vérifier l'inégalité $f<c$."

5. Je ferai maintenant l'application des théorèmes I et IV à l'évaluation de l'aire entière s de l'ellipsoïde et de sa courbure cylindrique complète

$$t=\iint\left(\frac{1}{\varrho}+\frac{1}{\varrho'}\right)ds.$$

Les équations (6) et (11) donnent, pour ces deux intégrales, les expressions suivantes en intégrales triples:

$$s=\iiint G\,dm$$

$$=\iiint\left[\frac{d}{dx}\left(\frac{1}{\sqrt{R}}\frac{df}{dx}\right)+\frac{d}{dy}\left(\frac{1}{\sqrt{R}}\frac{df}{dy}\right)+\frac{d}{dz}\left(\frac{1}{\sqrt{R}}\frac{df}{dz}\right)\right]dm,$$

$$t=\iiint\left[\frac{d}{dx}\left(\frac{G}{\sqrt{R}}\frac{df}{dx}\right)+\frac{d}{dy}\left(\frac{G}{\sqrt{R}}\frac{df}{dy}\right)+\frac{d}{dz}\left(\frac{G}{\sqrt{R}}\frac{df}{dz}\right)\right]dm,$$

où

$$R=\left(\frac{df}{dx}\right)^2+\left(\frac{df}{dy}\right)^2+\left(\frac{df}{dz}\right)^2,$$

les intégrales étant prises pour toutes les valeurs de x, y, z propres à vérifier l'inégalité $f<c$.

Dans le cas d'un ellipsoïde aux demi-axes α, β, γ, il faut faire

$$f=\frac{1}{2}\left(\frac{x^2}{\alpha^2}+\frac{y^2}{\beta^2}+\frac{z^2}{\gamma^2}-1\right),\quad c=0.$$

Alors, en posant

$$x=\alpha x',\quad y=\beta y',\quad z=\gamma z',$$

de sorte que

$$dm=dx\,dy\,dz=\alpha\beta\gamma\,dx'dy'dz',$$

on trouve

$$s=\alpha\beta\gamma\iiint_{x'^2+y'^2+z'^2<1} G\,dx'dy'dz'$$

$$t=\alpha\beta\gamma\iiint_{x'^2+y'^2+z'^2<1} G'dx'dy'dz'$$

simal, et vous comprendrez comment l'illustre géomètre a pu être naturellement conduit à cette façon de parler.

$$G = \frac{1}{\alpha}\frac{d}{dx'}\left(\frac{1}{\sqrt{R}}\frac{x'}{\alpha}\right) + \frac{1}{\beta}\frac{d}{dy'}\left(\frac{1}{\sqrt{R}}\frac{y'}{\beta}\right) + \frac{1}{\gamma}\frac{d}{dz'}\left(\frac{1}{\sqrt{R}}\frac{z'}{\gamma}\right)$$

$$G' = \frac{1}{\alpha}\frac{d}{dx'}\left(\frac{G}{\sqrt{R}}\frac{x'}{\alpha}\right) + \frac{1}{\beta}\frac{d}{dy'}\left(\frac{G}{\sqrt{R}}\frac{y'}{\beta}\right) + \frac{1}{\gamma}\frac{d}{dz'}\left(\frac{G}{\sqrt{R}}\frac{z'}{\gamma}\right)$$

$$R = \frac{x'^2}{\alpha^2} + \frac{y'^2}{\beta^2} + \frac{z'^2}{\gamma^2}.$$

Une fonction ψ homogène de l'ordre zéro de x' et de α, c'est-à-dire qui ne dépend que du quotient $\frac{x'}{\alpha}$, satisfait à l'équation

$$x'\frac{d\psi}{dx'} + \alpha\frac{d\psi}{d\alpha} = 0.$$

Cette remarque permet de convertir les différentiations relatives à x', y', z', qui se trouvent dans G et dans G', en différentiations relatives à α, β, γ. On obtient ainsi

$$G = -\frac{d}{d\alpha}\left(\frac{1}{\alpha\sqrt{R}}\right) - \frac{d}{d\beta}\left(\frac{1}{\beta\sqrt{R}}\right) - \frac{d}{d\gamma}\left(\frac{1}{\gamma\sqrt{R}}\right),$$

$$\frac{G}{\sqrt{R}} = -\tfrac{1}{2}\alpha\frac{d}{d\alpha}\left(\frac{1}{\alpha^2 R}\right) - \tfrac{1}{2}\beta\frac{d}{d\beta}\left(\frac{1}{\beta^2 R}\right) - \tfrac{1}{2}\gamma\frac{d}{d\gamma}\left(\frac{1}{\gamma^2 R}\right).$$

L'expression de G substituée dans l'intégrale s donne

$$s = -\alpha\beta\gamma\iiint\limits_{x'^2+y'^2+z'^2<1}\left(\beta\gamma\frac{dv}{d\alpha} + \gamma\alpha\frac{dv}{d\beta} + \alpha\beta\frac{dv}{d\gamma}\right)dx'\,dy'\,dz',$$

où

$$v = \frac{1}{\alpha\beta\gamma\sqrt{R}}.$$

Les limites de l'intégration par rapport à x', y', z' étant données par une inégalité qui ne contient pas les quantités α, β, γ, on peut intervertir l'ordre de ces intégrations et des différentiations par rapport à α, β, γ. Donc, en posant

$$P = \iiint\limits_{x'^2+y'^2+z'^2<1}\frac{dx'\,dy'\,dz'}{\alpha\beta\gamma\sqrt{R}},$$

expression qui, en faisant

$$x' = \alpha x'', \quad y' = \beta y'', \quad z' = \gamma z'',$$

se transforme en

$$P = \iiint\limits_{\alpha^2x''^2+\beta^2y''^2+\gamma^2z''^2<1}\frac{dx''\,dy''\,dz''}{\sqrt{x''^2+y''^2+z''^2}},$$

on trouve

$$(12)\qquad s=-\alpha^2\beta^2\gamma^2\left(\frac{1}{\alpha}\frac{dP}{d\alpha}+\frac{1}{\beta}\frac{dP}{d\beta}+\frac{1}{\gamma}\frac{dP}{d\gamma}\right).$$

En substituant la valeur de $\frac{G}{\sqrt{R}}$ dans G', on obtient neuf termes: trois de la forme

$$-\frac{1}{2\alpha}\frac{d}{dx'}\left[x'\frac{d}{d\alpha}\left(\frac{1}{\alpha^2 R}\right)\right]=-\frac{1}{2\alpha}\frac{d}{d\alpha}\left[\frac{1}{\alpha}\frac{d}{dx'}\left(\frac{x'}{\alpha R}\right)\right]=\frac{1}{2\alpha}\frac{d^2}{d\alpha^2}\left(\frac{1}{\alpha R}\right),$$

et six autres de la forme

$$-\frac{1}{2\beta}\frac{d}{dy'}\left[\frac{y'}{\beta}\gamma\frac{d}{d\gamma}\left(\frac{1}{\gamma^2 R}\right)\right]=\tfrac{1}{2}\frac{d}{d\beta}\left[\frac{\gamma}{\beta}\frac{d}{d\gamma}\left(\frac{1}{\gamma^2 R}\right)\right]=\tfrac{1}{2}\frac{d^2}{d\beta d\gamma}\left(\frac{1}{\beta\gamma R}\right)-\frac{1}{2\gamma}\frac{d}{d\beta}\left(\frac{1}{\beta\gamma R}\right).$$

Donc, en posant

$$\frac{1}{\alpha\beta\gamma R}=w,$$

on a

$$G'=\left\{\begin{array}{c}\dfrac{\beta\gamma}{2\alpha}\dfrac{d^2w}{d\alpha^2}+\dfrac{\gamma\alpha}{2\beta}\dfrac{d^2w}{d\beta^2}+\dfrac{\alpha\beta}{2\gamma}\dfrac{d^2w}{d\gamma^2}\\ +\alpha\dfrac{d^2w}{d\beta d\gamma}+\beta\dfrac{d^2w}{d\gamma d\alpha}+\gamma\dfrac{d^2w}{d\alpha d\beta}\\ -\dfrac{\beta^2+\gamma^2}{2\beta\gamma}\dfrac{dw}{d\alpha}-\dfrac{\gamma^2+\alpha^2}{2\gamma\alpha}\dfrac{dw}{d\beta}-\dfrac{\alpha^2+\beta^2}{2\alpha\beta}\dfrac{dw}{d\gamma}\end{array}\right\}.$$

En substituant cette valeur de G' dans l'intégrale t, puis en intervertissant encore des intégrations et des différentiations, on obtient

$$(13)\qquad t=\alpha^2\beta^2\gamma^2\left\{\begin{array}{c}\dfrac{1}{2\alpha^2}\dfrac{d^2Q}{d\alpha^2}+\dfrac{1}{2\beta^2}\dfrac{d^2Q}{d\beta^2}+\dfrac{1}{2\gamma^2}\dfrac{d^2Q}{d\gamma^2}\\ +\dfrac{1}{\beta\gamma}\dfrac{d^2Q}{d\beta d\gamma}+\dfrac{1}{\gamma\alpha}\dfrac{d^2Q}{d\gamma d\alpha}+\dfrac{1}{\alpha\beta}\dfrac{d^2Q}{d\alpha d\beta}\\ -\dfrac{1}{2\alpha}\left(\dfrac{1}{\beta^2}+\dfrac{1}{\gamma^2}\right)\dfrac{dQ}{d\alpha}-\dfrac{1}{2\beta}\left(\dfrac{1}{\gamma^2}+\dfrac{1}{\alpha^2}\right)\dfrac{dQ}{d\beta}-\dfrac{1}{2\gamma}\left(\dfrac{1}{\alpha^2}+\dfrac{1}{\beta^2}\right)\dfrac{dQ}{d\gamma}\end{array}\right\},$$

où

$$Q=\iiint\limits_{x'^2+y'^2+z'^2<1}\frac{dx'\,dy'\,dz'}{\alpha\beta\gamma R},$$

expression qui, en posant

$$x'=\alpha x'',\quad y'=\beta y'',\quad z'=\gamma z'',$$

se transforme en

$$Q=\iiint\limits_{\alpha^2x''^2+\beta^2y''^2+\gamma^2z''^2<1}\frac{dx''\,dy''\,dz''}{x''^2+y''^2+z''^2}.$$

On a donc le résultat suivant:

„Désignons par P, Q le potentiel de l'ellipsoïde aux demi-axes $\frac{1}{\alpha}, \frac{1}{\beta}, \frac{1}{\gamma}$ relatif au centre et pour des attractions respectivement proportionelles aux puissances -2, -3 de la distance, de sorte qu'en désignant par dm l'élément de volume, on ait

$$\mathrm{P} = \iiint \frac{dm}{\sqrt{x^2+y^2+z^2}}, \quad \mathrm{Q} = \iiint \frac{dm}{x^2+y^2+z^2},$$

où les variables prennent toutes les valeurs propres à vérifier l'inégalité

$$\alpha^2 x^2 + \beta^2 y^2 + \gamma^2 z^2 < 1.$$

Soient s la surface complète de l'ellipsoïde aux demi-axes α, β, γ; ϱ, ϱ' ses rayons de courbure principaux; t l'intégrale

$$\iint \left(\frac{1}{\varrho} + \frac{1}{\varrho'}\right) ds,$$

rapportée à tous les éléments ds de la surface s. Cela posé, les intégrales s, t dépendent de P, Q, au moyen des équations

$$(12) \qquad s = -\alpha^2\beta^2\gamma^2 \left(\frac{1}{\alpha}\frac{d\mathrm{P}}{d\alpha} + \frac{1}{\beta}\frac{d\mathrm{P}}{d\beta} + \frac{1}{\gamma}\frac{d\mathrm{P}}{d\gamma}\right),$$

$$(13) \qquad t = \alpha^2\beta^2\gamma^2 \left\{ \begin{array}{r} \frac{1}{2\alpha^2}\frac{d^2\mathrm{Q}}{d\alpha^2} + \frac{1}{2\beta^2}\frac{d^2\mathrm{Q}}{d\beta^2} + \frac{1}{2\gamma^2}\frac{d^2\mathrm{Q}}{d\gamma^2} \\ + \frac{1}{\beta\gamma}\frac{d^2\mathrm{Q}}{d\beta\, d\gamma} + \frac{1}{\gamma\alpha}\frac{d^2\mathrm{Q}}{d\gamma\, d\alpha} + \frac{1}{\alpha\beta}\frac{d^2\mathrm{Q}}{d\alpha\, d\beta} \\ -\frac{1}{2\alpha}\left(\frac{1}{\beta^2}+\frac{1}{\gamma^2}\right)\frac{d\mathrm{Q}}{d\alpha} - \frac{1}{2\beta}\left(\frac{1}{\gamma^2}+\frac{1}{\alpha^2}\right)\frac{d\mathrm{Q}}{d\beta} - \frac{1}{2\gamma}\left(\frac{1}{\alpha^2}+\frac{1}{\beta^2}\right)\frac{d\mathrm{Q}}{d\gamma} \end{array} \right\}.\text{“}$$

Cette liaison entre différentes intégrales multiples ne me semble pas indigne de l'attention des géomètres, d'autant plus qu'on y est parvenu sans avoir eu besoin d'évaluer auparavant ces intégrales. Entre les expressions finales en intégrales simples pour l'aire de l'ellipsoïde et pour les attractions de l'ellipsoïde à axes réciproques sur un point intérieur, M. Jellett a remarqué une liaison analogue à celle qui existe entre P et s, mais qui pourtant en est différente (voir le tome XII (1847) p. 92 du Journal de M. Liouville).

Les équations (12), (13) conduisent aux expressions finales de s et t par la substitution des valeurs de P et Q en intégrales simples. On a généralement

$$\iiint\limits_{\alpha^2x^2+\beta^2y^2+\gamma^2z^2<1} \frac{dx\,dy\,dz}{(x^2+y^2+z^2)^{\frac{1}{2}(p-1)}} = \frac{\pi^{\frac{3}{2}}}{\Gamma\left(\frac{p-1}{2}\right)\Gamma\left(3-\frac{p}{2}\right)} \int_0^\infty \frac{u^{\frac{1}{2}(p-3)}du}{\sqrt{(u+\alpha^2)(u+\beta^2)(u+\gamma^2)}}$$

(voir le Mémoire de M. Dirichlet, Mathematische Abhandlungen der Akademie der Wissenschaften zu Berlin, a. d. Jahre 1839 p. 77); de là, pour $p=2$ et $p=3$,

$$P = \iiint \frac{dx\,dy\,dz}{\sqrt{x^2+y^2+z^2}} = \pi\int_0^\infty \frac{du}{\sqrt{u(u+\alpha^2)(u+\beta^2)(u+\gamma^2)}},$$

$$Q = \iiint \frac{dx\,dy\,dz}{x^2+y^2+z^2} = 2\pi\int_0^\infty \frac{du}{\sqrt{(u+\alpha^2)(u+\beta^2)(u+\gamma^2)}}.$$

(Ces valeurs de P, Q peuvent également être prises dans le Mémoire de Jacobi: *De transformatione et determinatione integralium duplicium*, Journal de M. Crelle, T. 10 p. 101 [Jacobi's Gesammelte Werke, Bd. 3 p. 159]).

Faisons

$$\alpha^2 = \alpha',\quad \beta^2 = \beta',\quad \gamma^2 = \gamma',$$
$$\varphi(u) = (u+\alpha')(u+\beta')(u+\gamma'),$$

de sorte que

$$P = \pi\int_0^\infty \frac{du}{\sqrt{u\varphi(u)}},\quad Q = 2\pi\int_0^\infty \frac{du}{\sqrt{\varphi(u)}},$$

$$\frac{dP}{d\alpha} = 2\alpha\frac{dP}{d\alpha'},\quad \frac{d^2Q}{d\alpha^2} = 2\frac{dQ}{d\alpha'} + 4\alpha^2\frac{d^2Q}{d\alpha'^2},\quad \frac{d^2Q}{d\beta\,d\gamma} = 4\beta\gamma\frac{d^2Q}{d\beta'd\gamma'},\quad \ldots$$

Ces valeurs, substituées dans les équations (12), (13), donnent

$$\begin{aligned} s &= -2\alpha'\beta'\gamma'\left(\frac{dP}{d\alpha'}+\frac{dP}{d\beta'}+\frac{dP}{d\gamma'}\right)\\ &= -2\pi\alpha'\beta'\gamma'\int_0^\infty \frac{du}{\sqrt{u}}\left\{\frac{d}{d\alpha'}\left[\frac{1}{\sqrt{\varphi(u)}}\right]+\frac{d}{d\beta'}\left[\frac{1}{\sqrt{\varphi(u)}}\right]+\frac{d}{d\gamma'}\left[\frac{1}{\sqrt{\varphi(u)}}\right]\right\}\\ &= -2\pi\alpha'\beta'\gamma'\int_0^\infty \frac{du}{\sqrt{u}}\,\frac{d}{du}\left[\frac{1}{\sqrt{\varphi(u)}}\right]; \end{aligned}$$

et de même

$$t = \alpha'\beta'\gamma'\left\{\begin{aligned} &2\frac{d^2Q}{d\alpha'^2}+2\frac{d^2Q}{d\beta'^2}+2\frac{d^2Q}{d\gamma'^2}+4\frac{d^2Q}{d\beta'd\gamma'}+4\frac{d^2Q}{d\gamma'd\alpha'}+4\frac{d^2Q}{d\alpha'd\beta'}\\ &-\left(\frac{1}{\alpha'}+\frac{1}{\beta'}+\frac{1}{\gamma'}\right)\left(\frac{dQ}{d\alpha'}+\frac{dQ}{d\beta'}+\frac{dQ}{d\gamma'}\right)+\frac{2}{\alpha'}\frac{dQ}{d\alpha'}+\frac{2}{\beta'}\frac{dQ}{d\beta'}+\frac{2}{\gamma'}\frac{dQ}{d\gamma'} \end{aligned}\right\}.$$

Or

$$\frac{dQ}{d\alpha'}+\frac{dQ}{d\beta'}+\frac{dQ}{d\gamma'}$$

$$=2\pi\int_0^\infty du\left\{\frac{1}{d\alpha'}\left[\frac{1}{\sqrt{\varphi(u)}}\right]+\frac{d}{d\beta'}\left[\frac{1}{\sqrt{\varphi(u)}}\right]+\frac{d}{d\gamma'}\left[\frac{1}{\sqrt{\varphi(u)}}\right]\right\}$$

$$=2\pi\int_0^\infty du\frac{d}{du}\left[\frac{1}{\sqrt{\varphi(u)}}\right]=\frac{2\pi}{\sqrt{\varphi(\infty)}}-\frac{2\pi}{\sqrt{\varphi(0)}}=-\frac{2\pi}{\sqrt{\alpha'\beta'\gamma'}},$$

$$\frac{d^2Q}{d\alpha'^2}+\frac{d^2Q}{d\beta'^2}+\frac{d^2Q}{d\gamma'^2}+2\frac{d^2Q}{d\beta'd\gamma'}+2\frac{d^2Q}{d\gamma'd\alpha'}+2\frac{d^2Q}{d\alpha'd\beta'}$$

$$=2\pi\int_0^\infty du\frac{d^2}{du^2}\left[\frac{1}{\sqrt{\varphi(u)}}\right]=-\pi\int_0^\infty du\frac{d}{du}\left[\frac{\varphi'(u)}{\varphi^{\frac{3}{2}}(u)}\right]$$

$$=-\frac{\pi\varphi'(\infty)}{[\varphi(\infty)]^{\frac{3}{2}}}+\frac{\pi\varphi'(0)}{[\varphi(0)]^{\frac{3}{2}}}=\frac{\pi}{\sqrt{\alpha'\beta'\gamma'}}\left(\frac{1}{\alpha'}+\frac{1}{\beta'}+\frac{1}{\gamma'}\right),$$

$$\frac{1}{\alpha'}\frac{dQ}{d\alpha'}+\frac{1}{\beta'}\frac{dQ}{d\beta'}+\frac{1}{\gamma'}\frac{dQ}{d\gamma'}$$

$$=-\pi\int_0^\infty\frac{du}{\sqrt{\varphi(u)}}\left(\frac{1}{\alpha'}\cdot\frac{1}{u+\alpha'}+\frac{1}{\beta'}\cdot\frac{1}{u+\beta'}+\frac{1}{\gamma'}\cdot\frac{1}{u+\gamma'}\right)$$

$$=\pi\int_0^\infty\frac{du}{u\sqrt{\varphi(u)}}\left[\frac{\varphi'(u)}{\varphi(u)}-\frac{\varphi'(0)}{\varphi(0)}\right]$$

$$=-2\pi\int_0^\infty\frac{du}{u}\frac{d}{du}\left[\frac{1}{\sqrt{\varphi(u)}}\right]-\pi\left(\frac{1}{\alpha'}+\frac{1}{\beta'}+\frac{1}{\gamma'}\right)\int_0^\infty\frac{du}{u\sqrt{\varphi(u)}},$$

donc on obtient, comme expression finale de t,

$$t=4\pi\sqrt{\alpha'\beta'\gamma'}\left(\frac{1}{\alpha'}+\frac{1}{\beta'}+\frac{1}{\gamma'}\right)$$

$$-2\pi\alpha'\beta'\gamma'\left(\frac{1}{\alpha'}+\frac{1}{\beta'}+\frac{1}{\gamma'}\right)\int_0^\infty\frac{du}{u\sqrt{\varphi(u)}}-4\pi\alpha'\beta'\gamma'\int_0^\infty\frac{du}{u}\frac{d}{du}\left[\frac{1}{\sqrt{\varphi(u)}}\right].$$

Ces résultats se résument comme suit:

„Soient ϱ, ϱ' les rayons de courbure principaux d'un ellipsoïde aux demi-axes α, β, γ; soient s l'aire complète de sa surface et t sa courbure cylindrique complète, c'est-à-dire l'intégrale

$$\iint\left(\frac{1}{\varrho}+\frac{1}{\varrho'}\right)ds,$$

étendue à tous les éléments ds de sa surface. Cela posé, on a

$$s = -2\pi\alpha^2\beta^2\gamma^2 \int_0^\infty \frac{du}{\sqrt{u}} \frac{d}{du}\left[\frac{1}{\sqrt{(u+\alpha^2)(u+\beta^2)(u+\gamma^2)}}\right],$$

$$\begin{aligned} t = \; & 4\pi\left(\frac{\beta\gamma}{\alpha}+\frac{\gamma\alpha}{\beta}+\frac{\alpha\beta}{\gamma}\right) \\ & -2\pi(\beta^2\gamma^2+\gamma^2\alpha^2+\alpha^2\beta^2)\int_0^\infty \frac{du}{u\sqrt{(u+\alpha^2)(u+\beta^2)(u+\gamma^2)}} \\ & -4\pi\alpha^2\beta^2\gamma^2 \int_0^\infty \frac{du}{u}\frac{d}{du}\left[\frac{1}{\sqrt{(u+\alpha^2)(u+\beta^2)(u+\gamma^2)}}\right]. \text{“} \end{aligned}$$

L'aire complète s de l'ellipsoïde, évaluée pour la première fois par Legendre, et puis d'une manière bien simple par Jacobi, a déjà été présentée sous la même forme symétrique relativement aux axes par M. Cayley, qui l'a obtenue au moyen de considérations très-différentes (voir le tome XIII (1848) p. 267 du Journal de M. Liouville).

Les exemples que je viens de donner suffiront pour montrer l'avantage qu'offre la transformation des intégrales rapportées à la surface, en intégrales rapportées au volume.

Note à l'occasion du Mémoire précédent.

Par J. Liouville.

Liouville, Journal de Mathématiques pures et appliquées, T. XIX p. 395—400, 1854.

1. En désignant par u, v, w trois fonctions de x, y, z, continues et bien déterminées dans toute l'étendue où on les emploie, on réduit aisément l'intégrale triple

$$\iiint\left(\frac{du}{dx}+\frac{dv}{dy}+\frac{dw}{dz}\right)dx\,dy\,dz,$$

qui concerne les éléments $dx\,dy\,dz$ d'un volume contenu dans une surface fermée (f), à une intégrale double

$$\iint(u\cos\alpha+v\cos\beta+w\cos\gamma)\,d\omega,$$

qui n'est plus relative qu'aux éléments $d\omega$ de la surface (f), et où α, β, γ sont les angles que la normale à $d\omega$, dirigée hors du volume, fait avec les trois axes rectangulaires des coordonnées x, y, z. C'est ainsi que dans les Additions à la Connaissance des Temps pour 1855, j'ai de l'équation

$$\frac{du}{dx}+\frac{dv}{dy}+\frac{dw}{dz}=0$$

déduit celle-ci

$$\iint(u\cos\alpha+v\cos\beta+w\cos\gamma)\,d\omega=0,$$

qu'on aurait pu, du reste, à l'endroit indiqué, poser *à priori*, s'il n'avait été bon de montrer tout d'abord, sur un cas simple, la marche d'un calcul qui devait se reproduire plus d'une fois dans le cours du Mémoire.

L'équation

$$\iiint\left(\frac{du}{dx}+\frac{dv}{dy}+\frac{dw}{dz}\right)dx\,dy\,dz$$
$$=\iint(u\cos\alpha+v\cos\beta+w\cos\gamma)\,d\omega$$

a été, au surplus, souvent employée, explicitement ou implicitement, dans le Journal de Mathématiques pures et appliquées. L'analyse qui la fournit, et qui démontre en même temps les trois suivantes dont elle se compose,

$$\iiint \frac{du}{dx}\, dx\, dy\, dz = \iint u \cos\alpha\, d\omega$$

$$\iiint \frac{dv}{dy}\, dx\, dy\, dz = \iint v \cos\beta\, d\omega$$

$$\iiint \frac{dw}{dz}\, dx\, dy\, dz = \iint w \cos\gamma\, d\omega,$$

a été développée avec beaucoup de soin par M. Gauss dans le Mémoire sur l'attraction des ellipsoïdes que M. Borchardt cite; mais quoique ce Mémoire remonte à l'année 1813, les formules elles-mêmes étaient, si je ne me trompe, déjà connues antérieurement. Peu importe, au reste, pour l'objet que nous avons ici en vue. Contentons-nous de partir de l'équation rappelée plus haut, comme d'une équation familière à nos lecteurs.

2. Maintenant, soit

$$f(x, y, z) = \text{constante},$$

ou, pour abréger,

$$f = \text{constante}$$

l'équation de la surface fermée (f) dont $d\omega$ est l'élément, et posons

$$\mathrm{R} = \left(\frac{df}{dx}\right)^2 + \left(\frac{df}{dy}\right)^2 + \left(\frac{df}{dz}\right)^2:$$

nous aurons

$$\cos\alpha = \frac{1}{\sqrt{\mathrm{R}}} \frac{df}{dx}, \quad \cos\beta = \frac{1}{\sqrt{\mathrm{R}}} \frac{df}{dy}, \quad \cos\gamma = \frac{1}{\sqrt{\mathrm{R}}} \frac{df}{dz},$$

en fixant convenablement le signe du radical. Ces valeurs des trois cosinus sont des fonctions de x, y, z: on peut conserver ces fonctions telles qu'elles sont; on pourrait aussi les modifier, et, par exemple, les réduire à des fonctions de deux variables seulement, au moyen de l'équation de la surface. Modifiées ou non, désignons-les par

$$\mathrm{L}, \quad \mathrm{M}, \quad \mathrm{N};$$

en sorte que L, M, N soient trois fonctions de x, y, z, conservant un sens précis pour chaque point de l'intérieur de (f), et devenant respectivement égales aux valeurs de nos trois cosinus sur la surface (f).

3. Cela étant, si l'on demande que les fonctions u, v, w du n° 1 soient telles qu'on ait, à la surface de (f),

$$u\cos\alpha + v\cos\beta + w\cos\gamma = \varphi,$$

φ ou $\varphi(x, y, z)$ étant une fonction de x, y, z à volonté, la réponse la plus simple à cette question, naturellement susceptible d'une infinité de solutions, sera de prendre

$$u = \mathrm{L}\varphi, \quad v = \mathrm{M}\varphi, \quad w = \mathrm{N}\varphi;$$

en effet, cela donne, à la surface,

$$u = \varphi\cos\alpha, \quad v = \varphi\cos\beta, \quad w = \varphi\cos\gamma,$$

et l'équation demandée s'ensuit, puisque

$$\cos^2\alpha + \cos^2\beta + \cos^2\gamma = 1.$$

D'après le n° 1, il vient dès lors

$$\iiint\left(\frac{d.\mathrm{L}\varphi}{dx} + \frac{d.\mathrm{M}\varphi}{dy} + \frac{d.\mathrm{N}\varphi}{dz}\right)dx\,dy\,dz$$
$$= \iint \varphi(x, y, z)\,d\omega,$$

ou

$$\iiint\left[\frac{d}{dx}\left(\frac{\varphi}{\sqrt{\mathrm{R}}}\frac{df}{dx}\right) + \frac{d}{dy}\left(\frac{\varphi}{\sqrt{\mathrm{R}}}\frac{df}{dy}\right) + \frac{d}{dz}\left(\frac{\varphi}{\sqrt{\mathrm{R}}}\frac{df}{dz}\right)\right]dx\,dy\,dz$$
$$= \iint \varphi(x, y, z)\,d\omega.$$

C'est la formule fondamentale de M. Borchardt.

4 Mais M. Borchardt ajoute des détails intéressants où figurent les rayons de courbure principaux de la surface (f). Sans le suivre dans cette partie de son Mémoire, qui a été, on ne peut en douter, son objet principal, je vais du moins donner une courte démonstration de l'équation par laquelle il détermine les rayons de courbure dont il est question.

Au point m ou (x, y, z) de la surface (f) menons la normale mn, et au point infiniment voisin m' ou $(x+dx,\ y+dy,\ z+dz)$ la normale $m'n'$; si mm' est la direction d'une ligne de courbure, mn et $m'n'$ se rencontreront en un point o à une certaine distance $om = om'$ des deux points m, m': soit λ cette distance (que je prends négative ou positive suivant que mo est ou n'est pas sur la partie de la normale mn extérieure à (f)); les coordonnées du point o, en tant qu'il appartient à la normale mn, seront

$$x-\lambda\cos\alpha,\quad y-\lambda\cos\beta,\quad z-\lambda\cos\gamma;$$

mais en tant qu'il appartient à la normale $m'n'$, elles seront exprimées par ces mêmes quantités augmentées de leurs différentielles: ces différentielles seront donc nulles, et on devra avoir

$$dx-\lambda d\cos\alpha=0,\quad dy-\lambda d\cos\beta=0,\quad dz-\lambda d\cos\gamma=0,$$

si mm' est la direction d'une ligne de courbure; de plus, dans ce cas, λ sera le rayon de courbure de la section principale correspondante.

Les trois équations que je viens d'écrire se réduisent au fond à deux, car si on les multiplie par $\cos\alpha$, $\cos\beta$, $\cos\gamma$, et qu'on les ajoute, on trouvera une identité, puisque, d'une part,

$$\cos\alpha dx+\cos\beta dy+\cos\gamma dz=0,$$

vu que mm' et mn sont à angle droit, et que, d'autre part,

$$\cos\alpha d\cos\alpha+\cos\beta d\cos\beta+\cos\gamma d\cos\gamma=0.$$

En les développant, il vient

$$\begin{aligned}
&\left(1-\lambda\frac{d\cos\alpha}{dx}\right)dx-\lambda\frac{d\cos\alpha}{dy}dy-\lambda\frac{d\cos\alpha}{dz}dz=0\\
&-\lambda\frac{d\cos\beta}{dx}dx+\left(1-\lambda\frac{d\cos\beta}{dy}\right)dy-\lambda\frac{d\cos\beta}{dz}dz=0\\
&-\lambda\frac{d\cos\gamma}{dx}dx-\lambda\frac{d\cos\gamma}{dy}dy+\left(1-\lambda\frac{d\cos\gamma}{dz}\right)dz=0;
\end{aligned}$$

éliminant donc dx, dy, dz, qui n'entrent que par leurs rapports, on arrive à conclure que λ, c'est-à-dire chacun des deux rayons de courbure principaux de la surface (f), vérifie l'équation

$$\text{Déterminant}\begin{vmatrix}
1-\lambda\frac{d\cos\alpha}{dx}, & -\lambda\frac{d\cos\alpha}{dy}, & -\lambda\frac{d\cos\alpha}{dz}\\
-\lambda\frac{d\cos\beta}{dx}, & 1-\lambda\frac{d\cos\beta}{dy}, & -\lambda\frac{d\cos\beta}{dz}\\
-\lambda\frac{d\cos\gamma}{dx}, & -\lambda\frac{d\cos\gamma}{dy}, & 1-\lambda\frac{d\cos\gamma}{dz}
\end{vmatrix}=0,$$

laquelle revient au fond à celle de M. Borchardt, qu'on pourra ainsi introduire dans les éléments.

Je n'insiste pas sur ce que notre méthode offre en même temps, relativement aux lignes de courbure, le long desquelles nous voyons qu'on a toujours

$$d\cos\alpha : d\cos\beta : d\cos\gamma = dx : dy : dz.$$

Mais je dois faire observer que, dans une Note insérée au tome XVII (1852) du Journal de Mathématiques pures et appliquées, j'annonçais la solution d'un problème bien plus général, à savoir celui de déterminer la direction et la courbure des sections principales ou plutôt le rayon de courbure d'une section normale quelconque d'une surface représentée par une équation entre des coordonnées u_1, u_2, u_3 dont la signification géométrique n'est pas connue, et pour lesquelles on sait seulement que le carré ds^2 de la droite qui joint deux points infiniment voisins a une expression donnée. Le principe de cette solution est on ne peut plus simple; mais le calcul exige quelques développements: ce sera l'objet d'un prochain article.

Revenons à l'équation en λ, qui fournit les deux rayons de courbure principaux ϱ, ϱ' de la surface (f). Cette équation ne doit être et n'est en effet que du second degré; car le coefficient du terme en λ^3 qui se présente d'abord, lorsqu'on développe le déterminant placé au premier membre, est égal au signe près à la quantité suivante

$$\begin{aligned}&\frac{d\cos\alpha}{dx}\frac{d\cos\beta}{dy}\frac{d\cos\gamma}{dz}-\frac{d\cos\alpha}{dx}\frac{d\cos\gamma}{dy}\frac{d\cos\beta}{dz}+\frac{d\cos\gamma}{dx}\frac{d\cos\alpha}{dy}\frac{d\cos\beta}{dz}\\&-\frac{d\cos\beta}{dx}\frac{d\cos\alpha}{dy}\frac{d\cos\gamma}{dz}+\frac{d\cos\beta}{dx}\frac{d\cos\gamma}{dy}\frac{d\cos\alpha}{dz}-\frac{d\cos\gamma}{dx}\frac{d\cos\beta}{dy}\frac{d\cos\alpha}{dz},\end{aligned}$$

que l'on trouve égale à zéro, en exprimant que $\cos\gamma$ est une fonction de $\cos\alpha$ et $\cos\beta$.

On aurait eu de suite une équation sans terme apparent en λ^3 si, au lieu d'éliminer dx, dy, dz entre les trois équations

$$dx-\lambda d\cos\alpha = 0,\quad dy-\lambda d\cos\beta = 0,\quad dz-\lambda d\cos\gamma = 0,$$

on s'était servi de deux équations déduites de celles-là et de l'équation

$$\cos\alpha dx+\cos\beta dy+\cos\gamma dz = 0;$$

mais le calcul eût été moins élégant. En opérant comme nous l'avons fait, on a d'ailleurs l'avantage de retrouver exactement les résultats de M. Borchardt.

Nos formules définitives sont

$$1-G\lambda+H\lambda^2=0,\quad \frac{1}{\varrho}+\frac{1}{\varrho'}=G,\quad \frac{1}{\varrho\varrho'}=H,$$

et nos valeurs de G et H, savoir

$$G=\frac{d\cos\alpha}{dx}+\frac{d\cos\beta}{dy}+\frac{d\cos\gamma}{dz},$$

et

$$\begin{aligned}H= &\quad \frac{d\cos\alpha}{dx}\,\frac{d\cos\beta}{dy}+\frac{d\cos\gamma}{dz}\,\frac{d\cos\alpha}{dx}+\frac{d\cos\beta}{dy}\,\frac{d\cos\gamma}{dz}\\ &-\frac{d\cos\alpha}{dy}\,\frac{d\cos\beta}{dx}-\frac{d\cos\gamma}{dx}\,\frac{d\cos\alpha}{dz}-\frac{d\cos\beta}{dz}\,\frac{d\cos\gamma}{dy},\end{aligned}$$

coïncident (quand on y remplace les cosinus par leurs valeurs) avec celles que l'habile géomètre de Berlin a obtenues dans son élégant travail.

Bestimmung der symmetrischen Verbindungen vermittelst ihrer erzeugenden Function.

Monatsbericht der Akademie der Wissenschaften zu Berlin, März 1855 p. 165—171.
Borchardt, Journal für die reine und angewandte Mathematik, Bd. 53 p. 193—198, 1857.

Bestimmung der symmetrischen Verbindungen vermittelst ihrer erzeugenden Function.

Der physikalisch-mathematischen Klasse der Berliner Akademie vorgelegt von Dirichlet am 5. März 1855.

Das von den Mathematikern des vorigen Jahrhunderts bis zur Zeit Waring's angewandte Verfahren, nach welchem die symmetrischen Functionen der Wurzeln einer Gleichung zuerst durch die Potenzsummen der Wurzeln ausgedrückt wurden und dann diese durch die Coefficienten der Gleichung, ist in neuerer Zeit durch die von Waring, Gauss und Cauchy gegebenen Methoden verdrängt worden, und zwar desshalb, weil jenes ältere Verfahren nicht im Stande war, in allen Fällen nachzuweisen, dass die ganzen Functionen der Coefficienten, denen die symmetrischen ganzen Verbindungen der Wurzeln gleich werden, auch ganzzahlige Functionen sind, d. h. solche, welche ganze Zahlen zu ihren numerischen Coefficienten haben.

Die neue Methode, welcher ich mich bediene, ist ebenso wie die letztgenannten geeignet, diesen Nachweis zu führen, sie unterscheidet sich aber wesentlich dadurch von ihnen, dass sie nicht wie jene eine bestimmte Ordnung unter den Wurzeln festsetzt, sondern dieselben ebenso symmetrisch in die Rechnung eintreten lässt, wie das ältere unvollständige Verfahren. Das Princip dieser neuen Methode ist die Zurückführung der symmetrischen ganzen Verbindungen auf *eine* erzeugende Function, aus deren Entwicklung sie sämmtlich hervorgehen. Die Bestimmung der *erzeugenden Function* durch die Coefficienten der Gleichung ist daher das Problem, auf welches die ganze Frage zurückkommt. Die Lösung dieses Problems hängt nun, wie eine genauere Untersuchung zeigt, von der Bestimmung einer bisher nicht betrachteten Determinante ab, in deren Werth jene erzeugende Function als Factor enthalten ist, ein Resultat, welches schon an sich von allgemeinerem Interesse für die Analysis zu sein scheint. Von dieser Determinante ausgehend gelangt man ohne Schwierigkeit zur Bestimmung der erzeugenden Function, und die Form, unter welcher sie erscheint, führt dann ferner auf eine Eigenschaft derselben, aus welcher durch einen einfachen Beweis gefolgert werden kann, dass die Ausdrücke der ganzen symmetrischen Functionen der Wurzeln durch die Coefficienten nicht nur *ganz* sondern auch *ganzzahlig* sind.

Bildet man den Ausdruck

$$(1) \qquad T = \Sigma \frac{1}{t-\alpha} \cdot \frac{1}{t_1-\alpha_1} \cdots \frac{1}{t_n-\alpha_n},$$

welcher alle Glieder umfassen soll, die aus dem hingeschriebenen dadurch entstehen, dass von den beiden Reihen $t, t_1, \ldots t_n$ und $\alpha, \alpha_1, \ldots \alpha_n$ die eine unverändert bleibt, die andere auf alle Arten permutirt wird, einen Ausdruck, der in Bezug auf jede der beiden Reihen von Grössen symmetrisch ist, so führt die Entwicklung von T nach fallenden Potenzen von $t, t_1, \ldots t_n$ auf jene einfachsten Typen der ganzen symmetrischen Functionen von $\alpha, \alpha_1, \ldots \alpha_n$, welche aus *einem* Product ganzer Potenzen dieser Grössen durch Permutation hervorgehen und bekanntlich fähig sind *alle* ganzen symmetrischen Functionen von $\alpha, \alpha_1, \ldots \alpha_n$ additiv zusammenzusetzen. T ist daher als die erzeugende Function der ganzen symmetrischen Verbindungen von $\alpha, \alpha_1, \ldots \alpha_n$ anzusehen, und die Bestimmung dieser Verbindungen ist auf das *eine* Problem zurückgeführt, den Ausdruck der erzeugenden Function T so zu transformiren, dass nicht mehr die einzelnen Grössen $\alpha, \alpha_1, \ldots \alpha_n$ darin vorkommen, sondern anstatt dessen die Coefficienten derjenigen ganzen Function $(n+1)^{\text{ten}}$ Grades $f(z)$, welche für $z = \alpha, \alpha_1, \ldots \alpha_n$ verschwindet und die Einheit zum Coefficienten der höchsten Potenz von z hat.

Die verlangte Transformation der erzeugenden Function T würde, direct angegriffen, eine ihrer Complication wegen schwer lösbare Aufgabe sein. Sie vereinfacht sich aber im höchsten Grade, wenn man sie von der Betrachtung der Determinante

$$D = \Sigma \pm \frac{1}{(t-\alpha)^2} \cdot \frac{1}{(t_1-\alpha_1)^2} \cdots \frac{1}{(t_n-\alpha_n)^2}$$

abhängig macht. Diese Determinante D, welche schon in ihrer Bildung die grösste Aehnlichkeit mit der in der Analysis durch ihre vielfache Anwendung so bekannten Determinante

$$\triangle = \Sigma \pm \frac{1}{t-\alpha} \cdot \frac{1}{t_1-\alpha_1} \cdots \frac{1}{t_n-\alpha_n}$$

zeigt, steht mit derselben überdies in der merkwürdigen Beziehung, dass sie, durch jene dividirt, die erzeugende Function T als Quotienten giebt, so dass

$$(2) \qquad D = T.\triangle$$

ist. Der Ausdruck $(f(t)f(t_1)\dots f(t_n))^2 D$ ist nämlich eine ganze Function von $t, t_1, \dots t_n, \alpha, \alpha_1, \dots \alpha_n$, welche ebensowohl durch das Product aller Differenzen zwischen $t, t_1, \dots t_n$, als auch durch das Product aller Differenzen zwischen $\alpha, \alpha_1, \dots \alpha_n$ theilbar ist. Es bleibt daher nach der Division durch beide Producte wiederum eine ganze Function als Quotient, und es hat keine Schwierigkeit, die Werthe zu bestimmen, welche dieser Quotient annimmt, wenn jede der Grössen $t, t_1, \dots t_n$ mit irgend einer der Grössen $\alpha, \alpha_1, \dots \alpha_n$ zusammenfällt *). Diese $(n+1)^{n+1}$ Werthe des Quotienten sind aber gerade hinreichend, seinen allgemeinen Ausdruck vermöge der auf mehrere Variablen ausgedehnten Lagrangeschen Interpolationsformel zu bilden, und das Ergebniss hiervon ist von der oben angeführten merkwürdigen Gleichung $D = T.\triangle$ nur dadurch unterschieden, dass an der Stelle der Determinante $\triangle$ ihr bekannter Werth

$$(3) \qquad \triangle = (-1)^{\frac{n(n+1)}{2}} \frac{\Pi(t, t_1, \dots t_n)\Pi(\alpha, \alpha_1, \dots \alpha_n)}{f(t)f(t_1)\dots f(t_n)}$$

steht, in welchem $\Pi(t, t_1, \dots t_n)$ das Product aller aus $t, t_1, \dots t_n$ gebildeten Differenzen bedeutet, jede so genommen, dass ein t mit kleinerem Index von einem t mit grösserem Index abgezogen wird.

Indem man jetzt noch die Bemerkung hinzufügt, dass die Determinante D aus der Determinante $\triangle$ durch successive Differentiation nach sämmtlichen Variablen $t, t_1, \dots t_n$ hervorgeht, leitet man aus den Gleichungen (2), (3) den folgenden Ausdruck für T her:

$$(4) \qquad (-1)^{n+1} \frac{f(t)f(t_1)\dots f(t_n)}{\Pi(t, t_1, \dots t_n)} \cdot \frac{\partial}{\partial t} \frac{\partial}{\partial t_1} \cdots \frac{\partial}{\partial t_n} \left(\frac{\Pi(t, t_1, \dots t_n)}{f(t)f(t_1)\dots f(t_n)} \right).$$

Der Ausdruck (4), in dem nicht mehr die einzelnen Grössen $\alpha, \alpha_1, \dots \alpha_n$, sondern anstatt dessen die Coefficienten von $f(z)$ vorkommen, und der zur Unterscheidung von dem in Gleichung (1) gegebenen Ausdruck von T mit Θ

*) Fallen nämlich $t, t_1, \dots t_n$ resp. mit $\alpha_i, \alpha_{i_1}, \dots \alpha_{i_n}$ zusammen, so wird der Quotient $= (-1)^{\frac{n(n+1)}{2}} f'(\alpha)f'(\alpha_1)\dots f'(\alpha_n)$, oder $= 0$, jenachdem $i, i_1, \dots i_n$ sämmtlich von einander verschieden sind, oder nicht.

bezeichnet werden möge, leistet die verlangte Transformation der erzeugenden Function. Diese Transformation kann als die symbolische Zusammenfassung der Rechnungsoperationen angesehen werden, welche das oben besprochene ältere Verfahren für die Bestimmung aller ganzen symmetrischen Functionen vorschrieb.

Der in Θ vorkommende Differentialquotient $(n+1)^{\text{ter}}$ Ordnung enthält in seinem Zähler das aus den Differenzen von $t, t_1, \ldots t_n$ gebildete Product als Factor. Indem man sich dies Product fortgehoben denkt, überzeugt man sich leicht, dass bei der Entwicklung von Θ nach fallenden Potenzen der Variablen $t, t_1, \ldots t_n$ die Entwicklungscoefficienten ganze und ganzzahlige Functionen der in $f(z)$ vorkommenden Coefficienten sind.

Aber hiermit ist die Aufgabe noch nicht vollständig gelöst. In der That, betrachtet man die symmetrische Function

$$\Sigma \alpha^p \alpha_1^{p_1} \ldots \alpha_n^{p_n}, \tag{5}$$

wo das Summenzeichen alle diejenigen durch Permutation von $\alpha, \alpha_1, \ldots \alpha_n$ aus dem hingeschriebenen Gliede hervorgehenden Glieder umfassen soll, welche für gegebene Werthe der Exponenten und willkürliche Werthe von $\alpha, \alpha_1, \ldots \alpha_n$ von einander verschieden sind, oder mit anderen Worten: betrachtet man einen jener einfachsten Typen der ganzen symmetrischen Functionen, von welchen oben die Rede war, so kommt derselbe in der Entwicklung von T nur dann ohne weiteren numerischen Factor als Entwicklungscoefficient vor, wenn die Exponenten $p, p_1, \ldots p_n$ sämmtlich von einander verschieden sind. Bedeuten dagegen $a, b, \ldots h$ ganze Zahlen, deren Summe $= n+1$ ist, und finden sich unter den Exponenten a, welche $= p$, b, welche $= q$, etc., h, welche $= s$ sind, so kommt in der Entwicklung von T die symmetrische Function (5) mit dem Factor

$$N = 1.2\ldots a \times 1.2\ldots b \times \ldots \times 1.2\ldots h$$

behaftet als Entwicklungscoefficient vor. Unter der Voraussetzung, dass zwischen den Exponenten $p, p_1, \ldots p_n$ die soeben angenommenen Coincidenzen stattfinden, ist daher die symmetrische Function (5) nur dann ein ganzzahliger Ausdruck der Coefficienten von $f(z)$, wenn in der Entwicklung von Θ der sie enthaltende Entwicklungscoefficient durch N theilbar ist. Diese Theilbarkeit bleibt also zu beweisen übrig, d. h. es bleibt zu zeigen, dass, wenn in einem Term der Entwicklung von Θ die Variablen $t, t_1, \ldots t_n$ in irgend einer Ordnung genommen zu den Exponenten $-(p+1), -(p_1+1), \ldots -(p_n+1)$ erhoben sind, und diese Exponenten resp. zu a, zu b, ... zu h coincidiren, dass dann der Coefficient dieses Terms durch N theilbar ist.

Der Beweis dieser Theilbarkeit beruht nun auf folgenden beiden Punkten:

I. Anstatt die Exponenten $-(p+1)$, $-(p_1+1)$, ... $-(p_n+1)$ resp. zu a, zu b, ... zu h coincidiren zu lassen, setze man fest, dass die Variablen t, t_1, ... t_n in denselben Anzahlen coincidiren, so dass a derselben $= x$, b derselben $= y$, etc., endlich h derselben $= w$ werden, und stelle sich die Aufgabe, den Werth von Θ unter dieser Hypothese zu bestimmen.

Θ unterscheidet sich von dem Quotienten $\frac{D}{\triangle}$ nur dadurch, dass der constante Factor $\Pi(\alpha, \alpha_1, \ldots \alpha_n)$ im Zähler und Nenner fortgehoben worden ist. Jede der Determinanten D und $\triangle$ verschwindet, sobald Coincidenzen zwischen den Variablen eintreten. Θ erscheint daher in dem vorliegenden Fall unter der Form $\frac{0}{0}$. Aber während bei Functionen von mehreren Variablen $\frac{0}{0}$ im Allgemeinen unbestimmt ist, hat es hier einen völlig bestimmten Werth, und dieser Werth kann nach denselben einfachen Regeln ermittelt werden, welche in der Differentialrechnung in Bezug auf Functionen von einer Variablen angegeben zu werden pflegen. Durch gehörige Anwendung dieser Regeln gelangt man zu dem Resultat, dass unter Annahme der festgesetzten Coincidenzen der Variablen die erzeugende Function Θ dem N-fachen einer Function von x, y, ... w gleich wird, welche, nach fallenden Potenzen dieser Variablen entwickelt, lauter ganze und ganzzahlige Ausdrücke der Coefficienten von $f(z)$ zu Entwicklungscoefficienten hat. Dies kann man auch so ausdrücken: Lässt man in der Entwicklung von Θ nach fallenden Potenzen von t, t_1, ... t_n die Variablen resp. zu a, zu b, ... zu h in die Werthe x, y, ... w coincidiren, so werden in der so reducirten, nach fallenden Potenzen von x, y, ... w geordneten, Entwicklung alle Coefficienten durch

$$N = 1.2\ldots a \times 1.2\ldots b \times \ldots \times 1.2\ldots h$$

theilbar.

II. Auf dieses Resultat sich stützend beweist man die oben ausgesprochene auf den Fall coincidirender Exponenten bezügliche Theilbarkeit der Entwicklungscoefficienten von Θ, und zwar folgendermassen. Indem man die Anzahl der Zahlen a, b, ... h mit μ bezeichnet, nimmt man an, die behauptete Theilbarkeit finde statt, so lange μ einen der Werth $n+1$, n, $n-1$, ... $\nu+1$ hat, und beweist, dass unter dieser Annahme die Theilbarkeit auch für $\mu = \nu$ stattfinden muss.

Es sei für einen bestimmten Entwicklungscoefficienten $\mu = \nu$. Man theile die Variablen $t, t_1, \ldots t_n$ in ν Gruppen, von welchen die erste die ersten a Variablen, die zweite die folgenden b Variablen, etc., die letzte die letzten h Variablen in sich begreife. Hierauf theile man die Glieder der Entwicklung von Θ in zwei Klassen. Man setze in die erste Klasse diejenigen Glieder, in welchen die Variablen je einer Gruppe zu einem und demselben Exponenten erhoben sind, in die zweite Klasse alle übrigen Glieder. Lässt man nun die Variablen der ersten Gruppe in den Werth x, der zweiten in y, etc., der letzten in w coincidiren, so reducirt sich (in Folge der für $\mu > \nu$ angenommenen Theilbarkeit) der in der *zweiten* Klasse vereinigte Theil der Entwicklung von Θ auf lauter Glieder, deren Coefficienten durch N theilbar sind. Da aber dasselbe unter (I.) von der *ganzen* Entwicklung von Θ bewiesen worden ist, so gilt es auch von dem in der *ersten* Klasse vereinigten Theil für sich. Dies Resultat ist gleichbedeutend damit, dass die zu beweisende Theilbarkeit für $\mu = \nu$ stattfindet, vorausgesetzt, dass sie für $\mu > \nu$ wahr ist. Für $\mu = n+1$ ist sie evident, weil dann $N = 1$ ist, folglich gilt sie auch für $\mu = n$, folglich auch für $\mu = n-1$, etc., folglich allgemein.

Schliesslich sei noch bemerkt, dass für die speciellen symmetrischen Functionen (5), in welchen eine gewisse Anzahl von Exponenten, z. B. p_n, $p_{n-1}, \ldots p_{m+1}$ verschwinden, eine specielle erzeugende Function aufgestellt werden kann, welche nur $m+1$ Variablen enthält [*]. Ihr Ausdruck durch die

---

[*] Bereits vor dem Erscheinen dieser Abhandlung war dieser Satz in einer unter dem Titel: *„Deux théorèmes de M. Borchardt"* in den *Nouvelles Annales de Mathématiques, réd. par Terquem et Gerono*, T. 14 p. 26—27, *Janvier* 1855, erschienenen Note als erstes der beiden darin enthaltenen Theoreme veröffentlicht worden. Der auf diesen Satz bezügliche Theil jener Note lautet:

„Soit l'équation algébrique

$$0 = \varphi(x) = x^n - Ax^{n-1} + \cdots, \quad (\text{racines: } a_1, a_2, \ldots a_n);$$

la fonction symétrique $\Sigma a_1^{\alpha_1} a_2^{\alpha_2} \ldots a_i^{\alpha_i}$ est le coefficient du terme $x_1^{-(\alpha_1+1)} x_2^{-(\alpha_2+1)} \ldots x_i^{-(\alpha_i+1)}$ dans le développement, suivant des puissances décroissantes, de l'expression suivante:

$$\frac{\Sigma \pm \varphi'(x_1)[x_2\varphi'(x_2) - \varphi(x_2)][x_3^2\varphi'(x_3) - 2x_3\varphi(x_3)][x_4^3\varphi'(x_4) - 3x_4^2\varphi(x_4)]\ldots[x_i^{i-1}\varphi'(x_i) - (i-1)x_i^{i-2}\varphi(x_i)]}{\varphi(x_1)\varphi(x_2)\varphi(x_3)\ldots\varphi(x_i).(x_2-x_1)(x_3-x_1)\ldots(x_i-x_1)(x_3-x_2)\ldots(x_i-x_2)\ldots(x_i-x_{i-1})}.$$

On voit que ce théorème est une extension du théorème dont on se sert ordinairement pour trouver la somme de la fonction symétrique $a_1^m + a_2^m + \cdots + a_n^m$, somme qu'on obtient en développant $\frac{\varphi'(x)}{\varphi(x)}$."

Das zweite in der Note angeführte Theorem bezieht sich auf die Hauptkrümmungshalbmesser einer Fläche und ist in der Abhandlung Borchardt's: *„Sur la quadrature définie des surfaces courbes"* enthalten [siehe die Anmerkung auf p. 72 dieser Ausgabe]. Nach einer Mittheilung am Schlusse der Note ist deren Inhalt einem Briefe Borchardt's vom 21. März 1854 an Herrn Hermite entnommen. H.

Coefficienten von $f(z)$ ist dem Ausdruck Θ ganz analog, nämlich

$$(6) \quad (-1)^{m+1} \frac{f(t)f(t_1)\ldots f(t_m)}{\Pi(t, t_1, \ldots t_m)} \cdot \frac{\partial}{\partial t} \frac{\partial}{\partial t_1} \cdots \frac{\partial}{\partial t_m} \left(\frac{\Pi(t, t_1, \ldots t_m)}{f(t)f(t_1)\ldots f(t_m)} \right).$$

Man erhält denselben als die Grenze, welcher sich für unendlich grosse Werthe von t_{m+1}, t_{m+2}, ... t_n der Ausdruck $t_{m+1} . t_{m+2} \ldots t_n . \Theta$ nähert. Die Functionen, welche in diesem Falle die Determinanten D und $\triangle$ vertreten, sind weniger einfach als jene Grössen, sie gehen aus denselben durch Anwendung des sogenannten Laplaceschen Determinantensatzes hervor.

Für $m = 0$ wird der Ausdruck (6) die bekannte erzeugende Function der Potenzsummen von α, α_1, ... α_n, nämlich $\frac{1}{f(t)} \frac{df(t)}{dt}$.

Ueber eine Eigenschaft der Potenzsummen ungerader Ordnung.

Monatsbericht der Akademie der Wissenschaften zu Berlin, Juni 1857 p. 301—311.

Ueber eine Eigenschaft der Potenzsummen ungerader Ordnung.

Gelesen in der Akademie der Wissenschaften zu Berlin am 8. Juni 1857.

1. Bei meiner Beschäftigung mit den algebraischen Ausdrücken für die Multiplication der Abelschen Integrale blieb in einigen Formeln ein Zeichen zu bestimmen übrig, welches der ursprünglich eingeschlagene Weg unentschieden gelassen hatte. Für diese Zeichenbestimmung betrachtete ich den besonderen Fall, in welchem die Moduln der Abelschen Integrale sämmtlich verschwinden, und wurde hierdurch auf eine Eigenschaft der ungeraden Potenzsummen geführt, die mir werth scheint, besonders erwähnt und bewiesen zu werden, auf die Eigenschaft nämlich, dass die ersten n ungeraden Potenzsummen von n Grössen ein System symmetrischer Fundamental-Functionen bilden. Hierunter soll verstanden werden, dass alle übrigen ganzen und symmetrischen Functionen jener n Grössen sich in rationaler (wenn auch im Allgemeinen nicht ganzer) Form als Functionen jener n ungeraden Potenzsummen ausdrücken lassen.

Der Zusammenhang dieses rein algebraischen Satzes mit der oben erwähnten Untersuchung ist folgender:

In dem System der Gleichungen, durch welche Jacobi die Functionen mehrerer Variablen in die Theorie der Abelschen Integrale eingeführt hat, kommen die n Integrale vor

$$\Phi(x)=\int_0^x \frac{dx}{\sqrt{X}}, \quad \Phi_1(x)=\int_0^x \frac{x\,dx}{\sqrt{X}}, \quad \ldots \quad \Phi_{n-1}(x)=\int_0^x \frac{x^{n-1}\,dx}{\sqrt{X}},$$

wo X eine ganze Function $(2n+1)^{\text{ten}}$ Grades ist, welche gleich

$$x(1-\varkappa_1^2 x)(1-\varkappa_2^2 x)\ldots(1-\varkappa_{2n}^2 x)$$

gesetzt werden mag. Dies vorausgesetzt, so sind die Jacobischen Gleichungen

$$u=\Sigma\Phi(x), \quad u_1=\Sigma\Phi_1(x), \quad \ldots \quad u_{n-1}=\Sigma\Phi_{n-1}(x),$$

wo sich die Summen über die Argumente $x, x_1, \ldots x_{n-1}$ erstrecken.

Die durch diese Gleichungen definirte Abhängigkeit der Grössen x von den Grössen u ist nun, wie man weiss, eine solche, dass jede symmetrische ganze Function der Grössen x eine eindeutige Function der Grössen u ist.

Betrachtet man jetzt den besonderen Fall, wo alle Moduln $\varkappa$ verschwinden, also $X = x$ wird, so werden $u, u_1, \ldots u_{n-1}$, abgesehen von Zahlenfactoren, den ersten n ungeraden Potenzsummen von $\sqrt{x}, \sqrt{x_1}, \ldots \sqrt{x_{n-1}}$ gleich. Alle symmetrischen Functionen der Grössen x, z. B. die ersten n geraden Potenzsummen der Quadratwurzeln $\sqrt{x}, \sqrt{x_1}, \ldots \sqrt{x_{n-1}}$, lassen sich also eindeutig durch die ersten n ungeraden Potenzsummen derselben ausdrücken, und somit gilt dasselbe von jeder symmetrischen Function dieser Quadratwurzeln.

Ich habe geglaubt diesen Zusammenhang nicht übergehen zu dürfen, weil man vermöge desselben die in Rede stehende Eigenschaft der ungeraden Potenzsummen a priori als nothwendig erkennt. Ich werde nun den rein algebraischen Weg angeben, auf welchem man zu demselben Ergebniss gelangt.

2. Sind die ersten n ungeraden Potenzsummen $s_1, s_3, \ldots s_{2n-1}$ der Grössen $x_1, x_2, \ldots x_n$ gegeben, so ist der aufgestellte Satz erwiesen, sobald gezeigt ist, dass die Coefficienten der ganzen Function

$$\begin{aligned} f(z) &= (1-x_1 z)(1-x_2 z)\ldots(1-x_n z) \\ &= 1-p_1 z+p_2 z^2-\cdots\pm p_n z^n \end{aligned}$$

durch die Grössen $s_1, s_3, \ldots s_{2n-1}$ rational darstellbar sind. Anstatt dieser Function $f(z)$ betrachte man zunächst die irrationale Function

$$\psi(z) = \sqrt{\frac{f(-z)}{f(z)}} = 1+t_1 z+t_2 z^2+\cdots \tag{1}$$

Durch logarithmisches Differentiiren leitet man daraus ab

$$\frac{\psi'(z)}{\psi(z)} = \sum_{i=1}^{i=n} \frac{x_i}{1-x_i^2 z^2} = s_1+s_3 z^2+s_5 z^4+\cdots, \tag{2}$$

also

$$t_1+2t_2 z+3t_3 z^2+\cdots = \{1+t_1 z+t_2 z^2+\cdots\}\{s_1+s_3 z^2+s_5 z^4+\cdots\}$$

und hieraus ergiebt sich eine Reihe von Gleichungen

$$\begin{aligned} t_1 &= s_1 \\ 2t_2 &= s_1 t_1 \\ 3t_3 &= s_1 t_2+s_3 \\ &\cdots\cdots \\ it_i &= s_1 t_{i-1}+s_3 t_{i-3}+s_5 t_{i-5}+\cdots \\ &\cdots\cdots \end{aligned}$$

aus welchen man sieht, dass die Entwicklungscoefficienten $t_1, t_2, \ldots t_{2n}$ auf recurrirende Weise aus den bekannten Werthen $s_1, s_3, \ldots s_{2n-1}$ bestimmbar sind. Man kann sie auch auf independente Weise definiren und braucht hierzu die Gleichung (2) nur wiederum zu integriren. Es ergiebt sich alsdann für $\psi(z)$ die Exponentialgrösse

$$(3) \qquad \psi(z) = e^{s_1 z + \frac{1}{3} s_3 z^3 + \frac{1}{5} s_5 z^5 + \cdots + \frac{1}{2n-1} s_{2n-1} z^{2n-1} + \cdots},$$

deren erste $2n$ Entwicklungscoefficienten die Grössen $t_1, t_2, \ldots t_{2n}$ sind. Diese $2n$ Grössen t hängen nur von denjenigen Gliedern des Exponenten ab, in welchen z den Grad $2n-1$ nicht übersteigt, und es ist daher für die Bestimmung derselben gleichgültig, welche Coefficienten man den höheren Potenzen von z in jenem Exponenten giebt.

Es handelt sich nun darum, aus der bis z^{2n} bekannten Entwicklung von $\psi(z)$ die Function $f(z)$ zu bestimmen. Dies geschieht durch Betrachtung der Function

$$\begin{aligned}\chi(z) = \sqrt{f(z)f(-z)} &= \sqrt{(1-x_1^2 z^2)(1-x_2^2 z^2)\ldots(1-x_n^2 z^2)} \\ &= 1+q_2 z^2+q_4 z^4+\cdots,\end{aligned}$$

welche nach Gleichung (1) zu $\psi(z)$ in der Beziehung steht, dass

$$f(z)\psi(z) = \chi(z),$$

oder, was dasselbe ist, dass

$$\{1-p_1 z+p_2 z^2-\cdots\pm p_n z^n\}\{1+t_1 z+t_2 z^2+\cdots\} = 1+q_2 z^2+q_4 z^4+\cdots$$

In Folge dieser Gleichung ist also $f(z)$ dasjenige, für $z=0$ der Einheit gleiche, Polynom n^{ten} Grades in z, welches mit $\psi(z)$ multiplicirt eine die Potenzen $z, z^3, \ldots z^{2n-1}$ nicht enthaltende Function $\chi(z)$ von z giebt*). Diese n Bedingungen sind hinreichend $f(z)$ zu bestimmen, sie geben das System der n Gleichungen

$$(4) \qquad \begin{cases} 0 = t_1 - p_1 \\ 0 = t_3 - t_2 p_1 + t_1 p_2 - p_3 \\ 0 = t_5 - t_4 p_1 + t_3 p_2 - t_2 p_3 + t_1 p_4 - p_5 \\ \cdot\;\cdot\;\cdot\;\cdot\;\cdot\;\cdot\;\cdot\;\cdot\;\cdot\;\cdot\;\cdot\;\cdot\;\cdot\;\cdot \\ 0 = t_{2n-1} - t_{2n-2} p_1 + t_{2n-3} p_2 - \cdots + (-1)^n t_{n-1} p_n, \end{cases}$$

*) Dass auch die höheren ungeraden Potenzen von z in dem Product nicht enthalten sind, kommt nicht in Betracht, da man die Entwicklung von $\psi(z)$ über z^{2n} hinaus nicht kennt.

und wenn man hierzu noch

$$f(z) = 1 - zp_1 + z^2 p_2 - \cdots + (-1)^n z^n p_n$$

hinzufügt und zwischen diesen $n+1$ Gleichungen $p_1, p_2, \ldots p_n$ eliminirt, so erhält man

$$f(z) = \frac{R_n(z)}{R_n(0)},$$

wo $R_n(z)$ die Determinante aus

$$(5) \qquad \begin{cases} 1 & z & z^2 & z^3 & \ldots & z^n \\ t_1 & 1 & 0 & 0 & \ldots & 0 \\ t_3 & t_2 & t_1 & 1 & \ldots & 0 \\ . & . & . & . & \ldots & . \\ t_{2n-1} & t_{2n-2} & t_{2n-3} & t_{2n-4} & \cdots & t_{n-1} \end{cases}$$

ist. Bezeichnet man die Determinante des Systems

$$(6) \qquad \begin{cases} t_1 & 1 & 0 & 0 & \ldots & 0 \\ t_3 & t_2 & t_1 & 1 & \ldots & 0 \\ . & . & . & . & \ldots & . \\ t_{2n-1} & t_{2n-2} & t_{2n-3} & t_{2n-4} & \cdots & t_n \end{cases}$$

mit Q_n, so ist $R_n(0) = Q_{n-1}$, also hat man

$$(7) \qquad f(z) = \frac{R_n(z)}{Q_{n-1}}$$

und hieraus, wenn man

$$R_n(z) = R_n^{(0)} - R_n^{(1)} z + \cdots + (-1)^n R_n^{(n)} z^n$$

setzt,

$$p_1 = \frac{R_n^{(1)}}{Q_{n-1}}, \quad p_2 = \frac{R_n^{(2)}}{Q_{n-1}}, \quad \ldots \quad p_n = \frac{R_n^{(n)}}{Q_{n-1}}.$$

Man sieht daher, dass mit einziger Ausnahme des Falles, in welchem Q_{n-1} verschwindet, die Grössen p und somit alle symmetrischen Functionen der Grössen x rational durch $s_1, s_3, \ldots s_{2n-1}$ ausdrückbar sind. Verschwindet aber Q_{n-1}, so giebt es keine endlichen Werthe von $p_1, p_2, \ldots p_n$, welche den gegebenen Werthen von $s_1, s_3, \ldots s_{2n-1}$ entsprechen, es sei denn, dass zugleich alle Zähler $R_n^{(1)}, R_n^{(2)}, \ldots R_n^{(n)}$ ebenfalls verschwinden.

3. Der Ausnahmefall, in welchem $Q_{n-1} = 0$ ist, erfordert eine weitere Erörterung. Aus den Gleichungen

$$\psi(z) = \sqrt{\frac{f(-z)}{f(z)}}, \quad \chi(z) = \sqrt{f(z) f(-z)},$$

welche die Functionen $\psi(z)$, $\chi(z)$ definiren, folgt

$$\psi(z)\chi(z) = f(-z),$$

oder

$$\{1+t_1z+t_2z^2+\cdots\}\{1+q_2z^2+q_4z^4+\cdots\} = 1+p_1z+\cdots+p_nz^n.$$

Wendet man die Gleichungen, die sich hieraus durch Vergleichung der gleichnamigen Glieder ergeben, auf Q_{n-1} an, d. h. auf die Determinante desjenigen Systems, welches aus (6) hervorgeht, wenn man $n-1$ für n setzt, so findet man mit Hülfe eines bekannten Determinantensatzes, dass Q_{n-1} unverändert bleibt, wenn man in ihm jedes t durch das p mit gleichem Index ersetzt. Es wird daher Q_{n-1} die Determinante des Systems

$$\begin{matrix} p_1 & 1 & 0 & 0 & \dots & 0 \\ p_3 & p_2 & p_1 & 1 & \dots & 0 \\ . & . & . & . & \dots & . \\ p_{2n-3} & p_{2n-4} & p_{2n-5} & p_{2n-6} & \cdots & p_{n-1}, \end{matrix}$$

wo jedes p, dessen Index $>n$ ist, gleich Null zu setzen ist. Die von der Null verschiedenen Elemente der ersten, dritten, fünften, etc. Verticalreihe sind identisch, nämlich p_1, p_3, p_5, ..., nur finden sie sich immer um eine Stelle weiter nach unten gerückt, ebenso verhält es sich mit der zweiten, vierten, etc. Verticalreihe, in welchen die von der Null verschiedenen Elemente 1, p_2, p_4, ... sind. Daher ist nach bekannter Regel Q_{n-1} die Resultante der Elimination zwischen den beiden Gleichungen

$$1+p_2z^2+p_4z^4+\cdots = 0$$
$$p_1+p_3z^2+p_5z^4+\cdots = 0,$$

d. h. zwischen den Gleichungen

$$\frac{1}{2}\left\{f(z)+f(-z)\right\} = 0$$
$$\frac{1}{2z}\left\{f(z)-f(-z)\right\} = 0.$$

$Q_{n-1} = 0$ ist daher die Bedingungsgleichung, welche nothwendig und ausreichend ist, damit $f(z) = 0$ zwei gleiche und entgegengesetzte Wurzeln habe. Tritt dieser Umstand ein, ist z. B. $x_n = -x_{n-1}$, so werden alle ungeraden Potenzsummen von beiden Wurzeln unabhängig, gerade ebenso, als ob x_{n-1} und x_n (mithin auch p_{n-1} und p_n) beide verschwänden, und von den n ungeraden Potenzsummen s_1, s_3, ... s_{2n-5}, s_{2n-3}, s_{2n-1} werden die beiden letzten daher Functionen der $n-2$ ersten. Die beiden Gleichungen, welche diese Abhängigkeit darstellen, erhält man am bequemsten, wenn man in dem System der n Gleichungen (4) erstens $p_n = 0$ setzt und zwischen allen n Gleichungen p_1, p_2, ... p_{n-1} eliminirt, zweitens noch überdies $p_{n-1} = 0$ setzt und zwischen den ersten $n-1$ Gleichungen p_1, p_2, ... p_{n-2} eliminirt. Die beiden Resultanten dieser Eliminationen sind

$$Q_n = 0, \qquad Q_{n-1} = 0,$$

von denen im Allgemeinen die zweite s_{2n-3} als rationale Function von s_1, s_3, ... s_{2n-5}, die erste s_{2n-1} als rationale Function von s_1, s_3, ... s_{2n-3} ausdrückt.

Die Betrachtungen zeigen ohne alle Rechnung, dass, wenn Q_{n-1} und Q_n gleichzeitig verschwinden, die sämmtlichen Zähler $R_n^{(1)}$, $R_n^{(2)}$, ... $R_n^{(n)}$ ebenfalls gleich Null werden müssen. Die Gleichungen $Q_{n-1} = 0$, $Q_n = 0$ sind nämlich die Bedingungen dafür, dass die Potenzsummen s_1, s_3, ... s_{2n-1} zu einer Gleichung $(n-2)^{\text{ten}}$ Grades gehören und die Existenz dieser Gleichung $(n-2)^{\text{ten}}$ Grades, deren Coefficienten im Allgemeinen*) endlich sind, beweist, dass keiner der Zähler $R_n^{(1)}$, $R_n^{(2)}$, ... $R_n^{(n)}$ von der Null verschieden sein darf.

Umgekehrt ist aber auch die Gleichung $Q_n = 0$ die für das gemeinschaftliche Verschwinden der Zähler $R_n^{(1)}$, $R_n^{(2)}$, ... nothwendige Bedingung, da sie mit der Gleichung $R_n^{(n)} = 0$ identisch ist.

Das Ergebniss dieser Erörterung lässt sich folgendermassen zusammenfassen:

„Sind die Werthe s_1, s_3, ... s_{2n-1} der ersten n ungeraden Potenzsummen von x_1, x_2, ... x_n gegeben, so lassen sich daraus im Allgemeinen immer x_1, x_2, ... x_n als Wurzeln $\frac{1}{z}$ einer Gleichung n^{ten} Grades

$$f(z) = 1 - p_1 z + p_2 z^2 - \cdots \pm p_n z^n = 0$$

definiren. Nur wenn zwischen den n gegebenen Werthen die Bedingungsgleichung

$$Q_{n-1} = 0$$

stattfindet, ist $f(z)$ in endlichen Werthen von p_1, p_2, ... p_n unmöglich, es sei denn, dass gleichzeitig

$$Q_n = 0$$

ist**). In diesem Fall wird $f(z)$ unbestimmt, nämlich gleich dem Product des Factors $1 - a^2 z^2$, wo a willkürlich ist, in eine bestimmte Function $f_1(z)$ vom Grade $n-2$.

---

*) Nämlich mit einziger Ausnahme des Falles, in welchem $Q_{n-3} = 0$ ist.

**) Q_n ist, wie oben, die Determinante des Systems (6).

Für die Bestimmung der Function $f_1(z)$ findet wieder ein neuer Ausnahmefall statt, nämlich wenn

$$Q_{n-3} = 0$$

ist. Alsdann ist $f_1(z)$ in endlichen Werthen seiner Coefficienten nicht möglich, es sei denn, dass gleichzeitig

$$Q_{n-2} = 0$$

ist. In diesem letzteren Fall wird $f_1(z)$ das Product des willkürlichen Factors $1-b^2z^2$ in eine bestimmte Function $f_2(z)$ vom Grade $n-4$, u. s. w."

4. Man kann die in Gleichung (7) enthaltene Lösung der vorliegenden Aufgabe auch in eine andere Form bringen, indem man die Bestimmung von $f(z)$, anstatt sie von der Bildung einer Determinante abhängig zu machen, auf eine Kettenbruch-Entwicklung zurückführt.

Es wurde $f(z)$ dadurch definirt, dass in dem Product $f(z)\psi(z)$ die Potenzen $z, z^3, \ldots z^{2n-1}$ nicht enthalten sein dürfen. Ebendasselbe gilt natürlich für das Product $f(-z)\psi(-z)$, und hieraus folgt, dass in der Differenz

$$f(z)\psi(z)-f(-z)\psi(-z)$$

z^{2n+1} die niedrigste nicht fortfallende Potenz von z ist, vorausgesetzt dass man für $\psi(z)$ seine nur bis z^{2n} richtige Entwicklung setzt, während für den strengen Ausdruck von $\psi(z)$ die obige Differenz identisch gleich Null ist.

Man hat also

$$f(z)\psi(z)-f(-z)\psi(-z) = 2Cz^{2n+1}+\cdots$$

Setzt man nun

$$f(z) = \theta(z^2)-z\eta(z^2), \qquad \psi(z) = \sigma(z^2)+z\tau(z^2),$$
$$f(-z) = \theta(z^2)+z\eta(z^2), \qquad \psi(-z) = \sigma(z^2)-z\tau(z^2),$$

so ergiebt sich

$$f(z)\psi(z)-f(-z)\psi(-z) = 2z\{\theta(z^2)\tau(z^2)-\eta(z^2)\sigma(z^2)\},$$

also verwandelt sich die obige Gleichung in

$$\theta(z^2)\tau(z^2)-\eta(z^2)\sigma(z^2) = Cz^{2n}+\cdots,$$

oder

$$\frac{\tau(z^2)}{\sigma(z^2)}-\frac{\eta(z^2)}{\theta(z^2)} = Cz^{2n}+\cdots$$

und hieraus schliesst man nach bekannten Sätzen über Kettenbrüche, dass $\frac{\eta(z^2)}{\theta(z^2)}$

ein Näherungsbruch des Kettenbruchs ist, in welchen man den Bruch

$$\frac{\tau(z^2)}{\sigma(z^2)} = \frac{1}{z}\cdot\frac{\psi(z)-\psi(-z)}{\psi(z)+\psi(-z)} = \frac{t_1+t_3 z^2+\cdots+t_{2n-1} z^{2n-2}+\cdots}{1+t_2 z^2+\cdots+t_{2n} z^{2n}+\cdots}$$

entwickelt. Setzt man diesen Kettenbruch gleich

$$\cfrac{t_1}{1+\cfrac{v_1 z^2}{1+\cfrac{v_2 z^2}{1+\text{etc.}}}},$$

so ist $\frac{\eta(z^2)}{\theta(z^2)}$ derjenige Näherungsbruch desselben, den man erhält, wenn man ihn bei $v_{n-1} z^2$ einschliesslich abbricht.

Man kann daher die Lösung der Aufgabe auch in folgender Form aussprechen:

„Man setze

$$\psi(z) = e^{s_1 z+\frac{1}{3}s_3 z^3+\cdots+\frac{1}{2n-1}s_{2n-1} z^{2n-1}+\cdots}$$

und entwickle

$$\frac{\psi(z)-\psi(-z)}{\psi(z)+\psi(-z)}$$

in den Kettenbruch

$$\cfrac{t_1 z}{1+\cfrac{v_1 z^2}{1+\cfrac{v_2 z^2}{1+\text{etc.}}}},$$

so lässt sich die Gleichung $f(z) = 0$ auf die Form bringen

$$1 = \cfrac{t_1 z}{1+\cfrac{v_1 z^2}{1+\cfrac{v_2 z^2}{1+\cdots+v_{n-1} z^2.}}}\text{“}$$

5. Schliesslich will ich die bisherige allgemeine Untersuchung auf den besonderen Fall anwenden, in welchem die Potenzsummen $s_1, s_3, \ldots s_{2n-1}$ einem und demselben Werth μ gleich gegeben sind. In diesem Fall lässt sich $f(z)$ explicite hinschreiben und zwar vermöge der interessanten Formeln, welche Herr Heine in dem vorletzten Heft des Journals für die reine und angewandte Mathematik (Bd. 53 p. 284) mittheilt, und durch welche derselbe für den Kettenbruch, in den Gauss den Quotienten zweier benachbarten hypergeometrischen Reihen $F(\alpha, \beta+1, \gamma+1)$ und $F(\alpha, \beta, \gamma)$ entwickelt hat (p. 13 seiner hypergeometri-

schen Abhandlung [Gauss' Werke, Bd. 3 p. 134]), den allgemeinen Ausdruck der Näherungsbrüche in Producten zweier hypergeometrischen Reihen angiebt.

Ist

$$s_1 = s_3 = \cdots = s_{2n-1} = \mu,$$

so erhät man nach Gleichung (3)

$$\psi(z) = e^{\mu\left\{z+\frac{1}{3}z^3+\cdots+\frac{1}{2n-1}z^{2n-1}+\cdots\right\}},$$

wo es, wie bereits erwähnt, gleichgültig ist, welche Coefficienten man im Exponenten den höheren Potenzen von z giebt. Lässt man sie nach demselben Gesetz weiter fortschreiten, so erhält man den bis z^{2n} richtigen Ausdruck von $\psi(z)$

$$\psi(z) = e^{\frac{1}{2}\mu\{\lg(1+z)-\lg(1-z)\}} = \left(\frac{1+z}{1-z}\right)^{\frac{1}{2}\mu},$$

demnach hat man hier folgenden Ausdruck in einen Kettenbruch zu entwickeln:

$$\frac{(1+z)^\mu-(1-z)^\mu}{(1+z)^\mu+(1-z)^\mu} = \frac{\mu z+\frac{\mu(\mu-1)(\mu-2)}{1.2.3}z^3+\cdots}{1+\frac{\mu(\mu-1)}{1.2}z^2+\cdots}$$

$$= \mu z\cdot\frac{F\left(-\frac{\mu-1}{2},\ -\frac{\mu}{2}+1,\ \frac{3}{2},\ z^2\right)}{F\left(-\frac{\mu-1}{2},\ -\frac{\mu}{2},\ \frac{1}{2},\ z^2\right)}.$$

Dieser Quotient ist ein besonderer Fall des Gaussschen Quotienten zweier hypergeometrischen Reihen, so dass man für denselben folgenden Kettenbruch erhält:

$$\frac{(1+z)^\mu-(1-z)^\mu}{(1+z)^\mu+(1-z)^\mu} = \cfrac{\mu z}{1+\cfrac{\frac{(\mu-1)(\mu+1)}{1\ .\ 3}z^2}{1+\cfrac{\frac{(\mu-2)(\mu+2)}{3\ .\ 5}z^2}{1+\text{etc.}}}}.$$

Die Gleichung $f(z) = 0$ erscheint daher hier unter der Form

$$1 = \cfrac{\mu z}{1+\cfrac{\frac{(\mu-1)(\mu+1)}{1\ .\ 3}z^2}{1+\cfrac{\frac{(\mu-2)(\mu+2)}{3\ .\ 5}z^2}{1+\ddots+\frac{(\mu-(n-1))(\mu+(n-1))}{(2n-3)(2n-1)}z^2}}}.$$

Wendet man hierauf die erwähnten Heineschen Formeln an, so erhält man die expliciten Ausdrücke der Functionen θ, η und somit auch der Function $f(z)$. Besonders einfach wird das Resultat für den letzten Coefficienten

$$p_n = x_1 . x_2 \dots x_n$$

von $f(z)$, nämlich

$$p_n = \frac{[\mu-(n-1)].[\mu-(n-3)]\dots[\mu+(n-3)].[\mu+(n-1)]}{1 \quad . \quad 3 \quad \dots \quad (2n-3) \quad . \quad (2n-1)}.$$

Dies ist also der Werth des Products $x_1 . x_2 \dots x_n$ von n Grössen x_1, x_2, ... x_n, welche den Gleichungen

$$\mu = \Sigma x, \quad \mu = \Sigma x^3, \quad \dots \quad \mu = \Sigma x^{2n-1}$$

genügen, wo die Summen sich auf die Werthe x_1, x_2, ... x_n erstrecken.

Ueber das arithmetisch-geometrische Mittel.

Borchardt, Journal für die reine und angewandte Mathematik, Bd. 58 p. 127—134, 1861.

Ueber das arithmetisch-geometrische Mittel.

Gelesen in der Akademie der Wissenschaften zu Berlin am 25. Februar 1858.

Einer sehr frühen Epoche in der Kenntniss der elliptischen Integrale gehört das Ergebniss an, dass die Bestimmung des completen elliptischen Integrals erster Gattung

$$(1) \qquad \int_0^{\frac{1}{2}\pi} \frac{d\varphi}{\sqrt{m^2\cos\varphi^2+n^2\sin\varphi^2}}$$

auf die Berechnung des arithmetisch-geometrischen Mittels von m und n zurückkommt. Indem man die Landensche oder die Gausssche Transformation zweiter Ordnung auf das complete Integral (1) anwendet, findet man, dass dasselbe unverändert bleibt, wenn man für m und n deren arithmetische und geometrische Mittel $m_1 = \frac{1}{2}(m+n)$, $n_1 = \sqrt{mn}$ setzt. Wiederholt man diese Operation unter Einführung der Bezeichnungen

$$m_2 = \tfrac{1}{2}(m_1+n_1), \quad n_2 = \sqrt{m_1 n_1}$$
$$m_3 = \tfrac{1}{2}(m_2+n_2), \quad n_3 = \sqrt{m_2 n_2}$$
$$\cdots\cdots\cdots\cdots$$

so nähern sich die beiden Reihen von Grössen

$$m, \quad m_1, \quad m_2, \quad \ldots$$
$$n, \quad n_1, \quad n_2, \quad \ldots$$

derselben Grenze ω, d. h. dem arithmetisch-geometrischen Mittel von m und n nach Gaussens Bezeichnung, und der Werth des Integrals (1) ergiebt sich gleich

$$\tfrac{1}{2}\pi \cdot \frac{1}{\omega}.$$

Die umgekehrte Aufgabe, von dem arithmetisch-geometrischen Mittel als dem Grenzwerth, auf welchen die wiederholte algebraische Operation führt, auszugehen und dessen Berechnung auf die Bestimmung des elliptischen Integrals zurückzuführen, bietet bedeutend grössere Schwierigkeiten dar, in so fern man hierbei die Transformation des elliptischen Integrals nicht voraussetzen darf, also durch andere Mittel zum Ziel gelangen muss. Der hier folgende Aufsatz beschäftigt sich mit der Lösung dieser Aufgabe.

Das arithmetisch-geometrische Mittel ω von m und n sowie jede Function von ω hat der Definition nach die Eigenschaft, unverändert zu bleiben, wenn man für m und n deren arithmetisches und deren geometrisches Mittel setzt. Sie genügt also der Functionalgleichung

$$(2) \qquad f(m, n) = f(\tfrac{1}{2}(m+n), \sqrt{mn}),$$

und umgekehrt ist jede Function f, welche dieser Gleichung genügt, eine blosse Function von ω, da man durch unendlich oft wiederholte Anwendung

$$f(m, n) = f(\omega, \omega)$$

findet. Die Bestimmung des arithmetisch-geometrischen Mittels kommt also auf die Lösung obiger Functionalgleichung zurück.

Man sieht der Natur der hier zu lösenden Aufgabe nach voraus, dass die gesuchte Function $f(m, n)$ einer partiellen Differentialgleichung genügen muss. Eine weitere Ueberlegung zeigt, dass diese partielle Differentialgleichung sich durch schickliche Wahl der Unbekannten auf eine gewöhnliche Differentialgleichung zurückführen lässt. Wenn man $q.m$ und $q.n$ an die Stelle von m und n setzt, so geht zugleich ω in $q.\omega$ über; ω ist daher eine homogene Function erster Ordnung von m und n, mithin sind die partiellen Differentialquotienten $\frac{\partial \omega}{\partial m}$ und $\frac{\partial \omega}{\partial n}$ homogene Functionen der Ordnung Null von m und n, d. h. nur von dem Quotienten $\frac{n}{m}$ abhängig. Da überdies $f(m, n)$ eine blosse Function von ω ist, so hat man die Proportion

$$\frac{\partial f}{\partial m} : \frac{\partial f}{\partial n} = \frac{\partial \omega}{\partial m} : \frac{\partial \omega}{\partial n}.$$

Der Quotient $\frac{\partial f}{\partial n} : \frac{\partial f}{\partial m}$ ist also für alle Functionen f ein und dieselbe Function von $\frac{n}{m}$, die von einer gewöhnlichen Differentialgleichung abhängt, während f einer partiellen Differentialgleichung genügt. Bezeichnet man mit μ und ν die partiellen Differentialquotienten von f nach m und n, so wird also $\frac{\nu}{\mu}$ die abhängige Variable, $\frac{n}{m}$ die unabhängige Variable der zu suchenden Differentialgleichung sein.

Anstatt nun die Quotienten $\frac{n}{m}$ und $\frac{\nu}{\mu}$ sogleich in die Rechnung einzuführen, thut man gut, die Homogeneität der Variablen beizubehalten. Man hat zwar dann anstatt *eines* Differentialquotienten der nach $\frac{n}{m}$ genommen ist, die beiden nach m und nach n genommenen zu betrachten, indessen hängen dieselben von einander ab. So hat man z. B. für den ersten Differentialquotienten von $\frac{\nu}{\mu}$

$$0 = m\frac{\partial}{\partial m}\left(\frac{\nu}{\mu}\right)+n\frac{\partial}{\partial n}\left(\frac{\nu}{\mu}\right),$$

oder nach Multiplication mit μ^2

$$0 = m\left\{\mu\frac{\partial\nu}{\partial m}-\nu\frac{\partial\mu}{\partial m}\right\}+n\left\{\mu\frac{\partial\nu}{\partial n}-\nu\frac{\partial\mu}{\partial n}\right\},$$

so dass man anstatt des Differentialquotienten von $\frac{\nu}{\mu}$ nach $\frac{n}{m}$ einen Ausdruck, den ich mit l bezeichnen will, zu betrachten hat, welcher durch die Doppelgleichung zu definiren ist

$$(3) \qquad l = m\left\{\mu\frac{\partial\nu}{\partial m}-\nu\frac{\partial\mu}{\partial m}\right\} = -n\left\{\mu\frac{\partial\nu}{\partial n}-\nu\frac{\partial\mu}{\partial n}\right\}.$$

Um die gesuchte Differentialgleichung zu erhalten, wird man folgendes Verfahren einzuschlagen haben:

Wenn man aus der gegebenen Functionalgleichung (2)

$$f(m,n) = f(m_1, n_1),$$

wo $m_1 = \frac{1}{2}(m+n)$, $n_1 = \sqrt{mn}$, durch Differentiation neue Gleichungen ableitet, so findet man zwischen den Differentialquotienten von $f(m,n)$ und $f(m_1, n_1)$ Relationen, die weniger einfach sind als die zwischen den Functionen selbst bestehende, die aber doch gestatten, jeden Ausdruck, der m, n, $f(m,n)$ und seine Differentialquotienten nach m und n enthält, in einen anderen zu transformiren, welcher aus m_1, n_1, $f(m_1, n_1)$ und dessen Differentialquotienten nach m_1 und n_1 zusammengesetzt ist.

Gelingt es nun, diesen Ausdruck so zu wählen, dass der transformirte ebenso aus m_1, n_1 und $f(m_1, n_1)$ gebildet ist wie der ursprüngliche aus m, n und $f(m, n)$, oder dass sie sich wenigstens nur durch einen von der unbekannten Function freien Factor von einander unterscheiden, so wird man durch einen unendlichen Progress zur Bestimmung dieses Ausdrucks gelangen, indem man denselben auf einen solchen zurückführt, in welchem m und n beide durch dieselbe Grösse ω ersetzt sind. Diese Bestimmung wird also zu einer Relation zwischen m, n, $f(m, n)$ und den Differentialquotienten von f führen, d. h. zu der gesuchten Differentialgleichung. An dem vorliegenden Beispiel lässt sich das Verfahren folgendermassen durchführen:

Bezeichnet man mit μ_1 und ν_1 die nach m_1 und n_1 genommenen Differentialquotienten von $f(m_1, n_1)$, so erhält man durch Differentiation der Gleichung $f(m, n) = f(m_1, n_1)$ nach Fortschaffung der Nenner

$$(4) \qquad \begin{cases} 2\sqrt{m}.\mu = \sqrt{m}.\mu_1 + \sqrt{n}.\nu_1 \\ 2\sqrt{n}.\nu = \sqrt{n}.\mu_1 + \sqrt{m}.\nu_1 . \end{cases}$$

Dies sind die beiden Differentialgleichungen erster Ordnung. Man kann von denselben zu den drei Differentialgleichungen zweiter Ordnung übergehen, indessen sind dieselben nach der oben angeführten Doppelgleichung (3) nicht unabhängig von einander, sondern es folgt aus zweien die dritte. Es genügt daher z. B. diejenigen beiden zu betrachten, welche aus den Differentialgleichungen erster Ordnung (4) durch Differentiation nach m allein hervorgehen. Dies ergiebt

$$(5) \begin{cases} \frac{1}{\sqrt{m}}\mu + 2\sqrt{m}\frac{\partial\mu}{\partial m} = \frac{1}{2\sqrt{m}}\mu_1 + \left(\sqrt{m}\frac{\partial\mu_1}{\partial m_1} + \sqrt{n}\frac{\partial\nu_1}{\partial m_1}\right)\frac{\partial m_1}{\partial m} + \left(\sqrt{m}\frac{\partial\mu_1}{\partial n_1} + \sqrt{n}\frac{\partial\nu_1}{\partial n_1}\right)\frac{\partial n_1}{\partial m} \\ 2\sqrt{n}\frac{\partial\nu}{\partial m} = \frac{1}{2\sqrt{m}}\nu_1 + \left(\sqrt{n}\frac{\partial\mu_1}{\partial m_1} + \sqrt{m}\frac{\partial\nu_1}{\partial m_1}\right)\frac{\partial m_1}{\partial m} + \left(\sqrt{n}\frac{\partial\mu_1}{\partial n_1} + \sqrt{m}\frac{\partial\nu_1}{\partial n_1}\right)\frac{\partial n_1}{\partial m} . \end{cases}$$

Man weiss überdies nach den früheren Betrachtungen, dass die Differentialquotienten zweiter Ordnung von $f(m, n)$, also die Grössen $\frac{\partial\mu}{\partial m}$, $\frac{\partial\nu}{\partial m}$, nur in solcher Verbindung vorkommen können, wie sie sich in dem mit l bezeichneten Ausdruck (3) finden, d. h. in der Determinante $\mu\frac{\partial\nu}{\partial m} - \nu\frac{\partial\mu}{\partial m}$. Man hat demnach aus den beiden Differentialgleichungen erster Ordnung (4) und aus den beiden zweiter Ordnung (5) die Determinante zu bilden und erhält

$$-2\sqrt{\frac{n}{m}}\mu\nu+4\sqrt{mn}\left(\mu\frac{\partial\nu}{\partial m}-\nu\frac{\partial\mu}{\partial m}\right)$$

$$=-\tfrac{1}{2}\sqrt{\frac{n}{m}}(\mu_1^2-\nu_1^2)+\frac{\partial m_1}{\partial m}\cdot\begin{vmatrix}\sqrt{m} & \sqrt{n}\\ \sqrt{n} & \sqrt{m}\end{vmatrix}\cdot\begin{vmatrix}\mu_1 & \nu_1\\ \dfrac{\partial\mu_1}{\partial m_1} & \dfrac{\partial\nu_1}{\partial m_1}\end{vmatrix}+\frac{\partial n_1}{\partial m}\cdot\begin{vmatrix}\sqrt{m} & \sqrt{n}\\ \sqrt{n} & \sqrt{m}\end{vmatrix}\cdot\begin{vmatrix}\mu_1 & \nu_1\\ \dfrac{\partial\mu_1}{\partial n_1} & \dfrac{\partial\nu_1}{\partial n_1}\end{vmatrix}.$$

Führt man dem Ausdruck l entsprechend den Ausdruck l_1 durch die Doppelgleichung

$$l_1=m_1\left(\mu_1\frac{\partial\nu_1}{\partial m_1}-\nu_1\frac{\partial\mu_1}{\partial m_1}\right)=-n_1\left(\mu_1\frac{\partial\nu_1}{\partial n_1}-\nu_1\frac{\partial\mu_1}{\partial n_1}\right)$$

ein, so reducirt sich das erhaltene Resultat auf folgende einfache Gleichung:

$$(6)\qquad -2\mu\nu+4l=-\tfrac{1}{2}(\mu_1^2-\nu_1^2)+\frac{m_1^2-n_1^2}{m_1n_1}l_1.$$

Diese Transformation hat noch nicht den oben auseinandergesetzten Charakter, da die ersten Differentialquotienten linker Hand in der Verbindung $\mu\nu$, rechter Hand in der Verbindung $\mu_1^2-\nu_1^2$ vorkommen. Da aber μ und ν lineare Functionen von μ_1 und ν_1 sind, so ergeben sich hieraus μ^2, $\mu\nu$ und ν^2 als lineare Functionen von μ_1^2, $\mu_1\nu_1$ und ν_1^2. Zwischen zwei gegebenen quadratischen homogenen Verbindungen von μ, ν und zweien solchen von μ_1, ν_1 besteht daher immer eine und nur eine Relation. So erhält man zwischen $\mu\nu$ und $\mu^2-\nu^2$ einerseits, $\mu_1\nu_1$ und $\mu_1^2-\nu_1^2$ andrerseits aus den Gleichungen (4) die Relation

$$(7)\qquad \tfrac{1}{2}(m^2-n^2)\mu\nu+mn(\mu^2-\nu^2)=\frac{m-n}{2\sqrt{mn}}\{(m_1^2-n_1^2)\mu_1\nu_1+\tfrac{1}{2}m_1n_1(\mu_1^2-\nu_1^2)\}.$$

Multiplicirt man nun die früher erhaltene Gleichung (6) mit $-\frac{1}{4}(m^2-n^2)$ und addirt sie zu dieser, so erhält man

$$(8)\qquad mn(\mu^2-\nu^2)+(m^2-n^2)(\mu\nu-l)=\frac{m-n}{2\sqrt{mn}}\{m_1n_1(\mu_1^2-\nu_1^2)+(m_1^2-n_1^2)(\mu_1\nu_1-l_1)\},$$

also, wenn man den Ausdruck

$$mn(\mu^2-\nu^2)+(m^2-n^2)(\mu\nu-l)$$

mit $\psi(m,n)$ bezeichnet,

$$\psi(m,n)=\frac{m-n}{2\sqrt{mn}}\psi(m_1,n_1).$$

Indem man diese Transformation wiederholt anwendet, bekommt man eine

Reihe von Factoren $\frac{m-n}{2\sqrt{mn}}$, $\frac{m_1-n_1}{2\sqrt{m_1 n_1}}$, etc., die sich immer mehr der Null nähern und deren Product um so mehr gleich Null wird. Dies Product multiplicirt in $\psi(\omega, \omega)$, welches, wie leicht zu sehen, ebenfalls gleich Null wird, ist dem Ausdruck $\psi(m, n)$, von dem ausgegangen wurde, gleich, also hat man

$$\psi(m, n) = 0,$$

d. h.

$$mn(\mu^2-\nu^2)+(m^2-n^2)(\mu\nu-l) = 0. \tag{9}$$

Es genügt also der Quotient $\frac{\nu}{\mu}$ in Beziehung auf die unabhängige Variable $\frac{n}{m}$ einer nicht linearen Differentialgleichung erster Ordnung. In der That, setzt man

$$\frac{n}{m} = x, \quad \frac{\nu}{\mu} = y,$$

so erhält man die einfache Differentialgleichung

$$x(1-y^2)+(1-x^2)\frac{d(xy)}{dx} = 0,$$

oder

$$x(1-x^2)\frac{dy}{dx}+(x+y)(1-xy) = 0. \tag{10}$$

Eine Differentialgleichung erster Ordnung und zweiten Grades, welche wie die vorliegende von der Form

$$\frac{dy}{dx} = Ay^2+By+C$$

ist, kann bekanntlich immer auf eine lineare der zweiten Ordnung zurückgeführt werden, in der nämlichen Art, wie es mit der Riccatischen Differentialgleichung zu geschehen pflegt. Eine solche Zurückführung gelingt durch verschiedene Substitutionen, in dem vorliegenden Fall z. B. durch die Substitution

$$y = -\frac{v'}{v+xv'} = -\frac{\frac{dv}{dx}}{\frac{d(xv)}{dx}},$$

wo $v' = \frac{dv}{dx}$ ist.

Man erhält alsdann für v die Differentialgleichung

$$0 = (x-x^3)\frac{d^2v}{dx^2}+(1-3x^2)\frac{dv}{dx}-xv. \tag{11}$$

Die gebrauchte Substitution kommt aber damit überein, dass man von dem Quotienten

$$\frac{\nu}{\mu} = \frac{\frac{\partial f}{\partial n}}{\frac{\partial f}{\partial m}}$$

zu derjenigen Function $f(m, n)$ übergeht, welche eine homogene Function $(-1)^{\text{ter}}$ Ordnung von m und n, also proportional $\frac{1}{\omega}$ ist. Denn für eine solche hat man

$$0 = f + m\mu + n\nu,$$

daher

$$y = \frac{\nu}{\mu} = -\frac{m\nu}{f + n\nu},$$

also, wenn man mf, was bloss von $x = \frac{n}{m}$ abhängt, mit v bezeichnet,

$$y = -\frac{\frac{dv}{dx}}{v + x\frac{dv}{dx}},$$

was die frühere Sustitution ist. Ebenso würde die Substitution

$$y = -\frac{v'}{\varrho v + x v'}$$

der Betrachtung der homogenen Function $v = f(m, n)$ der Ordnung $-\varrho$ entsprechen, aber für keinen Werth ausser für $\varrho = 1$ giebt diese Formel eine Substitution, welche zu einer linearen Differentialgleichung führt. Hierin also liegt der Grund, warum der reciproke Werth des arithmetisch-geometrischen Mittels betrachtet werden musste.

Die lineare Differentialgleichung (11) wird also von dem Ausdruck $v = \frac{m}{\omega}$ befriedigt, wo ω das arithmetisch-geometrische Mittel von m und n und $x = \frac{n}{m}$ ist. Dies Ergebniss allein, verbunden mit der Nebenbedingung, dass für $m = n$ auch $\omega = m$ wird, oder, was dasselbe ist, dass für $x = 1$ auch $v = 1$ wird, würde zur vollständigen Bestimmung des arithmetisch-geometrischen Mittels genügen, wenn man auch nicht wüsste, dass die Gleichung (11) die Differentialgleichung des completen elliptischen Integrals in Beziehung auf seinen Modul ist. Mit Voraussetzung der von Legendre gegebenen Integration der Gleichung (11) erhält man als ihr vollständiges Integral

$$v = CF(x)+C_1F(x_1),$$

wenn man unter $F(x)$ das complete elliptische Integral erster Gattung des Moduls x versteht und $x_1 = \sqrt{1-x^2}$ setzt. Für $x = 1$ wird $F(x) = \infty$, $F(x_1) = \frac{1}{2}\pi$. Damit der zugehörige Werth von v die Einheit sei, muss man also $C = 0$, $C_1 = \frac{2}{\pi}$ setzen, und erhält

$$v = \frac{m}{\omega} = \frac{2}{\pi}F(x_1) = \frac{2}{\pi}m\int_0^{\frac{1}{2}\pi}\frac{d\varphi}{\sqrt{m^2\cos\varphi^2+n^2\sin\varphi^2}}.$$

Es hat keine Schwierigkeit, die Zurückführung der ursprünglich erhaltenen nicht linearen Differentialgleichung erster Ordnung auf eine lineare zweiter Ordnung ohne Einführung des Quotienten $x = \frac{n}{m}$ zu bewirken. Man gelangt dann für die homogene Function $(-1)^{\text{ter}}$ Ordnung $f(m, n) = \frac{1}{\omega}$, also, was dasselbe ist, für das complete elliptische Integral (1) zu einer linearen Differentialgleichung zweiter Ordnung, welche nur Differentialquotienten zweiter Ordnung nach m und n genommen enthält und ihrer Einfachheit wegen angeführt zu werden verdient.

Bezeichnet man mit a, b, c die Differentialquotienten zweiter Ordnung, so dass

$$a = \frac{\partial\mu}{\partial m}, \quad b = \frac{\partial\mu}{\partial n} = \frac{\partial\nu}{\partial m}, \quad c = \frac{\partial\nu}{\partial n},$$

so erhält man, wenn f eine homogene Function $(-1)^{\text{ter}}$ Ordnung ist,

$$-2\mu = ma+nb$$
$$-2\nu = mb+nc,$$

daher

$$2(n\mu-m\nu) = (m^2-n^2)b-mn(a-c).$$

Ueberdies ergiebt sich aus der Doppelgleichung (3)

$$l = m(\mu b-\nu a) = -n(\mu c-\nu b)$$

der neue Werth

$$(n\mu-m\nu)l = mn\{(\mu^2-\nu^2)b-\mu\nu(a-c)\}.$$

Mit Benutzung hiervon geht die Differentialgleichung (9)

$$mn(\mu^2-\nu^2)+(m^2-n^2)(\mu\nu-l) = 0,$$

nachdem man sie mit $2(n\mu-m\nu)$ multiplicirt hat, in folgende über:

$$\{(m^2-n^2)b+mn(a-c)\}\{(m^2-n^2)\mu\nu-mn(\mu^2-\nu^2)\} = 0.$$

Der zweite Factor zerlegt sich wiederum in die beiden $m\nu - n\mu$, $m\mu + n\nu$, von denen der erste von der früheren Multiplication mit demselben herrührt, während der zweite $m\mu + n\nu$ mit der Function $f(m, n)$ selbst, abgesehen vom Zeichen, identisch ist. Verschwinden kann daher nur der erste Factor $(m^2 - n^2)b + mn(a - c)$ und es genügt demnach der reciproke Werth f des arithmetisch-geometrischen Mittels ω von m und n, oder, was dasselbe ist, das elliptische Integral (1) der Differentialgleichung

$$0 = (m^2 - n^2)\frac{\partial^2 f}{\partial m \partial n} + mn\left(\frac{\partial^2 f}{\partial m^2} - \frac{\partial^2 f}{\partial n^2}\right). \tag{12}$$

Mit Berücksichtigung der leicht zu verificirenden Relationen

$$m^3 a = \frac{d^2(x^2 v)}{dx^2}, \quad m^3 b = -\frac{d^2(xv)}{dx^2}, \quad m^3 c = \frac{d^2 v}{dx^2}$$

geht (12) in

$$0 = (1 - x^2)\frac{d^2(xv)}{dx^2} + x\frac{d^2([1 - x^2]v)}{dx^2}$$

über, welche Differentialgleichung mit (11) übereinstimmt.

Berlin, im Februar 1858.

Ueber eine der Interpolation entsprechende Darstellung der Eliminationsresultante.

Borchardt, Journal für die reine und angewandte Mathematik, Bd. 57 p. 111—121, 1860.
Monatsbericht der Akademie der Wissenschaften zu Berlin, Mai 1859 p. 376—388,
unter dem Titel: Ueber ein die Elimination betreffendes Problem.

Ueber eine der Interpolation entsprechende Darstellung der Eliminationsresultante.

Gelesen in der Akademie der Wissenschaften zu Berlin am 12. Mai 1859.

Wenn man die Resultante der Elimination zwischen zwei algebraischen Gleichungen mit einer Unbekannten aufsucht, so pflegt man die ganzen Functionen, welche die linken Seiten der Gleichungen bilden, als durch die Werthe ihrer Coefficienten gegeben vorauszusetzen. Diese Art der Bestimmung ganzer Functionen ist als diejenige Specialisirung der Interpolation anzusehen, die dem Zusammenfallen sämmtlicher Argumente, für welche die Functionswerthe gegeben sind, entspricht. Aber man weiss, dass jedes Zusammenfallen mehrerer Argumente in der Theorie der Interpolation, anstatt die Resultate zu vereinfachen, sie verwickelter macht und die leicht übersichtliche Gesetzmässigkeit der Ausdrücke stört.

Es war daher ein glücklicher Gedanke, der von Herrn Rosenhain herrührt, die Resultante der Elimination zwischen zwei Gleichungen $\varphi(z) = 0$ und $\psi(z) = 0$ nicht durch die Coefficienten von $\varphi(z)$ und $\psi(z)$ sondern durch die Werthe darzustellen, welche diese Functionen für gegebene Argumente annehmen. Das von demselben im 30sten Bande des Journals für die reine und angewandte Mathematik veröffentlichte Ergebniss ist von um so grösserer Bedeutung, als sich die nämliche Art der Darstellung auf eine ganze Reihe anderer Ausdrücke ausdehnen lässt und namentlich auf diejenigen, welche sich bei der Entwicklung des Quotienten $\frac{\varphi(z)}{\psi(z)}$ in einen Kettenbruch ergeben.

Aber die Rosenhainsche Darstellung erfordert, dass man die Werthe der Functionen $\varphi(z)$, $\psi(z)$ für eine Reihe von Argumenten kenne, deren Anzahl der Summe der Ordnungen von $\varphi(z)$ und $\psi(z)$ gleich ist, also in dem Fall, in welchem beide Functionen von der n^{ten} Ordnung sind, für $2n$ verschiedene

Argumente. Diese $2n$ Functionswerthe sind also nicht von einander unabhängig, sondern $n-1$ derselben durch die übrigen $n+1$ bestimmt. Die Rosenhainsche Formel kann daher nicht dazu gebraucht werden, die Resultante der Elimination darzustellen, wenn jede der Functionen $\varphi(z)$, $\psi(z)$ interpolatorisch gegeben ist. Auf diesen Fall bezieht sich die gegenwärtige Untersuchung, sie beschäftigt sich mit der Lösung folgender Aufgabe:

Die beiden Functionen $\varphi(z)$ und $\psi(z)$, jede n^{ten} Grades, sind durch die Werthe gegeben, die sie für $z = \alpha_0, \alpha_1, \ldots \alpha_n$ annehmen. Durch diese zweimal $n+1$ Functionswerthe soll die Resultante der Elimination zwischen den Gleichungen $\varphi(z) = 0$, $\psi(z) = 0$ ausgedrückt werden.

In dem hier vorliegenden Falle giebt die sogenannte abgekürzte Bezoutsche Eliminationsmethode die Resultante durch die Coefficienten ausgedrückt. Nach der übersichtlichen von Herrn Cayley gegebenen Darstellungsweise des anzuwendenden Verfahrens hat man den Quotienten

$$F(x, y) = \frac{\varphi(x)\psi(y) - \varphi(y)\psi(x)}{y - x}$$

zu bilden und nach Potenzen von x und y zu ordnen. Ist

$$a_{ik} x^i y^k$$

das allgemeine Glied desselben, so ist die Determinante D der Coefficienten a_{ik} (wo sowohl i als k die Zahlen 0 bis $n-1$ durchlaufen) die Resultante der Elimination zwischen den Gleichungen $\varphi(z) = 0$, $\psi(z) = 0$.

Vermittelst bekannter Determinantensätze lässt sich die Determinante D so transformiren, dass sie, anstatt durch die Coefficienten a_{ik}, durch besondere Werthe der Function $F(x, y)$ dargestellt wird. Bezeichnet man mit $F(x_i, y_k)$ diese besonderen Werthe (wo sowohl i als k die Zahlen 1 bis n durchlaufen), mit D' die Determinante derselben und mit $\triangle(x_1, x_2, \ldots x_n)$ das Product aller Differenzen der Argumente $x_1, x_2, \ldots x_n$ (jede Differenz so genommen, dass ein Argument mit kleinerem Index von einem mit grösserem abgezogen wird), so hat man*)

$$(1) \qquad D = \frac{D'}{\triangle(x_1, x_2, \ldots x_n)\triangle(y_1, y_2, \ldots y_n)}.$$

*) Es lässt sich beiläufig bemerken, dass in der Transformation (1) zugleich eine unmittelbare Verification der abgekürzten Bezoutschen Eliminationsmethode liegt. Diese Verification ergiebt sich, indem man die beiden Reihen von Argumenten $x_1, x_2, \ldots x_n$ und $y_1, y_2, \ldots y_n$ mit den Wurzeln $\beta_1, \beta_2, \ldots \beta_n$

In dem Fall der vorliegenden Aufgabe sind die Werthe von $\varphi(x)$ und $\psi(x)$ für $x = \alpha_0, \alpha_1, \dots \alpha_n$ gegeben. Unter Einführung der Function

$$f(x) = (x-\alpha_0)(x-\alpha_1)\dots(x-\alpha_n)$$

werden also die interpolatorischen Darstellungen von $\varphi(x)$ und $\psi(x)$

$$\varphi(x) = \sum_{i=0}^{i=n} \frac{\varphi(\alpha_i)}{f'(\alpha_i)} \cdot \frac{f(x)}{x-\alpha_i}, \qquad \psi(x) = \sum_{i=0}^{i=n} \frac{\psi(\alpha_i)}{f'(\alpha_i)} \cdot \frac{f(x)}{x-\alpha_i}$$

und daher

$$F(x,y) = \frac{\varphi(x)\psi(y)-\varphi(y)\psi(x)}{y-x}$$

$$= \sum \frac{\alpha_i-\alpha_k}{f'(\alpha_i)f'(\alpha_k)} \cdot [\varphi(\alpha_i)\psi(\alpha_k)-\varphi(\alpha_k)\psi(\alpha_i)] \cdot \frac{f(x)}{(x-\alpha_i)(x-\alpha_k)} \cdot \frac{f(y)}{(y-\alpha_i)(y-\alpha_k)},$$

wo über alle Combinationen zweier verschiedenen Grössen α_i, α_k zu summiren ist.

Hieraus ergiebt sich für $x = \alpha_i$, $y = \alpha_k$ oder $x = \alpha_k$, $y = \alpha_i$, wenn i von k verschieden ist,

$$F(\alpha_i, \alpha_k) = F(\alpha_k, \alpha_i) = \frac{\varphi(\alpha_i)\psi(\alpha_k)-\varphi(\alpha_k)\psi(\alpha_i)}{\alpha_k-\alpha_i},$$

dagegen für $x = y = \alpha_i$

$$F(\alpha_i, \alpha_i) = -\sum_k \frac{f'(\alpha_i)}{f'(\alpha_k)} \cdot \frac{\varphi(\alpha_i)\psi(\alpha_k)-\varphi(\alpha_k)\psi(\alpha_i)}{\alpha_k-\alpha_i},$$

wo sich die Summe nach k über alle von i verschiedenen Werthe erstreckt.

---

der Gleichung $\varphi(x) = 0$ zusammenfallen lässt. Unter dieser Annahme wird

$$\varphi(x) = B(x-\beta_1)(x-\beta_2)\dots(x-\beta_n),$$

$$\frac{\psi(x)}{\varphi(x)} = C + \sum_{i=1}^{i=n} \frac{\psi(\beta_i)}{\varphi'(\beta_i)} \cdot \frac{1}{x-\beta_i},$$

$$F(x,y) = -\varphi(x)\varphi(y) \sum_{i=1}^{i=n} \frac{\psi(\beta_i)}{\varphi'(\beta_i)} \cdot \frac{1}{x-\beta_i} \cdot \frac{1}{y-\beta_i},$$

also

$$F(\beta_i, \beta_i) = -\psi(\beta_i)\varphi'(\beta_i),$$
$$F(\beta_i, \beta_k) = 0,$$

wenn i von k verschieden ist. Die allgemeine Transformation (1) giebt daher, so angewendet, für D, abgesehen vom Zeichen, den Ausdruck

$$B^n \psi(\beta_1)\psi(\beta_2)\dots\psi(\beta_n),$$

was die bekannte **Eulersche** Form der Eliminationsresultante ist.

Es ist daher

$$\frac{F(\alpha_i,\alpha_i)}{f'(\alpha_i)f'(\alpha_i)} = -\sum_k \frac{F(\alpha_i,\alpha_k)}{f'(\alpha_i)f'(\alpha_k)}.$$

Führt man für je zwei von einander verschiedene Zahlen i, k aus der Reihe 0 bis n die Bezeichnung ein

$$(2) \qquad \frac{\varphi(\alpha_i)\psi(\alpha_k)-\varphi(\alpha_k)\psi(\alpha_i)}{f'(\alpha_i)f'(\alpha_k)(\alpha_k-\alpha_i)} = (ik)$$

und setzt ferner

$$(3) \qquad (ii) = -\sum_k (ik),$$

wo nach k wiederum über alle von i verschiedenen Zahlen aus der Reihe 0 bis n zu summiren ist, so wird demnach schliesslich

$$F(\alpha_i,\alpha_k) = f'(\alpha_i)f'(\alpha_k).(ik),$$
$$F(\alpha_i,\alpha_i) = f'(\alpha_i)f'(\alpha_i).(ii).$$

Man bilde nun das System der $(n+1)^2$ Grössen (ik), nämlich

$$(4) \qquad \begin{cases} (00), & (01), & (02), & \dots & (0n) \\ (10), & (11), & (12), & \dots & (1n) \\ (20), & (21), & (22), & \dots & (2n) \\ \cdot & \cdot & \cdot & \dots & \cdot \\ (n0), & (n1), & (n2), & \dots & (nn), \end{cases}$$

ein System, welches erstens ein symmetrisches ist, so dass $(ik)=(ki)$, und welches ferner nach Gleichung (3) die Eigenschaft besitzt, dass je $n+1$ in einer Horizontal- oder Verticalreihe stehende Elemente die Summe Null haben, so dass

$$(i0)+(i1)+\dots+(ii)+\dots+(in) = 0.$$

Hieraus folgt zunächst, dass die Determinante $(n+1)^{\text{ter}}$ Ordnung R aus dem ganzen mit (4) bezeichneten System verschwindet. Es folgt überdies, dass die sämmtlichen Unterdeterminanten erster Ordnung von R, die Grössen $\frac{\partial R}{\partial(ik)}$, einander gleich sind. Man betrachte z. B. $\frac{\partial R}{\partial(00)}$, d. h. die Determinante desjenigen Systems, welches aus (4) hervorgeht, wenn die erste Horizontal- und die erste Verticalreihe fortgelassen wird, und das mit (5) bezeichnet werden möge. In dem Systeme (5) ist irgend ein Element der ersten Verticalreihe $(i1)$, wofür man die Summe

$$-\{(i0)+(i2)+(i3)+\dots+(in)\}$$

setzen kann. Wegen der übrigen Verticalreihen ist es erlaubt, in dieser Summe die Glieder $(i2)$, $(i3)$, ... (in) fortzulassen, ohne dass sich der Werth der Determinante ändert, $\frac{\partial R}{\partial(00)}$ bleibt also sich selbst gleich, wenn man für jedes Element $(i1)$ seiner ersten Verticalreihe $-(i0)$ setzt, d. h. es ist

$$\frac{\partial R}{\partial(00)} = \frac{\partial R}{\partial(01)}.$$

Aehnliches gilt, wenn man für die Indices 0, 1 zwei beliebige Indices setzt, und es sind demnach sämmtliche Unterdeterminanten

$$\frac{\partial R}{\partial(ik)}$$

einander gleich. Diesen gemeinschaftlichen Werth der Unterdeterminanten, welcher mit R' bezeichnet werde, braucht man nur mit dem Quadrat des Products aus allen Differenzen der Argumente α_0, α_1, ... α_n zu multipliciren, um die Eliminationsresultante D zu erhalten.

In der That, man setze in der Transformationsformel (1)

$$x_1 = y_1 = \alpha_1, \quad x_2 = y_2 = \alpha_2, \quad \ldots \quad x_n = y_n = \alpha_n,$$

so ergiebt sich

$$\begin{aligned} D &= \frac{\Sigma \pm F(\alpha_1, \alpha_1) F(\alpha_2, \alpha_2) \ldots F(\alpha_n, \alpha_n)}{\{\triangle(\alpha_1, \alpha_2, \ldots \alpha_n)\}^2} \\ &= \frac{\{f'(\alpha_1) f'(\alpha_2) \ldots f'(\alpha_n)\}^2}{\{\triangle(\alpha_1, \alpha_2, \ldots \alpha_n)\}^2} \Sigma \pm (11)(22) \ldots (n\,n), \end{aligned}$$

oder, indem man mit $f'(\alpha_0)^2 = (\alpha_1 - \alpha_0)^2 (\alpha_2 - \alpha_0)^2 \ldots (\alpha_n - \alpha_0)^2$ oben und unten multiplicirt,

$$\begin{aligned} D &= \{\triangle(\alpha_0, \alpha_1, \ldots \alpha_n)\}^2 \frac{\partial R}{\partial(00)} \\ &= \{\triangle(\alpha_0, \alpha_1, \ldots \alpha_n)\}^2 R'. \end{aligned}$$

Setzt man der Kürze halber

$$(6) \qquad \varpi = (\alpha_1 - \alpha_0)^2 (\alpha_2 - \alpha_0)^2 \ldots (\alpha_n - \alpha_{n-1})^2,$$

so ist also

$$D = \varpi R'.$$

Den gemeinschaftlichen Werth R' der Unterdeterminanten von R, mit $(-1)^n$ multiplicirt und in die $\frac{n(n+1)}{2}$ Elemente (ik) ausgedrückt, wo i, k zwei Zahlen aus der Reihe 0 bis n sind und $i < k$, bezeichne man mit

$(0, 1, \ldots n) = S$, so dass

$$(7) \qquad (-1)^n R' = \frac{(-1)^n D}{\varpi} = (0, 1, \ldots n) = S$$

ist.

Um die algebraische Zusammensetzung dieses Ausdrucks S kennen zu lernen, muss man auf das früher betrachtete System (5) zurückgehen, welches aus (4) durch Fortlassung der ersten Horizontal- und der ersten Verticalreihe hervorging. Nimmt man in (5) jedes Element mit entgegengesetztem Zeichen und drückt die Elemente $-(ii)$ der Diagonale durch die übrigen aus, so geht (5) in das folgende System (8) über:

$$(8)\left\{\begin{array}{llll} (10)+(12)+\cdots+(1n), & -(12), & \ldots & -(1n) \\ -(21), & (20)+(21)+(23)+\cdots+(2n), & \ldots & -(2n) \\ -(31), & -(32), & \ldots & -(3n) \\ \cdot & \cdot & \ldots & \cdot \\ -(n1), & -(n2), & \ldots & (n0)+(n1)+\cdots+(n\,n-1), \end{array}\right.$$

dessen Determinante

$$S = \frac{(-1)^n D}{\varpi}$$

ist.

Die den Index 0 enthaltenden Elemente kommen in (8) jedes nur einmal vor und zwar in den Diagonalgliedern. So findet sich (01) nur im ersten Gliede der ersten Horizontalreihe. Geht man von (8) wiederum zu einem neuen System (9) durch Fortlassung der ersten Horizontal- und der ersten Verticalreihe über und bezeichnet mit S' die Determinante von (9), so ist daher $(01).S'$ der Complex der Terme von S, die (01) enthalten. In (9) kommen die Indices 0 und 1 nur in den Diagonalgliedern vor, folglich nur in den Verbindungen

$$(20)+(21), \quad (30)+(31), \quad \ldots \quad (n0)+(n1).$$

Es ist daher zur Bestimmung der Determinante S' von (9) hinreichend, ihren Werth in dem besonderen Fall zu kennen, wo die Elemente (20), (30), ... $(n0)$ sämmtlich verschwinden, da sich aus demselben der allgemeine Werth von S' ergiebt, wenn man an die Stelle von (21), (31), ... $(n1)$ die Summen $(20)+(21)$, $(30)+(31)$, ... $(n0)+(n1)$, oder, kürzer symbolisch ausgedrückt, an die Stelle des Index 1 das Aggregat der beiden Indices $0+1$ setzt. In jenem besonderen Fall aber, wo (20), (30), ... $(n0)$ verschwinden, geht (9) in ein System über, welches, um eine Ordnung niedriger als das System (8), sich ebenso auf die Indices 1, 2, ... n bezieht, wie jenes auf die Indices 0, 1, ... n, dessen Determinante daher gleich (1, 2, ... n) ist. Folglich wird

$$S' = (\overline{0+1},\ 2,\ 3,\ \ldots\ n),$$

unter welcher symbolischen Bezeichnung der Ausdruck zu verstehen ist, in den (1, 2, ... n) übergeht, wenn an die Stelle von jedem Elemente $(1k)$ die Summe $(0k)+(1k)$ tritt*). Man hat also den für die hier betrachteten Ausdrücke fundamentalen Satz, *dass in*

$$S = (0,\ 1,\ 2,\ \ldots\ n)$$

der Coefficient von (01) *der Ausdruck*

$$(\overline{0+1},\ 2,\ \ldots\ n)$$

ist.

Durch wiederholte Anwendung hiervon findet man weiter, dass in

$$S = (0,\ 1,\ \ldots\ n)$$

das Product (01)(02)...$(0i)$, wo $i<n$ ist, zum Coefficienten den Ausdruck

$$(\overline{0+1+\cdots+i},\ i+1,\ \ldots\ n)$$

hat, welche symbolische Bezeichnung in analogem Sinn, wie die frühere, zu verstehen ist. Für $i=n$ erhält man als Coefficienten des Products (01)(02)...$(0n)$ die Einheit.

Aus vorstehendem Ergebniss lässt sich eine Entwicklung von S nach den Producten der Elemente (01), (02), ... $(0n)$ bilden. Dieselbe besteht, da Glieder, die von allen diesen n Elementen unabhängig sind, nicht vorkommen**), aus einer ersten Klasse von Ausdrücken, deren jeder nur eins dieser Elemente als Factor enthält, aus einer zweiten Klasse von Ausdrücken, deren jeder ein Product von zweien dieser Elemente als Factor enthält, u. s. w. Schreibt man von jeder Klasse nur *einen* repräsentirenden Ausdruck nieder, also von der k^{ten} Klasse den folgenden:

$$(01)(02)\ldots(0k)C_k,$$

*) Hier ist k eine der Zahlen 2, 3, ... n.

**) Denn wenn man die Elemente (01), (02), ... $(0n)$ alle zugleich verschwinden lässt, so geht (8) in ein dem (4) ähnliches System über, dessen Determinante verschwindet.

wo C_k von den Elementen (01), (02), ... $(0n)$ unabhängig ist, so ergiebt sich als Werth von C_k der von dem Index 0 freie Theil des Ausdrucks $(\overline{0+1+\cdots+k}, k+1, \ldots n)$, d. h.

$$C_k = (\overline{1+2+\cdots+k}, k+1, \ldots n),$$

wenn $k < n$, und

$$C_n = 1,$$

so dass man für S die Entwicklung hat

$$\begin{aligned}(0, 1, \ldots n) = & \Sigma(01)(1, 2, \ldots n) \\ & +\Sigma(01)(02)(\overline{1+2}, 3, \ldots n) \\ & + \cdot \cdot \cdot \cdot \cdot \cdot \cdot \cdot \cdot \cdot \cdot \\ & +\Sigma(01)(02)\ldots(0k)(\overline{1+2+\cdots+k}, k+1, \ldots n) \\ & + \cdot \cdot \cdot \cdot \cdot \cdot \cdot \cdot \cdot \cdot \cdot \cdot \cdot \cdot \\ & +(01)(02)\ldots(0n).\end{aligned}$$

Diese Entwicklung ist ausreichend, um die Ausdrücke S für alle Ordnungen zu bilden. Man hat nur nöthig, von der niedrigsten Ordnung anfangend stufenweise zu den höheren aufzusteigen und erhält

$$\begin{aligned}(0, 1) &= (01), \\ (0, 1, 2) &= \Sigma(01)(12)+(01)(02) \\ &= (01)(02)+(10)(12)+(20)(21), \\ & \cdot \cdot \cdot \cdot \cdot \cdot \cdot \cdot \cdot \cdot \cdot \cdot \cdot \cdot \cdot \cdot \cdot \cdot \end{aligned}$$

Die der bisherigen Untersuchung zu Grunde liegenden und jetzt zusammenzustellenden Eigenschaften der Ausdrücke S, welche zur Herleitung der obigen Entwicklung nothwendig waren und für die vollständige Bestimmung jener Ausdrücke hinreichen, sind die folgenden:

1. $S = (0, 1, \ldots n)$ ist ein Ausdruck n^{ter} Ordnung der $\frac{n(n+1)}{2}$ Elemente (01), (02), ... $(0n)$, (12), etc., welcher bei Vertauschung von je zwei Indices ungeändert bleibt.
2. Der Coefficient des Products $(01)(02)\ldots(0n)$ in S ist $= 1$.
3. Es kommt in S kein Glied vor, das von einem der Indices, z. B. von 0, frei wäre.
4. Der Coefficient von (01) in S ist der Ausdruck

$$(\overline{0+1}, 2, \ldots n).$$

Hierauf sich stützend ist man im Stande nachzuweisen, dass die Ausdrücke S einem einfachen Bildungsgesetz folgen. Um dasselbe kurz in Worte fassen zu können, ist es zweckmässig, vorher eine Unterscheidung in Beziehung auf Producte aus einer beliebigen Anzahl der $\frac{n(n+1)}{2}$ Elemente (01), (02), ... $(0n)$, (12), etc. einzuführen. Wenn ein solches Product eine Reihe von Elementen enthält, welche dergestalt im Kreise angeordnet werden können, dass jedes Element einen Index mit dem vorhergehenden Element und den anderen mit dem folgenden gemein hat, d. h. eine Elementenreihe von der Art der folgenden:

$$(ik)(ki)$$
$$(ik)(kl)(li)$$
$$(ik)(kl)(lm)(mi)$$
$$\cdot\quad\cdot\quad\cdot\quad\cdot\quad\cdot\quad\cdot\quad\cdot$$

so soll das Product ein *cyclisches* genannt werden, wo nicht, ein *nicht-cyclisches*. Dies vorausgesetzt, so wird die Bildungsweise des Ausdrucks S in folgendem Satz ausgesprochen:

Der Ausdruck

$$S = \frac{(-1)^n D}{\varpi}, \tag{7}$$

wo D die Eliminationsresultante der beiden Gleichungen n^{ten} Grades $\varphi(z) = 0$, $\psi(z) = 0$ und ϖ das Quadrat des Products aus allen Differenzen der Argumente $\alpha_0, \alpha_1, \ldots \alpha_n$, *lässt sich durch die* $\frac{n(n+1)}{2}$ *Elemente*

$$(ik) = \frac{\varphi(\alpha_i)\psi(\alpha_k) - \varphi(\alpha_k)\psi(\alpha_i)}{f'(\alpha_i)f'(\alpha_k)(\alpha_k - \alpha_i)} \tag{2}$$

darstellen, wo i, k zwei von einander verschiedene Zahlen aus der Reihe $0, 1, \ldots n$ und $f(z) = (z-\alpha_0)(z-\alpha_1)\ldots(z-\alpha_n)$; *so dargestellt ist* S *gleich der Summe aller nicht-cyclischen Producte, die aus je* n *jener* $\frac{n(n+1)}{2}$ *Elemente* (ik) *gebildet werden können.*

Zum Beweise des Satzes bezeichne man die Summe dieser *nicht-cyclischen* Producte mit

$$A(0, 1, 2, \ldots n).$$

Dass dieselbe die unter 1. und 2. aufgeführten Eigenschaften besitzt, ist einleuchtend.

Um an der Summe A die Eigenschaft 3. nachzuweisen, ist zu zeigen, dass, wenn man den Index 0 ausschliesst, also n Indices und $\frac{n(n-1)}{2}$ Elemente übrig behält, aus diesen ein nicht-cyclisches Product von n Elementen zu bilden unmöglich ist. Diese Unmöglichkeit wird für n Indices $1, 2, \dots n$ bewiesen, indem dieselbe, wenn $m < n$ ist, für m Indices und Producte aus m Elementen vorausgesetzt wird.

Angenommen für n Indices gebe es ein nicht-cyclisches Product von n Elementen und dasselbe enthalte den Factor (12), so muss es jeden der Indices 1, 2 noch einmal enthalten, denn käme der Index 2 nicht noch einmal vor, so wäre das übrig bleibende Product ein nicht-cyclisches $(n-1)^{\text{ter}}$ Ordnung der $n-1$ Indices $1, 3, 4, \dots n$ gegen die Voraussetzung. In dem betrachteten Gliede kommt also der Index 2 noch einmal vor, und zwar nicht in der Combination (21) (denn sonst wäre der Cyclus 1 2 geschlossen), also in einer neuen Combination, etwa durch das Element (23). Aus denselben Gründen kommt jetzt der Index 3 noch einmal vor und zwar nicht in der Combination (32) oder (31), (denn sonst wäre der Cyclus 2 3 oder der Cyclus 1 2 3 geschlossen), also in einer neuen Combination, etwa durch das Element (34). Indem man auf dieselbe Weise fortfährt, erhält man ein Product von $n-1$ Factoren, welches abgesehen von der Ordnung der Indices die Form

$$(12)(23)\dots(n-1\,n)$$

hat, und wie man jetzt auch den n^{ten} hinzuzufügenden Factor wählen möge, so wird durch denselben immer ein Cyclus geschlossen.

Für $n = 2$, wo es nur das eine Element (12) giebt, ist die Unmöglichkeit eines nicht-cyclischen Productes zweier Elemente augenscheinlich, folglich gilt dieselbe nach obigem Beweise allgemein, d. h. *wie man auch aus den* $\frac{n(n-1)}{2}$ *Elementen* (12), (13), ... $(1n)$, (23), *etc. ein Product von n Elementen bilden möge, so ist dasselbe immer ein cyclisches.* Hiermit ist die Eigenschaft 3. an der Summe A nachgewiesen.

Es bleibt jetzt noch zu zeigen, dass die Summe A auch die Eigenschaft 4. besitzt. Der in (01) multiplicirte Theil von

$$A(0, 1, \dots n)$$

sei

$$(01)B(0, 1, \dots n),$$

wo kein Glied in B das Element (01) noch einmal enthalten darf, weil sonst der Cyclus 0 1 geschlossen wäre.

Jedes Glied von B wird eine Anzahl von Elementen $(0i)$ und eine Anzahl von Elementen $(1k)$ enthalten. Dass beide Anzahlen gleichzeitig verschwinden, ist nach dem vorhin Bewiesenen unmöglich. Zwei Elemente $(0i)$ und $(1i)$ können nicht in demselben Gliede von B vereinigt sein, weil sonst der Cyclus 0 1 i geschlossen wäre. Man betrachte irgend ein Product von n Elementen, unter welchen (01) und $(0i)$, aber nicht $(1i)$, sei. An die Stelle von $(0i)$ werde $(1i)$ gesetzt, und das neue Product heisse dem ursprünglichen zugeordnet, so leuchtet ein, dass zwei zugeordnete Producte zugleich cyclisch und zugleich nicht-cyclisch sind. Hieraus folgt, dass der Ausdruck B die Elemente $(0i)$, $(1i)$ nur in der Verbindung $(0i)+(1i)$ enthält, wo i eine der Zahlen $2, 3, \ldots n$ bedeutet. Der von dem Index 0 unabhängige Theil des Ausdrucks B ist aber offenbar nichts Anderes als

$$A(1, 2, \ldots n),$$

folglich ist nach dem so eben Erwiesenen

$$B(0, 1, \ldots n) = A(\overline{0+1}, 2, 3, \ldots n),$$

d. h. die Summe A besitzt die Eigenschaft 4. Hiermit ist die Identität der Ausdrücke S und der Summen nicht-cyclischer Producte A vollständig dargethan.

Es möge noch schliesslich angedeutet werden, wie sich mit Hülfe der oben gegebenen Entwicklung des Ausdrucks S auch die Gliederzahl desselben bestimmen lässt. Man vermehre in S, sowie in der Entwicklung von S, jeden Index um i und setze alsdann an die Stelle des Index i das Aggregat $0+1+\cdots+i$, welches der Kürze halber mit i' bezeichnet werde. Der Ausdruck

$$(i', i+1, \ldots i+n),$$

in welchen jetzt S übergeht, heisse T, seine Gliederzahl τ, so ist

$$\tau = (i+1)(i+n+1)^{n-1}.$$

In der That, die Entwicklung von T, d. h. diejenige, in welche die frühere Entwicklung von S übergegangen ist, enthält Ausdrücke, welche dem T ähnlich gebildet sind, für welche aber die Zahlen i, n durch andere ersetzt sind und zwar n überall durch kleinere. Indem man im Fall solcher Ausdrücke, die einem kleineren an die Stelle von n gesetzten Werthe entsprechen, die Formel für τ als gültig voraussetzt, zeigt es sich, dass sie auch für T selbst gilt. Für $n = 1$ giebt aber die Formel den richtigen Werth $\tau = i+1$, also ist sie allgemein gültig.

Für $i = 0$ geht T in S über und τ in die Gliederzahl σ von S, welche durch die Formel

$$\sigma = (n+1)^{n-1}$$

bestimmt ist.

Berlin, den 12. Mai 1859.

Vergleichung zweier Formen der Eliminations-Resultante.

Borchardt, Journal für die reine und angewandte Mathematik, Bd. 57 p. 183—186, 1860.

Vergleichung zweier Formen der Eliminationsresultante.

Bei Gelegenheit einer Besprechung des vortrefflichen Baltzerschen Buches über Determinanten*) hat Hesse in der kritischen Zeitschrift für Mathematik (Jahrgang 1858 p. 483) [Kritische Zeitschrift für Chemie, Physik und Mathematik, herausgegeben in Heidelberg von Kekulé, Lewinstein, Eisenlohr, Cantor. Erlangen, 1858] es als wünschenswerth bezeichnet, durch directe Transformation die Identität der beiden Formen nachzuweisen, unter welchen die Resultante der Elimination zwischen zwei Gleichungen erscheint, wenn sie einerseits nach der ersten Eulerschen Methode (1748) durch die Wurzeln beider Gleichungen als Differenzenproduct ausgedrückt wird, und wenn sie andrerseits nach der zweiten Eulerschen (1764) oder Bezoutschen Methode in die Form einer Determinante gebracht wird, deren Elemente die Coefficienten der beiden Gleichungen sind. Nachdem Hesse an dem genannten Ort ein Verfahren bekannt gemacht hat, diese directe Transformation zu bewerkstelligen, soll in nachstehender Mittheilung ein von jenem verschiedenes Verfahren angegeben werden, welches darauf beruht, dass das in der ersten Eulerschen Methode vorkommende Differenzenproduct sich als Quotient darstellen lässt, dessen Zähler und Nenner aus alternirenden Differenzenproducten bestehen.

Es sei

$$f(x) = a_m x^m + a_{m-1} x^{m-1} + \cdots + a_0 = a_m (x-\alpha_1)(x-\alpha_2)\ldots(x-\alpha_m),$$
$$\varphi(x) = b_n x^n + b_{n-1} x^{n-1} + \cdots + b_0 = b_n (x-\beta_1)(x-\beta_2)\ldots(x-\beta_n),$$

so wird die Eliminationsresultante R der Gleichungen $f(x) = 0$, $\varphi(x) = 0$ nach der *ersten* Eulerschen Methode folgendermassen gefunden: Man bildet das

*) R. Baltzer, Theorie und Anwendung der Determinanten. Leipzig, 1857.

Differenzenproduct

$$P = \prod_{i=1}^{i=m} \prod_{k=1}^{k=n} (\beta_k - \alpha_i),$$

so ist

$$R = a_m^n b_n^m . P,$$

was sich auch unter die beiden Formen bringen lässt

$$R = (-1)^{mn} a_m^n \varphi(\alpha_1)\varphi(\alpha_2)\ldots\varphi(\alpha_m)$$
$$= b_n^m f(\beta_1) f(\beta_2) \ldots f(\beta_n).$$

Bezeichnet man nun mit $\Delta(\alpha_1, \alpha_2, \ldots \alpha_n)$ das alternirende Differenzenproduct der Grössen $\alpha_1, \alpha_2, \ldots \alpha_n$, jede Differenz $\alpha_k - \alpha_i$ so genommen, dass von einem α mit grösserem Index k eines mit kleinerem Index i abgezogen wird, und setzt man

$$A = \Delta(\alpha_1, \alpha_2, \ldots \alpha_m),$$
$$B = \Delta(\beta_1, \beta_2, \ldots \beta_n),$$
$$D = \Delta(\beta_1, \beta_2, \ldots \beta_n, \alpha_1, \alpha_2, \ldots \alpha_m),$$

so dass D auch als folgende Determinante $(m+n)^{\text{ter}}$ Ordnung:

$$D = \begin{vmatrix} 1 & \beta_1 & \beta_1^2 & \ldots & \beta_1^{m+n-1} \\ 1 & \beta_2 & \beta_2^2 & \ldots & \beta_2^{m+n-1} \\ \cdot & \cdot & \cdot & \ldots & \cdot \\ 1 & \beta_n & \beta_n^2 & \ldots & \beta_n^{m+n-1} \\ 1 & \alpha_1 & \alpha_1^2 & \ldots & \alpha_1^{m+n-1} \\ 1 & \alpha_2 & \alpha_2^2 & \ldots & \alpha_2^{m+n-1} \\ \cdot & \cdot & \cdot & \ldots & \cdot \\ 1 & \alpha_m & \alpha_m^2 & \ldots & \alpha_m^{m+n-1} \end{vmatrix}$$

geschrieben werden kann, so ist

$$D = (-1)^{mn} A.B.P,$$

woraus für $(-1)^{mn} P$ die oben erwähnte Darstellung $\frac{D}{A.B}$ folgt.

Wendet man dagegen die *zweite* Eulersche oder Bezoutsche (Sylvester's dialytische) Methode an, so hat man zwischen den Gleichungen

$$\begin{array}{llll} 0=f(x), & 0=xf(x), & \ldots & 0=x^{n-1}f(x), \\ 0=\varphi(x), & 0=x\varphi(x), & \ldots & 0=x^{m-1}\varphi(x) \end{array}$$

die Potenzen x^0, x^1, ... x^{m+n-1} zu eliminiren und erhält dann als Eliminationsresultante die Determinante $(m+n)^{\text{ter}}$ Ordnung

$$T=\begin{array}{r|cccccccccccc|} 0 & a_0 & a_1 & \ldots & a_{m-1} & a_m & 0 & \ldots & & & & & 0 \\ 1 & 0 & a_0 & \ldots & a_{m-2} & a_{m-1} & a_m & \ldots & & & & & 0 \\ . & . & . & \ldots & \ldots & \ldots & \ldots & \ldots & \ldots & \ldots & \ldots & \ldots & . \\ n-1 & 0 & 0 & \ldots & \ldots & \ldots & \ldots & 0 & a_0 & a_1 & a_2 & \ldots & a_m \\ n & b_0 & b_1 & \ldots & \ldots & \ldots & \ldots & b_{n-2} & b_{n-1} & b_n & 0 & \ldots & 0 \\ n+1 & 0 & b_0 & \ldots & \ldots & \ldots & \ldots & b_{n-3} & b_{n-2} & b_{n-1} & b_n & \ldots & 0 \\ . & . & . & \ldots & \ldots & \ldots & \ldots & \ldots & \ldots & \ldots & \ldots & \ldots & . \\ m+n-1 & 0 & 0 & \ldots & b_0 & b_1 & b_2 & \ldots & & & & & b_n \end{array},$$

wo der Rang jeder Horizontalreihe durch die links vor derselben vor dem verticalen Strich stehende Zahl angegeben ist.

Um nun die Identität von T und R zu zeigen, multiplicire man die beiden Determinanten D und T nach der gewöhnlichen Regel, d. h. man multiplicire die Elemente der i^{ten} Horizontalen in D mit den gleichnamigen der k^{ten} Horizontalen in T und setze die Summe der Producte an die k^{te} Stelle der i^{ten} Horizontalen eines neuen Determinanten-Schemas. Auf diese Weise ergiebt sich

$$D.T=\begin{vmatrix} f(\beta_1) & \beta_1 f(\beta_1) & \ldots & \beta_1^{n-1}f(\beta_1) & 0 & 0 & \ldots & 0 \\ f(\beta_2) & \beta_2 f(\beta_2) & \ldots & \beta_2^{n-1}f(\beta_2) & 0 & 0 & \ldots & 0 \\ . & . & \ldots & . & . & . & \ldots & . \\ f(\beta_n) & \beta_n f(\beta_n) & \ldots & \beta_n^{n-1}f(\beta_n) & 0 & 0 & \ldots & 0 \\ 0 & 0 & \ldots & 0 & \varphi(\alpha_1) & \alpha_1\varphi(\alpha_1) & \ldots & \alpha_1^{m-1}\varphi(\alpha_1) \\ 0 & 0 & \ldots & 0 & \varphi(\alpha_2) & \alpha_2\varphi(\alpha_2) & \ldots & \alpha_2^{m-1}\varphi(\alpha_2) \\ . & . & \ldots & . & . & . & \ldots & . \\ 0 & 0 & \ldots & 0 & \varphi(\alpha_m) & \alpha_m\varphi(\alpha_m) & \ldots & \alpha_m^{m-1}\varphi(\alpha_m) \end{vmatrix},$$

oder, wenn man für die Determinante ihren Werth setzt,

$$D.T = A.B.f(\beta_1)f(\beta_2)\ldots f(\beta_n).\varphi(\alpha_1)\varphi(\alpha_2)\ldots\varphi(\alpha_m)$$
$$= (-1)^{mn} a_m^n b_n^m . A.B.P^2,$$

und wenn man endlich auf beiden Seiten mit $D = (-1)^{mn} A.B.P$ hebt,

$$T = a_m^n b_n^m . P = R.$$

Die beiden Formen R und T, in denen die Eliminationsresultante nach der ersten und zweiten Eulerschen Methode erscheint, sind also identisch, w.z.b.w.

Berlin, im November 1859.

Ueber eine Interpolationsformel für eine Art symmetrischer Functionen und über deren Anwendung.

Mathematische Abhandlungen der Akademie der Wissenschaften zu Berlin, a. d. Jahre 1860 p. 1—20.

Ueber eine Interpolationsformel für eine Art symmetrischer Functionen und über deren Anwendung.

Gelesen in der Akademie der Wissenschaften zu Berlin am 7. Juni 1860.

Betrachtet man eine Anzahl (m) von ganzen Functionen einer Veränderlichen und setzt eine gleich grosse Anzahl (m) von Argumenten in jede dieser Functionen ein, so ist die Determinante der hieraus hervorgehenden (mm) Elemente eine alternirende Function jener (m) Argumente. Als solche ist sie theilbar durch das alternirende Differenzenproduct derselben Argumente und liefert, dadurch dividirt, eine symmetrische Function, welche die Eigenschaft besitzt, eine Interpolation ganz in demselben Sinne wie die Functionen einer Veränderlichen zuzulassen. Die Aufstellung der Formel für die Interpolation dieser symmetrischen Function hat den Nutzen, dass die blosse Specialisirung derselben auf eine Anzahl sonst nicht ohne weitläufige Rechnungen zu erlangender Ergebnisse führt, welche sich auf die rationalen gebrochenen Functionen beziehen, auf ihre Entwicklung in Kettenbrüche und auf die damit in Verbindung stehende Interpolation nach der Methode der kleinsten Quadrate durch eine ganze Function, wenn für dieselbe eine mehr als ausreichende Anzahl von Werthen gegeben ist, eine Aufgabe, welche von Herrn Tschebischef (Liouville's Journal, 2e Série, T. III p. 289, 1858) gelöst und von Herrn Hermite (Comptes rendus der Pariser Akademie, T. 48 p. 62, 1859 Januar 10) in neuer Behandlungsweise bearbeitet worden ist.

1.

Um zunächst die erwähnte allgemeine Interpolationsformel aufzustellen, sind folgende Bezeichnungen einzuführen:

Es seien m und n ganze Zahlen und $n > m$, es seien $F_1(z), F_2(z), \dots F_m(z)$ ganze Functionen von z höchstens vom $(n-1)^{\text{ten}}$ Grade, $x_1, x_2, \dots x_m$ veränderliche Argumente, die für z gesetzt werden, $\alpha_1, \alpha_2, \ldots \alpha_n$ gegebene Werthe von z. Es bezeichne $\triangle(x_1, x_2, \ldots x_m)$ das alternirende Differenzenproduct der Veränderlichen $x_1, x_2, \ldots x_m$ (jede Differenz $x_k - x_i$ so genommen, dass $k > i$), endlich bezeichne $R(x_1, x_2, \ldots x_a; y_1, y_2, \ldots y_b)$ das Differenzenproduct

$$\prod_{i=1}^{i=a} \prod_{k=1}^{k=b} (x_i - y_k),$$

welches das resultirende Differenzenproduct jener beiden Reihen von Grössen heisse.

Dies vorausgesetzt, so ist die in Rede stehende allgemeine Interpolationsformel

$$(1)\quad \left\{\begin{aligned} &\frac{\Sigma \pm F_1(x_1) F_2(x_2) \ldots F_m(x_m)}{\triangle(x_1, x_2, \ldots x_m)} \\ &= \mathop{\mathrm{S}}_{\alpha_1}^{\alpha_n} \frac{\Sigma \pm F_1(\alpha_1) F_2(\alpha_2) \ldots F_m(\alpha_m)}{\triangle(\alpha_1, \alpha_2, \ldots \alpha_m)} \cdot \frac{R(x_1, x_2, \ldots x_m; \alpha_{m+1}, \ldots \alpha_n)}{R(\alpha_1, \alpha_2, \ldots \alpha_m; \alpha_{m+1}, \ldots \alpha_n)}, \end{aligned}\right.$$

wo die Summe rechter Hand sich auf alle Combinationen zu m der n Grössen $\alpha_1, \alpha_2, \ldots \alpha_n$ bezieht. Diese Formel drückt die Function linker Hand durch die Werthe aus, welche sie erhält, wenn die Veränderlichen $x_1, x_2, \ldots x_m$ mit m der gegebenen Argumente $\alpha_1, \alpha_2, \ldots \alpha_n$ zusammenfallen. Wenn man übereinkommt, dass für $m = 1$ das alternirende Differenzenproduct $\triangle(x_1, x_2, \ldots x_m)$ allemal durch die Einheit zu ersetzen ist, so ist die Lagrangesche Interpolationsformel der besondere Fall $m = 1$ dieser Formel. Umgekehrt wird diese aus jener durch den sogenannten Cauchyschen Productensatz für Determinanten hergeleitet. Setzt man nämlich in

$$\frac{F_i(z)}{\varphi(z)} = \frac{F_i(\alpha_1)}{\varphi'(\alpha_1)} \frac{1}{z - \alpha_1} + \frac{F_i(\alpha_2)}{\varphi'(\alpha_2)} \frac{1}{z - \alpha_2} + \cdots + \frac{F_i(\alpha_n)}{\varphi'(\alpha_n)} \frac{1}{z - \alpha_n},$$

wo $\varphi(z) = (z-\alpha_1)(z-\alpha_2)\ldots(z-\alpha_n)$, für F_i nach einander $F_1, F_2, \ldots F_m$, für z nach einander $x_1, x_2, \ldots x_m$, und bildet aus diesen mm Grössen die Determinante, so ergiebt sich nach jenem Determinantensatz

$$\begin{aligned} &\frac{\Sigma \pm F_1(x_1) F_2(x_2) \ldots F_m(x_m)}{\varphi(x_1)\varphi(x_2)\ldots\varphi(x_m)} \\ &= \mathop{\mathrm{S}}_{\alpha_1}^{\alpha_n} \frac{\Sigma \pm F_1(\alpha_1) F_2(\alpha_2) \ldots F_m(\alpha_m)}{\varphi'(\alpha_1)\varphi'(\alpha_2)\ldots\varphi'(\alpha_m)} \cdot \Sigma \pm \frac{1}{x_1 - \alpha_1} \frac{1}{x_2 - \alpha_2} \cdots \frac{1}{x_m - \alpha_m}, \end{aligned}$$

wo das Summenzeichen S rechter Hand in dem oben bezeichneten Sinne zu nehmen ist. Indem man für die Determinante, die den zweiten Factor auf der rechten Seite bildet, ihren bekannten Werth setzt, welcher das alternirende Differenzenproduct $\triangle(x_1, x_2, \ldots x_m)$ in seinem Zähler enthält, wird man auf die Formel (1) geführt.

2.

Eine der wichtigsten Anwendungen dieser Formel ist die auf die Entwicklung rationaler Brüche in Kettenbrüche. Der zu betrachtende Bruch sei $\frac{f(z)}{\varphi(z)}$, oder kürzer geschrieben $\frac{f}{\varphi}$, wo $\varphi(z) = (z-\alpha_1)(z-\alpha_2)\ldots(z-\alpha_n)$. Ist f von höherem als dem $(n-1)^{\text{ten}}$ Grade, so sei

$$f = v_0\varphi + f_{n-1},$$

wo v_0 den Quotienten, f_{n-1} den Rest $(n-1)^{\text{ten}}$ Grades der Division bedeutet. Durch fernere Division erhält man die Formeln

$$\begin{array}{lll} \varphi = v_1 f_{n-1} + f_{n-2}, & p_1 = 1\,, & q_1 = v_1 \\ f_{n-1} = v_2 f_{n-2} + f_{n-3}, & p_2 = v_2, & q_2 = v_2 q_1 + 1 \\ \cdot\;\cdot\;\cdot\;\cdot\;\cdot\;\cdot\;\cdot & p_3 = v_3 p_2 + p_1, & q_3 = v_3 q_2 + q_1 \\ f_2 = v_{n-1} f_1 + f_0, & \cdot\;\cdot\;\cdot\;\cdot\;\cdot\;\cdot\;\cdot & \cdot\;\cdot\;\cdot\;\cdot\;\cdot\;\cdot\;\cdot \\ f_1 = v_n f_0, & p_n = v_n p_{n-1} + p_{n-2}, & q_n = v_n q_{n-1} + q_{n-2}, \end{array}$$

wo die Grössen f_{n-1}, f_{n-2}, etc. und q_1, q_2, etc. vom Grade ihres Index, die Grössen p_1, p_2, etc. um einen Grad niedriger als ihr Index und die Quotienten v_1, v_2, etc. sämmtlich vom ersten Grade sind. Die Brüche $\frac{p_1}{q_1}$, $\frac{p_2}{q_2}$, etc. sind die Näherungsbrüche von $\frac{f_{n-1}}{\varphi}$, so dass der letzte $\frac{p_n}{q_n}$ ihm gleich ist, indem

$$p_n = \frac{f_{n-1}}{f_0}, \quad q_n = \frac{\varphi}{f_0}.$$

Von den bekannten unter diesen Grössen stattfindenden Beziehungen erwähne ich die beiden folgenden:

$$\text{(a)} \qquad p_m\varphi - q_m f_{n-1} = (-1)^{m+1} f_{n-m-1},$$

$$\text{(b)} \qquad q_m f_{n-m} + q_{m-1} f_{n-m-1} = \varphi.$$

Ist α irgend eine der Grössen $\alpha_1, \alpha_2, \ldots \alpha_n$, so verschwindet φ für $z = \alpha$ und da gleichzeitig f_{n-1} und f denselben Werth erhalten, so ergiebt sich aus (a)

$$\text{(c)} \qquad f_{n-m-1}(\alpha) = (-1)^m q_m(\alpha) f(\alpha),$$

was im Folgenden mehrfach benutzt werden wird.

Die von der Formel (1) jetzt zu machenden Anwendungen bestehen darin, dass an die Stelle der Functionen $F_1, F_2, \ldots F_m$ eine auf einander folgende Reihe von Resten f_i oder eine auf einander folgende Reihe von Nennern der Näherungsbrüche q_i gesetzt wird.

Erstens. Die zu betrachtenden Functionen seien $f_{n-1}, f_{n-2}, \ldots f_{n-m}$, so geht die Formel (1) in folgende über:

$$\text{(1}^{\text{a}}\text{)} \quad \left\{ \begin{aligned} & \frac{\Sigma \pm f_{n-1}(x_1) f_{n-2}(x_2) \ldots f_{n-m}(x_m)}{\triangle(x_1, x_2, \ldots x_m)} \\ & = \mathop{\mathrm{S}}_{\alpha_1}^{\alpha_n} \frac{\Sigma \pm f_{n-1}(\alpha_1) f_{n-2}(\alpha_2) \ldots f_{n-m}(\alpha_m)}{\triangle(\alpha_1, \alpha_2, \ldots \alpha_m)} \cdot \frac{R(x_1, x_2, \ldots x_m; \alpha_{m+1}, \ldots \alpha_n)}{R(\alpha_1, \alpha_2, \ldots \alpha_m; \alpha_{m+1}, \ldots \alpha_n)}. \end{aligned} \right.$$

Setzt man aus Gleichung (c) die Werthe

$$f_{n-1}(\alpha) = f(\alpha), \quad f_{n-2}(\alpha) = -q_1(\alpha) f(\alpha), \quad \ldots \quad f_{n-m}(\alpha) = (-1)^{m-1} q_{m-1}(\alpha) f(\alpha)$$

ein, so ergiebt sich

$$\Sigma \pm f_{n-1}(\alpha_1) f_{n-2}(\alpha_2) \ldots f_{n-m}(\alpha_m)$$

$$= (-1)^{1+2+\cdots+(m-1)} f(\alpha_1) f(\alpha_2) \ldots f(\alpha_m) \begin{vmatrix} 1 & q_1(\alpha_1) & \ldots & q_{m-1}(\alpha_1) \\ 1 & q_1(\alpha_2) & \ldots & q_{m-1}(\alpha_2) \\ \cdot & \cdot & \cdots & \cdot \\ 1 & q_1(\alpha_m) & \ldots & q_{m-1}(\alpha_m) \end{vmatrix}.$$

Bezeichnet man allgemein für jede ganze Function $\psi(z)$ den Coefficienten der höchsten Potenz von z mit ψ^0, so ist nach bekannten Determinantensätzen die auf der rechten Seite der letzten Gleichung stehende Determinante gleich

$$q_1^0 q_2^0 \ldots q_{m-1}^0 \cdot \triangle(\alpha_1, \alpha_2, \ldots \alpha_m).$$

Der Kürze halber werde $q_1^0 q_2^0 \ldots q_{m-1}^0$ mit $\frac{1}{h_m}$ bezeichnet. Die Vergleichung der Coefficienten höchster Potenz in Gleichung (b) giebt

$$\text{(d)} \qquad q_m^0 f_{n-m}^0 = 1,$$

so dass

$$h_m = \frac{1}{q_1^0 q_2^0 \dots q_{m-1}^0} = f_{n-1}^0 f_{n-2}^0 \dots f_{n-m+1}^0. \tag{2}$$

Mit Benutzung dieser Bezeichnung wird also

$$\frac{\Sigma \pm f_{n-m}(\alpha_1) f_{n-m+1}(\alpha_2) \dots f_{n-1}(\alpha_m)}{\triangle(\alpha_1, \alpha_2, \dots \alpha_m)} = \frac{1}{h_m} f(\alpha_1) f(\alpha_2) \dots f(\alpha_m),$$

was den Fall $m = 1$ mit in sich begreift, wenn man, wie es geschehen soll, festsetzt, dass $h_1 = 1$ ist. Dies in (1^a) eingesetzt liefert das Ergebniss

$$h_m \cdot \frac{\Sigma \pm f_{n-m}(x_1) f_{n-m+1}(x_2) \dots f_{n-1}(x_m)}{\triangle(x_1, x_2, \dots x_m)}$$
$$= \mathop{\mathbf{S}}_{\alpha_1}^{\alpha_n} f(\alpha_1) f(\alpha_2) \dots f(\alpha_m) \cdot \frac{R(x_1, x_2, \dots x_m; \alpha_{m+1}, \dots \alpha_n)}{R(\alpha_1, \alpha_2, \dots \alpha_m; \alpha_{m+1}, \dots \alpha_n)}.$$

Um diese Formel noch mehr zu verallgemeinern, suche man, wenn i eine der Zahlen $0, 1, \dots m-1$ bezeichnet, auf beiden Seiten den Coefficienten auf, der in die höchste Potenz der Variablen $x_{i+1}, x_{i+2}, \dots x_m$ multiplicirt ist. Diese Operation reducirt die linke Seite auf das Product der Constante

$$h_m \cdot f_{n-m+i}^0 f_{n-m+i+1}^0 \dots f_{n-1}^0 = h_m h_{m-i+1}$$

in die symmetrische Function von i Variablen

$$\frac{\Sigma \pm f_{n-m}(x_1) f_{n-m+1}(x_2) \dots f_{n-m+i-1}(x_i)}{\triangle(x_1, x_2, \dots x_i)}.$$

Man erhält daher

$$\left\{\begin{aligned} & h_m h_{m-i+1} \cdot \frac{\Sigma \pm f_{n-m}(x_1) f_{n-m+1}(x_2) \dots f_{n-m+i-1}(x_i)}{\triangle(x_1, x_2, \dots x_i)} \\ & = \mathop{\mathbf{S}}_{\alpha_1}^{\alpha_n} f(\alpha_1) f(\alpha_2) \dots f(\alpha_m) \cdot \frac{R(x_1, \dots x_i; \alpha_{m+1}, \dots \alpha_n)}{R(\alpha_1, \dots \alpha_m; \alpha_{m+1}, \dots \alpha_n)}, \end{aligned}\right. \tag{4}$$

eine Formel, welche für $i = 0$ in die folgende:

$$h_m h_{m+1} = g_m \tag{5}$$

übergeht, wenn man

$$g_m = \mathop{\mathbf{S}}_{\alpha_1}^{\alpha_n} \frac{f(\alpha_1) f(\alpha_2) \dots f(\alpha_m)}{R(\alpha_1, \alpha_2, \dots \alpha_m; \alpha_{m+1}, \dots \alpha_n)} \tag{6}$$

setzt, so dass für $m = n$

$$g_n = f(\alpha_1)f(\alpha_2)\dots f(\alpha_n)$$

wird.

Zweitens. Setzt man an die Stelle der Functionen F in Formel (1) die Reihe der Nenner von Näherungsbrüchen $q_{n-1}, q_{n-2}, \dots q_m$, so dass zugleich m mit $n-m$ vertauscht wird, so erhält man

$$\frac{\Sigma\pm q_{n-1}(x_1)q_{n-2}(x_2)\dots q_m(x_{n-m})}{\triangle(x_1, x_2, \dots x_{n-m})}$$
$$= \mathop{\mathbf{S}}_{\alpha_1}^{\alpha_n} \frac{\Sigma\pm q_{n-1}(\alpha_{m+1})\dots q_m(\alpha_n)}{\triangle(\alpha_{m+1}, \dots \alpha_n)} \cdot \frac{R(x_1, \dots x_{n-m}; \alpha_1, \dots \alpha_m)}{R(\alpha_{m+1}, \dots \alpha_n; \alpha_1, \dots \alpha_m)}.$$

Mit Benutzung der aus Gleichung (c) folgenden Werthe

$$q_{n-1}(\alpha) = (-1)^{n-1}\frac{f_0}{f(\alpha)}, \quad q_{n-2}(\alpha) = (-1)^{n-2}\frac{f_1(\alpha)}{f(\alpha)}, \quad \dots \quad q_m(\alpha) = (-1)^m \frac{f_{n-m-1}(\alpha)}{f(\alpha)}$$

findet man

$$\Sigma\pm q_{n-1}(\alpha_{m+1})\dots q_m(\alpha_n)$$
$$= (-1)^{(n-1)+(n-2)+\dots+m} \cdot \frac{1}{f(\alpha_{m+1})f(\alpha_{m+2})\dots f(\alpha_n)} \begin{vmatrix} f_0 & f_1(\alpha_{m+1}) & \dots & f_{n-m-1}(\alpha_{m+1}) \\ f_0 & f_1(\alpha_{m+2}) & \dots & f_{n-m-1}(\alpha_{m+2}) \\ \cdot & \cdot & \dots & \cdot \\ f_0 & f_1(\alpha_n) & \dots & f_{n-m-1}(\alpha_n) \end{vmatrix}$$
$$= (-1)^{(n-1)+(n-2)+\dots+m} \cdot \frac{f_0 f_1^0 \dots f_{n-m-1}^0}{f(\alpha_{m+1})f(\alpha_{m+2})\dots f(\alpha_n)} \cdot \triangle(\alpha_{m+1}, \alpha_{m+2}, \dots \alpha_n).$$

Es ist aber nach (2)

$$f_0 f_1^0 \dots f_{n-m-1}^0 = \frac{f_0 f_1^0 \dots f_{n-m-1}^0 f_{n-m}^0 \dots f_{n-1}^0}{f_{n-m}^0 \dots f_{n-1}^0} = \frac{h_{n+1}}{h_{m+1}},$$

$$\frac{1}{f(\alpha_{m+1})f(\alpha_{m+2})\dots f(\alpha_n)} = \frac{1}{g_n} f(\alpha_1)f(\alpha_2)\dots f(\alpha_m),$$

daher

$$\frac{f_0 f_1^0 \dots f_{n-m-1}^0}{f(\alpha_{m+1})f(\alpha_{m+2})\dots f(\alpha_n)} = f(\alpha_1)f(\alpha_2)\dots f(\alpha_m) \cdot \frac{h_{n+1}}{g_n h_{m+1}},$$

oder nach (5)

$$= f(\alpha_1)f(\alpha_2)\dots f(\alpha_m) \cdot \frac{1}{h_n h_{m+1}}.$$

So erhält man

$$\frac{\Sigma \pm q_m(\alpha_{m+1}) q_{m+1}(\alpha_{m+2}) \dots q_{n-1}(\alpha_n)}{\triangle(\alpha_{m+1}, \alpha_{m+2}, \dots \alpha_n)} = (-1)^{m(n-m)} \cdot \frac{1}{h_{m+1} h_n} \cdot f(\alpha_1) f(\alpha_2) \dots f(\alpha_m)$$

und durch Einsetzung dieses Werthes

$$(7) \quad \begin{cases} h_{m+1} h_n \cdot \dfrac{\Sigma \pm q_m(x_1) q_{m+1}(x_2) \dots q_{n-1}(x_{n-m})}{\triangle(x_1, x_2, \dots x_{n-m})} \\ = \mathop{\mathbf{S}}\limits_{\alpha_1}^{\alpha_n} f(\alpha_1) f(\alpha_2) \dots f(\alpha_m) \cdot \dfrac{R(x_1, x_2, \dots x_{n-m}; \alpha_1, \dots \alpha_m)}{R(\alpha_1, \alpha_2, \dots \alpha_m; \alpha_{m+1}, \dots \alpha_n)}. \end{cases}$$

Indem man wiederum, wenn $i < n - m$ ist, den in die höchste Potenz von $x_{i+1}, x_{i+2}, \dots x_{n-m}$ multiplicirten Coefficienten auf beiden Seiten aufsucht, und dabei die Gleichung

$$q^0_{m+i} q^0_{m+i+1} \dots q^0_{n-1} = \frac{h_{m+i}}{h_n},$$

die aus (2) folgt, benutzt, erhält man

$$(8) \quad \begin{cases} h_{m+1} h_{m+i} \cdot \dfrac{\Sigma \pm q_m(x_1) q_{m+1}(x_2) \dots q_{m+i-1}(x_i)}{\triangle(x_1, x_2, \dots x_i)} \\ = \mathop{\mathbf{S}}\limits_{\alpha_1}^{\alpha_n} f(\alpha_1) f(\alpha_2) \dots f(\alpha_m) \cdot \dfrac{R(x_1, x_2, \dots x_i; \alpha_1, \dots \alpha_m)}{R(\alpha_1, \alpha_2, \dots \alpha_m; \alpha_{m+1}, \dots \alpha_n)}. \end{cases}$$

Die gefundenen Formeln (4) und (8) sind von Wichtigkeit für die Entwicklung rationaler Brüche in Kettenbrüche. Die darin vorkommenden Constanten h werden durch die Gleichungen (5), (6) und den oben bemerkten Werth $h_1 = 1$ bestimmt. Es ergiebt sich

$$h_1 = 1, \quad h_2 = g_1, \quad h_3 = \frac{g_2}{g_1}, \quad h_4 = \frac{g_3 g_1}{g_2}, \quad \dots$$

und allgemein

$$(9) \qquad h_m = \frac{g_{m-1} g_{m-3} \dots}{g_{m-2} g_{m-4} \dots},$$

wo die Reihen der g im Zähler wie im Nenner nur so weit fortzusetzen sind, als ihre Indices positiv bleiben, und wo die g durch (6) definirt sind.

3.

Die in den Gleichungen (4) und (8) bereits unter doppelter Form erscheinenden Ausdrücke lassen noch zahlreiche neue Transformationen zu. Eine derselben besteht darin, dass die auf der rechten Seite jener Gleichungen stehenden combinatorischen Summen, welche m-fache symmetrische Functionen der α sind, in Determinanten verwandelt werden, deren Elemente einfache symmetrische Functionen der α sind. Für den Fall der Gleichung (8) verwandelt sich der auf ihrer rechten Seite stehende Ausdruck

$$\mathop{\mathrm{S}}_{\alpha_1}^{\alpha_n} f(\alpha_1)\ldots f(\alpha_m)\cdot\frac{R(x_1,\ldots x_i;\,\alpha_1,\ldots\alpha_m)}{R(\alpha_1,\ldots\alpha_m;\,\alpha_{m+1},\ldots\alpha_n)},$$

wenn man

$$\chi(z)=\frac{(x_1-z)(x_2-z)\ldots(x_i-z).f(z)}{\varphi'(z)}$$

setzt, in

$$(-1)^{\frac{m(m-1)}{2}}\mathop{\mathrm{S}}_{\alpha_1}^{\alpha_n}\chi(\alpha_1)\chi(\alpha_2)\ldots\chi(\alpha_m)\{\triangle(\alpha_1,\alpha_2,\ldots\alpha_m)\}^2$$

und dies wiederum, wenn

$$t_\mu=\Sigma\alpha^\mu\chi(\alpha)$$

gesetzt wird (wo die Summe über die Werthe $\alpha_1,\ \alpha_2,\ \ldots\ \alpha_n$ von α zu nehmen ist), in die Determinante

$$(10)\qquad (-1)^{\frac{m(m-1)}{2}}\begin{vmatrix} t_0 & t_1 & \ldots & t_{m-1}\\ t_1 & t_2 & \ldots & t_m\\ \cdot & \cdot & \ldots & \cdot\\ t_{m-1} & t_m & \ldots & t_{2m-2}\end{vmatrix}.$$

Eine weitere Transformation dieser Determinante soll jetzt für die beiden Fälle $i=1,\ i=2$ ausgeführt werden.

Für $i=1$ gehen die Formeln (4) und (8) in die folgenden über:

$$(11)\qquad h_m^2 f_{n-m}(x)=\mathop{\mathrm{S}}_{\alpha_1}^{\alpha_n}\frac{f(\alpha_1)\ldots f(\alpha_m)(x-\alpha_{m+1})\ldots(x-\alpha_n)}{R(\alpha_1,\ldots\alpha_m;\,\alpha_{m+1},\ldots\alpha_n)},$$

$$(11^{\mathrm{a}})\qquad h_{m+1}^2 q_m(x)=\mathop{\mathrm{S}}_{\alpha_1}^{\alpha_n}\frac{f(\alpha_1)\ldots f(\alpha_m)(x-\alpha_1)\ldots(x-\alpha_m)}{R(\alpha_1,\ldots\alpha_m;\,\alpha_{m+1},\ldots\alpha_n)},$$

welches die bekannten Sylvesterschen Formeln sind.

In diesem Fall wird

$$\chi(z)=\frac{(x-z)f(z)}{\varphi'(z)},\qquad t_\mu=\Sigma\frac{\alpha^\mu(x-\alpha)f(\alpha)}{\varphi'(\alpha)},$$

also, wenn

$$s_\mu = \Sigma \frac{\alpha^\mu f(\alpha)}{\varphi'(\alpha)}$$

gesetzt wird,

$$t_\mu = x s_\mu - s_{\mu+1}.$$

Dies, in (10) eingesetzt, verwandelt diesen Ausdruck nach einer leicht auszuführenden Transformation in

$$(-1)^{\frac{m(m-1)}{2}} \begin{vmatrix} s_0 & s_1 & \dots & s_{m-1} & 1 \\ s_1 & s_2 & \dots & s_m & x \\ \cdot & \cdot & \dots & \cdot & \cdot \\ s_m & s_{m+1} & \dots & s_{2m-1} & x^m \end{vmatrix},$$

was die Joachimsthalsche Form dieser Functionen ist (Crelle's Journal, Bd. 48 p. 386).

Für $i = 2$ gehen die Formeln (4) und (8) unter Berücksichtigung von (5) über in

$$(12) \quad \begin{cases} g_{m-1} \cdot \dfrac{f_{n-m}(x) f_{n-m+1}(y) - f_{n-m}(y) f_{n-m+1}(x)}{y-x} \\ = \mathbf{S} \dfrac{f(\alpha_1)\dots f(\alpha_m).(x-\alpha_{m+1})\dots(x-\alpha_n).(y-\alpha_{m+1})\dots(y-\alpha_n)}{R(\alpha_1, \dots \alpha_m; \alpha_{m+1}, \dots \alpha_n)}, \end{cases}$$

$$(12^a) \quad \begin{cases} g_{m+1} \cdot \dfrac{q_m(x) q_{m+1}(y) - q_m(y) q_{m+1}(x)}{y-x} \\ = \mathbf{S} \dfrac{f(\alpha_1)\dots f(\alpha_m).(x-\alpha_1)\dots(x-\alpha_m).(y-\alpha_1)\dots(y-\alpha_m)}{R(\alpha_1, \dots \alpha_m; \alpha_{m+1}, \dots \alpha_n)}. \end{cases}$$

Die combinatorischen Summen S beziehen sich hier, sowie im Folgenden, auf die Werthe $\alpha_1, \alpha_2, \dots \alpha_n$. — In diesem Fall wird

$$\chi(z) = \frac{(x-z)(y-z)f(z)}{\varphi'(z)},$$

$$t_\mu = \Sigma \frac{\alpha^\mu (x-\alpha)(y-\alpha) f(\alpha)}{\varphi'(\alpha)} = xy s_\mu - (x+y) s_{\mu+1} + s_{\mu+2},$$

und der Ausdruck (10) verwandelt sich nach gehöriger Transformation in

$$(12^b) \qquad -(-1)^{\frac{m(m-1)}{2}} \begin{vmatrix} s_0 & s_1 & \dots & s_m & 1 \\ s_1 & s_2 & \dots & s_{m+1} & y \\ \cdot & \cdot & \dots & \cdot & \cdot \\ s_m & s_{m+1} & \dots & s_{2m} & y^m \\ 1 & x & \dots & x^m & 0 \end{vmatrix},$$

welches eine neue Form für die rechte Seite von Gleichung (12) ist.

4.

Die so eben entwickelte Umformung des Ausdrucks (8) für den Fall $i=2$ führt unmittelbar zur Lösung der oben erwähnten Tschebischefschen Aufgabe. Dieselbe besteht darin, eine Function

$$\mathfrak{F}(x) = a_0 + a_1 x + \cdots + a_m x^m$$

nach der Methode der kleinsten Quadrate aus den Werthen A_1, A_2, ... A_n, denen sie für $x = \alpha_1$, α_2, ... α_n gleich werden soll, zu bestimmen, wenn $m < n-1$ ist und das Maass der Genauigkeit für den einzelnen Werth A_r durch $\theta(\alpha_r)$ angegeben wird, wo θ eine ganze Function bedeutet. Die Bestimmung nach der Methode der kleinsten Quadrate erfordert, dass die Summe

$$\Sigma\,\theta(\alpha_r)^2(\mathfrak{F}(\alpha_r) - A_r)^2,$$

über die Werthe 1, 2, ... n des Index r ausgedehnt, zu einem Minimum gemacht werde. Dies giebt die $m+1$ Bedingungen, welche aus

$$0 = \Sigma\,\alpha_r^k\theta(\alpha_r)^2(\mathfrak{F}(\alpha_r) - A_r)$$

hervorgehen, wenn man $k = 0, 1, \ldots m$ setzt. Da zufolge dieser Gleichungen die Coefficienten in $\mathfrak{F}$ lineare Functionen der A sind, kann man

$$\mathfrak{F}(x) = A_1\lambda_1(x) + \cdots + A_n\lambda_n(x) = \Sigma\,A_\varrho\lambda_\varrho(x)$$

setzen, wo die $\lambda(x)$ Functionen m^{ten} Grades bedeuten, welche von den Werthen A unabhängig sind. Die Einsetzung dieses Werthes von $\mathfrak{F}(x)$ in die obige Bedingungsgleichung giebt

$$0 = \sum_r\sum_\varrho \alpha_r^k\theta(\alpha_r)^2\lambda_\varrho(\alpha_r)A_\varrho - \sum_r \alpha_r^k\theta(\alpha_r)^2 A_r,$$

welche Gleichung nur erfüllt sein kann, wenn der Coefficient jeder einzelnen Grösse A auf der rechten Seite derselben verschwindet. Dies giebt für ein bestimmtes A_ϱ die Bedingung

$$\sum_r \alpha_r^k\theta(\alpha_r)^2\lambda_\varrho(\alpha_r) = \alpha_\varrho^k\theta(\alpha_\varrho)^2.$$

Lässt man den Index r in dieser Summation fort und schreibt dann r für ϱ, so hat man

$$\Sigma\alpha^k\theta(\alpha)^2\lambda_r(\alpha) = \alpha_r^k\theta(\alpha_r)^2,$$

wo das Zeichen Σ die über die Werthe α_1, α_2, ... α_n von α ausgedehnte Summation andeutet. Setzt man nun

$$\lambda_r(x) = c_0 + c_1 x + \cdots + c_m x^m,$$

so ergiebt sich, wenn man die Bezeichnung

$$\Sigma \alpha^\mu \theta(\alpha)^2 = \sigma_\mu$$

einführt, für $k = 0, 1, \ldots m$ folgendes System linearer Gleichungen:

$$\begin{aligned}
\sigma_0 c_0 + \sigma_1 c_1 + \cdots + \sigma_m c_m &= \theta(\alpha_r)^2 \\
\sigma_1 c_0 + \sigma_2 c_1 + \cdots + \sigma_{m+1} c_m &= \alpha_r \theta(\alpha_r)^2 \\
\cdots\cdots\cdots\cdots&\cdots\cdots \\
\sigma_m c_0 + \sigma_{m+1} c_1 + \cdots + \sigma_{2m} c_m &= \alpha_r^m \theta(\alpha_r)^2 . \\
c_0 + x c_1 + \cdots + x^m c_m &= \lambda_r(x)
\end{aligned}$$

und hieraus durch Elimination der c das Resultat

$$\begin{vmatrix}
\sigma_0 & \sigma_1 & \cdots & \sigma_m & 1 \\
\sigma_1 & \sigma_2 & \cdots & \sigma_{m+1} & \alpha_r \\
\cdot & \cdot & \cdots & \cdot & \cdot \\
\sigma_m & \sigma_{m+1} & \cdots & \sigma_{2m} & \alpha_r^m \\
1 & x & \cdots & x^m & \dfrac{\lambda_r(x)}{\theta(\alpha_r)^2}
\end{vmatrix} = 0.$$

Die Vergleichung der jetzt eingeführten Grössen σ mit den Grössen s des vorigen § zeigt nach den Definitionsgleichungen

$$s_\mu = \Sigma \frac{\alpha^\mu f(\alpha)}{\varphi'(\alpha)}, \quad \sigma_\mu = \Sigma \alpha^\mu \theta(\alpha)^2,$$

dass sie identisch werden, wenn man

$$f(z) = \varphi'(z) \theta(z)^2$$

setzt. Indem man über die Function $f(z)$ auf diese Weise verfügt und überdies die Bezeichnungen einführt

$$(13) \quad \Delta_m(x, y) = -\begin{vmatrix}
s_0 & s_1 & \cdots & s_m & 1 \\
s_1 & s_2 & \cdots & s_{m+1} & y \\
\cdot & \cdot & \cdots & \cdot & \cdot \\
s_m & s_{m+1} & \cdots & s_{2m} & y^m \\
1 & x & \cdots & x^m & 0
\end{vmatrix}, \quad \Delta_m^0 = \begin{vmatrix}
s_0 & s_1 & \cdots & s_{m-1} \\
s_1 & s_2 & \cdots & s_m \\
\cdot & \cdot & \cdots & \cdot \\
s_{m-1} & s_m & \cdots & s_{2m-2}
\end{vmatrix},$$

so dass A_m^0 der Coefficient höchster Dimension in $A_m(x, y)$ ist, erhält man aus dem obigen Resultat für $\lambda_r(x)$ den Werth

$$\lambda_r(x) = \theta(\alpha_r)^2 \frac{A_m(x, \alpha_r)}{A_{m+1}^0}$$

und hieraus ergiebt sich

$$(14) \qquad \mathfrak{F}(x) = \frac{1}{A_{m+1}^0} \sum_{r=1}^{r=n} A_r \theta(\alpha_r)^2 A_m(x, \alpha_r).$$

Da aber $A_m(x, y)$ abgesehen vom Zeichen nichts anderes ist, als der am Ende des vorigen § erhaltene Ausdruck (12^b) für die rechte Seite von (12^a), so erhält man

$$(14^a) \qquad (-1)^{\frac{m(m-1)}{2}} A_m(x, y) = \mathbf{S} \frac{f(\alpha_1)\ldots f(\alpha_m).(x-\alpha_1)\ldots(x-\alpha_m).(y-\alpha_1)\ldots(y-\alpha_m)}{R(\alpha_1, \ldots \alpha_m; \alpha_{m+1}, \ldots \alpha_n)},$$

woraus zugleich

$$(14^b) \qquad (-1)^{\frac{m(m-1)}{2}} A_m^0 = g_m$$

hervorgeht. Setzt man für $f(z)$ seinen Werth $\varphi'(z)\theta(z)^2$ ein, so erhält man

$$A_m(x, y) = \mathrm{S}\{\theta(\alpha_1)\ldots\theta(\alpha_m)\triangle(\alpha_1, \ldots \alpha_m)\}^2.(x-\alpha_1)\ldots(x-\alpha_m).(y-\alpha_1)\ldots(y-\alpha_m)$$

$$A_{m+1}^0 = \mathrm{S}\{\theta(\alpha_1)\ldots\theta(\alpha_{m+1})\triangle(\alpha_1, \ldots \alpha_{m+1})\}^2.$$

Mit Benutzung hiervon geht der Ausdruck (14) von $\mathfrak{F}(x)$ in den folgenden über:

$$(15) \qquad \mathfrak{F}(x) = \frac{\mathrm{S}\{\theta(\alpha_1)\ldots\theta(\alpha_{m+1})\triangle(\alpha_1, \ldots \alpha_{m+1})\}^2 \left(A_1 \frac{(x-\alpha_2)\ldots(x-\alpha_{m+1})}{(\alpha_1-\alpha_2)\ldots(\alpha_1-\alpha_{m+1})} + \cdots + A_{m+1} \frac{(x-\alpha_1)\ldots(x-\alpha_m)}{(\alpha_{m+1}-\alpha_1)\ldots(\alpha_{m+1}-\alpha_m)} \right)}{\mathrm{S}\{\theta(\alpha_1)\ldots\theta(\alpha_{m+1})\triangle(\alpha_1, \ldots \alpha_{m+1})\}^2},$$

worin man eine Anwendung der von Jacobi gegebenen Formeln zur Auflösung der nach der Methode der kleinsten Quadrate gebildeten linearen Gleichungen (Crelle's Journal, Bd. 22 p. 316 [Jacobi's Gesammelte Werke, Bd. 3 p. 390]) erkennt. In der That, wählt man aus den n Bedingungsgleichungen, welchen $\mathfrak{F}(x)$ möglichst nahe genügen soll, $m+1$ aus, z. B. die für die Argumente $\alpha_1, \alpha_2, \ldots \alpha_{m+1}$ gültigen, so genügt demselben die Function

$$(16) \qquad A_1 \frac{(x-\alpha_2)\ldots(x-\alpha_{m+1})}{(\alpha_1-\alpha_2)\ldots(\alpha_1-\alpha_{m+1})} + \cdots + A_{m+1} \frac{(x-\alpha_1)\ldots(x-\alpha_m)}{(\alpha_{m+1}-\alpha_1)\ldots(\alpha_{m+1}-\alpha_m)},$$

zugleich wird die Determinante aus den Coefficienten dieser Bedingungsgleichungen (nachdem jede mit dem Maass $\theta(\alpha)$ ihrer Genauigkeit multiplicirt worden)

$$\theta(\alpha_1)\ldots\theta(\alpha_{m+1}).\triangle(\alpha_1, \ldots \alpha_{m+1}),$$

und indem man mit Jacobi das Quadrat dieser Determinante das Gewicht der Combination nennt, hat man, unter Anwendung der von ihm gegebenen Regel, die Summe der mit den entsprechenden Gewichten multiplicirten Functionen (16), für alle Combinationen der α zu $m+1$ gebildet, durch die Summe der Gewichte zu dividiren, um den der Methode der kleinsten Quadrate gemäss bestimmten Werth der Function zu erhalten. Hiermit stimmt die Gleichung (15) vollkommen überein.

Die hier gegebene Form für die der Tschebischefschen Aufgabe genügende Function ist auch desshalb merkwürdig, weil bei gehöriger Specialisirung die Sylvesterschen Ausdrücke für die Nenner der Näherungswerthe (s. Gl. (11^a)) in derselben enthalten sind. Die Anzahl der Argumente α gehe von n in $n+1$ über, das hinzukommende sei α_0, der entsprechende Functionswerth A_0. Man mache die besondere Annahme, dass alle übrigen Functionswerthe $A_1, A_2, \ldots A_n$ verschwinden, dass ferner α_0 und A_0 ins Unendliche wachsen, und zwar so, dass sich $\frac{A_0}{\alpha_0^m}$ einer endlichen Grenze A nähert. Unter diesen Umständen nähert sich der Ausdruck (15) der Grenze

$$A \cdot \frac{S\{\theta(\alpha_1)\ldots\theta(\alpha_m)\triangle(\alpha_1, \ldots \alpha_m)\}^2(x-\alpha_1)\ldots(x-\alpha_m)}{S\{\theta(\alpha_1)\ldots\theta(\alpha_m)\triangle(\alpha_1, \ldots \alpha_m)\}^2}$$

(die Summen S über die Argumente $\alpha_1, \alpha_2, \ldots \alpha_n$ auszudehnen), was abgesehen von einem constanten Factor der Sylvestersche Ausdruck für den Nenner des m^{ten} Näherungswerthes von $\frac{\theta(x)^2\varphi'(x)}{\varphi(x)}$ ist. Dieser Nenner q_m ist also die nach der Methode der kleinsten Quadrate dergestalt bestimmte Function, dass sie den Bedingungen, für $\alpha_1, \alpha_2, \ldots \alpha_n$ zu verschwinden und für $\alpha_0 = \infty$ proportional α_0^m unendlich zu werden, am genausten genügt, vorausgesetzt dass $\theta(\alpha_i)$ das Maass der Genauigkeit für die dem Argument α_i entsprechende Bedingung ist. Diese Aussage giebt der durch Rechnung gefundenen Form des Sylvesterschen Ausdrucks eine einfache Deutung.

5.

Der bisher erhaltene Ausdruck der Function $\mathfrak{F}(x)$ unterscheidet sich der Form nach von dem Tschebischefschen. Es ist nämlich für die Function $A_m(x, y)$ ihr Werth (14^a) in Form einer combinatorischen Summe gebraucht worden, während sich derselbe nach Gleichung (12^a) auch mit Hülfe einer Determinante zweiter Ordnung, aus zwei auf einander folgenden Nennern q gebildet, darstellen lässt. Dieser neue Werth von $A_m(x, y)$ nimmt unter Berücksichtigung von (14^b) die Gestalt an

$$(17) \qquad A_m(x, y) = (-1)^m A^0_{m+1} \cdot \frac{q_m(x) q_{m+1}(y) - q_m(y) q_{m+1}(x)}{y - x},$$

und durch Einsetzung hiervon in (14) erhält man

$$\mathfrak{F}(x) = (-1)^m \sum_{r=1}^{r=n} A_r \theta(\alpha_r)^2 \frac{q_m(x) q_{m+1}(\alpha_r) - q_m(\alpha_r) q_{m+1}(x)}{\alpha_r - x},$$

d. h. die eine Tschebischefsche Form von $\mathfrak{F}(x)$ (p. 303 der erwähnten Abhandlung). Die andere beruht auf einer einfachen von Herrn Tschebischef angewandten Transformation, deren die linken Seiten der Gleichungen (12) und (12^a) fähig sind, einer Transformation, die in ihrer Allgemeinheit von Jacobi auseinandergesetzt worden ist (Journal für die reine und angewandte Mathematik, Bd. 53 p. 265 [Jacobi's Gesammelte Werke, Bd. 3 p. 583]).

Nach den in § 2 angeführten Beziehungen, die zwischen drei auf einander folgenden Resten f und ebenso zwischen drei auf einander folgenden Nennern q stattfinden,

$$f_{n-m+1} = v_m f_{n-m} + f_{n-m-1}$$

$$q_{m+1} = v_{m+1} q_m + q_{m-1}$$

hat man nämlich

$$\frac{f_{n-m}(x) f_{n-m+1}(y) - f_{n-m}(y) f_{n-m+1}(x)}{y - x} = v^0_m f_{n-m}(x) f_{n-m}(y) - \frac{f_{n-m-1}(x) f_{n-m}(y) - f_{n-m-1}(y) f_{n-m}(x)}{y - x}$$

$$\frac{q_m(x) q_{m+1}(y) - q_m(y) q_{m+1}(x)}{y - x} = v^0_{m+1} q_m(x) q_m(y) - \frac{q_{m-1}(x) q_m(y) - q_{m-1}(y) q_m(x)}{y - x}$$

und hieraus unter Berücksichtigung der Gleichung

$$v^0_{m+1} = \frac{q^0_{m+1}}{q^0_m} = \frac{f^0_{n-m}}{f^0_{n-m-1}}$$

durch fortgesetzte Anwendung

$$(18)\quad \left\{\begin{aligned} &\frac{f_{n-m}(x)f_{n-m+1}(y)-f_{n-m}(y)f_{n-m+1}(x)}{y-x} \\ &= \frac{f^0_{n-m+1}}{f^0_{n-m}} f_{n-m}(x)f_{n-m}(y) - \frac{f^0_{n-m}}{f^0_{n-m-1}} f_{n-m-1}(x)f_{n-m-1}(y)+\cdots \\ &\qquad +(-1)^{n-m-1}\frac{f^0_2}{f^0_1} f_1(x)f_1(y)+(-1)^{n-m} f^0_1 f_0, \\ &\frac{q_m(x)q_{m+1}(y)-q_m(y)q_{m+1}(x)}{y-x} \\ &= \frac{q^0_{m+1}}{q^0_m} q_m(x)q_m(y) - \frac{q^0_m}{q^0_{m-1}} q_{m-1}(x)q_{m-1}(y)+\cdots \\ &\qquad +(-1)^{m-1}\frac{q^0_2}{q^0_1} q_1(x)q_1(y)+(-1)^m q^0_1. \end{aligned}\right.$$

Durch die zweite dieser Gleichungen geht der Ausdruck (17) von $A_m(x, y)$ über in

$$\frac{A_m(x,y)}{A^0_{m+1}}$$

$$= (-1)^m \frac{q^0_{m+1}}{q^0_m} q_m(x)q_m(y)+(-1)^{m-1}\frac{q^0_m}{q^0_{m-1}} q_{m-1}(x)q_{m-1}(y)+\cdots-\frac{q^0_2}{q^0_1} q_1(x)q_1(y)+q^0_1,$$

und dies, in (14) eingesetzt, giebt

$$\mathfrak{F}(x) = (-1)^m \frac{q^0_{m+1}}{q^0_m} q_m(x)\Sigma A_r\theta(\alpha_r)^2 q_m(\alpha_r)+(-1)^{m-1}\frac{q^0_m}{q^0_{m-1}} q_{m-1}(x)\Sigma A_r\theta(\alpha_r)^2 q_{m-1}(\alpha_r)+\cdots$$

$$-\frac{q^0_2}{q^0_1} q_1(x)\Sigma A_r\theta(\alpha_r)^2 q_1(\alpha_r)+q^0_1\Sigma A_r\theta(\alpha_r)^2.$$

Aus Gleichung (c) des § 2

$$f_{n-m-1}(\alpha) = (-1)^m q_m(\alpha)f(\alpha)$$

folgt aber durch Multiplication mit $\frac{q_m(\alpha)}{\varphi'(\alpha)}$ und Summation über die Werthe $\alpha_1, \alpha_2, \ldots \alpha_n$ von α

$$\Sigma\frac{q_m(\alpha)^2 f(\alpha)}{\varphi'(\alpha)} = (-1)^m\Sigma\frac{f_{n-m-1}(\alpha)q_m(\alpha)}{\varphi'(\alpha)} = (-1)^m f^0_{n-m-1}q^0_m = (-1)^m\frac{q^0_m}{q^0_{m+1}},$$

also nach Einsetzung des Werthes $f(\alpha) = \theta(\alpha)^2\varphi'(\alpha)$

$$(-1)^m\frac{q^0_m}{q^0_{m+1}} = \Sigma(q_m(\alpha_r)\theta(\alpha_r))^2,$$

und hierdurch geht der obige Ausdruck von $\mathfrak{F}(x)$ in den folgenden über:

$$\mathfrak{F}(x) = q_m(x)\frac{\Sigma A_r\theta(\alpha_r)^2 q_m(\alpha_r)}{\Sigma(\theta(\alpha_r)q_m(\alpha_r))^2} + q_{m-1}(x)\frac{\Sigma A_r\theta(\alpha_r)^2 q_{m-1}(\alpha_r)}{\Sigma(\theta(\alpha_r)q_{m-1}(\alpha_r))^2} + \cdots$$
$$+ q_1(x)\frac{\Sigma A_r\theta(\alpha_r)^2 q_1(\alpha_r)}{\Sigma(\theta(\alpha_r)q_1(\alpha_r))^2} + \frac{\Sigma A_r\theta(\alpha_r)^2}{\Sigma\theta(\alpha_r)^2},$$

welches die zweite Tschebischefsche Form von $\mathfrak{F}(x)$ ist (p. 313 der erwähnten Abhandlung).

Es ist noch die Gestalt zu erwähnen, welche die Gleichungen (18) annehmen, wenn man in dieselben an die Stelle der Reste f und Nenner q die ihnen proportionalen Sylvesterschen combinatorischen Ausdrücke einführt. Man setze

$$\mathfrak{f}_{n-m}(x) = (-1)^{\frac{m(m-1)}{2}} \mathbf{S}\frac{f(\alpha_1)\ldots f(\alpha_m)(x-\alpha_{m+1})\ldots(x-\alpha_n)}{R(\alpha_1,\ldots\alpha_m;\,\alpha_{m+1},\ldots\alpha_n)}$$
$$\mathfrak{q}_m(x) = (-1)^{\frac{m(m-1)}{2}} \mathbf{S}\frac{f(\alpha_1)\ldots f(\alpha_m)(x-\alpha_1)\ldots(x-\alpha_m)}{R(\alpha_1,\ldots\alpha_m;\,\alpha_{m+1},\ldots\alpha_n)},$$

so dass nach den Gleichungen (11), (11^a) und (6)

$$h_m^2 f_{n-m}(x) = (-1)^{\frac{m(m-1)}{2}}\mathfrak{f}_{n-m}(x),\quad h_{m+1}^2 q_m(x) = (-1)^{\frac{m(m-1)}{2}}\mathfrak{q}_m(x),$$
$$\mathfrak{f}_{n-m}^0 = \mathfrak{q}_m^0 = (-1)^{\frac{m(m-1)}{2}} g_m,$$

so gehen die Gleichungen (18) in die folgenden über:

$$(18^a)\quad\begin{cases}\dfrac{1}{(\mathfrak{f}^0_{n-m+1})^2}\cdot\dfrac{\mathfrak{f}_{n-m}(x)\mathfrak{f}_{n-m+1}(y)-\mathfrak{f}_{n-m}(y)\mathfrak{f}_{n-m+1}(x)}{y-x}\\ = \dfrac{\mathfrak{f}_{n-m}(x)\mathfrak{f}_{n-m}(y)}{\mathfrak{f}^0_{n-m+1}\mathfrak{f}^0_{n-m}} + \dfrac{\mathfrak{f}_{n-m-1}(x)\mathfrak{f}_{n-m-1}(y)}{\mathfrak{f}^0_{n-m}\mathfrak{f}^0_{n-m-1}} + \cdots + \dfrac{\mathfrak{f}_1(x)\mathfrak{f}_1(y)}{\mathfrak{f}^0_2\mathfrak{f}^0_1} + \dfrac{\mathfrak{f}_0}{\mathfrak{f}^0_1};\\[2ex] \dfrac{1}{(\mathfrak{q}^0_{m+1})^2}\cdot\dfrac{\mathfrak{q}_m(x)\mathfrak{q}_{m+1}(y)-\mathfrak{q}_m(y)\mathfrak{q}_{m+1}(x)}{y-x}\\ = \dfrac{\mathfrak{q}_m(x)\mathfrak{q}_m(y)}{\mathfrak{q}^0_{m+1}\mathfrak{q}^0_m} + \dfrac{\mathfrak{q}_{m-1}(x)\mathfrak{q}_{m-1}(y)}{\mathfrak{q}^0_m\mathfrak{q}^0_{m-1}} + \cdots + \dfrac{\mathfrak{q}_1(x)\mathfrak{q}_1(y)}{\mathfrak{q}^0_2\mathfrak{q}^0_1} + \dfrac{1}{\mathfrak{q}^0_1}.\end{cases}$$

An die Stelle der ersteren ist für $m = 1$ zu setzen

$$(18^b)\quad\begin{cases}\dfrac{f_{n-1}(x)\varphi(y)-f_{n-1}(y)\varphi(x)}{y-x}\\ = \dfrac{\mathfrak{f}_{n-1}(x)\mathfrak{f}_{n-1}(y)}{\mathfrak{f}^0_{n-1}} + \dfrac{\mathfrak{f}_{n-2}(x)\mathfrak{f}_{n-2}(y)}{\mathfrak{f}^0_{n-1}\mathfrak{f}^0_{n-2}} + \cdots + \dfrac{\mathfrak{f}_1(x)\mathfrak{f}_1(y)}{\mathfrak{f}^0_2\mathfrak{f}^0_1} + \dfrac{\mathfrak{f}_0}{\mathfrak{f}^0_1}.\end{cases}$$

Vergleicht man diese Formel mit derjenigen, welche in der zuletzt erwähnten Jacobischen Abhandlung (Journal für die reine und angewandte

Mathematik, Bd. 53 p. 269 [Jacobi's Gesammelte Werke, Bd. 3 p. 589]) vorkommt, so zeigt es sich, dass die vorliegende *der* besondere Fall der dortigen ist, in welchem an die Stelle der allgemeinen zweifach linearen Function die auf der linken Seite von (18^b) stehende sogenannte Bezoutsche erzeugende Function tritt, und dass die Functionen $\mathfrak{f}$ der entsprechende Fall der dort in Determinantenform gegebenen Ausdrücke U sind.

Es ergiebt sich hieraus für die Sylvesterschen Restfunctionen eine von der Kenntniss der Wurzeln von $\varphi(x) = 0$ unabhängige Darstellung, nämlich:

Ist die Function $\varphi(x) = (x-\alpha_1)(x-\alpha_2)\ldots(x-\alpha_n)$ nicht durch ihre linearen Factoren, sondern durch ihre Coefficienten gegeben, ist $f(x)$ eine zweite Function n^{ten} oder $(n-1)^{\text{ten}}$ Grades, so lassen sich die den Resten der successiven Division von $f(x)$ durch $\varphi(x)$ proportionalen Sylvesterschen Restfunctionen

$$\mathfrak{f}_{n-m}(x) = (-1)^{\frac{m(m-1)}{2}} \mathop{\mathsf{S}}_{\alpha_1}^{\alpha_n} \frac{f(\alpha_1)\ldots f(\alpha_m)(x-\alpha_{m+1})\ldots(x-\alpha_n)}{R(\alpha_1,\ldots\alpha_m;\,\alpha_{m+1},\ldots\alpha_n)}$$

durch die Coefficienten $a_{k,i}$ der Bezoutschen Function

$$\frac{f(x)\varphi(y)-f(y)\varphi(x)}{y-x} = \sum_{i=0}^{i=n-1}\sum_{k=0}^{k=n-1} a_{k,i}\,x^i y^k$$
$$= X_0+X_1y+X_2y^2+\cdots+X_{n-1}y^{n-1}$$

ausdrücken und zwar in Form der folgenden Determinante:

$$(19)\qquad \begin{vmatrix} X_{n-m} & a_{n-m,\,n-m+1} & a_{n-m,\,n-m+2} & \cdots & a_{n-m,\,n-1} \\ X_{n-m+1} & a_{n-m+1,\,n-m+1} & a_{n-m+1,\,n-m+2} & \cdots & a_{n-m+1,\,n-1} \\ \cdot & \cdot & \cdot & \cdots & \cdot \\ X_{n-1} & a_{n-1,\,n-m+1} & a_{n-1,\,n-m+2} & \cdots & a_{n-1,\,n-1} \end{vmatrix} = \mathfrak{f}_{n-m}(x).$$

Dies Ergebniss ist eine Ergänzung der von Herrn Cayley gegebenen Aussage des Bezoutschen Eliminationsverfahrens, welche für den Fall $m = n$ hierin enthalten ist.

6.

Ausser den bisher angewandten Mitteln giebt es noch ein anderes, welches ebenfalls aber in verschiedener Weise dahin führt, die ursprünglich erhaltenen combinatorischen Summen, welche sich auf die Argumente α, die Wurzeln der Gleichung $\varphi(x) = 0$, bezogen, in andere zu verwandeln, welche nur die symmetrischen Functionen dieser Wurzeln enthalten. Dieses Mittel besteht in einer neuen Anwendung der Interpolationsformel (1) und zwar in dem Sinne, dass die Wurzeln α durch neue nach Belieben gewählte Argumente β ersetzt werden, so wie jene in (1) die Grössen x ersetzten.

Die der Gleichung (1) analog zu bildende und jetzt zur Anwendung kommende Formel ist die folgende:

$$(20)\quad \left\{\begin{aligned} &\frac{\Sigma \pm \Phi_1(\alpha_1)\Phi_2(\alpha_2)\ldots\Phi_n(\alpha_n)}{\triangle(\alpha_1, \alpha_2, \ldots \alpha_n)} \\ &= \mathop{\mathrm{S}}_{\beta_1}^{\beta_p} \frac{\Sigma \pm \Phi_1(\beta_1)\Phi_2(\beta_2)\ldots\Phi_n(\beta_n)}{\triangle(\beta_1, \beta_2, \ldots \beta_n)} \cdot \frac{R(\alpha_1, \ldots \alpha_n; \beta_{n+1}, \ldots \beta_p)}{R(\beta_1, \ldots \beta_n; \beta_{n+1}, \ldots \beta_p)}, \end{aligned}\right.$$

wo die Functionen Φ höchstens vom Grade $p-1$ sind und p grösser als n oder mindestens gleich n.

Ist in dem zur Kettenbruch-Entwicklung vorgelegten rationalen Bruch $\frac{f(z)}{\varphi(z)}$ der Zähler vom Grade ν, so mache man $p = n+\nu$, so dass also $f(z)$ vom Grade $p-n$ ist.

Dies vorausgesetzt, so theile man die Functionen $\Phi_1, \Phi_2, \ldots \Phi_n$ in zwei Klassen von je m und $n-m$ Functionen. Man nehme ferner an, dass $\eta(z)$ und $\zeta(z)$ zwei Functionen sind, welche beziehungsweise höchstens den Grad $p-m$ und $p-n+m$ erreichen, und endlich setze man für die erste Klasse der Functionen Φ die folgenden:

$$\eta(z), \quad z\eta(z), \quad \ldots \quad z^{m-1}\eta(z),$$

für die zweite Klasse derselben dagegen die folgenden:

$$\zeta(z), \quad z\zeta(z), \quad \ldots \quad z^{n-m-1}\zeta(z),$$

alsdann geht die linke Seite der Gleichung (20) über in

$$\begin{aligned} &\mathop{\mathrm{S}}_{\alpha_1}^{\alpha_n} \eta(\alpha_1)\ldots\eta(\alpha_m)\zeta(\alpha_{m+1})\ldots\zeta(\alpha_n) \cdot \frac{\triangle(\alpha_1, \ldots \alpha_m).\triangle(\alpha_{m+1}, \ldots \alpha_n)}{\triangle(\alpha_1, \ldots \alpha_n)} \\ &\qquad = (-1)^{m(n-m)} \mathop{\mathrm{S}}_{\alpha_1}^{\alpha_n} \frac{\eta(\alpha_1)\ldots\eta(\alpha_m)\zeta(\alpha_{m+1})\ldots\zeta(\alpha_n)}{R(\alpha_1, \ldots \alpha_m; \alpha_{m+1}, \ldots \alpha_n)}. \end{aligned}$$

Auf eine combinatorische Summe dieser Form ist also die Interpolationsformel (20) anwendbar und demnach

$$\begin{aligned} &\mathop{\mathrm{S}}_{\alpha_1}^{\alpha_n} \frac{\eta(\alpha_1)\ldots\eta(\alpha_m)\zeta(\alpha_{m+1})\ldots\zeta(\alpha_n)}{R(\alpha_1, \ldots \alpha_m; \alpha_{m+1}, \ldots \alpha_n)} \\ &= \mathop{\mathrm{S}}_{\beta_1}^{\beta_p} \left\{ \mathop{\mathrm{S}}_{\beta_1}^{\beta_n} \frac{\eta(\beta_1)\ldots\eta(\beta_m)\zeta(\beta_{m+1})\ldots\zeta(\beta_n)}{R(\beta_1, \ldots \beta_m; \beta_{m+1}, \ldots \beta_n)} \right\} \cdot \frac{R(\alpha_1, \ldots \alpha_n; \beta_{n+1}, \ldots \beta_p)}{R(\beta_1, \ldots \beta_n; \beta_{n+1}, \ldots \beta_p)}. \end{aligned}$$

Der Ausdruck rechter Hand lässt sich als einfache Summe von Gliedern schreiben, deren jedes einer bestimmten Eintheilung der p Argumente β_1, $\beta_2, \dots \beta_p$ in drei Klassen von je m, $n-m$ und $p-n$ entspricht. Ueberdies ist

$$R(\alpha_1, \dots \alpha_n; \beta_{n+1}, \dots \beta_p) = (-1)^{n(p-n)} \varphi(\beta_{n+1}) \dots \varphi(\beta_p),$$

also hat man die allgemeine Formel

$$(21) \quad \begin{cases} \displaystyle\mathop{\mathrm{S}}_{\alpha_1}^{\alpha_n} \frac{\eta(\alpha_1)\dots\eta(\alpha_m)\zeta(\alpha_{m+1})\dots\zeta(\alpha_n)}{R(\alpha_1, \dots \alpha_m; \alpha_{m+1}, \dots \alpha_n)} \\ \displaystyle = (-1)^{n(p-n)} \mathop{\mathrm{S}}_{\beta_1}^{\beta_p} \frac{\eta(\beta_1)\dots\eta(\beta_m)\zeta(\beta_{m+1})\dots\zeta(\beta_n)\varphi(\beta_{n+1})\dots\varphi(\beta_p)}{R(\beta_1, \dots \beta_m; \beta_{m+1}, \dots \beta_n) . R(\beta_1, \dots \beta_n; \beta_{n+1}, \dots \beta_p)}, \end{cases}$$

durch welche die über die Wurzeln α ausgedehnte combinatorische Summe linker Hand in eine andere verwandelt ist, welche die Wurzeln α nur vermöge der Functionswerthe $\varphi(\beta)$, also in symmetrischer Verbindung, enthält. Die Functionen η und ζ sind hierin, wie oben bemerkt, höchstens von den Graden $p-m$ und $p-n+m$.

Um nun zu den in §§ 2, 3 aufgestellten combinatorischen Summen für die Kettenbruch-Entwicklung von $\frac{f(z)}{\varphi(z)}$ überzugehen, hat man nur nöthig, die Formel (21) auf die in den Gleichungen (4) und (8) enthaltenen Summen anzuwenden, welche alle übrigen als besondere Fälle einschliessen.

Setzt man erstens

$$\eta(z) = f(z), \quad \zeta(z) = (x_1 - z)(x_2 - z) \dots (x_i - z),$$

wo der Grad $p-n$ von $f(z) = \eta(z)$ kleiner oder höchstens gleich $p-m$ und der Grad i von $\zeta(z)$ kleiner oder höchstens gleich m ist, also um so mehr $\leqq p-n+m$, so ergiebt sich

$$\mathop{\mathrm{S}}_{\alpha_1}^{\alpha_n} f(\alpha_1)\dots f(\alpha_m) \cdot \frac{R(x_1, \dots x_i; \alpha_{m+1}, \dots \alpha_n)}{R(\alpha_1, \dots \alpha_m; \alpha_{m+1}, \dots \alpha_n)}$$

$$= (-1)^{n(p-n)} \mathop{\mathrm{S}}_{\beta_1}^{\beta_p} \frac{f(\beta_1)\dots f(\beta_m) R(x_1, \dots x_i; \beta_{m+1}, \dots \beta_n) \varphi(\beta_{n+1}) \dots \varphi(\beta_p)}{R(\beta_1, \dots \beta_m; \beta_{m+1}, \dots \beta_n) . R(\beta_1, \dots \beta_n; \beta_{n+1}, \dots \beta_p)}.$$

Setzt man zweitens

$$\eta(z) = (x_1 - z)(x_2 - z) \dots (x_i - z) f(z), \quad \zeta(z) = 1,$$

wo $i \leqq n-m$ ist, also der Grad von $\eta(z)$ höchstens gleich $p-n+n-m = p-m$, so ergiebt sich

$$\mathop{\mathsf{S}}_{\alpha_1}^{\alpha_n} f(\alpha_1)\dots f(\alpha_m)\cdot\frac{R(x_1,\dots x_i;\,\alpha_1,\dots\alpha_m)}{R(\alpha_1,\dots\alpha_m;\,\alpha_{m+1},\dots\alpha_n)}$$

$$=(-1)^{n(p-n)}\mathop{\mathsf{S}}_{\beta_1}^{\beta_p}\frac{f(\beta_1)\dots f(\beta_m)R(x_1,\dots x_i;\,\beta_1,\dots\beta_m)\varphi(\beta_{n+1})\dots\varphi(\beta_p)}{R(\beta_1,\dots\beta_m;\,\beta_{m+1},\dots\beta_n).R(\beta_1,\dots\beta_n;\,\beta_{n+1},\dots\beta_p)}$$

und hieraus durch Vergleichung der Glieder höchster Dimension

$$g_m=(-1)^{n(p-n)}\mathop{\mathsf{S}}_{\beta_1}^{\beta_p}\frac{f(\beta_1)\dots f(\beta_m)\cdot\varphi(\beta_{n+1})\dots\varphi(\beta_p)}{R(\beta_1,\dots\beta_m;\,\beta_{m+1},\dots\beta_n).R(\beta_1,\dots\beta_n;\,\beta_{n+1},\dots\beta_p)},$$

eine Formel, worin für $m=n$ die Rosenhainsche Darstellung der Eliminations-Resultante enthalten ist.

Aus diesen Gleichungen gehen mit Hülfe von (4) und (8) die schliesslichen Ergebnisse hervor:

$$h_m h_{m-i+1}\cdot\frac{\Sigma\pm f_{n-m}(x_1)f_{n-m+1}(x_2)\dots f_{n-m+i-1}(x_i)}{\triangle(x_1,x_2,\dots x_i)}$$

$$=(-1)^{n(p-n)}\mathop{\mathsf{S}}_{\beta_1}^{\beta_p}\frac{f(\beta_1)\dots f(\beta_m)R(x_1,\dots x_i;\,\beta_{m+1},\dots\beta_n)\varphi(\beta_{n+1})\dots\varphi(\beta_p)}{R(\beta_1,\dots\beta_m;\,\beta_{m+1},\dots\beta_n).R(\beta_1,\dots\beta_n;\,\beta_{n+1},\dots\beta_p)},$$

$$h_{m+1}h_{m+i}\cdot\frac{\Sigma\pm q_m(x_1)q_{m+1}(x_2)\dots q_{m+i-1}(x_i)}{\triangle(x_1,x_2,\dots x_i)}$$

$$=(-1)^{n(p-n)}\mathop{\mathsf{S}}_{\beta_1}^{\beta_p}\frac{f(\beta_1)\dots f(\beta_m)R(x_1,\dots x_i;\,\beta_1,\dots\beta_m)\varphi(\beta_{n+1})\dots\varphi(\beta_p)}{R(\beta_1,\dots\beta_m;\,\beta_{m+1},\dots\beta_n).R(\beta_1,\dots\beta_n;\,\beta_{n+1},\dots\beta_p)},$$

wo

$$h_m=\frac{g_{m-1}g_{m-3}\dots}{g_{m-2}g_{m-4}\dots},$$

$$g_m=(-1)^{n(p-n)}\mathop{\mathsf{S}}_{\beta_1}^{\beta_p}\frac{f(\beta_1)\dots f(\beta_m)\cdot\varphi(\beta_{n+1})\dots\varphi(\beta_p)}{R(\beta_1,\dots\beta_m;\,\beta_{m+1},\dots\beta_n).R(\beta_1,\dots\beta_n;\,\beta_{n+1},\dots\beta_p)}.$$

Die hieraus für die Ausdrücke (11), (11^a), (12) und (12^a) folgenden speciellen Ergebnisse übergehe ich der Kürze wegen.

Ueber Interpolation nach der Methode der kleinsten Quadrate.

Borchardt, Journal für die reine und angewandte Mathematik, Bd. 58 p. 270—272, 1861.

Ueber Interpolation nach der Methode der kleinsten Quadrate.

Indem ich in einer Abhandlung [*], welche in den Schriften der Berliner Akademie erscheint, eine Interpolationsformel für eine Art symmetrischer Functionen aufstellte und dieselbe auf verschiedene Probleme der Algebra anwandte, unter anderen auf die Tschebischefsche Aufgabe, eine ganze Function gegebener Ordnung nach der Methode der kleinsten Quadrate zu bestimmen, wenn eine grössere Anzahl von Werthen derselben gegeben ist, als sie nach ihrer Ordnung anzunehmen fähig ist, — gelangte ich ausser den von Herrn Tschebischef selbst gegebenen Formen für die Lösung dieser Aufgabe zu einigen anderen, von welchen die eine, die das Ergebniss in combinatorischer Gestalt liefert, schon um desswillen bemerkenswerth ist, weil sie, ohne irgend eine Rechnung zu erfordern, sich als blosse Folgerung aus der allgemeinen Regel erweist, die Jacobi im 22sten Bande des Crelleschen Journals [Jacobi's Gesammelte Werke, Bd. 3 p. 390] für die Bestimmung nach der Methode der kleinsten Quadrate gegeben hat. Jacobi stellt sich nämlich die Frage, wie sich der Werth, den die Methode der kleinsten Quadrate zur Lösung eines überzähligen**) Systems linearer Gleichungen für eine einzelne Unbekannte liefert, aus allen den Werthen zusammensetzt, die man für dieselbe Unbekannte erhält, wenn man aus dem gegebenen überzähligen System auf alle Arten ein vollzähliges herausgreift. Er findet, dass wenn man für jedes vollzählige System die Determinante bildet und ihr Quadrat als das Gewicht des aus diesem System hervorgehenden Werthes betrachtet, das unter dieser Hypothese genommene

---

[*] Siehe die vorhergehende Abhandlung p. 151 dieser Ausgabe. H.

**) Es ist kaum nöthig besonders zu sagen, dass ein System linearer Gleichungen (die hier immer als unabhängig von einander vorausgesetzt werden) ein überzähliges genannt wird, wenn die Anzahl der Gleichungen grösser ist als die der Unbekannten, so dass man ihnen nicht allen gleichzeitig genügen kann, dagegen ein vollzähliges, wenn beide Anzahlen gleich sind, so dass man ihnen und zwar nur auf eine Weise genügen kann.

Mittel*) aus allen Werthen derjenige ist, welchen die Methode der kleinsten Quadrate liefert. Diese Jacobische Regel ist natürlich nicht bloss auf jede einzelne Unbekannte anwendbar, sondern ebensowohl auf jeden aus den Unbekannten linear zusammengesetzten Ausdruck.

Die Tschebischefsche Aufgabe ist ein besonderer Fall der von Jacobi betrachteten allgemeinen, nämlich derjenige, wo das System linearer Gleichungen das folgende ist:

$$\theta(\alpha_r)\mathfrak{F}(\alpha_r) = \theta(\alpha_r)A_r.$$

Hier hat man dem Index r die Werthe $1, 2, \ldots n$ zu geben, $\mathfrak{F}(x)$ ist die unbekannte ganze Function m^{ten} Grades, wo $m < n-1$, A_r der gegebene Werth, den sie für $x = \alpha_r$ annehmen soll, und $\theta(\alpha_r)$ das Maass der Genauigkeit der Gleichung $\mathfrak{F}(\alpha_r) = A_r$, so dass nach Multiplication mit $\theta(\alpha_r)$ diese Gleichung für $r = 1, 2, \ldots n$ ein System von Gleichungen giebt, die alle gleich genau sind (eine Annahme, die Jacobi bei Aufstellung seiner Regel gemacht hat). Die Unbekannten dieses überzähligen Systems sind die Coefficienten von $\mathfrak{F}(x)$, und $\mathfrak{F}(x)$ selbst ist eine lineare Function derselben, also nach der Jacobischen Regel bestimmbar. Wählt man aus dem gegebenen überzähligen System irgend ein vollzähliges, d. h. von $m+1$ Gleichungen aus, z. B. die Gleichungen, welche den Werthen $1, 2, \ldots m+1$ des Index r entsprechen, so ist die Determinante aus diesem vollzähligen linearen System bekanntlich

$$\theta(\alpha_1)\theta(\alpha_2)\ldots\theta(\alpha_{m+1})\triangle(\alpha_1, \alpha_2, \ldots \alpha_{m+1}),$$

wo $\triangle$ das alternirende Differenzenproduct der Grössen $\alpha_1, \alpha_2, \ldots \alpha_{m+1}$ bezeichnet. Das Quadrat dieses Ausdrucks ist also das Gewicht des aus dem ausgewählten vollzähligen System hervorgehenden Werthes von $\mathfrak{F}(x)$, d. h. des Werthes

$$A_1\frac{(x-\alpha_2)\ldots(x-\alpha_{m+1})}{(\alpha_1-\alpha_2)\ldots(\alpha_1-\alpha_{m+1})} + \cdots + A_{m+1}\frac{(x-\alpha_1)\ldots(x-\alpha_m)}{(\alpha_{m+1}-\alpha_1)\ldots(\alpha_{m+1}-\alpha_m)},$$

nach der Jacobischen Regel ergiebt sich also für $\mathfrak{F}(x)$ der nach der Methode

---

*) Sind $g_1, g_2, g_3, \ldots$ die Gewichte der Werthe $u_1, u_2, u_3, \ldots$ von u, so ist das nach dieser Hypothese genommene Mittel gleich

$$\frac{g_1u_1+g_2u_2+g_3u_3+\cdots}{g_1+g_2+g_3+\cdots}.$$

der kleinsten Quadrate bestimmte Werth in combinatorischer Form

$$\mathfrak{F}(x) =$$

$$\frac{S\{\theta(\alpha_1)\ldots\theta(\alpha_{m+1})\triangle(\alpha_1,\ldots\alpha_{m+1})\}^2\left(A_1\frac{(x-\alpha_2)\ldots(x-\alpha_{m+1})}{(\alpha_1-\alpha_2)\ldots(\alpha_1-\alpha_{m+1})}+\cdots+A_{m+1}\frac{(x-\alpha_1)\ldots(x-\alpha_m)}{(\alpha_{m+1}-\alpha_1)\ldots(\alpha_{m+1}-\alpha_m)}\right)}{S\{\theta(\alpha_1)\ldots\theta(\alpha_{m+1})\triangle(\alpha_1,\ldots\alpha_{m+1})\}^2},$$

wo die Summen S über alle Combinationen zu $m+1$ der Grössen $\alpha_1, \alpha_2, \ldots \alpha_n$ auszudehnen sind.

Dies Resultat ist natürlich nur formell von dem Tschebischefschen verschieden.

Berlin, im September 1860.

Bestimmung des Tetraeders von grösstem Volumen bei gegebenem Inhalt seiner vier Seitenflächen.

Mathematische Abhandlungen der Akademie der Wissenschaften zu Berlin, a. d. Jahre 1865 p. 1—20.

Bestimmung des Tetraeders von grösstem Volumen bei gegebenem Inhalt seiner vier Seitenflächen.

Gelesen in der Akademie der Wissenschaften zu Berlin am 29. Juni 1865.

1. In Lagrange's berühmter Arbeit über die Pyramiden*) findet sich eine Behandlung der Aufgabe, dasjenige Tetraeder zu bestimmen, welches bei gegebenem Inhalt seiner vier Seitenflächen das grösste Volumen besitzt. Diese Aufgabe wird daselbst darauf zurückgeführt, die positive Wurzel einer Gleichung vierten Grades zu bestimmen, deren erstes und letztes Glied entgegengesetzte Zeichen haben. Herr Painvin hat gezeigt**), dass in der Reihe der fünf Coefficienten jener Gleichung vierten Grades nur *ein* Zeichenwechsel vorkommt, dass jene Gleichung also nur *eine* positive Wurzel hat. Durch mühsame Rechnungen weist derselbe nach, dass dieser positiven Wurzel ein wirkliches Tetraeder entspricht.

Die gegebene Lösung scheint nicht als eine vollkommen befriedigende angesehen werden zu können, theils wegen der unsymmetrischen Form der Lagrangeschen Gleichung vierten Grades, theils weil die Eigenschaften dieser Gleichung nicht hinlänglich ergründet sind.

Eine von der Lagrangeschen verschiedene Behandlung des Problems hat mich dazu geführt, dasselbe von einer Gleichung vierten Grades abhängig zu machen, welche die gegebenen Grössen symmetrisch enthält. Diese Gleichung vierten Grades hat die Eigenschaft lauter reelle Wurzeln zu besitzen. Der

---

*) Solutions analytiques de quelques problèmes sur les pyramides triangulaires. Nouveaux Mémoires de l'Académie des sciences et belles-lettres de Berlin, Année 1773 p. 149 [Oeuvres de Lagrange, T. 3 p. 661].

**) Nouvelles Annales de Mathématiques, réd. par MM. Terquem et Gerono, 2e Série, T. 1 p. 267, 1862.

grössten ihrer vier Wurzeln entspricht zugleich ein wirkliches Tetraeder und ein wirkliches Maximum seines Volumens, ein Resultat, zu dessen Beweis die bekannte zwischen den Inhalten der vier Seitenflächen eines Tetraeders stattfindende Ungleichheit gebraucht wird. Den drei kleineren Wurzeln entspricht weder ein wirklich existirendes Tetraeder, noch ein wirkliches Maximum des Volumens. Die neue Gleichung vierten Grades bietet durch ihre Form, ihre Eigenschaften und durch die algebraischen Ausdrücke, die bei der Discussion ihrer Wurzeln auftreten, ein Interesse dar, welches über ihre specielle Bedeutung für die Lösung des vorliegenden Problems hinausgeht.

2. Als Unbekannte des Problems sehe ich die Quadrate der sechs Kanten des Tetraeders an, durch deren ausschliessliche Betrachtung alle trigonometrischen Rechnungen vermieden werden. Ich bezeichne mit (1), (2), (3), (4) die vier Eckpunkte des Tetraeders, mit $(12) = (21)$, $(13) = (31)$, $\ldots (34) = (43)$ die Quadrate seiner sechs Kanten. Indem man die nach dieser Bezeichnungsweise verschwindenden Grössen (11), (22), (33), (44) vorläufig in Evidenz stehen lässt, erhält man in der Determinante

$$(1) \qquad R = \begin{vmatrix} (11) & (12) & (13) & (14) & 1 \\ (21) & (22) & (23) & (24) & 1 \\ (31) & (32) & (33) & (34) & 1 \\ (41) & (42) & (43) & (44) & 1 \\ 1 & 1 & 1 & 1 & 0 \end{vmatrix}$$

den Ausdruck, von dessen Betrachtung und Transformation die Lösung der vorliegenden Aufgabe abhängt.

Es sei V das Quadrat des sechsfachen Volumens des Tetraeders (1234), es seien a_1, a_2, a_3, a_4 die Quadrate der doppelten Flächeninhalte der vier Dreiecke (234), (134), (124), (123), so ist bekanntlich

$$(2) \qquad V = \tfrac{1}{8} R$$

$$(3) \qquad a_1 = -\tfrac{1}{4} \frac{\partial R}{\partial (11)}, \quad a_2 = -\tfrac{1}{4} \frac{\partial R}{\partial (22)}, \quad a_3 = -\tfrac{1}{4} \frac{\partial R}{\partial (33)}, \quad a_4 = -\tfrac{1}{4} \frac{\partial R}{\partial (44)}.$$

Dies vorausgesetzt, bestehen bei positiven Werthen der sechs Kantenquadrate die Bedingungen für die wirkliche Existenz des Tetraeders darin, dass

R positiv sei, negativ dagegen eine*) der fünf Grössen**) $\frac{\partial R}{\partial(11)}, \frac{\partial R}{\partial(22)}, \frac{\partial R}{\partial(33)}, \frac{\partial R}{\partial(44)}, \frac{\partial R}{\partial(55)}$, wo unter $\frac{\partial R}{\partial(55)}$ die durch Fortlassung der letzten Horizontal- und Verticalreihe aus R abgeleitete Unterdeterminante, also (da $(11) = (22) = (33) = (44) = 0$ ist) der Ausdruck

$$(4) \quad \begin{cases} \frac{\partial R}{\partial(55)} = (12)^2(34)^2+(13)^2(24)^2+(14)^2(23)^2 \\ \qquad -2(12)(34)(13)(24)-2(12)(34)(14)(23)-2(13)(24)(14)(23) \end{cases}$$

zu verstehen ist. Dass dieser Ausdruck negatives Vorzeichen hat, ist gleichbedeutend mit dem bekannten Satz, wonach sich aus den drei Producten gegenüberstehender Kanten $\sqrt{(12)(34)}, \sqrt{(13)(24)}, \sqrt{(14)(23)}$ ein Dreieck bilden lässt.

3. Die gegebenen Grössen des Problems sind die Inhalte der vier Seitenflächen des Tetraeders oder deren vierfache Quadrate a_1, a_2, a_3, a_4. Diese vier positiven Grössen sind unabhängig von einander, in dem Sinne, dass keine Gleichung zwischen ihnen besteht. Aber sie genügen einer Ungleichheitsbedingung. Je drei der positiv genommenen Quadratwurzeln $\sqrt{a_1}, \sqrt{a_2}, \sqrt{a_3}, \sqrt{a_4}$ addirt und um die vierte vermindert geben einen positiven Rest. Diese vier Ungleichheiten, von denen drei sich von selbst verstehen, sind gleichbedeutend mit ihrem Product, d. h. mit der einen Ungleichheit

$$(5) \qquad M-8\sqrt{a_1 a_2 a_3 a_4} < 0,$$

*) Wenn man z. B. die Bedingungen $R > 0$, $\frac{\partial R}{\partial(11)} < 0$ als nothwendig und ausreichend für die wirkliche Existenz des Tetraeders beweisen will, so denke man sich um die Punkte (3), (4), welche in einer gegebenen Ebene und in der Entfernung $\sqrt{(34)}$ von einander liegen mögen, mit den Radien $\sqrt{(23)}, \sqrt{(24)}$ Kreise beschrieben und suche die Bedingung, dass sich dieselben in einem reellen Punkt (2) schneiden, hierauf denke man sich um die Punkte (2), (3), (4) mit den Radien $\sqrt{(12)}, \sqrt{(13)}, \sqrt{(14)}$ Kugeln beschrieben und suche die Bedingung, dass sich dieselben in einem reellen Punkt (1) schneiden.

**) Sobald von den genannten fünf Unterdeterminanten eine negativ ist, so sind es auch die vier anderen. Berücksichtigt man nämlich die Formeln

$$\frac{\partial^2 R}{\partial(11)\partial(22)} = 2(34), \quad \frac{\partial^2 R}{\partial(11)\partial(55)} = 2(23)(24)(34),$$

deren rechte Seiten zeigen, dass die sämmtlichen Unterdeterminanten zweiter Ordnung $\frac{\partial^2 R}{\partial(ii)\partial(kk)}$ positiv sind, so geht aus der Identität

$$R\frac{\partial^2 R}{\partial(ii)\partial(kk)} = \frac{\partial R}{\partial(ii)}\frac{\partial R}{\partial(kk)} - \left\{\frac{\partial R}{\partial(ik)}\right\}^2$$

hervor, dass bei positivem R die fünf Unterdeterminanten $\frac{\partial R}{\partial(ii)}$ alle von gleichem Vorzeichen sind.

in welcher

$$(6)\quad M = a_1^2+a_2^2+a_3^2+a_4^2-2a_1a_2-2a_1a_3-2a_1a_4-2a_2a_3-2a_2a_4-2a_3a_4.$$

Die Ungleichheit (5) ist entweder erfüllt, wenn M negativ ist, oder, wenn M positiv und kleiner als $8\sqrt{a_1a_2a_3a_4}$ ist. In diesem letzteren Fall ist der Ausdruck

$$(7)\qquad N = M^2 - 64a_1a_2a_3a_4$$

negativ. *Es muss also von den beiden Ausdrücken N und M mindestens einer negativ sein.* N ist das Product aus den acht Werthen der irrationalen Grösse

$$\sqrt{a_1}+\sqrt{a_2}+\sqrt{a_3}+\sqrt{a_4},$$

worin eine der Quadratwurzeln, z. B. $\sqrt{a_1}$, überall mit demselben Vorzeichen genommen wird, d. h. N ist die *Norm* jener irrationalen Grösse*). Führt man für a_1, a_2, a_3, a_4 die neuen Grössen

$$(8)\qquad \begin{cases} b_1 = a_1+a_2+a_3+a_4 \\ b_2 = a_1+a_2-a_3-a_4 \\ b_3 = a_1-a_2+a_3-a_4 \\ b_4 = a_1-a_2-a_3+a_4 \end{cases}$$

ein, so erhalten die beiden Ausdrücke M und N, welche nach dem Obigen nicht gleichzeitig positiv sein dürfen, die einfache Gestalt

$$(9)\qquad M = \tfrac{1}{2}\{-b_1^2+b_2^2+b_3^2+b_4^2\},$$

$$(10)\qquad N = b_2^2b_3^2+b_2^2b_4^2+b_3^2b_4^2-2b_1b_2b_3b_4.$$

4. Nach diesen Auseinandersetzungen gehe ich zu dem Lagrangeschen Problem selbst über. Dasselbe besteht darin, die sechs Unbekannten (12), (13), ... (34) so zu bestimmen, dass erstens a_1, a_2, a_3, a_4, oder, was dasselbe ist, $\frac{\partial R}{\partial(11)}$, $\frac{\partial R}{\partial(22)}$, $\frac{\partial R}{\partial(33)}$, $\frac{\partial R}{\partial(44)}$ gegebene Werthe erhalten, wodurch die

*) Die Generalisirung der Gleichung (7) besteht darin, dass sich die Norm der irrationalen Grösse $\sqrt{a_1}+\sqrt{a_2}+\cdots+\sqrt{a_{2n}}$ immer auf die Form $M^2 - a_1a_2\ldots a_{2n}.M_1^2$ bringen lässt, wo M und M_1 ganze symmetrische Functionen von a_1, a_2, ... a_{2n} sind, ein Satz, der bisher noch nicht bemerkt worden zu sein scheint, obgleich sich derselbe aus den Kroneckerschen Formeln (Journal de M. Liouville, 2e Série, T. I p. 385, 1856) herleiten lässt.

6 Unbekannten Functionen zweier Grössen werden, und dass zweitens $V = \frac{1}{8}R$ seinen grössten Werth annimmt, wodurch noch zwei Gleichungen hinzukommen. Die 6 Unbekannten müssen also den Bedingungen des Problems gemäss 6 Gleichungen genügen.

Berücksichtigt man, dass R ein homogener Ausdruck dritter Ordnung und $\frac{\partial R}{\partial(11)}$, $\frac{\partial R}{\partial(22)}$, $\frac{\partial R}{\partial(33)}$, $\frac{\partial R}{\partial(44)}$ homogene Ausdrücke zweiter Ordnung der sechs Unbekannten sind, so leuchtet ein, dass, wenn ein System von Werthen der Unbekannten den Gleichungen (3) genügt und R zum Maximum macht, zugleich das entgegengesetzte System den Gleichungen (3) ebenfalls genügt und R zum Minimum macht. Die *Gleichungen* des Problems, welche Maximum von Minimum nicht unterscheiden lassen, bleiben daher dieselben, mag man das Maximum von R oder von R^2 suchen.

5. Die wirkliche Aufstellung der Gleichungen des Lagrangeschen Problems wird wesentlich vereinfacht, wenn vorher die in (1) aufgestellte Determinante fünfter Ordnung R, die, wie bemerkt, eine homogene Function dritter Ordnung der Unbekannten ist, auf eine Determinante dritter Ordnung reducirt worden ist.

Diese Reduction wusste man bisher nur dadurch zu bewirken, dass man die Grössen der ersten Horizontalreihe von den entsprechenden Grössen der zweiten, dritten, vierten Horizontalreihe subtrahirte und dadurch R auf eine Determinante vierter Ordnung reducirte, dass man in dieser die Grössen der ersten Verticalreihe von den entsprechenden Grössen der zweiten, dritten, vierten Verticalreihe subtrahirte und so schliesslich eine Determinante dritter Ordnung erhielt. Aber die hieraus hervorgehende Transformation von R ist unsymmetrisch in Beziehung auf die vier Eckpunkte des Tetraeders, und in dieser Unsymmetrie liegt hauptsächlich die Unvollkommenheit der bisherigen Lösung des vorliegenden Problems.

Die neue Transformation, welche ich zu Grunde lege, besteht darin, dass man aus der Determinante

$$R = \begin{vmatrix} (11) & (12) & (13) & (14) & 1 \\ (21) & (22) & (23) & (24) & 1 \\ (31) & (32) & (33) & (34) & 1 \\ (41) & (42) & (43) & (44) & 1 \\ 1 & 1 & 1 & 1 & 0 \end{vmatrix}$$

und der numerischen Determinante

$$-16 = \begin{vmatrix} 1 & 1 & 1 & 1 & 0 \\ 1 & 1 & -1 & -1 & 0 \\ 1 & -1 & 1 & -1 & 0 \\ 1 & -1 & -1 & 1 & 0 \\ 0 & 0 & 0 & 0 & 1 \end{vmatrix}$$

das Product bildet, welches sich auf eine Determinante vierter Ordnung reducirt, und dass man diese wiederum mit der numerischen Determinante

$$-16 = \begin{vmatrix} 1 & 1 & 1 & 1 \\ 1 & 1 & -1 & -1 \\ 1 & -1 & 1 & -1 \\ 1 & -1 & -1 & 1 \end{vmatrix}$$

multiplicirt. Dann wird das Resultat eine Determinante dritter Ordnung, welche sich in der symbolischen Form

$$(11) \qquad -16R = \begin{vmatrix} F^2 & FG & FH \\ GF & G^2 & GH \\ HF & HG & H^2 \end{vmatrix}$$

darstellen lässt, wo

$$\begin{aligned} F &= (1+2-3-4) \\ G &= (1-2+3-4) \\ H &= (1-2-3+4). \end{aligned}$$

Die Bedeutung der symbolischen Ausdrücke F^2, FG, etc. wird nach Einführung der Grössen

$$(12) \qquad \begin{cases} \mathfrak{e} = (11)+(22)+(33)+(44) \\ \mathfrak{f} = (11)+(22)-(33)-(44) \\ \mathfrak{g} = (11)-(22)+(33)-(44) \\ \mathfrak{h} = (11)-(22)-(33)+(44), \end{cases}$$

$$(13) \qquad \begin{cases} 2s_2 = -(12)-(34)+(13)+(24)+(14)+(23), & 2t_2 = (12)-(34) \\ 2s_3 = (12)+(34)-(13)-(24)+(14)+(23), & 2t_3 = (13)-(24) \\ 2s_4 = (12)+(34)+(13)+(24)-(14)-(23), & 2t_4 = (14)-(23) \end{cases}$$

durch die Formeln

$$(14) \qquad \begin{cases} F^2 = \mathfrak{e}-4s_2, & GH = HG = \mathfrak{f}-4t_2 \\ G^2 = \mathfrak{e}-4s_3, & FH = HF = \mathfrak{g}-4t_3 \\ H^2 = \mathfrak{e}-4s_4, & FG = GF = \mathfrak{h}-4t_4 \end{cases}$$

gegeben, in welchen die verschwindenden Grössen $\mathfrak{e}$, $\mathfrak{f}$, $\mathfrak{g}$, $\mathfrak{h}$ noch nicht fortgelassen sind. Nach Annullirung dieser Grössen erhält man aus (11) und (14)

$$(15) \qquad 2V = \tfrac{1}{4}R = \begin{vmatrix} s_2 & t_4 & t_3 \\ t_4 & s_3 & t_2 \\ t_3 & t_2 & s_4 \end{vmatrix} = s_2 s_3 s_4 + 2 t_2 t_3 t_4 - s_2 t_2^2 - s_3 t_3^2 - s_4 t_4^2,$$

eine Gleichung, in welcher die neue Darstellung für das Quadrat des Tetraedervolumens enthalten ist. Dieser Ausdruck ist in Beziehung auf die Ecken des Tetraeders symmetrisch. Die Vertauschung der Ecken (3), (4) lässt die Grössen

$$s_2, \quad s_3, \quad s_4, \quad t_2, \quad t_3, \quad t_4$$

respective in

$$s_2, \quad s_4, \quad s_3, \quad t_2, \quad t_4, \quad t_3$$

übergehen, die Vertauschung der Ecken (1), (2) dagegen in

$$s_2, \quad s_4, \quad s_3, \quad t_2, \quad -t_4, \quad -t_3,$$

analog ist das Verhalten bei den übrigen Vertauschungen; die rechte Seite der Gleichung (15), welche in Beziehung auf die drei Indices 2, 3, 4 symmetrisch ist und von den Grössen t_2, t_3, t_4 nur deren Quadrate und das Product $t_2 t_3 t_4$ enthält, bleibt daher bei allen Vertauschungen der Ecken unverändert.

6. Die in den Gleichungen (3) vorkommenden Unterdeterminanten $\frac{\partial R}{\partial(11)}$, $\frac{\partial R}{\partial(22)}$, $\frac{\partial R}{\partial(33)}$, $\frac{\partial R}{\partial(44)}$ lassen sich ebenfalls in den neuen durch (13) definirten Unbekannten s_2, s_3, s_4, t_2, t_3, t_4 darstellen. Die Rechnung vereinfacht sich, wenn vorher in die Gleichungen (3) an die Stelle jener vier Unterdeterminanten die folgenden $\frac{\partial R}{\partial \mathfrak{e}}$, $\frac{\partial R}{\partial \mathfrak{f}}$, $\frac{\partial R}{\partial \mathfrak{g}}$, $\frac{\partial R}{\partial \mathfrak{h}}$ eingeführt werden. Dies geschieht zufolge (12) vermittelst der Relationen

$$\begin{aligned}
\frac{\partial R}{\partial(11)} &= \frac{\partial R}{\partial \mathfrak{e}} + \frac{\partial R}{\partial \mathfrak{f}} + \frac{\partial R}{\partial \mathfrak{g}} + \frac{\partial R}{\partial \mathfrak{h}} \\
\frac{\partial R}{\partial(22)} &= \frac{\partial R}{\partial \mathfrak{e}} + \frac{\partial R}{\partial \mathfrak{f}} - \frac{\partial R}{\partial \mathfrak{g}} - \frac{\partial R}{\partial \mathfrak{h}} \\
\frac{\partial R}{\partial(33)} &= \frac{\partial R}{\partial \mathfrak{e}} - \frac{\partial R}{\partial \mathfrak{f}} + \frac{\partial R}{\partial \mathfrak{g}} - \frac{\partial R}{\partial \mathfrak{h}} \\
\frac{\partial R}{\partial(44)} &= \frac{\partial R}{\partial \mathfrak{e}} - \frac{\partial R}{\partial \mathfrak{f}} - \frac{\partial R}{\partial \mathfrak{g}} + \frac{\partial R}{\partial \mathfrak{h}}.
\end{aligned}$$

Werden zugleich für a_1, a_2, a_3, a_4 die in (8) aufgestellten neuen Grössen b_1, b_2, b_3, b_4 eingeführt, so erhält man an Stelle von (3) die Gleichungen

$$\frac{\partial R}{\partial \mathfrak{e}} = -b_1, \quad \frac{\partial R}{\partial \mathfrak{f}} = -b_2, \quad \frac{\partial R}{\partial \mathfrak{g}} = -b_3, \quad \frac{\partial R}{\partial \mathfrak{h}} = -b_4$$

und diese gehen nach Substituirung der aus (11), (14) hervorgehenden Werthe*)

$$\begin{aligned}
\frac{\partial R}{\partial \mathfrak{e}} &= \frac{\partial R}{\partial (F^2)} + \frac{\partial R}{\partial (G^2)} + \frac{\partial R}{\partial (H^2)} = -\tfrac{1}{4}\left(\frac{\partial R}{\partial s_2} + \frac{\partial R}{\partial s_3} + \frac{\partial R}{\partial s_4}\right)\\
\frac{\partial R}{\partial \mathfrak{f}} &= \frac{\partial R}{\partial (GH)} + \frac{\partial R}{\partial (HG)} = -\tfrac{1}{4}\frac{\partial R}{\partial t_2}\\
\frac{\partial R}{\partial \mathfrak{g}} &= \frac{\partial R}{\partial (FH)} + \frac{\partial R}{\partial (HF)} = -\tfrac{1}{4}\frac{\partial R}{\partial t_3}\\
\frac{\partial R}{\partial \mathfrak{h}} &= \frac{\partial R}{\partial (FG)} + \frac{\partial R}{\partial (GF)} = -\tfrac{1}{4}\frac{\partial R}{\partial t_4}
\end{aligned}$$

ihrer linken Seiten schliesslich in die folgenden:

$$(16) \quad \tfrac{1}{4}\left(\frac{\partial R}{\partial s_2} + \frac{\partial R}{\partial s_3} + \frac{\partial R}{\partial s_4}\right) = b_1, \quad \tfrac{1}{4}\frac{\partial R}{\partial t_2} = b_2, \quad \tfrac{1}{4}\frac{\partial R}{\partial t_3} = b_3, \quad \tfrac{1}{4}\frac{\partial R}{\partial t_4} = b_4$$

über, wo R durch (15) bestimmt ist.

Dies Resultat zeigt, dass die Gleichungen des Problems einer weiteren Vereinfachung fähig sind, wenn an die Stelle der Unbekannten $s_2, s_3, s_4, t_2, t_3, t_4$ die sechs Unterdeterminanten der Determinante (15) eingeführt und gleichzeitig die Bedingungen des Maximums von R^2 anstatt von R aufgesucht werden**). Führt man nämlich die neuen Unbekannten

$$(17) \quad \begin{cases}
\sigma_2 = \tfrac{1}{4}\dfrac{\partial R}{\partial s_2} = s_3 s_4 - t_2^2, & \tau_2 = \tfrac{1}{8}\dfrac{\partial R}{\partial t_2} = t_3 t_4 - t_2 s_2\\
\sigma_3 = \tfrac{1}{4}\dfrac{\partial R}{\partial s_3} = s_2 s_4 - t_3^2, & \tau_3 = \tfrac{1}{8}\dfrac{\partial R}{\partial t_3} = t_2 t_4 - t_3 s_3\\
\sigma_4 = \tfrac{1}{4}\dfrac{\partial R}{\partial s_4} = s_2 s_3 - t_4^2, & \tau_4 = \tfrac{1}{8}\dfrac{\partial R}{\partial t_4} = t_2 t_3 - t_4 s_4
\end{cases}$$

ein, so dass die aus denselben gebildete Determinante das Quadrat der Deter-

*) Im Folgenden wird unter $\tfrac{1}{4}\frac{\partial R}{\partial t_2}$, etc. der nach t_2, etc. genommene Differentialquotient der Determinante (15) verstanden, also der doppelte Werth der t_2, etc. entsprechenden Unterdeterminante.

**) Vergl. Nr. 4.

minante (15) wird, so treten an die Stelle von (15), (16) die Gleichungen

(18) $$W = 4V^2 = \tfrac{1}{16}R^2 = \begin{vmatrix} \sigma_2 & \tau_4 & \tau_3 \\ \tau_4 & \sigma_3 & \tau_2 \\ \tau_3 & \tau_2 & \sigma_4 \end{vmatrix},$$

(19) $$\sigma_2+\sigma_3+\sigma_4 = b_1, \quad \tau_2 = \tfrac{1}{2}b_2, \quad \tau_3 = \tfrac{1}{2}b_3, \quad \tau_4 = \tfrac{1}{2}b_4$$

und das vorliegende Problem ist darauf zurückgeführt, die Determinante (18) zum Maximum zu machen, während zwischen ihren Elementen die Bedingungsgleichungen (19) bestehen. Da τ_2, τ_3, τ_4 gegebenen Constanten gleich sind, so ist zur Aufstellung der Gleichungen, welche dies Maximum definiren, nur der Ausdruck

$$W - \tfrac{1}{4}u\{\sigma_2+\sigma_3+\sigma_4-b_1\}$$

zu bilden, in welchem $-\frac{1}{4}u$ den Multiplicator bezeichnet, und dessen nach σ_2, σ_3, σ_4 genommenes Differential gleich Null zu setzen. Dies giebt die Gleichungen

$$\frac{\partial W}{\partial \sigma_2} - \tfrac{1}{4}u = 0, \quad \frac{\partial W}{\partial \sigma_3} - \tfrac{1}{4}u = 0, \quad \frac{\partial W}{\partial \sigma_4} - \tfrac{1}{4}u = 0,$$

oder

(20) $$\sigma_3\sigma_4-\tau_2^2 = \sigma_2\sigma_4-\tau_3^2 = \sigma_2\sigma_3-\tau_4^2 = \tfrac{1}{4}u.$$

Aus der zwischen den Determinanten (15) und (18) stattfindenden Beziehung folgen bekanntlich die Gleichungen

(21) $$\begin{cases} \dfrac{\partial W}{\partial \sigma_2} = \sigma_3\sigma_4-\tau_2^2 = 2Vs_2, & \tfrac{1}{2}\dfrac{\partial W}{\partial \tau_2} = \tau_3\tau_4-\tau_2\sigma_2 = 2Vt_2 \\ \dfrac{\partial W}{\partial \sigma_3} = \sigma_2\sigma_4-\tau_3^2 = 2Vs_3, & \tfrac{1}{2}\dfrac{\partial W}{\partial \tau_3} = \tau_2\tau_4-\tau_3\sigma_3 = 2Vt_3 \\ \dfrac{\partial W}{\partial \sigma_4} = \sigma_2\sigma_3-\tau_4^2 = 2Vs_4, & \tfrac{1}{2}\dfrac{\partial W}{\partial \tau_4} = \tau_2\tau_3-\tau_4\sigma_4 = 2Vt_4. \end{cases}$$

Demnach gehen, wenn anstatt u eine neue Grösse s durch die Relation

(21*) $$u = 8Vs$$

eingeführt wird, die Gleichungen (20) in die folgenden:

(20*) $$s_2 = s_3 = s_4 = s$$

über, welche vermöge (13) das Resultat

(22) $$2s = (12)+(34) = (13)+(24) = (14)+(23)$$

liefern. Dies sind die von Lagrange gefundenen Gleichungen, welche für das Maximum, von welchem die Rede ist, erfüllt sein müssen. Sie drücken aus*), dass sich die vier Höhen des Tetraeders in *einem* Punkt schneiden. Die Bestimmung der Grössen σ_2, σ_3, σ_4, τ_2, τ_3, τ_4 ist in den Gleichungen (19), (20) enthalten. Nach Elimination von τ_2, τ_3, τ_4 bleiben die Gleichungen

$$(23)\qquad \sigma_2+\sigma_3+\sigma_4 = b_1,\quad \sigma_3\sigma_4-\tfrac{1}{4}b_2^2 = \sigma_2\sigma_4-\tfrac{1}{4}b_3^2 = \sigma_2\sigma_3-\tfrac{1}{4}b_4^2 = \tfrac{1}{4}u$$

übrig, und nach Elimination von σ_2, σ_3, σ_4 zwischen diesen gelangt man zu einer Endgleichung in u.

7. Neben den Gleichungen (23) müssen Ungleichheitsbedingungen erfüllt sein, welche erstens ausdrücken, dass, während das erste Differential von W verschwindet, das zweite Differential negativ werden soll, und welche zweitens die wirkliche Existenz des Tetraeders zur Folge haben. Aus

$$dW = (\sigma_3\sigma_4-\tfrac{1}{4}b_2^2)d\sigma_2+(\sigma_2\sigma_4-\tfrac{1}{4}b_3^2)d\sigma_3+(\sigma_2\sigma_3-\tfrac{1}{4}b_4^2)d\sigma_4$$

ergiebt eine nochmalige Differentiation

$$\tfrac{1}{2}d^2W = \sigma_2 d\sigma_3 d\sigma_4+\sigma_3 d\sigma_2 d\sigma_4+\sigma_4 d\sigma_2 d\sigma_3,$$

oder, wenn vermöge der Relation $d\sigma_2+d\sigma_3+d\sigma_4 = 0$ hieraus $d\sigma_4$ eliminirt wird,

$$\tfrac{1}{2}d^2W = -\sigma_3 d\sigma_2^2-\sigma_2 d\sigma_3^2+(\sigma_4-\sigma_2-\sigma_3)d\sigma_2 d\sigma_3.$$

Damit d^2W negativ sei, müssen daher σ_2, σ_3 positiv sein und überdies

$$(\sigma_4-\sigma_2-\sigma_3)^2-4\sigma_2\sigma_3 < 0,$$

d. h.

$$(24)\qquad \sigma_2^2+\sigma_3^2+\sigma_4^2-2\sigma_2\sigma_3-2\sigma_2\sigma_4-2\sigma_3\sigma_4 < 0,$$

eine Ungleichheit, deren linke Seite sich mit Hülfe der aus (13), (17), (20*), (22) hervorgehenden Relationen

$$(24^*)\quad \sigma_2 = s^2-t_2^2 = (12)(34),\quad \sigma_3 = s^2-t_3^2 = (13)(24),\quad \sigma_4 = s^2-t_4^2 = (14)(23)$$

als identisch mit dem Ausdruck (4), d. h. mit $\frac{\partial R}{\partial (55)}$, erweist.

Die Bedingungen, unter welchen das Tetraeder ein wirklich existirendes ist, sind**) die folgenden: Die sechs Grössen (12), (13), ... (34) müssen

---

*) Vergl. Lhuilier, de relatione mutua capacitatis et terminorum figurarum geometrice considerata p. 151, und Feuerbach, Grundriss zu analytischen Untersuchungen der dreieckigen Pyramide p. 38.

**) Vergl. Nr. 2.

positiv sein*). Ferner müssen $R = 8V$ und a fortiori $R^2 = 16W$ positiv sein, zwei Bedingungen, deren erstere sich zufolge (21*), (22) durch die Forderung ersetzen lässt, dass u positiv sei. Endlich müssen $\frac{\partial R}{\partial(11)}$, $\frac{\partial R}{\partial(22)}$, $\frac{\partial R}{\partial(33)}$, $\frac{\partial R}{\partial(44)}$, $\frac{\partial R}{\partial(55)}$ negativ sein. Von diesen fünf Bedingungen ist die letzte mit (24) identisch, die ersten vier dagegen verstehen sich von selbst, denn die Gleichungen (19) sind mit (3) gleichbedeutend und in diesen sind a_1, a_2, a_3, a_4 positive Constanten.

Die neben den Gleichungen (23) zu erfüllenden Ungleichheiten sind daher ausser (24) die folgenden:

$$u > 0, \tag{25}$$

$$W > 0, \tag{26}$$

$$(12) > 0,\quad (13) > 0,\quad (14) > 0,\quad (23) > 0,\quad (24) > 0,\quad (34) > 0. \tag{27}$$

Die 9 Ungleichheiten (24), (25), (26), (27) sind nothwendig und hinreichend, damit d^2W negativ und das Tetraeder ein wirklich existirendes sei, sie sind zwar nicht unabhängig von einander, aber eine weitere Reduction derselben wird für die folgende Untersuchung nicht erfordert.

8. Es kommt jetzt zunächst darauf an, zwischen den vier Gleichungen (23) σ_2, σ_3, σ_4 zu eliminiren. Löst man die drei letzten dieser Gleichungen nach σ_2, σ_3, σ_4 auf, so findet man

$$2\sigma_2 = \frac{1}{u+b_2^2}\sqrt{\varphi(u)},\quad 2\sigma_3 = \frac{1}{u+b_3^2}\sqrt{\varphi(u)},\quad 2\sigma_4 = \frac{1}{u+b_4^2}\sqrt{\varphi(u)}, \tag{28}$$

wo

$$\varphi(u) = (u+b_2^2)(u+b_3^2)(u+b_4^2). \tag{29}$$

Diese Werthe, in die erste Gleichung (23) eingesetzt, geben

$$2(\sigma_2+\sigma_3+\sigma_4) = \frac{\varphi'(u)}{\sqrt{\varphi(u)}} = 2b_1 \tag{29*}$$

und daher

$$f(u) = [\varphi'(u)]^2 - 4b_1^2\varphi(u) = 0 \tag{30}$$

als Endgleichung der Elimination. Hat man aus (30) u bestimmt, so ergeben sich σ_2, σ_3; σ_4 aus (28) auf eindeutige Weise, da nach (29*) $\sqrt{\varphi(u)} = \frac{\varphi'(u)}{2b_1}$, also mit dem Zeichen von $\varphi'(u)$, zu nehmen ist.

) Hieraus folgt nach (24) von selbst, dass σ_2, σ_3, σ_4 positiv sind.

9. Die Gleichung vierten Grades (30), welche von den gegebenen Constanten a_1, a_2, a_3, a_4 nur ihre dreiwerthigen Verbindungen b_2^2, b_3^2, b_4^2 in symmetrischer Weise und ihre einwerthige Verbindung b_1 enthält, hat die merkwürdige Eigenschaft, *vier reelle Wurzeln zu besitzen.* Diese Eigenschaft hängt nur davon ab, dass a_1, a_2, a_3, a_4 positiv sind, und nicht von der in Nr. 3 erörterten Ungleichheitsbedingung.

Für die Discussion der Gleichung (30) nehme ich an, dass a_1, a_2, a_3, a_4 ihrer Grösse nach geordnet seien, dass man also

$$a_1 > a_2 > a_3 > a_4$$

habe, dann ist nach (8) zugleich

$$b_1 > b_2 > b_3 > b_4;$$

b_1, b_2, b_3 sind positiv, b_4 kann positiv oder negativ sein, aber die Ungleichheit $b_3 > b_4$ gilt auch für die numerischen Werthe, man hat daher auch

$$b_1^2 > b_2^2 > b_3^2 > b_4^2.$$

Für jede reelle Wurzel u der Gleichung (30) wird nach der Form dieser Gleichung $\varphi(u)$ einem Quadrate gleich, also positiv. Aber nach (29) ist $\varphi(u)$ negativ von u gleich $-\infty$ bis $-b_2^2$, positiv von $-b_2^2$ bis $-b_3^2$, negativ von $-b_3^2$ bis $-b_4^2$, positiv von $-b_4^2$ bis $+\infty$. Reelle Wurzeln von (30) können daher im ersten und dritten dieser Intervalle nicht liegen, sondern nur im zweiten und vierten. Ich werde zeigen, dass in jedem dieser letzteren zwei reelle Wurzeln liegen, ein Paar zwischen $-b_2^2$ und $-b_3^2$ und ein Paar zwischen $-b_4^2$ und $+\infty$. Da an den Grenzen dieser Intervalle, für $u = -b_2^2$, $-b_3^2$, $-b_4^2$, $+\infty$ die Function $f(u)$ positiv ist, so kommt es nur darauf an nachzuweisen, dass innerhalb eines jeden dieser beiden Intervalle $f(u)$ irgendwo negativ wird. Zu diesem Nachweis bilde ich aus b_1, b_2, b_3, b_4 die drei neuen Grössen

$$(31) \qquad \begin{cases} c_2 = b_3 b_4 - b_2(b_3+b_4) \\ c_3 = b_2 b_4 - b_3(b_2+b_4) \\ c_4 = b_2 b_3 - b_4(b_2+b_3) \end{cases}$$

und leite aus (31) die folgenden Gleichungen her:

$$\begin{array}{lll} c_2+b_2^2 = (b_2-b_3)(b_2-b_4), & c_3+b_2^2 = (b_2-b_3)(b_2+b_4), & c_4+b_2^2 = (b_2+b_3)(b_2-b_4) \\ c_2+b_3^2 = -(b_2-b_3)(b_3+b_4), & c_3+b_3^2 = -(b_2-b_3)(b_3-b_4), & c_4+b_3^2 = (b_2+b_3)(b_3-b_4) \\ c_2+b_4^2 = -(b_2-b_4)(b_3+b_4), & c_3+b_4^2 = -(b_2+b_4)(b_3-b_4), & c_4+b_4^2 = (b_2-b_4)(b_3-b_4), \end{array}$$

welche zeigen, dass c_2, c_3 zwischen $-b_2^2$ und $-b_3^2$ eingeschlossen sind, während c_4 zwischen $-b_4^2$ und $+\infty$ liegt. Aus diesen Gleichungen folgt ferner nach (29)

$$\varphi(c_2) = \{(b_2-b_3)(b_2-b_4)(b_3+b_4)\}^2, \quad \varphi'(c_2) = 2(b_2-b_3)(b_2-b_4)(b_3+b_4)(-b_2+b_3+b_4)$$
$$\varphi(c_3) = \{(b_2-b_3)(b_2+b_4)(b_3-b_4)\}^2, \quad \varphi'(c_3) = 2(b_2-b_3)(b_2+b_4)(b_3-b_4)(-b_2+b_3-b_4)$$
$$\varphi(c_4) = \{(b_2+b_3)(b_2-b_4)(b_3-b_4)\}^2, \quad \varphi'(c_4) = 2(b_2+b_3)(b_2-b_4)(b_3-b_4)(\ b_2+b_3-b_4),$$

und hieraus nach (30)

$$f(c_2) = 4\{(b_2-b_3)(b_2-b_4)(b_3+b_4)\}^2(b_1-b_2+b_3+b_4)(-b_1-b_2+b_3+b_4)$$
$$f(c_3) = 4\{(b_2-b_3)(b_2+b_4)(b_3-b_4)\}^2(b_1+b_2-b_3+b_4)(-b_1+b_2-b_3+b_4)$$
$$f(c_4) = 4\{(b_2+b_3)(b_2-b_4)(b_3-b_4)\}^2(b_1+b_2+b_3-b_4)(-b_1+b_2+b_3-b_4).$$

In jeder dieser drei Gleichungen stehen auf der rechten Seite lauter positive Factoren, mit Ausnahme des letzten, welcher nach (8) resp. die Werthe $-4a_2$, $-4a_3$, $-4a_4$ annimmt. Demnach sind $f(c_2)$, $f(c_3)$, $f(c_4)$ negativ.

Für die der Grösse nach geordneten Argumente

$$-b_2^2 < c_2 < -b_3^2,$$

wo an die Stelle von c_2 auch c_3 gesetzt werden kann, hat also $f(u)$ abwechselnde Zeichen und ebenso für die der Grösse nach geordneten Argumente

$$-b_4^2 < c_4 < +\infty,$$

d. h. *die Gleichung* $f(u) = 0$ *hat ein Paar reeller Wurzeln* u_3, u_2 *zwischen* $-b_2^2$ *und* $-b_3^2$ *und ein anderes Paar reeller Wurzeln* u_1, u_0 *zwischen* $-b_4^2$ *und* $+\infty$. Diese vier reellen Wurzeln der Gleichung (30) genügen den Ungleichheiten

$$(32) \qquad -b_2^2 < u_3 < c_2 < u_2 < -b_3^2 < -b_4^2 < u_1 < c_4 < u_0,$$

wo an die Stelle von c_2 auch c_3 gesetzt werden kann.

Der im Obigen geführte Beweis für die Realität der Wurzeln u_3, u_2, u_1, u_0 hat zugleich in (32) Grenzen ergeben, welche diese Wurzeln von einander trennen. Andere als die bisher erhaltenen Grenzen gehen aus der Betrachtung der Gleichung $f'(u) = 0$ hervor, deren drei reelle Wurzeln bekanntlich in den zwischen u_3, u_2, u_1, u_0 enthaltenen Intervallen liegen. Nach (30) hat man

$$f'(u) = 2\varphi'(u)[\varphi''(u)-2b_1^2].$$

Bezeichnet man mit $-\varrho_1$, $-\varrho_2$ die beiden Wurzeln von $\varphi'(u)=0$, so ist nach (29)

$$-b_2^2 < -\varrho_1 < -b_3^2 \lessgtr -\varrho_2 < -b_4^2$$

und

$$\varphi'(u) = 3u^2+2(b_2^2+b_3^2+b_4^2)u+b_2^2b_3^2+b_2^2b_4^2+b_3^2b_4^2 = 3(u+\varrho_1)(u+\varrho_2),$$
$$\varphi''(u) = 6u+2(b_2^2+b_3^2+b_4^2),$$

daher

$$f'(u) = 12(u+\varrho_1)(u+\varrho_2)(3u+2M),$$

wo

$$M = \tfrac{1}{2}(-b_1^2+b_2^2+b_3^2+b_4^2)$$

der in Nr. 3, Gleichungen (6) und (9), definirte Ausdruck ist. Es folgen hieraus die neuen Ungleichheiten*)

(33) $$u_3 < -\varrho_1 < u_2 < -\varrho_2 < u_1 < -\tfrac{2}{3}M < u_0.$$

Nach (33) ist $\varphi'(u)$ positiv für $u=u_3$, u_1, u_0, negativ für $u=u_2$, daher ist**) in (28) und (29*) $\sqrt{\varphi(u)}$ für $u=u_3$, u_1, u_0 mit positivem, für $u=u_2$ mit negativem Vorzeichen zu nehmen.

10. Die Ungleichheiten (33) reichen hin nachzuweisen, dass die aus den Wurzeln u_1, u_2, u_3 hervorgehenden Lösungen dem vorgelegten Maximumsproblem nicht genügen.

Vermöge der Gleichungen (23) geht (24) in

$$b_1^2-(u+b_2^2)-(u+b_3^2)-(u+b_4^2) < 0,$$

oder

$$3u+2M > 0,$$

*) Da $f(u)$ von $u=u_1$ bis $u=u_0$ negativ ist, so geht aus (33) hervor, dass $f(-\frac{2}{3}M)$ eine negative Grösse ist. Dies Factum lässt sich in folgender Form aussprechen:

Leitet man aus vier positiven Grössen a_1, a_2, a_3, a_4 drei neue Grössen

$$A_2 = M+12(a_1a_2+a_3a_4)$$
$$A_3 = M+12(a_1a_3+a_2a_4)$$
$$A_4 = M+12(a_1a_4+a_2a_3)$$

her, wo

$$M = a_1^2+a_2^2+a_3^2+a_4^2-2a_1a_2-2a_1a_3-2a_1a_4-2a_2a_3-2a_2a_4-2a_3a_4,$$

so sind A_2, A_3, A_4 ebenfalls positiv und aus $\frac{1}{\sqrt{A_2}}$, $\frac{1}{\sqrt{A_3}}$, $\frac{1}{\sqrt{A_4}}$ lässt sich ein Dreieck bilden.

**) Vergl. Nr. 8.

d. h.

$$u > -\tfrac{2}{3}M$$

über, eine Ungleichheit, der nach (33) von den vier Wurzeln der Gleichung (30) u_0 genügt, dagegen keine der Wurzeln u_1, u_2, u_3.

Da (24) eine derjenigen Ungleichheiten ist, welche das negative Vorzeichen von d^2W und die wirkliche Existenz des Tetraeders gleichzeitig bedingen, so entsprechen den Wurzeln u_1, u_2, u_3 Lösungen, für welche weder Maximum des Tetraedervolumens, noch wirkliche Existenz des Tetraeders stattfindet.

Nach Ausschluss der Wurzeln u_1, u_2, u_3 kommt es darauf an nachzuweisen, dass die aus u_0 hervorgehende Lösung dem vorgelegten Problem wirklich genügt, d. h. dass für $u = u_0$ auch die Ungleichheiten (25), (26), (27) erfüllt sind.

Die erste derselben $u_0 > 0$ folgt aus (33), d. h. aus $u_0 > -\frac{2}{3}M$, sobald M negativ ist. Gesetzt dagegen M sei positiv, so ist nach Nr. 3 alsdann die Norm N negativ, d. h. nach Gleichung (10)

$$b_2^2b_3^2+b_2^2b_4^2+b_3^2b_4^2-2b_1b_2b_3b_4 < 0,$$

daraus folgt

$$(b_2^2b_3^2+b_2^2b_4^2+b_3^2b_4^2)^2-4b_1^2b_2^2b_3^2b_4^2 < 0,$$

oder nach (29), (30)

$$f(0) = [\varphi'(0)]^2-4b_1^2\varphi(0) < 0.$$

Aber $f(u)$ ist nur negativ, wenn u in den Intervallen u_3 bis u_2 oder u_1 bis u_0, also jedenfalls unterhalb u_0 liegt, aus $f(0) < 0$ folgt daher $0 < u_0$. Die zu beweisende Ungleichheit (25)

$$u_0 > 0$$

ist also immer erfüllt, mag M negativ oder positiv sein.

11. Um den jetzt noch rückständigen Beweis zu führen, dass für $u = u_0$ die Ungleichheiten (26), (27) erfüllt sind, stelle ich den Hülfssatz auf, *dass u_0 zwischen den beiden irrationalen Factoren der Norm N*

$$(34)\qquad \begin{cases} N_0 = -M+8\sqrt{a_1a_2a_3a_4} \\ N_1 = -M-8\sqrt{a_1a_2a_3a_4} \end{cases}$$

eingeschlossen ist, dass also

$$(35)\qquad N_1 < u_0 < N_0.$$

Der erste Theil des Hülfssatzes, wonach $u_0 > N_1$ ist, erfordert die Betrachtung von vier neuen durch die Gleichungen

$$\begin{aligned}
2\sqrt{\mathfrak{a}_1} &= -\sqrt{a_1}+\sqrt{a_2}+\sqrt{a_3}+\sqrt{a_4}\\
2\sqrt{\mathfrak{a}_2} &= \sqrt{a_1}-\sqrt{a_2}+\sqrt{a_3}+\sqrt{a_4}\\
2\sqrt{\mathfrak{a}_3} &= \sqrt{a_1}+\sqrt{a_2}-\sqrt{a_3}+\sqrt{a_4}\\
2\sqrt{\mathfrak{a}_4} &= \sqrt{a_1}+\sqrt{a_2}+\sqrt{a_3}-\sqrt{a_4}
\end{aligned}$$

definirten Grössen. Die Quadratwurzeln rechter Hand werden positiv genommmen, dann sind*) $\sqrt{\mathfrak{a}_1}$, $\sqrt{\mathfrak{a}_2}$, $\sqrt{\mathfrak{a}_3}$, $\sqrt{\mathfrak{a}_4}$ ebenfalls positive Grössen, und zwar Grössen von der Art, dass zwischen ihnen die nämliche Ungleichheitsbedingung stattfindet, wie zwischen $\sqrt{a_1}$, $\sqrt{a_2}$, $\sqrt{a_3}$, $\sqrt{a_4}$, dass also die beiden Ausdrücke

$$\mathfrak{M} = \mathfrak{a}_1^2+\mathfrak{a}_2^2+\mathfrak{a}_3^2+\mathfrak{a}_4^2-2\mathfrak{a}_1\mathfrak{a}_2-2\mathfrak{a}_1\mathfrak{a}_3-2\mathfrak{a}_1\mathfrak{a}_4-2\mathfrak{a}_2\mathfrak{a}_3-2\mathfrak{a}_2\mathfrak{a}_4-2\mathfrak{a}_3\mathfrak{a}_4$$

und

$$\mathfrak{N} = \mathfrak{M}^2-64\mathfrak{a}_1\mathfrak{a}_2\mathfrak{a}_3\mathfrak{a}_4,$$

deren letzterer die Norm der irrationalen Grösse $\sqrt{\mathfrak{a}_1}+\sqrt{\mathfrak{a}_2}+\sqrt{\mathfrak{a}_3}+\sqrt{\mathfrak{a}_4}$ ist, nicht gleichzeitig positiv sein dürfen.

Nach Analogie der Gleichungen (8), (9), (10) erhält man unter Einführung der Grössen

$$\begin{aligned}
\mathfrak{b}_1 &= \mathfrak{a}_1+\mathfrak{a}_2+\mathfrak{a}_3+\mathfrak{a}_4 = a_1+a_2+a_3+a_4 = b_1\\
\mathfrak{b}_2 &= \mathfrak{a}_1+\mathfrak{a}_2-\mathfrak{a}_3-\mathfrak{a}_4 = -2(\sqrt{a_1a_2}-\sqrt{a_3a_4})\\
\mathfrak{b}_3 &= \mathfrak{a}_1-\mathfrak{a}_2+\mathfrak{a}_3-\mathfrak{a}_4 = -2(\sqrt{a_1a_3}-\sqrt{a_2a_4})\\
\mathfrak{b}_4 &= \mathfrak{a}_1-\mathfrak{a}_2-\mathfrak{a}_3+\mathfrak{a}_4 = -2(\sqrt{a_1a_4}-\sqrt{a_2a_3})
\end{aligned}$$

und mit Berücksichtigung von (6) für $\mathfrak{M}$ und $\mathfrak{N}$ die Gleichungen

$$\begin{aligned}
2\mathfrak{M} &= -\mathfrak{b}_1^2+\mathfrak{b}_2^2+\mathfrak{b}_3^2+\mathfrak{b}_4^2 = -M-24\sqrt{a_1a_2a_3a_4},\\
\mathfrak{N} &= \mathfrak{b}_2^2\mathfrak{b}_3^2+\mathfrak{b}_2^2\mathfrak{b}_4^2+\mathfrak{b}_3^2\mathfrak{b}_4^2-2\mathfrak{b}_1\mathfrak{b}_2\mathfrak{b}_3\mathfrak{b}_4.
\end{aligned}$$

Der Ausdruck $\mathfrak{N}$ lässt sich durch die Werthe darstellen, welche $\varphi'(u)$ und $\sqrt{\varphi(u)}$ für $u = N_1$ annehmen. Denn man hat

$$\begin{aligned}
N_1+b_2^2 &= (a_1+a_2-a_3-a_4)^2-M-8\sqrt{a_1a_2a_3a_4} = 4(\sqrt{a_1a_2}-\sqrt{a_3a_4})^2 = \mathfrak{b}_2^2\\
N_1+b_3^2 &= (a_1-a_2+a_3-a_4)^2-M-8\sqrt{a_1a_2a_3a_4} = 4(\sqrt{a_1a_3}-\sqrt{a_2a_4})^2 = \mathfrak{b}_3^2\\
N_1+b_4^2 &= (a_1-a_2-a_3+a_4)^2-M-8\sqrt{a_1a_2a_3a_4} = 4(\sqrt{a_1a_4}-\sqrt{a_2a_3})^2 = \mathfrak{b}_4^2
\end{aligned}$$

*) Vergl. Nr. 3.

und daher

$$\mathfrak{b}_2^2\mathfrak{b}_3^2+\mathfrak{b}_2^2\mathfrak{b}_4^2+\mathfrak{b}_3^2\mathfrak{b}_4^2 = \varphi'(N_1)$$

$$\mathfrak{b}_2\mathfrak{b}_3\mathfrak{b}_4 = \sqrt{\varphi(N_1)}$$

$$\mathfrak{N} = \mathfrak{b}_2^2\mathfrak{b}_3^2+\mathfrak{b}_2^2\mathfrak{b}_4^2+\mathfrak{b}_3^2\mathfrak{b}_4^2-2\mathfrak{b}_1\mathfrak{b}_2\mathfrak{b}_3\mathfrak{b}_4 = \varphi'(N_1)-2b_1\sqrt{\varphi(N_1)}.$$

Mit Hülfe der erhaltenen Werthe von $\mathfrak{M}$ und $\mathfrak{N}$ wird ohne Schwierigkeit die Ungleichheit $u_0 > N_1$ bewiesen. Sie ist eine unmittelbare Folge der in (33) enthaltenen Ungleichheit $u_0 > -\frac{2}{3}M$, vorausgesetzt dass $-\frac{2}{3}M > N_1$, d. h.

$$-\tfrac{2}{3}M > -M-8\sqrt{a_1a_2a_3a_4},$$

oder

$$-\tfrac{1}{3}M-8\sqrt{a_1a_2a_3a_4} = \tfrac{4}{3}\mathfrak{M} < 0,$$

vorausgesetzt also dass $\mathfrak{M}$ negativ sei. Gesetzt dagegen $\mathfrak{M}$ sei positiv, so ist $\mathfrak{N}$ negativ, d. h.

$$\mathfrak{b}_2^2\mathfrak{b}_3^2+\mathfrak{b}_2^2\mathfrak{b}_4^2+\mathfrak{b}_3^2\mathfrak{b}_4^2-2\mathfrak{b}_1\mathfrak{b}_2\mathfrak{b}_3\mathfrak{b}_4 < 0,$$

hieraus folgt

$$(\mathfrak{b}_2^2\mathfrak{b}_3^2+\mathfrak{b}_2^2\mathfrak{b}_4^2+\mathfrak{b}_3^2\mathfrak{b}_4^2)^2-4\mathfrak{b}_1^2\mathfrak{b}_2^2\mathfrak{b}_3^2\mathfrak{b}_4^2 < 0,$$

oder

$$f(N_1) = [\varphi'(N_1)]^2-4b_1^2\varphi(N_1) < 0.$$

Daraus, dass $f(N_1)$ negativ ist, folgt dann nach der bereits in der vorigen Nummer angestellten Betrachtung, dass N_1 unterhalb u_0 liegt. Die Ungleichheit

$$u_0 > N_1$$

ist also unter allen Umständen erfüllt.

Es bleibt jetzt der zweite Theil des Hülfssatzes zu beweisen, wonach $N_0 = -M+8\sqrt{a_1a_2a_3a_4}$ eine obere Grenze der Wurzel u_0 ist. Zunächst leuchtet es ein, dass $N_0 > u_1$ ist; denn nach (5) ist N_0 positiv, und da in der Gleichung

$$N_0+\tfrac{2}{3}M = -\tfrac{1}{3}M+8\sqrt{a_1a_2a_3a_4}$$

für positive Werthe von M die linke Seite, für negative Werthe von M die rechte Seite aus zwei positiven Summanden besteht, so ist unter allen Umständen $N_0+\frac{2}{3}M$ positiv, d. h. $N_0 > -\frac{2}{3}M$, also nach (33) *a fortiori* $N_0 > u_1$. Es sind daher nur folgende beiden Fälle möglich: Entweder liegt N_0 in dem Intervall von u_1 bis u_0, dann ist $f(N_0)$ negativ, oder N_0 liegt in dem Intervall von u_0 bis $+\infty$, dann ist $f(N_0)$ positiv. Der Beweis, dass $N_0 > u_0$ sei, fällt also mit dem Beweise davon zusammen, dass $f(N_0)$ positiv sei. Um diesen letzteren zu führen, betrachte ich vier neue Grössen α_1, α_2, α_3, α_4, deren

Quadratwurzeln ich durch die Gleichungen

$$\begin{aligned}
2\sqrt{\alpha_1} &= \sqrt{a_1}+\sqrt{a_2}+\sqrt{a_3}+\sqrt{a_4}\\
2\sqrt{\alpha_2} &= \sqrt{a_1}+\sqrt{a_2}-\sqrt{a_3}-\sqrt{a_4}\\
2\sqrt{\alpha_3} &= \sqrt{a_1}-\sqrt{a_2}+\sqrt{a_3}-\sqrt{a_4}\\
2\sqrt{\alpha_4} &= \sqrt{a_1}-\sqrt{a_2}-\sqrt{a_3}+\sqrt{a_4}
\end{aligned}$$

definire. Die Norm der irrationalen Grösse $\sqrt{\alpha_1}+\sqrt{\alpha_2}+\sqrt{\alpha_3}+\sqrt{\alpha_4}$ bezeichne ich mit N, die acht irrationalen Factoren derselben werden resp. gleich $2\sqrt{a_1}$, $2\sqrt{a_2}$, $2\sqrt{a_3}$, $2\sqrt{a_4}$, $2\sqrt{\mathfrak{a}_1}$, $2\sqrt{\mathfrak{a}_2}$, $2\sqrt{\mathfrak{a}_3}$, $2\sqrt{\mathfrak{a}_4}$, also sämmtlich positiv. Der positive Werth von N bestimmt sich also einerseits gleich $2^8\sqrt{a_1a_2a_3a_4}\sqrt{\mathfrak{a}_1\mathfrak{a}_2\mathfrak{a}_3\mathfrak{a}_4}$. Andrerseits erhält man nach Analogie der Gleichungen (8), (10) unter Einführung der Grössen

$$\begin{aligned}
\beta_1 &= \alpha_1+\alpha_2+\alpha_3+\alpha_4 = a_1+a_2+a_3+a_4 = b_1\\
\beta_2 &= \alpha_1+\alpha_2-\alpha_3-\alpha_4 = 2(\sqrt{a_1a_2}+\sqrt{a_3a_4})\\
\beta_3 &= \alpha_1-\alpha_2+\alpha_3-\alpha_4 = 2(\sqrt{a_1a_3}+\sqrt{a_2a_4})\\
\beta_4 &= \alpha_1-\alpha_2-\alpha_3+\alpha_4 = 2(\sqrt{a_1a_4}+\sqrt{a_2a_3})
\end{aligned}$$

für N den Ausdruck

$$\mathsf{N} = \beta_2^2\beta_3^2+\beta_2^2\beta_4^2+\beta_3^2\beta_4^2-2\beta_1\beta_2\beta_3\beta_4.$$

Da sowohl N als die Grössen β_1, β_2, β_3, β_4 sämmtlich positiv sind, so ist

$$(\beta_2^2\beta_3^2+\beta_2^2\beta_4^2+\beta_3^2\beta_4^2)^2-4b_1^2\beta_2^2\beta_3^2\beta_4^2 > 0.$$

Aber man hat die Gleichungen

$$\begin{aligned}
N_0+b_2^2 &= (a_1+a_2-a_3-a_4)^2-M+8\sqrt{a_1a_2a_3a_4} = 4(\sqrt{a_1a_2}+\sqrt{a_3a_4})^2 = \beta_2^2\\
N_0+b_3^2 &= (a_1-a_2+a_3-a_4)^2-M+8\sqrt{a_1a_2a_3a_4} = 4(\sqrt{a_1a_3}+\sqrt{a_2a_4})^2 = \beta_3^2\\
N_0+b_4^2 &= (a_1-a_2-a_3+a_4)^2-M+8\sqrt{a_1a_2a_3a_4} = 4(\sqrt{a_1a_4}+\sqrt{a_2a_3})^2 = \beta_4^2
\end{aligned}$$

$$\begin{aligned}
\beta_2^2\beta_3^2+\beta_2^2\beta_4^2+\beta_3^2\beta_4^2 &= \varphi'(N_0)\\
\beta_2\beta_3\beta_4 &= \sqrt{\varphi(N_0)}\\
\mathsf{N} &= \varphi'(N_0)-2b_1\sqrt{\varphi(N_0)}
\end{aligned}$$

und hierdurch geht die obige Ungleichheit in die folgende:

$$f(N_0) = [(\varphi'(N_0)]^2-4b_1^2\varphi(N_0) > 0$$

über, woraus, wie gezeigt worden,

$$N_0 > u_0$$

folgt. Hiermit ist der Hülfssatz (35) vollständig bewiesen. Es folgt aus demselben, dass das Product

$$(u_0-N_0)(u_0-N_1) = u_0^2+2Mu_0+N$$

negativ ist.

12. Aus der vorigen Nummer lässt sich zunächst beweisen, dass für $u = u_0$ die Ungleichheit (26) erfüllt, d. h. W positiv ist. Substituirt man in (18) für τ_2, τ_3, τ_4 und σ_2, σ_3, σ_4 ihre Werthe (19) und (28), wo $\sqrt{\varphi(u)}$ für $u = u_0$ mit positivem Vorzeichen zu nehmen ist*), so ergiebt sich

$$8W = \begin{vmatrix} \frac{1}{u_0+b_2^2}\sqrt{\varphi(u_0)} & b_4 & b_3 \\ b_4 & \frac{1}{u_0+b_3^2}\sqrt{\varphi(u_0)} & b_2 \\ b_3 & b_2 & \frac{1}{u_0+b_4^2}\sqrt{\varphi(u_0)} \end{vmatrix},$$

oder mit Hülfe von (29*)

$$4W = b_2b_3b_4+b_1u_0-\sqrt{\varphi(u_0)}.$$

Damit W positiv sei, sind daher die Ungleichheiten

$$b_2b_3b_4+b_1u_0 > 0,$$

$$(b_2b_3b_4+b_1u_0)^2-\varphi(u_0) > 0$$

nothwendig. Die erstere derselben ergiebt sich aus (32), d. h. aus

$$u_0 > c_4 = b_2b_3-b_4(b_2+b_3),$$

denn es ist demzufolge

$$b_2b_3b_4+b_1u_0 > b_2b_3(b_1+b_4)-b_1b_4(b_2+b_3),$$

wovon die linke Seite für ein positives b_4, die rechte für ein negatives b_4 sofort als positiv zu erkennen ist. Die letztere der beiden Ungleichheiten reducirt sich, da $u_0 > 0$, auf

$$u_0^2+2Mu_0+N < 0,$$

wovon die vorige Nummer den Beweis enthält. Demnach ist W positiv.

Aus W ergiebt sich V nach (18) vermöge der Gleichung

$$V = \tfrac{1}{2}\sqrt{W}$$

und zwar ist die Quadratwurzel positiv zu nehmen, denn sonst würde V, also das Quadrat des Volumens des Tetraeders, und daher nach (21*) auch $2s$, die Summe der Kantenquadrate (12)+(34), (13)+(24), (14)+(23), negativ sein.

---

*) Vergl. Nr. 9.

Der aus V hergeleitete Werth von s

$$s = \frac{u_0}{8V} = \frac{u_0}{4\sqrt{W}}$$

ist positiv, die Werthe (28) der Grössen σ_2, σ_3, σ_4 sind für $u = u_0$ ebenfalls positiv. Nach den Gleichungen (22), (24*) lässt sich dies so aussprechen, dass jedes der Grössenpaare (12) und (34), (13) und (24), (14) und (23) eine positive Summe und ein positives Product besitzt. Hieraus folgt, dass die Grössen selbst positiv sind, sobald sie reell sind, d. h. sobald die Differenzen

$$(12)-(34) = 2t_2, \quad (13)-(24) = 2t_3, \quad (14)-(23) = 2t_4$$

reelle Werthe bekommen. Dass aber t_2, t_3, t_4 reell sind, ergiebt sich aus den drei letzten Gleichungen (21), oder, was dasselbe ist, aus den Gleichungen

$$8Vt_2 = b_3 b_4 - \frac{b_2}{u_0 + b_2^2}\sqrt{\varphi(u_0)}$$

$$8Vt_3 = b_2 b_4 - \frac{b_3}{u_0 + b_3^2}\sqrt{\varphi(u_0)}$$

$$8Vt_4 = b_2 b_3 - \frac{b_4}{u_0 + b_4^2}\sqrt{\varphi(u_0)}.$$

Hiermit ist bewiesen, dass die 6 Grössen (12), (34), (13), (24), (14), (23) positiv sind. Für $u = u_0$ sind also alle Ungleichheiten (24), (25), (26), (27) erfüllt, und *es findet daher für die der grössten Wurzel* $u = u_0$ *der Gleichung* (30) *entsprechende Lösung* (und nur für diese) *sowohl Maximum des Tetraeder-Volumens als wirkliche Existenz des Tetraeders statt.*

Die Lagrangesche Aufgabe des Maximums, die den Gegenstand der vorliegenden Abhandlung bildet, kann auf eine beliebige Anzahl von Dimensionen ausgedehnt werden. Aber für diese Ausdehnung versagt die hier eingeschlagene Methode der Lösung, welche durch das Vorhandensein dreiwerthiger Functionen von vier Grössen bedingt ist. Auf welchem Wege die Lösung des verallgemeinerten Problems zu erreichen ist, werde ich in einer anderen Abhandlung auseinandersetzen.

Ueber die Aufgabe des Maximum, welche der Bestimmung des Tetraeders von grösstem Volumen bei gegebenem Flächeninhalt der Seitenflächen für mehr als drei Dimensionen entspricht.

Mathematische Abhandlungen der Akademie der Wissenschaften zu Berlin, a. d. Jahre 1866 p. 121—155.

Ueber die Aufgabe des Maximum, welche der Bestimmung des Tetraeders von grösstem Volumen bei gegebenem Flächeninhalt der Seitenflächen für mehr als drei Dimensionen entspricht.

Gelesen in der Akademie der Wissenschaften zu Berlin am 19. Februar 1866.

Die Lagrangesche Aufgabe, das Tetraeder von grösstem Volumen bei gegebenem Flächeninhalt der vier Seitenflächen zu bestimmen, kann auf eine beliebige Anzahl von Dimensionen ausgedehnt werden. Diese Verallgemeinerung lässt nicht mehr eine Lösung durch die Mittel zu, welche ich in einer früheren Abhandlung*) angewandt habe, sondern erfordert eine andere Methode, deren Darstellung den Gegenstand des Folgenden bildet.

§ 1.

Analytischer Ausdruck des Problems.

Man denke sich einen Raum von $n-1$ Dimensionen und bestimme einen in demselben variablen Punkt durch die $n-1$ Coordinaten $x^{(1)}$, $x^{(2)}$, ... $x^{(n-1)}$. Es seien in demselben n Punkte p_1, p_2, ... p_n gegeben, von welchen ein beliebig gewählter p_i die Coordinaten $x_i^{(1)}$, $x_i^{(2)}$, ... $x_i^{(n-1)}$ habe. Dem sechsfachen Tetraedervolumen entspricht für $n-1$ Dimensionen die Deter-

*) S. *Abhandlungen der Akademie der Wissenschaften zu Berlin a. d. Jahre* 1865, *p.* 1 *der mathematischen Klasse* [*p.* 179 *dieser Ausgabe*]. Ausser der in meiner früheren Abhandlung bereits genannten Arbeit des Herrn Painvin über denselben Gegenstand sind zwei Arbeiten der Herren Paul Serret und Lebesgue (*Nouvelles Annales de Mathématiques, réd. par MM. Gerono et Prouhet*, 2e *Série, T.* II, 1863) zu erwähnen. Beide behandeln die Lagrangesche Aufgabe mit Hülfe einer geometrischen Correlation. Herr Lebesgue giebt eine vollständige Lösung, welche auch in analytischer Beziehung interessant ist.

minante

$$V = \begin{vmatrix} x_1^{(1)} & x_1^{(2)} & \dots & x_1^{(n-1)} & 1 \\ x_2^{(1)} & x_2^{(2)} & \dots & x_2^{(n-1)} & 1 \\ \cdot & \cdot & \dots & \cdot & \cdot \\ \cdot & \cdot & \dots & \cdot & \cdot \\ x_n^{(1)} & x_n^{(2)} & \dots & x_n^{(n-1)} & 1 \end{vmatrix},$$

dem Quadrate des doppelten Flächeninhalts einer Seitenfläche des Tetraeders entspricht die Quadratsumme

$$\sum_\alpha \left(\frac{\partial V}{\partial x_i^{(\alpha)}}\right)^2,$$

welche von $\alpha = 1$ bis $\alpha = n-1$ auszudehnen ist. Das zu behandelnde Problem verlangt, dass V zu einem Maximum gemacht werden soll, während jede der n Quadratsummen $\sum_\alpha \left(\frac{\partial V}{\partial x_i^{(\alpha)}}\right)^2$ für $i = 1, 2, \dots n$ einer gegebenen positiven von Null verschiedenen Constante gleich wird.

Dieser analytische Ausdruck des Problems ist noch von der Willkür der Lage des Coordinatensystems afficirt. Man kann diese Willkür beseitigen, indem man an die Stelle der $n(n-1)$ Coordinatenwerthe die $\frac{n(n-1)}{2}$ Grössen

$$(ik) = (x_i^{(1)} - x_k^{(1)})^2 + (x_i^{(2)} - x_k^{(2)})^2 + \dots + (x_i^{(n-1)} - x_k^{(n-1)})^2$$

einführt, welche im Fall dreier Dimensionen die Quadrate der sechs Kanten des Tetraeders darstellen.

Um gleichzeitig das Quadrat von V und die Quadratsummen $\sum_\alpha \left(\frac{\partial V}{\partial x_i^{(\alpha)}}\right)^2$ in Functionen der (ik) zu transformiren, betrachte ich unter Einführung der Bezeichnung

$$q_i = x_i^{(1)} x_i^{(1)} + x_i^{(2)} x_i^{(2)} + \dots + x_i^{(n-1)} x_i^{(n-1)}$$

die beiden Schemata

$$(A) \qquad \left\{ \begin{matrix} 1 & 0 & 0 & \dots & 0 & 0 \\ q_1 & x_1^{(1)} & x_1^{(2)} & \dots & x_1^{(n-1)} & 1 \\ q_2 & x_2^{(1)} & x_2^{(2)} & \dots & x_2^{(n-1)} & 1 \\ \cdot & \cdot & \cdot & \dots & \cdot & \cdot \\ \cdot & \cdot & \cdot & \dots & \cdot & \cdot \\ q_m & x_m^{(1)} & x_m^{(2)} & \dots & x_m^{(n-1)} & 1 \end{matrix} \right.$$

$$
(B) \qquad \begin{cases}
0 & 0 & 0 & \ldots & 0 & 1 \\
1 & -2x_1^{(1)} & -2x_1^{(2)} & \ldots & -2x_1^{(n-1)} & q_1 \\
1 & -2x_2^{(1)} & -2x_2^{(2)} & \ldots & -2x_2^{(n-1)} & q_2 \\
. & . & . & \ldots & . & . \\
. & . & . & \ldots & . & . \\
1 & -2x_m^{(1)} & -2x_m^{(2)} & \ldots & -2x_m^{(n-1)} & q_m
\end{cases}
$$

wo m eine der Zahlen 1, 2, ... n bedeutet. In jedem dieser Schemata bezeichne ich die auf einander folgenden Horizontalreihen mit (0), (1), (2), ... (m), wähle aus (A) die Horizontalreihe (i) und aus (B) die Horizontalreihe (k) aus, multiplicire je zwei correspondirende Elemente dieser beiden Reihen mit einander, addire die Producte und nenne p_{ik} diese Productsumme, dann hat man, wenn sowohl i als k von 0 verschieden ist,

$$p_{ik} = (ik),$$

dagegen

$$p_{i0} = p_{0k} = 1$$

und

$$p_{00} = 0.$$

Die Determinante aus den sämmtlichen $(m+1)^2$ Productsummen p ist daher

$$
R_m = \begin{vmatrix}
0 & 1 & 1 & \ldots & 1 \\
1 & (11) & (12) & \ldots & (1m) \\
1 & (21) & (22) & \ldots & (2m) \\
. & . & . & \ldots & . \\
. & . & . & \ldots & . \\
1 & (m1) & (m2) & \ldots & (mm)
\end{vmatrix},
$$

wo $(11) = (22) = \cdots = (mm) = 0$. Nach einem bekannten Determinantensatz ist aber R_m auf eine zweite Art darstellbar. Bildet man nämlich aus je $m+1$ Verticalreihen des Schema (A) und aus den $m+1$ entsprechenden Verticalreihen des Schema (B) die beiden Partial-Determinanten und multiplicirt dieselben in einander, so ist R_m die Summe der Producte. Von jenen beiden Partial-Determinanten verschwindet mindestens eine, wenn sich nicht gleichzeitig die erste und letzte Verticalreihe unter den $m+1$ ausgewählten befinden. Für die übrig bleibenden Producte unterscheidet sich die aus dem Schema (B) herrührende Determinante von der entsprechenden aus dem Schema (A) herrührenden nur durch den hinzutretenden Factor $(-1)^m 2^{m-1}$. Bezeichnet man mit $i_1, i_2, \dots i_{m-1}$ irgend eine Combination von $m-1$ verschiedenen Zahlen aus der Reihe $1, 2, \dots n-1$ und setzt

$$V_{i_1, i_2, \dots i_{m-1}} = \begin{vmatrix} x_1^{(i_1)} & \dots & x_1^{(i_{m-1})} & 1 \\ \cdot & \dots & \cdot & \cdot \\ \cdot & \dots & \cdot & \cdot \\ x_m^{(i_1)} & \dots & x_m^{(i_{m-1})} & 1 \end{vmatrix},$$

so erhält man daher

$$R_m = (-1)^m 2^{m-1} \sum V^2_{i_1, i_2, \dots i_{m-1}},$$

eine Gleichung, welche für $m = 1$ durch $R_1 = -1$ ersetzt wird. Für $m = n$ und $m = n-1$ ergeben sich hieraus die beiden speciellen Resultate

$$R_n = (-1)^n 2^{n-1} V^2,$$

$$R_{n-1} = \frac{\partial R_n}{\partial (nn)} = (-1)^{n-1} 2^{n-2} \sum_a \left(\frac{\partial V}{\partial x_n^{(a)}} \right)^2.$$

Analog der letzteren Gleichung erhält man, wenn n durch irgend einen anderen Index i ersetzt wird,

$$\frac{\partial R_n}{\partial (ii)} = (-1)^{n-1} 2^{n-2} \sum_a \left(\frac{\partial V}{\partial x_i^{(a)}} \right)^2.$$

Die auf $n-1$ Dimensionen ausgedehnte Lagrangesche Aufgabe lässt sich also, wenn man die $\frac{n(n-1)}{2}$ Grössen

$$(ik) = (x_i^{(1)} - x_k^{(1)})^2 + (x_i^{(2)} - x_k^{(2)})^2 + \dots + (x_i^{(n-1)} - x_k^{(n-1)})^2$$

als die unabhängigen Variablen einführt, analytisch so aussprechen:

Die mit $(-1)^n$ multiplicirte Determinante

$$(1) \qquad R_n = \begin{vmatrix} 0 & 1 & 1 & \dots & 1 \\ 1 & (11) & (12) & \dots & (1n) \\ 1 & (21) & (22) & \dots & (2n) \\ \cdot & \cdot & \cdot & \dots & \cdot \\ \cdot & \cdot & \cdot & \dots & \cdot \\ 1 & (n1) & (n2) & \dots & (nn) \end{vmatrix},$$

in welcher $(11) = (22) = \dots = (nn) = 0$, soll zu einem Maximum gemacht werden, während gleichzeitig jede der mit $(-1)^{n-1}$ multiplicirten Unter-Determinanten

$$\frac{\partial R_n}{\partial (ii)}$$

für $i = 1, 2, \ldots n$ einer gegebenen positiven von Null verschiedenen Constante c_i gleich zu setzen ist.

Das Differential der Determinante (1) muss also verschwinden, während gleichzeitig die n Bedingungsgleichungen

$$(2) \qquad 0 = t_i = -\frac{\partial R_n}{\partial (ii)} + (-1)^{n-1} c_i$$

für $i = 1, 2, \ldots n$ erfüllt sind.

Hierzu kommen noch Ungleichheiten. Es muss nämlich $(-1)^n d^2 R_n$ negativ sein, damit $(-1)^n R_n$ ein wirkliches Maximum werde, und ferner muss, nach der oben erhaltenen Darstellung der Determinante R_m durch Quadratsummen von Partial-Determinanten, jeder der Ausdrücke $(-1)^m R_m$ für $m = 1, 2, 3, \ldots n$ positiv sein, damit die Lösung eine reelle sei, d. h. damit die $\frac{n(n-1)}{2}$ Grössen (ik) aus lauter reellen Coordinaten $x_i^{(a)}$ hervorgegangen seien. Man kann die Ungleichheiten $(-1)^m R_m > 0$ in eine einzige Ungleichheit zusammenfassen und zwar folgendermassen: Es seien $y_1, y_2, \ldots y_n$ Variable, welche durch die Relation*)

$$r = \Sigma y_i = y_1 + y_2 + \cdots + y_n = 0$$

mit einander verknüpft sind, und man betrachte die quadratische Form von $n-1$ Variablen, welche durch die Gleichung

$$(3) \qquad f = \sum_{ik} (ik) y_i y_k$$

dargestellt wird, vorausgesetzt dass aus derselben eine der n Variablen y_i vermöge der Relation $r = 0$ eliminirt sei. Dann sind die Ungleichheiten $(-1)^m R_m > 0$ gleichbedeutend damit, *dass f eine definite negative Form sei.* In der That, welche Variable y_i man auch aus Gleichung (3) eliminiren möge, so hat die resultirende Form f von $n-1$ Variablen immer dieselbe Determinante $-R_n$, oder, was dasselbe ist, $-f$ hat die Determinante $(-1)^n R_n$; ebenso

---

*) Hier und im Folgenden werde ich immer mit i, k, l, m Zahlen bezeichnen, welche die Werthe $1, 2, \ldots n$ haben können, mit $\sum_i, \sum_{ik}, \ldots$ Summen, in welchen jeder der Zahlen $i, k, \ldots$ die Werthe $1, 2, \ldots n$ beizulegen sind. Dagegen sollen $\alpha, \beta, \gamma, \delta$ Zahlen bezeichnen, welche nur die Werthe $1, 2, \ldots n-1$ haben können, und $\sum_\alpha, \sum_{\alpha\beta}, \ldots$ Summen, in welchen jeder der Zahlen $\alpha, \beta, \ldots$ die Werthe $1, 2, \ldots n-1$ beizulegen sind.

hat die Form

$$-\sum_{p=1}^{p=m}\sum_{q=1}^{q=m}(pq)y_p y_q,$$

wenn man eine der Variablen $y_1, y_2, \ldots y_m$ vermöge der Relation

$$y_1+y_2+\cdots+y_m = 0$$

aus ihr eliminirt, die Determinante $(-1)^m R_m$, und hieraus geht bekanntlich die obige Behauptung hervor, wonach die sämmtlichen Ungleichheiten

$$(-1)^m R_m > 0$$

in die eine

$$f < 0$$

zusammengefasst werden können, ein Resultat, welches sich leicht direct verificiren lässt. Setzt man nämlich in (3) für (ik) seinen Werth

$$(ik) = \sum_a (x_i^{(a)}-x_k^{(a)})^2$$

ein, wo nach α von $\alpha = 1$ bis $\alpha = n-1$ zu summiren ist, so ergiebt sich

$$f = \sum_a\sum_{ik}(x_i^{(a)}x_i^{(a)}-2x_i^{(a)}x_k^{(a)}+x_k^{(a)}x_k^{(a)})y_i y_k.$$

Aber die beiden Summen

$$\sum_{ik} x_i^{(a)}x_i^{(a)}y_i y_k, \quad \sum_{ik} x_k^{(a)}x_k^{(a)}y_i y_k$$

verschwinden wegen der Relation $r = 0$, und es bleibt daher für f der Ausdruck

$$f = -2.\sum_a(x_1^{(a)}y_1+x_2^{(a)}y_2+\cdots+x_n^{(a)}y_n)^2$$

übrig, woraus einleuchtet, dass für reelle Coordinatenwerthe $x_i^{(a)}$ die Form f negativ sein muss. Der Kürze wegen übergehe ich den mit keiner Schwierigkeit verknüpften Nachweis, dass die für die Realität der Lösung nothwendige Bedingung $f<0$ auch dafür ausreichend ist.

Die in den Gleichungen (2) vorkommenden n Constanten c_i sind zwar durch keine Gleichung mit einander verbunden, aber sie müssen, wenn c_n die grösste derselben bezeichnet, der Ungleichheit

$$\sqrt{c_n} < \sqrt{c_1}+\sqrt{c_2}+\cdots+\sqrt{c_{n-1}}$$

genügen. Besteht diese Ungleichheit nicht, so hat das Problem keine reelle Lösung.

Zum Beweise denke ich mir das Coordinatensystem in solcher Lage, dass die Coordinate $x^{(n-1)}$ für die Punkte $p_1, p_2, \dots p_{n-1}$ verschwindet und nur für p_n von Null verschieden ist, dann verschwinden von den $n-1$ Unter-Determinanten $\frac{\partial V}{\partial x_n^{(\alpha)}}$ die $n-2$ für $\alpha = 1, 2, \dots n-2$ und nur für $\alpha = n-1$ ergiebt sich ein von Null verschiedener Werth. Daher wird

$$c_n = (-1)^{n-1}\frac{\partial R_n}{\partial(nn)} = 2^{n-2}\left(\frac{\partial V}{\partial x_n^{(n-1)}}\right)^2,$$

während für $i = 1, 2, \dots n-1$

$$c_i = (-1)^{n-1}\frac{\partial R_n}{\partial(ii)} = 2^{n-2}\sum_\alpha\left(\frac{\partial V}{\partial x_i^{(\alpha)}}\right)^2.$$

Für alle $n-1$ Werthe von α bestehen die Gleichungen

$$\frac{\partial V}{\partial x_1^{(\alpha)}}+\frac{\partial V}{\partial x_2^{(\alpha)}}+\cdots+\frac{\partial V}{\partial x_n^{(\alpha)}} = 0.$$

Bezeichnet man zur Abkürzung den numerischen Werth von

$$(\sqrt{2})^{n-2}\frac{\partial V}{\partial x_i^{(\alpha)}}$$

mit $V_i^{(\alpha)}$, so hat man daher für $\alpha = n-1$

$$V_n^{(n-1)} = \pm V_1^{(n-1)} \pm V_2^{(n-1)} \pm \cdots \pm V_{n-1}^{(n-1)},$$

wo die Zeichen rechter Hand entweder alle oder zum Theil positiv sind. Demnach ist

$$V_n^{(n-1)} = V_1^{(n-1)} + V_2^{(n-1)} + \cdots + V_{n-1}^{(n-1)},$$

oder

$$V_n^{(n-1)} < V_1^{(n-1)} + V_2^{(n-1)} + \cdots + V_{n-1}^{(n-1)}.$$

Es ist aber

$$c_n = (V_n^{(n-1)})^2,$$

und für alle von n verschiedenen Werthe $i = 1, 2, \dots n-1$

$$c_i = (V_i^{(n-1)})^2 + (V_i^{(1)})^2 + (V_i^{(2)})^2 + \cdots + (V_i^{(n-2)})^2.$$

Unter der Voraussetzung, dass V von Null verschieden sei, ist es unmöglich, dass in jeder der letzten $n-1$ Gleichungen alle Glieder rechter Hand mit Ausnahme des ersten verschwinden, denn sonst hätte man, wenn λ eine der Zahlen 1, 2, ... $n-2$ bedeutet,

$$V_i^{(\lambda)} = 0$$

für $i = 1, 2, \ldots n-1$, und da $V_n^{(\lambda)}$ ohnehin verschwindet, so hätte man

$$V_i^{(\lambda)} = 0$$

für $i = 1, 2, \ldots n$, woraus $V = 0$ folgen würde. Man hat also für $i = 1, 2, \ldots n-1$ die Ungleichheiten

$$\sqrt{c_i} > V_i^{(n-1)},$$

von welchen mindestens eine die Gleichheit ausschliesst, und da überdies

$$\sqrt{c_n} = V_n^{(n-1)},$$

so folgt aus der Ungleichheit

$$V_n^{(n-1)} < V_1^{(n-1)} + V_2^{(n-1)} + \cdots + V_{n-1}^{(n-1)},$$

welche die Gleichheit einschliessen kann, für die Grössen $\sqrt{c_i}$ die Ungleichheit

$$\sqrt{c_n} < \sqrt{c_1} + \sqrt{c_2} + \cdots + \sqrt{c_{n-1}},$$

welche die Gleichheit ausschliesst, sobald V von Null verschieden ist.

§ 2.

System algebraischer Gleichungen, auf welche das Problem führt.

Nach dem vorigen § besteht das vorgelegte Problem darin, das Differential der durch Gleichung (1) definirten Determinante R_n gleich Null zu machen, während gleichzeitig die in (2) gegebenen Bedingungsgleichungen

$$0 = t_i = -\frac{\partial R_n}{\partial (ii)} + (-1)^{n-1} c_i$$

bestehen. Die Behandlung des Problems wird vereinfacht, wenn anstatt der $\frac{n(n-1)}{2}$ Grössen $(ik) = (ki)$ die in dieselben multiplicirten Unter-Determinanten

$$\varrho_{ik} = \frac{\partial R_n}{\partial (ik)}$$

von R_n als unabhängige Variable angesehen werden. Fügt man zu den

$\frac{n(n-1)}{2}$ Grössen $\varrho_{ik} = \varrho_{ki}$, für welche i von k verschieden ist, die n Grössen

$$\varrho_{ii} = \frac{\partial R_n}{\partial (ii)}$$

hinzu, so lassen sich die letzteren durch die ersteren vermöge der n Relationen

$$r_i = \sum_k \varrho_{ik} = 0$$

linear ausdrücken, und die Gleichungen (2) gehen über in

$$0 = t_i = -\varrho_{ii} + (-1)^{n-1} c_i = \varrho_{i,1} + \cdots + \varrho_{i,i-1} + \varrho_{i,i+1} + \cdots + \varrho_{i,n} + (-1)^{n-1} c_i.$$

Endlich betrachte man auch die $2n+1$ Unter-Determinanten ϱ_{00}, ϱ_{0k}, ϱ_{i0} von R_n, welche in Beziehung auf die Elemente der ersten Horizontal- und Verticalreihe genommen sind, und setze

$$(4) \qquad R' = \begin{vmatrix} \varrho_{00} & \varrho_{01} & \varrho_{02} & \cdots & \varrho_{0n} \\ \varrho_{10} & \varrho_{11} & \varrho_{12} & \cdots & \varrho_{1n} \\ \varrho_{20} & \varrho_{21} & \varrho_{22} & \cdots & \varrho_{2n} \\ \cdot & \cdot & \cdot & \cdots & \cdot \\ \cdot & \cdot & \cdot & \cdots & \cdot \\ \varrho_{n0} & \varrho_{n1} & \varrho_{n2} & \cdots & \varrho_{nn} \end{vmatrix},$$

dann ist, wie bekannt,

$$(5) \quad \begin{cases} R' = R_n^n, \quad \dfrac{\partial R'}{\partial \varrho_{00}} = 0 \\[2ex] \dfrac{\partial^2 R'}{\partial \varrho_{00} \partial \varrho_{lm}} = R_n^{n-2} \begin{vmatrix} 0 & 1 \\ 1 & (lm) \end{vmatrix} = -R_n^{n-2} \\[2ex] \dfrac{\partial^3 R'}{\partial \varrho_{00} \partial \varrho_{ik} \partial \varrho_{lm}} = R_n^{n-3} \begin{vmatrix} 0 & 1 & 1 \\ 1 & (ik) & (im) \\ 1 & (lk) & (lm) \end{vmatrix} = -R_n^{n-3} \{(ik)-(im)-(lk)+(lm)\}. \end{cases}$$

Multiplicirt man die letzte dieser Gleichungen mit $d\varrho_{ik}$ und summirt von $i=1$ bis $i=n$ und $k=1$ bis $k=n$, so ergiebt sich linker Hand das Differential von $-R_n^{n-2}$. Rechter Hand verschwinden wegen der Relationen $r_i = 0$ die aus den Gliedern (im), (lk) und (lm) herrührenden Summen und es bleibt

$$(n-2) dR_n = \sum_{ik} (ik) d\varrho_{ik}$$

übrig, wo die in $d\varrho_{ii}$ multiplicirten Glieder wegen der verschwindenden Grössen (ii) von selbst fortfallen.

Nach den bekannten Regeln für die Lösung der Aufgaben des Grössten und Kleinsten bilde man jetzt unter Einführung der Multiplicatoren $v_1, v_2, \ldots v_n$ die Gleichung

$$(n-2)dR_n - v_1 dt_1 - v_2 dt_2 - \cdots - v_n dt_n = 0,$$

stelle ihre linke Seite als lineares Aggregat der $\frac{n(n-1)}{2}$ Differentiale $d\varrho_{ik}$ (wo i von k verschieden) dar und setze den Factor jedes einzelnen Differentials für sich gleich Null, dann ergeben sich die $\frac{n(n-1)}{2}$ Gleichungen

$$(ik) - \tfrac{1}{2}v_i - \tfrac{1}{2}v_k = 0,$$

welche für alle Combinationen zweier verschiedenen Zahlen i, k gelten und mit deren Hülfe die vorliegende Aufgabe des Maximum auf ein algebraisches Problem zurückgeführt wird. Für je vier von einander verschiedene Zahlen i, k, l, m kann man die Summe $\frac{1}{2}(v_i + v_k + v_l + v_m)$ in der dreifachen Weise

$$(ik)+(lm) = (il)+(km) = (im)+(kl)$$

darstellen, was genau dem Lagrangeschen Resultat für drei Dimensionen entspricht. Die Gleichungen

$$(ik) = \tfrac{1}{2}v_i + \tfrac{1}{2}v_k$$

führen die $\frac{n(n-1)}{2}$ Grössen (ik) auf n Grössen $v_1, v_2, \ldots v_n$ zurück, stellen also zwischen den ersteren $\frac{n(n-1)}{2} - n = \frac{n(n-3)}{2}$ Relationen fest, welche für das Maximum von $(-1)^n R_n$ erfüllt sein müssen. Die Bestimmung der letzteren n Grössen $v_1, v_2, \ldots v_n$ geschieht alsdann vermöge der n Gleichungen $t_i = 0$.

Indem man die Werthe $(ik) = \frac{1}{2}v_i + \frac{1}{2}v_k$ in (1) substituirt, ergiebt sich

$$R_n = \begin{vmatrix} 0 & 1 & 1 & \ldots & 1 \\ 1 & (11) & \frac{1}{2}v_1+\frac{1}{2}v_2 & \ldots & \frac{1}{2}v_1+\frac{1}{2}v_n \\ 1 & \frac{1}{2}v_2+\frac{1}{2}v_1 & (22) & \ldots & \frac{1}{2}v_2+\frac{1}{2}v_n \\ \cdot & \cdot & \cdot & \ldots & \cdot \\ \cdot & \cdot & \cdot & \ldots & \cdot \\ 1 & \frac{1}{2}v_n+\frac{1}{2}v_1 & \frac{1}{2}v_n+\frac{1}{2}v_2 & \ldots & (nn) \end{vmatrix},$$

oder nach einer einfachen Reduction

$$R_n = \begin{vmatrix} 0 & 1 & 1 & \dots & 1 \\ 1 & (11)-v_1 & 0 & \dots & 0 \\ 1 & 0 & (22)-v_2 & \dots & 0 \\ . & . & . & \dots & . \\ . & . & . & \dots & . \\ 1 & 0 & 0 & \dots & (nn)-v_n \end{vmatrix},$$

und da $(11) = (22) = \dots = (nn) = 0$, so erhält man für $(-1)^n R_n$ den Werth

$$(6) \qquad (-1)^n R_n = v_1 v_2 \dots v_n \left\{ \frac{1}{v_1} + \frac{1}{v_2} + \dots + \frac{1}{v_n} \right\},$$

ebenso allgemeiner für $m = 1, 2, \dots n$

$$(6^*) \qquad (-1)^m R_m = v_1 v_2 \dots v_m \left\{ \frac{1}{v_1} + \frac{1}{v_2} + \dots + \frac{1}{v_m} \right\}.$$

Das für $m = n-1$ hierin enthaltene specielle Resultat lässt sich unter Einführung der Bezeichnungen

$$(7) \qquad \begin{cases} P = v_1 v_2 \dots v_n \\ Q = \dfrac{1}{v_1} + \dfrac{1}{v_2} + \dots + \dfrac{1}{v_n} \end{cases}$$

auf die Form

$$(-1)^{n-1} R_{n-1} = (-1)^{n-1} \frac{\partial R_n}{\partial (nn)} = (-1)^{n-1} \varrho_{nn} = \frac{P}{v_n}\left(Q - \frac{1}{v_n}\right)$$

bringen. Ebenso ist allgemeiner für $i = 1, 2, \dots n$

$$(-1)^{n-1} \frac{\partial R_n}{\partial (ii)} = (-1)^{n-1} \varrho_{ii} = \frac{P}{v_i}\left(Q - \frac{1}{v_i}\right),$$

und die Gleichungen $t_i = 0$ gehen demnach über in

$$(8) \qquad \frac{P}{v_i}\left(Q - \frac{1}{v_i}\right) = c_i.$$

Dies ist das System von n Gleichungen zwischen n Unbekannten $v_1, v_2, \dots v_n$, auf dessen Auflösung das vorgelegte Problem führt.

Die in Gleichung (3) definirte quadratische Form f geht nach Einsetzung der Werthe der Grössen (ik) über in

$$f = \sum_{ik} \tfrac{1}{2}(v_i + v_k) y_i y_k - \sum_i v_i y_i^2,$$

die erste Summe rechter Hand verschwindet wegen der Relation $r = 0$ und f bekommt die einfache Gestalt

$$f = -\sum_i v_i y_i^2,$$

wo zwischen den y die Relation

$$r = \sum_i y_i = 0$$

besteht.

Hieraus ist einleuchtend, dass f eine definite negative Form nicht sein kann, sobald mehr als *eine* der Grössen v_i negativ ist. Denn gesetzt es seien gleichzeitig v_i und v_k negativ, so bekommt f, wenn alle y mit Ausnahme von y_i und y_k verschwinden, so dass $y_i + y_k = 0$, den positiven Werth

$$-(v_i + v_k) y_i^2.$$

Demnach sind nur zwei Fälle möglich. Entweder sind alle n Grössen $v_1, v_2, \ldots v_n$ positiv, dann ist die Bedingung $f < 0$ ohne Weiteres erfüllt. Oder es ist von den Grössen $v_1, v_2, \ldots v_n$ *eine* negativ, die übrigen positiv, in diesem Fall ist es hinreichend, dass die Determinante von $-f$, d. h. dass

$$(-1)^n R_n = v_1 v_2 \ldots v_n \left\{\frac{1}{v_1} + \frac{1}{v_2} + \cdots + \frac{1}{v_n}\right\}$$

positiv sei, also

$$\frac{1}{v_1} + \frac{1}{v_2} + \cdots + \frac{1}{v_n} < 0.$$

Die übrigen für eine definite negative Form f im Allgemeinem stattfindenden Ungleichheiten, wonach die Determinanten derjenigen Formen positiv sein müssen, welche aus $-f$ hervorgehen, wenn man darin zuerst eine, dann eine zweite Variable, u. s. w. gleich Null setzt, alle diese Ungleichheiten verstehen sich im vorliegenden Fall von selbst, da f eine evident negative Form ergiebt, sobald man dasjenige y gleich Null setzt, dessen Quadrat in der Summe $\sum_i v_i y_i^2$ in ein negatives v multiplicirt ist.

Die Realitäts-Bedingung $f < 0$ ist also immer und nur dann erfüllt, wenn

$$(-1)^n R_n = v_1 v_2 \ldots v_n \left\{\frac{1}{v_1} + \frac{1}{v_2} + \cdots + \frac{1}{v_n}\right\}$$

positiv und von den Grössen $v_1, v_2, \ldots v_n$ höchstens *eine* negativ ist.

§ 3.

Zurückführung auf eine einzige algebraische Gleichung.

Das in dem vorigen § Gl. (8) aufgestellte System algebraischer Gleichungen

$$\frac{P}{v_i}\left(Q-\frac{1}{v_i}\right)=c_i,$$

in welchen,

$$P=v_1 v_2 \ldots v_n$$

$$Q=\frac{1}{v_1}+\frac{1}{v_2}+\cdots+\frac{1}{v_n},$$

wird durch Einführung der neuen Unbekannten

$$w_i=\frac{\sqrt{P}}{v_i}$$

$$w=w_1+w_2+\cdots+w_n=\sqrt{P}\,.\,Q,$$

wo $\sqrt{P}$ überall mit demselben Vorzeichen zu nehmen ist, in das System

$$w_i(w-w_i)=c_i$$

transformirt. Indem man die letzte Gleichung nach w_i auflöst und für w die neue Unbekannte

$$z=\tfrac{1}{4}w^2$$

einführt, erhält man

$$w_i=\tfrac{1}{2}w\pm\sqrt{\tfrac{1}{4}w^2-c_i}$$

$$\tfrac{1}{2}w=\pm\sqrt{z}.$$

Die $n+1$ in diesem System vorkommenden $\pm$-Zeichen sind unabhängig von einander. Bezeichnet man das in der letzteren vorkommende mit e, das in der ersteren vorkommende mit $-ee_i$, so werden die $n+1$ Grössen w durch folgende Gleichungen in z ausgedrückt:

$$\tfrac{1}{2}w=e\sqrt{z}$$

$$w_i=e\sqrt{z}-ee_i\sqrt{z-c_i},$$

und indem man diese Werthe in die zwischen den w stattfindende lineare Relation

$$w=w_1+w_2+\cdots+w_n$$

einsetzt, ergiebt sich die Endgleichung in z in irrationaler Form

$$(9)\qquad (n-2)\sqrt{z}-e_1\sqrt{z-c_1}-e_2\sqrt{z-c_2}-\cdots-e_n\sqrt{z-c_n}=0.$$

Hat man hieraus z bestimmt, so setze man

$$(10)\qquad \begin{aligned} W &= (\sqrt{z}-e_1\sqrt{z-c_1})(\sqrt{z}-e_2\sqrt{z-c_2})\ldots(\sqrt{z}-e_n\sqrt{z-c_n}) \\ &= e^n w_1 w_2 \ldots w_n = (e\sqrt{P})^{n-2}, \end{aligned}$$

dann ergiebt sich

$$e\sqrt{P} = W^{\frac{1}{n-2}}$$

und hieraus

$$(11)\qquad v_i = \frac{W^{\frac{1}{n-2}}}{\sqrt{z}-e_i\sqrt{z-c_i}},$$

endlich

$$(12)\qquad (-1)^n R_n = w\sqrt{P} = 2\sqrt{z}\,.\,W^{\frac{1}{n-2}}.$$

Die Einführung der Grössen w, w_1, w_2, ... w_n und z ist in dem Fall zweckmässig, wo die Gleichung (9) eine positive Wurzel z hat. Für den Fall einer negativen Wurzel $z=-\zeta$ dieser Gleichung ist es dagegen angemessen, das System (8) unter Einführung der Grössen

$$\Pi = -P = -v_1 v_2 \ldots v_n$$

$$\omega_i = \frac{\sqrt{\Pi}}{v_i}$$

$$\omega = \omega_1+\omega_2+\cdots+\omega_n = \sqrt{\Pi}\,.\,Q$$

in das System

$$\omega_i(\omega-\omega_i) = -c_i$$

zu transformiren und

$$\zeta = -z = \tfrac{1}{4}\omega^2$$

zu setzen, dann gelangt man durch Auflösung zu den Ausdrücken

$$\tfrac{1}{2}\omega = \varepsilon\sqrt{\zeta}$$

$$\omega_i = \varepsilon\sqrt{\zeta}-\varepsilon\varepsilon_i\sqrt{\zeta+c_i},$$

worin ε, ε_1, ε_2, ... ε_n wiederum $n+1$ von einander unabhängige $\pm$-Zeichen bedeuten, und schliesslich zu der Endgleichung in ζ in irrationaler Form

$$(9^*)\qquad (n-2)\sqrt{\zeta}-\varepsilon_1\sqrt{\zeta+c_1}-\varepsilon_2\sqrt{\zeta+c_2}-\cdots-\varepsilon_n\sqrt{\zeta+c_n}=0.$$

Hat man hieraus ζ bestimmt, so setze man

$$(10^*)\qquad \Omega = (\sqrt{\zeta+c_1}-\varepsilon_1\sqrt{\zeta})(\sqrt{\zeta+c_2}-\varepsilon_2\sqrt{\zeta})\ldots(\sqrt{\zeta+c_n}-\varepsilon_n\sqrt{\zeta})$$
$$= \varepsilon_1\varepsilon_2\ldots\varepsilon_n.(-\varepsilon)^n.\omega_1\omega_2\ldots\omega_n = -\varepsilon_1\varepsilon_2\ldots\varepsilon_n.(-\varepsilon\sqrt{\Pi})^{n-2},$$

dann ergiebt sich

$$-\varepsilon\sqrt{\Pi} = (-\varepsilon_1\varepsilon_2\ldots\varepsilon_n\Omega)^{\frac{1}{n-2}}$$

und hieraus

$$(11^*)\qquad v_i = \varepsilon_i\cdot\frac{(-\varepsilon_1\varepsilon_2\ldots\varepsilon_n\Omega)^{\frac{1}{n-2}}}{\sqrt{\zeta+c_i}-\varepsilon_i\sqrt{\zeta}},$$

endlich

$$(12^*)\qquad (-1)^n R_n = -\omega\sqrt{\Pi} = 2\sqrt{\zeta}.(-\varepsilon_1\varepsilon_2\ldots\varepsilon_n\Omega)^{\frac{1}{n-2}}.$$

Die Endgleichung (9*) in ζ lässt sich zwar aus der Gleichung (9) in z dadurch herleiten, dass man $z = -\zeta$ substituirt und dann den gemeinschaftlichen Factor $\sqrt{-1}$ fortlässt, indessen stehen die Vorzeichen in der einen mit denjenigen in der anderen in keiner Verbindung. Wegen des jeder einzelnen Wurzelgrösse gegebenen doppelten Vorzeichens kann die Bedeutung derselben willkürlich fixirt werden. Für positive Werthe von z, welche grösser als c_n (die grösste der Constanten c_1, c_2, ... c_n) sind, werde ich unter $\sqrt{z}$, $\sqrt{z-c_1}$, $\sqrt{z-c_2}$, ... $\sqrt{z-c_n}$ die positiven Werthe dieser Quadratwurzeln verstehen, und ebenso für negative Werthe von z, also positive von ζ, unter $\sqrt{\zeta}$, $\sqrt{\zeta+c_1}$, $\sqrt{\zeta+c_2}$, ... $\sqrt{\zeta+c_n}$ deren positive Werthe.

§ 4.

Grad der Endgleichung, ihre Eigenschaft nur reelle Wurzeln zu besitzen, Discussion der Wurzeln.

Von der in irrationaler Form gefundenen Endgleichung (9) in z gelangt man zu ihrer rationalen Form, indem man von der linken Seite der Gleichung (9) die Norm $\varphi(z)$, d. h. das Product der 2^n den verschiedenen Combinationen der doppelten Vorzeichen e_1, e_2, ... e_n entsprechenden irrationalen Factoren, bildet und gleich Null setzt*).

) Alsdann ist gleichzeitig die aus der linken Seite von (9) gebildete Norm gleich $\varphi(-\zeta)$ und daher $\varphi(-\zeta) = 0$ die rationale Form der Gleichung (9*).

Diese rationale Endgleichung

$$\varphi(z) = 0$$

steigt im Allgemeinen auf den Grad

$$\nu = 2^{n-1} - n,$$

nur in einem Fall, wenn nämlich

$$c_n = c_1 + c_2 + \cdots + c_{n-1},$$

erniedrigt sich der Grad und zwar um eine Einheit.

Um diese Bestimmung des Grades auszuführen, entwickle man unter der Voraussetzung, dass z (oder dessen Modul) grösser als c_n, die grösste der Constanten $c_1, c_2, \ldots c_n$, sei, den irrationalen Factor

$$(n-2)\sqrt{z} - e_1\sqrt{z-c_1} - e_2\sqrt{z-c_2} - \cdots - e_n\sqrt{z-c_n}$$

nach fallenden Potenzen von z, indem man

$$\sqrt{z-c_i} = z^{\frac{1}{2}}\left(1 - \frac{c_i}{z}\right)^{\frac{1}{2}} = z^{\frac{1}{2}} - \tfrac{1}{2}c_i z^{-\frac{1}{2}} - \tfrac{1}{8}c_i^2 z^{-\frac{3}{2}} - \cdots$$

setzt, dann ergiebt sich als Entwicklung jenes irrationalen Factors

$$\{n-2-e_1-e_2-\cdots-e_n\}z^{\frac{1}{2}} + \tfrac{1}{2}\{e_1c_1+e_2c_2+\cdots+e_nc_n\}z^{-\frac{1}{2}}$$
$$+\tfrac{1}{8}\{e_1c_1^2+e_2c_2^2+\cdots+e_nc_n^2\}z^{-\frac{3}{2}}+\cdots$$

Der Coefficient des ersten in $z^{\frac{1}{2}}$ multiplicirten Gliedes ist von Null verschieden, mit Ausnahme derjenigen n Factoren, für welche $n-1$ Vorzeichen e_i positiv sind und eines negativ. In diesen n Factoren ist das Glied höchster Dimension nicht in $z^{\frac{1}{2}}$ sondern in $z^{-\frac{1}{2}}$ multiplicirt, die Coefficienten von $z^{-\frac{1}{2}}$ sind

$$\tfrac{1}{2}\{c_1+\cdots+c_{i-1}-c_i+c_{i+1}+\cdots+c_n\},$$

also nothwendig positiv und von Null verschieden, ausser wenn $i = n$. Für $i = n$ kann

$$\tfrac{1}{2}\{c_1+c_2+\cdots+c_{n-1}-c_n\}$$

sowohl positiv als negativ als Null sein. In dem besonderen Fall, wenn

$$c_1+c_2+\cdots+c_{n-1}-c_n = 0$$

ist, wird in demjenigen irrationalen Factor, für welchen

$$e_1 = e_2 = \cdots = e_{n-1} = +1, \quad e_n = -1,$$

das Glied höchster Dimension nicht, wie sonst, proportinal $z^{-\frac{1}{2}}$, sondern proportional $z^{-\frac{3}{2}}$ und der Coefficient von $z^{-\frac{3}{2}}$ gleich

$$\tfrac{1}{8}\{c_1^2+c_2^2+\cdots+c_{n-1}^2-c_n^2\},$$

also negativ und von Null verschieden.

Hieraus erhellt, dass in dem Product $\varphi(z)$ das Glied höchster Dimension im Allgemeinen den Exponenten

$$\nu = \tfrac{1}{2}.2^n-n$$

und nur, wenn $c_n = c_1+c_2+\cdots+c_{n-1}$, den Exponenten $\nu-1$ hat, w. z. b. w.

Die Endgleichung $\varphi(z) = 0$ hat lauter reelle Wurzeln, welche alle bis auf eine immer negativ sind.

Um dies zu beweisen, wähle ich unter den 2^n irrationalen Factoren

$$(n-2)\sqrt{\zeta}-\varepsilon_1\sqrt{\zeta+c_1}-\varepsilon_2\sqrt{\zeta+c_2}-\cdots-\varepsilon_n\sqrt{\zeta+c_n},$$

welche durch die linke Seite von (9*) dargestellt werden, diejenigen aus, für welche mindestens zwei und höchstens $n-2$ Vorzeichen ε_i positiv sind. Die Anzahl der ausgewählten Factoren beträgt

$$\frac{n(n-1)}{1.2}+\frac{n(n-1)(n-2)}{1.2.3}+\cdots+\frac{n(n-1)\ldots 3}{1.2\ldots(n-2)} = 2^n-2(n+1),$$

also, da $\nu = 2^{n-1}-n$ ist, $2\nu-2$; dieselben können als $\nu-1$ Factoren-Paare der Form

$$(n-2)\sqrt{\zeta}+\sqrt{\zeta+\gamma_1}+\cdots+\sqrt{\zeta+\gamma_g}-\sqrt{\zeta+\gamma^{(1)}}-\cdots-\sqrt{\zeta+\gamma^{(h)}}$$
$$(n-2)\sqrt{\zeta}-\sqrt{\zeta+\gamma_1}-\cdots-\sqrt{\zeta+\gamma_g}+\sqrt{\zeta+\gamma^{(1)}}+\cdots+\sqrt{\zeta+\gamma^{(h)}}$$

angeordnet werden, vorausgesetzt dass die n Constanten $c_1, c_2, \ldots c_n$ auf irgend eine Art in zwei Gruppen von g Grössen $\gamma_1, \gamma_2, \ldots \gamma_g$ und von h Grössen $\gamma^{(1)}, \gamma^{(2)}, \ldots \gamma^{(h)}$ getheilt seien, dass $g+h = n$ und keine der Zahlen g, h kleiner als 2 sei. Für $\zeta = 0$ haben je zwei zu einem Paare vereinigte Factoren entgegengesetzte Werthe, also ist einer negativ, für $\zeta = +\infty$ werden sie resp. proportional

$$(n-2+g-h)\sqrt{\zeta} \quad \text{und} \quad (n-2-g+h)\sqrt{\zeta}$$

unendlich, also beide positiv, und da eine Unterbrechung der Stetigkeit zwischen den Grenzen $\zeta = 0$ und $\zeta = +\infty$ für dieselben nicht stattfindet, so verschwindet einer der beiden Factoren zwischen diesen Grenzen. Es giebt also $\nu - 1$ positive Werthe $\zeta_1, \zeta_2, \ldots \zeta_{\nu-1}$, für welche die Norm $\varphi(-\zeta)$ der linken Seite von (9*) verschwindet, oder, was dasselbe ist, $\nu - 1$ negative Wurzeln $-\zeta_1, -\zeta_2, \ldots -\zeta_{\nu-1}$ der Gleichung $\varphi(z) = 0$, woraus folgt, dass die übrig bleibende ν^{te} Wurzel ebenfalls reell sein muss, w. z. b. w.

Die nachgewiesenen $\nu - 1$ Wurzeln $-\zeta_1, -\zeta_2, \ldots -\zeta_{\nu-1}$ erschöpfen die sämmtlichen Wurzeln der Gleichung $\varphi(z) = 0$ unter der besonderen Hypothese, dass

$$c_n = c_1 + c_2 + \cdots + c_{n-1},$$

denn alsdann erniedrigt sich der Grad der Gleichung $\varphi(z) = 0$, wie gezeigt worden, von ν auf $\nu - 1$, was man auch so ausdrücken kann, dass unter der in Rede stehenden Hypothese die ν^{te} Wurzel unendlich gross ist.

Die Relation

$$c_n = c_1 + c_2 + \cdots + c_{n-1}$$

bezeichnet die Grenze der beiden Fälle, in welchen die ν^{te} Wurzel negativ oder positiv ist.

Die ν^{te} Wurzel der Gleichung $\varphi(z) = 0$ ist negativ (und von Null verschieden) gleich $-\zeta_0$, wenn

$$c_n > c_1 + c_2 + \cdots + c_{n-1},$$

und zwar genügt $\zeta = \zeta_0$ der irrationalen Gleichung

$$(n-2)\sqrt{\zeta} - \sqrt{\zeta + c_1} - \cdots - \sqrt{\zeta + c_{n-1}} + \sqrt{\zeta + c_n} = 0.$$

Es wird nämlich für $\zeta = 0$ die linke Seite dieser Gleichung gleich

$$-\sqrt{c_1} - \sqrt{c_2} - \cdots - \sqrt{c_{n-1}} + \sqrt{c_n},$$

also negativ und von Null verschieden nach dem Schluss von § 1, dagegen wird für $\zeta = +\infty$ die Entwicklung der linken Seite, welche gleich

$$\tfrac{1}{2}\{-c_1 - \cdots - c_{n-1} + c_n\}\zeta^{-\frac{1}{2}} + \tfrac{1}{8}\{c_1^2 + \cdots + c_{n-1}^2 - c_n^2\}\zeta^{-\frac{3}{2}} + \cdots$$

ist, positiv, wenn, wie angenommen,

$$c_n > c_1 + c_2 + \cdots + c_{n-1}.$$

Zwischen 0 und $+\infty$, und zwar mit Ausschluss der Null, liegt daher ein Werth ζ_0, für den die linke Seite der in Rede stehenden irrationalen Gleichung und mithin auch $\varphi(-\zeta)$ verschwindet*).

Die ν^{te} Wurzel der Gleichung $\varphi(z)=0$ ist positiv (und grösser als c_n) gleich z_0, wenn

$$c_n < c_1+c_2+\cdots+c_{n-1},$$

und zwar genügt $z=z_0$ der irrationalen Gleichung

$$\psi(z)=(n-2)\sqrt{z}-\sqrt{z-c_1}-\cdots-\sqrt{z-c_{n-1}}-\eta\sqrt{z-c_n}=0,$$

wo $\eta=+1$ oder $=-1$, je nachdem

$$\psi(c_n)=(n-2)\sqrt{c_n}-\sqrt{c_n-c_1}-\cdots-\sqrt{c_n-c_{n-1}}$$

positiv oder negativ ist.

Betrachtet man nämlich die beiden irrationalen Factoren

$$\psi_1(z)=(n-2)\sqrt{z}-\sqrt{z-c_1}-\cdots-\sqrt{z-c_{n-1}}-\sqrt{z-c_n}$$
$$\psi_2(z)=(n-2)\sqrt{z}-\sqrt{z-c_1}-\cdots-\sqrt{z-c_{n-1}}+\sqrt{z-c_n},$$

so erhalten dieselben für $z=c_n$ beide denselben Werth

$$\psi_1(c_n)=\psi_2(c_n)=(n-2)\sqrt{c_n}-\sqrt{c_n-c_1}-\cdots-\sqrt{c_n-c_{n-1}}.$$

Dagegen wird für $z=+\infty$, zufolge der beiden Entwicklungen nach fallenden Potenzen

$$\psi_1(z)=-2z^{\frac{1}{2}}+\tfrac{1}{2}(c_1+\cdots+c_{n-1}+c_n)z^{-\frac{1}{2}}+\cdots$$
$$\psi_2(z)=\tfrac{1}{2}(c_1+\cdots+c_{n-1}-c_n)z^{-\frac{1}{2}}+\tfrac{1}{8}(c_1^2+\cdots+c_{n-1}^2-c_n^2)z^{-\frac{3}{2}}+\cdots,$$

$\psi_1(z)$ negativ, $\psi_2(z)$ dagegen nach der vorausgesetzten zwischen den Constanten c stattfindenden Ungleichheit positiv. Demnach verschwindet $\psi_1(z)$ oder $\psi_2(z)$ zwischen $z=c_n$ und $z=+\infty$, je nachdem $\psi_1(c_n)=\psi_2(c_n)$ positiv oder negativ ist, ein Ergebniss, welches sich in der oben angegebenen Weise zusammenfassen lässt.

---

*) Die obige Beweisführung beruht auf der Annahme, dass

$$-\sqrt{c_1}-\sqrt{c_2}-\cdots-\sqrt{c_{n-1}}+\sqrt{c_n}$$

negativ sei, was für das vorliegende Problem nothwendig stattfinden muss. Wäre diese Grösse dagegen positiv, so würde die irrationale Gleichung

$$(n-2)\sqrt{\zeta}+\sqrt{\zeta+c_1}+\cdots+\sqrt{\zeta+c_{n-1}}-\sqrt{\zeta+c_n}=0$$

eine zwischen $\zeta=0$ und $\zeta=+\infty$ liegende Wurzel $\zeta=\zeta_0$ haben.

§ 5.

Es giebt nur eine reelle Lösung des vorgelegten Problems.

Aus jeder der im vorigen § discutirten ν Wurzeln der Gleichung $\varphi(z) = 0$ kann man vermöge der Gleichungen (11), (12) oder (11*), (12*) ein zugehöriges System der Grössen v_i und $(-1)^n R_n$ herleiten, welches eine Lösung des vorgelegten Problems bildet.

Die $\nu-1$ *negativen Wurzeln* $z = -\zeta_1, -\zeta_2, \ldots -\zeta_{\nu-1}$ *der Gleichung* $\varphi(z) = 0$ *führen sämmtlich auf Lösungen, welche der Realitätsbedingung* $f < 0$ *nicht genügen, die* ν^{te} *Wurzel dagegen, welche bald negativ gleich* $-\zeta_0$, *bald positiv gleich* z_0 *und im Grenzfall unendlich gross ist, führt immer auf eine Lösung, welche der Realitätsbedingung* $f < 0$ *genügt.*

Betrachte ich, um zunächst den ersten Theil der Behauptung zu beweisen, irgend eine negative Wurzel $z = -\zeta$ der Gleichung $\varphi(z) = 0$, so gehen aus derselben nach Gleichung (11*) die zugehörigen Werthe der Grössen v_1, $v_2, \ldots v_n$ vermöge der Formel

$$v_i = \varepsilon_i \cdot \frac{(-\varepsilon_1 \varepsilon_2 \ldots \varepsilon_n \Omega)^{\frac{1}{n-2}}}{\sqrt{\zeta + c_i} - \varepsilon_i \sqrt{\zeta}}$$

hervor. Hier bedeutet Ω die durch (10*) definirte nothwendig positive Grösse, und die $(n-2)^{\text{te}}$ Wurzel muss für alle n Werthe von i in derselben Bedeutung verstanden werden.

Indem jetzt ζ mit einer der Grössen $\zeta_1, \zeta_2, \ldots \zeta_{\nu-1}$ zusammenfällt, werden g der Vorzeichen $\varepsilon_1, \varepsilon_2, \ldots \varepsilon_n$ positiv und h negativ, wo weder g noch h kleiner als 2 sein darf. Es können dabei zwei Fälle eintreten:

Erstens. Ist gleichzeitig n gerade und

$$\varepsilon_1 \varepsilon_2 \ldots \varepsilon_n = +1,$$

so giebt es für die Wurzelgrösse

$$(-\varepsilon_1 \varepsilon_2 \ldots \varepsilon_n \Omega)^{\frac{1}{n-2}}$$

keinen reellen Werth, die Grössen $v_1, v_2, \ldots v_n$ sind also sämmtlich imaginär.

Zweitens. In jedem anderen Fall giebt es für die betrachtete Wurzelgrösse immer *einen* reellen Werth und, wenn n gerade ist, sogar deren *zwei* von entgegengesetztem Zeichen. Demnach sind die Grössen v_i mit den entsprechenden Grössen ε_i entweder sämmtlich von gleichem oder sämmtlich von entgegengesetztem Zeichen, in jedem Fall sind mindestens zwei der Grössen $v_1, v_2, \ldots v_n$ von entgegengesetztem Zeichen gegen die übrigen, also mindestens zwei derselben negativ, was nach dem Ende von § 2 mit der Realitätsbedingung $f < 0$ unverträglich ist. Eine reelle Lösung liefert demnach keine der Wurzeln $z = -\zeta_1, -\zeta_2, \ldots -\zeta_{\nu-1}$, w. z. b. w.

Um auch den affirmativen Theil der Behauptung zu beweisen, nehme ich erstens an, es sei

$$c_n > c_1 + c_2 + \cdots + c_{n-1},$$

dann ist nach dem vorigen § die ν^{te} Wurzel der Gleichung $\varphi(z) = 0$ negativ und von Null verschieden gleich $-\zeta_0$, und es genügt ζ_0 der Gleichung

$$(n-2)\sqrt{\zeta} - \sqrt{\zeta + c_1} - \cdots - \sqrt{\zeta + c_{n-1}} + \sqrt{\zeta + c_n} = 0,$$

welche aus (9*) hervorgeht, wenn

$$\varepsilon_1 = \varepsilon_2 = \cdots = \varepsilon_{n-1} = +1, \qquad \varepsilon_n = -1$$

gesetzt wird. Für diese Feststellung der Vorzeichen ε_i geben die Gleichungen (11*), (12*)

$$(13) \qquad \begin{cases} v_i = \dfrac{\Omega^{\frac{1}{n-2}}}{\sqrt{\zeta + c_i} - \sqrt{\zeta}}, \quad \text{für } i = 1, 2, \ldots n-1 \\ v_n = -\dfrac{\Omega^{\frac{1}{n-2}}}{\sqrt{\zeta + c_n} + \sqrt{\zeta}} \\ (-1)^n R_n = 2\sqrt{\zeta} . \Omega^{\frac{1}{n-2}}, \end{cases}$$

wo überall $\zeta = \zeta_0$ zu setzen ist. Nimmt man, da Ω einen positiven Werth bezeichnet, für $\Omega^{\frac{1}{n-2}}$ dessen reelle positive Bedeutung, so sind $v_1, v_2, \ldots v_{n-1}$ positiv, v_n negativ. Ueberdies ist $(-1)^n R_n$ positiv, also sind nach dem Ende von § 2 die Bedingungen erfüllt, unter welchen die Ungleichheit $f < 0$ besteht*).

---

*) Hierbei ist angenommen, es sei

$$-\sqrt{c_1} - \sqrt{c_2} - \cdots - \sqrt{c_{n-1}} + \sqrt{c_n}$$

negativ, was für das vorliegende Problem stattfindet; ist dagegen diese Grösse positiv, so gehört ζ_0, wie in der Anmerkung zum vorigen § gezeigt worden, zu derjenigen irrationalen Gleichung, für welche

$$\varepsilon_1 = \varepsilon_2 = \cdots = \varepsilon_{n-1} = -1, \qquad \varepsilon_n = +1,$$

Zweitens nehme ich an, es sei

$$c_n < c_1+c_2+\cdots+c_{n-1},$$

dann ist nach dem vorigen § die ν^{te} Wurzel der Gleichung $\varphi(z)=0$ positiv gleich z_0 und es genügt z_0 der Gleichung

$$\psi(z)=(n-2)\sqrt{z}-\sqrt{z-c_1}-\cdots-\sqrt{z-c_{n-1}}-\eta\sqrt{z-c_n}=0,$$

in welcher $\eta=+1$ oder $=-1$, je nachdem $\psi(c_n)$ positiv oder negativ ist, und welche aus (9) hervorgeht, wenn

$$e_1=e_2=\cdots=e_{n-1}=+1, \qquad e_n=\eta$$

gesetzt wird. Für diese Feststellung der Vorzeichen e_i geben die Gleichungen (11), (12)

$$(14)\qquad \begin{cases} v_i = \dfrac{W^{\frac{1}{n-2}}}{\sqrt{z}-\sqrt{z-c_i}}, & \text{für } i=1,2,\ldots n-1 \\ v_n = \dfrac{W^{\frac{1}{n-2}}}{\sqrt{z}-\eta\sqrt{z-c_n}} & \\ (-1)^n R_n = 2\sqrt{z}\,.\,W^{\frac{1}{n-2}}, & \end{cases}$$

wo überall $z=z_0$ zu setzen ist. Nimmt man auch hier, da W einen positiven

---

alsdann ergeben sich nach (11*), (12*) die Werthe

$$v_i = \frac{\Omega^{\frac{1}{n-2}}}{\sqrt{\zeta+c_i}+\sqrt{\zeta}}, \qquad \text{für } i=1,2,\ldots n-1$$

$$v_n = -\frac{\Omega^{\frac{1}{n-2}}}{\sqrt{\zeta+c_n}-\sqrt{\zeta}}$$

$$(-1)^n R_n = -2\sqrt{\zeta}\,.\,\Omega^{\frac{1}{n-2}},$$

es ist also entweder $(-1)^n R_n$ negativ, oder es sind, wenn dies positiv ist, die $n-1$ Grössen $v_1, v_2, \ldots v_{n-1}$ negativ; in beiden Fällen ist die Bedingung $f<0$ nicht erfüllt und es giebt daher unter diesen Umständen keine reelle Lösung des Problems.

Ist insbesondere

$$-\sqrt{c_1}-\sqrt{c_2}-\cdots-\sqrt{c_{n-1}}+\sqrt{c_n}$$

gleich Null, so verschwindet ζ_0 und gleichzeitig der Maximumswerth von $(-1)^n R_n$. Aber in diesem Fall verschwindet jeder Werth von $(-1)^n R_n$ und es kann daher von einem Maximum überhaupt nicht die Rede sein.

Werth bezeichnet, für $W^{\frac{1}{n-2}}$ dessen reelle positive Bedeutung, so sind sämmtliche Grössen $v_1, v_2, \ldots v_n$ positiv, woraus von selbst folgt, dass $(-1)^n R_n$ positiv ist. Es sind also auch in diesem Fall die am Ende von § 2 angegebenen Bedingungen erfüllt, unter welchen die Ungleichheit $f < 0$ besteht.

In dem Grenzfall, wo

$$c_n = c_1 + c_2 + \cdots + c_{n-1},$$

oder, was dasselbe ist,

$$(n-2)c_n = (c_n - c_1) + (c_n - c_2) + \cdots + (c_n - c_{n-1})$$

und daher

$$(n-2)\sqrt{c_n} < \sqrt{c_n - c_1} + \sqrt{c_n - c_2} + \cdots + \sqrt{c_n - c_{n-1}},$$

d. h. $\eta = -1$, und für welchen nach § 4 die ν^{te} Wurzel der Gleichung $\varphi(z) = 0$ unendlich gross ist, erhält man aus den beiden Formelsystemen (13) und (14), indem man in denselben resp. ζ und z unendlich gross setzt, das übereinstimmende Resultat

$$(15) \qquad \begin{cases} v_i = \dfrac{1}{c_i} \cdot (c_1 c_2 \ldots c_{n-1})^{\frac{1}{n-2}}, \quad \text{für } i = 1, 2, \ldots n-1 \\ v_n = 0 \\ (-1)^n R_n = (c_1 c_2 \ldots c_{n-1})^{\frac{1}{n-2}}. \end{cases}$$

Die Formeln (13), (14), (15) enthalten die einzige der Realitätsbedingung $f < 0$ genügende Lösung des vorliegenden Problems.

§ 6.

Für die reelle Lösung findet wirkliches Maximum statt.

Es bleibt noch übrig nachzuweisen, dass für die Lösung, welche allein der Realitätsbedingung $f < 0$ genügt, das Maximum von $(-1)^n R_n$ ein wirkliches, also die Ungleichheit $(-1)^n d^2 R_n < 0$ erfüllt ist.

Hierzu ist es nöthig, das zweite Differential von R_n durch die Differentiale $d\varrho_{ik}$ darzustellen und zu diesem Zweck auf die in § 2 betrachtete durch Gleichung (4) definirte Determinante R' zurückzukommen. Für die nach ϱ_{00} und drei anderen beliebigen Elementen ϱ_{ik}, $\varrho_{i'k'}$, ϱ_{lm} gebildete Unterdeterminante vierter Ordnung von R' hat man bekanntlich

$$\frac{\partial^4 R'}{\partial\varrho_{00}\partial\varrho_{ik}\partial\varrho_{i'k'}\partial\varrho_{lm}} = R_n^{n-4}\begin{vmatrix} 0 & 1 & 1 & 1 \\ 1 & (ik) & (ik') & (im) \\ 1 & (i'k) & (i'k') & (i'm) \\ 1 & (lk) & (lk') & (lm) \end{vmatrix}.$$

Der Determinante vierter Ordnung auf der rechten Seite dieser Gleichung kann man eine einfache Form geben. Setzt man nämlich, indem man für alle Werthe der Zahlen i, k diejenigen der Zahlen l, m festhält,

$$(ik)' = (ik)-(im)-(lk)+(lm),$$

so wird die in Rede stehende Determinante gleich

$$-(ik)'(i'k')'+(ik')'(i'k)'.$$

Multiplicirt man obige Unterdeterminante vierter Ordnung von R' mit $d\varrho_{ik}\,d\varrho_{i'k'}$ und summirt dann nach jeder der vier Zahlen i, k, i', k' von 1 bis n, so erhält man, da zwischen den ϱ_{ik} nur lineare Relationen bestehen, und so lange die überdies hinzugefügten Bedingungsgleichungen ebenfalls linear in den Grössen ϱ_{ik} auszudrücken sind, das vollständige Differential zweiter Ordnung von $\frac{\partial^2 R'}{\partial\varrho_{00}\partial\varrho_{lm}}$, welches nach der dritten Gleichung des Systems (5) gleich $-R_n^{n-2}$ ist. Es ergiebt sich also die Gleichung

$$d^2(R_n^{n-2}) = R_n^{n-4}\sum_{iki'k'}\{(ik)'(i'k')'-(ik')'(i'k)'\}d\varrho_{ik}d\varrho_{i'k'}.$$

In der vierfachen Summe rechter Hand ist der Coefficient von $d\varrho_{ik}d\varrho_{i'k'}$ gleich

$$\{(ik)-(im)-(lk)+(lm)\}\{(i'k')-(i'm)-(lk')+(lm)\}$$
$$-\{(ik')-(im)-(lk')+(lm)\}\{(i'k)-(i'm)-(lk)+(lm)\}.$$

Entwickelt man denselben vollständig, so finden sich in der Entwicklung nur die beiden Glieder

$$(ik)(i'k')-(ik')(i'k),$$

deren jedes gleichzeitig von allen vier reihenden Elementen i, k, i', k' abhängt. In allen übrigen Gliedern ist mindestens eines dieser reihenden Elemente durch eine der constanten Zahlen l, m ersetzt. Aber wegen der in § 2 erwähnten Relationen

$$\sum_k \varrho_{ik} = 0$$

verschwindet jede Summe

$$\sum_{iki'k'} M d\varrho_{ik}d\varrho_{i'k'},$$

in welcher M von einem der reihenden Elemente i, k, i', k' unabhängig ist, man erhält daher

$$d^2(R_n^{n-2}) = R_n^{n-4} \sum_{iki'k'} \{(ik)(i'k') - (ik')(i'k)\} d\varrho_{ik} d\varrho_{i'k'}$$

und unter Benutzung des in § 2 für das erste Differential von R_n gefundenen Ausdrucks

$$(n-2) dR_n = \sum_{ik} (ik) d\varrho_{ik}$$

ergiebt sich schliesslich

$$(16) \qquad (n-2)\{R_n d^2 R_n - (dR_n)^2\} = -\sum_{iki'k'} (ik')(i'k) d\varrho_{ik} d\varrho_{i'k'}.$$

Die rechte Seite dieser Gleichung*) ist eine quadratische Form der Differentiale $d\varrho_{ik}$, und zwar eine *definite negative Form*, sobald die oben betrachtete Form f eine definite Form ist. Man hat nämlich nachstehenden Satz:

Neben den n Variablen y_i, welche durch die Relation

$$\sum_i y_i = 0$$

auf $n-1$ reducirt werden, betrachte man ein System von $\frac{n(n+1)}{2}$ Variablen $y_{ik} = y_{ki}$, welche durch die n Relationen

$$\sum_k y_{ik} = 0$$

auf $\frac{n(n-1)}{2}$ reducirt werden. Ebenso betrachte man neben der quadratischen Fundamentalform

$$f = \sum_{ik} (ik) y_i y_k,$$

welche nach Elimination von y_n noch $n-1$ unabhängige Variable enthält, die aus derselben abgeleitete quadratische Form

$$F = \sum_{iki'k'} (ik')(i'k) y_{ik} y_{i'k'},$$

welche nach Elimination der n Variablen $y_{in} = y_{ni}$ noch $\frac{n(n-1)}{2}$ unabhängige Variable enthält, alsdann steht die abgeleitete Form F zu der Fundamentalform f in folgenden Beziehungen:

*) Für das vorliegende Problem nimmt Gleichung (16) die einfache Gestalt

$$(n-2) R_n d^2 R_n = -\sum_{ik} v_i v_k d\varrho_{ik}^2$$

an, indessen ist die im Folgenden bewiesene Eigenschaft der rechten Seite von Gleichung (16) nicht auf diesen speciellen Fall beschränkt.

Erstens. Aus der Determinante $d = -R_n$ der Fundamentalform*) f ergiebt sich die Determinante D der abgeleiteten Form F vermöge der Formel

$$D = 2^{\frac{(n-1)(n-2)}{2}} d^n.$$

Zweitens. Lässt sich f durch lineare Substitution auf die Form

$$f' = \sum_\alpha \mu_\alpha Y_\alpha^2$$

bringen, so geht gleichzeitig F durch lineare Substitution in

$$F' = \sum_{\alpha\beta} \mu_\alpha \mu_\beta Y_{\alpha\beta}^2$$

über, wo sowohl α als β die Werthe $1, 2, \ldots n-1$ erhalten.

Zum Beweise dieses Satzes specialisire ich die frühere Bezeichnung $(ik)'$, indem ich sowohl l als m gleich n setze, so dass

$$(ik)' = (ik) - (in) - (nk) + (nn),$$

alsdann erhalten, nach Elimination von y_n aus f sowie von $y_{1n}, y_{2n}, \ldots y_{nn}$ aus F, diese beiden Formen die Darstellungen

$$f = \sum_{\alpha\beta} (\alpha\beta)' y_\alpha y_\beta$$

$$F = \sum_{\alpha\beta\alpha'\beta'} (\alpha\beta')'(\alpha'\beta)' y_{\alpha\beta} y_{\alpha'\beta'}.$$

Für die Ableitungen beider Formen nach ihren nunmehr von einander unabhängigen Variablen führe ich die Bezeichnungen ein

$$f_\gamma = \tfrac{1}{2} \frac{\partial f}{\partial y_\gamma} = \sum_\alpha (\alpha\gamma)' y_\alpha$$

$$F_{\gamma\gamma} = \tfrac{1}{2} \frac{\partial F}{\partial y_{\gamma\gamma}} = \sum_{\alpha\beta} (\alpha\gamma)'(\beta\gamma)' y_{\alpha\beta}$$

$$F_{\gamma\delta} = \tfrac{1}{2} \frac{\partial F}{\partial y_{\gamma\delta}} = \sum_{\alpha\beta} (\alpha\gamma)'(\beta\delta)' y_{\alpha\beta},$$

wo δ von γ verschieden ist. Werden nun den Variablen $y_{\alpha\beta} = y_{\beta\alpha}$ die besonderen Werthe

$$y_{\alpha\beta} = y_\alpha y_\beta$$

gegeben, so erhalten gleichzeitig $F_{\gamma\gamma}$, $F_{\gamma\delta}$ die Werthe

$$F_{\gamma\gamma} = f_\gamma f_\gamma, \qquad F_{\gamma\delta} = 2 f_\gamma f_\delta;$$

d. h. die $\frac{n(n-1)}{2}$ Variablen $F_{\gamma\gamma}$, $\frac{1}{2}F_{\gamma\delta}$ hängen von den Variablen $y_{\alpha\beta}$ genau durch dieselben linearen Gleichungen ab, welche die Bildung der Quadrate und

*) Dass diese Determinante gleich $-R_n$ ist, findet sich bereits im § 1 erwähnt.

Producte der linearen Functionen

$$f_\gamma = \sum_\alpha (\alpha\gamma)' y_\alpha$$

für die Abhängigkeit der Grössen $f_\gamma f_\gamma$, $f_\gamma f_\delta$ von den Quadraten und Producten $y_\alpha y_\beta$ ergeben würde. Aber nach einem bekannten Satze ist die Determinante dieses letzteren Systems von $\frac{n(n-1)}{2}$ linearen Gleichungen gleich d^n, wenn d die Determinante des Systems $f_\gamma = \sum_\alpha (\alpha\gamma)' y_\alpha$ bedeutet. Nimmt man anstatt der Grössen $f_\gamma f_\delta$ deren doppelte Werthe $F_{\gamma\delta} = 2 f_\gamma f_\delta$, so bekommt dadurch die ganze Determinante $\frac{(n-1)(n-2)}{2}$ Factoren gleich 2 und die Determinante der Form F ist demnach

$$D = 2^{\frac{(n-1)(n-2)}{2}} d^n,$$

w. z. b. w.

Um auch den zweiten Theil des Satzes zu beweisen, nehme ich an, es sei identisch

$$f = \sum_{\alpha\beta} (\alpha\beta)' y_\alpha y_\beta = \sum_\gamma \mu_\gamma Y_\gamma^2,$$

wo

$$Y_\gamma = \sum_\alpha g_\alpha^{(\gamma)} y_\alpha,$$

woraus die Identitäten

$$(\alpha\beta)' = \sum_\gamma \mu_\gamma g_\alpha^{(\gamma)} g_\beta^{(\gamma)}$$

folgen. Substituirt man nun in

$$F' = \sum_{\gamma\delta} \mu_\gamma \mu_\delta Y_{\gamma\delta}^2,$$

wo die Summation die Glieder, für welche $\delta = \gamma$ ist, mit einschliesst, für $Y_{\gamma\delta}$ die linearen Functionen

$$Y_{\gamma\delta} = \sum_{\alpha\beta} g_\alpha^{(\gamma)} g_\beta^{(\delta)} y_{\alpha\beta} = \sum_{\alpha\beta} g_\beta^{(\gamma)} g_\alpha^{(\delta)} y_{\alpha\beta},$$

so erhält man mit Hülfe der obigen Identitäten

$$F' = \sum_{\alpha\beta\alpha'\beta'} (\alpha\beta')'(\alpha'\beta)' y_{\alpha\beta} y_{\alpha'\beta'},$$

d. h.

$$F' = F,$$

w. z. b. w.

Aus diesem Satze folgt, dass wenn f eine definite Form mit nicht verschwindender Determinante ist, F eine ebenfalls definite und zwar positive Form mit nicht verschwindender Determinante ist.

Die rechte Seite von Gleichung (16) ist aber nichts anderes als der Werth, den $-F$ für $y_{ik} = d\varrho_{ik}$ bekommt, sie ist daher für die reelle Lösung des vorliegenden Problems, für welche f eine definite negative Form mit nicht verschwindender Determinante ist, selbst ebenfalls eine definite negative Form mit nicht verschwindender Determinante. Die rechte Seite von Gleichung (16) wird daher für die reelle Lösung des Problems nie positiv, welche Werthe man auch den Differentialen $d\varrho_{ik}$ geben mag, und verschwindet nur, wenn sämmtliche Differentiale gleichzeitig verschwinden. Da zugleich $dR_n = 0$ ist, die linke Seite von (16) sich also auf das eine Glied

$$(n-2)R_n d^2R_n$$

reducirt, so folgt demnach aus Gleichung (16) die Ungleichheit

$$(-1)^n d^2R_n < 0$$

und zwar als Corollar der erfüllten Realitätsbedingung $f < 0$.

§ 7.
Zusammenfassung des Resultates.

Nachdem es sich erwiesen hat, dass das vorgelegte Problem immer eine und nur eine reelle Lösung hat, wird es nicht überflüssig sein, unter Fortlassung der Untersuchungen, welche dahin geführt haben, das gewonnene Resultat in seiner ganzen Einfachheit auszusprechen.

Aufgabe.

Es sei die Determinante

$$V = \begin{vmatrix} x_1^{(1)} & x_1^{(2)} & \dots & x_1^{(n-1)} & 1 \\ x_2^{(1)} & x_2^{(2)} & \dots & x_2^{(n-1)} & 1 \\ \cdot & \cdot & \dots & \cdot & \cdot \\ \cdot & \cdot & \dots & \cdot & \cdot \\ x_n^{(1)} & x_n^{(2)} & \dots & x_n^{(n-1)} & 1 \end{vmatrix}$$

vorgelegt, deren Quadrat man unter Einführung der für $k = i$ verschwindenden Grössen

$$(ik) = (x_i^{(1)} - x_k^{(1)})^2 + (x_i^{(2)} - x_k^{(2)})^2 + \cdots + (x_i^{(n-1)} - x_k^{(n-1)})^2$$

auf die Form

$$(-1)^n 2^{n-1} V^2 = \begin{vmatrix} 0 & 1 & 1 & \dots & 1 \\ 1 & (11) & (12) & \dots & (1n) \\ 1 & (21) & (22) & \dots & (2n) \\ \cdot & \cdot & \cdot & \dots & \cdot \\ \cdot & \cdot & \cdot & \dots & \cdot \\ 1 & (n1) & (n2) & \dots & (nn) \end{vmatrix} = R_n$$

bringen kann. Der numerische Werth von V, oder, was dasselbe ist, das Quadrat von V soll zu einem Maximum gemacht und gleichzeitig sollen die n Gleichungen

$$2^{n-2}\left\{\left(\frac{\partial V}{\partial x_i^{(1)}}\right)^2+\left(\frac{\partial V}{\partial x_i^{(2)}}\right)^2+\cdots+\left(\frac{\partial V}{\partial x_i^{(n-1)}}\right)^2\right\}=(-1)^{n-1}\frac{\partial R_n}{\partial(ii)}=c_i$$

für $i=1, 2, \ldots n$ erfüllt werden, wo $c_1, c_2, \ldots c_n$ gegebene positive Constanten bedeuten, deren grösste c_n ist und welche der Ungleichheit

$$\sqrt{c_n} < \sqrt{c_1}+\sqrt{c_2}+\cdots+\sqrt{c_{n-1}}$$

genügen.

Lösung.

Die Aufgabe hat immer eine und nur eine Lösung, welche reell, d. h. von der Beschaffenheit ist, dass die $\frac{n(n-1)}{2}$ Grössen (ik) aus lauter reellen Werthen der $n(n-1)$ Grössen $x_i^{(a)}$ hervorgegangen sind.

Die Gleichungen

$$(ik) = \tfrac{1}{2}(v_i+v_k),$$

welche gelten, wenn k von i verschieden ist, während

$$(ii) = 0,$$

führen zunächst die $\frac{n(n-1)}{2}$ Grössen (ik) auf n Grössen $v_1, v_2, \ldots v_n$ zurück, für deren Bestimmung zwei Fälle zu unterscheiden sind:

Erstens. Es sei

$$c_n > c_1+c_2+\cdots+c_{n-1},$$

alsdann hat die Gleichung

$$(n-2)\sqrt{\zeta}-\sqrt{\zeta+c_1}-\cdots-\sqrt{\zeta+c_{n-1}}+\sqrt{\zeta+c_n} = 0$$

immer eine und nur eine positive (und von Null verschiedene) Wurzel ζ. Aus derselben ergiebt sich die Lösung vermöge der Gleichungen

$$\Omega = (\sqrt{\zeta+c_1}-\sqrt{\zeta})\ldots(\sqrt{\zeta+c_{n-1}}-\sqrt{\zeta})(\sqrt{\zeta+c_n}+\sqrt{\zeta})$$

$$v_i = \frac{\Omega^{\frac{1}{n-2}}}{\sqrt{\zeta+c_i}-\sqrt{\zeta}}, \quad \text{für } i=1, 2, \ldots n-1$$

$$v_n = -\frac{\Omega^{\frac{1}{n-2}}}{\sqrt{\zeta+c_n}+\sqrt{\zeta}}$$

$$2^{n-1}V^2 = (-1)^n R_n = 2\sqrt{\zeta}.\Omega^{\frac{1}{n-2}}.$$

Zweitens. Es sei

$$c_n < c_1 + c_2 + \cdots + c_{n-1},$$

alsdann hat die Gleichung

$$\psi(z) = (n-2)\sqrt{z} - \sqrt{z-c_1} - \cdots - \sqrt{z-c_{n-1}} - \eta\sqrt{z-c_n} = 0,$$

in welcher $\eta = +1$ oder $= -1$, je nachdem $\psi(c_n)$ positiv oder negativ ist, immer eine und nur eine positive (zwischen c_n und $+\infty$ liegende) Wurzel z. Aus derselben ergiebt sich die Lösung vermöge der Gleichungen

$$W = (\sqrt{z} - \sqrt{z-c_1}) \ldots (\sqrt{z} - \sqrt{z-c_{n-1}})(\sqrt{z} - \eta\sqrt{z-c_n})$$

$$v_i = \frac{W^{\frac{1}{n-2}}}{\sqrt{z} - \sqrt{z-c_i}}, \quad \text{für } i = 1, 2, \ldots n-1$$

$$v_n = \frac{W^{\frac{1}{n-2}}}{\sqrt{z} - \eta\sqrt{z-c_n}}$$

$$2^{n-1} V^2 = (-1)^n R_n = 2\sqrt{z} \,.\, W^{\frac{1}{n-2}}.$$

Endlich in dem Grenzfall

$$c_n = c_1 + c_2 + \cdots + c_{n-1}$$

ergiebt sich die Lösung ohne vorgängige Bestimmung der Wurzel einer Gleichung aus den Formeln

$$v_i = \frac{1}{c_i} \cdot (c_1 c_2 \ldots c_{n-1})^{\frac{1}{n-2}}, \quad \text{für } i = 1, 2, \ldots n-1$$

$$v_n = 0$$

$$2^{n-1} V^2 = (-1)^n R_n = (c_1 c_2 \ldots c_{n-1})^{\frac{1}{n-2}}.$$

Durch Aufstellung der aufzulösenden Gleichung in irrationaler Form und gehörige Auswahl des irrationalen Factors ist die Lösung des vorgelegten Problems zu einer vollkommen eindeutigen gemacht worden. Diese Lösung ist in dem oben angegebenem Sinne reell und giebt für den numerischen Werth der vorgelegten Grösse V ein wirkliches Maximum.

Ueber das Ellipsoid von kleinstem Volumen bei gegebenem Flächeninhalt einer Anzahl von Centralschnitten.

Monatsbericht der Akademie der Wissenschaften zu Berlin, Juni 1872 p. 505—515.

Ueber das Ellipsoid von kleinstem Volumen bei gegebenem Flächeninhalt einer Anzahl von Centralschnitten.

Gelesen in der Akademie der Wissenschaften zu Berlin am 24. Juni 1872.

Nachdem ich das Lagrangesche Problem der Bestimmung des Tetraeders von grösstem Volumen bei gegebenem Inhalt seiner vier Seitenflächen und dessen Ausdehnung auf eine beliebige Anzahl von Dimensionen durch eine eigenthümliche algebraische Methode gelöst und diese Lösung in den Schriften der Berliner Akademie vom Jahre 1866 S. 121 [p. 201 dieser Ausgabe] veröffentlicht hatte, fand ich im Jahre 1867, dass die algebraische Aufgabe, auf welche das Lagrangesche Problem führt, eine andere das Ellipsoid betreffende geometrische Einkleidung gestattet, nämlich die Bestimmung des Ellipsoids von kleinstem Volumen bei gegebenem Flächeninhalt von vier der Lage ihrer Ebenen nach bekannten Centralschnitten. Ich machte von diesem Ergebniss und der Lösung zweier damit in Zusammenhang stehenden das Ellipsoid betreffenden Aufgaben der Akademie am 5. December 1867 Mittheilung (s. Monatsberichte vom Jahre 1867 S. 779), ohne jedoch die gefundenen Ergebnisse zu veröffentlichen. Da dieselben auf diese Weise nicht über die Grenzen der Akademie hinaus bekannt geworden sind, so halte ich es für angemessen, an die soeben gehörte Mittheilung meines Freundes Herrn Kronecker, in welcher ebenfalls die Lösung einer und derselben algebraischen Aufgabe einerseits auf das Lagrangesche Tetraeder-Problem, andrerseits auf eine das Ellipsoid betreffende Aufgabe des Grössten und Kleinsten angewendet wird, eine kurze Darstellung meiner Untersuchungen aus dem Jahre 1867 anzuknüpfen.

Es wird sich hieraus ergeben, dass die beiden das Ellipsoid betreffenden Probleme des Grössten und Kleinsten, welche gegenwärtig Herr Kronecker und vor fünf Jahren ich untersucht haben, ungeachtet ihres verschiedenen geometrischen Gewandes doch algebraisch nicht wesentlich von einander verschieden sind, da in beiden Problemen der Determinante einer ternären quadratischen Form ihr grösster Werth gegeben wird, während in dem einen die Form selbst, in dem anderen ihre adjungirte Form für eine Anzahl bekannter Werthsysteme der Variablen gegebene Werthe erhält und überdies bekanntlich die Determinante der adjungirten Form das Quadrat der Determinante der ursprünglichen Form ist.

„Es seien p Ebenen gegeben, welche sämmtlich durch den bekannten Mittelpunkt eines übrigens variablen Ellipsoids gehen. Für jeden dieser p Centralschnitte sei der Flächeninhalt der Ellipse gegeben, in welcher das Ellipsoid geschnitten wird. Dann soll unter allen Ellipsoiden, welche diese p Centralschnitte von gegebener Grösse besitzen, dasjenige von kleinstem Volumen bestimmt werden.“

Die noch unbestimmt gelassene Zahl p muss, wie sich von selbst versteht, kleiner als 6 sein, da ein Ellipsoid von bekanntem Mittelpunkt nur von 6 Bestimmungsstücken abhängt.

In rechtwinkligen Coordinaten x_1, x_2, x_3, deren Anfangspunkt im Mittelpunkt des Ellipsoids liegt, sei $f = 1$ die Gleichung desselben, wo

$$f = \Sigma a_{gh} x_g x_h, \qquad (g, h = 1, 2, 3)$$

ferner seien die Ebenen der p Centralschnitte durch die Gleichungen

$$u_i = \alpha_1^i x_1 + \alpha_2^i x_2 + \alpha_3^i x_3 = 0 \qquad (i = 1, 2, \dots p)$$

bestimmt, so dass die $3p$ Grössen α gegeben und die 6 Coefficienten a_{gh} der ternären Form f die Variablen des Problems sind. Dann heisst das vorliegende Problem in algebraischer Fassung:

„Die Determinante

$$A = \begin{vmatrix} a_{11} & a_{12} & a_{13} \\ a_{21} & a_{22} & a_{23} \\ a_{31} & a_{32} & a_{33} \end{vmatrix}$$

soll ein Maximum werden, während die p Determinanten

$$\Delta_i = \begin{vmatrix} a_{11} & a_{12} & a_{13} & \alpha_1^i \\ a_{21} & a_{22} & a_{23} & \alpha_2^i \\ a_{31} & a_{32} & a_{33} & \alpha_3^i \\ \alpha_1^i & \alpha_2^i & \alpha_3^i & 0 \end{vmatrix} \qquad (i = 1, 2, \dots p)$$

gegebene negative Werthe $-K_i$ erhalten.“

Es seien A_{gh} die adjungirten Grössen zu a_{gh}, also

$$A_{gh} = \frac{\partial A}{\partial a_{gh}},$$

so giebt die Entwicklung von Δ_i

$$-\Delta_i = \sum_{g,h} A_{gh} \alpha_g^i \alpha_h^i,$$

so dass, wenn man mit $F(x_1, x_2, x_3)$ die adjungirte Form von f bezeichnet, K_i den Werth von F für die Werthe α_1^i, α_2^i, α_3^i der Variablen darstellt. Dann hat man durch Differentiation

$$\begin{aligned} 2dA &= \Sigma a_{gh} dA_{gh} \\ -d\Delta_i &= \Sigma \alpha_g^i \alpha_h^i dA_{gh}. \end{aligned} \qquad (g, h = 1, 2, 3)$$

Da nun die Differentiale der p Ausdrücke Δ_i verschwinden, weil jedes Δ_i einer gegebenen Constante $-K_i$ gleich werden soll, und das Differential von A verschwindet, weil A ein Maximum werden soll, so ergeben sich nach den Regeln der Differentialrechnung die Gleichungen des Problems, wenn man die Summe

$$2dA + \lambda_1 d\Delta_1 + \cdots + \lambda_p d\Delta_p$$

gleich Null setzt, wo $\lambda_1, \ldots \lambda_p$ vorläufig unbekannte Multiplicatoren sind. Unter Anwendung obiger Gleichungen ergiebt sich

$$0 = \Sigma(a_{gh} - \lambda_1 \alpha_g^1 \alpha_h^1 - \cdots - \lambda_p \alpha_g^p \alpha_h^p) dA_{gh} \qquad (g, h = 1, 2, 3)$$

und hieraus folgende Bestimmung der Coefficienten a_{gh}:

$$a_{gh} = \lambda_1 \alpha_g^1 \alpha_h^1 + \lambda_2 \alpha_g^2 \alpha_h^2 + \cdots + \lambda_p \alpha_g^p \alpha_h^p.$$

Diese Werthe, in die Gleichung des Ellipsoids eingesetzt, geben der linken Seite f die Form

$$f = \Sigma \lambda_i (\alpha_1^i x_1 + \alpha_2^i x_2 + \alpha_3^i x_3)^2 = \Sigma \lambda_i u_i^2. \qquad (i = 1, 2, \ldots p)$$

Die linke Seite der Gleichung $f = 1$ des Ellipsoids lässt sich also aus den Quadraten der linken Seiten der Gleichungen der p ebenen Schnitte linear zusammensetzen.

Während p einerseits nicht grösser als 5 sein durfte, weil schon für $p = 6$ das Ellipsoid völlig bestimmt wäre, zeigt sich aus dem gewonnenen Resultat, dass es nicht kleiner als 3 sein darf, da für $p = 1$ und $p = 2$ die Gleichung $f = 1$ keine geschlossene Fläche darstellen kann und die vorgelegte Aufgabe des Grössten und Kleinsten daher ihren Sinn verliert; p kann also nur die Werthe 3, 4, 5 haben.

Man bezeichne die aus den Coefficienten der drei linearen Functionen u_i, u_k, u_l gebildete Determinante mit (ikl) und deren nach α_1^i, α_2^i, α_3^i genommene Unterdeterminanten mit $(kl)_1$, $(kl)_2$, $(kl)_3$, dann gehen aus den Werthen

(1) $$a_{gh} = \sum_i \alpha_g^i \alpha_h^i \lambda_i \qquad (i = 1, 2, \ldots p)$$

für die adjungirten Grössen A_{gh} die Gleichungen

(2) $$A_{gh} = \Sigma (ik)_g (ik)_h \lambda_i \lambda_k$$

hervor, wo die Summe auf die $\frac{p(p-1)}{2}$ Combinationen i, k der Indices 1, 2, ... p auszudehnen ist.

Für die Determinante A der Elemente a_{gh} ergiebt sich nach einem bekannten Determinantensatz der combinatorische Ausdruck

(3) $$A = \Sigma (ikl)^2 \lambda_i \lambda_k \lambda_l,$$

wo die Summe auf alle $\frac{p(p-1)(p-2)}{1.2.3}$ Combinationen i, k, l der Indices 1, 2, ... p auszudehnen ist. Ferner transformiren sich die p Ausdrücke

(4) $$K_i = -\Delta_i = \Sigma A_{gh} \alpha_g^i \alpha_h^i \qquad (g, h = 1, 2, 3)$$

mit Benutzung der Gleichung (1) in

$$K_i = \sum_{g,h} \frac{\partial A}{\partial a_{gh}} \frac{\partial a_{gh}}{\partial \lambda_i} = \frac{\partial A}{\partial \lambda_i}$$

und gehen hieraus die p Gleichungen

(4*) $$K_i = \sum_{k,l} (ikl)^2 \lambda_k \lambda_l$$

hervor, wo die Summe auf die $\frac{(p-1)(p-2)}{2}$ Combinationen k, l der Indices 1, 2, ... p mit Ausschluss von i auszudehnen ist.

Hiermit ist das Problem des Grössten und Kleinsten auf die algebraische Aufgabe zurückgeführt, die p Multiplicatoren λ_1, ... λ_p aus den p Gleichungen (4*) zu bestimmen, d. h. dieselben in die p gegebenen Constanten K_i und die $\frac{p(p-1)(p-2)}{1.2.3}$ Determinanten (ikl) auszudrücken, welche letztere reine Winkelgrössen werden, wenn man die Grössen α_1^i, α_2^i, α_3^i für jedes i der Bedingung unterwirft, dass die Summe ihrer Quadrate $= 1$ sei, wodurch dieselben erst von dem sonst in ihnen enthaltenen willkürlichen Factor befreit werden. Durch

Substituirung der gefundenen Multiplicatoren $\lambda_1, \ldots \lambda_p$ in die Function

$$(5) \qquad f = \Sigma \lambda_i u_i^2 = \Sigma \lambda_i (\alpha_1^i x_1 + \alpha_2^i x_2 + \alpha_3^i x_3)^2 \qquad (i = 1, 2, \ldots p)$$

wird endlich die Gleichung $f = 1$ des gesuchten Ellipsoids bestimmt.

Es sind nun die drei Fälle $p = 3, 4, 5$ besonders zu betrachten.

Fall von 3 Centralschnitten. In diesem Fall bilden zufolge Gleichung (5) die 3 Ebenen $u_1 = 0$, $u_2 = 0$, $u_3 = 0$ der gegebenen Centralschnitte ein System conjugirter Ebenen des Ellipsoids. Von den Multiplicatoren $\lambda_1, \lambda_2, \lambda_3$ sind durch die Gleichungen (4*) ihre Producte $\lambda_2\lambda_3$, $\lambda_1\lambda_3$, $\lambda_1\lambda_2$ zu zweien gegeben und die Auflösung der Gleichungen (4*) ergiebt sich von selbst.

Fall von 4 Centralschnitten. In diesem Fall führt die Bestimmung der 4 Multiplicatoren $\lambda_1, \ldots \lambda_4$ und des Maximumwerthes A nach (3), (4*) auf die Gleichungen

$$A = \lambda_1\lambda_2\lambda_3\lambda_4\left(\frac{m_1^2}{\lambda_1} + \frac{m_2^2}{\lambda_2} + \frac{m_3^2}{\lambda_3} + \frac{m_4^2}{\lambda_4}\right)$$

$$K_1 = \lambda_2\lambda_3\lambda_4\left(\frac{m_2^2}{\lambda_2} + \frac{m_3^2}{\lambda_3} + \frac{m_4^2}{\lambda_4}\right)$$

$$\cdots\cdots\cdots\cdots$$

wo

$$m_1 = (234), \quad m_2 = -(134), \quad m_3 = (124), \quad m_4 = -(123).$$

Setzt man hierin

$$\frac{\lambda_i}{m_i^2} = v_i, \quad \frac{K_i m_i^2}{(m_1 m_2 m_3 m_4)^2} = c_i, \quad \frac{A}{(m_1 m_2 m_3 m_4)^2} = R_4,$$

so ergeben sich genau die Gleichungen (6), (8) des § 2 meiner Abhandlung aus den Schriften der Akademie der Wissenschaften zu Berlin vom Jahre 1866 S. 132, 133 [p. 213 dieser Ausgabe], wenn man daselbst $n = 4$ setzt, d. h. genau das dort aufgestellte System von Gleichungen, von welchem das Lagrangesche Problem für das Tetraeder abhängt und welches schliesslich auf eine Gleichung vierten Grades führt.

„Die beiden Aufgaben, *ein Ellipsoid von kleinstem Volumen bei gegebenem Flächeninhalt von 4 Centralschnitten* zu bestimmen und *ein Tetraeder von grösstem Volumen bei gegebenem Flächeninhalt seiner 4 Seitenflächen* zu bestimmen, sind also algebraisch identisch und die Lösung der einen ist durch die der anderen mit gegeben.“

Da die Lösung des Tetraeder-Problems in der erwähnten Abhandlung vom Jahre 1866 vollständig ausgeführt ist, so brauche ich mich für die gegenwärtig vorliegende Aufgabe nur auf jene Lösung zu beziehen.

Fall von 5 Centralschnitten. Das System aufzulösender Gleichungen (3), (4*) hat in diesem Fall folgende Gestalt:

$$(3)\qquad A = \Sigma(ikl)^2\lambda_i\lambda_k\lambda_l \qquad (i, k, l = 1, 2, \ldots 5)$$

$$(4^*)\qquad \begin{cases} K_1 = \dfrac{\partial A}{\partial\lambda_1} = \begin{Bmatrix} (123)^2\lambda_2\lambda_3+(124)^2\lambda_2\lambda_4+(125)^2\lambda_2\lambda_5 \\ +(145)^2\lambda_4\lambda_5+(135)^2\lambda_3\lambda_5+(134)^2\lambda_3\lambda_4 \end{Bmatrix} \\ \ldots\ldots\ldots\ldots\ldots\ldots \end{cases}$$

Ungeachtet ihrer scheinbaren Complication erfordert ihre Auflösung, wie die weitere Untersuchung zeigt, nichts als zwei hinter einander auszuführende Quadratwurzelausziehungen.

Die linke Seite f der Gleichung des Ellipsoids ist, nach den Coordinaten x_1, x_2, x_3 geordnet,

$$f = \Sigma a_{gh}x_g x_h, \qquad (g, h = 1, 2, 3)$$

wo die Coefficienten nach Gleichung (1) die Werthe

$$(1)\qquad a_{gh} = \sum_i \lambda_i \alpha_g^i \alpha_h^i \qquad (i = 1, 2, \ldots 5)$$

haben. Zwischen diesen 6 Gleichungen (für g, $h = 1, 2, 3$) kann man die 5 Multiplicatoren $\lambda_1, \ldots \lambda_5$ eliminiren. Das Resultat der Elimination heisse

$$(6)\qquad \Sigma B_{gh} a_{gh} = 0, \qquad (g, h = 1, 2, 3)$$

so muss Gleichung (6) eine identische werden, wenn man für die a_{gh} ihre Ausdrücke (1) einsetzt. Die B_{gh} müssen also den 5 Gleichungen

$$(7)\qquad \Sigma B_{gh}\alpha_g^i\alpha_h^i = 0 \qquad (g, h = 1, 2, 3)$$

für $i = 1, 2, \ldots 5$ genügen. Diese Gleichungen definiren aber die adjungirten Grössen der Coefficienten b_{gh} derjenigen ternären Form

$$(8)\qquad \varphi = \Sigma b_{gh}x_g x_h, \qquad (g, h = 1, 2, 3)$$

welche gleich Null gesetzt den die 5 Ebenen $u_i = 0$ berührenden Kegel zweiten Grades bestimmt. Denn damit der Kegel $\varphi = 0$ die fünf Ebenen $u_i = 0$ berühre, müssen die fünf Gleichungen

$$\begin{vmatrix} b_{11} & b_{12} & b_{13} & \alpha_1^i \\ b_{21} & b_{22} & b_{23} & \alpha_2^i \\ b_{31} & b_{32} & b_{33} & \alpha_3^i \\ \alpha_1^i & \alpha_2^i & \alpha_3^i & 0 \end{vmatrix} = 0$$

für $i = 1, 2, \dots 5$ erfüllt sein, welche nach den adjungirten Grössen B_{gh} der b_{gh} entwickelt die Gleichungen (7) geben. *Die Coefficienten B_{gh} in der Gleichung* (6) *sind also nichts anderes, als die adjungirten Grössen der Coefficienten b_{gh} der ternären Form $\varphi(x_1, x_2, x_3)$, deren Verschwinden den Berührungskegel der fünf Centralschnitte $u_i = 0$ bestimmt.*

Multiplicirt man Gleichung (6) mit A und setzt für die Producte Aa_{gh} ihre Ausdrücke durch die adjungirten Grössen A_{gh}, so erhält man

$$(6^*) \qquad B_{11}(A_{22}A_{33}-A_{23}^2)+\cdots+2B_{23}(A_{12}A_{13}-A_{11}A_{23})+\cdots = 0.$$

Zwischen den 6 Grössen A_{gh} bestehen bereits die 5 Gleichungen

$$(4) \qquad K_i = \sum_{g,h} \alpha_g^i \alpha_h^i A_{gh},$$

welche die 5 Grössen K_i als lineare Functionen der A_{gh} definiren. Fügt man eine sechste lineare homogene Function

$$(9) \qquad U = \sum_{g,h} q_{gh} A_{gh}$$

willkürlich hinzu, stellt durch Auflösung die A_{gh} als lineare homogene Functionen von $K_1, \dots K_5, U$ dar und setzt diese Werthe in (6*) ein, so verwandelt sich diese Gleichung in eine Gleichung zweiten Grades in U. Die Auflösung derselben liefert für U eine lineare homogene Function der Grössen K_i vermehrt um eine Quadratwurzel $\sqrt{R}$ aus einer quadratischen homogenen Function der K_i. Demnach sind die Grössen A_{gh}, deren Determinante A^2, sowie die Producte Aa_{gh}, $A\lambda_i$ als ganze Functionen von $K_1, \dots K_5$ und $\sqrt{R}$ darstellbar, worauf es, um A zu erhalten, einer zweiten Quadratwurzelausziehung bedarf. Dies lässt sich dahin zusammenfassen:

„Die ternäre Form $f(x_1, x_2, x_3)$, welche die linke Seite der Gleichung des Ellipsoids bildet, mit ihrer Determinante A multiplicirt, lässt sich mit Hülfe einer einzigen Quadratwurzel $\sqrt{R}$ darstellen. Dasselbe gilt von dem Quadrat der Determinante A. Die Darstellung von f selbst erfordert zwei hinter einander vorzunehmende Quadratwurzelausziehungen."

Die Ausführung der Rechnung, welche die Auflösung der fünf Gleichungen (4*) liefert und von deren Gang eine Uebersicht zu gewinnen keine Schwierigkeit darbot, führt zu interessanten Ergebnissen.

Die bei Auflösung der quadratischen Gleichung erhaltene Quadratwurzel $\sqrt{R}$ ist, wie man sich leicht überzeugt, unabhängig von der Wahl der Coefficienten q_{gh} in Gleichung (9). Diese Coefficienten treten nur in die lineare

Function der K_i ein, welche man zu $\sqrt{R}$ hinzufügen muss, um U zu erhalten. Aber da diese lineare Function der K_i, die ich mit U_0 bezeichne, selbst wiederum als lineare Function der A_{gh} darstellbar ist, so giebt es eine neue von der Wahl der Coefficienten q_{gh} unabhängige lineare homogene Function

$$T = U - U_0$$

der A_{gh}, deren Quadrat gleich R ist. Oder mit anderen Worten: *die Coefficienten q_{gh} lassen sich so specialisiren, dass die durch dieselben nach Gleichung* (9) *definirte Function U, die ich T nennen will, von einer reinen quadratischen Gleichung abhängt.*

Diese Specialisirung lässt sich, abgesehen von einem willkürlichen die ganze Function T behaftenden Factor, nur auf *eine* Weise leisten, und zwar, wie sich leicht beweisen lässt, indem man $q_{gh} = b_{gh}$ setzt, also

$$T = \sum_{g,h} b_{gh} A_{gh}, \tag{10}$$

wo b_{gh} wiederum die durch (8) definirten Coefficienten der Gleichung des Berührungskegels $\varphi = 0$ sind.

Der Gleichung $\varphi = 0$ des Berührungskegels kann man bekanntlich verschiedene Gestalten geben und besonders einfache, wenn man sie auf irgend drei der fünf Ebenen $u_i = 0$ bezieht. In u_1; u_2, u_3 ausgedrückt, erhält z. B. φ die Gestalt

$$\varphi = \mu_1^2 u_1^2 + \mu_2^2 u_2^2 + \mu_3^2 u_3^2 - 2\mu_2\mu_3 u_2 u_3 - 2\mu_1\mu_3 u_1 u_3 - 2\mu_1\mu_2 u_1 u_2,$$

wo

$$\mu_1 = (234)(235)(145), \quad \mu_2 = (134)(135)(245), \quad \mu_3 = (124)(125)(345).$$

Denkt man sich den willkürlichen in den Coefficienten b_{gh} der Gleichung (8) enthaltenen Factor auf diese Weise bestimmt, so wird ihre Determinante $B = -4\varpi^2$, wo ϖ das Product sämmtlicher 10 Determinanten (ikl) bezeichnet. Setzt man ferner die Werthe der Coefficienten b_{gh} in (10) ein und drückt die A_{gh} nach Gleichung (2) durch die λ aus, so ergiebt sich für T der symmetrische Ausdruck

$$T = [(123)(124)(125)(345)]^2 \lambda_1 \lambda_2 + \cdots, \tag{10*}$$

wo die Summe auf alle zehn ähnlich gebildeten Glieder auszudehnen ist.

Die in (10) *gegebene Definition der Function T lässt sich auf die Bildung der Determinante der ternären quadratischen Form $f - \varrho\varphi$ zurückführen*, oder, was dasselbe ist, *auf die Bildung der Gleichung dritten Grades in ϱ, von welcher die Bestimmung des zugleich für das Ellipsoid $f = 1$ und den Berührungskegel $\varphi = 0$ conjugirten Axensystems abhängt.* In der That, entwickelt man diese

Determinante nach Potenzen von ϱ, so wird A das von ϱ unabhängige Glied, $-T$ nach Gleichung (10) der Coefficient von ϱ, Null nach Gleichung (6) der Coefficient von ϱ^2, endlich $-B = 4\varpi^2$ der Coefficient von ϱ^3. Die erwähnte Gleichung dritten Grades wird also

$$(11) \qquad 0 = A - T\varrho + 4\varpi^2\varrho^3.$$

Die aus den 6 Gleichungen (4), (10) hergeleiteten Werthe der A_{gh}, in (6*) und in die Determinante A^2 der A_{gh} substituirt, liefern die Gleichungen

$$(12) \qquad T^2 = R = R_{11}K_1^2 + \cdots + R_{12}K_1K_2 + \cdots$$

$$(13) \qquad 2.3^3.\varpi^2 A^2 = -\tfrac{1}{2}S + R^{\frac{3}{2}},$$

wo

$$(14) \qquad S = S_{111}K_1^3 + \cdots + S_{112}K_1^2K_2 + \cdots + S_{123}K_1K_2K_3 + \cdots$$

Die hierin vorkommenden Coefficienten $R_{11}, \ldots$ und $S_{111}, \ldots$ lassen sich nach meinen 1867 angestellten Rechnungen folgendermassen darstellen:

Man bilde aus den Determinanten (ikl) die Producte

$$r_{gh} = (ghi)(ghk)(ghl),$$

wo $g\ h\ i\ k\ l$ eine Permutation der 5 Indices 1 2 3 4 5 bedeuten, und setze aus diesen die Ausdrücke

$$s_{ik}^{gh} = r_{gi}r_{hk} + r_{gk}r_{hi}$$

zusammen. Die r_{gh} sind alternirende Functionen ihrer Indices, so dass $r_{hg} = -r_{gh}$, die s_{ik}^{gh} sind Functionen, welche unverändert bleiben, erstens wenn man die oberen Indices vertauscht, zweitens wenn man die unteren Indices vertauscht, drittens wenn man gleichzeitig beide obere Indices mit beiden unteren Indices vertauscht. Dies vorausgesetzt, werden die Coefficienten in den Gleichungen (12), (14) gegeben durch

$$(12^*) \qquad \begin{cases} R_{11} = \tfrac{1}{2}(r_{23}^2 r_{45}^2 + r_{24}^2 r_{35}^2 + r_{25}^2 r_{34}^2) \\ R_{12} = r_{13}r_{23}r_{45}^2 + r_{14}r_{24}r_{35}^2 + r_{15}r_{25}r_{34}^2 \\ \cdots\cdots\cdots\cdots \end{cases}$$

$$(14^*) \qquad \begin{cases} S_{111} = s_{45}^{23}s_{35}^{24}s_{34}^{25} \\ S_{112} = s_{45}^{13}s_{35}^{24}s_{34}^{25} + s_{45}^{23}s_{35}^{14}s_{34}^{25} + s_{45}^{23}s_{35}^{24}s_{34}^{15} \\ S_{123} = s_{45}^{23}(s_{25}^{14}s_{34}^{15} + s_{24}^{15}s_{35}^{14}) + s_{45}^{13}(s_{15}^{24}s_{34}^{25} + s_{14}^{25}s_{35}^{24}) + s_{45}^{12}(s_{25}^{34}s_{14}^{35} + s_{24}^{35}s_{15}^{34}) \\ \cdots\cdots\cdots\cdots \end{cases}$$

In diese Formeln treten also nur zwei homogene Functionen R und S der fünf Grössen $K_1, \ldots K_5$ ein, welche auf symmetrische Weise aus ihnen zusammengesetzt sind und von denen die eine zweiter, die andere dritter Ordnung ist.

Nach Berechnung der Irrationalitäten $\sqrt{R}$ und $\sqrt{-\frac{1}{2}S+R^{\frac{3}{2}}}$ ergeben sich, wie wir oben gesehen haben, die einzelnen Multiplicatoren λ als Brüche, deren gemeinschaftlichen Nenner die zweite dieser Irrationalitäten bildet, während die Zähler homogene Functionen zweiter Ordnung der 6 Grössen $K_1, \ldots K_5, \sqrt{R}$ sind.

Indem ich mir die Discussion der gefundenen Ausdrücke für eine andere Gelegenheit vorbehalte, fasse ich das für den Fall von 5 Centralschnitten erhaltene algebraische Ergebniss folgendermassen zusammen:

„Zur Auflösung des Gleichungssystems

$$K_1 = \frac{\partial A}{\partial \lambda_1}, \quad \ldots \quad K_5 = \frac{\partial A}{\partial \lambda_5},$$

wo

$$A = \Sigma(ikl)^2 \lambda_i \lambda_k \lambda_l, \qquad (i, k, l = 1, 2, \ldots 5)$$

$$(ikl) = |a_h^g|, \qquad \binom{g = i, k, l}{h = 1, 2, 3}$$

von welchem die Bestimmung des Ellipsoids von kleinstem Volumen bei gegebenem Flächeninhalt von 5 Centralschnitten abhängt, füge man zu den fünf in $\lambda_1, \ldots \lambda_5$ homogenen quadratischen Functionen $K_1, \ldots K_5$ eine sechste

$$T = [(123)(124)(125)(345)]^2 \lambda_1 \lambda_2 + \cdots$$

hinzu, dann lässt sich das Quadrat von T als homogene quadratische Function R von $K_1, \ldots K_5$ vermöge der Gleichungen (12), (12*) darstellen. Mit Hülfe dieser Quadratwurzel $T = \sqrt{R}$ lässt sich ferner das Quadrat von A, abgesehen von einem von den K unabhängigen Factor, unter der Form

$$-\tfrac{1}{2}S + R^{\frac{3}{2}}$$

darstellen, wo $-\frac{1}{2}S$ eine homogene durch die Gleichungen (14), (14*) gegebene Function dritter Ordnung der $K_1, \ldots K_5$ ist. Endlich ist jede der Grössen $\lambda_1, \ldots \lambda_5$ darstellbar als ein Bruch, dessen Nenner

$$\sqrt{-\tfrac{1}{2}S + R^{\frac{3}{2}}}$$

und dessen Zähler eine homogene quadratische Function der sechs Grössen $K_1, \ldots K_5, \sqrt{R}$ ist."

Eine französische Uebersetzung dieser Abhandlung findet sich im *Bulletin des Sciences mathématiques et astronomiques, rédigé par MM. Darboux et Hoüel,* T. V p. 301—312, 1873, unter dem Titel: *Sur l'ellipsoïde de volume minimum parmi ceux dans lesquels un certain nombre de sections centrales ont des aires données.*

Untersuchungen über die Elasticität fester isotroper Körper unter Berücksichtigung der Wärme.

Monatsbericht der Akademie der Wissenschaften zu Berlin, Januar 1873 p. 9—56.

Untersuchungen über die Elasticität fester isotroper Körper unter Berücksichtigung der Wärme.

Gelesen in der Akademie der Wissenschaften zu Berlin am 9. Januar 1873.

Wird ein elastischer isotroper*) Körper, der sich ursprünglich bei überall gleicher Temperatur im Gleichgewicht befand, einer ungleichen Erwärmung seiner Theile ausgesetzt, so werden dadurch Deformationen des Körpers bewirkt und es entsteht das allgemeine Problem, wenn die Erwärmung (die ursprüngliche Temperatur als Nullpunkt betrachtet) für jeden Punkt des Körpers als Function des Ortes gegeben ist, die Verrückung zu bestimmen, die in Folge dieser Erwärmung jeder Punkt des Körpers erleidet.

Die Differentialgleichungen für diese Deformationen sind von Duhamel**) und Herrn Franz Neumann***) unabhängig von einander und nahe gleichzeitig gefunden worden. Der Letztere, welcher dieselben in Verbindung mit optischen Untersuchungen als Mittel brauchte, um die von Brewster entdeckten und von Deformationen dieser Art herrührenden Farbenerscheinungen im polarisirten Licht mathematisch zu erklären, wurde durch diese Anwendung darauf geführt, die zunächst für Körper von 3 Dimensionen aufgestellten Differentialgleichungen so zu specialisiren, dass sie für ebene Platten von geringer Dicke, oder, wie man kürzer sagen kann, für 2 Dimensionen gelten.

Aus den aufgestellten Differentialgleichungen ist die exacte Bestimmung der Deformationen bisher nur in zwei sehr speciellen Fällen hergeleitet worden, nämlich erstens im Fall einer Kugel oder Kugelschale†) und zweitens im Fall eines Kreises oder Kreisringes††), in beiden Fällen jedoch nur unter der be-

*) d. h. dessen Elasticität unabhängig von der Richtung ist.

**) Mémoires présentés à l'Académie des Sciences de Paris, T. V p. 440, 1838.

***) Abhandlungen der Berliner Akademie, a. d. Jahre 1841, II.

†) Duhamelsche Abhandlung p. 469 und Neumannsche Abhandlung pp. 103, 108.

††) Neumannsche Abhandlung pp. 119, 126.

sonderen Annahme, dass die Erwärmung allein Function des Radius sei. Alsdann finden nämlich auch die Verrückungen nur im Sinne des Radius statt und das Problem reducirt sich auf die Integration einer gewöhnlichen Differentialgleichung mit *einer* unabhängigen und *einer* abhängigen Variable.

Ist die Temperatur willkürlich vertheilt, also nicht mehr lediglich vom Radius abhängig, so hat man für den Kreis zwei, für die Kugel drei unabhängige Variable und eine gleiche Anzahl abhängiger Variablen, welche durch simultane partielle Differentialgleichungen und durch die hinzutretenden Grenzbedingungen bestimmt werden müssen.

Dies bisher ungelöste Problem bildet den Gegenstand der folgenden Abhandlung. Für den Fall einer vollen Kreisplatte und einer vollen Kugel wird in derselben die Lösung in endlicher Form gegeben.

Um zu diesen Ergebnissen zu gelangen, zeige ich zunächst, dass die vorliegenden partiellen Differentialgleichungen sich in endlicher Form integriren lassen und dass die in der Integration vorkommenden willkürlichen Functionen eindeutige Potentialfunctionen sind. Diese Integration ist selbst für die partiellen Differentialgleichungen der Elasticität ohne Berücksichtigung der Wärme bisher unbekannt gewesen. In endlicher Form sind dieselben meines Wissens nur für einen unendlich grossen elastischen Körper durch bestimmte Integrale integrirt worden*). Für den Fall kreis- oder kugelförmiger Begrenzung dagegen ist die Integration immer durch Entwicklung in unendliche Reihen nach trigonometrischen oder Kugelfunctionen geleistet worden, und zwar hat man die Entwicklungen der letzteren Art in der Form doppelt unendlicher**) oder einfach unendlicher Reihen***) angewandt.

Nennt man ein Potential ein *äusseres* oder eine *Potentialfunction*, wenn es der Laplaceschen Differentialgleichung genügt, dagegen ein *inneres* Potential, wenn es der Poissonschen Differentialgleichung genügt, so geschieht die Integration der Elasticitätsgleichungen ohne Berücksichtigung der Wärme (vorausgesetzt dass auch keine anderen sollicitirenden Kräfte auf die inneren Punkte des elastischen Körpers wirken) lediglich durch *Potentialfunctionen*, welche die

---

*) W. Thomson, Cambridge and Dublin Mathematical Journal, Vol. III p. 87, 1848; Thomson and Tait, Natural Philosophy, Vol. I p. 570.

**) Lamé, Journal de M. Liouville, T. XIX p. 69, 1854, und Leçons sur les coordonnées curvilignes p. 320.

***) W. Thomson, Philosophical Transactions, Vol. 153 p. 588, 1863.

willkürlichen Functionen der Lösung bilden. Berücksichtigt man die Wärme, so kommt ein bestimmtes *inneres* Potential hinzu.

Der zweite Theil der Untersuchung besteht in der Bestimmung der willkürlichen Potentialfunctionen durch die Grenzbedingungen. Dieselbe geschieht durch Anwendung des Princips, wonach eine innerhalb eines einfach zusammenhangenden Raumes continuirliche, eindeutige und endliche Potentialfunction, welche an den Grenzen des Raumes verschwindet, identisch gleich Null sein muss. Aber während dieses Princip in den Problemen der Elasticität, in welchen die Wärme unberücksichtigt bleibt, allein ausreicht, ist dies im vorliegenden Problem nicht der Fall, weil hier in die unbestimmte Integration ausser den äusseren auch ein inneres Potential eintritt. Um das erwähnte Princip anwenden zu können, muss daher eine Transformation vorhergehen, durch welche jenes innere Potential fortgeschafft wird.

Eine solche Transformation wird aber nur durch einen besonderen für das vorliegende Problem wichtigen Umstand möglich.

Bei den gewöhnlichen Problemen der Elasticität bestehen nämlich die Data des Problems in den sollicitirenden auf die inneren Punkte des elastischen Körpers wirkenden Kräften, welche allein in die partiellen Differentialgleichungen treten, und in den an der Oberfläche wirkenden Kräften, welche lediglich in die Grenzbedingungen treten. Zwischen diesen beiden Klassen von Kräften, von denen die einen in die partiellen Differentialgleichungen, die anderen in die Grenzbedingungen eintreten, besteht keine Art von Verbindung, sie sind völlig unabhängig von einander.

Anders verhält es sich bei Berücksichtigung der Wärme, vorausgesetzt dass die Wärme die einzige Kraft sei, welche elastische Deformationen hervorbringt. Alsdann tritt ein und dieselbe Function, die man als die Wärmefunction bezeichnen kann, durch ihre Differentialquotienten in die partiellen Differentialgleichungen, durch die Function selbst in die Grenzbedingungen ein.

Eine Folge dieses Zusammenhanges ist es, dass unter Berücksichtigung der Discontinuitäten, denen die Differentialquotienten eines Potentials an der Grenze des anziehenden Körpers unterworfen sind, diejenigen in den Grenzbedingungen vorkommenden Glieder, welche von dem inneren Potential der unbestimmten Integration herrühren, mit dem von der Wärmefunction herrührenden Gliede vereinigt, eine Ersetzung durch Glieder zulassen, die von einem äusseren Potential abhangen und an der Grenze von gleichem Werthe sind.

Nach dieser Ersetzung kommen die Grenzbedingungen auf die Form zurück, welche sie in den gewöhnlichen elastischen Problemen haben, und gestatten daher nun dieselbe Bestimmung der willkürlichen Functionen.

Durch die auseinander gesetzte Methode gelingt es, die schliesslichen Ausdrücke der Verrückungen zu finden. Betrachtet man den elastischen Körper als anziehende Masse, seine Temperatur als Dichtigkeit und bildet in diesem Sinne Potentiale desselben, so erscheinen die Verrückungen als Ausdrücke, welche aus den Differentialquotienten solcher Potentiale oder von Functionen, die aus diesen Potentialen abgeleitet werden, zusammengesetzt sind.

---

1. Differentialgleichungen des Problems für zwei und drei Dimensionen. Es seien x, y, z die rechtwinkligen Coordinaten eines Punktes eines elastischen isotropen Körpers in seinem ursprünglichen Gleichgewichtszustand. Wird der Körper einer für seine einzelnen Theile verschiedenen Erwärmung

$$s(x, y, z),$$

welche eine gegebene Function des Ortes ist, ausgesetzt, so seien u, v, w die dadurch entstehenden Verrückungen, welche der Punkt (x, y, z) im Sinne der wachsenden Coordinaten erleidet. Dann werden u, v, w als Functionen von x, y, z durch die für alle inneren Punkte des Körpers geltenden partiellen Differentialgleichungen

$$(1)\qquad \begin{aligned} \Delta^2 u+(1+2\theta)\frac{\partial p}{\partial x} &= \mathfrak{g}\frac{\partial s}{\partial x} \\ \Delta^2 v+(1+2\theta)\frac{\partial p}{\partial y} &= \mathfrak{g}\frac{\partial s}{\partial y} \\ \Delta^2 w+(1+2\theta)\frac{\partial p}{\partial z} &= \mathfrak{g}\frac{\partial s}{\partial z} \end{aligned}$$

und die für die Oberfläche desselben geltenden Grenzbedingungen

$$(1^*)\qquad \begin{aligned} \left[p'+2\frac{\partial u}{\partial x}\right]\cos(\nu,x)+\left[\frac{\partial u}{\partial y}+\frac{\partial v}{\partial x}\right]\cos(\nu,y)+\left[\frac{\partial u}{\partial z}+\frac{\partial w}{\partial x}\right]\cos(\nu,z) &= 0 \\ \left[\frac{\partial v}{\partial x}+\frac{\partial u}{\partial y}\right]\cos(\nu,x)+\left[p'+2\frac{\partial v}{\partial y}\right]\cos(\nu,y)+\left[\frac{\partial v}{\partial z}+\frac{\partial w}{\partial y}\right]\cos(\nu,z) &= 0 \\ \left[\frac{\partial w}{\partial x}+\frac{\partial u}{\partial z}\right]\cos(\nu,x)+\left[\frac{\partial w}{\partial y}+\frac{\partial v}{\partial z}\right]\cos(\nu,y)+\left[p'+2\frac{\partial w}{\partial z}\right]\cos(\nu,z) &= 0 \end{aligned}$$

$$p' = 2\theta p-\mathfrak{g}s$$

bestimmt. Hierin bedeutet Δ^2 die Operation

$$\Delta^2 = \frac{\partial^2}{\partial x^2} + \frac{\partial^2}{\partial y^2} + \frac{\partial^2}{\partial z^2},$$

p die cubische oder Volumen-Dilatation

$$p = \frac{\partial u}{\partial x} + \frac{\partial v}{\partial y} + \frac{\partial w}{\partial z},$$

θ das Verhältniss der beiden Constanten der Elasticität in der von Herrn Kirchhoff gebrauchten Bedeutung dieses Buchstabens*), $\mathfrak{g}$ eine mit Hülfe des thermischen Ausdehnungscoefficienten $\mathfrak{e}$ durch die Gleichung

$$(1^{**}) \qquad \mathfrak{g} = 2(1+3\theta)\mathfrak{e}$$

bestimmte Constante**), (ν, x), (ν, y), (ν, z) endlich bedeuten die Winkel, welche die Normale der Oberfläche des Körpers mit den Coordinatenaxen bildet.

Die Gleichungen (1), (1*) gehen in die von Duhamel und Herrn Franz Neumann gegebenen über, wenn man die in ihnen enthaltene Constante $\theta = \frac{1}{2}$ setzt, was nach der damals allgemein angenommenen, aber seitdem als der Natur nicht entsprechend erkannten, Navierschen und Poissonschen Hypothese der Werth von θ ist.

An die Stelle der Gleichungen (1), (1*) kann man auch die eine Bedingung setzen, dass die Variation des über den ganzen elastischen Körper auszudehnenden Integrals

$$\int dx\,dy\,dz \{\mathfrak{E} + \theta p^2 - \mathfrak{g} s p\},$$

in welchem

$$\mathfrak{E} = \left(\frac{\partial u}{\partial x}\right)^2 + \left(\frac{\partial v}{\partial y}\right)^2 + \left(\frac{\partial w}{\partial z}\right)^2 + \tfrac{1}{2}\left(\frac{\partial v}{\partial z} + \frac{\partial w}{\partial y}\right)^2 + \tfrac{1}{2}\left(\frac{\partial w}{\partial x} + \frac{\partial u}{\partial z}\right)^2 + \tfrac{1}{2}\left(\frac{\partial u}{\partial y} + \frac{\partial v}{\partial x}\right)^2$$

$$p = \frac{\partial u}{\partial x} + \frac{\partial v}{\partial y} + \frac{\partial w}{\partial z}$$

verschwinden muss.

Für den Fall dünner ebener Platten, deren Mittelebene mit der Coordinatenebene der (x, y) zusammenfalle, hat Herr Neumann gezeigt, dass

*) S. Journal für die reine und angewandte Mathematik, Bd. 56 p. 285 [Kirchhoff, Gesammelte Abhandlungen, p. 285].

**) Man vergleiche p. 100 der Neumannschen Abhandlung, wo die Constante $\mathfrak{g}$ mit $f = \frac{p}{k}$ bezeichnet ist.

die transversale Verrückung w von den beiden longitudinalen vermöge der Gleichung*)

$$(1+\theta)w = \left\{\tfrac{1}{2}\mathfrak{g}s-\theta\left(\frac{\partial u}{\partial x}+\frac{\partial v}{\partial y}\right)\right\}z$$

abhängt, und dass u, v als von z unabhängig anzusehen und durch die partiellen Differentialgleichungen

$$(2)\qquad \begin{aligned}(1+\theta)\Delta^2 u+(1+3\theta)\frac{\partial p}{\partial x} &= \mathfrak{g}\frac{\partial s}{\partial x}\\ (1+\theta)\Delta^2 v+(1+3\theta)\frac{\partial p}{\partial y} &= \mathfrak{g}\frac{\partial s}{\partial y},\end{aligned}$$

welche für alle der Platte angehörigen Werthe von x, y gelten, sowie die für den Rand geltenden Grenzbedingungen

$$(2^*)\qquad \begin{aligned}\left[p'+2(1+\theta)\frac{\partial u}{\partial x}\right]\cos(\nu,x)+(1+\theta)\left[\frac{\partial u}{\partial y}+\frac{\partial v}{\partial x}\right]\cos(\nu,y) &= 0\\ (1+\theta)\left[\frac{\partial u}{\partial y}+\frac{\partial v}{\partial x}\right]\cos(\nu,x)+\left[p'+2(1+\theta)\frac{\partial v}{\partial y}\right]\cos(\nu,y) &= 0\\ p' &= 2\theta p-\mathfrak{g}s\end{aligned}$$

bestimmt werden. Hier bedeutet Δ^2 die Operation

$$\Delta^2 = \frac{\partial^2}{\partial x^2}+\frac{\partial^2}{\partial y^2},$$

p die Flächendilatation

$$p = \frac{\partial u}{\partial x}+\frac{\partial v}{\partial y},$$

und s ist Function von x, y ohne z.

An die Stelle der Gleichungen (2), (2*) kann man die eine Bedingung setzen, dass die Variation des über die ganze Mittelebene der elastischen Platte auszudehnenden Integrals

$$\int dx dy\{(1+\theta)\mathfrak{E}'+\theta p^2-\mathfrak{g}sp\},$$

in welchem

$$\mathfrak{E}' = \left(\frac{\partial u}{\partial x}\right)^2+\left(\frac{\partial v}{\partial y}\right)^2+\tfrac{1}{2}\left(\frac{\partial u}{\partial y}+\frac{\partial v}{\partial x}\right)^2$$

$$p = \frac{\partial u}{\partial x}+\frac{\partial v}{\partial y}$$

verschwinden muss.

*) Man vergleiche p. 113 der erwähnten Abhandlung, nachdem in obiger Formel $\theta = \frac{1}{2}$ gesetzt worden.

Die Systeme (1), (2) simultaner partieller Differentialgleichungen lassen sich in endlicher Form integriren mit Hülfe willkürlicher Functionen, welche der partiellen Differentialgleichung

$$\Delta^2 f = 0$$

genügen.

---

2. Unbestimmte Integration in endlicher Form für zwei Dimensionen*). Führt man in die für die ebene Platte geltenden partiellen Differentialgleichungen (2) ausser der Flächendilatation p die Elementar-Rotation $\frac{1}{2}t$ durch die Gleichung

$$t = \frac{\partial u}{\partial y} - \frac{\partial v}{\partial x}$$

ein, so hat man die Identitäten

$$\Delta^2 u = \frac{\partial p}{\partial x} + \frac{\partial t}{\partial y}, \quad \Delta^2 v = \frac{\partial p}{\partial y} - \frac{\partial t}{\partial x},$$

vermöge welcher die partiellen Differentialgleichungen (2) sich in

$$2(1+2\theta)\frac{\partial p}{\partial x} + (1+\theta)\frac{\partial t}{\partial y} = \mathfrak{g}\frac{\partial s}{\partial x}$$

$$2(1+2\theta)\frac{\partial p}{\partial y} - (1+\theta)\frac{\partial t}{\partial x} = \mathfrak{g}\frac{\partial s}{\partial y},$$

oder, wenn man

$$q = 2(1+2\theta)p - \mathfrak{g}s, \quad q_1 = (1+\theta)t$$

setzt, in

$$\text{(3)} \qquad \frac{\partial q}{\partial x} + \frac{\partial q_1}{\partial y} = 0, \quad \frac{\partial q}{\partial y} - \frac{\partial q_1}{\partial x} = 0$$

transformiren. Sind diese Gleichungen integrirt, so ergeben sich die Verrückungen u, v aus der Integration des Systems

$$\text{(4)} \qquad \frac{\partial u}{\partial x} + \frac{\partial v}{\partial y} = \frac{\mathfrak{g}s + q}{2(1+2\theta)}, \quad \frac{\partial u}{\partial y} - \frac{\partial v}{\partial x} = \frac{q_1}{1+\theta}.$$

Die Integration der Gleichungen (3) lässt sich auf die Bestimmung einer einzigen Potentialfunction zurückführen.

Eine eindeutige Function $f(x, y)$, welche der Gleichung

$$0 = \Delta^2 f = \frac{\partial^2 f}{\partial x^2} + \frac{\partial^2 f}{\partial y^2}$$

*) Man vergleiche die auf diese Abhandlung bezüglichen Bemerkungen des Herausgebers am Schlusse des Bandes. H.

genügt, lässt bekanntlich eine Entwicklung der Form

$$f = a_0 + b_0 \lg r + \Sigma r^n (a_n \cos n\vartheta + b_n \sin n\vartheta) \qquad \binom{n = +1, \cdots -\infty}{n = -1, \cdots +\infty}$$

zu, wo

$$x = r\cos\vartheta = e^{\varrho}\cos\vartheta, \quad y = r\sin\vartheta = e^{\varrho}\sin\vartheta$$

und die Grössen a, b Constanten sind. Eine solche Function f will ich, um mich kurz ausdrücken zu können, eine *uneigentlich* oder *eigentlich eindeutige Potentialfunction* nennen, je nachdem sie das $\lg r$ proportionale Glied $b_0 \lg r$ enthält oder nicht enthält.

Nach dieser Definition sind q, q_1 eigentlich eindeutige Potentialfunctionen und zwar mit der besonderen Eigenschaft, *die beiden in* r^{-1} *multiplicirten Glieder*

$$r^{-1}\cos\vartheta, \quad r^{-1}\sin\vartheta,$$

oder, kürzer ausgedrückt, *die Glieder* $(-1)^{\text{ter}}$ *Ordnung nicht zu enthalten.*

Eindeutig sind q, q_1 ihrer physikalischen Bedeutung nach, das $\lg r$ proportionale Glied können sie wegen der zwischen ihnen bestehenden Verbindung nicht enthalten, und die in r^{-1} multiplicirten Glieder müssen desshalb fehlen, weil, wie man sich leicht überzeugt, aus ihnen vieldeutige Glieder in den Verrückungen u, v, d. h. solche, die ϑ ausserhalb des Sinus und Cosinus enthalten, hervorgehen würden.

Indem man zufolge der Gleichung

$$x + y\sqrt{-1} = e^{\varrho + \vartheta\sqrt{-1}}$$

ϱ, ϑ statt x, y in die Gleichungen (3) einführt, verwandeln sich dieselben in

$$\frac{\partial q}{\partial \varrho} + \frac{\partial q_1}{\partial \vartheta} = 0, \quad \frac{\partial q}{\partial \vartheta} - \frac{\partial q_1}{\partial \varrho} = 0,$$

daher ist

$$q\,d\varrho + q_1\,d\vartheta$$

ein vollständiges Differential. Demnach muss es eine *eigentlich eindeutige* Potentialfunction M ohne Glieder $(-1)^{\text{ter}}$ Ordnung geben, vermöge welcher q, q_1 durch die Gleichungen

$$q = a + \frac{\partial M}{\partial \varrho}, \quad q_1 = b + \frac{\partial M}{\partial \vartheta}$$

bestimmt werden.

Die Constanten a, b stellen die mittleren Werthe der Grössen q, q_1 dar. Aber da q_1 derjenigen Verbindung $\frac{\partial u}{\partial y}-\frac{\partial v}{\partial x}=t$ der Differentialquotienten der Verrückungen proportional ist, welche in den Randgleichungen nicht vorkommt, so bleibt b eine willkürliche Constante. Sie stellt, durch $2(1+\theta)$ dividirt, eine der ganzen Platte mitgetheilte Drehung ohne elastische Deformation dar, von welcher wir absehen und daher

$$b=0$$

setzen können.

Die der Function M zukommende Eigenschaft, die Glieder $(-1)^{\text{ter}}$ Ordnung nicht zu enthalten, kann analytisch durch die Gleichung

$$M=L+\frac{\partial L}{\partial \varrho}=L+x\frac{\partial L}{\partial x}+y\frac{\partial L}{\partial y}$$

ausgedrückt werden, wo L keiner anderen Eigenschaft unterworfen zu werden braucht, als eine eigentlich eindeutige Potentialfunction zu sein.

Die; soweit es sich um elastische Deformationen handelt, vollständige Integration der partiellen Differentialgleichungen (3) für q, q_1 ist also durch die Gleichungen

$$(5)\qquad \begin{aligned} q &= a+\frac{\partial M}{\partial \varrho}=a+x\frac{\partial M}{\partial x}+y\frac{\partial M}{\partial y}\\ q_1 &= \frac{\partial M}{\partial \vartheta}=x\frac{\partial M}{\partial y}-y\frac{\partial M}{\partial x}\\ M &= L+\frac{\partial L}{\partial \varrho}=L+x\frac{\partial L}{\partial x}+y\frac{\partial L}{\partial y}\end{aligned}$$

gegeben, wo L eine eigentlich eindeutige Potentialfunction bedeutet.

Bezeichnet man mit $\mathfrak{a}$, $\mathfrak{b}$ die beiden Constanten

$$\mathfrak{a}=\frac{1}{2(1+2\theta)},\quad \mathfrak{b}=\frac{1}{2(1+\theta)},$$

so gehen die jetzt noch zu integrirenden Gleichungen (4) nach Einsetzung der Werthe (5) in

$$\begin{aligned}\frac{\partial u}{\partial x}+\frac{\partial v}{\partial y} &= \mathfrak{a}\mathfrak{g}s+\mathfrak{a}a+\mathfrak{a}\left\{x\frac{\partial M}{\partial x}+y\frac{\partial M}{\partial y}\right\}\\ \frac{\partial u}{\partial y}-\frac{\partial v}{\partial x} &= 2\mathfrak{b}\left\{x\frac{\partial M}{\partial y}-y\frac{\partial M}{\partial x}\right\}\end{aligned}$$

über, welche durch Einführung der Grössen

$$u'=u-2\mathfrak{b}xM,\quad v'=v-2\mathfrak{b}yM$$

die einfachere Gestalt

$$\frac{\partial u'}{\partial x}+\frac{\partial v'}{\partial y} = \mathfrak{a}(\mathfrak{g}s+a)+(\mathfrak{a}-2\mathfrak{b})\left\{x\frac{\partial M}{\partial x}+y\frac{\partial M}{\partial y}\right\}-4\mathfrak{b}M$$

$$\frac{\partial u'}{\partial y}-\frac{\partial v'}{\partial x} = 0$$

annehmen. Nach der zweiten dieser Gleichungen ist

$$u' = \frac{\partial N}{\partial x}, \quad v' = \frac{\partial N}{\partial y},$$

worauf nach der ersten N durch die partielle Differentialgleichung

$$(6) \quad \Delta^2 N = \frac{\partial^2 N}{\partial x^2}+\frac{\partial^2 N}{\partial y^2} = \left\{\begin{array}{l} \mathfrak{a}\mathfrak{g}s+\mathfrak{a}a+(\mathfrak{a}-2\mathfrak{b})\left\{M+x\frac{\partial M}{\partial x}+y\frac{\partial M}{\partial y}\right\} \\ \qquad -(\mathfrak{a}+2\mathfrak{b})\left\{L+x\frac{\partial L}{\partial x}+y\frac{\partial L}{\partial y}\right\} \end{array}\right.$$

bestimmt wird. Die allgemeine Lösung dieser partiellen Differentialgleichung ergiebt sich als Summe zweier Particularlösungen von einfacheren Differentialgleichungen, welchen eine allgemeine Lösung der Potentialgleichung $\Delta^2 f = 0$ hinzugefügt wird.

1. Das logarithmische Potential

$$P = \frac{\mathfrak{g}}{2\pi}\int dx_1 dy_1 s(x_1, y_1)\lg D, \quad D = \sqrt{(x-x_1)^2+(y-y_1)^2},$$

wo die Integration auf alle der Platte angehörigen Punkte (x_1, y_1) der xy-Ebene auszudehnen ist und der Punkt (x, y) ebenfalls in der Platte liegt, genügt bekanntlich der Differentialgleichung

$$\Delta^2 P = \frac{\partial^2 P}{\partial x^2}+\frac{\partial^2 P}{\partial y^2} = \mathfrak{g}s(x, y).$$

2. Bedeutet G eine Lösung der partiellen Differentialgleichung $\Delta^2 G = 0$, so genügt

$$G' = \tfrac{1}{4}(x^2+y^2)G,$$

wie man leicht verificirt, der partiellen Differentialgleichung

$$\Delta^2 G' = G+x\frac{\partial G}{\partial x}+y\frac{\partial G}{\partial y}.$$

Setzt man insbesondere

$$G = \mathfrak{a}a+(\mathfrak{a}-2\mathfrak{b})M-(\mathfrak{a}+2\mathfrak{b})L,$$

so ergiebt sich

$$\Delta^2 G' = \mathfrak{a}a+(\mathfrak{a}-2\mathfrak{b})\left\{M+x\frac{\partial M}{\partial x}+y\frac{\partial M}{\partial y}\right\}-(\mathfrak{a}+2\mathfrak{b})\left\{L+x\frac{\partial L}{\partial x}+y\frac{\partial L}{\partial y}\right\}.$$

Mit Hülfe der beiden Particular-Lösungen P und G' lässt sich die Integration der Gleichung (6) auf die Integration der Potentialgleichung $\Delta^2 f = 0$ zurückführen, denn setzt man

$$H = N-\mathfrak{a}P-\tfrac{1}{4}(x^2+y^2)G,$$

so genügt H der Potentialgleichung

$$\Delta^2 H = 0.$$

Hiermit ist die unbestimmte Integration der partiellen Differentialgleichungen (2) für die Verrückungen u, v der Punkte einer elastischen Platte unter Berücksichtigung der Wärme geleistet, sie liefert für u, v die Werthe

$$(7)\quad \left\{\begin{aligned} & u = 2\mathfrak{b}xM+\frac{\partial N}{\partial x}, \quad v = 2\mathfrak{b}yM+\frac{\partial N}{\partial y} \\ & N = \mathfrak{a}P+H+\tfrac{1}{4}(x^2+y^2)G, \quad \mathfrak{a} = \frac{1}{2(1+2\theta)}, \quad \mathfrak{b} = \frac{1}{2(1+\theta)} \\ & G = \mathfrak{a}a+(\mathfrak{a}-2\mathfrak{b})M-(\mathfrak{a}+2\mathfrak{b})L, \quad M = L+x\frac{\partial L}{\partial x}+y\frac{\partial L}{\partial y} \\ & P = \frac{\mathfrak{g}}{2\pi}\int dx_1 dy_1 s(x_1, y_1)\lg D, \quad D = \sqrt{(x-x_1)^2+(y-y_1)^2}. \end{aligned}\right.$$

In diesen Formeln ist $\frac{2\pi}{\mathfrak{g}}P$ das in Beziehung auf den Punkt (x, y) genommene logarithmische Potential der Platte, deren Dichtigkeit ihrer Erwärmung gleich gesetzt ist, L (mit dem davon abhängigen M) und H sind die beiden willkürlichen Functionen der Integration. Beide sind eindeutige Potentialfunctionen, die erstere eigentlich eindeutig, also ohne logarithmisches Glied. Die Integralgleichungen (7) dienen als Grundlage für die Bestimmung der Deformationen eines Kreisringes oder einer vollen Kreisplatte. Im ersteren Falle können L und H positive und negative ganze Potenzen von r enthalten, und H überdies $\lg r$, im letzteren enthalten L und H nur positive ganze Potenzen von r, weil die Verrückungen für $x = 0$, $y = 0$ endlich bleiben müssen.

---

3. Die Bedingungen für den Rand und deren Transformation. Bestimmung der willkürlichen Functionen im Fall der vollen Kreisplatte. Die Randgleichungen (2*) werden im Falle des Kreises oder Kreisringes

$$\left[2\theta p-\mathfrak{g}s+2(1+\theta)\frac{\partial u}{\partial x}\right]x+(1+\theta)\left[\frac{\partial u}{\partial y}+\frac{\partial v}{\partial x}\right]y=0$$

$$(1+\theta)\left[\frac{\partial u}{\partial y}+\frac{\partial v}{\partial x}\right]x+\left[2\theta p-\mathfrak{g}s+2(1+\theta)\frac{\partial v}{\partial y}\right]y=0.$$

Mit den Factoren x, y und y, $-x$ multiplicirt und addirt, geben sie

$$[2\theta p-\mathfrak{g}s](x^2+y^2)+2(1+\theta)\left[x\left(x\frac{\partial u}{\partial x}+y\frac{\partial u}{\partial y}\right)+y\left(x\frac{\partial v}{\partial x}+y\frac{\partial v}{\partial y}\right)\right]=0$$

$$2xy\left(\frac{\partial u}{\partial x}-\frac{\partial v}{\partial y}\right)+(y^2-x^2)\left(\frac{\partial u}{\partial y}+\frac{\partial v}{\partial x}\right)=0,$$

oder, wenn die Werthe (7) von u, v eingesetzt werden,

$$\left.\begin{array}{c}[2\theta p-\mathfrak{g}s](x^2+y^2)\\ +2(1+\theta)\left[2\mathfrak{b}\left(M+x\frac{\partial M}{\partial x}+y\frac{\partial M}{\partial y}\right)(x^2+y^2)+x^2\frac{\partial^2 N}{\partial x^2}+2xy\frac{\partial^2 N}{\partial x\partial y}+y^2\frac{\partial^2 N}{\partial y^2}\right]\end{array}\right\}=0,$$

$$\mathfrak{b}\left[x\frac{\partial M}{\partial y}-y\frac{\partial M}{\partial x}\right](x^2+y^2)+(x^2-y^2)\frac{\partial^2 N}{\partial x\partial y}+xy\left(\frac{\partial^2 N}{\partial y^2}-\frac{\partial^2 N}{\partial x^2}\right)=0.$$

Unter Benutzung der Gleichungen

$$2(1+2\theta)p=\mathfrak{g}s+q,\quad q=a+\frac{\partial M}{\partial \varrho}$$

und der für jede Function f geltenden Transformationen

$$\frac{\partial f}{\partial \varrho}=x\frac{\partial f}{\partial x}+y\frac{\partial f}{\partial y},\quad \frac{\partial f}{\partial \vartheta}=x\frac{\partial f}{\partial y}-y\frac{\partial f}{\partial x}$$

$$\frac{\partial^2 f}{\partial \varrho^2}-\frac{\partial f}{\partial \varrho}=x^2\frac{\partial^2 f}{\partial x^2}+2xy\frac{\partial^2 f}{\partial x\partial y}+y^2\frac{\partial^2 f}{\partial y^2}$$

$$\frac{\partial^2 f}{\partial \varrho\partial \vartheta}-\frac{\partial f}{\partial \vartheta}=(x^2-y^2)\frac{\partial^2 f}{\partial x\partial y}+xy\left(\frac{\partial^2 f}{\partial y^2}-\frac{\partial^2 f}{\partial x^2}\right)$$

gehen sie in

$$\frac{\partial^2 N}{\partial \varrho^2}-\frac{\partial N}{\partial \varrho}+e^{2\varrho}\left\{-\mathfrak{a}\mathfrak{g}s-(\mathfrak{a}-\mathfrak{b})a-(\mathfrak{a}-3\mathfrak{b})\frac{\partial M}{\partial \varrho}+2\mathfrak{b}M\right\}=0$$

$$\frac{\partial}{\partial \vartheta}\left\{\frac{\partial N}{\partial \varrho}-N+\mathfrak{b}e^{2\varrho}M\right\}=0,$$

oder, nach Einsetzung des Werthes von N aus (7), in die Form

$$(8)\qquad \begin{aligned} &\mathfrak{a}\left\{\frac{\partial^2 P}{\partial \varrho^2}-\frac{\partial P}{\partial \varrho}-e^{2\varrho}\mathfrak{g}s\right\}+\frac{\partial^2 H}{\partial \varrho^2}-\frac{\partial H}{\partial \varrho}+\frac{\mathfrak{a}-2\mathfrak{b}}{4}\left\{\frac{\partial^2 M}{\partial \varrho^2}-2\frac{\partial M}{\partial \varrho}-2a\right\}e^{2\varrho}=0\\ &\mathfrak{a}\left(\frac{\partial P}{\partial \varrho}-P\right)+\frac{\partial H}{\partial \varrho}-H+\frac{\mathfrak{a}-2\mathfrak{b}}{4}\frac{\partial M}{\partial \varrho}e^{2\varrho}-A=0\end{aligned}$$

über, wo A der Bedingung $\frac{\partial A}{\partial \vartheta}=0$ genügt. Im Fall des Kreisringes müssen die Gleichungen (8) für die beiden Werthe $r=r_0$ und $r=r_1$ des Radiusvector, welche dem inneren und äusseren Rande entsprechen, befriedigt werden. Im Fall des vollen Kreises ist es am einfachsten, den Radius der Platte der Einheit gleich zu setzen, dann sind $r=0$, $r=1$, oder, was dasselbe ist, $\varrho=-\infty$, $\varrho=0$ die beiden Werthe, für welche die Gleichungen (8) befriedigt werden müssen.

Für $\varrho=-\infty$ sind die Randbedingungen (8) von selbst erfüllt. Die zweite verliert, wenn der Rand sich auf einen Punkt reducirt, ihre Bedeutung; in der ersten verschwindet

$$\frac{\partial^2 P}{\partial \varrho^2}-\frac{\partial P}{\partial \varrho}=x^2\frac{\partial^2 P}{\partial x^2}+2xy\frac{\partial^2 P}{\partial x\partial y}+y^2\frac{\partial^2 P}{\partial y^2}$$

für $\varrho=-\infty$, d. h. für $x=0$, $y=0$, dasselbe gilt von $\frac{\partial^2 H}{\partial \varrho^2}-\frac{\partial H}{\partial \varrho}$, die übrigen Glieder verschwinden wegen des Factors $e^{2\varrho}$.

Für den äusseren Rand der Platte, d. h. für $\varrho=0$, lassen sich die von dem inneren logarithmischen Potential P abhängenden Glieder unter Hinzunahme des der Wärmefunction s proportionalen Gliedes durch andere für $\varrho=0$ gleichwerthige Ausdrücke ersetzen, welche von einer eigentlich eindeutigen Potentialfunction abhängen. Diese Ersetzung beruht einerseits auf der in den Differentialquotienten von P für die Randpunkte eintretenden Discontinuität, andrerseits auf einer Anwendung der Transformation durch reciproke Radienvectoren.

Das logarithmische Potential P wurde in (7) durch die Gleichung

$$P=\frac{\mathfrak{g}}{2\pi}\int dx_1 dy_1 s(x_1,y_1)\lg D,\quad D=\sqrt{(x-x_1)^2+(y-y_1)^2}$$

definirt. Hier ist die Integration auf alle die Ungleichheit $x_1^2+y_1^2<1$ erfüllenden Punkte auszudehnen und x, y genügen ebenfalls der Ungleichheit

$x^2+y^2<1$. Es sei (x', y') ein ausserhalb des Kreises $x^2+y^2=1$ gelegener Punkt und

$$P' = \frac{\mathfrak{g}}{2\pi}\int dx_1 dy_1 s(x_1, y_1) \lg D', \quad D' = \sqrt{(x'-x_1)^2+(y'-y_1)^2},$$

so dass P, P' Lösungen der Gleichungen

$$\frac{\partial^2 P}{\partial x^2}+\frac{\partial^2 P}{\partial y^2} = \mathfrak{g}s(x,y), \quad \frac{\partial^2 P'}{\partial x'^2}+\frac{\partial^2 P'}{\partial y'^2} = 0$$

sind. Gesetzt (x, y) und (x', y') nähern sich beide einem und demselben Punkt des Umfanges des Kreises $x^2+y^2=1$, so finden beim Uebergang von P zu P' in den zweiten Ableitungen Discontinuitäten statt; während nämlich

$$P-P' = 0, \quad \frac{\partial P}{\partial x}-\frac{\partial P'}{\partial x'} = 0, \quad \frac{\partial P}{\partial y}-\frac{\partial P'}{\partial y'} = 0,$$

sind die ähnlich gebildeten Differenzen für die zweiten Derivirten von Null verschieden, und zwar

$$\frac{\partial^2 P}{\partial x^2}-\frac{\partial^2 P'}{\partial x'^2} = \mathfrak{g}s.x^2, \quad \frac{\partial^2 P}{\partial x \partial y}-\frac{\partial^2 P'}{\partial x' \partial y'} = \mathfrak{g}s.xy, \quad \frac{\partial^2 P}{\partial y^2}-\frac{\partial^2 P'}{\partial y'^2} = \mathfrak{g}s.y^2,$$

wo s den im betrachteten Punkt des Kreisumfanges stattfindenden Werth der Wärmefunction bedeutet.

Führt man für x, y und x', y' Polarcoordinaten r, ϑ und r', ϑ' und für die Radienvectoren r und r' deren Logarithmen ϱ und ϱ' ein, so gelten für den Uebergang von P zu P', d. h. für $\varrho = 0$, $\varrho' = 0$, die in den neuen Coordinaten ausgedrückten Gleichungen

$$P-P' = 0, \quad \frac{\partial P}{\partial \varrho}-\frac{\partial P'}{\partial \varrho'} = 0, \quad \frac{\partial^2 P}{\partial \varrho^2}-\frac{\partial^2 P'}{\partial \varrho'^2} = \mathfrak{g}s.$$

Es sei insbesondere

$$\varrho' = -\varrho, \quad \vartheta' = \vartheta,$$

so dass die beiden Punkte (ϱ, ϑ) und (ϱ', ϑ') mit dem Mittelpunkt der Kreisplatte in gerader Linie in Entfernungen liegen, deren Product dem Quadrat des Radius der Platte, d. h. der Einheit, gleich ist, jeder der beiden Punkte also der reciproke des anderen genannt werden kann. Den dieser Annahme entsprechenden Werth von P' bezeichne man mit $\mathfrak{P}$, dann erhalten das innere logarithmische Potential P und das äussere $\mathfrak{P}$ in Polarcoordinaten die

Ausdrücke

$$P = \frac{\mathfrak{g}}{2\pi}\int_0^{2\pi} d\vartheta_1 \int_{-\infty}^0 d\varrho_1 e^{2\varrho_1} s(\varrho_1, \vartheta_1) \cdot \tfrac{1}{2}\lg[e^{2\varrho} - 2e^{\varrho+\varrho_1}\cos(\vartheta-\vartheta_1) + e^{2\varrho_1}]$$

$$\mathfrak{P} = \frac{\mathfrak{g}}{2\pi}\int_0^{2\pi} d\vartheta_1 \int_{-\infty}^0 d\varrho_1 e^{2\varrho_1} s(\varrho_1, \vartheta_1) \cdot \tfrac{1}{2}\lg[e^{-2\varrho} - 2e^{-\varrho+\varrho_1}\cos(\vartheta-\vartheta_1) + e^{2\varrho_1}]$$

und für den Umfang des Kreises, d. h. für $\varrho = 0$, gelten die Gleichungen

$$P - \mathfrak{P} = 0, \quad \frac{\partial P}{\partial \varrho} + \frac{\partial \mathfrak{P}}{\partial \varrho} = 0, \quad \frac{\partial^2 P}{\partial \varrho^2} - \frac{\partial^2 \mathfrak{P}}{\partial \varrho^2} = \mathfrak{g}s.$$

Indem man den im Integral $\mathfrak{P}$ vorkommenden Logarithmus auf die Form

$$\tfrac{1}{2}\lg[1 - 2e^{\varrho+\varrho_1}\cos(\vartheta-\vartheta_1) + e^{2(\varrho+\varrho_1)}] - \varrho$$

bringt und

$$Q = \frac{\mathfrak{g}}{2\pi}\int_0^{2\pi} d\vartheta_1 \int_{-\infty}^0 d\varrho_1 e^{2\varrho_1} s(\varrho_1, \vartheta_1) \cdot \tfrac{1}{2}\lg[1 - 2e^{\varrho+\varrho_1}\cos(\vartheta-\vartheta_1) + e^{2(\varrho+\varrho_1)}]$$

$$c = \frac{1}{2\pi}\int_0^{2\pi} d\vartheta_1 \int_{-\infty}^0 d\varrho_1 e^{2\varrho_1} s(\varrho_1, \vartheta_1)$$

setzt, so dass $2c$ die mittlere Erwärmung der ganzen Platte darstellt, erhält man

$$\mathfrak{P} = Q - \mathfrak{g}c\varrho.$$

Die Potentialgleichung

$$\Delta^2 f = \frac{\partial^2 f}{\partial x^2} + \frac{\partial^2 f}{\partial y^2} = 0$$

hat im Falle zweier Variablen die Eigenschaft, dass, wenn man für x, y die neuen Variablen ϱ, ϑ einführt, sie in diesen dieselbe Form

$$\frac{\partial^2 f}{\partial \varrho^2} + \frac{\partial^2 f}{\partial \vartheta^2} = 0$$

annimmt und diese auch beibehält, wenn man $\varrho' = -\varrho$ an die Stelle von ϱ setzt. Aus diesem Grunde genügt $\mathfrak{P}$ und, wegen der zwischen $\mathfrak{P}$ und Q stattfindenden Verbindung, auch Q der Potentialgleichung und man hat

$$\Delta^2 Q = \frac{\partial^2 Q}{\partial x^2} + \frac{\partial^2 Q}{\partial y^2} = 0.$$

Daher ist Q, unter Berücksichtigung seines Integralausdrucks, eine nach ganzen positiven Potenzen von e^ϱ entwickelbare, innerhalb des Kreises $x^2 + y^2 = 1$ nicht unendlich werdende, eigentlich eindeutige Potentialfunction. Endlich hat man für $\varrho = 0$

$$P-Q = 0,\quad \frac{\partial P}{\partial \varrho}+\frac{\partial Q}{\partial \varrho}-\mathfrak{g}c = 0,\quad \frac{\partial^2 P}{\partial \varrho^2}-\frac{\partial^2 Q}{\partial \varrho^2}-\mathfrak{g}s = 0$$

und hieraus

$$\frac{\partial P}{\partial \varrho}-P = -\left(\frac{\partial Q}{\partial \varrho}+Q\right)+\mathfrak{g}c,\quad \frac{\partial^2 P}{\partial \varrho^2}-\frac{\partial P}{\partial \varrho}-\mathfrak{g}s = \frac{\partial^2 Q}{\partial \varrho^2}+\frac{\partial Q}{\partial \varrho}-\mathfrak{g}c.$$

Indem man diese Relationen benutzt, um in den jetzt nur noch für den Werth $\varrho = 0$ zu erfüllenden Bedingungen (8) P durch Q zu ersetzen, und bedenkt, dass die von ϑ unabhängige Grösse A für $\varrho = 0$ eine reine Constante wird, erhält man die Randbedingungen (8) in ihrer schliesslichen Form

$$(9)\quad \begin{aligned} &\mathfrak{a}\left[\frac{\partial^2 Q}{\partial \varrho^2}+\frac{\partial Q}{\partial \varrho}-\mathfrak{g}c\right]+\frac{\partial^2 H}{\partial \varrho^2}-\frac{\partial H}{\partial \varrho}+\frac{\mathfrak{a}-2\mathfrak{b}}{4}\left[\frac{\partial^2 M}{\partial \varrho^2}-2\frac{\partial M}{\partial \varrho}-2a\right] = 0 \\ &-\mathfrak{a}\left[\frac{\partial Q}{\partial \varrho}+Q\right]+\frac{\partial H}{\partial \varrho}-H+\frac{\mathfrak{a}-2\mathfrak{b}}{4}\frac{\partial M}{\partial \varrho}-A = 0. \end{aligned}$$

Diese Gleichungen sind zwar nur als für den Werth $\varrho = 0$ bestehend gefunden, aber nach der besonderen Natur der eindeutigen Potentialfunctionen können sie für diesen einen Werth nur dann befriedigt werden, wenn sie allgemein bestehen. Denn es gilt für die eindeutigen Potentialfunctionen, welche innerhalb eines einfach zusammenhangenden Raumes nirgends unendlich werden, folgendes Princip: Verschwindet eine Function dieser Art für jeden Punkt der Begrenzung, so verschwindet sie auch überall im Inneren.

Die linken Seiten der Gleichungen (9) sind aber solche Functionen, folglich gelten diese Gleichungen allgemein. Sie bilden daher ein System simultaner gewöhnlicher Differentialgleichungen, aus welchen sich die beiden Functionen H, M bestimmen lassen. Differentiirt man die zweite nach ϱ und stellt sie mit der ersten zusammen, so hat man

$$\begin{aligned} &\mathfrak{a}\left[\frac{\partial^2 Q}{\partial \varrho^2}+\frac{\partial Q}{\partial \varrho}\right]+\frac{\partial^2 H}{\partial \varrho^2}-\frac{\partial H}{\partial \varrho}+\frac{\mathfrak{a}-2\mathfrak{b}}{4}\left[\frac{\partial^2 M}{\partial \varrho^2}-2\frac{\partial M}{\partial \varrho}\right]-\mathfrak{a}\mathfrak{g}c-\frac{\mathfrak{a}-2\mathfrak{b}}{2}a = 0 \\ &-\mathfrak{a}\left[\frac{\partial^2 Q}{\partial \varrho^2}+\frac{\partial Q}{\partial \varrho}\right]+\frac{\partial^2 H}{\partial \varrho^2}-\frac{\partial H}{\partial \varrho}+\frac{\mathfrak{a}-2\mathfrak{b}}{4}\frac{\partial^2 M}{\partial \varrho^2} = 0. \end{aligned}$$

Eliminirt man H durch Subtraction, so findet man

$$\mathfrak{a}\left[\frac{\partial^2 Q}{\partial \varrho^2}+\frac{\partial Q}{\partial \varrho}\right]-\frac{\mathfrak{a}-2\mathfrak{b}}{4}\frac{\partial M}{\partial \varrho}-\tfrac{1}{2}\left[\mathfrak{a}\mathfrak{g}c+\frac{\mathfrak{a}-2\mathfrak{b}}{2}a\right] = 0.$$

Indem man diese Gleichung nach ϑ von 0 bis 2π integrirt, fallen die von M und Q abhängenden Glieder heraus und es bleibt der constante Term übrig, man hat

$$\frac{\mathfrak{a}-2\mathfrak{b}}{2}a+\mathfrak{a}\mathfrak{g}c=0,$$

$$a=-\frac{2\mathfrak{a}}{\mathfrak{a}-2\mathfrak{b}}\mathfrak{g}c.$$

Hierauf bleibt

$$\frac{\partial M}{\partial\varrho}=\frac{4\mathfrak{a}}{\mathfrak{a}-2\mathfrak{b}}\left[\frac{\partial Q}{\partial\varrho}+\frac{\partial^2 Q}{\partial\varrho^2}\right],$$

welche Gleichung durch

$$M=\frac{4\mathfrak{a}}{\mathfrak{a}-2\mathfrak{b}}\left[Q+\frac{\partial Q}{\partial\varrho}\right],\quad L=\frac{4\mathfrak{a}}{\mathfrak{a}-2\mathfrak{b}}Q$$

befriedigt wird. Man könnte diesem Werth von M eine willkürliche Constante hinzusetzen, da dieselbe aber, wie aus (7) ersichtlich ist, von keinem Einfluss auf u, v sein würde, so ist es am einfachsten, sie gleich Null zu setzen.

Indem man vermittelst des zuletzt erhaltenen Ergebnisses Q aus der zweiten Gleichung (9) eliminirt, erhält man

$$\frac{\mathfrak{a}-2\mathfrak{b}}{4}\left[\frac{\partial M}{\partial\varrho}-M\right]+\frac{\partial H}{\partial\varrho}-H-A=0,$$

oder, wenn

$$\mathfrak{M}=\frac{\mathfrak{a}-2\mathfrak{b}}{4}M+H+A$$

gesetzt wird,

$$\frac{\partial\mathfrak{M}}{\partial\varrho}-\mathfrak{M}=0,$$

eine Differentialgleichung, welche, da $\mathfrak{M}$ eine eindeutige Potentialfunction ist, nur durch

$$\mathfrak{M}=0$$

befriedigt werden kann. Da das constante Glied in H ohne Einfluss auf u, v ist, kann $A=0$ gesetzt werden, dann bleibt

$$H=-\mathfrak{a}\left[Q+\frac{\partial Q}{\partial\varrho}\right].$$

Hiermit ist die Bestimmung der willkürlichen Functionen L, H vollendet. Führt man für die Componenten u, v der Verrückung die Componenten R, φ im Sinn der wachsenden ϱ, ϑ ein, so werden R, φ aus u, v durch die

Gleichungen

$$e^{\varrho} R = xu + yv, \quad e^{\varrho} \varphi = xv - yu$$

bestimmt. Nach Einsetzung der Werthe von u, v aus (7) ergiebt sich

$$(10) \qquad e^{\varrho} R = 2\mathfrak{b} e^{2\varrho} M + \frac{\partial N}{\partial \varrho}, \quad e^{\varrho} \varphi = \frac{\partial N}{\partial \vartheta}.$$

Hierin ist

$$(11) \quad \begin{cases} \frac{1}{\mathfrak{a}} M = \frac{4}{\mathfrak{a}-2\mathfrak{b}} \left[Q + \frac{\partial Q}{\partial \varrho} \right] \\ \frac{1}{\mathfrak{a}} N = P - (1-e^{2\varrho}) \left[Q + \frac{\partial Q}{\partial \varrho} \right] - e^{2\varrho} \left[\frac{1}{2} \frac{\mathfrak{a}}{\mathfrak{a}-2\mathfrak{b}} \mathfrak{g} c + \frac{\mathfrak{a}+2\mathfrak{b}}{\mathfrak{a}-2\mathfrak{b}} Q \right] \\ P = \frac{\mathfrak{g}}{2\pi} \int_0^{2\pi} d\vartheta_1 \int_{-\infty}^0 d\varrho_1 e^{2\varrho_1} s(\varrho_1, \vartheta_1) \cdot \frac{1}{2} \lg[e^{2\varrho} - 2e^{\varrho+\varrho_1} \cos(\vartheta-\vartheta_1) + e^{2\varrho_1}] \\ Q = \frac{\mathfrak{g}}{2\pi} \int_0^{2\pi} d\vartheta_1 \int_{-\infty}^0 d\varrho_1 e^{2\varrho_1} s(\varrho_1, \vartheta_1) \cdot \frac{1}{2} \lg[1 - 2e^{\varrho+\varrho_1} \cos(\vartheta-\vartheta_1) + e^{2(\varrho+\varrho_1)}] \\ c = \frac{1}{2\pi} \int_0^{2\pi} d\vartheta_1 \int_{-\infty}^0 d\varrho_1 e^{2\varrho_1} s(\varrho_1, \vartheta_1), \quad \mathfrak{a} = \frac{1}{2(1+2\theta)}, \quad \mathfrak{b} = \frac{1}{2(1+\theta)}. \end{cases}$$

Die Gleichungen (10), (11) geben die vollständige Lösung des Problems, die aus der Erwärmung s der vollen Kreisplatte hervorgehenden elastischen Deformationen derselben zu bestimmen. Man kann dieser Lösung andere Formen geben, welche in dem folgenden Paragraphen hinzugefügt werden sollen.

---

4. Verschiedene Formen der für die volle Kreisplatte gefundenen Lösung.

Bilden wir den Ausdruck $R + \varphi\sqrt{-1}$ und setzen nach (11) die Werthe von M, N ein, so ergiebt sich

$$\frac{1}{\mathfrak{a}} e^{\varrho} (R + \varphi\sqrt{-1}) = \frac{2\mathfrak{b}}{\mathfrak{a}} e^{2\varrho} M + \frac{1}{\mathfrak{a}} \left(\frac{\partial N}{\partial \varrho} + \frac{\partial N}{\partial \vartheta} \sqrt{-1} \right)$$

$$= \begin{cases} \frac{\partial P}{\partial \varrho} + \frac{\partial P}{\partial \vartheta} \sqrt{-1} - (1-e^{2\varrho}) \left[\frac{\partial Q}{\partial \varrho} + \frac{\partial Q}{\partial \vartheta} \sqrt{-1} + \frac{\partial^2 Q}{\partial \varrho^2} + \frac{\partial^2 Q}{\partial \varrho \partial \vartheta} \sqrt{-1} \right] \\ - \frac{\mathfrak{a}+2\mathfrak{b}}{\mathfrak{a}-2\mathfrak{b}} e^{2\varrho} \left[-\frac{\partial Q}{\partial \varrho} + \frac{\partial Q}{\partial \vartheta} \sqrt{-1} \right] - \frac{\mathfrak{a}}{\mathfrak{a}-2\mathfrak{b}} \mathfrak{g} c e^{2\varrho}. \end{cases}$$

Aus

$$P = \frac{\mathfrak{g}}{2\pi} \int d\omega_1 s_1 \cdot \frac{1}{2} \lg[e^{2\varrho} - 2e^{\varrho+\varrho_1} \cos(\vartheta-\vartheta_1) + e^{2\varrho_1}],$$

wo zur Abkürzung

$$\int d\omega_1 \ldots = \int_0^{2\pi} d\vartheta_1 \int_{-\infty}^{0} d\varrho_1 e^{2\varrho_1} \ldots, \qquad s_1 = s(\varrho_1, \vartheta_1)$$

gesetzt ist, ergiebt sich

$$\frac{\partial P}{\partial \varrho} + \frac{\partial P}{\partial \vartheta}\sqrt{-1} = \frac{\mathfrak{g}}{2\pi}\int d\omega_1 s_1 \frac{1}{1-e^{-\varrho+\varrho_1+(\vartheta-\vartheta_1)\sqrt{-1}}} = P_1,$$

ebenso ergeben sich aus

$$\mathfrak{P} = \frac{\mathfrak{g}}{2\pi}\int d\omega_1 s_1 \cdot \tfrac{1}{2}\lg[e^{-2\varrho} - 2e^{-\varrho+\varrho_1}\cos(\vartheta-\vartheta_1) + e^{2\varrho_1}]$$

die Gleichungen

$$-\frac{\partial \mathfrak{P}}{\partial \varrho} + \frac{\partial \mathfrak{P}}{\partial \vartheta}\sqrt{-1} = \frac{\mathfrak{g}}{2\pi}\int d\omega_1 s_1 \frac{1}{1-e^{\varrho+\varrho_1+(\vartheta-\vartheta_1)\sqrt{-1}}} = \mathfrak{P}_1$$

$$-\frac{\partial \mathfrak{P}}{\partial \varrho} - \frac{\partial \mathfrak{P}}{\partial \vartheta}\sqrt{-1} = \frac{\mathfrak{g}}{2\pi}\int d\omega_1 s_1 \frac{1}{1-e^{\varrho+\varrho_1-(\vartheta-\vartheta_1)\sqrt{-1}}} = \mathfrak{P}_2$$

und, da

$$\mathfrak{P} = Q - \mathfrak{g}c\varrho$$

ist,

$$-\frac{\partial Q}{\partial \varrho} + \frac{\partial Q}{\partial \vartheta}\sqrt{-1} = \mathfrak{P}_1 - \mathfrak{g}c$$

$$-\frac{\partial Q}{\partial \varrho} - \frac{\partial Q}{\partial \vartheta}\sqrt{-1} = \mathfrak{P}_2 - \mathfrak{g}c,$$

ferner durch Differentiation der letzten Gleichung nach ϱ

$$-\frac{\partial^2 Q}{\partial \varrho^2} - \frac{\partial^2 Q}{\partial \varrho\,\partial \vartheta}\sqrt{-1} = \mathfrak{P}_3 - \mathfrak{P}_2,$$

wo

$$\mathfrak{P}_3 = \frac{\mathfrak{g}}{2\pi}\int d\omega_1 s_1 \frac{1}{[1-e^{\varrho+\varrho_1-(\vartheta-\vartheta_1)\sqrt{-1}}]^2}.$$

Durch Substitution dieser Werthe ergiebt sich

$$\frac{1}{\mathfrak{a}}e^{\varrho}(R+\varphi\sqrt{-1}) = P_1 + (1-e^{2\varrho})\mathfrak{P}_3 - \frac{\mathfrak{a}+2\mathfrak{b}}{\mathfrak{a}-2\mathfrak{b}}e^{2\varrho}\mathfrak{P}_1 - \mathfrak{g}c + \tfrac{1}{2}e^{2\varrho}\mathfrak{g}c\left(1+\frac{\mathfrak{a}+2\mathfrak{b}}{\mathfrak{a}-2\mathfrak{b}}\right)$$

$$= P_1 - \tfrac{1}{2}\mathfrak{g}c + (1-e^{2\varrho})[\mathfrak{P}_3 - \tfrac{1}{2}\mathfrak{g}c] - \frac{\mathfrak{a}+2\mathfrak{b}}{\mathfrak{a}-2\mathfrak{b}}e^{2\varrho}[\mathfrak{P}_1 - \tfrac{1}{2}\mathfrak{g}c],$$

oder nach Einsetzung der Werthe von P_1, $\mathfrak{P}_1$, $\mathfrak{P}_3$

$$(12)\quad \frac{2\pi}{\mathfrak{a}\mathfrak{g}} e^{\varrho}(R+\varphi\sqrt{-1}) = \left\{\begin{array}{l} \int d\omega_1 s_1 \left\{\frac{1}{1-e^{-\varrho+\varrho_1+(\vartheta-\vartheta_1)\sqrt{-1}}}-\frac{1}{2}\right\} \\ -\frac{\mathfrak{a}+2\mathfrak{b}}{\mathfrak{a}-2\mathfrak{b}} e^{2\varrho} \int d\omega_1 s_1 \left\{\frac{1}{1-e^{\varrho+\varrho_1+(\vartheta-\vartheta_1)\sqrt{-1}}}-\frac{1}{2}\right\} \\ +(1-e^{2\varrho}) \int d\omega_1 s_1 \left\{\frac{1}{[1-e^{\varrho+\varrho_1-(\vartheta-\vartheta_1)\sqrt{-1}}]^2}-\frac{1}{2}\right\}. \end{array}\right.$$

Endlich kann man den Ausdruck $R+\varphi\sqrt{-1}$ auch in die Form bringen

$$(13)\quad \frac{1}{\mathfrak{a}} e^{\varrho}(R+\varphi\sqrt{-1}) = \left\{\begin{array}{l} \frac{\partial P}{\partial\varrho}+\frac{\partial P}{\partial\vartheta}\sqrt{-1}-(1-e^{2\varrho})\left[\frac{\partial\mathfrak{P}}{\partial\varrho}+\frac{\partial^2\mathfrak{P}}{\partial\varrho^2}+\left(\frac{\partial\mathfrak{P}}{\partial\vartheta}+\frac{\partial^2\mathfrak{P}}{\partial\varrho\partial\vartheta}\right)\sqrt{-1}\right] \\ +\frac{\mathfrak{a}+2\mathfrak{b}}{\mathfrak{a}-2\mathfrak{b}} e^{2\varrho}\left[\frac{\partial\mathfrak{P}}{\partial\varrho}-\frac{\partial\mathfrak{P}}{\partial\vartheta}\sqrt{-1}\right]-\mathfrak{g}c+\frac{1}{2}\mathfrak{g}ce^{2\varrho}\left(1+\frac{\mathfrak{a}+2\mathfrak{b}}{\mathfrak{a}-2\mathfrak{b}}\right). \end{array}\right.$$

Das gefundene Ergebniss lässt sich folgendermassen zusammenfassen:

„Eine elastische isotrope Kreisplatte vom Radius 1, welche sich bei der Temperatur $s=0$ in elastischem Gleichgewicht befand, werde der für ihre einzelnen Punkte verschiedenen Temperatur

$$s(\varrho, \vartheta)$$

ausgesetzt, wo ϱ, ϑ mit den rechtwinkligen geradlinigen Coordinaten x, y, deren Anfangspunkt im Kreismittelpunkt liegt, durch die Gleichung

$$x+y\sqrt{-1} = e^{\varrho+\vartheta\sqrt{-1}}$$

verbunden sind. Die durch diesen Temperaturwechsel entstehenden Deformationen mögen für den Punkt (ϱ, ϑ) eine Verrückung herbeiführen, deren mit den Richtungen der wachsenden ϱ, ϑ zusammenfallende Componenten mit R, φ bezeichnet werden sollen, dann lassen sich R, φ durch die ersten und zweiten Differentialquotienten zweier logarithmischen Potentiale ausdrücken.

Man denke sich die in der Ebene der xy liegende Kreisfläche vom Radius 1 mit einer Masse belegt, deren Dichtigkeit der Temperatur $s(\varrho, \vartheta)$ gleich sei, und bilde hierauf die logarithmischen Potentiale der Kreisfläche in Beziehung auf den inneren Punkt (ϱ, ϑ) und in Beziehung auf dessen reciproken äusseren Punkt $(-\varrho, \vartheta)$. Diese beiden Potentiale, multiplicirt mit einer aus dem thermischen Ausdehnungscoefficienten $\mathfrak{e}$ und dem Verhältniss der beiden Elasticitätsconstanten θ zusammengesetzten Constanten

$$\frac{\mathfrak{g}}{2\pi} = \frac{2(1+3\theta)\mathfrak{e}}{2\pi},$$

bezeichne man mit

$$P = \frac{\mathfrak{g}}{2\pi}\int\limits_0^{2\pi} d\vartheta_1 \int\limits_{-\infty}^0 d\varrho_1 e^{2\varrho_1} s(\varrho_1, \vartheta_1)\cdot\tfrac{1}{2}\lg[e^{2\varrho} - 2e^{\varrho+\varrho_1}\cos(\vartheta-\vartheta_1) + e^{2\varrho_1}]$$

$$\mathfrak{P} = \frac{\mathfrak{g}}{2\pi}\int\limits_0^{2\pi} d\vartheta_1 \int\limits_{-\infty}^0 d\varrho_1 e^{2\varrho_1} s(\varrho_1, \vartheta_1)\cdot\tfrac{1}{2}\lg[e^{-2\varrho} - 2e^{-\varrho+\varrho_1}\cos(\vartheta-\vartheta_1) + e^{2\varrho_1}],$$

überdies die mittlere Temperatur der ganzen Platte mit

$$2c = \frac{1}{\pi}\int\limits_0^{2\pi} d\vartheta_1 \int\limits_{-\infty}^0 d\varrho_1 e^{2\varrho_1} s(\varrho_1, \vartheta_1),$$

so werden die Verrückungen R, φ durch die ersten Differentialquotienten von P, sowie die ersten und zweiten Differentialquotienten von $\mathfrak{P}$ vermöge der Gleichung

$$(13^*)\quad 2(1+2\theta)e^{\varrho}[R+\varphi\sqrt{-1}] = \begin{cases} \frac{\partial P}{\partial \varrho} + \frac{\partial P}{\partial \vartheta}\sqrt{-1} - (1-e^{2\varrho})\left[\frac{\partial \mathfrak{P}}{\partial \varrho} + \frac{\partial^2 \mathfrak{P}}{\partial \varrho^2} + \left(\frac{\partial \mathfrak{P}}{\partial \vartheta} + \frac{\partial^2 \mathfrak{P}}{\partial \varrho \partial \vartheta}\right)\sqrt{-1}\right] \\ -\frac{3+5\theta}{1+3\theta} e^{2\varrho}\left[\frac{\partial \mathfrak{P}}{\partial \varrho} - \frac{\partial \mathfrak{P}}{\partial \vartheta}\sqrt{-1}\right] - \mathfrak{g}c - \frac{1+\theta}{1+3\theta}\mathfrak{g}ce^{2\varrho} \end{cases}$$

dargestellt.“

Für die Interpretation dieser Gleichung ist es zweckmässig, die Temperatur s aus ihrem mittleren Werthe $2c$ und der Temperatur $s-2c$, deren mittlerer Werth 0 ist, zusammenzusetzen und die wirklichen Deformationen aus der Superposition derjenigen entstehen zu lassen, welche den Temperaturen $2c$, $s-2c$ entsprechen.

Um die Richtigkeit der Formel (13*) zu prüfen, nehme ich an, s sei von ϑ unabhängig, dann werden auch P und $\mathfrak{P}$ von ϑ unabhängig, man hat in diesem Fall

$$\frac{1}{2\pi}\int\limits_0^{2\pi} d\vartheta_1\cdot\tfrac{1}{2}\lg[e^{2\varrho} - 2e^{\varrho+\varrho_1}\cos(\vartheta-\vartheta_1) + e^{2\varrho_1}] = \begin{cases} \varrho & (\varrho > \varrho_1) \\ \varrho_1 & (\varrho_1 > \varrho) \end{cases}$$

und

$$P = \mathfrak{g}\varrho\int\limits_{-\infty}^{\varrho} d\varrho_1 e^{2\varrho_1} s(\varrho_1) + \mathfrak{g}\int\limits_{\varrho}^{0} d\varrho_1 \varrho_1 e^{2\varrho_1} s(\varrho_1)$$

$$\mathfrak{P} = -\mathfrak{g}\varrho\int\limits_{-\infty}^0 d\varrho_1 e^{2\varrho_1} s(\varrho_1), \quad c = \int\limits_{-\infty}^0 d\varrho_1 e^{2\varrho_1} s(\varrho_1),$$

also nach (13*)

$$2(1+2\theta)e^{\varrho}[R+\varphi\sqrt{-1}] = \mathfrak{g}\int_{-\infty}^{\varrho} d\varrho_1 e^{2\varrho_1} s(\varrho_1) + \frac{1+\theta}{1+3\theta}\mathfrak{g}e^{2\varrho}\int_{-\infty}^{0} d\varrho_1 e^{2\varrho_1} s(\varrho_1),$$

was für $\theta = \frac{1}{2}$ mit dem Neumannschen Resultat*) übereinstimmt.

---

5. Unbestimmte Integration in endlicher Form für drei Dimensionen. Für den Fall dreier Dimensionen sind die Gleichungen des Problems durch die partiellen Differentialgleichungen (1) und die Grenzbedingungen (1*) gegeben. Durch Einführung der drei Componenten $\frac{1}{2}U$, $\frac{1}{2}V$, $\frac{1}{2}W$ der Elementar-Rotation, d. h. der Ausdrücke

$$U = \frac{\partial v}{\partial z} - \frac{\partial w}{\partial y}, \quad V = \frac{\partial w}{\partial x} - \frac{\partial u}{\partial z}, \quad W = \frac{\partial u}{\partial y} - \frac{\partial v}{\partial x}$$

erhält man die Identitäten

$$\begin{aligned} \Delta^2 u &= \frac{\partial p}{\partial x} - \frac{\partial V}{\partial z} + \frac{\partial W}{\partial y} \\ \Delta^2 v &= \frac{\partial p}{\partial y} - \frac{\partial W}{\partial x} + \frac{\partial U}{\partial z} \\ \Delta^2 w &= \frac{\partial p}{\partial z} - \frac{\partial U}{\partial y} + \frac{\partial V}{\partial x}. \end{aligned}$$

Unter Benutzung derselben verwandeln sich die Gleichungen (1) in

$$(14) \qquad \begin{aligned} \frac{\partial V}{\partial z} - \frac{\partial W}{\partial y} &= \frac{\partial q}{\partial x} \\ \frac{\partial W}{\partial x} - \frac{\partial U}{\partial z} &= \frac{\partial q}{\partial y} \\ \frac{\partial U}{\partial y} - \frac{\partial V}{\partial x} &= \frac{\partial q}{\partial z} \\ \frac{\partial U}{\partial x} + \frac{\partial V}{\partial y} + \frac{\partial W}{\partial z} &= 0, \end{aligned}$$

wo

$$(14^*) \qquad q = 2(1+\theta)p - \mathfrak{g}s.$$

---

*) p. 119 der citirten Abhandlung.

Hat man das System (14) integrirt, so ergeben sich die Verrückungen u, v, w aus dem System

$$(15)\qquad \begin{aligned} \frac{\partial v}{\partial z}-\frac{\partial w}{\partial y} &= U \\ \frac{\partial w}{\partial x}-\frac{\partial u}{\partial z} &= V \\ \frac{\partial u}{\partial y}-\frac{\partial v}{\partial x} &= W \\ \frac{\partial u}{\partial x}+\frac{\partial v}{\partial y}+\frac{\partial w}{\partial z} &= \frac{\mathfrak{g}s+q}{2(1+\theta)}. \end{aligned}$$

Die Integration der Gleichungen (14) lässt sich auf die Bestimmung zweier eindeutigen Potentialfunctionen zurückführen.

Eine eindeutige Potentialfunction dreier Variablen, d. h. eine eindeutige Function $f(x, y, z)$, welche der partiellen Differentialgleichung

$$\Delta^2 f = \frac{\partial^2 f}{\partial x^2}+\frac{\partial^2 f}{\partial y^2}+\frac{\partial^2 f}{\partial z^2} = 0$$

genügt, gestattet bekanntlich immer eine Entwicklung nach positiven und negativen ganzen Potenzen des Radiusvector $r = \sqrt{x^2+y^2+z^2}$, deren Coefficienten für die Exponenten n und $-(n+1)$ Kugelfunctionen n^{ter} Ordnung sind.

Aus den Gleichungen (14) folgt, dass jede der vier Grössen q, U, V, W, der Potentialgleichung $\Delta^2 f = 0$ genügt, ihrer physikalischen Bedeutung nach ist ferner jede dieser Grössen eindeutig und aus der Verbindung, in welche sie durch die Gleichungen (14) gesetzt sind, folgt, dass in keiner dieser vier Functionen das der $(-1)^{\text{ten}}$ Potenz von r proportionale Glied vorkommen kann. Es ist also q eine eindeutige Potentialfunction ohne Glied $(-1)^{\text{ter}}$ Ordnung, eine Bedingung, welche man analytisch durch die Gleichung

$$q = X+x\frac{\partial X}{\partial x}+y\frac{\partial X}{\partial y}+z\frac{\partial X}{\partial z}$$

ausdrücken kann. Hier bedeutet X eine eindeutige Potentialfunction ohne weitere Nebenbedingung; ob sie ein r^{-1} proportionales Glied enthält, ist gleichgültig, da dasselbe in jedem Fall ohne Einfluss auf die Verrückungen bleibt.

Indem man diesen Werth von q in die Gleichungen (14) einsetzt, findet man für U, V, W die simultanen Particularlösungen

$$U = y\frac{\partial X}{\partial z}-z\frac{\partial X}{\partial y},\quad V = z\frac{\partial X}{\partial x}-x\frac{\partial X}{\partial z},\quad W = x\frac{\partial X}{\partial y}-y\frac{\partial X}{\partial x},$$

welche mit dem Werth von q zusammen die Gleichungen (14) identisch befriedigen, vorausgesetzt dass

$$\Delta^2 X = \frac{\partial^2 X}{\partial x^2} + \frac{\partial^2 X}{\partial y^2} + \frac{\partial^2 X}{\partial z^2} = 0.$$

Bezeichnet man diese für U, V, W gefundenen Particularlösungen mit U_0, V_0, W_0 und die allgemeinen Lösungen mit $U_0 + U'$, $V_0 + V'$, $W_0 + W'$, so müssen U', V', W' den partiellen Differentialgleichungen

$$\frac{\partial V'}{\partial z} - \frac{\partial W'}{\partial y} = 0, \quad \frac{\partial W'}{\partial x} - \frac{\partial U'}{\partial z} = 0, \quad \frac{\partial U'}{\partial y} - \frac{\partial V'}{\partial x} = 0, \quad \frac{\partial U'}{\partial x} + \frac{\partial V'}{\partial y} + \frac{\partial W'}{\partial z} = 0$$

genügen, woraus

$$U' = \frac{\partial \mathfrak{Q}}{\partial x}, \quad V' = \frac{\partial \mathfrak{Q}}{\partial y}, \quad W' = \frac{\partial \mathfrak{Q}}{\partial z}, \quad \frac{\partial^2 \mathfrak{Q}}{\partial x^2} + \frac{\partial^2 \mathfrak{Q}}{\partial y^2} + \frac{\partial^2 \mathfrak{Q}}{\partial z^2} = 0$$

folgt. Die Gleichungen (14) werden also durch die Lösungen

$$(16) \quad \begin{aligned} q &= X + x\frac{\partial X}{\partial x} + y\frac{\partial X}{\partial y} + z\frac{\partial X}{\partial z} \\ U &= y\frac{\partial X}{\partial z} - z\frac{\partial X}{\partial y} + \frac{\partial \mathfrak{Q}}{\partial x} \\ V &= z\frac{\partial X}{\partial x} - x\frac{\partial X}{\partial z} + \frac{\partial \mathfrak{Q}}{\partial y} \\ W &= x\frac{\partial X}{\partial y} - y\frac{\partial X}{\partial x} + \frac{\partial \mathfrak{Q}}{\partial z} \end{aligned}$$

vollständig integrirt; hierin bedeuten X und $\mathfrak{Q}$ eindeutige Potentialfunctionen. Vermöge dieser Lösungen und unter Benutzung der bereits früher gebrauchten Abkürzung

$$\mathfrak{b} = \frac{1}{2(1+\theta)}$$

gehen die Gleichungen (15) in

$$(17) \quad \begin{aligned} \frac{\partial v}{\partial z} - \frac{\partial w}{\partial y} &= y\frac{\partial X}{\partial z} - z\frac{\partial X}{\partial y} + \frac{\partial \mathfrak{Q}}{\partial x} \\ \frac{\partial w}{\partial x} - \frac{\partial u}{\partial z} &= z\frac{\partial X}{\partial x} - x\frac{\partial X}{\partial z} + \frac{\partial \mathfrak{Q}}{\partial y} \\ \frac{\partial u}{\partial y} - \frac{\partial v}{\partial x} &= x\frac{\partial X}{\partial y} - y\frac{\partial X}{\partial x} + \frac{\partial \mathfrak{Q}}{\partial z} \end{aligned}$$

$$\frac{\partial u}{\partial x} + \frac{\partial v}{\partial y} + \frac{\partial w}{\partial z} = \mathfrak{b}\left\{\mathfrak{g}s + X + x\frac{\partial X}{\partial x} + y\frac{\partial X}{\partial y} + z\frac{\partial X}{\partial z}\right\}$$

über, welche durch Einführung der Grössen

$$u' = u - xX, \quad v' = v - yX, \quad w' = w - zX$$

die einfachere Gestalt

$$(17^*) \quad \begin{cases} \frac{\partial v'}{\partial z} - \frac{\partial w'}{\partial y} = \frac{\partial \mathfrak{Q}}{\partial x} \\ \frac{\partial w'}{\partial x} - \frac{\partial u'}{\partial z} = \frac{\partial \mathfrak{Q}}{\partial y} \\ \frac{\partial u'}{\partial y} - \frac{\partial v'}{\partial x} = \frac{\partial \mathfrak{Q}}{\partial z} \\ \frac{\partial u'}{\partial x} + \frac{\partial v'}{\partial y} + \frac{\partial w'}{\partial z} = X' \end{cases}$$

annehmen, wo

$$X' = \mathfrak{b}\mathfrak{g}s - (1-\mathfrak{b})\left[X + x\frac{\partial X}{\partial x} + y\frac{\partial X}{\partial y} + z\frac{\partial X}{\partial z}\right] - 2X.$$

Man bezeichne mit $(17)_1$, $(17)_2$ zwei specielle Systeme partieller Differentialgleichungen, welche aus (17^*) hervorgehen, und zwar $(17)_1$, wenn man 0 an die Stelle von X' setzt, $(17)_2$, wenn man 0 an die Stelle von $\mathfrak{Q}$ setzt. Es seien u_1, v_1, w_1 Particularlösungen des Systems $(17)_1$, u_2, v_2, w_2 die allgemeinen Lösungen des Systems $(17)_2$, so erhält man die allgemeinen Lösungen von (17^*) unter der Form

$$u' = u_1 + u_2, \quad v' = v_1 + v_2, \quad w' = w_1 + w_2.$$

Das System $(17)_1$ ist genau von der Form des Systems (14) und erfordert daher, damit es überhaupt lösbar sei, die Erfüllung der Bedingung, dass $\mathfrak{Q}$ kein Glied $(-1)^{\text{ter}}$ Ordnung enthalte, oder, was dasselbe ist, dass $\mathfrak{Q}$ auf die Form

$$\mathfrak{Q} = Y + x\frac{\partial Y}{\partial x} + y\frac{\partial Y}{\partial y} + z\frac{\partial Y}{\partial z}$$

gebracht werden könne, wo Y wiederum eine eindeutige Potentialfunction bedeutet, von welcher es gleichgültig ist, ob sie ein r^{-1} proportionales Glied enthalte oder nicht, da ein solches Glied ohne Einfluss auf die Verrückungen bleibt. Alsdann sind

$$u_1 = y\frac{\partial Y}{\partial z} - z\frac{\partial Y}{\partial y}, \quad v_1 = z\frac{\partial Y}{\partial x} - x\frac{\partial Y}{\partial z}, \quad w_1 = x\frac{\partial Y}{\partial y} - y\frac{\partial Y}{\partial x}$$

Particular-Lösungen des Systems $(17)_1$. Das System $(17)_2$ wird durch

$$u_2 = \frac{\partial N}{\partial x}, \quad v_2 = \frac{\partial N}{\partial y}, \quad w_2 = \frac{\partial N}{\partial z}$$

integrirt, wo N der partiellen Differentialgleichung

$$\Delta^2 N = X' = \mathfrak{b}\mathfrak{g}s - (1-\mathfrak{b})\left\{X + x\frac{\partial X}{\partial x} + y\frac{\partial X}{\partial y} + z\frac{\partial X}{\partial z}\right\} - 2X$$

genügt. Die allgemeine Lösung dieser partiellen Differentialgleichung ergiebt sich als Summe zweier Particularlösungen von einfacheren Differentialgleichungen, welchen eine allgemeine Lösung der Potentialgleichung $\Delta^2 f = 0$ hinzugefügt wird.

1. Das Potential

$$P = \frac{\mathfrak{g}}{4\pi}\int dx_1\,dy_1\,dz_1\,\frac{s(x_1, y_1, z_1)}{D}, \quad D = \sqrt{(x-x_1)^2 + (y-y_1)^2 + (z-z_1)^2},$$

wo die Integration über den ganzen elastischen Körper ausgedehnt wird und (x, y, z) einen Punkt desselben bedeutet, genügt bekanntlich der partiellen Differentialgleichung

$$\Delta^2 P = -\mathfrak{g}s(x, y, z).$$

2. Bedeutet G eine Lösung der partiellen Differentialgleichung $\Delta^2 G = 0$, so genügt

$$G' = \tfrac{1}{4}(x^2 + y^2 + z^2)G,$$

wie man leicht verificirt, der partiellen Differentialgleichung

$$\Delta^2 G' = \tfrac{3}{2}G + x\frac{\partial G}{\partial x} + y\frac{\partial G}{\partial y} + z\frac{\partial G}{\partial z}.$$

Unter Einführung von Polarcoordinaten und wenn man mit ϱ den Logarithmus des Radiusvector bezeichnet, geht die rechte Seite der letzten Differentialgleichung in

$$\frac{\partial G}{\partial \varrho} + \tfrac{3}{2}G$$

über. In dieser Form lässt sich jede eindeutige Potentialfunction und zwar nur auf *eine* Weise darstellen. Man hat nämlich den leicht einzusehenden allgemeinen Satz:

Es sei X eine gegebene eindeutige Function von e^ϱ, d. h. eine nach ganzen positiven und negativen Potenzen von e^ϱ entwickelbare Function, und T

genüge der Differentialgleichung

$$X = \frac{\partial^m T}{\partial \varrho^m} + a_1 \frac{\partial^{m-1} T}{\partial \varrho^{m-1}} + \cdots + a_m T,$$

wo $a_1, \ldots a_m$ von ϱ unabhängig sind. Soll ferner T eine ebenfalls eindeutige Function von e^ϱ sein und ist die Gleichung

$$h^m + a_1 h^{m-1} + \cdots + a_m = 0$$

durch keinen ganzzahligen Werth von h zu befriedigen, so genügt obiger Differentialgleichung immer und nur *eine* solche Function T.

Die oben ausgesprochene Behauptung ist nur ein besonderer Fall dieses Satzes für $T = G$, $m = 1$, $a_1 = \frac{3}{2}$.

Hat man der Function X den Ausdruck

$$X = \frac{\partial T}{\partial \varrho} + \tfrac{3}{2} T$$

gegeben, so bringe man X' auf die Form

$$X' = \mathfrak{b} \mathfrak{g} \mathfrak{s} - (1-\mathfrak{b}) \left\{ \tfrac{3}{2} X + x \frac{\partial X}{\partial x} + y \frac{\partial X}{\partial y} + z \frac{\partial X}{\partial z} \right\} - \tfrac{1}{2}(3+\mathfrak{b}) X$$

und setze insbesondere

$$G = (1-\mathfrak{b}) X + \tfrac{1}{2}(3+\mathfrak{b}) T,$$

so dass $G' = \frac{1}{4}(x^2+y^2+z^2) G$ der Differentialgleichung

$$\Delta^2 G' = (1-\mathfrak{b}) \left\{ \tfrac{3}{2} X + x \frac{\partial X}{\partial x} + y \frac{\partial X}{\partial y} + z \frac{\partial X}{\partial z} \right\} + \tfrac{1}{2}(3+\mathfrak{b}) X$$

genügt. Mit Hülfe der beiden Particularlösungen P und G' lässt sich die Integration der für N gefundenen partiellen Differentialgleichung auf die Integration der Potentialgleichung $\Delta^2 f = 0$ zurückführen, denn setzt man

$$Z = N + \mathfrak{b} P + \tfrac{1}{4}(x^2+y^2+z^2) G,$$

so genügt Z der Potentialgleichung

$$\Delta^2 Z = 0.$$

Hiermit ist die unbestimmte Integration der partiellen Differentialgleichungen (1) für die Verrückungen u, v, w der Punkte eines elastischen Körpers unter Berücksichtigung der Wärme geleistet, sie liefert für u, v, w

die Werthe

$$(18)\quad\left\{\begin{aligned}
u &= xX+y\frac{\partial Y}{\partial z}-z\frac{\partial Y}{\partial y}+\frac{\partial N}{\partial x}\\
v &= yX+z\frac{\partial Y}{\partial x}-x\frac{\partial Y}{\partial z}+\frac{\partial N}{\partial y}\\
w &= zX+x\frac{\partial Y}{\partial y}-y\frac{\partial Y}{\partial x}+\frac{\partial N}{\partial z}\\
N &= -\mathfrak{b}P-\tfrac{1}{4}(x^2+y^2+z^2)G+Z, \quad \mathfrak{b}=\frac{1}{2(1+\theta)}\\
G &= (1-\mathfrak{b})X+\tfrac{1}{2}(3+\mathfrak{b})T, \quad \tfrac{3}{2}T+x\frac{\partial T}{\partial x}+y\frac{\partial T}{\partial y}+z\frac{\partial T}{\partial z}=X\\
P &= \frac{\mathfrak{g}}{4\pi}\int dx_1dy_1dz_1\frac{s(x_1,y_1,z_1)}{D}, \quad D=\sqrt{(x-x_1)^2+(y-y_1)^2+(z-z_1)^2}.
\end{aligned}\right.$$

In diesen Formeln ist $\frac{4\pi}{\mathfrak{g}}P$ das in Beziehung auf den Punkt (x, y, z) genommene Potential des elastischen Körpers, dessen Dichtigkeit seiner Erwärmung gleich gesetzt ist, T (mit dem davon abhängigen X), Y, Z sind die drei willkürlichen Functionen der Integration, sie sind sämmtlich eindeutige Potentialfunctionen. Die Integralgleichungen (18) dienen zur Bestimmung der Deformationen einer Kugelschale oder vollen Kugel. Im ersteren Falle können die drei als willkürliche Functionen auftretenden Potentialfunctionen sowohl positive als negative ganze Potenzen des Radiusvector r enthalten, im Fall der vollen Kugel nur positive ganze Potenzen von r, weil sonst die Verrückungen im Mittelpunkt unendlich gross sein würden.

Die in (18) enthaltene Integration giebt in Polarcoordinaten zwar nicht symmetrische, aber sehr einfache Formeln. Man setzt die Substitution

$$x = r\cos\vartheta, \quad y = r\sin\vartheta\cos\eta, \quad z = r\sin\vartheta\sin\eta$$

am besten aus den beiden Substitutionen

$$\begin{aligned} y &= t\cos\eta, & x &= r\cos\vartheta\\ z &= t\sin\eta, & t &= r\sin\vartheta \end{aligned}$$

zusammen. Bezeichnet man mit $t+\varepsilon t$, $\eta+\varepsilon\eta$, $r+\varepsilon r$, $\vartheta+\varepsilon\vartheta$ die den Werthen $x+u$, $y+v$, $z+w$ entsprechenden Werthe von t, η, r, ϑ, so wird

$$t\varepsilon t = yv+zw, \quad t^2\varepsilon\eta = yw-zv; \quad r\varepsilon r = xu+t\varepsilon t, \quad r^2\varepsilon\vartheta = x\varepsilon t-tu,$$

und, indem man sich der Identitäten

$$t\frac{\partial f}{\partial t} = y\frac{\partial f}{\partial y} + z\frac{\partial f}{\partial z}, \quad \frac{\partial f}{\partial \eta} = y\frac{\partial f}{\partial z} - z\frac{\partial f}{\partial y}; \quad r\frac{\partial f}{\partial r} = x\frac{\partial f}{\partial x} + t\frac{\partial f}{\partial t}, \quad \frac{\partial f}{\partial \vartheta} = x\frac{\partial f}{\partial t} - t\frac{\partial f}{\partial x}$$

bedient, denen man die ferneren

$$\begin{aligned} t^2\frac{\partial^2 f}{\partial t^2} &= y^2\frac{\partial^2 f}{\partial y^2} + 2yz\frac{\partial^2 f}{\partial y\partial z} + z^2\frac{\partial^2 f}{\partial z^2} \\ \frac{\partial^2 f}{\partial \eta^2} + t\frac{\partial f}{\partial t} &= y^2\frac{\partial^2 f}{\partial z^2} - 2yz\frac{\partial^2 f}{\partial y\partial z} + z^2\frac{\partial^2 f}{\partial y^2} \\ t\frac{\partial^2 f}{\partial t\partial \eta} - \frac{\partial f}{\partial \eta} &= (y^2 - z^2)\frac{\partial^2 f}{\partial y\partial z} + yz\left(\frac{\partial^2 f}{\partial z^2} - \frac{\partial^2 f}{\partial y^2}\right) \end{aligned}$$

hinzufügen kann, transformirt man die Formeln (18) in

$$\begin{aligned} u &= xX + \frac{\partial Y}{\partial \eta} + \frac{\partial N}{\partial x}, & \varepsilon r &= rX + \frac{\partial N}{\partial r} \\ t\varepsilon t &= t^2 X - x\frac{\partial Y}{\partial \eta} + t\frac{\partial N}{\partial t}, & t r^2 \varepsilon\vartheta &= -r^2\frac{\partial Y}{\partial \eta} + t\frac{\partial N}{\partial \vartheta} \\ t^2\varepsilon\eta &= t\left(x\frac{\partial Y}{\partial t} - t\frac{\partial Y}{\partial x}\right) + \frac{\partial N}{\partial \eta}, & t^2\varepsilon\eta &= t\frac{\partial Y}{\partial \vartheta} + \frac{\partial N}{\partial \eta}. \end{aligned}$$

Führt man durch die Gleichungen

$$R = \varepsilon r, \quad \varphi = r\varepsilon\vartheta, \quad \psi = r\sin\vartheta . \varepsilon\eta$$

die Verrückungen R, φ, ψ im Sinne der wachsenden r, ϑ, η anstatt der Grössen εr, $\varepsilon\vartheta$, $\varepsilon\eta$ ein, so gehen die ersten drei Gleichungen (18) in die für Polarcoordinaten ihnen entsprechenden

$$(18^*) \qquad \begin{aligned} R &= rX + \frac{\partial N}{\partial r} \\ \varphi &= -\frac{1}{\sin\vartheta}\frac{\partial Y}{\partial \eta} + \frac{1}{r}\frac{\partial N}{\partial \vartheta} \\ \psi &= \frac{\partial Y}{\partial \vartheta} + \frac{1}{r\sin\vartheta}\frac{\partial N}{\partial \eta} \end{aligned}$$

über.

---

6. Die Bedingungen für die Oberfläche im Fall einer Kugel oder Kugelschale. Die für die Oberfläche des elastischen Körpers geltenden Bedingungen (1*) werden im Fall einer Kugel oder Kugelschale

$$(a)\qquad \left(p'+2\frac{\partial u}{\partial x}\right)x+\left(\frac{\partial u}{\partial y}+\frac{\partial v}{\partial x}\right)y+\left(\frac{\partial u}{\partial z}+\frac{\partial w}{\partial x}\right)z=0$$

$$(b)\qquad \left(\frac{\partial v}{\partial x}+\frac{\partial u}{\partial y}\right)x+\left(p'+2\frac{\partial v}{\partial y}\right)y+\left(\frac{\partial v}{\partial z}+\frac{\partial w}{\partial y}\right)z=0$$

$$(c)\qquad \left(\frac{\partial w}{\partial x}+\frac{\partial u}{\partial z}\right)x+\left(\frac{\partial w}{\partial y}+\frac{\partial v}{\partial z}\right)y+\left(p'+2\frac{\partial w}{\partial z}\right)z=0,$$

wo

$$p'=2\theta p-\mathfrak{g}s.$$

Man bilde aus (b), (c) die neuen Gleichungen $(b^0)=y(b)+z(c)$, $(c')=-z(b)+y(c)$, führe in (a), (b^0), (c') für u, v, w ihre Ausdrücke (18) ein und verwandle die Coordinaten y, z in Polarcoordinaten t, η, dann erhält man

$$(a)\qquad x\mathfrak{A}+(x^2+t^2)\frac{\partial X}{\partial x}+\frac{\partial\mathfrak{B}}{\partial\eta}+2\left(x\frac{\partial^2 N}{\partial x^2}+t\frac{\partial^2 N}{\partial x\partial t}\right)=0$$

$$(b^0)\qquad t^2\mathfrak{A}+(x^2+t^2)t\frac{\partial X}{\partial t}-x\frac{\partial\mathfrak{B}}{\partial\eta}+2t\left(x\frac{\partial^2 N}{\partial x\partial t}+t\frac{\partial^2 N}{\partial t^2}\right)=0$$

$$(c')\qquad x\frac{\partial\mathfrak{C}}{\partial x}+t\frac{\partial\mathfrak{C}}{\partial t}-2\mathfrak{C}+\frac{\partial}{\partial\eta}\left\{(x^2+t^2)X+2\left(x\frac{\partial N}{\partial x}+t\frac{\partial N}{\partial t}-N\right)\right\}=0,$$

wo

$$\mathfrak{A}=p'+2X+x\frac{\partial X}{\partial x}+t\frac{\partial X}{\partial t}$$

$$\mathfrak{B}=x\frac{\partial Y}{\partial x}+t\frac{\partial Y}{\partial t}-Y$$

$$\mathfrak{C}=t\left(x\frac{\partial Y}{\partial t}-t\frac{\partial Y}{\partial x}\right).$$

Man bilde ferner aus (a), (b^0) die neuen Gleichungen $(a')=x(a)+(b^0)$, $(b')=-t^2(a)+x(b^0)$ und verwandle die Coordinaten x, t in Polarcoordinaten r, ϑ, dann ergeben sich unter Einführung der Bezeichnungen

$$(a^0)\qquad A=r^2X+2r^2\frac{\partial}{\partial r}\left(\frac{N}{r}\right),\quad B=r^2\frac{\partial}{\partial r}\left(\frac{Y}{r}\right)$$

die Grenzbedingungen in der Form

$$(a')\qquad r^2(\theta p-\tfrac{1}{2}\mathfrak{g}s+X)+r^3\frac{\partial X}{\partial r}+r^2\frac{\partial^2 N}{\partial r^2}=0$$

$$(b')\qquad \sin\vartheta\frac{\partial A}{\partial\vartheta}-\frac{\partial(rB)}{\partial\eta}=0$$

$$(c')\qquad \frac{\partial A}{\partial\eta}+\sin\vartheta\frac{\partial(rB)}{\partial\vartheta}=0.$$

Aus den Gleichungen (b'), (c') folgt nach Elimination von A

$$(d) \qquad \frac{\partial}{\partial \vartheta}\left(\sin\vartheta \frac{\partial B}{\partial \vartheta}\right) + \frac{1}{\sin\vartheta}\frac{\partial^2 B}{\partial \eta^2} = 0.$$

Da aber B als Potentialfunction der Gleichung

$$\Delta^2 B = \frac{1}{r^2}\left\{\frac{\partial}{\partial r}\left(r^2\frac{\partial B}{\partial r}\right) + \frac{1}{\sin\vartheta}\frac{\partial}{\partial\vartheta}\left(\sin\vartheta\frac{\partial B}{\partial\vartheta}\right) + \frac{1}{\sin\vartheta^2}\frac{\partial^2 B}{\partial\eta^2}\right\} = 0$$

genügt, so kann man (d) auch unter der Form

$$\frac{\partial}{\partial r}\left(r^2\frac{\partial B}{\partial r}\right) = 0,$$

oder nach Einsetzung des Werthes von B unter der Form

$$(e) \qquad \frac{\partial}{\partial r} r^2 \frac{\partial}{\partial r} r^2 \frac{\partial}{\partial r}\frac{Y}{r} = 0$$

darstellen. Diese Bedingung muss im Fall einer Kugelschale, deren innere und äussere Begrenzung den beiden Radien r_0, r_1 entsprechen, für diese beiden Werthe von r erfüllt werden. Als eindeutige Potentialfunction lässt Y die Reihen-Entwicklung

$$Y = \sum_{n=0}^{n=\infty}(Y^n r^n + Y_n r^{-n-1})$$

zu, wo Y^n, Y_n Kugelfunctionen n^{ter} Ordnung sind. Diese Entwicklung in (e) eingesetzt, führt zu der Gleichung

$$(f) \qquad \sum_{n=0}^{n=\infty}\{(n-1)n(n+1)Y^n r^n - n(n+1)(n+2)Y_n r^{-n-1}\} = 0,$$

welche für $r = r_0$ und $r = r_1$ erfüllt sein muss. Demnach müssen sämmtliche Kugelfunctionen Y^n, Y_n verschwinden, mit Ausnahme von Y^0, Y_0, Y^1, welche durch ihre verschwindenden numerischen Coefficienten aus der Gleichung (f) fortfallen.

Von Y_0 wurde bereits oben bemerkt, dass, wenn es in Y vorkommt, es doch keinen Einfluss auf die Verrückungen hat, es kann also, ohne die Allgemeinheit der Lösung zu beeinträchtigen, gleich Null gesetzt werden, das Nämliche gilt von Y^0, es bleibt also

$$Y^1 = a_1\cos\vartheta + b_1\sin\vartheta\cos\eta + c_1\sin\vartheta\sin\eta$$

übrig, welches in den Verrückungen u, v, w die Glieder

$$c_1 y - b_1 z, \quad a_1 z - c_1 x, \quad b_1 x - a_1 y,$$

d. h. eine Drehung der ganzen Kugelschale ohne Deformation ergiebt. Die

Constanten a_1, b_1, c_1 bleiben willkürlich, da die Verbindungen $\frac{\partial v}{\partial z}-\frac{\partial w}{\partial y}$, $\frac{\partial w}{\partial x}-\frac{\partial u}{\partial z}$, $\frac{\partial u}{\partial y}-\frac{\partial v}{\partial x}$ in den Bedingungen für die Oberfläche nicht vorkommen. Sieht man von solcher Drehung ohne Deformation als zu den elastischen Veränderungen nicht gehörig ab und setzt demgemäss die willkürlichen Constanten a_1, b_1, c_1 gleich Null, *so verschwindet die Potentialfunction* Y.

Da Y verschwindet, so verschwindet auch

$$B = r^2 \frac{\partial}{\partial r}\left(\frac{Y}{r}\right)$$

und die Gleichungen (b'), (c') gehen in

$$\frac{\partial A}{\partial \vartheta} = 0, \quad \frac{\partial A}{\partial \eta} = 0$$

über. A ist also von ϑ und η unabhängig, und, da die Begrenzung einem constanten Werth von r entspricht, überhaupt constant.

Von den Grenzbedingungen bleiben jetzt nur noch zwei übrig, (a') und (a^0), d. h.

$$r^2(\theta p - \tfrac{1}{2}\mathfrak{g}s + X) + r^3\frac{\partial X}{\partial r} + r^2\frac{\partial^2 N}{\partial r^2} = 0$$

$$-A + r^2 X + 2r^2\frac{\partial}{\partial r}\left(\frac{N}{r}\right) = 0,$$

wo A constant ist. Hierin ist aus (14*), (16) der Werth von p

$$p = \mathfrak{b}\left(\mathfrak{g}s + X + r\frac{\partial X}{\partial r}\right),$$

aus (18) der Werth von N

$$N = -\mathfrak{b}P - \tfrac{1}{4}r^2 G + Z$$

$$G = (1-\mathfrak{b})X + \tfrac{1}{2}(3+\mathfrak{b})T, \quad X = r\frac{\partial T}{\partial r} + \tfrac{3}{2}T$$

zu substituiren. Indem man gleichzeitig für r seinen Logarithmus ϱ einführt, ergeben sich die Grenzbedingungen in der Form

$$(a^*) \quad \left.\begin{array}{l} -\mathfrak{b}\left[\frac{\partial^2 P}{\partial \varrho^2} - \frac{\partial P}{\partial \varrho}\right] + \frac{\partial^2 Z}{\partial \varrho^2} - \frac{\partial Z}{\partial \varrho} - \frac{1}{4}e^{2\varrho}\left[\frac{\partial^2 G}{\partial \varrho^2} + 3\frac{\partial G}{\partial \varrho} + 2G\right] \\ \qquad + (\frac{3}{2}-\mathfrak{b})e^{2\varrho}\left[\frac{\partial X}{\partial \varrho} + X\right] - \mathfrak{b}\mathfrak{g}e^{2\varrho}s \end{array}\right\} = 0$$

$$(b^*) \quad -\mathfrak{b}\left[\frac{\partial P}{\partial \varrho} - P\right] + \frac{\partial Z}{\partial \varrho} - Z - \tfrac{1}{4}e^{2\varrho}\left[\frac{\partial G}{\partial \varrho} + G\right] + \tfrac{1}{2}e^{2\varrho}X - \tfrac{1}{2}A = 0,$$

wo P das in (18) gegebene Potential bedeutet.

---

7. Transformation der Bedingungen für die Oberfläche im Fall der vollen Kugel. Für den Fall einer vollen Kugel, auf welchen ich mich von jetzt an beschränke und in welchem Z, X, G nur positive ganze Potenzen von e^ϱ enthalten, ist es am einfachsten den Radius der Kugel $= 1$ zu setzen, dann müssen die Gleichungen (a^*), (b^*) für $\varrho = -\infty$ und $\varrho = 0$ bestehen. Für $\varrho = -\infty$ sind sie, wie man sich leicht überzeugt, von selbst erfüllt, es bleibt also nur übrig sie für $\varrho = 0$ zu erfüllen. Es müssen also für $\varrho = 0$ die Bedingungen

$$(19)\qquad \left.\begin{aligned} &-\mathfrak{b}\left[\frac{\partial^2 P}{\partial\varrho^2}-\frac{\partial P}{\partial\varrho}\right]+\frac{\partial^2 Z}{\partial\varrho^2}-\frac{\partial Z}{\partial\varrho}-\tfrac{1}{4}\left[\frac{\partial^2 G}{\partial\varrho^2}+3\frac{\partial G}{\partial\varrho}+2G\right]\\ &\qquad\qquad+(\tfrac{3}{2}-\mathfrak{b})\left[\frac{\partial X}{\partial\varrho}+X\right]-\mathfrak{b}\mathfrak{g}s \end{aligned}\right\}=0$$

$$-\mathfrak{b}\left[\frac{\partial P}{\partial\varrho}-P\right]+\frac{\partial Z}{\partial\varrho}-Z-\tfrac{1}{4}\left[\frac{\partial G}{\partial\varrho}+G\right]+\tfrac{1}{2}X-\tfrac{1}{2}A=0$$

befriedigt werden. Dies geschieht durch die bereits im Fall der Kreisplatte angewandte Methode, indem die von dem inneren Potential P abhängenden Glieder unter Hinzunahme des der Wärmefunction s proportionalen Gliedes durch andere für $\varrho = 0$ gleichwerthige Ausdrücke ersetzt werden, welche von einer eindeutigen Potentialfunction abhängen.

Das Potential P wurde in (18) durch die Gleichung

$$P=\frac{\mathfrak{g}}{4\pi}\int dx_1\,dy_1\,dz_1\frac{s(x_1,y_1,z_1)}{D},\qquad D=\sqrt{(x-x_1)^2+(y-y_1)^2+(z-z_1)^2}$$

definirt. Hier ist die Integration auf die ganze elastische Kugel auszudehnen und der Punkt (x, y, z) gehört ebenfalls der Kugel an. Es sei (x', y', z') ein ausserhalb der Kugel gelegener Punkt und

$$P'=\frac{\mathfrak{g}}{4\pi}\int dx_1\,dy_1\,dz_1\frac{s(x_1,y_1,z_1)}{D'},\qquad D'=\sqrt{(x'-x_1)^2+(y'-y_1)^2+(z'-z_1)^2},$$

so dass P, P' den Gleichungen

$$\frac{\partial^2 P}{\partial x^2}+\frac{\partial^2 P}{\partial y^2}+\frac{\partial^2 P}{\partial z^2}=-\mathfrak{g}s(x,y,z),\qquad \frac{\partial^2 P'}{\partial x'^2}+\frac{\partial^2 P'}{\partial y'^2}+\frac{\partial^2 P'}{\partial z'^2}=0$$

genügen. Gesetzt (x, y, z) und (x', y', z') nähern sich beide einem und demselben Punkt der Kugeloberfläche, so finden beim Uebergange von P zu P' in den zweiten Ableitungen Discontinuitäten statt; während nämlich

$$P-P'=0,\quad \frac{\partial P}{\partial x}-\frac{\partial P'}{\partial x'}=0,\quad \frac{\partial P}{\partial y}-\frac{\partial P'}{\partial y'}=0,\quad \frac{\partial P}{\partial z}-\frac{\partial P'}{\partial z'}=0,$$

sind die ähnlich gebildeten Differenzen für die zweiten Derivirten von der Null verschieden, und zwar

$$\frac{\partial^2 P}{\partial x^2}-\frac{\partial^2 P'}{\partial x'^2}=-\mathfrak{g}s.x^2,\qquad \frac{\partial^2 P}{\partial y\partial z}-\frac{\partial^2 P'}{\partial y'\partial z'}=-\mathfrak{g}s.yz,$$

wo s den in dem betrachteten Punkt der Kugeloberfläche stattfindenden Werth der Wärmefunction bedeutet, und analoge Gleichungen gelten für die übrigen Derivirten zweiter Ordnung.

Führt man für x, y, z und x', y', z' Polarcoordinaten r, ϑ, η und r', ϑ', η' und für die Radienvectoren r und r' deren Logarithmen ϱ und ϱ' ein, so gelten für den Uebergang von P zu P', d. h. für $\varrho=0$, $\varrho'=0$, die in den neuen Coordinaten ausgedrückten Gleichungen

$$(20)\qquad P-P'=0,\quad \frac{\partial P}{\partial \varrho}-\frac{\partial P'}{\partial \varrho'}=0,\quad \frac{\partial^2 P}{\partial \varrho^2}-\frac{\partial^2 P'}{\partial \varrho'^2}=-\mathfrak{g}s.$$

Es sei insbesondere

$$\varrho'=-\varrho,\quad \vartheta'=\vartheta,\quad \eta'=\eta,$$

so dass die beiden Punkte $(\varrho, \vartheta, \eta)$ und $(\varrho', \vartheta', \eta')$ mit dem Mittelpunkt der Kugel in gerader Linie in Entfernungen liegen, deren Product dem Quadrat des Radius der Kugel, d. h. der Einheit, gleich ist, jeder der beiden Punkte also der reciproke des anderen ist. Den dieser Annahme entsprechenden Werth von P' bezeichne man mit $\mathfrak{P}$, dann erhalten das innere Potential P und das äussere Potential $\mathfrak{P}$ in Polarcoordinaten die Ausdrücke

$$(19^*)\qquad \begin{aligned} P &= \frac{\mathfrak{g}}{4\pi}\int_0^{2\pi} d\eta_1 \int_0^{\pi} d\vartheta_1 \sin\vartheta_1 \int_{-\infty}^{0} d\varrho_1 e^{3\varrho_1} \frac{s(\varrho_1, \vartheta_1, \eta_1)}{\sqrt{e^{2\varrho}-2e^{\varrho+\varrho_1}\cos\gamma+e^{2\varrho_1}}} \\ \mathfrak{P} &= \frac{\mathfrak{g}}{4\pi}\int_0^{2\pi} d\eta_1 \int_0^{\pi} d\vartheta_1 \sin\vartheta_1 \int_{-\infty}^{0} d\varrho_1 e^{3\varrho_1} \frac{s(\varrho_1, \vartheta_1, \eta_1)}{\sqrt{e^{-2\varrho}-2e^{-\varrho+\varrho_1}\cos\gamma+e^{2\varrho_1}}}, \end{aligned}$$

wo

$$\cos\gamma = \cos\vartheta\cos\vartheta_1+\sin\vartheta\sin\vartheta_1\cos(\eta-\eta_1),$$

und die Bedingungen (20) gehen jetzt in die Gleichungen

$$(20^*)\qquad P-\mathfrak{P}=0,\quad \frac{\partial P}{\partial \varrho}+\frac{\partial \mathfrak{P}}{\partial \varrho}=0,\quad \frac{\partial^2 P}{\partial \varrho^2}-\frac{\partial^2 \mathfrak{P}}{\partial \varrho^2}=-\mathfrak{g}s$$

über, welche für $\varrho=0$ bestehen.

Aber in dem hier in Rede stehenden Fall von drei Dimensionen ist die Transformation von P in $\mathfrak{P}$ nicht ausreichend. $\mathfrak{P}$ genügt nämlich zwar in Beziehung auf die rechtwinkligen Coordinaten x', y', z' der Potentialgleichung

$$\frac{\partial^2 \mathfrak{P}}{\partial x'^2} + \frac{\partial^2 \mathfrak{P}}{\partial y'^2} + \frac{\partial^2 \mathfrak{P}}{\partial z'^2} = 0,$$

oder, wenn man für x', y', z' die neuen Coordinaten $\varrho' = -\varrho$, $\vartheta' = \vartheta$, $\eta' = \eta$ einführt, der Gleichung

$$\frac{\partial^2 \mathfrak{P}}{\partial \varrho'^2} + \frac{\partial \mathfrak{P}}{\partial \varrho'} + \frac{1}{\sin\vartheta}\frac{\partial}{\partial\vartheta}\left(\sin\vartheta\frac{\partial \mathfrak{P}}{\partial\vartheta}\right) + \frac{1}{\sin\vartheta^2}\frac{\partial^2 \mathfrak{P}}{\partial\eta^2} = 0,$$

aber diese Gleichung behält nicht mehr dieselbe Form in Beziehung auf ϱ, ϑ, η, wie in Beziehung auf ϱ', ϑ, η, und $\mathfrak{P}$ ist daher in Beziehung auf ϱ, ϑ, η keine Potentialfunction. Man kann indessen bekanntlich aus $\mathfrak{P}$ eine neue Function

$$Q = e^{-\varrho}\mathfrak{P}$$

herleiten, welche, wie aus der Identität

$$\frac{\partial^2 Q}{\partial \varrho^2} + \frac{\partial Q}{\partial \varrho} = e^{-\varrho}\left(\frac{\partial^2 \mathfrak{P}}{\partial \varrho^2} - \frac{\partial \mathfrak{P}}{\partial \varrho}\right)$$

hervorgeht, eine Potentialfunction in Beziehung auf ϱ, ϑ, η ist.

Es ist also Q eine Function, welche der Gleichung

$$\Delta^2 Q = \frac{\partial^2 Q}{\partial x^2} + \frac{\partial^2 Q}{\partial y^2} + \frac{\partial^2 Q}{\partial z^2} = 0$$

genügt, überdies giebt der obige Integralwerth (19*) von $\mathfrak{P}$ für Q den entsprechenden Werth

$$(21)\qquad Q = \frac{\mathfrak{g}}{4\pi}\int_0^{2\pi} d\eta_1 \int_0^{\pi} d\vartheta_1 \sin\vartheta_1 \int_{-\infty}^{0} d\varrho_1 e^{3\varrho_1} \frac{s(\varrho_1, \vartheta_1, \eta_1)}{\sqrt{1 - 2e^{\varrho+\varrho_1}\cos\gamma + e^{2(\varrho+\varrho_1)}}}.$$

Daher ist Q eine nach ganzen positiven Potenzen von e^ϱ entwickelbare, innerhalb der Kugel $x^2+y^2+z^2 = 1$ nicht unendlich werdende, eindeutige Potentialfunction.

Aus der zwischen $\mathfrak{P}$ und Q bestehenden Verbindung

$$\mathfrak{P} = e^\varrho Q$$

folgt

$$\frac{\partial \mathfrak{P}}{\partial \varrho} = e^\varrho\left(\frac{\partial Q}{\partial \varrho} + Q\right), \quad \frac{\partial^2 \mathfrak{P}}{\partial \varrho^2} = e^\varrho\left(\frac{\partial^2 Q}{\partial \varrho^2} + 2\frac{\partial Q}{\partial \varrho} + Q\right).$$

Setzt man diese Werthe in die für $\varrho = 0$ bestehenden Gleichungen (20*), so erhält man für $\varrho = 0$

$$(20^{**})\quad P - Q = 0,\quad \frac{\partial P}{\partial \varrho} + \frac{\partial Q}{\partial \varrho} + Q = 0,\quad \frac{\partial^2 P}{\partial \varrho^2} - \frac{\partial^2 Q}{\partial \varrho^2} - 2\frac{\partial Q}{\partial \varrho} - Q = -\mathfrak{g}s$$

und daraus

$$\frac{\partial P}{\partial \varrho} - P = -\frac{\partial Q}{\partial \varrho} - 2Q,\quad \frac{\partial^2 P}{\partial \varrho^2} - \frac{\partial P}{\partial \varrho} + \mathfrak{g}s = \frac{\partial^2 Q}{\partial \varrho^2} + 3\frac{\partial Q}{\partial \varrho} + 2Q.$$

Indem man diese Relationen benutzt, um in den Bedingungen (19) P durch Q zu ersetzen, erhält man die für die Kugeloberfläche, d. h. für $\varrho = 0$, stattfindenden Bedingungen in ihrer schliesslichen Form

$$(22)\quad \begin{aligned} -\mathfrak{b}\left[\frac{\partial^2 Q}{\partial \varrho^2} + 3\frac{\partial Q}{\partial \varrho} + 2Q\right] + \frac{\partial^2 Z}{\partial \varrho^2} - \frac{\partial Z}{\partial \varrho} - \tfrac{1}{4}\left[\frac{\partial^2 G}{\partial \varrho^2} + 3\frac{\partial G}{\partial \varrho} + 2G\right] + (\tfrac{3}{2} - \mathfrak{b})\left[\frac{\partial X}{\partial \varrho} + X\right] &= 0 \\ \mathfrak{b}\left[\frac{\partial Q}{\partial \varrho} + 2Q\right] + \frac{\partial Z}{\partial \varrho} - Z - \tfrac{1}{4}\left[\frac{\partial G}{\partial \varrho} + G\right] + \tfrac{1}{2}X - \tfrac{1}{2}A &= 0. \end{aligned}$$

Diese Gleichungen sind zwar als nur für den Werth $\varrho = 0$ bestehend gefunden, aber da ihre linken Seiten eindeutige Potentialfunctionen sind, welche innerhalb der Kugel, d. h. für $\varrho < 0$, nicht unendlich werden, so müssen sie nach dem bereits in § 3 gebrauchten Princip identisch erfüllt werden. Die Gleichungen (22) bilden daher ein System simultaner gewöhnlicher Differentialgleichungen, aus welchem sich die Functionen Z und T (mit den davon abhängigen X und G) bestimmen lassen.

---

8. Bestimmung der willkürlichen Functionen durch die Grenzbedingungen. Man setze

$$F = \frac{\partial Q}{\partial \varrho} + 2Q,$$

so gehen die Gleichungen (22) in

$$(22^*)\quad \begin{aligned} -\mathfrak{b}\left[\frac{\partial F}{\partial \varrho} + F\right] + \frac{\partial^2 Z}{\partial \varrho^2} - \frac{\partial Z}{\partial \varrho} - \tfrac{1}{4}\left[\frac{\partial^2 G}{\partial \varrho^2} + 3\frac{\partial G}{\partial \varrho} + 2G\right] + (\tfrac{3}{2} - \mathfrak{b})\left[\frac{\partial X}{\partial \varrho} + X\right] &= 0 \\ \mathfrak{b}F + \frac{\partial Z}{\partial \varrho} - Z - \tfrac{1}{4}\left[\frac{\partial G}{\partial \varrho} + G\right] + \tfrac{1}{2}X - \tfrac{1}{2}A &= 0 \end{aligned}$$

über. Indem man die zweite derselben nach ϱ differentiirt und das Resultat von der ersten abzieht, wird Z eliminirt und man erhält

$$-\mathfrak{b}\left[2\frac{\partial F}{\partial \varrho}+F\right]-\tfrac{1}{2}\left[\frac{\partial G}{\partial \varrho}+G\right]+(1-\mathfrak{b})\left[\frac{\partial X}{\partial \varrho}+X\right]+\tfrac{1}{2}X=0.$$

Nach Einsetzung der in (18) gegebenen Werthe von G und X in T

$$X=\frac{\partial T}{\partial \varrho}+\tfrac{3}{2}T,\quad G=(1-\mathfrak{b})X+\tfrac{1}{2}(3+\mathfrak{b})T=(1-\mathfrak{b})\left[\frac{\partial T}{\partial \varrho}+T\right]+2T$$

wird dies eine Differentialgleichung, welche T aus der bekannten Function F definirt, nämlich

$$(23)\qquad -2\mathfrak{b}\left[2\frac{\partial F}{\partial \varrho}+F\right]+(1-\mathfrak{b})\left[\frac{\partial^2 T}{\partial \varrho^2}+3\frac{\partial T}{\partial \varrho}+2T\right]-\left[\frac{\partial T}{\partial \varrho}+\tfrac{1}{2}T\right]=0.$$

Um auch die zweite willkürliche Function Z zu bestimmen, multiplicire man die zweite der Gleichungen (22*) mit 6 und addire (23), dann lässt sich das Resultat auf die Form

$$\frac{\partial \Lambda}{\partial \varrho}-\Lambda=0$$

bringen, wo

$$\Lambda=-6Z+4\mathfrak{b}F+\tfrac{1}{2}G-3A,$$

und da Λ eine eindeutige Potentialfunction ist, kann die für Λ gefundene Differentialgleichung nur durch

$$\Lambda=0$$

befriedigt werden. Eine zu Z hinzugefügte Constante hat, wie aus den Gleichungen (18) ersichtlich ist, keinen Einfluss auf die Verrückungen, daher kann $A=0$ gesetzt werden und es ergiebt sich

$$(23^*)\qquad 3Z=2\mathfrak{b}F+\tfrac{1}{4}G,$$

so dass der Werth (18) von N in die Form

$$(24)\qquad N=\mathfrak{b}[-P+2e^{2\varrho}F]+(1-3e^{2\varrho})Z$$

gesetzt werden kann.

An Stelle der Potentialfunction T, welche in (23) als Function von $2\frac{\partial F}{\partial \varrho}+F$ definirt ist, führe ich eine neue Potentialfunction S ein, welche ebenso von F abhängt, wie T von $2\frac{\partial F}{\partial \varrho}+F$, mithin der Differentialgleichung

$$(25)\qquad 2\mathfrak{b}F=(1-\mathfrak{b})\left[\frac{\partial^2 S}{\partial \varrho^2}+3\frac{\partial S}{\partial \varrho}+2S\right]-\left[\frac{\partial S}{\partial \varrho}+\tfrac{1}{2}S\right]$$

genügt, dann wird

$$T = 2\frac{\partial S}{\partial \varrho} + S,$$

$$X = 2\frac{\partial^2 S}{\partial \varrho^2} + 4\frac{\partial S}{\partial \varrho} + \tfrac{3}{2}S, \quad G = (1-\mathfrak{b})\left[2\frac{\partial^2 S}{\partial \varrho^2} + 3\frac{\partial S}{\partial \varrho} + S\right] + 4\frac{\partial S}{\partial \varrho} + 2S,$$

oder nach Elimination von $\frac{\partial^2 S}{\partial \varrho^2}$ vermittelst (25)

$$(1-\mathfrak{b})X = 4\mathfrak{b}F + 2\mathfrak{b}\frac{\partial S}{\partial \varrho} - \tfrac{1}{2}(3-5\mathfrak{b})S$$

$$G = 4\mathfrak{b}F + 3(1+\mathfrak{b})\frac{\partial S}{\partial \varrho} + 3\mathfrak{b}S.$$

Hiernach verwandeln sich die Werthe (23*) und (24) von Z und N in

$$Z = \mathfrak{b}F + \tfrac{1}{4}(1+\mathfrak{b})\frac{\partial S}{\partial \varrho} + \tfrac{1}{4}\mathfrak{b}S$$

$$N = \mathfrak{b}[-P + (1-e^{2\varrho})F] + \tfrac{1}{4}(1-3e^{2\varrho})\left[(1+\mathfrak{b})\frac{\partial S}{\partial \varrho} + \mathfrak{b}S\right].$$

Es bleibt jetzt nur noch übrig, den expliciten Werth von S anzugeben. In der Differentialgleichung (25) ist $F = \frac{\partial Q}{\partial \varrho} + 2Q$ eine durch das in (21) für Q gegebene Integral bekannte nach ganzen positiven Potenzen von e^{ϱ} entwickelbare Function, die mit $F(e^{\varrho})$ bezeichnet werde. Um S als Function von F nach (25) zu bestimmen, bedarf es bekanntlich der Auflösung der Gleichung

$$(1-\mathfrak{b})[h^2 + 3h + 2] - [h + \tfrac{1}{2}] = 0.$$

Die Wurzeln derselben sind imaginär gleich

$$-\alpha \pm \beta\sqrt{-1},$$

wo

$$\alpha = \tfrac{1}{2}\left[3 - \frac{1}{1-\mathfrak{b}}\right] = \frac{1+4\theta}{2(1+2\theta)}$$

$$\beta = \sqrt{\frac{1}{1-\mathfrak{b}} - \tfrac{1}{4}\left[1 + \frac{1}{(1-\mathfrak{b})^2}\right]} = \frac{\sqrt{3+12\theta+8\theta^2}}{2(1+2\theta)};$$

mit Hülfe derselben wird nach den bekannten Methoden zur Integration linearer Differentialgleichungen mit constanten Coefficienten der Werth von S in Form des bestimmten Integrals

$$S = -\frac{2\mathfrak{b}}{1-\mathfrak{b}}\int_{-\infty}^{0} F(e^{\varrho+\tau})e^{\alpha\tau}\frac{\sin\beta\tau}{\beta}\,d\tau$$

ermittelt. Hiermit ist die Bestimmung der willkürlichen Functionen vollständig durchgeführt und die Verrückungen werden durch die Formeln

$$(26)\quad\left\{\begin{aligned}
& e^{\varrho}R = e^{2\varrho}X + \frac{\partial N}{\partial\varrho}, \quad e^{\varrho}\varphi = \frac{\partial N}{\partial\vartheta}, \quad e^{\varrho}\sin\vartheta.\psi = \frac{\partial N}{\partial\eta} \\
& (1-\mathfrak{b})X = 4\mathfrak{b}F + 2\mathfrak{b}\frac{\partial S}{\partial\varrho} - \tfrac{1}{2}(3-5\mathfrak{b})S \\
& N = \mathfrak{b}[-P+(1-e^{2\varrho})F] + \tfrac{1}{4}(1-3e^{2\varrho})\left[(1+\mathfrak{b})\frac{\partial S}{\partial\varrho} + \mathfrak{b}S\right] \\
& P = \frac{\mathfrak{g}}{4\pi}\int_0^{2\pi} d\eta_1 \int_0^{\pi} d\vartheta_1 \sin\vartheta_1 \int_{-\infty}^{0} d\varrho_1 e^{3\varrho_1} \frac{s(\varrho_1, \vartheta_1, \eta_1)}{\sqrt{e^{2\varrho} - 2e^{\varrho+\varrho_1}\cos\gamma + e^{2\varrho_1}}} \\
& Q = \frac{\mathfrak{g}}{4\pi}\int_0^{2\pi} d\eta_1 \int_0^{\pi} d\vartheta_1 \sin\vartheta_1 \int_{-\infty}^{0} d\varrho_1 e^{3\varrho_1} \frac{s(\varrho_1, \vartheta_1, \eta_1)}{\sqrt{1 - 2e^{\varrho+\varrho_1}\cos\gamma + e^{2(\varrho+\varrho_1)}}} \\
& \cos\gamma = \cos\vartheta\cos\vartheta_1 + \sin\vartheta\sin\vartheta_1\cos(\eta-\eta_1) \\
& F = \frac{\partial Q}{\partial\varrho} + 2Q, \quad \mathfrak{b} = \frac{1}{2(1+\theta)}, \quad \alpha = \frac{1+4\theta}{2(1+2\theta)}, \quad \beta = \frac{\sqrt{3+12\theta+8\theta^2}}{2(1+2\theta)} \\
& S = -\frac{2\mathfrak{b}}{1-\mathfrak{b}}\int_{-\infty}^{0} F(e^{\varrho+\tau})e^{\alpha\tau}\frac{\sin\beta\tau}{\beta}\,d\tau
\end{aligned}\right.$$

gegeben. Das erlangte Ergebniss lässt sich folgendermassen zusammenfassen:

„Eine elastische isotrope Kugel vom Radius 1, welche sich bei der Temperatur $s = 0$ in elastischem Gleichgewicht befand, werde der für ihre einzelnen Punkte verschiedenen Temperatur

$$s(\varrho,\ \vartheta,\ \eta)$$

ausgesetzt, wo ϱ, ϑ, η mit den rechtwinkligen geradlinigen Coordinaten x, y, z, deren Anfangspunkt im Mittelpunkt der Kugel liegt, durch die Gleichungen

$$x = e^{\varrho}\cos\vartheta, \quad y = e^{\varrho}\sin\vartheta\cos\eta, \quad z = e^{\varrho}\sin\vartheta\sin\eta$$

verbunden sind. Die durch diesen Temperaturwechsel entstehenden Deformationen mögen für den Punkt $(\varrho, \vartheta, \eta)$ eine Verrückung herbeiführen, deren mit den Richtungen der wachsenden ϱ, ϑ, η zusammenfallende Componenten mit

R, φ, ψ bezeichnet werden sollen. Dann geschieht die Bestimmung von R, φ, ψ in nachstehender Weise.

Man betrachte die Temperatur $s(\varrho, \vartheta, \eta)$ als Dichtigkeit der elastischen Kugel, bilde unter dieser Hypothese das Potential der Kugel in Beziehung auf den inneren Punkt $(\varrho, \vartheta, \eta)$ und in Beziehung auf dessen reciproken äusseren Punkt $(-\varrho, \vartheta, \eta)$. Diese beiden Potentiale, multiplicirt mit der Constante $\frac{\mathfrak{g}}{4\pi}$, wo $\mathfrak{g}$ die frühere Bedeutung hat*), bezeichne man mit

$$P = \frac{\mathfrak{g}}{4\pi}\int_0^{2\pi} d\eta_1 \int_0^{\pi} d\vartheta_1 \sin\vartheta_1 \int_{-\infty}^{0} d\varrho_1 e^{3\varrho_1} \frac{s(\varrho_1, \vartheta_1, \eta_1)}{\sqrt{e^{2\varrho} - 2e^{\varrho+\varrho_1}\cos\gamma + e^{2\varrho_1}}}$$

$$\mathfrak{P} = \frac{\mathfrak{g}}{4\pi}\int_0^{2\pi} d\eta_1 \int_0^{\pi} d\vartheta_1 \sin\vartheta_1 \int_{-\infty}^{0} d\varrho_1 e^{3\varrho_1} \frac{s(\varrho_1, \vartheta_1, \eta_1)}{\sqrt{e^{-2\varrho} - 2e^{-\varrho+\varrho_1}\cos\gamma + e^{2\varrho_1}}},$$

wo

$$\cos\gamma = \cos\vartheta\cos\vartheta_1 + \sin\vartheta\sin\vartheta_1\cos(\eta - \eta_1),$$

und setze

$$Q = e^{-\varrho}\mathfrak{P},$$

so dass

$$Q = \frac{\mathfrak{g}}{4\pi}\int_0^{2\pi} d\eta_1 \int_0^{\pi} d\vartheta_1 \sin\vartheta_1 \int_{-\infty}^{0} d\varrho_1 e^{3\varrho_1} \frac{s(\varrho_1, \vartheta_1, \eta_1)}{\sqrt{1 - 2e^{\varrho+\varrho_1}\cos\gamma + e^{2(\varrho+\varrho_1)}}}.$$

Aus Q bilde man

$$F(e^{\varrho}) = \frac{\partial Q}{\partial \varrho} + 2Q$$

und hierauf aus F

$$S = -\frac{2\mathfrak{b}}{1-\mathfrak{b}}\int_{-\infty}^{0} F(e^{\varrho+\tau})e^{\alpha\tau}\frac{\sin\beta\tau}{\beta}\,d\tau,$$

wo

$$\mathfrak{b} = \frac{1}{2(1+\theta)}, \quad \alpha = \frac{1+4\theta}{2(1+2\theta)}, \quad \beta = \frac{\sqrt{3+12\theta+8\theta^2}}{2(1+2\theta)}$$

und θ das Verhältniss der beiden Elasticitätsconstanten ist. Nun setze man aus dem inneren Potential P und den beiden Potentialfunctionen F, S die

*) Man sehe § 1 Gl. (1**).

beiden Ausdrücke

$$(1-\mathfrak{b})X = 4\mathfrak{b}F+2\mathfrak{b}\frac{\partial S}{\partial \varrho}-\tfrac{1}{2}(3-5\mathfrak{b})S$$

$$N = \mathfrak{b}[-P+(1-e^{2\varrho})F]+\tfrac{1}{4}(1-3e^{2\varrho})\left[(1+\mathfrak{b})\frac{\partial S}{\partial \varrho}+\mathfrak{b}S\right]$$

zusammen, so werden die Verrückungen in der Form

$$e^{\varrho}R = e^{2\varrho}X+\frac{\partial N}{\partial \varrho}, \quad e^{\varrho}\varphi = \frac{\partial N}{\partial \vartheta}, \quad e^{\varrho}\sin\vartheta.\psi = \frac{\partial N}{\partial \eta}$$

dargestellt.“

Zur Prüfung der Rechnung möge der von Duhamel und Herrn Franz Neumann gegebene besondere Fall, in welchem s eine blosse Function des Radius ist, aus diesen Formeln hergeleitet werden.

Ist s von ϑ und η unabhängig, so hat man bekanntlich für P und $\mathfrak{P}$ die Werthe

$$P = \mathfrak{g}e^{-\varrho}\int_{-\infty}^{\varrho} s(\varrho_1)e^{3\varrho_1}d\varrho_1+\mathfrak{g}\int_{\varrho}^{0} s(\varrho_1)e^{2\varrho_1}d\varrho_1$$

$$\mathfrak{P} = \mathfrak{g}e^{\varrho}\int_{-\infty}^{0} s(\varrho_1)e^{3\varrho_1}d\varrho_1,$$

daher

$$Q = e^{-\varrho}\mathfrak{P} = \mathfrak{g}\int_{-\infty}^{0} s(\varrho_1)e^{3\varrho_1}d\varrho_1,$$

also Q constant. In diesem Falle werden daher F und S ebenfalls Constanten und zwar

$$F = 2Q, \quad S = \frac{8\mathfrak{b}}{3-4\mathfrak{b}}Q,$$

daher wird auch X constant, nämlich

$$X = \tfrac{3}{2}S.$$

Da jetzt N nur von ϱ abhängt, verschwinden $\frac{\partial N}{\partial \vartheta}$, $\frac{\partial N}{\partial \eta}$, also auch φ und ψ, und indem man in die Gleichung

$$e^{\varrho}R = e^{2\varrho}X+\frac{\partial N}{\partial \varrho} = \tfrac{3}{2}(1-\mathfrak{b})Se^{2\varrho}-\mathfrak{b}\frac{\partial P}{\partial \varrho}-2\mathfrak{b}Fe^{2\varrho}$$

für F, S, $\frac{\partial P}{\partial \varrho}$ ihre Werthe einsetzt, erhält man

$$e^{\varrho} R = \mathfrak{b}\mathfrak{g}\left\{\frac{4\mathfrak{b}}{3-4\mathfrak{b}} e^{2\varrho} \int_{-\infty}^{0} s(\varrho_1) e^{3\varrho_1} d\varrho_1 + e^{-\varrho} \int_{-\infty}^{\varrho} s(\varrho_1) e^{3\varrho_1} d\varrho_1\right\}.$$

Für $\theta = \frac{1}{2}$ wird $\mathfrak{b} = \frac{1}{3}$, $\frac{4\mathfrak{b}}{3-4\mathfrak{b}} = \frac{4}{5}$, alsdann stimmt diese Formel genau mit der von Herrn Franz Neumann in seiner mehrfach citirten Abhandlung p. 103 gegebenen überein.

Die Behandlung der von Lamé und Herrn William Thomson durch unendliche Reihen gelösten Aufgabe, die in einer elastischen Kugel entstehenden Deformationen zu bestimmen, welche von gegebenen, an der Oberfläche wirkenden Kräften herrühren, behalte ich mir für eine andere Gelegenheit vor.

Ueber die Transformation der Elasticitätsgleichungen in allgemeine orthogonale Coordinaten.

Borchardt, Journal für die reine und angewandte Mathematik, Bd. 76 p. 45—58, 1873.

Ueber die Transformation der Elasticitätsgleichungen in allgemeine orthogonale Coordinaten.

Wir verdanken Lamé ein wichtiges Resultat in der Theorie der Elasticität fester isotroper Körper*), welches die Transformation der Differentialgleichungen für die elastischen Verrückungen in ein System allgemeiner orthogonaler Coordinaten betrifft.

Dies Resultat, welches er im Liouvilleschen Journal, T. VI (1841) p. 52, und in seinem berühmten Werk *„Leçons sur les coordonnées curvilignes“* p. 290 vermittelst einer langen, aber mit gewohnter Meisterschaft angelegten Rechnung hergeleitet hat, lässt sich in einer Form aussprechen, welche an Einfachheit nichts zu wünschen übrig lässt.

Es seien x, y, z die rechtwinkligen geradlinigen Coordinaten eines Punktes eines festen elastischen Körpers im Zustande des ursprünglichen elastischen Gleichgewichts, $x+u$, $y+v$, $z+w$ diejenigen nach geschehener elastischer Deformation, dann hängt, wie man weiss, die Bestimmung von u, v, w von drei für den ganzen elastischen Körper geltenden simultanen partiellen linearen Differentialgleichungen zweiter Ordnung und von drei für die Oberfläche des Körpers geltenden Grenzbedingungen erster Ordnung ab. Bildet man von den drei Verrückungen u, v, w die neun Ableitungen nach x, y, z und aus diesen die sechs Grössen

$$\frac{\partial u}{\partial x}, \quad \frac{\partial v}{\partial y}, \quad \frac{\partial w}{\partial z}$$

und

$$\frac{\partial v}{\partial z}+\frac{\partial w}{\partial y}, \quad \frac{\partial w}{\partial x}+\frac{\partial u}{\partial z}, \quad \frac{\partial u}{\partial y}+\frac{\partial v}{\partial x},$$

welche man mit Herrn Saint-Venant**) die drei Dilatationen und die drei

*) d. h. deren Elasticität unabhängig von der Richtung ist.

**) Liouville's Journal, 2e Série, T. VIII (1863) pp. 260, 262.

Gleitungen nennen kann, so sind für elastische Körper jeder Art die Grenzbedingungen durch diese sechs Grössen selbst und die partiellen Differentialgleichungen durch die nach x, y, z genommenen Differentialquotienten derselben darstellbar.

Aber im Fall der Isotropie giebt es für die partiellen Differentialgleichungen eine einfachere Form. Betrachtet man ausser den sechs Dilatationen und Gleitungen die drei doppelten Componenten der Elementar-Rotation

$$U = \frac{\partial v}{\partial z} - \frac{\partial w}{\partial y}, \quad V = \frac{\partial w}{\partial x} - \frac{\partial u}{\partial z}, \quad W = \frac{\partial u}{\partial y} - \frac{\partial v}{\partial x}$$

und bildet aus den drei Dilatationen die Volumen-Dilatation

$$p = \frac{\partial u}{\partial x} + \frac{\partial v}{\partial y} + \frac{\partial w}{\partial z},$$

so haben die partiellen Differentialgleichungen der elastischen Verrückungen isotroper Körper die charakteristische Eigenschaft, sich aus den Differentialquotienten der vier Verbindungen p, U, V, W zusammensetzen zu lassen.

Dies vorausgesetzt, lässt sich das Lamésche Resultat so aussprechen, dass die auseinander gesetzte charakteristische Eigenschaft der partiellen Differentialgleichungen auch für krummlinige orthogonale Coordinaten bestehen bleibt. Bildet man für ein allgemeines orthogonales Coordinatensystem die Ausdrücke der Volumen-Dilatation und der drei im Sinne der wachsenden Coordinaten genommenen Componenten der Elementar-Rotation, so lassen sich aus diesen vier Grössen und deren Differentialquotienten nach den drei Coordinaten die partiellen Differentialgleichungen der elastischen Verrückungen isotroper Körper zusammensetzen.

Es leuchtet ein, dass ein Resultat, welches sich so einfach aussprechen lässt, ohne Aufwand von Rechnung herzuleiten sein muss.

Jacobi hat gezeigt*), dass die Transformation in allgemeine und namentlich in orthogonale Coordinaten für die aus der Variation eines mehrfachen Integrals hervorgehenden partiellen Differentialgleichungen erheblich vereinfacht wird, wenn man dieselbe nicht an der Differentialgleichung, sondern an dem Integral ausführt.

---

*) Bd. 36 p. 113 des Journals für die reine und angewandte Mathematik [Jacobi's Gesammelte Werke, Bd. 2 p. 191].

Diesen von Jacobi für Probleme mit *einer* abhängigen Variable auseinander gesetzten Gedanken hat Herr Carl Neumann auf das in der Elasticität isotroper Körper vorkommende Problem mit *drei* abhängigen Variabeln ausgedehnt*). Aber in dem vorliegenden Falle reicht die Jacobische Methode allein nicht aus, um für die von Lamé gefundene Form der transformirten Gleichungen eine befriedigende Herleitung zu ergeben. Es bilden nämlich die Dilatationen und Gleitungen einerseits, die Elementar-Rotationen andrerseits zwei Gruppen von Grössen, für deren jede eine besondere und sehr einfache Art der Transformation besteht. Vermischt man dagegen beide Gruppen, so kann man in der Transformation solcher gemischter Grössen kein einfaches Gesetz mehr erkennen.

Auf den folgenden Seiten werde ich zeigen, dass, wenn man beide Gruppen gehörig trennt und überdies bei der Transformation der Coordinaten in einander die totalen Differentiale anstatt der partiellen Differentialquotienten in Betracht zieht, das Lamésche Resultat fast ohne Rechnung erlangt wird.

1. Die Grundgleichung der Elasticität, ihre Umformung im Fall der Isotropie. Die Gleichungen der Elasticität sind von Green auf eine einzige Gleichung zurückgeführt worden, welche ausdrückt, dass die Variation eines dreifachen Integrals dem Moment der gegebenen Kräfte gleich ist. Werden die Verrückungen als unendlich klein behandelt, so heisst für den Fall isotroper Körper diese Grundgleichung in der Kirchhoffschen Bezeichnung**)

$$\delta P = K\delta\Omega. \tag{1}$$

Darin bedeutet

$$\begin{aligned}\delta P &= \delta^{(3)}P+\delta^{(2)}P\\ &= \int dT\,[X\delta u+Y\delta v+Z\delta w]+\int d\omega\,[(X)\delta u+(Y)\delta v+(Z)\delta w]\end{aligned} \tag{1*}$$

das Moment der gegebenen Kräfte, und zwar umfasst das über die Volumen-Elemente dT erstreckte Integral $\delta^{(3)}P$ die auf alle inneren Punkte des Körpers wirkenden, das über die Oberflächen-Elemente $d\omega$ erstreckte Integral $\delta^{(2)}P$ die auf alle Punkte der Begrenzung des Körpers wirkenden Kräfte. Ω bedeutet

*) Bd. 57 p. 281 des Journals für die reine und angewandte Mathematik.

**) Bd. 40 p. 55 des Journals für die reine und angewandte Mathematik [Kirchhoff, Gesammelte Abhandlungen, p. 242].

das Integral

$$\Omega = \int dT\{\mathfrak{E} + \theta p^2 - \mathfrak{g} s p\}$$

$$(2)\quad \mathfrak{E} = \left(\frac{\partial u}{\partial x}\right)^2 + \left(\frac{\partial v}{\partial y}\right)^2 + \left(\frac{\partial w}{\partial z}\right)^2 + \tfrac{1}{2}\left(\frac{\partial v}{\partial z} + \frac{\partial w}{\partial y}\right)^2 + \tfrac{1}{2}\left(\frac{\partial w}{\partial x} + \frac{\partial u}{\partial z}\right)^2 + \tfrac{1}{2}\left(\frac{\partial u}{\partial y} + \frac{\partial v}{\partial x}\right)^2$$

$$p = \frac{\partial u}{\partial x} + \frac{\partial v}{\partial y} + \frac{\partial w}{\partial z},$$

K und $K\theta$ sind die beiden Constanten der Elasticität. Das in dem Integral Ω vorkommende Glied $-\mathfrak{g}sp$, welches sich in den Kirchhoffschen Untersuchungen nicht findet, ist hinzugefügt, um den von Duhamel und Herrn Franz Neumann untersuchten Fall mit zu umfassen, in welchem eine in den einzelnen Theilen des elastischen Körpers ungleich vertheilte Erwärmung

$$s(x, y, z)$$

zu den elastischen Deformationen mitwirkt. Die als Factor dieses Gliedes auftretende Constante $\mathfrak{g}$ hängt durch die Gleichung

$$\mathfrak{g} = 2(1+3\theta)\mathfrak{e}$$

von dem linearen thermischen Ausdehnungscoefficienten $\mathfrak{e}$ des elastischen Körpers ab*).

Reducirt man nach den Vorschriften der Variationsrechnung die Variation $\delta\Omega$ auf die einfachste Form

$$\delta\Omega = \delta^{(3)}\Omega + \delta^{(2)}\Omega,$$

wo $\delta^{(3)}$ den aus einem Volumen-Integral, $\delta^{(2)}$ den aus einem Oberflächen-Integral bestehenden Theil der Variation bezeichnet, so spaltet sich die Grundgleichung (1) in die beiden Gleichungen

$$(1^a)\qquad \delta^{(3)}P = K\delta^{(3)}\Omega$$

$$(1^b)\qquad \delta^{(2)}P = K\delta^{(2)}\Omega.$$

Die letztere, welche die drei Bedingungen für die Oberfläche des elastischen Körpers in sich fasst, ist im Allgemeinen einer weiteren Vereinfachung nicht fähig. Die erstere dagegen, welche die drei partiellen Differentialgleichungen in sich fasst, lässt eine wesentliche Vereinfachung zu und zwar durch eine Um-

---

*) Man vergleiche Franz Neumann, die Gesetze der Doppelbrechung des Lichts in comprimirten oder ungleichförmig erwärmten unkrystallinischen Körpern. Abhandlungen der Berliner Akademie, a. d. J. 1841, II p. 100, woselbst $\theta = \frac{1}{2}$ angenommen ist.

formung von $\delta^{(3)}\Omega$, welche mit der oben erwähnten im Falle der Isotropie eintretenden charakteristischen Eigenschaft der partiellen Differentialgleichungen gleichbedeutend ist.

Setzt man

$$4\mathfrak{F} = U^2+V^2+W^2, \quad \mathfrak{G} = \mathfrak{A}+\mathfrak{B}+\mathfrak{C},$$

wo U, V, W, wie oben, die doppelten Componenten der Elementar-Rotation

$$U = \frac{\partial v}{\partial z}-\frac{\partial w}{\partial y}, \qquad V = \frac{\partial w}{\partial x}-\frac{\partial u}{\partial z}, \qquad W = \frac{\partial u}{\partial y}-\frac{\partial v}{\partial x}$$

und $\mathfrak{A}$, $\mathfrak{B}$, $\mathfrak{C}$ die Functional-Determinanten zweiter Ordnung

$$\mathfrak{A} = \frac{\partial v}{\partial y}\frac{\partial w}{\partial z}-\frac{\partial v}{\partial z}\frac{\partial w}{\partial y}, \quad \mathfrak{B} = \frac{\partial w}{\partial z}\frac{\partial u}{\partial x}-\frac{\partial w}{\partial x}\frac{\partial u}{\partial z}, \quad \mathfrak{C} = \frac{\partial u}{\partial x}\frac{\partial v}{\partial y}-\frac{\partial u}{\partial y}\frac{\partial v}{\partial x}$$

bedeuten, so kann man $\mathfrak{E}$ unter der Form

$$\mathfrak{E} = p^2+2\mathfrak{F}-2\mathfrak{G}$$

darstellen. Führt man neben Ω die neuen Integrale

$$\Omega' = \int dT\,\{2\mathfrak{F}+(1+\theta)p^2-\mathfrak{g}sp\}, \quad \Gamma = \int dT\,\mathfrak{G}$$

ein, so hat man

$$\Omega = \Omega'-2\Gamma.$$

Das Integral Γ ist aber kein dreifaches oder Volumen-Integral im eigentlichen Sinne, sondern ein Oberflächen-Integral. Wie nämlich ein einfaches Integral

$$\int dx \frac{\partial f}{\partial x},$$

unter welchem ein Differentialquotient steht, kein eigentliches Integral ist, sondern nur von den an den Grenzen der Integration stattfindenden Werthen der Function f abhängt, so ist allgemein ein n-faches Integral

$$\int dx_1\ldots dx_n\,\mathfrak{M} = \int dx_1\ldots dx_n \frac{\partial(f_1\cdots f_m)}{\partial(x_1\ldots x_m)}, \qquad m \leqq n$$

unter welchem eine nach m der n Integrationsvariabeln $x_1, \ldots x_n$ genommene Functional-Determinante $\mathfrak{M}$ steht, kein eigentliches n-faches Integral, sondern höchstens ein $(n-1)$-faches. Denn da $\mathfrak{M}$ auf die Form

$$\mathfrak{M} = \frac{\partial(f_1\mathfrak{M}_1)}{\partial x_1}+\frac{\partial(f_1\mathfrak{M}_2)}{\partial x_2}+\cdots+\frac{\partial(f_1\mathfrak{M}_m)}{\partial x_m}, \quad \mathfrak{M}_\mu = \frac{\partial\mathfrak{M}}{\partial\dfrac{\partial f_1}{\partial x_\mu}}$$

gebracht werden kann*), so ist das betrachtete Integral nicht von den Werthen der Functionen $f_1, \dots f_m$ innerhalb des ein n-faches Continuum bildenden Integrationsbereichs, sondern nur von den an den Grenzen des Continuums stattfindenden Werthen abhängig. Unter diese Kategorie fällt für $n=3$, $m=2$ das Integral**)

$$\Gamma = \int dx\,dy\,dz\,(\mathfrak{A}+\mathfrak{B}+\mathfrak{C}),$$

also ist Γ und mithin auch $\delta\Gamma$ ein blosses Oberflächen-Integral***). Mit Berücksichtigung der Gleichung

$$\Omega = \Omega' - 2\Gamma,$$

und wenn man die Theilung der Variationen δ in die Theile $\delta^{(3)}$ und $\delta^{(2)}$ auch für die übrigen Integrale durchführt, ergiebt sich daher $\delta^{(3)}\Gamma = 0$ und

$$\delta^{(3)}\Omega = \delta^{(3)}\Omega'.$$

Durch diese Umformung geht (1^a) in $\delta^{(3)}P = K\delta^{(3)}\Omega'$ über. *Es giebt also im Fall der Isotropie folgende vereinfachte Form, unter welcher sich die partiellen Differentialgleichungen der Elasticität in eine Gleichung zusammenfassen lassen:*

$$(3) \qquad \delta^{(3)}P = K\delta^{(3)}\Omega',$$

$$(4) \quad \begin{cases} \Omega' = \int dT\{2\mathfrak{F}+(1+\theta)p^2-\mathfrak{g}sp\} \\ 4\mathfrak{F} = U^2+V^2+W^2 = \left(\dfrac{\partial v}{\partial z}-\dfrac{\partial w}{\partial y}\right)^2+\left(\dfrac{\partial w}{\partial x}-\dfrac{\partial u}{\partial z}\right)^2+\left(\dfrac{\partial u}{\partial y}-\dfrac{\partial v}{\partial x}\right)^2 \\ p = \dfrac{\partial u}{\partial x}+\dfrac{\partial v}{\partial y}+\dfrac{\partial w}{\partial z}. \end{cases}$$

2. Transformation der linearen Dilatationen. Im Folgenden werde ich, wie bereits in § 1, den Buchstaben ε als Operationszeichen für die elasti-

---

*) Jacobi, theoria novi multiplicatoris etc., Bd. 27 p. 203 des Journals für die reine und angewandte Mathematik [Jacobi's Gesammelte Werke, Bd. 4 p. 323].

**) Der Werth von Γ als Oberflächen-Integral wird durch die Formel

$$2\Gamma = \int d\omega\{[u.p-\varepsilon u]\cos(\nu,x)+[v.p-\varepsilon v]\cos(\nu,y)+[w.p-\varepsilon w]\cos(\nu,z)\}$$

gegeben, wenn man für irgend eine Function f von x, y, z mit εf den Ausdruck

$$\varepsilon f = \frac{\partial f}{\partial x}u+\frac{\partial f}{\partial y}v+\frac{\partial f}{\partial z}w$$

und mit (ν, x), (ν, y), (ν, z) die Winkel bezeichnet, welche die nach Aussen gerichtete Normale des Oberflächen-Elements $d\omega$ mit den positiven Seiten der Coordinatenaxen bildet.

***) Der besondere Fall, in welchem sich das Integrationsgebiet von Γ noch weiter einschränkt, kommt hier nicht in Betracht.

schen Variationen brauchen, so dass, wenn f irgend eine Function der Coordinaten bedeutet, $f+\varepsilon f$ den Werth von f nach geschehener elastischer Deformation bedeuten soll.

Die in unendlich kleiner Entfernung vom Punkte (x, y, z) stattfindenden Verrückungen kann man bekanntlich aus zwei Arten von Veränderungen des Elementes dT zusammensetzen, von welchen die erste Art in den linearen Dilatationen ohne Drehung besteht.

Es seien x', y', z' die Coordinaten eines zum Element dT gehörigen Punktes in seiner ursprünglichen Lage, r die Länge der von (x, y, z) nach (x', y', z') gezogenen Geraden, α, α_1, α_2 die Cosinus der Winkel, welche diese Gerade mit den Richtungen der wachsenden x, y, z bildet. Bei der elastischen Deformation verwandle sich r in $r+\varepsilon r$, so ist bekanntlich die lineare Dilatation $\frac{\varepsilon r}{r}$ durch die Gleichung

$$\frac{\varepsilon r}{r} = \Sigma a_{ik} \alpha_i \alpha_k \qquad (i, k = 0, 1, 2)$$

gegeben, wo

$$\alpha^2 + \alpha_1^2 + \alpha_2^2 = 1$$

und

$$a_{00} = \frac{\partial u}{\partial x}, \qquad a_{11} = \frac{\partial v}{\partial y}, \qquad a_{22} = \frac{\partial w}{\partial z}$$

$$a_{12} = \tfrac{1}{2}\left(\frac{\partial v}{\partial z} + \frac{\partial w}{\partial y}\right), \quad a_{02} = \tfrac{1}{2}\left(\frac{\partial w}{\partial x} + \frac{\partial u}{\partial z}\right), \quad a_{01} = \tfrac{1}{2}\left(\frac{\partial u}{\partial y} + \frac{\partial v}{\partial x}\right).$$

Die beiden in dem Integral Ω vorkommenden Ausdrücke $\mathfrak{E}$, p lassen sich in den Coefficienten a_{ik} in der Form*)

$$\mathfrak{E} = \sum_{ik} a_{ik}^2$$

$$p = \sum_i a_{ii}$$

darstellen, sie sind simultane Invarianten der beiden quadratischen Formen

$$\sum_{ik} a_{ik} \alpha_i \alpha_k, \qquad \sum_i \alpha_i^2$$

*) In den im Folgenden vorkommenden einfachen, oder Doppel-Summen, sind dem Index i oder k, oder beiden, die Werthe 0, 1, 2 beizulegen.

und bleiben daher für alle orthogonalen Transformationen unverändert, d. h. stellt man die lineare Dilatation in irgend einem gerad- oder krummlinigen orthogonalen Coordinatensystem unter der Form

$$\frac{\varepsilon r}{r} = \sum_{ik} b_{ik} \beta_i \beta_k$$

dar, wo β, β_1, β_2 die diesem Coordinatensystem entsprechenden Richtungscosinus bedeuten, so haben $\mathfrak{E}$ und p in den Grössen b_{ik} dieselben Ausdrücke, wie in den Grössen a_{ik}.

Es seien ϱ, ϱ_1, ϱ_2 drei Functionen von x, y, z, welche ein orthogonales Coordinatensystem bilden, also $d\varrho$, $d\varrho_1$, $d\varrho_2$ lineare Functionen von dx, dy, dz, welche der Gleichung

$$dx^2 + dy^2 + dz^2 = \frac{d\varrho^2}{h^2} + \frac{d\varrho_1^2}{h_1^2} + \frac{d\varrho_2^2}{h_2^2}$$

genügen.

In dem geradlinigen rechtwinkligen Coordinatensystem der x, y, z sind u, v, w zugleich die elastischen Variationen der Coordinaten und die Verrückungen im Sinne derselben. Im System der ϱ, ϱ_1, ϱ_2 ist dies nicht mehr der Fall, hier stehen die elastischen Variationen $\varepsilon\varrho$, $\varepsilon\varrho_1$, $\varepsilon\varrho_2$ der Coordinaten und die Verrückungen R, R_1, R_2 im Sinne der wachsenden ϱ, ϱ_1, ϱ_2 durch die Gleichungen

$$R_i = \frac{\varepsilon\varrho_i}{h_i}$$

in Verbindung mit einander.

Die Coordinaten der beiden unendlich nahen Punkte (x, y, z) und (x', y', z') im neuen Systeme bezeichne ich mit ϱ, ϱ_1, ϱ_2 und ϱ', ϱ'_1, ϱ'_2; dann ist ihre Entfernung r durch die Gleichung

$$r^2 = \left(\frac{\varrho' - \varrho}{h}\right)^2 + \left(\frac{\varrho'_1 - \varrho_1}{h_1}\right)^2 + \left(\frac{\varrho'_2 - \varrho_2}{h_2}\right)^2$$

gegeben. Nach geschehener elastischer Deformation geht r^2 in

$$(r + \varepsilon r)^2 = \left(\frac{\varrho' - \varrho + \varepsilon\varrho' - \varepsilon\varrho}{h + \varepsilon h}\right)^2 + \left(\frac{\varrho'_1 - \varrho_1 + \varepsilon\varrho'_1 - \varepsilon\varrho_1}{h_1 + \varepsilon h_1}\right)^2 + \left(\frac{\varrho'_2 - \varrho_2 + \varepsilon\varrho'_2 - \varepsilon\varrho_2}{h_2 + \varepsilon h_2}\right)^2$$

über. Von den drei Brüchen, deren Quadrate die rechte Seite dieser Gleichung bilden, transformirt man den ersten, da die elastischen Variationen als unendlich klein zu behandeln sind, vermöge der Gleichungen

$$\frac{\varrho'-\varrho+\varepsilon\varrho'-\varepsilon\varrho}{h+\varepsilon h} = \frac{1}{h}\left\{\left(1-\frac{\varepsilon h}{h}\right)(\varrho'-\varrho)+\varepsilon\varrho'-\varepsilon\varrho\right\}$$

$$\varepsilon\varrho'-\varepsilon\varrho = \frac{\partial\varepsilon\varrho}{\partial\varrho}(\varrho'-\varrho)+\frac{\partial\varepsilon\varrho}{\partial\varrho_1}(\varrho_1'-\varrho_1)+\frac{\partial\varepsilon\varrho}{\partial\varrho_2}(\varrho_2'-\varrho_2)$$

in

$$\frac{\varrho'-\varrho+\varepsilon\varrho'-\varepsilon\varrho}{h+\varepsilon h} = \left(1+\frac{\partial\varepsilon\varrho}{\partial\varrho}-\frac{\varepsilon h}{h}\right)\frac{\varrho'-\varrho}{h}+\frac{\partial\varepsilon\varrho}{\partial\varrho_1}\frac{\varrho_1'-\varrho_1}{h}+\frac{\partial\varepsilon\varrho}{\partial\varrho_2}\frac{\varrho_2'-\varrho_2}{h}.$$

Indem man diesen Ausdruck und die beiden ähnlich gebildeten in die obige Gleichung für das Quadrat von $r+\varepsilon r$ einsetzt, ergiebt sich für die Dilatation $\frac{\varepsilon r}{r}$ das Resultat

$$\frac{\varepsilon r}{r} = \sum_{ik} b_{ik}\beta_i\beta_k,$$

wo

$$b_{ii} = \frac{\partial\varepsilon\varrho_i}{\partial\varrho_i}-\frac{\varepsilon h_i}{h_i}, \quad b_{ik} = \tfrac{1}{2}\left(\frac{h_i}{h_k}\frac{\partial\varepsilon\varrho_k}{\partial\varrho_i}+\frac{h_k}{h_i}\frac{\partial\varepsilon\varrho_i}{\partial\varrho_k}\right)$$

$$\beta_i = \frac{\varrho_i'-\varrho_i}{rh_i}, \quad \beta^2+\beta_1^2+\beta_2^2 = 1.$$

Da $\mathfrak{E}$ und p dieselben Ausdrücke in b_{ik} wie in a_{ik} haben, so ist

$$\mathfrak{E} = \sum_{ik} b_{ik}^2, \quad p = \sum_i b_{ii}.$$

Hiermit sind die im Integral Ω vorkommenden Grössen in das Coordinatensystem der ϱ, ϱ_1, ϱ_2 transformirt und der neue Ausdruck dieses Integrals wird, wenn man zur Abkürzung

$$\mathfrak{r}_i = \varepsilon\varrho_i$$

setzt, der folgende:

$$\Omega = \int dT\{\mathfrak{E}+\theta p^2-\mathfrak{g}sp\}, \quad dT = \frac{d\varrho\, d\varrho_1 d\varrho_2}{\varpi}, \quad \varpi = h h_1 h_2$$

$$(5) \quad \mathfrak{E} = \sum_{ik} b_{ik}^2, \quad b_{ii} = \frac{\partial\mathfrak{r}_i}{\partial\varrho_i}-\frac{1}{h_i}\sum_k\frac{\partial h_i}{\partial\varrho_k}\mathfrak{r}_k, \quad b_{ik} = \tfrac{1}{2}\left(\frac{h_i}{h_k}\frac{\partial\mathfrak{r}_k}{\partial\varrho_i}+\frac{h_k}{h_i}\frac{\partial\mathfrak{r}_i}{\partial\varrho_k}\right)$$

$$p = \sum_i b_{ii} = \varpi\sum_i\frac{\partial}{\partial\varrho_i}\left(\frac{\mathfrak{r}_i}{\varpi}\right), \quad \mathfrak{r}_i = h_i R_i.$$

3. Transformation der Elementar-Rotationen. In diesem Paragraphen soll die durch die elastischen Deformationen bewirkte zweite Art von Veränderungen des Volumen-Elementes dT betrachtet werden, welche in einer Drehung des Elementes ohne lineare Dilatationen besteht. Die doppelten Werthe der drei Componenten dieser Drehung um die Axen der x, y, z sind

$$U = \frac{\partial v}{\partial z} - \frac{\partial w}{\partial y}, \quad V = \frac{\partial w}{\partial x} - \frac{\partial u}{\partial z}, \quad W = \frac{\partial u}{\partial y} - \frac{\partial v}{\partial x},$$

daher ist das Quadrat der ganzen Drehung identisch mit der im Integral Ω' vorkommenden Grösse $\mathfrak{F}$, welche durch die Gleichung

$$4\mathfrak{F} = U^2 + V^2 + W^2$$

definirt wurde. Diese physikalische Bedeutung lässt schon von vorn herein in $\mathfrak{F}$ eine Invariante bei der Transformation in allgemeine orthogonale Coordinaten erkennen, aber der invariantive Charakter von $\mathfrak{F}$ ist verschieden von dem der oben transformirten Grössen $\mathfrak{E}$, p. Die weiteren Entwicklungen werden zeigen, dass die beiden Arten der Invariabilität in einem adjungirten Verhältniss zu einander stehen.

Betrachtet man neben den Differentialen der Coordinaten irgend eine andere Art unendlich kleiner Aenderungen, welche die beiden Grössensysteme x, y, z und ϱ, ϱ_1, ϱ_2 gleichzeitig erleiden, und bezeichnet diese Aenderungen mit δx, δy, δz und $\delta\varrho$, $\delta\varrho_1$, $\delta\varrho_2$, so stehen diese Variationen in denselben linearen Beziehungen zu einander, wie die Differentiale, sie erfüllen daher auch die nämliche Bedingung zweiten Grades und man hat gleichzeitig

$$dx^2 + dy^2 + dz^2 = \frac{d\varrho^2}{h^2} + \frac{d\varrho_1^2}{h_1^2} + \frac{d\varrho_2^2}{h_2^2}$$

$$\delta x^2 + \delta y^2 + \delta z^2 = \frac{\delta\varrho^2}{h^2} + \frac{\delta\varrho_1^2}{h_1^2} + \frac{\delta\varrho_2^2}{h_2^2}.$$

Aus der Uebereinstimmung der linearen Beziehungen folgt überdies, wie man sich leicht überzeugt, die dritte Gleichung

$$dx\,\delta x + dy\,\delta y + dz\,\delta z = \frac{d\varrho\,\delta\varrho}{h^2} + \frac{d\varrho_1\,\delta\varrho_1}{h_1^2} + \frac{d\varrho_2\,\delta\varrho_2}{h_2^2}.$$

Multiplicirt man die beiden ersten dieser drei Gleichungen unter Anwendung der bekannten Formel für die Darstellung des Products zweier Summen dreier

Quadrate als Summe von vier Quadraten und zieht von dem Resultat die quadrirte dritte Gleichung ab, so ergiebt sich

$$\mathfrak{X}^2+\mathfrak{Y}^2+\mathfrak{Z}^2 = \mathfrak{R}^2+\mathfrak{R}_1^2+\mathfrak{R}_2^2,$$

wo

$$\mathfrak{X} = dy\,\delta z - dz\,\delta y, \qquad \mathfrak{Y} = dz\,\delta x - dx\,\delta z, \qquad \mathfrak{Z} = dx\,\delta y - dy\,\delta x$$

$$\mathfrak{R} = \frac{d\varrho_1\,\delta\varrho_2 - d\varrho_2\,\delta\varrho_1}{h_1 h_2}, \quad \mathfrak{R}_1 = \frac{d\varrho_2\,\delta\varrho - d\varrho\,\delta\varrho_2}{h\,h_2}, \quad \mathfrak{R}_2 = \frac{d\varrho\,\delta\varrho_1 - d\varrho_1\,\delta\varrho}{h\,h_1}.$$

Indem man in

$$dx\,\delta x + dy\,\delta y + dz\,\delta z = \frac{d\varrho\,\delta\varrho}{h^2} + \frac{d\varrho_1\,\delta\varrho_1}{h_1^2} + \frac{d\varrho_2\,\delta\varrho_2}{h_2^2}$$

die Variationen δ in elastische Variationen ε übergehen lässt und

$$\sigma_i = \frac{\varepsilon\varrho_i}{h_i^2} = \frac{R_i}{h_i}$$

setzt, erhält man

$$u\,dx + v\,dy + w\,dz = \sigma\,d\varrho + \sigma_1\,d\varrho_1 + \sigma_2\,d\varrho_2,$$

oder, wenn man zur Abkürzung

$$f(dx) = u\,dx + v\,dy + w\,dz, \quad g(d\varrho) = \sigma\,d\varrho + \sigma_1\,d\varrho_1 + \sigma_2\,d\varrho_2$$

setzt,

$$f(dx) = g(d\varrho).$$

Diese Gleichung wird durch die linearen Beziehungen zwischen dx, dy, dz und $d\varrho$, $d\varrho_1$, $d\varrho_2$ identisch befriedigt, sie besteht daher auch, wenn für die Differentiale Variationen gesetzt werden, man hat also

$$f(\delta x) = g(\delta\varrho).$$

Indem man die erste dieser Gleichungen variirt, die zweite differentiirt und aus beiden Resultaten die Differenz bildet, ergiebt sich*)

$$\delta f(dx) - d f(\delta x) = \delta g(d\varrho) - d g(\delta\varrho),$$

*) Man vergleiche die Abhandlung des Herrn Lipschitz, Bd. 70 p. 77 des Journals für die reine und angewandte Mathematik.

oder in entwickelter Form

$$\mathfrak{X}U+\mathfrak{Y}V+\mathfrak{Z}W = \mathfrak{R}\mathfrak{S}+\mathfrak{R}_1\mathfrak{S}_1+\mathfrak{R}_2\mathfrak{S}_2,$$

wo

$$\mathfrak{S} = h_1 h_2\left(\frac{\partial\sigma_1}{\partial\varrho_2}-\frac{\partial\sigma_2}{\partial\varrho_1}\right),\quad \mathfrak{S}_1 = h\,h_2\left(\frac{\partial\sigma_2}{\partial\varrho}-\frac{\partial\sigma}{\partial\varrho_2}\right),\quad \mathfrak{S}_2 = h\,h_1\left(\frac{\partial\sigma}{\partial\varrho_1}-\frac{\partial\sigma_1}{\partial\varrho}\right).$$

Aber man hat folgenden bekannten algebraischen Satz:

Sind $\mathfrak{X}$, $\mathfrak{Y}$, $\mathfrak{Z}$ und $\mathfrak{R}$, $\mathfrak{R}_1$, $\mathfrak{R}_2$ zwei Systeme von Variabeln, welche linear von einander abhängen und zugleich der Bedingung

$$\mathfrak{X}^2+\mathfrak{Y}^2+\mathfrak{Z}^2 = \mathfrak{R}^2+\mathfrak{R}_1^2+\mathfrak{R}_2^2$$

genügen, und stehen diese beiden Systeme mit zwei anderen Systemen U, V, W und $\mathfrak{S}$, $\mathfrak{S}_1$, $\mathfrak{S}_2$ durch die identische Gleichung

$$\mathfrak{X}U+\mathfrak{Y}V+\mathfrak{Z}W = \mathfrak{R}\mathfrak{S}+\mathfrak{R}_1\mathfrak{S}_1+\mathfrak{R}_2\mathfrak{S}_2$$

in Verbindung, so sind die neuen Systeme ebenfalls linear von einander abhängig und genügen ebenfalls der Bedingung

$$U^2+V^2+W^2 = \mathfrak{S}^2+\mathfrak{S}_1^2+\mathfrak{S}_2^2.$$

Hiermit ist die Transformation von

$$2\mathfrak{F} = \tfrac{1}{2}(U^2+V^2+W^2) = \tfrac{1}{2}(\mathfrak{S}^2+\mathfrak{S}_1^2+\mathfrak{S}_2^2)$$

in die neuen Coordinaten ausgeführt, die Grössen $\frac{1}{2}\mathfrak{S}$, $\frac{1}{2}\mathfrak{S}_1$, $\frac{1}{2}\mathfrak{S}_2$ sind, wie man sich leicht überzeugt, die Componenten der Elementar-Rotation um die Richtungen der wachsenden ϱ, ϱ_1, ϱ_2. Da p bereits in § 2 transformirt worden ist, so sind jetzt alle in das Integral Ω' eintretenden Grössen in die neuen Coordinaten ausgedrückt und es ergiebt sich für Ω' der Werth

$$\Omega' = \int dT\{2\mathfrak{F}+(1+\theta)p^2-\mathfrak{g}sp\},\quad dT = \frac{d\varrho\, d\varrho_1 d\varrho_2}{\varpi},\quad \varpi = h\,h_1 h_2$$

$$(6)\qquad 4\mathfrak{F} = \sum_i \mathfrak{S}_i^2,\quad \mathfrak{S}_i = h_k h_l\left(\frac{\partial\sigma_k}{\partial\varrho_l}-\frac{\partial\sigma_l}{\partial\varrho_k}\right)$$

$$p = \varpi\sum_i \frac{\partial}{\partial\varrho_i}\left(\frac{h_i^2\sigma_i}{\varpi}\right),\quad \sigma_i = \frac{R_i}{h_i},$$

wo $i\ k\ l$ eine positive Permutation der Indices 0 1 2 bedeutet.

Der Transformation für die Verrückungen, welche in der oben gebrauchten Gleichung

$$u\,dx+v\,dy+w\,dz=\sum_i \sigma_i\,d\varrho_i=\sum_i \frac{R_i}{h_i}\,d\varrho_i$$

enthalten ist, lässt sich eine ähnliche für die Momente der gegebenen Kräfte an die Seite stellen, nämlich

$$X\delta u+Y\delta v+Z\delta w=\sum_i \frac{\mathrm{P}_i}{h_i}\,\delta\mathfrak{r}_i=\sum_i \mathrm{P}_i h_i\,\delta\sigma_i,$$

und man transformirt demgemäss die Momente der gegebenen Kräfte durch die Gleichungen

$$(7)\qquad \begin{aligned}\delta^{(2)}P&=\int d\omega[(X)\delta u+(Y)\delta v+(Z)\delta w]=\int d\omega\sum_i\frac{(\mathrm{P}_i)}{h_i}\,\delta\mathfrak{r}_i\\ \delta^{(3)}P&=\int dT[X\delta u+Y\delta v+Z\delta w]=\int dT\sum_i \mathrm{P}_i h_i\,\delta\sigma_i,\end{aligned}$$

wo P_i und (P_i) die Componenten der gegebenen inneren und äusseren Kräfte im Sinne der wachsenden ϱ_i bedeuten.

4. Die partiellen Differentialgleichungen und Bedingungen für die Oberfläche in allgemeinen orthogonalen Coordinaten. Um die partiellen Differentialgleichungen und Bedingungen für die Oberfläche in fertiger Form zu erhalten, kommt es jetzt noch auf die Entwicklung der Variationen $\delta^{(2)}\Omega$ und $\delta^{(3)}\Omega'$ an. Ist ein Integral

$$\Omega=\int dT f\left(\cdots\varrho_k,\ \cdots\mathfrak{r}_i,\ \cdots\frac{\partial\mathfrak{r}_i}{\partial\varrho_k},\ \cdots\right),\quad dT=\frac{d\varrho\,d\varrho_1\,d\varrho_2}{\varpi}\qquad (i,k=0,1,2)$$

vorgelegt, so ist bekanntlich die schliessliche Gestalt seiner Variation

$$\delta\Omega=\sum_i\int dT\,\delta\mathfrak{r}_i\left[f^i-\sum_k\varpi\frac{\partial}{\partial\varrho_k}\left(\frac{1}{\varpi}f_k^i\right)\right]+\sum_i\int d\omega\,\delta\mathfrak{r}_i\sum_k\frac{1}{h_k}f_k^i\cos(\nu,\varrho_k),$$

wo

$$f^i=\frac{\partial f}{\partial\mathfrak{r}_i},\qquad f_k^i=\frac{\partial f}{\partial\dfrac{\partial\mathfrak{r}_i}{\partial\varrho_k}}$$

und (ν,ϱ_k) den Winkel bedeutet, welchen die nach Aussen gerichtete Normale des Oberflächen-Elements $d\omega$ mit der Richtung der wachsenden ϱ_k bildet.

Daher hat man

$$\delta^{(2)}\Omega = \sum_i \int d\omega\, \delta \mathfrak{r}_i \sum_k \frac{1}{h_k} f_k^i \cos(\nu, \varrho_k),$$

wo

$$f = \mathfrak{E} + \theta p^2 - \mathfrak{g} s p.$$

Ebenso hat man

$$-\delta^{(3)}\Omega' = \sum_i \int dT\, \delta\sigma_i \left[-F^i + \sum_k \varpi \frac{\partial}{\partial \varrho_k} \left(\frac{1}{\varpi} F_k^i \right) \right]$$

$$F = 2\mathfrak{F} + (1+\theta) p^2 - \mathfrak{g} s p$$

$$F^i = \frac{\partial F}{\partial \sigma_i}, \quad F_k^i = \frac{\partial F}{\partial \frac{\partial \sigma_i}{\partial \varrho_k}}.$$

Setzt man in f für $\mathfrak{E}$ und p ihre Ausdrücke

$$\mathfrak{E} = \sum_{ik} b_{ik}^2, \quad b_{ii} = \frac{\partial \mathfrak{r}_i}{\partial \varrho_i} - \frac{1}{h_i} \sum_k \frac{\partial h_i}{\partial \varrho_k} \mathfrak{r}_k, \quad b_{ik} = \tfrac{1}{2} \left(\frac{h_i}{h_k} \frac{\partial \mathfrak{r}_k}{\partial \varrho_i} + \frac{h_k}{h_i} \frac{\partial \mathfrak{r}_i}{\partial \varrho_k} \right),$$

$$p = \sum_i b_{ii} = \varpi \sum_i \frac{\partial}{\partial \varrho_i} \left(\frac{\mathfrak{r}_i}{\varpi} \right)$$

ein, so ergeben sich für die in $\delta^{(2)}\Omega$ vorkommenden Ableitungen f_i^i, f_k^i von f die Werthe

$$f_i^i = 2[b_{ii} + \theta p - \tfrac{1}{2} \mathfrak{g} s], \quad f_k^i = 2 b_{ik} \frac{h_k}{h_i}$$

und daher

$$\delta^{(2)}\Omega = 2 \sum_i \int d\omega\, \delta \mathfrak{r}_i \frac{1}{h_i} \sum_k c_{ik} \cos(\nu, \varrho_k),$$

wo

$$c_{ii} = b_{ii} + \theta p - \tfrac{1}{2} \mathfrak{g} s, \quad c_{ik} = b_{ik}.$$

Substituirt man diesen Werth von $\delta^{(2)}\Omega$ und den Werth (7) von $\delta^{(2)}P$ in die Grundgleichung

$$\delta^{(2)} P = K \delta^{(2)} \Omega$$

für die Bedingungen an der Oberfläche, so erhält man die drei Bedingungsgleichungen für die Oberfläche, in den neuen Coordinaten ausgedrückt, in der sie alle drei darstellenden Form

$$(8)\qquad [b_{ii}+\theta p-\tfrac{1}{2}\mathfrak{g}s]\cos(\nu,\varrho_i)+b_{ik}\cos(\nu,\varrho_k)+b_{il}\cos(\nu,\varrho_l) = \frac{1}{2K}(\mathrm{P}_i),$$

wo $i\ k\ l$ eine Permutation der Indices 0 1 2 bedeutet und

$$(8^*)\qquad b_{ii}=\frac{\partial\mathfrak{r}_i}{\partial\varrho_i}-\frac{1}{h_i}\sum_k\frac{\partial h_i}{\partial\varrho_k}\mathfrak{r}_k,\quad b_{ik}=\tfrac{1}{2}\left(\frac{h_i}{h_k}\frac{\partial\mathfrak{r}_k}{\partial\varrho_i}+\frac{h_k}{h_i}\frac{\partial\mathfrak{r}_i}{\partial\varrho_k}\right),$$

ein Resultat, welches, wenn $s=0$ gesetzt wird, mit den Laméschen Formeln pp. 281, 282 seiner *Leçons sur les coordonnées curvilignes* übereinstimmt.

Setzt man in F für $\mathfrak{F}$ und p ihre Ausdrücke

$$4\mathfrak{F}=\sum_i\mathfrak{S}_i^2,\quad \mathfrak{S}_i=h_kh_l\left(\frac{\partial\sigma_k}{\partial\varrho_l}-\frac{\partial\sigma_l}{\partial\varrho_k}\right),\quad p=\varpi\sum_i\left(\frac{h_i^2}{\varpi}\frac{\partial\sigma_i}{\partial\varrho_i}+\sigma_i\frac{\partial}{\partial\varrho_i}\frac{h_i^2}{\varpi}\right),$$

wo $i\ k\ l$ eine positive Permutation von 0 1 2 bedeutet, und führt die Grösse

$$q=2(1+\theta)p-\mathfrak{g}s$$

ein, so ergeben sich für die in $\delta^{(3)}\Omega'$ vorkommenden Ableitungen F^i, F_i^i, F_k^i von F die Werthe

$$F^i=\varpi\frac{\partial}{\partial\varrho_i}\frac{h_i^2}{\varpi}\cdot q,\quad F_i^i=h_i^2q,\quad F_k^i=(ikl)h_ih_k\mathfrak{S}_l,$$

wo $(i\,k\,l)$ die positive oder negative Einheit bedeutet, je nachdem $i\ k\ l$ eine positive oder negative Permutation von 0 1 2 ist. Demnach erhält man für $\delta^{(3)}\Omega'$ den schliesslichen Ausdruck

$$-\delta^{(3)}\Omega'=\sum_i\int dT\,\delta\sigma_i\left\{h_i^2\frac{\partial q}{\partial\varrho_i}+(ikl)\varpi\left(\frac{\partial}{\partial\varrho_k}\frac{\mathfrak{S}_l}{h_l}-\frac{\partial}{\partial\varrho_l}\frac{\mathfrak{S}_k}{h_k}\right)\right\}.$$

Substituirt man diesen Werth von $\delta^{(3)}\Omega'$ und den Werth (7) von $\delta^{(3)}P$ in die Grundgleichung

$$\delta^{(3)}P=K\delta^{(3)}\Omega'$$

für die partiellen Differentialgleichungen und setzt fest, dass $i\ k\ l$ eine positive Permutation von 0 1 2 sein soll, so ergeben sich die drei partiellen Differentialgleichungen, in den neuen Coordinaten ausgedrückt, in der sie alle drei darstellenden Form

$$(9)\qquad \frac{\partial}{\partial\varrho_l}\frac{\mathfrak{S}_k}{h_k}-\frac{\partial}{\partial\varrho_k}\frac{\mathfrak{S}_l}{h_l}=\frac{h_i}{h_kh_l}\frac{\partial q}{\partial\varrho_i}+\frac{1}{K}\cdot\frac{\mathrm{P}_i}{h_kh_l},$$

wo $i\ k\ l$ eine positive Permutation von 0 1 2 bedeutet und

$$(9^*)\qquad \mathfrak{S}_i = h_k h_l \left(\frac{\partial \sigma_k}{\partial \varrho_l} - \frac{\partial \sigma_l}{\partial \varrho_k}\right)$$

$$q = 2(1+\theta)p - \mathfrak{g}s, \quad p = \varpi \sum_i \frac{\partial}{\partial \varrho_i}\left(\frac{h_i^2 \sigma_i}{\varpi}\right), \quad \sigma_i = \frac{R_i}{h_i}.$$

Diese Gleichungen stimmen, wenn $s = 0$ gesetzt wird, mit den Laméschen Systemen (25), (26), (27) pp. 290, 291 seiner *Leçons sur les coordonnées curvilignes* überein.

Berlin, im Januar 1873.

Eine französische Uebersetzung dieser Abhandlung findet sich im *Bulletin des Sciences mathématiques et astronomiques, rédigé par MM. Darboux et Hoüel*, T. VIII p. 191—207, 1er *semestre* 1875, unter dem Titel: *Sur la transformation des équations de l'élasticité en coordonnées orthogonales générales.*

Ueber Deformationen elastischer isotroper Körper durch mechanische an ihrer Oberfläche wirkende Kräfte.

Monatsbericht der Akademie der Wissenschaften zu Berlin, Juli 1873 p. 560—578.

Ueber Deformationen elastischer isotroper Körper durch mechanische an ihrer Oberfläche wirkende Kräfte.

Gelesen in der Akademie der Wissenschaften zu Berlin am 24. Juli 1873.

In einer am 9. Januar d. J. der Akademie gemachten Mittheilung [p. 245 dieser Ausgabe] habe ich mich mit den durch Temperaturwechsel hervorgebrachten Deformationen elastischer isotroper Körper beschäftigt und dieselben für die Kreisplatte und Kugel in Form geschlossener Integralausdrücke bestimmt, unter welchen die willkürliche die Vertheilung der Temperatur im Körper darstellende Function als Factor eintritt.

Ein Theil der Methode, welche mich zu diesen Ergebnissen geführt hat, ist hinreichend für die Bestimmung derjenigen Deformationen, welche in elastischen isotropen Körpern der nämlichen Gestalt durch gegebene an ihrer Begrenzung wirkende mechanische Kräfte hervorgebracht werden. Diese Deformationen, welche durch die Arbeiten von Lamé*) und von Herrn William Thomson**) bisher in Form unendlicher Reihen bekannt waren, werden hier in Form geschlossener Integralausdrücke gefunden, welche sich indessen von den bei Untersuchung des Temperaturproblems erhaltenen wesentlich unterscheiden. Während es nämlich Volumen-Integrale waren und aus diesen auf einfache Weise ableitbare Ausdrücke, auf welche das frühere Problem führte, sind es Oberflächen-Integrale, welche in dem gegenwärtigen Problem die entsprechende Rolle spielen. Auch haben hier alle in Betracht kommenden Integrale den Charakter *äusserer* Potentiale, während im Temperaturproblem *ein* Integral eine Ausnahme hiervon bildete und unter die Kategorie der *inneren* Potentiale fiel. Endlich treten dadurch, dass die an der Oberfläche wirkenden

*) Journal de M. Liouville, T. XIX, 1854, und Leçons sur les coordonnées curvilignes.

**) Philosophical Transactions, Vol. 153, 1863; Thomson and Tait, Natural Philosophy, Vol. I. pp. 584, 588.

Kräfte in beliebigen Winkeln gegen die Oberflächen-Elemente geneigt sein können, Modificationen ein, welche das jetzige mit dem Temperaturproblem nur in dem besonderen Fall vergleichbar machen, wenn die mechanischen Kräfte normal gegen die Oberfläche wirken.

1. Deformationen einer Kreisplatte durch gegebene mechanische in deren Ebene an ihrem Rande wirkende Kräfte. Es seien x, y die rechtwinkligen Coordinaten eines Punktes der Mittelebene der Kreisplatte in einem System, dessen Anfangspunkt der Kreismittelpunkt ist, und e^{ϱ}, ϑ seine Polarcoordinaten, so dass

$$x = e^{\varrho} \cos\vartheta, \quad y = e^{\varrho} \sin\vartheta.$$

Es seien u, v die Verrückungen des betrachteten Punktes im Sinne der wachsenden x, y; R, φ im Sinne der wachsenden ϱ, ϑ; p die Flächendilatation

$$p = \frac{\partial u}{\partial x} + \frac{\partial v}{\partial y},$$

K und $K\theta$ die beiden Elasticitätsconstanten nach der Kirchhoffschen Bezeichnung. Den Radius der Kreisplatte setze ich $= 1$, so dass ihr Rand dem Werthe $\varrho = 0$ entspricht. Die Componenten der am Rande der Platte wirkenden gegebenen mechanischen Kräfte im Sinne der wachsenden ϱ, ϑ bezeichne ich mit (P), (P_1) und setze

$$\mathrm{P} = \frac{(\mathrm{P})}{2K}, \quad \Phi = \frac{(\mathrm{P}_1)}{2K}.$$

Die partiellen Differentialgleichungen, denen die Verrückungen genügen, sind in den Gleichungen (2), (3), (4) meiner am 9. Januar d. J. der Akademie vorgelegten Untersuchung*) enthalten, in welchen die Erwärmung $s = 0$ zu setzen ist. Die nämliche Specialisirung in den Gleichungen (5), (7) der erwähnten Untersuchung vorgenommen, liefert als Ergebniss der unbestimmten Integration jener partiellen Differentialgleichungen für die Verrückungen die Werthe

$$u = 2\mathfrak{b} x M + \frac{\partial N}{\partial x}, \quad v = 2\mathfrak{b} y M + \frac{\partial N}{\partial y},$$

oder in Polarcoordinaten

$$e^{\varrho} R = 2\mathfrak{b} e^{2\varrho} M + \frac{\partial N}{\partial \varrho}, \quad e^{\varrho}\varphi = \frac{\partial N}{\partial \vartheta}, \quad p = \mathfrak{a}\left(a + \frac{\partial M}{\partial \varrho}\right),$$

*) S. Monatsbericht der Akademie der Wissenschaften zu Berlin, Januar 1873 p. 15—16 [p. 252—253 dieser Ausgabe].

wo

$$N = H + \tfrac{1}{4} e^{2\varrho} G, \quad \mathfrak{a} = \frac{1}{2(1+2\theta)}, \quad \mathfrak{b} = \frac{1}{2(1+\theta)}$$

$$G = \mathfrak{a} a + (\mathfrak{a} - 2\mathfrak{b}) M - (\mathfrak{a} + 2\mathfrak{b}) L, \quad M = \frac{\partial L}{\partial \varrho} + L,$$

eine Lösung, welche unter Einführung der aus H und M linear zusammengesetzten Function

$$\mathfrak{H} = H + \frac{\mathfrak{a} - 2\mathfrak{b}}{4} M$$

für das aus beiden Verrückungs-Componenten gebildete complexe Aggregat $R + \sqrt{-1}\,\varphi$ zu dem einfachen Resultat

$$e^{\varrho}(R + \sqrt{-1}\,\varphi)$$
$$= \left\{ \begin{array}{l} \tfrac{1}{2} \mathfrak{a} a e^{2\varrho} + \dfrac{\partial \mathfrak{H}}{\partial \varrho} + \sqrt{-1} \dfrac{\partial \mathfrak{H}}{\partial \vartheta} + \dfrac{2\mathfrak{b} - \mathfrak{a}}{4} (1 - e^{2\varrho}) \left[\dfrac{\partial M}{\partial \varrho} + \sqrt{-1} \dfrac{\partial M}{\partial \vartheta} \right] \\ \qquad + \dfrac{2\mathfrak{b} + \mathfrak{a}}{4} e^{2\varrho} \left[\dfrac{\partial L}{\partial \varrho} - \sqrt{-1} \dfrac{\partial L}{\partial \vartheta} \right] \end{array} \right.$$

führt. In diesen Formeln sind L (mit den davon abhängigen M, G) und H oder $\mathfrak{H}$ zwei willkürliche, im Endlichen endlich bleibende, eigentlich eindeutige Potentialfunctionen und a eine willkürliche Constante, welche sämmtlich durch die Randbedingungen zu bestimmen sind.

Die für den Rand, d. h. für $\varrho = 0$, bestehenden beiden Bedingungen sind*)

---

*) Es seien ϱ, ϱ_1 beliebige orthogonale Coordinaten, welche mit x, y durch die Gleichung

$$dx^2 + dy^2 = \frac{d\varrho^2}{h^2} + \frac{d\varrho_1^2}{h_1^2}$$

verbunden sind, R, R_1 die Verrückungen im Sinne der wachsenden ϱ, ϱ_1, ferner für einen beliebig geformten Rand (P), (P_1) die im nämlichen Sinn genommenen Componenten der auf den Rand wirkenden mechanischen Kraft, (ν, ϱ), (ν, ϱ_1) die zwischen den Richtungen der wachsenden ϱ, ϱ_1 und der nach Aussen gerichteten Normale des Randelementes enthaltenen Winkel, dann sind

$$\left[b_{00} + \frac{\theta}{1+\theta} p \right] \cos(\nu, \varrho) + b_{01} \cos(\nu, \varrho_1) = \frac{(P)}{2K}$$

$$b_{10} \cos(\nu\ \varrho) + \left[b_{11} + \frac{\theta}{1+\theta} p \right] \cos(\nu, \varrho_1) = \frac{(P_1)}{2K}$$

$$b_{00} = \frac{\partial \mathfrak{r}}{\partial \varrho} - \frac{1}{h} \left(\frac{\partial h}{\partial \varrho} \mathfrak{r} + \frac{\partial h}{\partial \varrho_1} \mathfrak{r}_1 \right), \qquad p = b_{00} + b_{11}$$

$$b_{01} = b_{10} = \tfrac{1}{2} \left(\frac{h_1}{h} \frac{\partial \mathfrak{r}}{\partial \varrho_1} + \frac{h}{h_1} \frac{\partial \mathfrak{r}_1}{\partial \varrho} \right), \quad \mathfrak{r} = hR$$

$$b_{11} = \frac{\partial \mathfrak{r}_1}{\partial \varrho_1} - \frac{1}{h_1} \left(\frac{\partial h_1}{\partial \varrho} \mathfrak{r} + \frac{\partial h_1}{\partial \varrho_1} \mathfrak{r}_1 \right), \quad \mathfrak{r}_1 = h_1 R_1$$

$$e^{-\varrho}\frac{\partial R}{\partial \varrho}+\frac{\theta}{1+\theta}p=\mathrm{P},\quad \tfrac{1}{2}e^{-\varrho}\frac{\partial R}{\partial \vartheta}+\tfrac{1}{2}\frac{\partial e^{-\varrho}\varphi}{\partial \varrho}=\Phi,$$

oder, wenn für R, φ ihre Ausdrücke durch H, L, M gesetzt werden,

$$\frac{\partial^2 H}{\partial \varrho^2}-\frac{\partial H}{\partial \varrho}+\frac{\mathfrak{a}-2\mathfrak{b}}{4}\left(\frac{\partial^2 M}{\partial \varrho^2}-2\frac{\partial M}{\partial \varrho}-2a\right)=\mathrm{P}$$

$$\frac{\partial}{\partial \vartheta}\left[\frac{\partial H}{\partial \varrho}-H+\frac{\mathfrak{a}-2\mathfrak{b}}{4}\frac{\partial M}{\partial \varrho}\right]=\Phi.$$

Unter Einführung der Bezeichnungen

$$\mathfrak{c}=\frac{2\mathfrak{b}-\mathfrak{a}}{4},\quad \mathfrak{H}=H-\mathfrak{c}M,\quad \mathfrak{M}=\frac{\partial \mathfrak{H}}{\partial \varrho}-\mathfrak{H}$$

bekommen die Randbedingungen die einfache Form

$$\frac{\partial(\mathfrak{M}+\mathfrak{c}M)}{\partial \varrho}+2\mathfrak{c}a=\mathrm{P},\quad \frac{\partial(\mathfrak{M}-\mathfrak{c}M)}{\partial \vartheta}=\Phi.$$

Die linken Seiten dieser nur für $\varrho=0$ geltenden Gleichungen sind eigentlich eindeutige, im Endlichen endlich bleibende, Potentialfunctionen, während P, Φ gegebene Functionen von ϑ allein sind.

Es sei $f(\vartheta)$ eine von $\vartheta=0$ bis $\vartheta=2\pi$ willkürlich gegebene Function von ϑ, man bilde die logarithmische Potentialfunction

$$\bar{f}(\varrho,\vartheta)=\frac{1}{2\pi}\int_0^{2\pi}d\vartheta_1\,f(\vartheta_1)\tfrac{1}{2}\lg[1-2e^{\varrho}\cos(\vartheta-\vartheta_1)+e^{2\varrho}]$$

und die Constante

$$\overset{0}{f}=\frac{1}{2\pi}\int_0^{2\pi}d\vartheta_1\,f(\vartheta_1),$$

welche den mittleren Werth von $f(\vartheta)$ darstellt, dann ist

$$\overset{0}{f}-2\frac{\partial \bar{f}}{\partial \varrho}=\frac{1}{2\pi}\int_0^{2\pi}d\vartheta_1\,f(\vartheta_1)\frac{1-e^{2\varrho}}{1-2e^{\varrho}\cos(\vartheta-\vartheta_1)+e^{2\varrho}}$$

die eigentlich eindeutige, im Endlichen endlich bleibende, Potentialfunction, welche für $\varrho=0$ in $f(\vartheta)$ übergeht.

---

die für den Rand zu erfüllenden Bedingungen. Wirken auch Temperaturwechsel zu den Deformationen mit, so muss in den Randbedingungen $\frac{\theta}{1+\theta}p$ um $\frac{1}{2}\frac{\mathfrak{g}s}{1+\theta}$ vermindert werden, wo $\mathfrak{g}$ die im Monatsbericht der Akademie der Wissenschaften zu Berlin, Januar 1873 p. 13, [p. 251 dieser Ausgabe] definirte Constante ist. Diese Randbedingungen bilden für 2 Dimensionen das Analogon zu den im Journal für die reine und angewandte Mathematik, Bd. 76 p. 57 Gl. (8), [p. 305 dieser Ausgabe] für 3 Dimensionen gegebenen Gleichungen.

Indem man $\overset{0}{f}$ und $\overline{f}$ als allgemeine Operationszeichen braucht und aus P, Φ die Potentialfunctionen $\overset{0}{\mathrm{P}}-2\frac{\partial\overline{\mathrm{P}}}{\partial\varrho}$, $\overset{0}{\Phi}-2\frac{\partial\overline{\Phi}}{\partial\varrho}$ herleitet, welche für $\varrho=0$ mit P, Φ gleichwerthig sind, kann man den Randbedingungen die Form

$$\frac{\partial(\mathfrak{M}+\mathfrak{c}M)}{\partial\varrho}+2\mathfrak{c}a=\overset{0}{\mathrm{P}}-2\frac{\partial\overline{\mathrm{P}}}{\partial\varrho},\quad \frac{\partial(\mathfrak{M}-\mathfrak{c}M)}{\partial\vartheta}=\overset{0}{\Phi}-2\frac{\partial\overline{\Phi}}{\partial\varrho}$$

geben. Auch diese Gleichungen brauchen nur für $\varrho=0$ erfüllt zu werden. Aber da sowohl ihre linken als ihre rechten Seiten eigentlich eindeutige Potentialfunctionen sind, welche im Endlichen endlich bleiben, so können nach dem bekannten für Functionen dieser Art bestehenden Princip die obigen Gleichungen nicht für den Werth $\varrho=0$ erfüllt sein, ohne identisch befriedigt zu werden. Dies führt zur Bestimmung der in den linken Seiten enthaltenen willkürlichen Potentialfunctionen.

Indem man zunächst die mittleren Werthe der linken und rechten Seiten einander gleich setzt, erhält man

$$2\mathfrak{c}a=\overset{0}{\mathrm{P}},\quad 0=\overset{0}{\Phi}.$$

Dies giebt die Bestimmung der Constante a und eine Bedingung, der die gegebene Function Φ genügen muss. Mit Benutzung hiervon reduciren sich die Randbedingungen auf

$$\frac{\partial(\mathfrak{M}+\mathfrak{c}M)}{\partial\varrho}=-2\frac{\partial\overline{\mathrm{P}}}{\partial\varrho},\quad \frac{\partial(\mathfrak{M}-\mathfrak{c}M)}{\partial\vartheta}=-2\frac{\partial\overline{\Phi}}{\partial\varrho}.$$

Indem man nach der Bezeichnungsweise des Herrn Weierstrass mit einem vorgesetzten $\Re$ den reellen Theil einer complexen Grösse bezeichnet, kann man der gegebenen Definition der Functionen $\overline{f}(\varrho,\vartheta)$ die Form

$$\overline{f}=\Re\frac{1}{2\pi}\int_0^{2\pi}d\vartheta_1\,f(\vartheta_1)\lg(1-e^{\varrho+(\vartheta-\vartheta_1)\sqrt{-1}})$$

geben. Es sei $\breve{f}\sqrt{-1}$ der imaginäre Theil der nämlichen complexen Function, so dass

$$\overline{f}+\sqrt{-1}\,\breve{f}=\frac{1}{2\pi}\int_0^{2\pi}d\vartheta_1\,f(\vartheta_1)\lg(1-e^{\varrho+(\vartheta-\vartheta_1)\sqrt{-1}}).$$

Da die rechte Seite eine Function von $\varrho+\vartheta\sqrt{-1}$ ist, so hat man

$$\frac{\partial(\overline{f}+\sqrt{-1}\,\breve{f})}{\partial\vartheta}=\sqrt{-1}\,\frac{\partial(\overline{f}+\sqrt{-1}\,\breve{f})}{\partial\varrho},$$

oder

$$\frac{\partial \bar{f}}{\partial \varrho} = \frac{\partial \breve{f}}{\partial \vartheta}, \quad \frac{\partial \bar{f}}{\partial \vartheta} = -\frac{\partial \breve{f}}{\partial \varrho}.$$

Mit Hülfe dieser Transformation gehen die Randbedingungen in

$$\frac{\partial(\mathfrak{M}+\mathfrak{c}M)}{\partial \varrho} = -2\frac{\partial \bar{\mathrm{P}}}{\partial \varrho}, \quad \frac{\partial(\mathfrak{M}-\mathfrak{c}M)}{\partial \vartheta} = -2\frac{\partial \breve{\Phi}}{\partial \vartheta}$$

über. Ihre Integration führt zu

$$\mathfrak{M}+\mathfrak{c}M = -2\bar{\mathrm{P}}, \quad \mathfrak{M}-\mathfrak{c}M = -2\breve{\Phi}.$$

Von der Hinzufügung willkürlicher Constanten ist bei dieser Integration abgesehen, denn sie würde nur M, H um Constanten ändern und auf die Verrückungen ohne Einfluss bleiben*).

Die Function

$$\breve{f}(\varrho, \vartheta) = \frac{1}{2\pi}\int_0^{2\pi} d\vartheta_1\, f(\vartheta_1)\cdot\frac{1}{2\sqrt{-1}}\lg\frac{1-e^{\varrho+(\vartheta-\vartheta_1)\sqrt{-1}}}{1-e^{\varrho-(\vartheta-\vartheta_1)\sqrt{-1}}}$$

$$= -\frac{1}{2\pi}\int_0^{2\pi} d\vartheta_1\, f(\vartheta_1)\,\mathrm{arctg}\frac{e^{\varrho}\sin(\vartheta-\vartheta_1)}{1-e^{\varrho}\cos(\vartheta-\vartheta_1)}$$

ist die zweite Gattung logarithmischer Potentialfunctionen, in welchen unter dem Integral ein Arcustangens anstatt eines Logarithmus vorkommt. Von dieser zweiten Gattung ist die Lösung der vorliegenden Aufgabe nur dann frei, wenn die mechanischen Kräfte sämmtlich normal gegen den Rand wirken.

Indem man der Kürze halber mit P_1, Φ_1 die Werthe von P, Φ für das Argument ϑ_1 bezeichnet, ergeben sich für M, $\mathfrak{M}$ die Werthe

$$-2\pi\mathfrak{c}M = \Re\int_0^{2\pi} d\vartheta_1(\mathrm{P}_1+\sqrt{-1}\,\Phi_1)\lg(1-e^{\varrho+(\vartheta-\vartheta_1)\sqrt{-1}})$$

$$-2\pi\mathfrak{M} = \Re\int_0^{2\pi} d\vartheta_1(\mathrm{P}_1-\sqrt{-1}\,\Phi_1)\lg(1-e^{\varrho+(\vartheta-\vartheta_1)\sqrt{-1}}).$$

Hieraus werden L, $\mathfrak{H}$ nach den Gleichungen

$$\frac{\partial L}{\partial \varrho}+L = M, \quad \frac{\partial \mathfrak{H}}{\partial \varrho}-\mathfrak{H} = \mathfrak{M}$$

*) Man vergleiche die auf diese Abhandlung bezüglichen Bemerkungen des Herausgebers am Schlusse des Bandes. H.

durch Integrationen bestimmt, und zwar

$$2\pi c L = \Re\int_0^{2\pi} d\vartheta_1 (\mathrm{P}_1 + \sqrt{-1}\,\Phi_1)\{1-(1-e^{-\varrho-(\vartheta-\vartheta_1)\sqrt{-1}})\lg(1-e^{\varrho+(\vartheta-\vartheta_1)\sqrt{-1}})\},$$

$$2\pi\mathfrak{H} =$$

$$\Re\int_0^{2\pi} d\vartheta_1(\mathrm{P}_1-\sqrt{-1}\,\Phi_1)(1-e^{\varrho+(\vartheta-\vartheta_1)\sqrt{-1}})\lg(1-e^{\varrho+(\vartheta-\vartheta_1)\sqrt{-1}})+\varrho e^{\varrho}\Re\int_0^{2\pi} d\vartheta_1(\mathrm{P}_1-\sqrt{-1}\,\Phi_1)e^{(\vartheta-\vartheta_1)\sqrt{-1}}.$$

Ein Glied, wie das letzte, welches ϱe^{ϱ} proportional ist, darf in $\mathfrak{H}$ als Potentialfunction nicht vorkommen, daher muss die Bedingung

$$\Re\int_0^{2\pi} d\vartheta_1(\mathrm{P}_1-\sqrt{-1}\,\Phi_1)e^{(\vartheta-\vartheta_1)\sqrt{-1}} = 0$$

erfüllt sein und $\mathfrak{H}$ reducirt sich auf

$$2\pi\mathfrak{H} = \Re\int_0^{2\pi} d\vartheta_1(\mathrm{P}_1-\sqrt{-1}\,\Phi_1)(1-e^{\varrho+(\vartheta-\vartheta_1)\sqrt{-1}})\lg(1-e^{\varrho+(\vartheta-\vartheta_1)\sqrt{-1}}).$$

Sind f_1, f_2 zwei conjugirte complexe Functionen und

$$\mathfrak{F} = \tfrac{1}{2}f_1(\varrho+\vartheta\sqrt{-1}) + \tfrac{1}{2}f_2(\varrho-\vartheta\sqrt{-1}) = \Re f_1(\varrho+\vartheta\sqrt{-1}) = \Re f_2(\varrho-\vartheta\sqrt{-1}),$$

so wird

$$\frac{\partial\mathfrak{F}}{\partial\varrho}+\sqrt{-1}\frac{\partial\mathfrak{F}}{\partial\vartheta} = f_2'(\varrho-\vartheta\sqrt{-1}), \quad \frac{\partial\mathfrak{F}}{\partial\varrho}-\sqrt{-1}\frac{\partial\mathfrak{F}}{\partial\vartheta} = f_1'(\varrho+\vartheta\sqrt{-1}),$$

wo mit f_1', f_2' die Ableitungen von f_1, f_2 bezeichnet sind. Unter Anwendung hiervon auf M, L, $\mathfrak{H}$ ergiebt sich

$$2\pi c\left\{\frac{\partial M}{\partial\varrho}+\sqrt{-1}\frac{\partial M}{\partial\vartheta}\right\} = \int_0^{2\pi} d\vartheta_1(\mathrm{P}_1-\sqrt{-1}\,\Phi_1)\frac{e^{\varrho-(\vartheta-\vartheta_1)\sqrt{-1}}}{1-e^{\varrho-(\vartheta-\vartheta_1)\sqrt{-1}}}$$

$$2\pi c\left\{\frac{\partial L}{\partial\varrho}-\sqrt{-1}\frac{\partial L}{\partial\vartheta}\right\} = -\int_0^{2\pi} d\vartheta_1(\mathrm{P}_1+\sqrt{-1}\,\Phi_1)\{e^{-\varrho-(\vartheta-\vartheta_1)\sqrt{-1}}\lg(1-e^{\varrho+(\vartheta-\vartheta_1)\sqrt{-1}})+1\}$$

$$2\pi\left\{\frac{\partial\mathfrak{H}}{\partial\varrho}+\sqrt{-1}\frac{\partial\mathfrak{H}}{\partial\vartheta}\right\} = -\int_0^{2\pi} d\vartheta_1(\mathrm{P}_1+\sqrt{-1}\,\Phi_1)e^{\varrho-(\vartheta-\vartheta_1)\sqrt{-1}}\{\lg(1-e^{\varrho-(\vartheta-\vartheta_1)\sqrt{-1}})+1\}.$$

Indem man diese Werthe in den Ausdruck von $R+\sqrt{-1}\,\varphi$ (s. p. 311) einsetzt, erhält man die schliessliche Form desselben und kann das erhaltene Ergebniss folgendermassen zusammenfassen:

„Man betrachte eine elastische isotrope Kreisplatte vom Radius 1, deren Elasticitätsconstanten K und $K\theta$ sind. Ihre Mittelebene werde durch die Polarcoordinaten e^ϱ, ϑ definirt, ihr Rand den gegebenen mechanischen im Sinne der wachsenden ϱ, ϑ wirkenden Kräften $2K\mathrm{P}(\vartheta)$, $2K\Phi(\vartheta)$ ausgesetzt, die Verrückungen, im nämlichen Sinne genommen, seien R, φ, dann werden R, φ durch die Gleichung

$$2\pi e^\varrho(R+\sqrt{-1}\,\varphi)$$

$$=\begin{cases} \dfrac{1+\theta}{1+3\theta}e^{2\varrho}\displaystyle\int_0^{2\pi}d\vartheta_1\mathrm{P}_1-\int_0^{2\pi}d\vartheta_1(\mathrm{P}_1+\sqrt{-1}\,\Phi_1)e^{\varrho-(\vartheta-\vartheta_1)\sqrt{-1}}\{\lg(1-e^{\varrho-(\vartheta-\vartheta_1)\sqrt{-1}})+1\} \\ -\dfrac{3+5\theta}{1+3\theta}e^{2\varrho}\displaystyle\int_0^{2\pi}d\vartheta_1(\mathrm{P}_1+\sqrt{-1}\,\Phi_1)\{e^{-\varrho-(\vartheta-\vartheta_1)\sqrt{-1}}\lg(1-e^{\varrho+(\vartheta-\vartheta_1)\sqrt{-1}})+1\} \\ +(1-e^{2\varrho})\displaystyle\int_0^{2\pi}d\vartheta_1(\mathrm{P}_1-\sqrt{-1}\,\Phi_1)\frac{e^{\varrho-(\vartheta-\vartheta_1)\sqrt{-1}}}{1-e^{\varrho-(\vartheta-\vartheta_1)\sqrt{-1}}} \end{cases}$$

bestimmt. Die gegebenen Kräfte P, Φ müssen den Bedingungen

$$\Re\int_0^{2\pi}d\vartheta_1(\mathrm{P}_1-\sqrt{-1}\,\Phi_1)e^{(\vartheta-\vartheta_1)\sqrt{-1}}=0,\qquad \int_0^{2\pi}d\vartheta_1\Phi_1=0$$

genügen, welche ausdrücken, dass sie sich an der Platte, wenn sie starr wäre, im Gleichgewicht erhalten.“

---

2. Deformationen einer Kugel durch gegebene mechanische an ihrer Oberfläche wirkende Kräfte. Es seien x, y, z die rechtwinkligen Coordinaten eines zur Kugel gehörigen Punktes in einem System, dessen Anfangspunkt der Kugelmittelpunkt ist, und e^ϱ, ϑ, η seine Polarcoordinaten, so dass

$$x=e^\varrho\cos\vartheta,\quad y=e^\varrho\sin\vartheta\cos\eta,\quad z=e^\varrho\sin\vartheta\sin\eta.$$

Es seien u, v, w die Verrückungen des betrachteten Punktes im Sinne der wachsenden x, y, z; R, φ, ψ im Sinne der wachsenden ϱ, ϑ, η; und es sei p die Volumendilatation

$$p=\frac{\partial u}{\partial x}+\frac{\partial v}{\partial y}+\frac{\partial w}{\partial z}\cdot$$

Den Radius der Kugel setze ich $=1$, so dass ihre Oberfläche dem Werthe $\varrho=0$ entspricht. Die Componenten der an der Oberfläche der Kugel wirkenden gegebenen mechanischen Kräfte im Sinne der wachsenden ϱ, ϑ, η bezeichne ich mit (P), (P_1), (P_2) und setze

$$\mathrm{P}=\frac{(\mathrm{P})}{2K}, \quad \Phi=\frac{(\mathrm{P}_1)}{2K}, \quad \Psi=\frac{(\mathrm{P}_2)}{2K}.$$

Die partiellen Differentialgleichungen, denen die Verrückungen genügen, sind in den Gleichungen (1), (14), (15) meiner oben citirten Arbeit*) und deren unbestimmte Integration in den Gleichungen (16), (18), (18*) jener Arbeit [pp. 270, 274, 275 dieser Ausgabe], in welchen die Erwärmung $s=0$ zu setzen ist, enthalten. Die Verrückungen R, φ, ψ haben hiernach die Werthe

$$e^{\varrho}R = e^{2\varrho}X+\frac{\partial N}{\partial\varrho}$$

$$e^{\varrho}\varphi = -\frac{e^{\varrho}}{\sin\vartheta}\frac{\partial Y}{\partial\eta}+\frac{\partial N}{\partial\vartheta}$$

$$e^{\varrho}\sin\vartheta.\psi = e^{\varrho}\sin\vartheta\frac{\partial Y}{\partial\vartheta}+\frac{\partial N}{\partial\eta}$$

$$p=\mathfrak{b}\left(\frac{\partial X}{\partial\varrho}+X\right), \quad \mathfrak{b}=\frac{1}{2(1+\theta)}$$

$$N=Z-\tfrac{1}{4}e^{2\varrho}G, \quad X=\frac{\partial T}{\partial\varrho}+\tfrac{3}{2}T$$

$$G=(1-\mathfrak{b})X+\tfrac{1}{2}(3+\mathfrak{b})T=(1-\mathfrak{b})\left[\frac{\partial T}{\partial\varrho}+T\right]+2T.$$

In dieser Lösung sind drei willkürliche, im Endlichen endlich bleibende, eindeutige Potentialfunctionen T (mit den davon abhängigen X, G), Y, Z enthalten, deren Bestimmung vermittelst der für die Kugeloberfläche gegebenen Werthe von P, Φ, Ψ zu machen übrig bleibt.

Die für die Oberfläche stattfindenden Grenzbedingungen sind in der Gleichung (8) meiner Abhandlung: *Ueber die Transformation der Elasticitätsgleichungen etc.***) für eine beliebige Oberfläche und irgend ein orthogonales

---

*) Monatsbericht der Akademie der Wissenschaften zu Berlin, Januar 1873 pp. 13, 34 [pp. 250, 268, 269 dieser Ausgabe].

**) Journal für die reine und angewandte Mathematik, Bd. 76 p. 57 [p. 305 dieser Ausgabe].

Coordinatensystem enthalten. Für die Kugeloberfläche und die Coordinaten ϱ, ϑ, η lauten dieselben

$$e^{-\varrho}\frac{\partial R}{\partial \varrho}+\theta p = \mathrm{P}, \quad \tfrac{1}{2}e^{-\varrho}\frac{\partial R}{\partial \vartheta}+\tfrac{1}{2}\frac{\partial(e^{-\varrho}\varphi)}{\partial \varrho} = \Phi, \quad \frac{e^{-\varrho}}{2\sin\vartheta}\frac{\partial R}{\partial \eta}+\tfrac{1}{2}\frac{\partial(e^{-\varrho}\psi)}{\partial \varrho} = \Psi.$$

Diese für $\varrho = 0$ geltenden Gleichungen erhalten nach Einsetzung der Werthe von R, φ, ψ die Form

$$\mathfrak{F} = \mathrm{P}, \quad \frac{\partial \mathfrak{A}}{\partial \vartheta}-\frac{1}{\sin\vartheta}\frac{\partial \mathfrak{B}}{\partial \eta} = \Phi, \quad \frac{1}{\sin\vartheta}\frac{\partial \mathfrak{A}}{\partial \eta}+\frac{\partial \mathfrak{B}}{\partial \vartheta} = \Psi,$$

wo die drei Functionen

$$\mathfrak{F} = (\tfrac{3}{2}-\mathfrak{b})\left[\frac{\partial X}{\partial \varrho}+X\right]-\tfrac{1}{4}\left[\frac{\partial^2 G}{\partial \varrho^2}+3\frac{\partial G}{\partial \varrho}+2G\right]+\frac{\partial^2 Z}{\partial \varrho^2}-\frac{\partial Z}{\partial \varrho}$$

$$\mathfrak{A} = \tfrac{1}{2}X-\tfrac{1}{4}\left[\frac{\partial G}{\partial \varrho}+G\right]+\frac{\partial Z}{\partial \varrho}-Z$$

$$\mathfrak{B} = \tfrac{1}{2}\left[\frac{\partial Y}{\partial \varrho}-Y\right]$$

von T, Y, Z abhängige Potentialfunctionen und P, Φ, Ψ gegebene Functionen von ϑ, η allein sind.

Die Bestimmung der willkürlichen Functionen T, Y, Z geschieht in der Art, dass zuerst die Werthe von $\mathfrak{F}$, $\mathfrak{A}$, $\mathfrak{B}$ aus P, Φ, Ψ hergeleitet und aus diesen T, Y, Z ermittelt werden.

Es sei $f(\vartheta, \eta)$ eine in den Grenzen $\vartheta = 0$ bis $\vartheta = \pi$, $\eta = 0$ bis $\eta = 2\pi$, d. h. für die Kugeloberfläche, willkürlich gegebene Function und man bilde die Potentialfunction

$$\bar{f}(\varrho, \vartheta, \eta) = \frac{1}{4\pi}\int_0^{\pi} d\vartheta_1 \sin\vartheta_1 \int_0^{2\pi} d\eta_1 \frac{f(\vartheta_1, \eta_1)}{\sqrt{1-2e^{\varrho}\cos\gamma+e^{2\varrho}}},$$

wo

$$\cos\gamma = \cos\vartheta\cos\vartheta_1+\sin\vartheta\sin\vartheta_1\cos(\eta-\eta_1),$$

dann ist

$$\bar{f}+2\frac{\partial \bar{f}}{\partial \varrho} = \frac{1-e^{2\varrho}}{4\pi}\int_0^{\pi} d\vartheta_1 \sin\vartheta_1 \int_0^{2\pi} d\eta_1 \frac{f(\vartheta_1, \eta_1)}{(1-2e^{\varrho}\cos\gamma+e^{2\varrho})^{\frac{3}{2}}}$$

diejenige, im Endlichen endlich bleibende, eindeutige Potentialfunction, welche für $\varrho = 0$ in $f(\vartheta, \eta)$ übergeht.

Aus den gegebenen Functionen Φ, Ψ leite ich zunächst zwei neue

$$A = \frac{1}{\sin\vartheta}\left\{\frac{\partial(\sin\vartheta.\Phi)}{\partial\vartheta} + \frac{\partial\Psi}{\partial\eta}\right\},\quad B = \frac{1}{\sin\vartheta}\left\{-\frac{\partial\Phi}{\partial\eta} + \frac{\partial(\sin\vartheta.\Psi)}{\partial\vartheta}\right\}$$

her, dann lassen sich die zweite und dritte Oberflächenbedingung in einfacherer Form darstellen, wenn man aus ihnen nach einander $\mathfrak{B}$ und $\mathfrak{A}$ eliminirt, es ergiebt sich

$$\frac{1}{\sin\vartheta}\frac{\partial}{\partial\vartheta}\left(\sin\vartheta\frac{\partial\mathfrak{A}}{\partial\vartheta}\right) + \frac{1}{\sin\vartheta^2}\frac{\partial^2\mathfrak{A}}{\partial\eta^2} = A$$

$$\frac{1}{\sin\vartheta}\frac{\partial}{\partial\vartheta}\left(\sin\vartheta\frac{\partial\mathfrak{B}}{\partial\vartheta}\right) + \frac{1}{\sin\vartheta^2}\frac{\partial^2\mathfrak{B}}{\partial\eta^2} = B.$$

Aber da $\mathfrak{A}$, $\mathfrak{B}$ Potentialfunctionen sind, so genügen sie der Differentialgleichung

$$\frac{\partial^2\mathfrak{f}}{\partial\varrho^2} + \frac{\partial\mathfrak{f}}{\partial\varrho} + \frac{1}{\sin\vartheta}\frac{\partial}{\partial\vartheta}\left(\sin\vartheta\frac{\partial\mathfrak{f}}{\partial\vartheta}\right) + \frac{1}{\sin\vartheta^2}\frac{\partial^2\mathfrak{f}}{\partial\eta^2} = 0$$

und die Oberflächenbedingungen lassen sich auf die Form

$$\frac{\partial^2\mathfrak{A}}{\partial\varrho^2} + \frac{\partial\mathfrak{A}}{\partial\varrho} = -A,\quad \frac{\partial^2\mathfrak{B}}{\partial\varrho^2} + \frac{\partial\mathfrak{B}}{\partial\varrho} = -B$$

bringen.

Indem für die rechten Seiten P, $-A$, $-B$ der 3 Oberflächenbedingungen die, im Endlichen endlich bleibenden, Potentialfunctionen, welche für $\varrho = 0$ die gegebenen Werthe erhalten, gesetzt werden, ergeben sich diese Bedingungen unter der Form

$$\mathfrak{F} = \overline{\mathrm{P}} + 2\frac{\partial\overline{\mathrm{P}}}{\partial\varrho},\quad \frac{\partial^2\mathfrak{A}}{\partial\varrho^2} + \frac{\partial\mathfrak{A}}{\partial\varrho} = -\overline{A} - 2\frac{\partial\overline{A}}{\partial\varrho},\quad \frac{\partial^2\mathfrak{B}}{\partial\varrho^2} + \frac{\partial\mathfrak{B}}{\partial\varrho} = -\overline{B} - 2\frac{\partial\overline{B}}{\partial\varrho}.$$

Gegenwärtig sind alle Theile der Oberflächenbedingungen als eindeutige Potentialfunctionen dargestellt, welche im Endlichen endlich bleiben. Aber nach dem bekannten für Functionen dieser Art geltenden Princip können diese Gleichungen nur dann für $\varrho = 0$ bestehen, wenn sie für jeden Werth von ϱ erfüllt sind.

Durch die erste Bedingung ist $\mathfrak{F}$ unmittelbar gegeben. Aus der zweiten und dritten gehen $\mathfrak{A}$, $\mathfrak{B}$ durch zweimalige Integration hervor, nämlich

$$\mathfrak{A} = -\int\overline{A}\,d\varrho - e^{-\varrho}\int\overline{A}\,e^{\varrho}d\varrho,\quad \mathfrak{B} = -\int\overline{B}\,d\varrho - e^{-\varrho}\int\overline{B}\,e^{\varrho}d\varrho,$$

wo die Integrale so zu verstehen sind, dass sie von ganz constanten Termen frei sind, also für $\varrho \doteq -\infty$ verschwinden. Von der Hinzufügung willkürlicher Constanten zu den Werthen von $\mathfrak{A}$, $\mathfrak{B}$ ist abgesehen, denn hierdurch würden Y, Z nur um constante Terme geändert, welche auf die Verrückungen ohne Einfluss bleiben. Führt man die Bezeichnung

$$A^* = e^{-\varrho}\int \overline{A}\, e^{\varrho}\, d\varrho$$

ein, so ergiebt sich

$$\frac{\partial \mathfrak{A}}{\partial \varrho} = -A^* - 2\frac{\partial A^*}{\partial \varrho}.$$

Nachdem jetzt $\mathfrak{F}$, $\mathfrak{A}$, $\mathfrak{B}$ bestimmt sind, müssen aus den beiden ersten Functionen T und Z, aus der letzten Y hergeleitet werden. Man eliminirt Z zwischen $\mathfrak{F}$, $\mathfrak{A}$ durch Bildung der Differenz $\mathfrak{F} - \frac{\partial \mathfrak{A}}{\partial \varrho}$. Für diese Differenz, deren Werth wir gleich

$$\overline{\mathrm{P}} + 2\frac{\partial \overline{\mathrm{P}}}{\partial \varrho} + A^* + 2\frac{\partial A^*}{\partial \varrho}$$

gefunden haben, ergiebt sich nach Elimination von Z der Ausdruck in T

$$2\left(\mathfrak{F} - \frac{\partial \mathfrak{A}}{\partial \varrho}\right) = (1-\mathfrak{b})\left[\frac{\partial^2 T}{\partial \varrho^2} + 3\frac{\partial T}{\partial \varrho} + 2T\right] - \left[\frac{\partial T}{\partial \varrho} + \tfrac{1}{2}T\right],$$

also genügt T der Differentialgleichung

$$(1-\mathfrak{b})\left[\frac{\partial^2 T}{\partial \varrho^2} + 3\frac{\partial T}{\partial \varrho} + 2T\right] - \left[\frac{\partial T}{\partial \varrho} + \tfrac{1}{2}T\right] = 2\left(F + 2\frac{\partial F}{\partial \varrho}\right),$$

wo

$$F = \overline{\mathrm{P}} + A^*.$$

Diese Differentialgleichung vereinfacht man, indem man

$$T = S + 2\frac{\partial S}{\partial \varrho}$$

setzt, so dass S durch die Differentialgleichung

$$(1-\mathfrak{b})\left[\frac{\partial^2 S}{\partial \varrho^2} + 3\frac{\partial S}{\partial \varrho} + 2S\right] - \left[\frac{\partial S}{\partial \varrho} + \tfrac{1}{2}S\right] = 2F$$

definirt wird. Dies ist die Differentialgleichung (25) meiner früheren Abhandlung*), mit dem Unterschiede jedoch, dass die rechte Seite einen anderen Werth hat. Nach der dort gegebenen Formel wird sie durch das Integral

$$S = -\frac{2}{1-\mathfrak{b}}\int_{-\infty}^{0} F(e^{\varrho+\tau})e^{\alpha\tau}\frac{\sin\beta\tau}{\beta}d\tau$$

$$\alpha = \frac{1+4\theta}{2(1+2\theta)},\quad \beta = \frac{\sqrt{3+12\theta+8\theta^2}}{2(1+2\theta)}$$

integrirt.

Um ferner Z zu bestimmen, bemerke man, dass unter Einführung von

$$Z' = 3Z-\tfrac{1}{4}G$$

der Ausdruck $\mathfrak{F}+3\mathfrak{A}-\frac{\partial\mathfrak{A}}{\partial\varrho}$ auf die Form

$$\mathfrak{F}+3\mathfrak{A}-\frac{\partial\mathfrak{A}}{\partial\varrho} = \frac{\partial Z'}{\partial\varrho}-Z'$$

gebracht wird. Setzt man dagegen für $\mathfrak{F}$ und $\mathfrak{A}$ ihre Ausdrücke durch $\overline{\mathrm{P}}$ und $\overline{A}$, so findet man

$$\mathfrak{F}+3\mathfrak{A}-\frac{\partial\mathfrak{A}}{\partial\varrho} = 2\left(\frac{\partial F}{\partial\varrho}-F\right)+3\left(\overline{\mathrm{P}}-\int\overline{A}d\varrho\right),$$

also wird

$$Z^* = 3Z-\tfrac{1}{4}G-2F$$

durch die Differentialgleichung

$$\frac{\partial Z^*}{\partial\varrho}-Z^* = 3\left(\overline{\mathrm{P}}-\int\overline{A}\,d\varrho\right)$$

bestimmt. Hieraus ergiebt sich Z^* mit Hülfe einer theilweisen Integration

$$Z^* = 3\int\overline{A}\,d\varrho+3e^{\varrho}\int(\overline{\mathrm{P}}-\overline{A})e^{-\varrho}\,d\varrho.$$

Da Z^* Potentialfunction ist, so muss es auch die rechte Seite dieser Gleichung sein. Diese ist es aber nur unter der Voraussetzung, dass eine Bedingung erfüllt sei. Enthielte nämlich die Entwicklung der Potentialfunction $\overline{\mathrm{P}}-\overline{A}$ nach Potenzen von e^{ϱ} ein der ersten Potenz von e^{ϱ} proportionales Glied, so

---

*) Monatsbericht der Akademie der Wissenschaften zu Berlin, Januar 1873 p. 51 [p. 283 dieser Ausgabe].

käme auf der rechten Seite obiger Gleichung ein ϱe^{ϱ} proportionales Glied vor, was unmöglich ist. In $\overline{\mathrm{P}}-\overline{A}$ muss also das e^{ϱ} proportionale Glied fehlen, was nur geschieht, wenn die Bedingung

$$\int_0^{\pi} d\vartheta_1 \sin\vartheta_1 \int_0^{2\pi} d\eta_1 \{\mathrm{P}(\vartheta_1, \eta_1) - A(\vartheta_1, \eta_1)\} \cos\gamma = 0,$$

wo $\cos\gamma$ die frühere Bedeutung hat, erfüllt ist.

Unter der Voraussetzung, dass diese Bedingung erfüllt sei, und wenn in Z^* der Ausdruck von T durch S eingesetzt wird, ergiebt sich für Z der schliessliche Werth

$$Z = F + \tfrac{1}{4}(1+\mathfrak{b}) \frac{\partial S}{\partial \varrho} + \tfrac{1}{4}\mathfrak{b} S + \int \overline{A}\, d\varrho + e^{\varrho} \int (\overline{\mathrm{P}} - \overline{A}) e^{-\varrho} d\varrho.$$

Es bleibt noch übrig, Y aus der Differentialgleichung

$$\frac{\partial Y}{\partial \varrho} - Y = 2\mathfrak{B} = -2\int \overline{B}\, d\varrho - 2e^{-\varrho} \int \overline{B} e^{\varrho} d\varrho$$

zu bestimmen. Die Integration giebt

$$Y = e^{-\varrho} \int \overline{B} e^{\varrho} d\varrho + 2\int \overline{B}\, d\varrho - 3e^{\varrho} \int \overline{B} e^{-\varrho} d\varrho,$$

ein Werth, dessen Eigenschaft, eine Potentialfunction zu sein, erfordert, dass in der Entwicklung von $\overline{B}$ die erste Potenz von e^{ϱ} fehlt, oder, was dasselbe ist, dass

$$\int_0^{\pi} d\vartheta_1 \sin\vartheta_1 \int_0^{2\pi} d\eta_1 B(\vartheta_1, \eta_1) \cos\gamma = 0.$$

Jede der beiden erhaltenen Bedingungen

$$\int d\omega_1 \{\mathrm{P}(\vartheta_1, \eta_1) - A(\vartheta_1, \eta_1)\} \cos\gamma = 0, \quad \int d\omega_1 B(\vartheta_1, \eta_1) \cos\gamma = 0,$$

wo $d\omega_1 = \sin\vartheta_1 d\vartheta_1 d\eta_1$ ein Element der Kugeloberfläche bezeichnet und die Integrale über die ganze Oberfläche auszudehnen sind, zerfällt wegen des Werthes

$$\cos\gamma = \cos\vartheta . \cos\vartheta_1 + \sin\vartheta \cos\eta . \sin\vartheta_1 \cos\eta_1 + \sin\vartheta \sin\eta . \sin\vartheta_1 \sin\eta_1$$

in die 3 Bedingungen, welche sich ergeben, wenn $\cos\gamma$ durch $\cos\vartheta_1$, $\sin\vartheta_1 \cos\eta_1$,

$\sin\vartheta_1 \sin\eta_1$ ersetzt wird. Diese zweimal drei Bedingungen werden nach Einsetzung der Ausdrücke von A, B durch Φ, Ψ und Anwendung theilweiser Integrationen in die folgenden:

$$\int d\omega_1 \{\mathrm{P}_1 \cos\vartheta_1 - \Phi_1 \sin\vartheta_1\} = 0$$

$$\int d\omega_1 \{\mathrm{P}_1 \sin\vartheta_1 \cos\eta_1 + \Phi_1 \cos\vartheta_1 \cos\eta_1 - \Psi_1 \sin\eta_1\} = 0$$

$$\int d\omega_1 \{\mathrm{P}_1 \sin\vartheta_1 \sin\eta_1 + \Phi_1 \cos\vartheta_1 \sin\eta_1 + \Psi_1 \cos\eta_1\} = 0$$

und

$$\int d\omega_1 \Psi_1 \sin\vartheta_1 = 0$$

$$\int d\omega_1 \{\Phi_1 \sin\eta_1 + \Psi_1 \cos\vartheta_1 \cos\eta_1\} = 0$$

$$\int d\omega_1 \{\Phi_1 \cos\eta_1 - \Psi_1 \cos\vartheta_1 \sin\eta_1\} = 0$$

transformirt, in welchen P_1, Φ_1, Ψ_1 die Werthe der Functionen P, Φ, Ψ für die Argumente ϑ_1, η_1 bedeuten. Ersetzt man die Componenten P, Φ, Ψ durch die Componenten $\mathfrak{X}$, $\mathfrak{Y}$, $\mathfrak{Z}$ im Sinne der rechtwinkligen Coordinaten x, y, z, so gehen diese beiden Gleichungssysteme in die folgenden:

$$\int d\omega_1 \mathfrak{X}_1 = 0, \quad \int d\omega_1 \mathfrak{Y}_1 = 0, \quad \int d\omega_1 \mathfrak{Z}_1 = 0$$

und

$$\int d\omega_1 (y_1 \mathfrak{Z}_1 - z_1 \mathfrak{Y}_1) = 0, \quad \int d\omega_1 (z_1 \mathfrak{X}_1 - x_1 \mathfrak{Z}_1) = 0, \quad \int d\omega_1 (x_1 \mathfrak{Y}_1 - y_1 \mathfrak{X}_1) = 0$$

über, welche bekanntlich ausdrücken, dass die gegebenen Kräfte an einer starren Kugel angebracht sich Gleichgewicht halten, eine Bedingung, deren Nothwendigkeit sich von selbst versteht.

Um die erhaltene Lösung zusammenzufassen, führe ich die Bezeichnung

$$E = \int \bar{A}\, d\varrho + e^{\varrho} \int (\bar{\mathrm{P}} - \bar{A}) e^{-\varrho}\, d\varrho$$

ein und setze die Ausdrücke

$$Z = E + F + \tfrac{1}{4}\left\{(1+\mathfrak{b}) \frac{\partial S}{\partial \varrho} + \mathfrak{b} S\right\}$$

$$\tfrac{1}{4} G = F + \tfrac{3}{4}\left\{(1+\mathfrak{b}) \frac{\partial S}{\partial \varrho} + \mathfrak{b} S\right\}$$

in den Werth von N ein, dann ergiebt sich

$$N = Z - \tfrac{1}{4}e^{2\varrho}G = E + (1-e^{2\varrho})F + \tfrac{1}{4}(1-3e^{2\varrho})\left\{(1+\mathfrak{b})\frac{\partial S}{\partial\varrho} + \mathfrak{b}S\right\},$$

zugleich wird

$$(1-\mathfrak{b})X = 4F + 2\mathfrak{b}\frac{\partial S}{\partial\varrho} - \frac{3-5\mathfrak{b}}{2}S.$$

E, Y und die beiden Theile $\overline{\mathrm{P}}$, A^*, aus welchen sich $F = \overline{\mathrm{P}} + A^*$ zusammensetzt, lassen sich am einfachsten als bestimmte Integrale darstellen

$$E = \frac{1}{4\pi}\int_0^\pi d\vartheta_1 \sin\vartheta_1 \int_0^{2\pi} d\eta_1 \int_{-\infty}^0 d\varrho_1 \frac{e^{-\varrho_1}\mathrm{P}(\vartheta_1,\eta_1) + (1-e^{-\varrho_1})A(\vartheta_1,\eta_1)}{\sqrt{1-2e^{\varrho+\varrho_1}\cos\gamma + e^{2(\varrho+\varrho_1)}}}$$

$$Y = \frac{1}{4\pi}\int_0^\pi d\vartheta_1 \sin\vartheta_1 \int_0^{2\pi} d\eta_1 \int_{-\infty}^0 d\varrho_1 \frac{(e^{\varrho_1}-1)(1+3e^{-\varrho_1})B(\vartheta_1,\eta_1)}{\sqrt{1-2e^{\varrho+\varrho_1}\cos\gamma + e^{2(\varrho+\varrho_1)}}}$$

$$\overline{\mathrm{P}} = \frac{1}{4\pi}\int_0^\pi d\vartheta_1 \sin\vartheta_1 \int_0^{2\pi} d\eta_1 \frac{\mathrm{P}(\vartheta_1,\eta_1)}{\sqrt{1-2e^{\varrho}\cos\gamma + e^{2\varrho}}}$$

$$A^* = \frac{1}{4\pi}\int_0^\pi d\vartheta_1 \sin\vartheta_1 \int_0^{2\pi} d\eta_1 \int_{-\infty}^0 d\varrho_1 \frac{e^{\varrho_1}A(\vartheta_1,\eta_1)}{\sqrt{1-2e^{\varrho+\varrho_1}\cos\gamma + e^{2(\varrho+\varrho_1)}}}.$$

Das letztere, welches man auch

$$A^* = \frac{e^{-\varrho}}{4\pi}\int_0^\pi d\vartheta_1 \sin\vartheta_1 \int_0^{2\pi} d\eta_1 A(\vartheta_1,\eta_1) \int_{-\infty}^{\varrho} \frac{e^{\varrho}\,d\varrho}{\sqrt{1-2e^{\varrho}\cos\gamma + e^{2\varrho}}}$$

schreiben kann, hat den Werth

$$A^* = \frac{e^{-\varrho}}{4\pi}\int_0^\pi d\vartheta_1 \sin\vartheta_1 \int_0^{2\pi} d\eta_1 A(\vartheta_1,\eta_1) \lg \frac{\sqrt{1-2e^{\varrho}\cos\gamma + e^{2\varrho}} + e^{\varrho} - \cos\gamma}{1-\cos\gamma}.$$

Nach Einsetzung des Ausdrucks von A durch Φ, Ψ und Anwendung theilweiser Integrationen kann man dasselbe in die Form

$$A^* = \frac{e^{-\varrho}}{4\pi}\int_0^\pi d\vartheta_1 \int_0^{2\pi} d\eta_1 \frac{1}{\sin\gamma^2}\left[\frac{1-e^{\varrho}\cos\gamma}{\sqrt{1-2e^{\varrho}\cos\gamma + e^{2\varrho}}} - 1\right]\Gamma$$

$$\Gamma = \sin\vartheta_1 \Phi(\vartheta_1,\eta_1)\frac{\partial\cos\gamma}{\partial\vartheta_1} + \Psi(\vartheta_1,\eta_1)\frac{\partial\cos\gamma}{\partial\eta_1}$$

bringen. Sie lässt den Grund erkennen, warum in der Laméschen Lösung ausser den Kugelfunctionen auch deren Ableitungen nach ϑ und η vorkommen, und zeigt, dass es nur theilweiser Integrationen bedarf um diese Complication zu beseitigen.

Die gefundene Lösung des vorliegenden Problems lässt sich so aussprechen:

„Die im Sinne des Radius e^ϱ, der Polardistanz ϑ und der Rectascension η stattfindenden Verrückungen R, φ, ψ der Punkte einer elastischen isotropen Kugel vom Radius 1, deren Oberfläche den gegebenen mechanischen im Sinne der wachsenden ϱ, ϑ, η wirkenden Kräften $2K\mathrm{P}$, $2K\Phi$, $2K\Psi$ ausgesetzt ist, werden folgendermassen bestimmt:

Aus Φ, Ψ leite man

$$A = \frac{1}{\sin\vartheta}\left\{\frac{\partial(\sin\vartheta.\Phi)}{\partial\vartheta}+\frac{\partial\Psi}{\partial\eta}\right\},\quad B = \frac{1}{\sin\vartheta}\left\{-\frac{\partial\Phi}{\partial\eta}+\frac{\partial(\sin\vartheta.\Psi)}{\partial\vartheta}\right\}$$

her und setze unter Einführung des durch die Gleichung

$$\cos\gamma = \cos\vartheta\cos\vartheta_1+\sin\vartheta\sin\vartheta_1\cos(\eta-\eta_1)$$

bestimmten Winkels γ

$$F = \frac{1}{4\pi}\int_0^\pi d\vartheta_1\sin\vartheta_1\int_0^{2\pi} d\eta_1\left\{\frac{\mathrm{P}(\vartheta_1,\eta_1)}{\sqrt{1-2e^\varrho\cos\gamma+e^{2\varrho}}}+A(\vartheta_1,\eta_1)e^{-\varrho}\int_{-\infty}^{\varrho}\frac{e^\varrho\,d\varrho}{\sqrt{1-2e^\varrho\cos\gamma+e^{2\varrho}}}\right\}$$

$$E = \frac{1}{4\pi}\int_0^\pi d\vartheta_1\sin\vartheta_1\int_0^{2\pi} d\eta_1\int_{-\infty}^0 d\varrho_1\,\frac{e^{-\varrho_1}\mathrm{P}(\vartheta_1,\eta_1)+(1-e^{-\varrho_1})A(\vartheta_1,\eta_1)}{\sqrt{1-2e^{\varrho+\varrho_1}\cos\gamma+e^{2(\varrho+\varrho_1)}}}$$

$$Y = \frac{1}{4\pi}\int_0^\pi d\vartheta_1\sin\vartheta_1\int_0^{2\pi} d\eta_1\int_{-\infty}^0 d\varrho_1\,\frac{(e^{\varrho_1}-1)(1+3e^{-\varrho_1})B(\vartheta_1,\eta_1)}{\sqrt{1-2e^{\varrho+\varrho_1}\cos\gamma+e^{2(\varrho+\varrho_1)}}}.$$

Aus F leite man die neue Potentialfunction

$$S = -\frac{2}{1-\mathfrak{b}}\int_{-\infty}^0 F(e^{\varrho+\tau})e^{\alpha\tau}\,\frac{\sin\beta\tau}{\beta}\,d\tau$$

her, wo

$$\mathfrak{b} = \frac{1}{2(1+\theta)},\quad \alpha = \frac{1+4\theta}{2(1+2\theta)},\quad \beta = \frac{\sqrt{3+12\theta+8\theta^2}}{2(1+2\theta)},$$

und bilde

$$N = E+(1-e^{2\varrho})F+\tfrac{1}{4}(1-3e^{2\varrho})\left\{(1+\mathfrak{b})\frac{\partial S}{\partial\varrho}+\mathfrak{b}S\right\}$$

$$(1-\mathfrak{b})X = 4F+2\mathfrak{b}\frac{\partial S}{\partial\varrho}-\tfrac{1}{2}(3-5\mathfrak{b})S,$$

dann werden die Verrückungen R, φ, ψ durch die Gleichungen

$$e^{\varrho} R = e^{2\varrho} X + \frac{\partial N}{\partial \varrho}$$

$$e^{\varrho} \varphi = -\frac{e^{\varrho}}{\sin\vartheta} \frac{\partial Y}{\partial \eta} + \frac{\partial N}{\partial \vartheta}$$

$$e^{\varrho} \psi = e^{\varrho} \frac{\partial Y}{\partial \vartheta} + \frac{1}{\sin\vartheta} \frac{\partial N}{\partial \eta}$$

bestimmt. — Die gegebenen Kräfte müssen den Bedingungen

$$\int_0^{\pi} d\vartheta_1 \sin\vartheta_1 \int_0^{2\pi} d\eta_1 \{\mathrm{P}(\vartheta_1, \eta_1) - A(\vartheta_1, \eta_1)\} \cos\gamma = 0$$

$$\int_0^{\pi} d\vartheta_1 \sin\vartheta_1 \int_0^{2\pi} d\eta_1 B(\vartheta_1, \eta_1) \cos\gamma = 0$$

genügen, welche ausdrücken, dass sie sich an der Kugel, wenn sie starr wäre, Gleichgewicht halten.“

Ueber das arithmetisch-geometrische Mittel aus vier Elementen.

Monatsbericht der Akademie der Wissenschaften zu Berlin, November 1876 p. 611—621.

Ueber das arithmetisch-geometrische Mittel aus vier Elementen.

Gelesen in der Akademie der Wissenschaften zu Berlin am 2. November 1876.

Die Abhandlung über das arithmetisch-geometrische Mittel aus zwei Elementen [p. 119 dieser Ausgabe], welche ich im Jahre 1858 der Akademie vorzulegen die Ehre hatte, war der Rückstand einer weiter gehenden Untersuchung, in welcher ich beabsichtigte den bekannten Algorithmus, dessen fortgesetzte Anwendung als Grenze das arithmetisch-geometrische Mittel aus zwei Elementen ergiebt, auf vier Elemente auszudehnen.

Schon damals war ich im Besitz des Algorithmus, welcher für vier Elemente in Betracht kommt. Ich wusste von demselben, dass seine fortgesetzte Anwendung auf eine von der Anordnung der Elemente unabhängige Grenze führt, welche eine bestimmte analytische Function der Elemente ist; ich vermuthete überdies, dass diese Grenze mit Hülfe hyperelliptischer Integrale sich ausdrücken lasse. Nachdem ich in neuerer Zeit jene alte Untersuchung wieder aufgenommen habe, ist es mir gelungen, die in derselben früher noch unerledigten Schwierigkeiten zu beseitigen, indem ich mich dabei auf die von meinem Freunde, Herrn Weierstrass, aufgestellte Theorie der hyperelliptischen Functionen stützte, von welcher derselbe mir einige noch unveröffentlichte, namentlich auf die Definition der Perioden durch Differentialgleichungen bezügliche, Theile mitzutheilen die Güte hatte.

1. Der auf 4 Elemente bezügliche Algorithmus, mit welchem ich vor 18 Jahren beschäftigt war, wird auf folgende Weise erhalten:

Es seien a, b, c, e vier reelle positive nach ihrer Grösse in absteigender Reihe geordnete Quantitäten, welche der Ungleichheit $ae - bc > 0$ genügen. Man bilde erstens das arithmetische Mittel aus den vier Elementen, zweitens ordne man die vier Elemente auf die drei möglichen Arten in zwei Paare, nehme aus jedem Paar das geometrische Mittel und aus den beiden zusammengehörigen geometrischen Mitteln das arithmetische Mittel, so hat man aus den gegebenen Elementen a, b, c, e vier Functionen derselben a_1, b_1, c_1, e_1 hergeleitet, welche durch die Gleichungen

$$(1)\qquad \begin{cases} a_1 = \frac{1}{4}(a+b+c+e) \\ b_1 = \frac{1}{2}(\sqrt{ab}+\sqrt{ce}) \\ c_1 = \frac{1}{2}(\sqrt{ac}+\sqrt{be}) \\ e_1 = \frac{1}{2}(\sqrt{ae}+\sqrt{bc}) \end{cases}$$

gegeben sind. Eine Vertauschung von a, b, c, e unter einander führt nur zu einer Vertauschung der Grössen b_1, c_1, e_1 unter einander.

Die Analogie dieses Algorithmus mit demjenigen, welcher zu dem arithmetisch-geometrischen Mittel aus zwei Grössen führt, tritt zwar schon in diesen Gleichungen hervor, noch evidenter wird sie vielleicht in einer anderen Form der Darstellung. Wie nämlich die Gleichungen

$$a_1 = \tfrac{1}{2}(a+b), \quad b_1 = \sqrt{ab}$$

des arithmetisch-geometrischen Mittels aus 2 Elementen sich in die eine Gleichung

$$2(a_1+\varepsilon b_1) = (\sqrt{a}+\varepsilon\sqrt{b})^2$$

zusammenfassen lassen, wenn in ihr dem ε der doppelte Werth $\varepsilon = \pm 1$ beigelegt wird, so lassen sich die Gleichungen (1) in die eine Gleichung

$$(2)\qquad 4(a_1+\varepsilon b_1+\varepsilon' c_1+\varepsilon\varepsilon' e_1) = (\sqrt{a}+\varepsilon\sqrt{b}+\varepsilon'\sqrt{c}+\varepsilon\varepsilon'\sqrt{e})^2$$

zusammenfassen, wenn in ihr jeder Grösse ε, ε' der doppelte Werth $\varepsilon = \pm 1$, $\varepsilon' = \pm 1$ beigelegt wird.

Man wende den Algorithmus (1) wiederholt an, leite also aus a_1, b_1, c_1, e_1 vier neue Grössen a_2, b_2, c_2, e_2 her, welche von a_1, b_1, c_1, e_1 ebenso abhangen, wie diese von a, b, c, e, u. s. w. und erhalte nach n-maliger Wiederholung der nämlichen Operation die Grössen a_n, b_n, c_n, e_n. Dann nähern sich mit wachsendem n alle vier Grössen a_n, b_n, c_n, e_n der nämlichen Grenze g. Man beweist nämlich, dass die Differenz $a-e$ zwischen der grössten und kleinsten der vier Grössen bei jeder Operation auf weniger als die Hälfte ihres früheren Werthes herabsinkt, so dass

$$a_1-e_1 < \tfrac{1}{2}(a-c), \quad a_2-e_2 < \tfrac{1}{2}(a_1-e_1), \quad \ldots$$

und daher

$$a_n - e_n < \frac{1}{2^n}(a-e),$$

woraus für $n = \infty$

$$a_n = b_n = c_n = e_n = g$$

folgt.

Im Fall des arithmetisch-geometrischen Mittels aus zwei Elementen gewinnt der Algorithmus an Uebersichtlichkeit, wenn man zu den beiden Grössen $a_1 = \frac{1}{2}(a+b)$, $b_1 = \sqrt{ab}$ noch eine dritte Grösse $b_1' = \frac{1}{2}(a-b)$ hinzufügt, welche, in die coordinirten Grössen a_1, b_1 ausgedrückt, den Werth $b_1' = \sqrt{a_1^2 - b_1^2}$ erhält. Wenn man in allen Stufen der Operation die gleich gebildete Grösse hinzufügt, so muss man den gegebenen Elementen a, b die Quadratwurzel $b' = \sqrt{a^2 - b^2}$ adjungiren.

Dem entsprechend hat man im Fall von vier Elementen zu den vier durch den Algorithmus (1) definirten Grössen a_1, b_1, c_1, e_1 sechs neue Grössen b_1', c_1', e_1' und b_1'', c_1'', e_1'' hinzuzufügen, welche in ihrer Zusammensetzung von den Grössen (1) nur durch die Vorzeichen unterschieden und durch die Gleichungen

$$\begin{aligned} b_1' &= \tfrac{1}{4}(a+b-c-e), & b_1'' &= \tfrac{1}{2}(\sqrt{ab}-\sqrt{ce}) \\ c_1' &= \tfrac{1}{4}(a-b+c-e), & c_1'' &= \tfrac{1}{2}(\sqrt{ac}-\sqrt{be}) \\ e_1' &= \tfrac{1}{4}(a-b-c+e), & e_1'' &= \tfrac{1}{2}(\sqrt{ae}-\sqrt{bc}) \end{aligned}$$

gegeben sind. Wenn man diese Grössen durch die coordinirten Grössen a_1, b_1, c_1, e_1 ausdrückt und in allen Stufen der Operation die gleich gebildeten Grössen hinzufügt, so gelangt man für die sechs den gegebenen Elementen a, b, c, e zu adjungirenden Grössen b', c', e' und b'', c'', e'' zu folgenden Werthen:

$$(3) \quad \left\{ \begin{aligned} b' &= \tfrac{1}{2}(\sqrt{\mathfrak{a}\mathfrak{b}}+\sqrt{\mathfrak{c}\mathfrak{e}}), & b'' &= \tfrac{1}{2}(\sqrt{\mathfrak{a}\mathfrak{b}}-\sqrt{\mathfrak{c}\mathfrak{e}}) \\ c' &= \tfrac{1}{2}(\sqrt{\mathfrak{a}\mathfrak{c}}+\sqrt{\mathfrak{b}\mathfrak{e}}), & c'' &= \tfrac{1}{2}(\sqrt{\mathfrak{a}\mathfrak{c}}-\sqrt{\mathfrak{b}\mathfrak{e}}) \\ e' &= \tfrac{1}{2}(\sqrt{\mathfrak{a}\mathfrak{e}}+\sqrt{\mathfrak{b}\mathfrak{c}}), & e'' &= \tfrac{1}{2}(\sqrt{\mathfrak{a}\mathfrak{e}}-\sqrt{\mathfrak{b}\mathfrak{c}}), \end{aligned} \right.$$

in welchen

$$(3^*) \quad \left\{ \begin{aligned} \mathfrak{a} &= a+b+c+e \\ \mathfrak{b} &= a+b-c-e \\ \mathfrak{c} &= a-b+c-e \\ \mathfrak{e} &= a-b-c+e. \end{aligned} \right.$$

Es ist bemerkenswerth, dass in den Quadraten dieser sechs adjungirten Grössen nur die *eine* Irrationalität $\sqrt{\mathfrak{abce}}$ vorkommt.

2. Die oben als Grenze des unendlich oft wiederholten Algorithmus (1) definirte Grösse g ist eine bestimmte analytische Function der vier Elemente a, b, c, e, welche erstens der Functionalgleichung

$$(4)\qquad f(a, b, c, e) = f\left(\frac{a+b+c+e}{4}, \frac{\sqrt{ab}+\sqrt{ce}}{2}, \frac{\sqrt{ac}+\sqrt{be}}{2}, \frac{\sqrt{ae}+\sqrt{bc}}{2}\right)$$

genügt, zweitens eine homogene Function erster Ordnung der vier Elemente ist und drittens, wenn die vier Elemente in *einen* Werth a zusammenfallen, dem nämlichen Werthe a gleich wird. Umgekehrt definiren diese drei Bedingungen die Grenze g vollständig. Der Functionalgleichung genügt nämlich nicht allein g, sondern ebensowohl jede Function von g, und umgekehrt ist jede der Functionalgleichung genügende Function f der vier Elemente a, b, c, e eine blosse Function von g. Soll überdies f eine homogene Function erster Ordnung der vier Elemente sein, so ist $f = \mathfrak{m}.g$, wo $\mathfrak{m}$ einen willkürlichen numerischen Factor bedeutet, welcher durch die dritte Bedingung der Einheit gleich bestimmt wird.

Anstatt g als Function der Elemente a, b, c, e durch die Functionalgleichung (4) und die hinzugefügten Nebenbedingungen zu bestimmen, kann man g auch durch ein System von Differentialgleichungen definiren, ebenso wie dies in meiner Abhandlung über das arithmetisch-geometrische Mittel aus zwei Elementen*) für dieses geschehen ist. Um die entsprechenden Resultate besser mit einander vergleichen zu können, fange ich damit an, für den Fall von zwei Elementen das Ergebniss in einer etwas veränderten Form auszusprechen.

Es sei g das arithmetisch-geometrische Mittel aus zwei Elementen a, b; dann ist $\frac{g}{a}$ eine homogene Function nullter Ordnung von a, b. Führt man für das Verhältniss der beiden Elemente a, b eine neue Variable

$$p = \frac{b}{a}$$

ein, so dass $\frac{g}{a}$ lediglich von p abhängt, und setzt

$$(5)\qquad d\lg\frac{g}{a} = P\, d\lg p,$$

*) Journal für die reine und angewandte Mathematik, Bd. 58 p. 131 und 132, Gleichung (9) und (10) [p. 126 dieser Ausgabe].

eine Gleichung, welche P durch Differentiation aus g herleiten lehrt, so lässt sich das in meiner oben citirten Abhandlung vom Jahre 1858 gegebene Resultat in folgender Form aussprechen: Die Function P von p genügt einer Differentialgleichung erster Ordnung und zweiten Grades, so dass dP einem in $d\lg p$ multiplicirten ganzen Ausdruck zweiten Grades in P gleich wird, dessen Coefficienten *rationale* Functionen von p sind. Vermöge dieser Differentialgleichung, welche P als Function von p definirt, und einer nach Gleichung (5) auszuführenden Quadratur gelangt man zu der Grenze g.

Für das arithmetisch-geometrische Mittel g aus vier Elementen a, b, c, e lautet das entsprechende Ergebniss folgendermassen:

Aus den vier Elementen und den sechs in Art. 1 denselben adjungirten Grössen bilde man die drei Variabeln

$$(6)\qquad \begin{cases} p = \dfrac{eb''}{cb'} = \dfrac{e}{c} \cdot \dfrac{\sqrt{\mathfrak{ab}} - \sqrt{\mathfrak{ce}}}{\sqrt{\mathfrak{ab}} + \sqrt{\mathfrak{ce}}} \\[2ex] q = \dfrac{bc''}{ec'} = \dfrac{b}{e} \cdot \dfrac{\sqrt{\mathfrak{ac}} - \sqrt{\mathfrak{be}}}{\sqrt{\mathfrak{ac}} + \sqrt{\mathfrak{be}}} \\[2ex] r = \dfrac{ce''}{be'} = \dfrac{c}{b} \cdot \dfrac{\sqrt{\mathfrak{ae}} - \sqrt{\mathfrak{bc}}}{\sqrt{\mathfrak{ae}} + \sqrt{\mathfrak{bc}}}, \end{cases}$$

wo $\mathfrak{a}$, $\mathfrak{b}$, $\mathfrak{c}$, $\mathfrak{e}$ die in (3*) eingeführten Hülfsgrössen sind, so dass $\frac{g}{a}$ eine homogene Function nullter Ordnung von a, b, c, e ist, also lediglich von p, q, r abhängt; man setze

$$(7)\qquad d\lg\frac{g}{a} = P\,d\lg p + Q\,d\lg q + R\,d\lg r,$$

eine Gleichung, welche P, Q, R als partielle Differentialquotienten von g bestimmt, alsdann genügen P, Q, R drei simultanen totalen Differentialgleichungen erster Ordnung und zweiten Grades, so dass jedes der Differentiale dP, dQ, dR einem in $d\lg p$, $d\lg q$, $d\lg r$ homogenen linearen, in P, Q, R ganzen Ausdruck zweiter Ordnung gleich wird, dessen Coefficienten *rationale* Functionen von p, q, r sind.

Vermöge dieses Systems totaler Differentialgleichungen, welche P, Q, R als Functionen von p, q, r definiren, und einer nach Gleichung (7) auszuführenden Quadratur gelangt man zu der Grenze g.

3. Die ursprünglich als Grenze des unendlich oft wiederholten Algorithmus (1) erklärte und dann durch das soeben characterisirte System von

Differentialgleichungen als analytische Function der Elemente a, b, c, e definirte Grösse g ist andrerseits durch hyperelliptische Integrale ausdrückbar. Aber der Uebergang von den Differentialgleichungen zu den Integralen, welcher im Fall des arithmetisch-geometrischen Mittels aus zwei Elementen durch unsere genaue Kenntniss der hypergeometrischen Functionen vermittelt wird, bietet im vorliegenden Fall nicht unerhebliche Schwierigkeiten dar.

Auch hier ist es der reciproke Werth der Grenze g, welcher durch complete Integrale darstellbar ist. Man kann nämlich aus den gegebenen Elementen a, b, c, e und den adjungirten Grössen (3) vier neue Grössen α_0, α_1, α_2, α_3 so zusammensetzen, dass nach Bildung der ganzen Function fünften Grades

$$R(x) = x(x-\alpha_0)(x-\alpha_1)(x-\alpha_2)(x-\alpha_3)$$

der reciproke Werth von g durch die Gleichung

$$\frac{\pi^2}{g} = \int_0^{\alpha_3} dx' \int_{\alpha_2}^{\alpha_1} dx \frac{x-x'}{\sqrt{R(x)R(x')}},$$

gegeben wird. Die noch fehlende Bestimmung der Grössen α ist in dem folgenden Theorem enthalten:

Man bilde aus den vier Elementen a, b, c, e durch den Algorithmus

$$\begin{aligned} 4a_1 &= a+b+c+e \\ 2b_1 &= \sqrt{ab}+\sqrt{ce} \\ 2c_1 &= \sqrt{ac}+\sqrt{be} \\ 2e_1 &= \sqrt{ae}+\sqrt{bc} \end{aligned}$$

vier Grössen a_1, b_1, c_1, e_1, aus diesen durch den nämlichen Algorithmus wiederum vier Grössen a_2, b_2, c_2, e_2, etc. in infinitum, dann nähern sich mit wachsendem n die vier Grössen a_n, b_n, c_n, e_n der nämlichen Grenze g, deren Werth man folgendermassen bestimmt: Man setze

$$\begin{aligned} \mathfrak{a} &= a+b+c+e \\ \mathfrak{b} &= a+b-c-e \\ \mathfrak{c} &= a-b+c-e \\ \mathfrak{e} &= a-b-c+e, \end{aligned}$$

$$2\mathfrak{b}' = \sqrt{\mathfrak{a}\mathfrak{b}} + \sqrt{\mathfrak{c}\mathfrak{e}}, \qquad 2\mathfrak{b}'' = \sqrt{\mathfrak{a}\mathfrak{b}} - \sqrt{\mathfrak{c}\mathfrak{e}}$$
$$2\mathfrak{c}' = \sqrt{\mathfrak{a}\mathfrak{c}} + \sqrt{\mathfrak{b}\mathfrak{e}}, \qquad 2\mathfrak{c}'' = \sqrt{\mathfrak{a}\mathfrak{c}} - \sqrt{\mathfrak{b}\mathfrak{e}}$$
$$2\mathfrak{e}' = \sqrt{\mathfrak{a}\mathfrak{e}} + \sqrt{\mathfrak{b}\mathfrak{c}}, \qquad 2\mathfrak{e}'' = \sqrt{\mathfrak{a}\mathfrak{e}} - \sqrt{\mathfrak{b}\mathfrak{c}}$$

(8) $$\triangle = (abce\, b'c'e'\, b''c''e'')^{\frac{1}{4}}, \quad \alpha_0 = \frac{acb'}{\triangle}, \quad \alpha_1 = \frac{cc'e'}{\triangle}, \quad \alpha_2 = \frac{ac''e'}{\triangle}, \quad \alpha_3 = \frac{b'c'c''}{\triangle}$$

(9) $$R(x) = x(x-\alpha_0)(x-\alpha_1)(x-\alpha_2)(x-\alpha_3),$$

dann ist

(10) $$\frac{\pi^2}{g} = \int_0^{\alpha_3} dx' \int_{\alpha_2}^{\alpha_1} dx \frac{x-x'}{\sqrt{R(x)R(x')}}.$$

4. Das so eben ausgesprochene Ergebniss, welches der bekannten Bestimmung des arithmetisch-geometrischen Mittels aus zwei Elementen genau entspricht, lässt sich, wenn man nicht den oben gegebenen Algorithmus, sondern die Weierstrasssche Theorie der hyperelliptischen Integrale und der damit verbundenen Thetafunctionen zum Ausgangspunkt der Untersuchung macht, auf einem verhältnissmässig elementaren Wege begründen.

Es giebt in der Theorie der hyperelliptischen Functionen mit 4 Perioden 4 verschiedene reelle complete Integrale, die sich theils nach ihren Grenzen, theils nach den Zählern unterscheiden, mit welchen multiplicirt der unter dem Integral stehende reciproke Werth der Quadratwurzel aus der Function fünften Grades $R(x)$ vorkommt. Bei jeder Transformation geht jedes dieser 4 completen Integrale in eine Summe zweier Integrale über und es giebt, so lange man bei der Betrachtung einfacher Integrale stehen bleibt, keine Function, welche, selbst wenn man von einem hinzutretenden Factor absieht, in sich selbst zurückkehrt. Eine solche bei der Transformation in sich selbst zurückkehrende Function erhält man erst in der Determinante aus den 4 completen Integralen, oder, was dasselbe ist, in dem obigen Doppelintegral und es ergiebt sich erst auf diese Weise dasjenige, was für die hyperelliptischen Functionen mit 4 Perioden dem arithmetisch-geometrischen Mittel der elliptischen Functionen entspricht.

Die Bestimmung des arithmetisch-geometrischen Mittels aus vier Elementen kann daher aus der Transformation zweiter Ordnung der hyperelliptischen Functionen mit 4 Perioden hergeleitet werden, wenn man erstens dieselbe auf die aus den 4 reellen completen Integralen gebildete Determinante anwendet und zweitens als Integral-Moduln, anstatt der von Richelot als solche betrachteten Grössen, die Verhältnisse der Quadrate der Nullwerthe*) derjenigen vier Thetafunctionen einführt, welche aus dem Haupt-Theta durch Aenderung der Argumente um Hälften der reellen Perioden hervorgehen. Setzt man nämlich die mit g multiplicirten Quadrate der Nullwerthe der bezeichneten vier ϑ-Functionen gleich a, b, c, e und die mit g multiplicirten Quadrate der Nullwerthe der entsprechenden transformirten ϑ-Functionen**) gleich a_1, b_1, c_1, e_1, so bestehen zwischen diesen beiden Reihen von je vier Grössen die vier Relationen, welche bereits oben in die *eine* Gleichung

$$4(a_1+\varepsilon b_1+\varepsilon' c_1+\varepsilon\varepsilon' e_1) = (\sqrt{a}+\varepsilon\sqrt{b}+\varepsilon'\sqrt{c}+\varepsilon\varepsilon'\sqrt{e})^2$$

zusammengefasst worden sind.

5. Der Algorithmus, welcher den Gegenstand dieser Mittheilung bildet, kann auf jede Anzahl von Elementen ausgedehnt werden, welche eine Potenz von 2 ist. Aber nur für die erste und zweite Potenz von 2, d. h. für 2 und 4 Elemente, in welchen Fällen man auf elliptische und hyperelliptische Functionen mit 4 Perioden geführt wird, hat der Algorithmus die wichtige Eigenschaft, dass die Elemente unter einander vertauscht werden können, ohne dass der Algorithmus ein verändertes Resultat ergiebt. Wenn man diese Eigenschaft von dem Algorithmus fordert, so ist daher mit der Ausdehnung auf 4 Elemente die überhaupt mögliche Ausdehnung erschöpft. Der Name des arithmetisch-geometrischen Mittels ist auf die weiteren Ausdehnungen nicht mehr anwendbar, da bereits für 8 Elemente der Algorithmus einen bestimmten Sinn nur dann hat, wenn man eine bestimmte Reihenfolge der Elemente vorher festgesetzt hat.

Für eine Anzahl von 2^ϱ positiven reellen Elementen kann man den analogen Algorithmus ebenfalls durch *eine* Gleichung definiren, welche die Stelle von 2^ϱ Gleichungen vertritt. Bedeutet nämlich jedes der Zeichen ε_1, ε_2, ... ε_ϱ die positive oder negative Einheit und sind μ_1, μ_2, ... μ_ϱ Indices, deren jeder die Werthe 0, 1 annehmen kann, so mache man zwei Reihen von 2^ϱ Grössen $a_{\mu_1,\mu_2,\dots\mu_\varrho}$ und $a'_{\mu_1,\mu_2,\dots\mu_\varrho}$ durch die 2^ϱ Gleichungen von einander abhängig, welche

*) d. h. der Werthe, welche man erhält, wenn man beide Argumente verschwinden lässt.

**) d. h. derjenigen, in welchen τ_{11}, τ_{12}, τ_{22} durch $2\tau_{11}$, $2\tau_{12}$, $2\tau_{22}$ ersetzt sind.

aus der einen Gleichung

$$(11)\qquad 2^\varrho \sum_{\mu_1,\mu_2,\ldots\mu_\varrho} \varepsilon_1^{\mu_1}\varepsilon_2^{\mu_2}\ldots\varepsilon_\varrho^{\mu_\varrho} a'_{\mu_1,\mu_2,\ldots\mu_\varrho} = \Big(\sum_{\mu_1,\mu_2,\ldots\mu_\varrho} \varepsilon_1^{\mu_1}\varepsilon_2^{\mu_2}\ldots\varepsilon_\varrho^{\mu_\varrho}\sqrt{a_{\mu_1,\mu_2,\ldots\mu_\varrho}}\Big)^2$$

hervorgehen, wenn man für $\varepsilon_1, \varepsilon_2, \ldots \varepsilon_\varrho$ alle Combinationen positiver und negativer Einheiten setzt. Dieser Algorithmus giebt für *eine* der Grössen a' das arithmetische Mittel sämmtlicher Elemente a und für jede der $2^\varrho - 1$ übrigen Grössen a' das arithmetische Mittel von $2^{\varrho-1}$ geometrischen Mitteln aus zweien der Grössen a. Diese $2^\varrho - 1$ übrigen Grössen a' gehen aber bei Vertauschung der Elemente a im Allgemeinen nicht mehr in einander über, sondern in Grössen, welche von den a' verschieden sind, was man von vorn herein übersieht, da es für $\varrho > 2$ unmöglich ist aus 2^ϱ Elementen eine Function zu bilden, welche bei Vertauschung der Elemente nicht mehr als $2^\varrho - 1$ verschiedene Werthe annimmt. Für den so verallgemeinerten Algorithmus beweist man auf die nämliche Weise, dass die Differenz zwischen der grössten und kleinsten der Grössen a' kleiner als die Hälfte der entsprechenden Differenz für die Elemente a ist, woraus wiederum hervorgeht, dass bei Wiederholung des nämlichen Algorithmus die 2^ϱ Grössen

$$a^{(n)}_{\mu_1,\mu_2,\ldots\mu_\varrho}$$

für $n = \infty$ ein und derselben Grenze g sich nähern.

Für die Grenze g des verallgemeinerten Algorithmus geben die Abelschen Functionen mit 2ϱ Perioden nicht mehr die vollständige, sondern nur eine besondere Lösung.

Bezeichnet nämlich $\vartheta(v_1, v_2, \ldots v_\varrho)$ das durch die Gleichung

$$\vartheta(v_1, v_2, \ldots v_\varrho) = \sum e^{(2\mathfrak{f}+\mathfrak{F})\pi\sqrt{-1}}$$

definirte Weierstrasssche Haupt-Theta, wo

$$\mathfrak{f} = n_1 v_1 + n_2 v_2 + \cdots + n_\varrho v_\varrho$$
$$\mathfrak{F} = n_1^2\tau_{11} + 2n_1 n_2 \tau_{12} + \cdots + n_\varrho^2 \tau_{\varrho\varrho}$$

und die Summation für jedes der reihenden Elemente $n_1, n_2, \ldots n_\varrho$ auf alle ganzen Zahlen von $-\infty$ bis $+\infty$ zu erstrecken ist, und setzt man

$$(12)\qquad a_{\mu_1,\mu_2,\ldots\mu_\varrho} = g\Big(\vartheta\Big(\frac{\mu_1}{2}, \frac{\mu_2}{2}, \ldots \frac{\mu_\varrho}{2};\ \tau_{11}, \tau_{12}, \ldots \tau_{\varrho\varrho}\Big)\Big)^2$$

$$(13)\qquad a'_{\mu_1,\mu_2,\ldots\mu_\varrho} = g\Big(\vartheta\Big(\frac{\mu_1}{2}, \frac{\mu_2}{2}, \ldots \frac{\mu_\varrho}{2};\ 2\tau_{11}, 2\tau_{12}, \ldots 2\tau_{\varrho\varrho}\Big)\Big)^2,$$

so genügen zwar die so definirten Grössen a, a' den durch (11) dargestellten 2^ϱ Relationen, aber sie geben nur eine besondere Lösung, da die durch (12) definirten Grössen a nur von den $\frac{1}{2}\varrho(\varrho+1)+1$ Quantitäten g, τ_{11}, ... $\tau_{\varrho\varrho}$ abhangen, also zwischen den 2^ϱ Elementen a des Algorithmus (11)

$$2^\varrho - \frac{\varrho(\varrho+1)}{2} - 1$$

Relationen bestehen müssen, damit sie unter die besondere Lösung (12) fallen. Schon für $\varrho = 3$, also im Fall von 8 Elementen a, muss zwischen denselben *eine* Relation bestehen, damit die fortgesetzte Anwendung des Algorithmus (11) auf eine Grenze führe, welche durch Abelsche Integrale darstellbar sei.

Bestehen jene

$$2^\varrho - \frac{\varrho(\varrho+1)}{2} - 1$$

Relationen zwischen den Elementen a des Algorithmus (11) nicht, so führt die fortgesetzte Anwendung des Algorithmus zwar noch immer zu einer Grenze, aber von welcher Art die transcendenten Functionen sind, durch welche die Grenze sich darstellen lässt, dies ist eine Frage, deren Beantwortung der Zukunft vorbehalten bleibt.

Eine französische Uebersetzung dieser Abhandlung findet sich im *Bulletin des Sciences mathématiques et astronomiques, rédigé par MM. Darboux, Hoüel et Tannery*, 2e Série, T. I p. 337—348, 1877, unter dem Titel: *Sur la moyenne arithmétique-géométrique de quatre éléments.*

Anzeige der vorhergehenden Abhandlung.

Atti della R. Accademia delle scienze di Torino, Vol. 12 p. 283—284, 1876—77.

A l'Académie Royale de Turin.

Dans les Mémoires de Turin de 1784—85 [Oeuvres de Lagrange, T. 2 p. 251], Lagrange a tiré de la transformation découverte par Landen une nouvelle méthode pour calculer les intégrales elliptiques. C'est dans cet important travail que l'on trouve, pour la première fois, l'algorithme dont l'application indéfinie conduit aux moyennes arithmético-géométriques de deux éléments, qui ont servi à Gauss comme point de départ dans ses recherches sur les fonctions elliptiques.

Dans une note que je viens de publier et dont j'ai l'honneur de présenter un exemplaire à l'illustre Académie des Sciences de Turin, j'étends à quatre éléments l'algorithme des moyennes arithmético-géométriques.

On sait qu'en posant avec Lagrange

$$a_1 = \tfrac{1}{2}(a+b), \quad b_1 = \sqrt{ab}$$

et répétant un nombre indéfini de fois la même opération, les quantités a_n, b_n convergent vers la même limite dont la valeur réciproque est, sauf un facteur numérique, égale à une intégrale elliptique complète.

Je pose de même

$$\begin{aligned} a_1 &= \tfrac{1}{4}(a+b+c+e) \\ b_1 &= \tfrac{1}{2}(\sqrt{ab}+\sqrt{ce}) \\ c_1 &= \tfrac{1}{2}(\sqrt{ac}+\sqrt{be}) \\ e_1 &= \tfrac{1}{2}(\sqrt{ae}+\sqrt{bc}). \end{aligned}$$

Répétant un nombre indéfini de fois cette opération, les quantités a_n, b_n, c_n, e_n

convergent vers la même limite dont la valeur réciproque est, à un facteur numérique près, égale à une intégrale double hyperelliptique complète. Cette intégrale double peut aussi être écrite comme déterminant du second ordre de quatre intégrales simples hyperelliptiques complètes, les seules qu'il y a lieu de considérer dans la théorie des intégrales hyperelliptiques de 1ère espèce dans lesquelles la fonction entière qui se trouve sous le radical est du cinquième ou sixième degré.

Je donne même un algorithme analogue pour un nombre 2^{ϱ} d'éléments mais qui n'a plus, pour $\varrho > 2$, la propriété précieuse de donner toujours le même résultat de quelque manière que l'on échange entre eux les éléments.

Ici la limite commune n'est plus exprimable en général par des intégrales abéliennes. Pour que cela ait lieu, il faut que les éléments satisfassent à un certain nombre de conditions, qui se réduisent à une seule pour $\varrho = 3$, c. à d. dans le cas de 8 éléments.

Berlin, ce 19 Janvier 1877.

C. W. Borchardt.

Ueber die Darstellung der Kummerschen Fläche vierter Ordnung mit sechzehn Knotenpunkten durch die Göpelsche biquadratische Relation zwischen vier Thetafunctionen mit zwei Variabeln.

Borchardt, Journal für die reine und angewandte Mathematik, Bd. 83 p. 234—244, 1877.

Ueber die Darstellung der Kummerschen Fläche vierter Ordnung mit sechzehn Knotenpunkten durch die Göpelsche biquadratische Relation zwischen vier Thetafunctionen mit zwei Variabeln.

Gelesen in der Akademie der Wissenschaften zu Berlin am 18. Juni 1877.

In der merkwürdigen Abhandlung: *Theoriae transcendentium Abelianarum primi ordinis adumbratio levis* (Bd. 35 p. 277 des Journals für die reine und angewandte Mathematik) hat Göpel bekanntlich den Zusammenhang zwischen den Thetafunctionen mit zwei Variabeln und den hyperelliptischen Integralen, welche eine Quadratwurzel aus einer ganzen Function fünften Grades enthalten, festgestellt, indem er hierbei die Transformation zweiter Ordnung der Thetafunctionen als Hülfsmittel benutzte.

Ich werde in den folgenden Betrachtungen, die sich speciell auf die von Göpel aufgestellte biquadratische Relation zwischen gewissen Systemen von vier Thetafunctionen beziehen, die Göpelsche Bezeichnung zwar erwähnen, dieselbe indessen durch die Weierstrasssche Bezeichnung ersetzen.

1. Göpel beginnt damit sechzehn transcendente Functionen auf folgende Weise zu definiren: Es sei

$$f(\alpha, \beta) = r(u+2\alpha K+2\beta L)^2+r'(u'+2\alpha K'+2\beta L')^2-ru^2-r'u'^2,$$

und es mögen $\mathfrak{a}$, $\mathfrak{b}$ reihende Elemente bezeichnen, welchen alle ganzzahligen Werthe von $-\infty$ bis $+\infty$ beizulegen sind. Man setze nach einander

(P)	$\alpha = \mathfrak{a}$,	$\beta = \mathfrak{b}$
(Q)	$\alpha = \mathfrak{a}+\frac{1}{2}$,	$\beta = \mathfrak{b}$
(R)	$\alpha = \mathfrak{a}$,	$\beta = \mathfrak{b}+\frac{1}{2}$
(S)	$\alpha = \mathfrak{a}+\frac{1}{2}$,	$\beta = \mathfrak{b}+\frac{1}{2}$.

Der auf diese Weise vierdeutigen Exponentialgrösse $e^{f(\alpha,\beta)}$ gebe man die vier Vorzeichen

$$\varepsilon''' = 1$$
$$\varepsilon'' = (-1)^{\mathfrak{a}}$$
$$\varepsilon' = (-1)^{\mathfrak{b}}$$
$$\varepsilon = (-1)^{\mathfrak{a}+\mathfrak{b}},$$

so werden durch die Gleichungen

$$P''' = \Sigma e^{f(\mathfrak{a},\mathfrak{b})}, \qquad R''' = \Sigma e^{f(\mathfrak{a},\mathfrak{b}+\frac{1}{2})}$$
$$P'' = \Sigma(-1)^{\mathfrak{a}} e^{f(\mathfrak{a},\mathfrak{b})}, \qquad R'' = \Sigma(-1)^{\mathfrak{a}} e^{f(\mathfrak{a},\mathfrak{b}+\frac{1}{2})}$$
$$P' = \Sigma(-1)^{\mathfrak{b}} e^{f(\mathfrak{a},\mathfrak{b})}, \qquad iR' = \Sigma(-1)^{\mathfrak{b}} e^{f(\mathfrak{a},\mathfrak{b}+\frac{1}{2})}$$
$$P = \Sigma(-1)^{\mathfrak{a}+\mathfrak{b}} e^{f(\mathfrak{a},\mathfrak{b})}, \qquad iR = \Sigma(-1)^{\mathfrak{a}+\mathfrak{b}} e^{f(\mathfrak{a},\mathfrak{b}+\frac{1}{2})}$$

$$Q''' = \Sigma e^{f(\mathfrak{a}+\frac{1}{2},\mathfrak{b})}, \qquad S''' = \Sigma e^{f(\mathfrak{a}+\frac{1}{2},\mathfrak{b}+\frac{1}{2})}$$
$$iQ'' = \Sigma(-1)^{\mathfrak{a}} e^{f(\mathfrak{a}+\frac{1}{2},\mathfrak{b})}, \qquad iS'' = \Sigma(-1)^{\mathfrak{a}} e^{f(\mathfrak{a}+\frac{1}{2},\mathfrak{b}+\frac{1}{2})}$$
$$Q' = \Sigma(-1)^{\mathfrak{b}} e^{f(\mathfrak{a}+\frac{1}{2},\mathfrak{b})}, \qquad iS' = \Sigma(-1)^{\mathfrak{b}} e^{f(\mathfrak{a}+\frac{1}{2},\mathfrak{b}+\frac{1}{2})}$$
$$iQ = \Sigma(-1)^{\mathfrak{a}+\mathfrak{b}} e^{f(\mathfrak{a}+\frac{1}{2},\mathfrak{b})}, \qquad S = \Sigma(-1)^{\mathfrak{a}+\mathfrak{b}} e^{f(\mathfrak{a}+\frac{1}{2},\mathfrak{b}+\frac{1}{2})},$$

in welchen $i = \sqrt{-1}$ und die Summen Σ auf alle ganzzahligen Werthe $\mathfrak{a}$, $\mathfrak{b}$ von $-\infty$ bis $+\infty$ auszudehnen sind, die sechzehn Göpelschen Functionen definirt.

Setzt man

$$4(rK^2 + r'K'^2) = \pi i \tau_{11}, \qquad 2(rKu + r'K'u') = \pi i v_1$$
$$4(rKL + r'K'L') = \pi i \tau_{12} = \pi i \tau_{21}, \qquad 2(rLu + r'L'u') = \pi i v_2,$$
$$4(rL^2 + r'L'^2) = \pi i \tau_{22},$$

so stimmen die oben definirten sechzehn Göpelschen Functionen mit den Weierstrassschen ϑ-Functionen in der Weise überein, dass

$$P'''(u, u') = \vartheta_5(v_1, v_2), \qquad R'''(u, u') = \vartheta_4(v_1, v_2)$$
$$P''(u, u') = \vartheta_{12}(v_1, v_2), \qquad R''(u, u') = \vartheta_{03}(v_1, v_2)$$
$$P'(u, u') = \vartheta_{34}(v_1, v_2), \qquad R'(u, u') = \vartheta_3(v_1, v_2)$$
$$P(u, u') = \vartheta_0(v_1, v_2), \qquad R(u, u') = \vartheta_{04}(v_1, v_2)$$

$$Q'''(u, u') = \vartheta_{01}(v_1, v_2), \qquad S'''(u, u') = \vartheta_{23}(v_1, v_2)$$
$$Q''(u, u') = \vartheta_{02}(v_1, v_2), \qquad S''(u, u') = \vartheta_{13}(v_1, v_2)$$
$$Q'(u, u') = \vartheta_2(v_1, v_2), \qquad S'(u, u') = \vartheta_{24}(v_1, v_2)$$
$$Q(u, u') = \vartheta_1(v_1, v_2), \qquad S(u, u') = -\vartheta_{14}(v_1, v_2).$$

Ordnet man nun die sechzehn ϑ-Functionen in folgendes Quadrat:

$$\begin{matrix} P''' & P'' & P' & P \\ R''' & R'' & R' & R \\ Q''' & Q'' & Q' & Q \\ S''' & S'' & S' & S, \end{matrix}$$

oder, was dasselbe ist,

$$\begin{matrix} \vartheta_5 & \vartheta_{12} & \vartheta_{34} & \vartheta_0 \\ \vartheta_4 & \vartheta_{03} & \vartheta_3 & \vartheta_{04} \\ \vartheta_{01} & \vartheta_{02} & \vartheta_2 & \vartheta_1 \\ \vartheta_{23} & \vartheta_{13} & \vartheta_{24} & -\vartheta_{14}, \end{matrix}$$

so sind in diesem Quadrat die zehn ϑ-Functionen, welche in der ersten Horizontalreihe, der ersten Verticalreihe und in der Diagonalreihe stehen, gerade Functionen von v_1, v_2 (oder, was dasselbe ist, von u, u'), die übrigen sechs ϑ-Functionen dagegen ungerade Functionen. Die Nullwerthe der ϑ-Functionen, d. h. die Werthe, welche sie erhalten, wenn beide Argumente verschwinden, werden nach der Göpelschen Bezeichnung durch das Schema

$$\begin{matrix} \varpi''' & \varpi'' & \varpi' & \varpi \\ \varrho''' & \varrho'' & 0 & 0 \\ k''' & 0 & k' & 0 \\ \sigma''' & 0 & 0 & \sigma \end{matrix}$$

und nach der Weierstrassschen Bezeichnung durch das Schema

$$\begin{matrix} c_5 & c_{12} & c_{34} & c_0 \\ c_4 & c_{03} & 0 & 0 \\ c_{01} & 0 & c_2 & 0 \\ c_{23} & 0 & 0 & -c_{14} \end{matrix}$$

dargestellt.

Nennt man Perioden Grössenpaare von der Art, dass, wenn man die Argumente v_1, v_2 um dieselben vermehrt, die funfzehn Brüche $\dfrac{\vartheta_\alpha(v_1, v_2)}{\vartheta_5(v_1, v_2)}$, abgesehen vom Zeichen, unverändert bleiben, so ergeben sich bei Vermehrung der

Argumente um halbe Perioden aus ϑ_5, dem Hauptttheta nach der Weierstrassschen Bezeichnung, abgesehen von einem Exponentialfactor, die übrigen funfzehn ϑ-Functionen.

2. Unter den sechzehn ϑ-Functionen kann man auf sechzehn verschiedene Arten ein System von sechs Functionen so auswählen, dass je vier dieser sechs Functionen durch eine homogene lineare Relation zwischen ihren Quadraten verbunden sind. Als Repräsentant dieser Systeme von sechs Functionen kann man dasjenige der sechs ungeraden ϑ-Functionen ansehen, die übrigen funfzehn Systeme leiten sich aus diesem durch Vermehrung der Argumente um halbe Perioden her.

Mit Hülfe dieser Systeme von sechs ϑ-Functionen hat Herr Rosenhain den Uebergang zu den Integralen, welcher in der Göpelschen Abhandlung nur durch eine höchst scharfsinnige Substitution möglich wird, mit grosser Leichtigkeit vollzogen. Auch die Weierstrasssche Methode, die ϑ-Functionen durch einfache und componirte Indices zu bezeichnen, welche von Herrn Königsberger (Bd. 64 p. 17 des Journals für die reine und angewandte Mathematik) reproducirt worden ist, beruht auf der Existenz dieser Systeme.

3. Neben den von Herrn Rosenhain entdeckten Systemen von sechs ϑ-Functionen, von denen je vier durch eine lineare Relation zwischen ihren Quadraten verbunden sind, giebt es andere nicht minder wichtige Systeme von vier ϑ-Functionen, welche durch eine homogene biquadratische Relation mit einander verbunden sind, deren Kenntniss wir Göpel (p. 292 Formel (33) der citirten Abhandlung) verdanken und deren Bedeutung für die Theorie der Transformation bereits Herr Hermite (Comptes rendus de l'Académie des sciences de Paris, T. 40, 1855, 1er semestre) nachgewiesen hat.

Solcher Göpelscher biquadratischer Relationen zwischen vier ϑ-Functionen giebt es im Ganzen sechzig. Je vier dieser Relationen gehören so zu einander, dass sie durch Vermehrung der Argumente um halbe Perioden aus einander hervorgehen und dass in den vier Relationen zusammengenommen alle sechzehn ϑ-Functionen vorkommen. Eine dieser vier Relationen enthält nur gerade ϑ-Functionen, jede der drei anderen zwei gerade und zwei ungerade ϑ-Functionen. Wählt man die nur gerade ϑ's enthaltenden Relationen als Repräsentanten der übrigen, so giebt es funfzehn solcher Repräsentanten.

Kennt man von diesen Relationen *eine*, so kann man durch die von

Herrn Henoch in seiner (leider nur als Dissertation gedruckten) Abhandlung: *De Abelianarum functionum periodis* angegebenen Transformationen der Fundamentalperioden aus dieser einen die übrigen vierzehn herleiten und zwar mit Hülfe der in der Henochschen Abhandlung p. 19 abgedruckten Tabelle.

4. Die von Göpel an der oben bezeichneten Stelle gegebene Relation (33) besteht zwischen den Functionen P'', P', S'', S' und lautet

$$\left.\begin{array}{l} P''^4+P'^4+S''^4+S'^4-2\,\dfrac{\varpi'''\varpi\,\sigma'''\sigma(\varpi''^4-\varpi'^4)^2}{(\varpi''\varpi'\varrho'''\varrho''k'''k')^2}\,P''P'S''S' \\ -\dfrac{\varpi''^4+\varpi'^4}{\varpi''^2\varpi'^2}(P''^2P'^2+S''^2S'^2)-\dfrac{\varrho'''^4+k'''^4}{\varrho'''^2k'''^2}(P''^2S''^2+P'^2S'^2) \\ +\dfrac{\varrho''^4+k'^4}{\varrho''^2k'^2}(P''^2S'^2+P'^2S''^2) \end{array}\right\}=0,$$

oder in der Weierstrassschen Bezeichnung

$$\left.\begin{array}{l} \vartheta_{12}^4+\vartheta_{34}^4+\vartheta_{13}^4+\vartheta_{24}^4+2\,\dfrac{c_5c_0c_{23}c_{14}(c_{12}^4-c_{34}^4)^2}{(c_{12}c_{34}c_4c_{01}c_{03}c_2)^2}\,\vartheta_{12}\vartheta_{34}\vartheta_{13}\vartheta_{24} \\ -\dfrac{c_{12}^4+c_{34}^4}{c_{12}^2c_{34}^2}(\vartheta_{12}^2\vartheta_{34}^2+\vartheta_{13}^2\vartheta_{24}^2)-\dfrac{c_4^4+c_{01}^4}{c_4^2c_{01}^2}(\vartheta_{12}^2\vartheta_{13}^2+\vartheta_{34}^2\vartheta_{24}^2)+\dfrac{c_{03}^4+c_2^4}{c_{03}^2c_2^2}(\vartheta_{12}^2\vartheta_{24}^2+\vartheta_{34}^2\vartheta_{13}^2) \end{array}\right\}=0.$$

Von den vier ϑ-Functionen sind ϑ_{12}, ϑ_{34} gerade, ϑ_{13}, ϑ_{24} ungerade. Durch Vermehrung der Argumente um eine halbe Periode gehen ϑ_{12}, ϑ_{34}, ϑ_{13}, ϑ_{24} in ϑ_5, ϑ_0, $-\vartheta_{23}$, ϑ_{14} über. Die Göpelsche Relation geht daher über in

$$\left.\begin{array}{l} \vartheta_5^4+\vartheta_0^4+\vartheta_{23}^4+\vartheta_{14}^4-2\,\dfrac{c_5c_0c_{23}c_{14}(c_{12}^4-c_{34}^4)^2}{(c_{12}c_{34}c_4c_{01}c_{03}c_2)^2}\,\vartheta_5\vartheta_0\vartheta_{23}\vartheta_{14} \\ -\dfrac{c_{12}^4+c_{34}^4}{c_{12}^2c_{34}^2}(\vartheta_5^2\vartheta_0^2+\vartheta_{23}^2\vartheta_{14}^2)-\dfrac{c_4^4+c_{01}^4}{c_4^2c_{01}^2}(\vartheta_5^2\vartheta_{23}^2+\vartheta_0^2\vartheta_{14}^2)+\dfrac{c_{03}^4+c_2^4}{c_{03}^2c_2^2}(\vartheta_5^2\vartheta_{14}^2+\vartheta_0^2\vartheta_{23}^2) \end{array}\right\}=0.$$

Zwischen den zehn Grössen c bestehen die Relationen, welche Göpel in den Formeln (18) bis (28) und Herr Rosenhain in seiner Preisschrift: *Mémoire sur les fonctions de deux variables et à quatre périodes* (Mémoires présentés par divers savants, T. 11 p. 416, 1851) in den Formeln (89), (90) zusammengestellt hat und durch welche sechs dieser Grössen durch die vier übrigen ausdrückbar sind. Nach diesen Formeln, die ich hier nicht wiederhole, wird

$$c_{12}^4+c_{34}^4 = c_5^4+c_0^4-c_{23}^4-c_{14}^4, \qquad c_{12}^2c_{34}^2 = c_5^2c_0^2-c_{23}^2c_{14}^2$$

$$c_4^4+c_{01}^4 = c_5^4+c_{23}^4-c_0^4-c_{14}^4, \qquad c_4^2c_{01}^2 = c_5^2c_{23}^2-c_0^2c_{14}^2$$

$$c_{03}^4+c_2^4 = c_5^4+c_{14}^4-c_0^4-c_{23}^4, \qquad -c_{03}^2c_2^2 = c_5^2c_{14}^2-c_0^2c_{23}^2$$

und hieraus

$$(c_{12}^4-c_{34}^4)^2 = \Pi(c_5^2+\varepsilon c_0^2+\varepsilon' c_{23}^2+\varepsilon\varepsilon' c_{14}^2), \qquad (\varepsilon,\ \varepsilon' = \pm 1)$$

folglich ergiebt sich

$$\text{(I)}\quad \left.\begin{aligned}
&\vartheta_5^4+\vartheta_0^4+\vartheta_{23}^4+\vartheta_{14}^4+2\frac{c_5c_0c_{23}c_{14}\Pi(c_5^2+\varepsilon c_0^2+\varepsilon' c_{23}^2+\varepsilon\varepsilon' c_{14}^2)}{(c_5^2c_0^2-c_{23}^2c_{14}^2)(c_5^2c_{23}^2-c_0^2c_{14}^2)(c_5^2c_{14}^2-c_0^2c_{23}^2)}\vartheta_5\vartheta_0\vartheta_{23}\vartheta_{14}\\
&-\frac{c_5^4+c_0^4-c_{23}^4-c_{14}^4}{c_5^2c_0^2-c_{23}^2c_{14}^2}(\vartheta_5^2\vartheta_0^2+\vartheta_{23}^2\vartheta_{14}^2)-\frac{c_5^4+c_{23}^4-c_0^4-c_{14}^4}{c_5^2c_{23}^2-c_0^2c_{14}^2}(\vartheta_5^2\vartheta_{23}^2+\vartheta_0^2\vartheta_{14}^2)\\
&-\frac{c_5^4+c_{14}^4-c_0^4-c_{23}^4}{c_5^2c_{14}^2-c_0^2c_{23}^2}(\vartheta_5^2\vartheta_{14}^2+\vartheta_0^2\vartheta_{23}^2)
\end{aligned}\right\} = 0.$$

Setzt man

$$\vartheta_5 = w, \quad \vartheta_0 = x, \quad \vartheta_{23} = y, \quad \vartheta_{14} = z$$

$$c_5 = w_0, \quad c_0 = x_0, \quad c_{23} = y_0, \quad c_{14} = z_0,$$

so hat man daher die Gleichung

$$\text{(II)}\quad \left.\begin{aligned}
&w^4+x^4+y^4+z^4+2\frac{w_0x_0y_0z_0\Pi(w_0^2+\varepsilon x_0^2+\varepsilon' y_0^2+\varepsilon\varepsilon' z_0^2)}{(w_0^2x_0^2-y_0^2z_0^2)(w_0^2y_0^2-x_0^2z_0^2)(w_0^2z_0^2-x_0^2y_0^2)}wxyz\\
&-\frac{w_0^4+x_0^4-y_0^4-z_0^4}{w_0^2x_0^2-y_0^2z_0^2}(w^2x^2+y^2z^2)-\frac{w_0^4+y_0^4-x_0^4-z_0^4}{w_0^2y_0^2-x_0^2z_0^2}(w^2y^2+x^2z^2)\\
&-\frac{w_0^4+z_0^4-x_0^4-y_0^4}{w_0^2z_0^2-x_0^2y_0^2}(w^2z^2+x^2y^2)
\end{aligned}\right\} = 0.$$

Diese Gleichung hat die Eigenschaft unverändert zu bleiben

1) wenn man die Grössen w, x, y, z und w_0, x_0, y_0, z_0 gleichzeitig derselben Permutation unterwirft,

2) wenn man w_0, x_0, y_0, z_0 unverändert lässt, dagegen die Grössen w, x, y, z in zwei Paare theilt und die Grössen jedes Paares vertauscht,

3) wenn man von den vier Grössenpaaren w, w_0; x, x_0; y, y_0; z, z_0 eins negativ nimmt oder zwei mit $i=\sqrt{-1}$ multiplicirt,

4) wenn man w_0, x_0, y_0, z_0 unverändert lässt und von den Grössen w, x, y, z zwei negativ nimmt.

Man bezeichne mit Φ die linke Seite der Gleichung (II), so wird Φ identisch $=0$ für $w=w_0$, $x=x_0$, $y=y_0$, $z=z_0$.

Bildet man ferner

$$4\Phi_1 = w\frac{\partial\Phi}{\partial w}+x\frac{\partial\Phi}{\partial x}-y\frac{\partial\Phi}{\partial y}-z\frac{\partial\Phi}{\partial z},$$

so ergiebt sich

$$\Phi_1 = w^4+x^4-y^4-z^4-\frac{w_0^4+x_0^4-y_0^4-z_0^4}{w_0^2x_0^2-y_0^2z_0^2}(w^2x^2-y^2z^2),$$

welches für $w=w_0$, $x=x_0$, $y=y_0$, $z=z_0$ ebenfalls verschwindet, und da dasselbe für

$$4\Phi_2 = w\frac{\partial\Phi}{\partial w}-x\frac{\partial\Phi}{\partial x}+y\frac{\partial\Phi}{\partial y}-z\frac{\partial\Phi}{\partial z}$$

$$4\Phi_3 = w\frac{\partial\Phi}{\partial w}-x\frac{\partial\Phi}{\partial x}-y\frac{\partial\Phi}{\partial y}+z\frac{\partial\Phi}{\partial z}$$

der Fall ist, so verschwinden für

(III) $$w=w_0,\quad x=x_0,\quad y=y_0,\quad z=z_0$$

gleichzeitig $\frac{\partial\Phi}{\partial w}$, $\frac{\partial\Phi}{\partial x}$, $\frac{\partial\Phi}{\partial y}$, $\frac{\partial\Phi}{\partial z}$, d. h. der Punkt (III) ist ein Knotenpunkt der durch die Gleichung (II) dargestellten Fläche. Und nach der unter 2) und 4) bemerkten Unveränderlichkeit der Function Φ gehen aus dem einen Punkt (III) 15 andere Knotenpunkte hervor.

5. Wendet man auf die Göpelsche Relation (II) die erwähnten von Herrn Henoch angegebenen sechs Transformationen der Fundamentalperioden an, so erhält man sämmtliche funfzehn biquadratische Relationen, welche zwischen vier geraden ϑ-Functionen möglich sind. Diese funfzehn Relationen unterscheiden sich von einander nur durch die Zeichen der einzelnen Glieder und zerfallen hiernach in vier Klassen. Die Unterschiede der Vorzeichen lassen sich dahin zusammenfassen, dass man in der Göpelschen Relation (II) die vier Variabeln w, x, y, z nicht geradezu den vier ϑ-Functionen gleichsetzt, sondern diesen ϑ-Functionen multiplicirt mit einer bestimmten Potenz einer achten Wurzel der Einheit. Man setze

$$j=\frac{1+\sqrt{-1}}{\sqrt{2}},$$

so dass $j^2=i=\sqrt{-1}$, also j eine achte Wurzel der Einheit ist, dann zerfallen die funfzehn Relationen in folgende vier Klassen:

I.

1.)	ϑ_5	ϑ_4	ϑ_{01}	ϑ_{23}
2.)	ϑ_5	ϑ_{12}	ϑ_{34}	ϑ_0
3.)	ϑ_5	ϑ_4	ϑ_{12}	ϑ_{03}
4.)	ϑ_5	ϑ_{34}	ϑ_{01}	ϑ_2
5.)	ϑ_5	ϑ_0	ϑ_{23}	ϑ_{14}

II.

6.)	ϑ_5	ϑ_{03}	ϑ_2	$i\vartheta_{14}$

III.

7.)	ϑ_{12}	ϑ_{03}	$j\vartheta_{01}$	$j\vartheta_{23}$
8.)	ϑ_{34}	ϑ_0	$j\vartheta_4$	$j\vartheta_{03}$
9.)	ϑ_{34}	ϑ_2	$j\vartheta_4$	$j\vartheta_{23}$
10.)	ϑ_{12}	ϑ_0	$j\vartheta_{01}$	$j\vartheta_2$
11.)	ϑ_0	ϑ_{14}	$j\vartheta_4$	$j\vartheta_{01}$
12.)	ϑ_{12}	ϑ_{34}	$j\vartheta_{23}$	$j\vartheta_{14}$

IV.

13.)	ϑ_2	$i\vartheta_{14}$	$j\vartheta_4$	$j\vartheta_{12}$
14.)	ϑ_{03}	$i\vartheta_{14}$	$j\vartheta_{01}$	$j\vartheta_{34}$
15.)	ϑ_0	$i\vartheta_{23}$	$j\vartheta_{03}$	$j\vartheta_2$.

Um die Bedeutung dieser Tabelle an einem Beispiel anschaulich zu machen, erwähne ich, dass die Relation 13.) zwischen den ϑ-Functionen ϑ_2, ϑ_{14}, ϑ_4, ϑ_{12} sich aus der Gleichung (II) ergiebt, wenn man

$$w = \vartheta_2, \quad x = i\vartheta_{14}, \quad y = j\vartheta_4, \quad z = j\vartheta_{12}$$
$$w_0 = c_2, \quad x_0 = ic_{14}, \quad y_0 = jc_4, \quad z_0 = jc_{12}$$

setzt.

Die Göpelsche Relation ist identisch mit derjenigen, welche Herr Cayley in der ersten seiner beiden Abhandlungen p. 215 des 83. Bandes des Journals für die reine und angewandte Mathematik aus geometrischen Betrachtungen erhalten hat, als er die Fläche vierter Ordnung mit sechzehn Knotenpunkten bestimmte, deren Singularitäten den Relationen zwischen den Quadraten der sechzehn ϑ-Functionen entsprechen. Aber seine Untersuchung hat ihm nicht gezeigt, dass die Variabeln seiner Gleichung ϑ-Functionen und die Constanten die Nullwerthe dieser ϑ-Functionen sind, sie hat ihn ferner darüber in Zweifel gelassen, ob die erhaltene Gleichung eine Fläche vierter Ordnung von derselben Allgemeinheit darstellt, wie die von Herrn Kummer untersuchte und in mehreren Gleichungsformen definirte Fläche.

Um diesen Zweifel zu heben, werde ich im Folgenden die lineare Transformation angeben, durch welche die eine der Kummerschen Gleichungsformen in die Göpelsche übergeht.

6. In dem Monatsbericht der Berliner Akademie vom Jahre 1864 p. 253 hat Herr Kummer die Gleichung der Fläche vierter Ordnung mit sechzehn Knotenpunkten auf folgende Form gebracht:

Es seien s, p, q, r vier in den Coordinaten der Fläche lineare und von einander unabhängige Ausdrücke, a, b, c drei Constanten, man setze

$$\varphi = s^2+p^2+q^2+r^2+2a(sp+qr)+2b(sq+pr)+2c(sr+pq)$$

und bestimme aus a, b, c eine neue Constante

$$K = a^2+b^2+c^2-2abc-1,$$

endlich setze man

$$\psi = \varphi^2-16Kspqr,$$

so ist $\psi = 0$ die Gleichung der Fläche vierter Ordnung mit sechzehn Knotenpunkten bezogen auf ein gewisses System von vieren ihrer singulären Tangentialebenen.

Ich setze hierin zunächst

$$\begin{aligned} s &= s_1+p_1+q_1+r_1 \\ p &= s_1+p_1-q_1-r_1 \\ q &= s_1-p_1+q_1-r_1 \\ r &= s_1-p_1-q_1+r_1, \end{aligned}$$

so wird

$$\tfrac{1}{4}\varphi = Ms_1^2+a_1p_1^2+b_1q_1^2+c_1r_1^2,$$

wo

$$\begin{aligned} M &= 1+a+b+c \\ a_1 &= 1+a-b-c \\ b_1 &= 1-a+b-c \\ c_1 &= 1-a-b+c \end{aligned}$$

$$spqr = s_1^4+p_1^4+q_1^4+r_1^4-2\{s_1^2p_1^2+s_1^2q_1^2+s_1^2r_1^2+p_1^2q_1^2+p_1^2r_1^2+q_1^2r_1^2\}+8s_1p_1q_1r_1.$$

Hieraus ergiebt sich

$$\tfrac{1}{16}\psi = (M^2-K)s_1^4+(a_1^2-K)p_1^4+(b_1^2-K)q_1^4+(c_1^2-K)r_1^4$$
$$+2(Ma_1+K)s_1^2p_1^2+2(Mb_1+K)s_1^2q_1^2+2(Mc_1+K)s_1^2r_1^2$$
$$+2(b_1c_1+K)q_1^2r_1^2+2(a_1c_1+K)p_1^2r_1^2+2(a_1b_1+K)p_1^2q_1^2-8Ks_1p_1q_1r_1,$$

oder

$$\tfrac{1}{32}\psi = \begin{cases} (a+1)(b+1)(c+1)s_1^4 - 4Ks_1p_1q_1r_1 \\ +(a+1)(b-1)(c-1)p_1^4+2(a-bc)[(a+1)s_1^2p_1^2+(a-1)q_1^2r_1^2] \\ +(a-1)(b+1)(c-1)q_1^4+2(b-ac)[(b+1)s_1^2q_1^2+(b-1)p_1^2r_1^2] \\ +(a-1)(b-1)(c+1)r_1^4+2(c-ab)[(c+1)s_1^2r_1^2+(c-1)p_1^2q_1^2]. \end{cases}$$

Man setze

$$a = \frac{y_0^2z_0^2+w_0^2x_0^2}{y_0^2z_0^2-w_0^2x_0^2}, \quad b = \frac{x_0^2z_0^2+w_0^2y_0^2}{x_0^2z_0^2-w_0^2y_0^2}, \quad c = \frac{x_0^2y_0^2+w_0^2z_0^2}{x_0^2y_0^2-w_0^2z_0^2}$$

$$s_1 = w_0w, \quad p_1 = x_0x, \quad q_1 = y_0y, \quad r_1 = z_0z.$$

Um K durch die neuen Grössen w_0, x_0, y_0, z_0 auszudrücken, führe man die Grössen

$$a' = \frac{y_0z_0+w_0x_0}{y_0z_0-w_0x_0}, \quad b' = \frac{x_0z_0+w_0y_0}{x_0z_0-w_0y_0}, \quad c' = \frac{x_0y_0+w_0z_0}{x_0y_0-w_0z_0}$$

ein, so dass

$$a = \tfrac{1}{2}\left(a'+\frac{1}{a'}\right), \quad b = \tfrac{1}{2}\left(b'+\frac{1}{b'}\right), \quad c = \tfrac{1}{2}\left(c'+\frac{1}{c'}\right).$$

Stellt man

$$K = a^2+b^2+c^2-2abc-1$$

zunächst durch a', b', c' dar, so erhält man der bekannten Identität

$$1-\cos\alpha^2-\cos\beta^2-\cos\gamma^2+2\cos\alpha\cos\beta\cos\gamma$$
$$= 4\sin\frac{\alpha+\beta+\gamma}{2}\sin\frac{-\alpha+\beta+\gamma}{2}\sin\frac{\alpha-\beta+\gamma}{2}\sin\frac{\alpha+\beta-\gamma}{2}$$

analog

$$4K = \frac{(a'b'c'-1)(a'-b'c')(b'-a'c')(c'-a'b')}{a'^2b'^2c'^2},$$

oder, wenn man die Werthe von a', b', c' einsetzt und der Kürze wegen

$$\mathfrak{A} = y_0^2z_0^2-w_0^2x_0^2, \quad \mathfrak{B} = x_0^2z_0^2-w_0^2y_0^2, \quad \mathfrak{C} = x_0^2y_0^2-w_0^2z_0^2$$

setzt,

$$4K = \frac{16(w_0 x_0 y_0 z_0)^4}{(\mathfrak{A}\mathfrak{B}\mathfrak{C})^2} \Pi(w_0^2 + \varepsilon x_0^2 + \varepsilon' y_0^2 + \varepsilon\varepsilon' z_0^2),$$

wo das Product Π sich auf die vier Werthe-Combinationen $\varepsilon = \pm 1$, $\varepsilon' = \pm 1$ bezieht. Ferner wird

$$(a+1)(b+1)(c+1)s_1^4 + (a+1)(b-1)(c-1)p_1^4 + (a-1)(b+1)(c-1)q_1^4 + (a-1)(b-1)(c+1)r_1^4$$
$$= \frac{8(w_0 x_0 y_0 z_0)^4}{\mathfrak{A}\mathfrak{B}\mathfrak{C}}(w^4 + x^4 + y^4 + z^4)$$

$$2(a-bc)[(a+1)s_1^2 p_1^2 + (a-1) q_1^2 r_1^2] = \frac{8(w_0 x_0 y_0 z_0)^4}{\mathfrak{A}\mathfrak{B}\mathfrak{C}} \cdot \frac{w_0^4 + x_0^4 - y_0^4 - z_0^4}{\mathfrak{A}}(w^2 x^2 + y^2 z^2)$$

$$2(b-ac)[(b+1)s_1^2 q_1^2 + (b-1) p_1^2 r_1^2] = \frac{8(w_0 x_0 y_0 z_0)^4}{\mathfrak{A}\mathfrak{B}\mathfrak{C}} \cdot \frac{w_0^4 + y_0^4 - x_0^4 - z_0^4}{\mathfrak{B}}(w^2 y^2 + x^2 z^2)$$

$$2(c-ab)[(c+1)s_1^2 r_1^2 + (c-1) p_1^2 q_1^2] = \frac{8(w_0 x_0 y_0 z_0)^4}{\mathfrak{A}\mathfrak{B}\mathfrak{C}} \cdot \frac{w_0^4 + z_0^4 - x_0^4 - y_0^4}{\mathfrak{C}}(w^2 z^2 + x^2 y^2).$$

Das schliessliche Resultat der linearen Substitution ist daher folgendes:

Man setze in die Kummersche Gleichung

$$a = -\frac{w_0^2 x_0^2 + y_0^2 z_0^2}{w_0^2 x_0^2 - y_0^2 z_0^2}, \quad b = -\frac{w_0^2 y_0^2 + x_0^2 z_0^2}{w_0^2 y_0^2 - x_0^2 z_0^2}, \quad c = -\frac{w_0^2 z_0^2 + x_0^2 y_0^2}{w_0^2 z_0^2 - x_0^2 y_0^2}$$

$$s = w_0 w + x_0 x + y_0 y + z_0 z$$
$$p = w_0 w + x_0 x - y_0 y - z_0 z$$
$$q = w_0 w - x_0 x + y_0 y - z_0 z$$
$$r = w_0 w - x_0 x - y_0 y + z_0 z,$$

so wird

$$-\frac{(w_0^2 x_0^2 - y_0^2 z_0^2)(w_0^2 y_0^2 - x_0^2 z_0^2)(w_0^2 z_0^2 - x_0^2 y_0^2)}{256(w_0 x_0 y_0 z_0)^4}\psi$$

$$= w^4 + x^4 + y^4 + z^4 + 2\frac{w_0 x_0 y_0 z_0 \Pi(w_0^2 + \varepsilon x_0^2 + \varepsilon' y_0^2 + \varepsilon\varepsilon' z_0^2)}{(w_0^2 x_0^2 - y_0^2 z_0^2)(w_0^2 y_0^2 - x_0^2 z_0^2)(w_0^2 z_0^2 - x_0^2 y_0^2)} w x y z$$
$$- \frac{w_0^4 + x_0^4 - y_0^4 - z_0^4}{w_0^2 x_0^2 - y_0^2 z_0^2}(w^2 x^2 + y^2 z^2) - \frac{w_0^4 + y_0^4 - x_0^4 - z_0^4}{w_0^2 y_0^2 - x_0^2 z_0^2}(w^2 y^2 + x^2 z^2)$$
$$- \frac{w_0^4 + z_0^4 - x_0^4 - y_0^4}{w_0^2 z_0^2 - x_0^2 y_0^2}(w^2 z^2 + x^2 y^2);$$

wo das Product Π sich auf die vier Combinationen $\varepsilon = \pm 1$, $\varepsilon' = \pm 1$ bezieht, eine Gleichung, deren rechte Seite genau mit der linken Seite Φ der Gleichung (II) übereinstimmt.

Die Darstellung der Kummerschen Fläche durch die Gleichung (II) hat den Vortheil, dass sich die drei Brüche $\frac{x}{w}$, $\frac{y}{w}$, $\frac{z}{w}$, die man als Coordinaten der Fläche ansehen kann, in der Form von Quotienten zweier ϑ-Functionen mit zwei Variabeln ergeben, welche die Gleichung der Fläche identisch erfüllen, dass man ferner nach den Rosenhainschen Formeln diese Quotienten der ϑ-Functionen durch algebraische Functionen zweier Parameter ξ, η ersetzen kann, welche nur Quadratwurzeln aus ganzen Functionen je eines dieser Parameter enthalten, und zwar aus ganzen Functionen, die den sechsten Grad nicht übersteigen.

Berlin, Mai 1877.

Zur Theorie der Elimination und Kettenbruch-Entwicklung.

Mathematische Abhandlungen der Akademie der Wissenschaften zu Berlin, a. d. Jahre 1878 p. 1—17.

Zur Theorie der Elimination und Kettenbruch-Entwicklung.

Gelesen in der Akademie der Wissenschaften zu Berlin am 31. Januar 1878.

1. Für die Resultante E_0 der Elimination zwischen einer Gleichung $f(x)=0$ vom m^{ten} und einer zweiten Gleichung $g(x)=0$ vom n^{ten} Grade hat Herr Rosenhain folgende Formel aufgestellt:

$$(1) \qquad E_0 = \Sigma \frac{f(x_1)\dots f(x_n)g(x_{n+1})\dots g(x_{n+m})}{R(x_1,\dots x_n;x_{n+1},\dots x_{n+m})},$$

wo die Summe über alle verschiedenen Ausdrücke zu erstrecken ist, welche durch Permutation der Grössen $x_1, \dots x_{n+m}$ aus dem hingeschriebenen hervorgehen, und $R(x_1,\dots x_n;x_{n+1},\dots x_{n+m})$ das Product aller Differenzen $x_{i'}-x_i$ bedeutet, in denen i' einen der Werthe $n+1, \dots n+m$ und i einen der Werthe $1, \dots n$ hat.

Um die Lösung des Problems zu vervollständigen, bedarf es bekanntlich überdies der Aufstellung einer Reihe von ganzen Functionen $E_1(x), E_2(x), \dots E_k(x), \dots$ vom Grade ihres Index in x, welche zugleich ganze Functionen der Coefficienten der Functionen $f(x)$ und $g(x)$ sind und die Eigenschaft haben, dass das identische Verschwinden von $E_k(x)$ die nothwendigen und ausreichenden Bedingungen für die Existenz eines gemeinsamen Factors $(k+1)^{\text{ten}}$ Grades der Functionen $f(x), g(x)$ angiebt.

Die Function $E_k(x)$ wird auf die einfachste Weise mit Hülfe von symmetrischen Functionen von $n+m-2k$ Variabeln definirt, welche der Formel (1) analog zusammengesetzt sind. Setzt man nämlich

$$(2) \qquad E_k(x_1,\dots x_{n+m-2k}) = \Sigma \frac{f(x_1)\dots f(x_{n-k})g(x_{n-k+1})\dots g(x_{n+m-2k})}{R(x_1,\dots x_{n-k};x_{n-k+1},\dots x_{n+m-2k})},$$

so ist E_k eine symmetrische ganze Function der Variabeln $x_1, \dots x_{n+m-2k}$, welche in Beziehung auf jede derselben auf den Grad k steigt. Man suche in der Function $E_k(x_1, \dots x_{n+m-2k})$ den Coefficienten der höchsten d. h. k^{ten} Potenz von x_{n+m-2k} auf, bezeichne denselben mit $E_k(x_1, \dots x_{n+m-2k-1})$ und nenne diesen Ausdruck die auf $n+m-2k-1$ Variable reducirte Function E_k. Mit dieser Reduction fahre man fort, bis man zu einer Function einer einzigen Variabeln $E_k(x_1)$ gelangt, dann ist $E_k(x)$ die in der Theorie der Elimination verlangte Function k^{ten} Grades.

Diese Definition der Function $E_k(x)$ führt mit der grössten Leichtigkeit zu den verschiedenen Formen, unter welchen die Function $E_k(x)$, sowie die symmetrische Function $E_k(x_1, \dots x_{n+m-2k})$ dargestellt werden können. Es bedarf hierbei nur der Anwendung der Interpolationsformel für eine Art von symmetrischen Functionen, welche ich in den Abhandlungen der Berliner Akademie vom Jahre 1860 [p. 151 dieser Ausgabe] gegeben habe.

Es seien $F_1(x)$, $F_2(x)$, ... $F_{p-k}(x)$ Functionen, welche den $(p-1)^{\text{ten}}$ Grad nicht übersteigen. Man bilde die alternirende Function

$$\Sigma \pm F_1(x_1) F_2(x_2) \dots F_{p-k}(x_{p-k})$$

und dividire dieselbe durch das Differenzenproduct

$$\triangle(x_1, x_2, \dots x_{p-k})$$

aller Differenzen $x_{i'} - x_i$, $(i, i' = 1, 2, \dots p-k, i' > i)$, so ist der Quotient eine symmetrische Function

$$F(x_1, \dots x_{p-k}) = \frac{\Sigma \pm F_1(x_1) F_2(x_2) \dots F_{p-k}(x_{p-k})}{\triangle(x_1, x_2, \dots x_{p-k})} \tag{3}$$

der $p-k$ Variabeln x_1, ... x_{p-k}, welche in Beziehung auf jede Variable auf den Grad k steigt. Wenn man diese Function F in der bereits oben angewandten Weise auf eine geringere Anzahl von Variabeln und schliesslich auf eine einzige Variable reducirt, so ist die hieraus hervorgehende Function F diejenige lineare Verbindung der Functionen F_1, F_2, ... F_{p-k}, welche die Potenzen x^{k+1}, x^{k+2}, ... x^{p-1} nicht enthält, und zwar ist $F(x)$ durch die folgende Determinante:

$$F(x) = \begin{vmatrix} F_1(x) & F_{1,k+1} & \dots & F_{1,p-1} \\ F_2(x) & F_{2,k+1} & \dots & F_{2,p-1} \\ \cdot & \cdot & \dots & \cdot \\ F_{p-k}(x) & F_{p-k,k+1} & \dots & F_{p-k,p-1} \end{vmatrix} \tag{3a}$$

definirt, in welcher $F_{i,s}$ den Coefficienten von x^s in $F_i(x)$ bedeutet.

Andrerseits hat man für $F(x_1, \ldots x_{p-k})$ die Interpolationsformel*)

$$(4) \qquad F(x_1, \ldots x_{p-k}) = \sum_{\gamma_1}^{\gamma_p} F(\gamma_1, \ldots \gamma_{p-k}) \cdot \frac{R(\gamma_{p-k+1}, \ldots \gamma_p; x_1, \ldots x_{p-k})}{R(\gamma_{p-k+1}, \ldots \gamma_p; \gamma_1, \ldots \gamma_{p-k})},$$

wo $\gamma_1, \ldots \gamma_p$ beliebige Argumente bedeuten und die Summe auf alle durch Permutation der γ entstehenden ähnlichen Ausdrücke zu erstrecken ist.

Um diese Formeln so zu specialisiren, wie es für die Anwendung auf die Elimination nöthig ist, setze man

$$f(x) = a_m x^m + a_{m-1} x^{m-1} + \cdots + a_0 = a_m (x-\alpha_1) \cdots (x-\alpha_m)$$
$$g(x) = b_n x^n + b_{n-1} x^{n-1} + \cdots + b_0 = b_n (x-\beta_1) \cdots (x-\beta_n).$$

Es sei ferner $n \geqq m$, $m > k$, $p = n+m-k$ und man setze für die $p-k = n+m-2k$ Functionen $F_1(x), F_2(x), \ldots F_{p-k}(x)$ die Functionen

$$x^i f(x), \quad x^{i'} g(x), \qquad \begin{pmatrix} i = 0, 1, \ldots n-k-1 \\ i' = 0, 1, \ldots m-k-1 \end{pmatrix}$$

dann geht die Function $F(x_1, \ldots x_{p-k})$ der Gleichung (3) in die durch Gleichung (2) definirte Function $E_k(x_1, \ldots x_{n+m-2k})$ über und für $E_k(x)$ ergiebt sich nach (3^a) der bekannte Determinanten-Ausdruck

$$(5) \qquad E_k(x) =$$

$$\begin{vmatrix}
f(x) & a_{k+1} & a_{k+2} & \ldots & a_m & 0 & 0 & \ldots & \ldots & \ldots & 0 \\
x f(x) & a_k & a_{k+1} & \ldots & a_{m-1} & a_m & 0 & \ldots & \ldots & \ldots & 0 \\
\cdot & \cdot & \cdot & \cdots & \cdots & \cdots & \cdots & \cdots & \cdots & \cdots & \cdot \\
x^{n-k-1} f(x) & a_{2k+2-n} & a_{2k+3-n} & \ldots & \ldots & \ldots & a_{k+1} & a_{k+2} & a_{k+3} & \ldots & a_m \\
g(x) & b_{k+1} & b_{k+2} & \ldots & \ldots & \ldots & b_n & 0 & 0 & \ldots & 0 \\
x g(x) & b_k & b_{k+1} & \ldots & \ldots & \ldots & b_{n-1} & b_n & 0 & \ldots & 0 \\
\cdot & \cdot & \cdot & \cdots & \cdots & \cdots & \cdots & \cdots & \cdots & \cdots & \cdot \\
x^{m-k-1} g(x) & b_{2k+2-m} & b_{2k+3-m} & \ldots & b_{k+1} & b_{k+2} & b_{k+3} & \ldots & \ldots & \ldots & b_n
\end{vmatrix},$$

wo die Grössen a und b mit negativem Index gleich Null zu setzen sind.

Man wende ferner die Interpolationsformel (4) auf die Bestimmung der Function $E_k(x_1, \ldots x_{n+m-2k})$ an, indem man annimmt, dass n von den $p = n+m-k$ Argumenten $\gamma_1, \ldots \gamma_{n+m-k}$ mit den Wurzeln $\beta_1, \ldots \beta_n$ der Gleichung $g(x) = 0$ zusammenfallen, während die übrigen $m-k$ Argumente willkürlichen Werthen $\delta_1, \delta_2, \ldots \delta_{m-k}$ gleich werden.

*) S. meine Abhandlung in den Schriften der Berliner Akademie vom Jahre 1860 [p. 154 dieser Ausgabe].

Jeder Term der Interpolationsformel ist in einen Functionswerth

$$E_k(\gamma_1, \ldots \gamma_{n+m-2k})$$

multiplicirt. Unter diesen $n+m-2k$ Argumenten befinden sich mindestens $n-k$ Wurzeln β und es bleiben dann noch $m-k$ Argumente übrig, welche entweder erstens mit den $m-k$ Argumenten $\delta_1, \delta_2, \ldots \delta_{m-k}$ zusammenfallen, oder unter welchen zweitens sich mindestens noch eine Wurzel β befindet. Aber man beweist leicht, dass in dem zweiten Fall der Functionswerth E_k verschwindet, dass also in der die Interpolationsformel bildenden Summe nur diejenigen Glieder übrig bleiben, welche Functionswerthe enthalten, unter deren Argumenten sich sämmtliche Grössen $\delta_1, \ldots \delta_{m-k}$ befinden. Diese Functionswerthe sind

$$E_k(\beta_1, \ldots \beta_{n-k}, \delta_1, \ldots \delta_{m-k}) = \frac{f(\beta_1)\ldots f(\beta_{n-k})g(\delta_1)\ldots g(\delta_{m-k})}{R(\beta_1, \ldots \beta_{n-k}; \delta_1, \ldots \delta_{m-k})},$$

sie werden multiplicirt in

$$\frac{R(\beta_{n-k+1}, \ldots \beta_n; x_1, \ldots x_{n-k}, \ldots x_{n+m-2k})}{R(\beta_{n-k+1}, \ldots \beta_n; \beta_1, \ldots \beta_{n-k}, \delta_1, \ldots \delta_{m-k})}.$$

Der Theil dieses Products, welcher die Argumente $\delta_1, \ldots \delta_{m-k}$ enthält, ist

$$\frac{g(\delta_1)\ldots g(\delta_{m-k})}{R(\beta_1, \ldots \beta_{n-k}; \delta_1, \ldots \delta_{m-k}).R(\beta_{n-k+1}, \ldots \beta_n; \delta_1, \ldots \delta_{m-k})} = b_n^{m-k},$$

er reducirt sich also auf eine von den Grössen $\delta_1, \ldots \delta_{m-k}$ unabhängige Constante, welche gemeinschaftlicher Factor aller Glieder der Summe ist, so dass sich für $E_k(x_1, \ldots x_{n+m-2k})$ der von den δ unabhängige Ausdruck

$$b_n^{m-k} \Sigma f(\beta_1)\ldots f(\beta_{n-k}) \frac{R(\beta_{n-k+1}, \ldots \beta_n; x_1, \ldots x_{n+m-2k})}{R(\beta_{n-k+1}, \ldots \beta_n; \beta_1, \ldots \beta_{n-k})}$$

ergiebt. Die Rechnung führt hier von selbst auf die $(m-k)^{\text{te}}$ Potenz von b_n, welche der in Beziehung auf die Wurzeln β symmetrischen Summe als Factor hinzugefügt werden muss, um dieselbe zu einer ganzen Function auch in Beziehung auf die Coefficienten b zu machen.

Reducirt man die symmetrische Function E_k auf eine Function $E_k(x)$ einer einzigen Variabeln, so ergiebt sich für dieselbe der Ausdruck

$$b_n^{m-k} \Sigma \frac{f(\beta_1)\ldots f(\beta_{n-k})(x-\beta_{n-k+1})\ldots(x-\beta_n)}{R(\beta_{n-k+1}, \ldots \beta_n; \beta_1, \ldots \beta_{n-k})},$$

welche Summe der sogenannte Sylvestersche Ausdruck für diese Function ist.

Macht man die zweite Annahme, dass unter den Argumenten $\gamma_1, \dots \gamma_{n+m-k}$ sich die m Wurzeln $\alpha_1, \dots \alpha_m$ der Gleichung $f(x) = 0$ befinden, während die übrigen $n-k$ Argumente willkürlichen Werthen $\delta_1, \dots \delta_{n-k}$ gleich werden, so ergeben die nämlichen Betrachtungen eine zweite Art der Darstellung der Function E_k. Die Zusammenstellung beider Arten liefert die Gleichungen

$$(6)\quad \begin{cases} E_k(x_1, \dots x_{n+m-2k}) \\ \quad = \Sigma \dfrac{f(x_1)\dots f(x_{n-k}) g(x_{n-k+1})\dots g(x_{n+m-2k})}{R(x_1, \dots x_{n-k}; x_{n-k+1}, \dots x_{n+m-2k})} \\ = (-1)^{(m-k)(n-k)} a_m^{n-k} \Sigma g(\alpha_1)\dots g(\alpha_{m-k}) \dfrac{R(\alpha_{m-k+1}, \dots \alpha_m; x_1, \dots x_{n+m-2k})}{R(\alpha_{m-k+1}, \dots \alpha_m; \alpha_1, \dots \alpha_{m-k})} \\ \quad = b_n^{m-k} \Sigma f(\beta_1)\dots f(\beta_{n-k}) \dfrac{R(\beta_{n-k+1}, \dots \beta_n; x_1, \dots x_{n+m-2k})}{R(\beta_{n-k+1}, \dots \beta_n; \beta_1, \dots \beta_{n-k})} \end{cases}$$

und für die durch Gleichung (5) definirte Function $E_k(x)$ die beiden Darstellungen

$$(6^a)\quad \begin{cases} E_k(x) = (-1)^{(m-k)(n-k)} a_m^{n-k} \Sigma \dfrac{g(\alpha_1)\dots g(\alpha_{m-k})(x-\alpha_{m-k+1})\dots(x-\alpha_m)}{R(\alpha_{m-k+1}, \dots \alpha_m; \alpha_1, \dots \alpha_{m-k})} \\ \quad = b_n^{m-k} \Sigma \dfrac{f(\beta_1)\dots f(\beta_{n-k})(x-\beta_{n-k+1})\dots(x-\beta_n)}{R(\beta_{n-k+1}, \dots \beta_n; \beta_1, \dots \beta_{n-k})}. \end{cases}$$

2. In der zur Definition von $E_k(x_1, \dots x_{n+m-2k})$ benutzten symmetrischen Summe

$$\Sigma \frac{f(x_1)\dots f(x_{n-k}) g(x_{n-k+1})\dots g(x_{n+m-2k})}{R(x_1, \dots x_{n-k}; x_{n-k+1}, \dots x_{n+m-2k})}$$

kommen als Factoren in jedem Gliede $n-k$ Functionswerthe $f(x_i)$ und nur $m-k$ Functionswerthe $g(x_{i'})$, also von der letzteren Function $n-m$ Factoren weniger als von der ersteren vor.

Man betrachte diejenige symmetrische Summe, welche der vorliegenden analog gebildet ist, in welcher aber sowohl die Anzahl der in einem Gliede vorkommenden Werthe der Function g, als auch die Anzahl aller Variabeln um $n-m$ erhöht ist, und bezeichne dieselbe mit E'_k. Diese durch die Gleichung

$$E'_k(x_1, \dots x_{2n-2k}) = \Sigma \frac{f(x_1)\dots f(x_{n-k}) g(x_{n-k+1})\dots g(x_{2n-2k})}{R(x_1, \dots x_{n-k}; x_{n-k+1}, \dots x_{2n-2k})}$$

definirte symmetrische ganze Function der $2n-2k$ Variabeln $x_1, \dots x_{2n-2k}$ ist in Beziehung auf jede Variable vom Grade k. Indem man auf dieselbe die Interpolationsformel (4) unter der Hypothese anwendet, dass $p = 2n-k$ und dass von den $2n-k$ Argumenten γ eine Anzahl von n mit den Wurzeln $\beta_1, \dots \beta_n$ zusammenfallen, gelangt man zu dem Resultat, dass die Function E'_k, wenn man sie auf $n+m-2k$ Variable reducirt, sich von der Function E_k der nämlichen Variabeln nur durch den Factor b_n^{n-m} unterscheidet, so dass

$$E'_k(x_1, \dots x_{n+m-2k}) = b_n^{n-m} E_k(x_1, \dots x_{n+m-2k}).$$

Die zur Definition der Functionen $E'_k(x_1, \dots x_{2n-2k})$ angewandte symmetrische Summe, in deren einzelnen Gliedern gleichviel Factoren $f(x_i)$ und $g(x_{i'})$ vorkommen, lässt aber eine merkwürdige Transformation zu, auf welcher die sogenannte Bezoutsche abgekürzte Eliminations-Methode beruht. Setzt man nämlich $n-k = \nu$ und

$$F(x, y) = \frac{f(x)g(y)-f(y)g(x)}{y-x},$$

so dass $F(x, y)$ die Bezoutsche Function ist, welche sowohl in x wie in y auf den $(n-1)^{\text{ten}}$ Grad steigt, so ist die Determinante

$$\Sigma \pm F(x_1, x_{\nu+1}) F(x_2, x_{\nu+2}) \dots F(x_\nu, x_{2\nu})$$

sowohl durch $\Delta(x_1, \dots x_\nu)$, als auch durch $\Delta(x_{\nu+1}, \dots x_{2\nu})$ theilbar. Es versteht sich von selbst, dass der Quotient

$$\mathfrak{E}_k = \frac{\Sigma \pm F(x_1, x_{\nu+1}) F(x_2, x_{\nu+2}) \dots F(x_\nu, x_{2\nu})}{\Delta(x_1, \dots x_\nu)\Delta(x_{\nu+1}, \dots x_{2\nu})}$$

sowohl in Beziehung auf $x_1, \dots x_\nu$, als auch in Beziehung auf $x_{\nu+1}, \dots x_{2\nu}$ eine symmetrische ganze Function und nach jeder Variable vom Grade k ist, derselbe ist aber nicht nur in Beziehung auf jedes dieser Systeme von ν Variabeln, sondern in Beziehung auf alle 2ν Variable $x_1, \dots x_{2\nu}$ symmetrisch und von der Function E'_k nur durch das Zeichen verschieden. Es besteht nämlich die merkwürdige Identität

$$(7) \quad \frac{\Sigma \pm F(x_1, x_{\nu+1}) \dots F(x_\nu, x_{2\nu})}{\Delta(x_1, \dots x_\nu)\Delta(x_{\nu+1}, \dots x_{2\nu})} = (-1)^{\frac{\nu(\nu-1)}{2}} \Sigma \frac{f(x_1) \dots f(x_\nu) g(x_{\nu+1}) \dots g(x_{2\nu})}{R(x_1, \dots x_\nu; x_{\nu+1}, \dots x_{2\nu})},$$

welche, wenn man

$$\varphi(x) = \frac{g(x)}{f(x)}$$

setzt, nach Division durch $f(x_1)\ldots f(x_{2\nu})$ in die folgende:

$$(7^a)\qquad \frac{\Sigma\pm\dfrac{\varphi(x_{\nu+1})-\varphi(x_1)}{x_{\nu+1}-x_1}\cdots\dfrac{\varphi(x_{2\nu})-\varphi(x_\nu)}{x_{2\nu}-x_\nu}}{\triangle(x_1,\ldots x_\nu\triangle)(x_{\nu+1},\ldots x_{2\nu})} = (-1)^{\frac{\nu(\nu-1)}{2}}\,\Sigma\,\frac{\varphi(x_{\nu+1})\ldots\varphi(x_{2\nu})}{R(x_1,\ldots x_\nu;\,x_{\nu+1},\ldots x_{2\nu})}$$

übergeht.

Entwickelt man die Determinante, welche den Zähler der linken Seite dieser Gleichung bildet, und betrachtet dasjenige Glied dieser Entwicklung, welches in

$$(7^b)\qquad \varphi(x_1)\,\varphi(x_2)\ldots\varphi(x_i).\varphi(x_{\nu+i+1})\,\varphi(x_{\nu+i+2})\ldots\varphi(x_{2\nu})$$

multiplicirt ist, so ergiebt sich als Multiplicator desselben

$$(-1)^i\,\Sigma\pm\frac{1}{x_{\nu+1}-x_1}\cdots\frac{1}{x_{\nu+i}-x_i}\cdot\Sigma\pm\frac{1}{x_{\nu+i+1}-x_{i+1}}\cdots\frac{1}{x_{2\nu}-x_\nu}.$$

Indem man für jede dieser Determinanten den Werth setzt, welcher aus der allgemeinen Formel

$$\Sigma\pm\frac{1}{t_1-u_1}\cdots\frac{1}{t_\mu-u_\mu} = (-1)^{\frac{\mu(\mu-1)}{2}}\frac{\triangle(t_1,\ldots t_\mu)\triangle(u_1,\ldots u_\mu)}{R(u_1,\ldots u_\mu;\,t_1,\ldots t_\mu)}$$

folgt, und das Product durch $\triangle(x_1,\ldots x_\nu)\triangle(x_{\nu+1},\ldots x_{2\nu})$ dividirt, ergiebt sich nach einigen Reductionen als Coefficient von (7^b) in der Entwicklung der linken Seite von Gleichung (7^a) der Ausdruck

$$(-1)^{\frac{\nu(\nu-1)}{2}}\frac{1}{R(x_{i+1},\ldots x_{\nu+i};\,x_1,\ldots x_i,\,x_{\nu+i+1},\ldots x_{2\nu})},$$

wodurch die Gleichung (7^a) verificirt ist.

Die Gleichung (7) besteht unabhängig von der Natur der Functionen f, g, welche in dieselbe eintreten. Man kann die 2ν Variabeln, welche auf symmetrische Weise in der rechten Seite dieser Gleichung enthalten sind, willkürlich in 2 Systeme von ν Variabeln theilen und alle verschiedenen Ausdrücke der linken Seite der Gleichung (7) haben denselben Werth.

Wenn man die Function $\mathfrak{E}_k$ der 2ν Variabeln $x_1, \ldots x_\nu, x_{\nu+1}, \ldots x_{2\nu}$ in der oben angewandten Weise auf eine geringere Anzahl von Variabeln und namentlich auf *eine* Variable des Systems $x_1, \ldots x_\nu$ und *eine* des Systems $x_{\nu+1}, \ldots x_{2\nu}$ reducirt, so erhält man die Function von 2 Variabeln

$$\mathfrak{E}_k(x,y) = (-1)^{\frac{(n-k)(n-k-1)}{2}}\,b_n^{n-m}\,E_k(x,y)$$

in einer interessanten Form als Determinante dargestellt. Es sei nämlich

$$F(x, y) = \Sigma c_{\alpha\beta} x^{\alpha} y^{\beta}, \qquad (\alpha, \beta = 0, 1, \dots n-1)$$

wo $c_{\alpha\beta} = c_{\beta\alpha}$, und zugleich

$$F(x,y) = \sum_{\beta=0}^{\beta=n-1} \psi_{\beta}(x).y^{\beta} = \sum_{\alpha=0}^{\alpha=n-1} \psi_{\alpha}(y).x^{\alpha},$$

so dass

$$\psi_{\alpha}(y) = \sum_{\beta=0}^{\beta=n-1} c_{\alpha\beta} y^{\beta}, \quad \psi_{\beta}(x) = \sum_{\alpha=0}^{\alpha=n-1} c_{\alpha\beta} x^{\alpha},$$

dann ergiebt sich

$$(8) \qquad \mathfrak{E}_k(x,y) = \begin{vmatrix} F(x, y) & \psi_{k+1}(y) & \dots & \psi_{n-1}(y) \\ \psi_{k+1}(x) & c_{k+1,k+1} & \dots & c_{k+1,n-1} \\ \cdot & \cdot & \dots & \cdot \\ \psi_{n-1}(x) & c_{n-1,k+1} & \dots & c_{n-1,n-1} \end{vmatrix}$$

und, indem man hierin nochmals den Coefficienten von y^k aufsucht,

$$(8^{a}) \qquad \mathfrak{E}_k(x) = \begin{vmatrix} \psi_k(x) & c_{k,k+1} & \dots & c_{k,n-1} \\ \psi_{k+1}(x) & c_{k+1,k+1} & \dots & c_{k+1,n-1} \\ \cdot & \cdot & \dots & \cdot \\ \psi_{n-1}(x) & c_{n-1,k+1} & \dots & c_{n-1,n-1} \end{vmatrix},$$

welchen letzteren Ausdruck ich bereits in meiner Abhandlung vom Jahre 1860 [p. 169 dieser Ausgabe] gegeben habe.

3. Man denke sich die Functionen $E_k(x)$ nach den fallenden Werthen ihres Index k geordnet, so wird im Allgemeinen auf die Function $E_k(x)$ des Grades k in x die Function $E_{k-1}(x)$ des Grades $k-1$ folgen. Aber in besonderen Fällen kann auf eine bestimmte Function $E_k(x)$ des Grades k eine Function $E_{k-1}(x)$ folgen, in welcher die Coefficienten der Potenzen x^{k-1}, x^{k-2}, ... x^{h+1} verschwinden, während x^h die erste Potenz von x in $E_{k-1}(x)$ ist, deren Coefficient von Null verschieden ist. Nennt man eine Function E eine vollständige oder unvollständige Function E, je nachdem ihr Grad ihrem Index gleich oder niedriger als ihr Index ist, so ist nach der gemachten Annahme $E_k(x)$ eine vollständige, $E_{k-1}(x)$ eine unvollständige Function, deren Grad von $k-1$ auf $h < k-1$ gesunken ist. In diesem Falle ist aus dem Ausdruck (8^{a}) der Function $\mathfrak{E}_k(x) = (-1)^{\frac{(n-k)(n-k-1)}{2}} b_n^{n-m} E_k(x)$ zu ersehen, dass auf die

unvollständige Function $E_{k-1}(x)$ die identisch verschwindenden Functionen $E_{k-2}(x), \ldots E_{h+1}(x)$ folgen und dass die Function $E_h(x)$ die erste nicht identisch verschwindende Function ist, welche auf $E_{k-1}(x)$ folgt. Diese Function $E_h(x)$ ist eine vollständige Function und unterscheidet sich nur durch einen constanten Factor von $E_{k-1}(x)$.

Die umfassendste Annahme, die man über die Aufeinanderfolge der Functionen E machen kann, besteht in Folgendem. Als erste dieser Functionen kann man die Function $f(x)$ selbst ansehen, und zwar als eine unvollständige Function $E_{n-1}(x)$, deren Grad auf m gesunken ist. Hierauf folgt unter Auslassung der identisch verschwindenden Functionen $E_{n-2}(x), E_{n-3}(x), \ldots E_{m+1}(x)$ die vollständige Function $E_m(x)$, die nur um einen constanten Factor von $E_{n-1}(x)$ oder $f(x)$ verschieden ist, dann eine unvollständige Function $E_{m-1}(x)$, deren Grad von $m-1$ auf m_1 gesunken ist, hierauf unter Auslassung identisch verschwindender Functionen die vollständige von $E_{m-1}(x)$ nur um einen constanten Factor verschiedene Function $E_{m_1}(x)$, dann die unvollständige Function $E_{m_1-1}(x)$, deren Grad von m_1-1 auf m_2 gesunken ist, hierauf nach Auslassung identisch verschwindender Functionen E die vollständige von $E_{m_1-1}(x)$ nur um einen constanten Factor verschiedene Function $E_{m_2}(x)$ u. s. w., bis man schliesslich auf eine Function E kommt, welche gemeinschaftlicher Factor von $f(x)$ und $g(x)$ ist und sich, abgesehen von einem constanten Factor, unter den beiden Formen $E_{m_{\mu-1}-1}(x)$ und $E_{m_\mu}(x)$ darstellt, von welchen die letztere, wenn $m_\mu = 0$ ist, in die Constante E_0 übergeht.

Bekanntlich sind die bei der Kettenbruch-Entwicklung des Bruches $\frac{g(x)}{f(x)}$ entstehenden Restfunctionen nur um constante Factoren von den Eliminationsfunctionen E verschieden. Diese Factoren sind bisher nur für den sogenannten regulären Fall bestimmt worden, in welchem die Functionen E sämmtlich von dem Grade ihres Index sind.

Um auch für den irregulären Fall die Bestimmung dieser Factoren auszuführen, nehme ich in Uebereinstimmung mit den obigen Hypothesen über die Aufeinanderfolge der Functionen E an, die zur Kettenbruch-Entwicklung des Bruches $\frac{g(x)}{f(x)}$ nöthige successive Division habe zu den Restfunctionen $\varphi_1(x), \varphi_2(x), \ldots \varphi_r(x), \ldots \varphi_\mu(x)$ geführt, welche durch die Gleichungen

$$
\begin{aligned}
g(x) &= u_0 f(x) + \varphi_1(x) \\
f(x) &= u_1 \varphi_1(x) + \varphi_2(x) \\
\varphi_1(x) &= u_2 \varphi_2(x) + \varphi_3(x) \\
&\cdot\;\cdot\;\cdot\;\cdot\;\cdot\;\cdot\;\cdot\;\cdot\;\cdot \\
\varphi_{r-1}(x) &= u_r \varphi_r(x) + \varphi_{r+1}(x) \\
&\cdot\;\cdot\;\cdot\;\cdot\;\cdot\;\cdot\;\cdot\;\cdot\;\cdot\;\cdot\;\cdot \\
\varphi_{\mu-2}(x) &= u_{\mu-1} \varphi_{\mu-1}(x) + \varphi_\mu(x) \\
\varphi_{\mu-1}(x) &= u_\mu \varphi_\mu(x)
\end{aligned}
$$

definirt werden und beziehungsweise auf die Grade $m_1, m_2, \ldots m_r, \ldots m_\mu$ steigen, so dass $n, m, m_1, m_2, \ldots m_r, \ldots m_\mu$ eine Reihe von abnehmenden positiven ganzen Zahlen bilden. Man setze

$$
(9) \qquad \begin{gathered}
n-1-m = n_0, \quad m-1-m_1 = n_1, \quad m_1-1-m_2 = n_2, \quad \ldots \quad m_{r-1}-1-m_r = n_r \\
N_r = n_0 + n_1 + \cdots + n_r,
\end{gathered}
$$

so dass u_r allgemein vom Grade n_r+1 ist, und bezeichne mit $\frac{p_r}{q_r}$ den Näherungswerth des Kettenbruchs

$$
\frac{g(x)}{f(x)} = u_0 + \cfrac{1}{u_1 + \cdots + \cfrac{1}{u_r + \cdots + \cfrac{1}{u_{\mu-1} + \cfrac{1}{u_\mu}}}},
$$

welcher sich ergiebt, wenn man den Kettenbruch bei u_r abbricht, so dass die Grössen $p_0, p_1, p_2, \ldots p_r$ von den Graden $n-m, n-m_1, n-m_2, \ldots n-m_r$ und die Grössen $q_0, q_1, q_2, \ldots q_r$ von den Graden $0, m-m_1, m-m_2, \ldots m-m_r$ durch die Gleichungen

$$
\begin{aligned}
p_0 &= u_0, & q_0 &= 1 \\
p_1 &= p_0 u_1 + 1, & q_1 &= u_1 \\
p_2 &= p_1 u_2 + p_0, & q_2 &= q_1 u_2 + q_0 \\
&\cdot\;\cdot\;\cdot\;\cdot\;\cdot\;\cdot & &\cdot\;\cdot\;\cdot\;\cdot\;\cdot\;\cdot \\
p_r &= p_{r-1} u_r + p_{r-2}, & q_r &= q_{r-1} u_r + q_{r-2}
\end{aligned}
$$

definirt werden und den bekannten Relationen

$$p_{r-1}q_r - p_r q_{r-1} = (-1)^r$$
$$q_r g(x) - p_r f(x) = (-1)^r \varphi_{r+1}(x)$$
$$g(x) = u_0 f(x) + \varphi_1(x) = p_1\varphi_1(x) + p_0\varphi_2(x) = \cdots = p_r\varphi_r(x) + p_{r-1}\varphi_{r+1}(x)$$
$$f(x) = q_1\varphi_1(x) + q_0\varphi_2(x) = \cdots = q_r\varphi_r(x) + q_{r-1}\varphi_{r+1}(x)$$

genügen.

Aus der Gleichung

$$q_r g(x) - p_r f(x) = (-1)^r \varphi_{r+1}(x)$$

geht hervor, dass die gebrochene Function $(-1)^{r+1}\dfrac{\varphi_{r+1}(x)}{p_r}$ für $x=\beta_i$ den Werth $f(\beta_i)$ annimmt. Da p_r vom Grade $n-m_r$ ist und $\varphi_{r+1}(x)$, als Rest bei der Division durch $\varphi_r(x)$ eine Function ist, die höchstens vom Grade m_r-1, die aber in dem vorliegenden besonderen Falle auf den Grad m_{r+1} sinkt, so wird der Bruch $(-1)^{r+1}\dfrac{\varphi_{r+1}(x)}{p_r}$ durch die bekannten Werthe desselben für die n Werthe $x=\beta_i$ nach der Cauchyschen Interpolationsformel vollständig bestimmt, wenn man diese Formel auf den Fall anwendet, in welchem der Nenner vom Grade $n-m_r$, der Zähler vom Grade m_r-1 ist.

Fügt man zu der durch Gleichung (6^a) definirten Function $E_k(x)$ die neue Function

$$P_k(x) = b_n^{m-k}\sum \frac{f(\beta_1)\ldots f(\beta_{n-k})(x-\beta_1)\ldots(x-\beta_{n-k})}{R(\beta_{n-k+1},\ldots\beta_n;\beta_1,\ldots\beta_{n-k})}$$

hinzu, so dass der Coefficient von x^{n-k} in $P_k(x)$ und der Coefficient von x^k in $E_k(x)$ identisch sind, so ergiebt sich nach der Cauchyschen Interpolationsformel

$$(-1)^{r+1}\frac{\varphi_{r+1}(x)}{p_r} = (-1)^{n-m_r}\frac{E_{m_r-1}(x)}{b_n P_{m_r}(x)},$$

oder mit Benutzung von (9)

$$(-1)^{N_r}\frac{\varphi_{r+1}(x)}{p_r} = \frac{E_{m_r-1}(x)}{b_n P_{m_r}(x)}.$$

Man kann daher gleichzeitig setzen

$$\varphi_{r+1}(x) = \varepsilon_{r+1}\lambda_{r+1}E_{m_r-1}(x),\quad p_r = (-1)^{N_r}\varepsilon_{r+1}\lambda_{r+1}b_n P_{m_r}(x),$$

wo λ_{r+1} einen constanten Factor, ε_{r+1} ein $\pm$-Zeichen bedeutet, und, wenn man in der ersten dieser Gleichungen $r-1$ für r setzt,

$$\varphi_r(x) = \varepsilon_r \lambda_r E_{m_{r-1}-1}(x).$$

Diese Gleichung gilt auch noch für $r=0$, in diesem Fall ist $f(x)$ für $\varphi_0(x)$ zu setzen und n für m_{-1}, da ferner $E_{n-1}(x)$ mit $f(x)$ identisch ist, so hat man

$$\varepsilon_0 = +1, \quad \lambda_0 = 1.$$

Dies vorausgesetzt, seien φ_r^0, p_r^0 die Coefficienten der höchsten Potenz von x in $\varphi_r(x)$, p_r und man bezeichne die Coefficienten von x^k, x^{k-1}, ... x^h in $E_k(x)$ mit (k, k), $(k, k-1)$, ... (k, h), so hat man

$$\varphi_r^0 = \varepsilon_r \lambda_r (m_{r-1}-1, m_r), \quad p_r^0 = (-1)^{N_r} \varepsilon_{r+1} \lambda_{r+1} b_n (m_r, m_r),$$

also, durch Multiplication dieser Gleichungen und wenn man zur Abkürzung

$$l_r = (m_{r-1}-1, m_r)(m_r, m_r)$$

setzt,

$$\varphi_r^0 p_r^0 = b_n . (-1)^{N_r} \varepsilon_r \varepsilon_{r+1} . \lambda_r \lambda_{r+1} l_r,$$

oder, da man aus der Gleichung

$$g(x) = p_r \varphi_r(x) + p_{r-1} \varphi_{r+1}(x)$$

die Folgerung

$$b_n = p_r^0 \varphi_r^0$$

zieht,

$$1 = (-1)^{N_r} \varepsilon_r \varepsilon_{r+1} . \lambda_r \lambda_{r+1} l_r.$$

Hieraus ergiebt sich erstens

$$\varepsilon_r \varepsilon_{r+1} = (-1)^{N_r}$$

und, da überdies $\varepsilon_0 = 1$ ist,

$$\varepsilon_r = (-1)^{N_0+N_1+\cdots+N_{r-1}} = (-1)^{r n_0 + (r-1) n_1 + (r-2) n_2 + \cdots + 2 n_{r-2} + n_{r-1}},$$

zweitens ergiebt sich

$$\lambda_r \lambda_{r+1} = \frac{1}{l_r},$$

also, mit Hülfe von $\lambda_0 = 1$,

$$\lambda_1 = \frac{1}{l_0}, \quad \lambda_2 = \frac{l_0}{l_1}, \quad \lambda_3 = \frac{l_1}{l_0 l_2}, \quad \ldots$$

so dass der allgemeine Werth

(10) $$\lambda_r = \frac{l_{r-2}\, l_{r-4} \cdots}{l_{r-1}\, l_{r-3} \cdots}$$

ist, worin bei geradem r der Zähler, bei ungeradem der Nenner mit l_0 schliesst, während bei geradem r der Nenner, bei ungeradem der Zähler mit l_1 schliesst, und wo

$$l_0 = (n-1,\ m)(m,\ m) = a_m(m,\ m), \quad l_1 = (m-1,\ m_1)(m_1,\ m_1),$$
$$l_2 = (m_1-1,\ m_2)(m_2,\ m_2), \quad \ldots$$

und allgemein

(10ª) $$l_r = (m_{r-1}-1,\ m_r)(m_r,\ m_r).$$

In dem regulären Fall sind zwei auf einander folgende Zahlen m_{r-1}, m_r nur um eine Einheit verschieden und jede der Grössen l_r wird daher ein Quadrat.

In diesem Falle verschwinden die Zahlen $n_1, n_2, \ldots n_r$ und, wenn $m = n-1$ ist, auch n_0, und es wird daher alsdann

$$\varepsilon_r = +1.$$

4. Die beiden Reihen von Grössen

$$(n-1,\ m), \quad (m-1,\ m_1), \quad (m_1-1,\ m_2), \quad \ldots \quad (m_{r-1}-1,\ m_r), \quad \ldots \quad (m_{\mu-1}-1,\ m_\mu)$$
$$(m,\ m), \quad (m_1,\ m_1), \quad (m_2,\ m_2), \quad \ldots \quad (m_r,\ m_r), \quad \ldots \quad (m_\mu,\ m_\mu),$$

deren Producte die einzelnen Factoren l der Zähler und Nenner der Multiplicatoren λ bilden, sind nicht unabhängig von einander, sondern die Grössen der zweiten Reihe lassen sich aus denen der ersten zusammensetzen. So ist

$$(m,\ m) = (a_m)^{n-m} = (n-1,\ m)^{n_0+1}, \quad (m_1,\ m_1) = \frac{(m-1,\ m_1)^{n_1+1}}{(n-1,\ m)^{(n_0+1)n_1}}, \quad \ldots$$

Um den Zusammenhang dieser beiden Reihen von Coefficienten zu bestimmen, kann man folgendermassen verfahren:

Wendet man die in Art. 1 Gl. (1) [p. 154 dieser Ausgabe] meiner erwähnten Abhandlung vom Jahre 1860 gegebene allgemeine Interpolationsformel, wie in Art. 2 jener Abhandlung [p. 156 dieser Ausgabe], auf $n-k$ ganze Functionen $F_k(x)$, $F_{k+1}(x)$, ... $F_{n-1}(x)$ an, deren jede vom Grade ihres Index ist, so ergiebt sich

$$\frac{\Sigma \pm F_k(x_1) \ldots F_{n-1}(x_{n-k})}{\triangle(x_1, \ldots x_{n-k})} = \sum_{\beta_1}^{\beta_n} \frac{\Sigma \pm F_k(\beta_1) \ldots F_{n-1}(\beta_{n-k})}{\triangle(\beta_1, \ldots \beta_{n-k})} \cdot \frac{R(\beta_{n-k+1}, \ldots \beta_n; x_1, \ldots x_{n-k})}{R(\beta_{n-k+1}, \ldots \beta_n; \beta_1, \ldots \beta_{n-k})}.$$

In dem vorliegenden Falle setze man $k = m_r$ und ersetze die $n-k$ Functionen F durch folgende Reihe von Functionen:

$$x^{\nu_r} \varphi_r(x), \quad x^{\nu_{r-1}} \varphi_{r-1}(x), \quad \ldots \quad x^{\nu_1} \varphi_1(x), \quad x^{\nu_0} f(x),$$

wo jedem Exponent ν_i nach einander die Werthe 0, 1, ... n_i beizulegen sind. Ferner benutze man zur Bestimmung des Quotienten

$$\frac{\Sigma \pm F_{m_r}(\beta_1) \ldots F_{n-1}(\beta_{n-m_r})}{\triangle(\beta_1, \ldots \beta_{n-m_r})}$$

die Gleichungen

$$\varphi_{i+1}(\beta) = (-1)^{i+1} p_i(\beta) f(\beta),$$

so findet man, dass der Quotient nur um einen constanten Factor von dem Product

$$f(\beta_1) \ldots f(\beta_{n-m_r})$$

verschieden und dieser constante Factor gleich

$$(-1)^\sigma H_r$$

ist, wo σ die Summe der Zahlen n_1+1, n_3+1, ... bedeutet, welche mit $n_{r-1}+1$ oder mit n_r+1 schliesst, und H_r folgenden Werth hat:

$$H_r = (p_0^0)^{n_1+1} (p_1^0)^{n_2+1} \ldots (p_{r-1}^0)^{n_r+1}.$$

Nach dieser Bestimmung reducire man die auf der linken und rechten Seite der Interpolationsformel stehenden symmetrischen Functionen von $n-m_r$ Variabeln in dem Sinne des Art. 1 auf eine Function einer Variabeln, so wird die linke Seite nur um einen constanten Factor verschieden von $\varphi_r(x)$ und dieser constante Factor gleich

$$(-1)^\tau \frac{h_r}{\varphi_r^0},$$

wo τ die Summe der Amben $(n_i+1)(n_{i'}+1)$ bedeutet, i, $i' = 0, 1, \ldots r$ zu setzen sind und

$$h_r = a_m^{n_0+1}(\varphi_1^0)^{n_1+1}(\varphi_2^0)^{n_2+1}\dots(\varphi_{r-1}^0)^{n_{r-1}+1}(\varphi_r^0)^{n_r+1}.$$

Zugleich reducirt sich der auf der rechten Seite stehende Ausdruck

$$R(\beta_{n-m_r+1}, \dots \beta_n;\ x_1, \dots x_{n-m_r})$$

auf $(x-\beta_{n-m_r+1})\dots(x-\beta_n)$. Multiplicirt man die so erhaltene Gleichung mit $b_n^{m-m_r}$, so ergiebt sich

$$(-1)^\tau \frac{b_n^{m-m_r} h_r}{\varphi_r^0} \varphi_r(x) = (-1)^\sigma H_r E_{m_r}(x)$$

und hieraus durch Gleichsetzung der Coefficienten von x^{m_r} auf beiden Seiten

$$(-1)^{\sigma+\tau} H_r.(m_r, m_r) = b_n^{m-m_r} h_r,$$

welche Gleichung mit Benutzung der Relationen

$$p_r^0 \varphi_r^0 = b_n, \quad \frac{b_n \varphi_{r+1}^0}{p_r^0} = \varphi_r^0 \varphi_{r+1}^0 = (-1)^{n-m_r+r+1} \frac{(m_r-1, m_{r+1})}{(m_r, m_r)}$$

schliesslich in

$$(m_r, m_r) = a_m^{n_0+1}\left\{\frac{(m-1, m_1)}{(m, m)}\right\}^{n_1+1} \cdot \left\{\frac{(m_1-1, m_2)}{(m_1, m_1)}\right\}^{n_2+1} \dots \left\{\frac{(m_{r-1}-1, m_r)}{(m_{r-1}, m_{r-1})}\right\}^{n_r+1}$$

übergeht. Demnach hat man zwischen zwei auf einander folgenden Grössen (m_r, m_r), (m_{r+1}, m_{r+1}) die Relation

$$(11) \qquad (m_{r+1}, m_{r+1}) = \frac{(m_r-1, m_{r+1})^{n_{r+1}+1}}{(m_r, m_r)^{n_r+1}}.$$

Diese Gleichung giebt nach und nach die Ausdrücke der (m_r, m_r) durch die $(m_{r-1}-1, m_r)$.

Der allgemeine Ausdruck ist

$$(12) \qquad (m_r, m_r) = \frac{(m_{r-1}-1, m_r)^{\nu_r}(m_{r-3}-1, m_{r-2})^{\nu_{r-2}}\dots}{(m_{r-2}-1, m_{r-1})^{\nu_{r-1}}(m_{r-4}-1, m_{r-3})^{\nu_{r-3}}\dots},$$

wo bei geradem r der Zähler, bei ungeradem der Nenner mit $(n-1, m)^{\nu_0}$ schliesst, während bei geradem r der Nenner, bei ungeradem der Zähler mit $(m-1, m_1)^{\nu_1}$

schliesst, und wo

(12ª) $$\nu_i = (n_i+1)\, n_{i+1}\, n_{i+2} \dots n_r.$$

Die Gleichung (11) giebt für $r+1 = \mu$ und in dem Falle, wo $m_\mu = 0$ ist,

$$(0,\ 0) = \frac{(m_{\mu-1}-1,\ 0)^{n_\mu+1}}{(m_{\mu-1},\ m_{\mu-1})^{n_\mu}}.$$

Sie zeigt, dass in dem hier betrachteten irregulären Fall die Resultante $E_0 = (0, 0)$ der Elimination zwischen den Gleichungen $f(x) = 0$ und $g(x) = 0$ in Factoren zerlegbar wird.

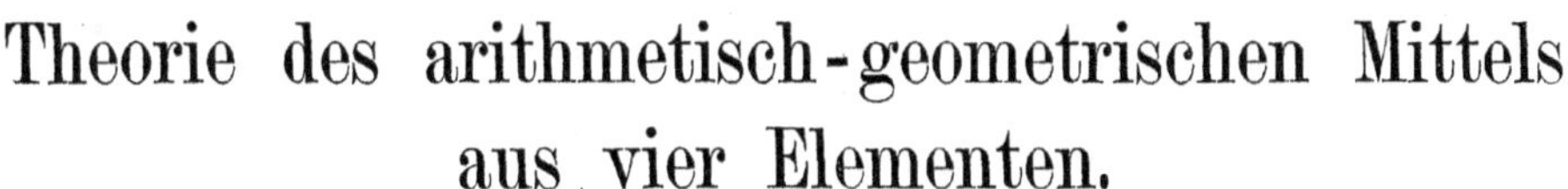

Theorie des arithmetisch-geometrischen Mittels aus vier Elementen.

Mathematische Abhandlungen der Akademie der Wissenschaften zu Berlin, a. d. Jahre 1878 p. 33—96.

Theorie des arithmetisch-geometrischen Mittels aus vier Elementen.

Gelesen in der Akademie der Wissenschaften zu Berlin am 27. Juni 1878.

Einleitung.

Im Jahre 1876 habe ich der Akademie*) als Haupt-Resultat meiner Untersuchungen über das arithmetisch-geometrische Mittel aus vier Elementen die Bestimmung desselben durch ein Doppel-Integral mitgetheilt, bin indessen den Mathematikern die Theorie schuldig geblieben, welche mich zu diesem Resultat geführt hat.

Die seit Lagrange und Gauss bekannte Bestimmung des arithmetisch-geometrischen Mittels aus zwei Elementen durch ein einfaches Integral pflegt aus der Transformation zweiter Ordnung der *elliptischen* ϑ-Functionen abgeleitet zu werden. Ebenso kann das von mir aufgestellte analoge Resultat mit Leichtigkeit vermittelst der Transformation zweiter Ordnung der *hyperelliptischen* ϑ-Functionen von zwei Variabeln bewiesen werden. Indessen werde ich mich dieses Hülfsmittels in der hier folgenden Abhandlung nicht bedienen, sondern wie ich vor Jahren, unabhängig von der Theorie jener Transcendenten, durch algebraische Betrachtungen auf den Begriff des arithmetisch-geometrischen Mittels aus vier Elementen geführt worden bin, so auch den Ausdruck desselben als analytische Function jener Elemente auf algebraischem Wege ableiten.

Um für diese Abhandlung die Notiz im Monatsbericht 1876 nicht vorauszusetzen, beginne ich damit den Algorithmus

*) Monatsbericht der Akademie der Wissenschaften zu Berlin, 1876 p. 611 (und 1877 Februar), [p. 327 dieser Ausgabe].

$$a_1 = \tfrac{1}{4}(a+b+c+e)$$
$$b_1 = \tfrac{1}{2}(\sqrt{ab}+\sqrt{ce})$$
$$c_1 = \tfrac{1}{2}(\sqrt{ac}+\sqrt{be})$$
$$e_1 = \tfrac{1}{2}(\sqrt{ae}+\sqrt{bc})$$

aufzustellen. Die wiederholte Anwendung desselben auf vier reelle positive Elemente a, b, c, e führt auf eine unbegrenzte Reihe von Systemen transformirter reeller positiver Grössen a_n, b_n, c_n, e_n, welche sich mit wachsendem n ein und derselben Grenze g nähern, deren Bestimmung den Gegenstand der Untersuchung bildet.

Durch Auflösung der obigen Gleichungen nach $\sqrt{a}$, $\sqrt{b}$, $\sqrt{c}$, $\sqrt{e}$ gelangt man zu einem neuen Algorithmus, den ich den umgekehrten Algorithmus nenne, der aber nicht, wie der ursprüngliche, eindeutig sondern zweideutig ist. Die wiederholte Anwendung des umgekehrten Algorithmus auf vier reelle positive Elemente führt zwar ebenfalls auf eine unbegrenzte Anzahl von Systemen transformirter Grössen und man hat bei jedem Schritt die Wahl, wie man über die Zweideutigkeit des Algorithmus entscheide, aber welche Entscheidung man auch treffen möge, so bleiben die transformirten Grössen bei unbegrenzter Wiederholung nicht immer im Bereich der reellen positiven Grössen, es sei denn, dass die gegebenen Elemente einer Ungleichheitsbedingung genügen, welche darin besteht, dass das Product des grössten und kleinsten Elementes grösser sei als das Product der beiden mittleren, in welchem Fall ich die Elemente ein eigentliches, im entgegengesetzten Fall ein uneigentliches System von Elementen nenne.

Indem ich für die Elemente a, b, c, e diese Ungleichheitsbedingung, in symmetrischer Form ausgesprochen, an die Spitze der Untersuchung stelle, gewinne ich den Vortheil, den umgekehrten Algorithmus eindeutig machen zu können, denn es zeigt sich, dass derselbe, auf ein eigentliches System a_1, b_1, c_1, e_1 angewandt, *ein* und nur *ein* eigentliches System a, b, c, e liefert, während das zweite ein uneigentliches System a^*, b^*, c^*, e^* ist, welches mit dem ersteren in dem einfachen Zusammenhange

$$2\sqrt{a^*} = -\sqrt{a}+\sqrt{b}+\sqrt{c}+\sqrt{e}$$
$$2\sqrt{b^*} = \sqrt{a}-\sqrt{b}+\sqrt{c}+\sqrt{e}$$
$$2\sqrt{c^*} = \sqrt{a}+\sqrt{b}-\sqrt{c}+\sqrt{e}$$
$$2\sqrt{e^*} = \sqrt{a}+\sqrt{b}+\sqrt{c}-\sqrt{e}$$

steht. — Ich bringe nun die Elemente a, b, c, e mit einem System von Variabeln w, x, y, z und die transformirten a_1, b_1, c_1, e_1 mit einem zweiten System von Variabeln w_1, x_1, y_1, z_1 in Verbindung und definire die Abhängigkeit beider Variabelnsysteme von einander durch die Gleichungen

$$\begin{aligned} 4\sqrt{a_1}\,w_1 &= w^2+x^2+y^2+z^2 \\ 4\sqrt{b_1}\,x_1 &= 2wx+2yz \\ 4\sqrt{c_1}\,y_1 &= 2wy+2xz \\ 4\sqrt{e_1}\,z_1 &= 2wz+2xy, \end{aligned}$$

durch welche $w=\sqrt{a}$, $x=\sqrt{b}$, $y=\sqrt{c}$, $z=\sqrt{e}$ und $w_1=\sqrt{a_1}$, $x_1=\sqrt{b_1}$, $y_1=\sqrt{c_1}$, $z_1=\sqrt{e_1}$ zusammengehörige Werthsysteme werden. Endlich bilde ich aus den Variabeln w, x, y, z die homogene biquadratische Function

$$\Phi = w^4+x^4+y^4+z^4-B(w^2x^2+y^2z^2)-C(w^2y^2+x^2z^2)-E(w^2z^2+x^2y^2)+2Kwxyz,$$

deren Coefficienten die folgenden rationalen Functionen von $\sqrt{a}$, $\sqrt{b}$, $\sqrt{c}$, $\sqrt{e}$:

$$B=\frac{a^2+b^2-c^2-e^2}{ab-ce},\quad C=\frac{a^2+c^2-b^2-e^2}{ac-be},\quad E=\frac{a^2+e^2-b^2-c^2}{ae-bc}$$

$$K=\sqrt{abce}\,\frac{(a+b+c+e)(a+b-c-e)(a-b+c-e)(a-b-c+e)}{(ab-ce)(ac-be)(ae-bc)}$$

sind und welche ich die Göpelsche biquadratische Function*) nenne. Dann lässt sich mit Hülfe der Function Φ die Transformation der Grössen $\sqrt{a}$, $\sqrt{b}$, $\sqrt{c}$, $\sqrt{e}$, w, x, y, z in die Grössen $\sqrt{a_1}$, $\sqrt{b_1}$, $\sqrt{c_1}$, $\sqrt{e_1}$, w_1, x_1, y_1, z_1 in folgendes analytische Factum zusammenfassen:

Man bilde aus den Variabeln w, x, y, z und den Constanten $\sqrt{a}$, $\sqrt{b}$, $\sqrt{c}$, $\sqrt{e}$ die Göpelsche Function Φ, ferner aus den nämlichen Variabeln und den oben definirten Constanten $\sqrt{a^*}$, $\sqrt{b^*}$, $\sqrt{c^*}$, $\sqrt{e^*}$ die Göpelsche Function Φ^*, endlich aus den Variabeln w_1, x_1, y_1, z_1 und den Constanten $\sqrt{a_1}$, $\sqrt{b_1}$, $\sqrt{c_1}$, $\sqrt{e_1}$ die Göpelsche Function Φ_1, dann ist die letztere Function von dem Product der beiden ersteren nur um einen constanten Factor verschieden, man hat nämlich

$$256\,a_1^2\,\Phi_1 = \Phi.\Phi^*.$$

*) Es ist dieselbe, von deren Anwendung zur Darstellung der Kummerschen biquadratischen Fläche mit 16 Knotenpunkten ich bereits im Journal für die reine und angewandte Mathematik, Bd. 83 p. 234, 1877, [p. 341 dieser Ausgabe] gehandelt habe.

Die Bedeutung dieser Gleichung, welche das Fundament der ferneren Untersuchung bildet, besteht darin, dass dieselbe mit Hülfe der Transformations-Gleichungen, welche a_1, b_1, c_1, e_1, w_1, x_1, y_1, z_1 als Functionen von a, b, c, e, w, x, y, z definiren, zu einer reinen Identität wird.

Da die Gleichung $\Phi = 0$, geometrisch aufgefasst, bekanntlich eine Kummersche biquadratische Fläche mit sechzehn Knotenpunkten darstellt, so folgt aus obiger Identität, dass, wenn der Punkt w, x, y, z auf der Kummerschen Fläche $\Phi = 0$ (mit den Constanten $\sqrt{a}$, $\sqrt{b}$, $\sqrt{c}$, $\sqrt{e}$) liegt, der Punkt w_1, x_1, y_1, z_1 gleichzeitig auf einer Kummerschen Fläche $\Phi_1 = 0$ (mit den Constanten $\sqrt{a_1}$, $\sqrt{b_1}$, $\sqrt{c_1}$, $\sqrt{e_1}$) liegt.

Aber dies Entsprechen beider Punkte lässt sich noch genauer feststellen. Die Kummersche Fläche besteht nämlich aus acht nur durch die Knotenpunkte mit einander in Verbindung stehenden Theilen, von welchen fünf im Endlichen liegen, während drei aus je zwei Schalen (nappes) bestehende sich ins Unendliche erstrecken. Unter den ersteren ist nur einer, welcher in keinem Knotenpunkte mit den ins Unendliche sich erstreckenden Theilen in Verbindung steht. Diesen einen von den vier anderen endlichen Theilen umgebenen nenne ich den centralen Theil der Kummerschen Fläche. Liegt der Punkt w, x, y, z auf dem centralen Theil der Kummerschen Fläche $\Phi = 0$, so liegt gleichzeitig der Punkt w_1, x_1, y_1, z_1 auf dem centralen Theil der Kummerschen Fläche $\Phi_1 = 0$ und, während der erstere seinen centralen Flächentheil einmal durchläuft, durchläuft der letztere den seinigen viermal.

Unter Voraussetzung dieser Resultate und mit Anwendung eines Jacobischen Satzes finde ich, dass, wenn die Quotienten

$$\xi = \frac{x}{w}, \quad \eta = \frac{y}{w}, \quad \zeta = \frac{z}{w}$$

die Gleichung

$$0 = F = \Phi(1, \xi, \eta, \zeta) = \frac{1}{w^4}\Phi(w, x, y, z)$$

und demzufolge die Quotienten

$$\xi_1 = \frac{x_1}{w_1}, \quad \eta_1 = \frac{y_1}{w_1}, \quad \zeta_1 = \frac{z_1}{w_1}$$

die Gleichung

$$0 = F_1 = \Phi_1(1, \xi_1, \eta_1, \zeta_1) = \frac{1}{w_1^4}\Phi_1(w_1, x_1, y_1, z_1)$$

befriedigen, wenn ferner die positive Constante μ durch die Gleichung

$$\mu^2 = \frac{\sqrt{abce}}{K}$$

bestimmt ist und μ_1 ebenso von a_1, b_1, c_1, e_1 abhängt, wie μ von a, b, c, e, die Gleichung

$$\frac{d\eta\, d\zeta}{\mu\frac{\partial F}{\partial \xi}} = \tfrac{1}{4}\frac{d\eta_1 d\zeta_1}{\mu_1\frac{\partial F_1}{\partial \xi_1}}$$

besteht, nach welcher der auf der linken Seite stehende Differential-Ausdruck bei seiner Transformation, abgesehen von dem numerischen Factor $\frac{1}{4}$, unverändert bleibt. Diese Gleichung, in welcher die Jacobische Schreibart der Differentiale beibehalten ist, hat folgende Bedeutung: Wenn ξ, η, ζ durch zwei Parameter φ, ψ so ausgedrückt sind, dass ihre Werthe die Gleichung $F = 0$ identisch befriedigen, so hat man an die Stelle der Zähler der beiden Brüche die simultanen Werthe

$$d\eta\; d\zeta = \frac{\partial(\eta, \zeta)}{\partial(\varphi, \psi)} d\varphi\, d\psi = \left(\frac{\partial\eta}{\partial\varphi}\frac{\partial\zeta}{\partial\psi} - \frac{\partial\eta}{\partial\psi}\frac{\partial\zeta}{\partial\varphi}\right) d\varphi\, d\psi$$

$$d\eta_1 d\zeta_1 = \frac{\partial(\eta_1, \zeta_1)}{\partial(\varphi, \psi)} d\varphi\, d\psi = \left(\frac{\partial\eta_1}{\partial\varphi}\frac{\partial\zeta_1}{\partial\psi} - \frac{\partial\eta_1}{\partial\psi}\frac{\partial\zeta_1}{\partial\varphi}\right) d\varphi\, d\psi$$

zu setzen. Es seien die Parameter φ, ψ so gewählt, dass die zwischen zwei Paaren gegebener numerischer Grenzen liegenden Werthe derselben alle Punkte des centralen Flächentheils von $\Phi = 0$ und jeden nur einmal ergeben, dann erhält man durch Integration obiger Gleichung zwischen diesen Grenzen

$$\iint \frac{\partial(\eta, \zeta)}{\partial(\varphi, \psi)} \frac{d\varphi\, d\psi}{\mu\frac{\partial F}{\partial\xi}} = \tfrac{1}{4}\iint \frac{\partial(\eta_1, \zeta_1)}{\partial(\varphi, \psi)} \frac{d\varphi\, d\psi}{\mu_1\frac{\partial F_1}{\partial\xi_1}}.$$

Aber unter Einführung der Parameter φ_1, ψ_1, welche der Fläche $\Phi_1 = 0$ ebenso angehören wie φ, ψ der Fläche $\Phi = 0$, und unter Berücksichtigung der oben angegebenen Art des Entsprechens der centralen Theile beider Flächen $\Phi = 0$ und $\Phi_1 = 0$ kann man das Integral rechter Hand durch ein nach φ_1, ψ_1 zwischen denselben Grenzen genommenes ersetzen und erhält

$$\iint \frac{\partial(\eta_1, \zeta_1)}{\partial(\varphi, \psi)} \frac{d\varphi\, d\psi}{\mu_1\frac{\partial F_1}{\partial\xi_1}} = 4\iint \frac{\partial(\eta_1, \zeta_1)}{\partial(\varphi_1, \psi_1)} \frac{d\varphi_1 d\psi_1}{\mu_1\frac{\partial F_1}{\partial\xi_1}}.$$

Beide Gleichungen zusammengenommen ergeben also das Resultat

$$\iint \frac{\partial(\eta,\zeta)}{\partial(\varphi,\psi)} \frac{d\varphi\, d\psi}{\mu \frac{\partial F}{\partial \xi}} = \iint \frac{\partial(\eta_1,\zeta_1)}{\partial(\varphi_1,\psi_1)} \frac{d\varphi_1 d\psi_1}{\mu_1 \frac{\partial F_1}{\partial \xi_1}},$$

d. h. *das über den centralen Theil der Kummerschen Fläche $\Phi = 0$ ausgedehnte Integral, welches die linke Seite dieser Gleichung bildet, oder, kürzer geschrieben, das Doppel-Integral*

$$\iint \frac{d\eta\, d\zeta}{\mu \frac{\partial F}{\partial \xi}}$$

ist eine Function von a, b, c, e, welche ungeändert bleibt, wenn man an die Stelle dieser vier Grössen a_1, b_1, c_1, e_1 setzt.

Hiermit ist das Problem im Wesentlichen gelöst, denn eine Function, welche diese Eigenschaft besitzt, ist bekanntlich eine blosse Function der Grenze g.

Es erübrigt nun, die richtig gewählten Parameter φ, ψ einzuführen, den Algorithmus, von welchem ausgegangen wurde, in unbegrenzter Wiederholung auf das Doppel-Integral anzuwenden und zur Grenze überzugehen, so findet sich das obige Doppel-Integral von dem reciproken Werthe des arithmetisch-geometrischen Mittels g nur um einen numerischen Factor verschieden.

1.

Aufstellung des Algorithmus. Begriff des arithmetisch-geometrischen Mittels.

Es seien a, b, c, e vier reelle positive Quantitäten und man bilde aus denselben die symmetrische Function

$$\varpi = (ab-ce)(ac-be)(ae-bc).$$

Je nachdem ϖ positiv oder negativ ist, mögen a, b, c, e ein eigentliches oder uneigentliches System von vier Elementen heissen und ich werde, wenn nicht ausdrücklich das Gegentheil festgesetzt wird, stillschweigend annehmen, dass die vier Elemente, mit welchen ich mich beschäftige, ein eigentliches System bilden, d. h. dass ϖ positiv sei.

Durch den Algorithmus

$$(1)\qquad \begin{aligned} a_1 &= \tfrac{1}{4}(a+b+c+e) \\ b_1 &= \tfrac{1}{2}(\sqrt{ab}+\sqrt{ce}\,) \\ c_1 &= \tfrac{1}{2}(\sqrt{ac}+\sqrt{be}\,) \\ e_1 &= \tfrac{1}{2}(\sqrt{ae}+\sqrt{bc}\,), \end{aligned}$$

in welchem alle Quadratwurzeln mit positivem Zeichen zu nehmen sind und welcher sich, wenn jeder der Grössen ε, ε' der doppelte Werth $\varepsilon = \pm 1$, $\varepsilon' = \pm 1$ beigelegt wird, in die eine Gleichung

$$(1^*)\qquad 4(a_1+\varepsilon b_1+\varepsilon' c_1+\varepsilon\varepsilon' e_1) = (\sqrt{a}+\varepsilon\sqrt{b}+\varepsilon'\sqrt{c}+\varepsilon\varepsilon'\sqrt{e})^2$$

zusammenfassen lässt, leite man aus a, b, c, e die neuen ebenfalls positiven Grössen a_1, b_1, c_1, e_1 her, welche die ersten transformirten der Elemente a, b, c, e heissen mögen.

Diese Grössen sind ganze homogene quadratische Functionen von $\sqrt{a}$, $\sqrt{b}$, $\sqrt{c}$, $\sqrt{e}$, so dass sie unverändert bleiben, wenn man $\sqrt{a}$, $\sqrt{b}$, $\sqrt{c}$, $\sqrt{e}$ gleichzeitig durch $-\sqrt{a}$, $-\sqrt{b}$, $-\sqrt{c}$, $-\sqrt{e}$ ersetzt, überdies ist a_1 eine symmetrische, also einwerthige Function, während b_1, c_1, e_1 die drei verschiedenen Werthe einer dreiwerthigen Function sind. Alle vier haben die gemeinsame Fundamental-Eigenschaft, unverändert zu bleiben, wenn eine der drei Permutationen

$$(\mathrm{B}) = \begin{pmatrix} \sqrt{a} & \sqrt{b} & \sqrt{c} & \sqrt{e} \\ \sqrt{b} & \sqrt{a} & \sqrt{e} & \sqrt{c} \end{pmatrix},\quad (\mathrm{C}) = \begin{pmatrix} \sqrt{a} & \sqrt{b} & \sqrt{c} & \sqrt{e} \\ \sqrt{c} & \sqrt{e} & \sqrt{a} & \sqrt{b} \end{pmatrix},\quad (\mathrm{E}) = \begin{pmatrix} \sqrt{a} & \sqrt{b} & \sqrt{c} & \sqrt{e} \\ \sqrt{e} & \sqrt{c} & \sqrt{b} & \sqrt{a} \end{pmatrix}$$

auf sie angewandt wird.

Man führe die Hülfsgrössen

$$(2)\qquad \begin{aligned} \mathfrak{a} &= a+b+c+e \\ \mathfrak{b} &= a+b-c-e \\ \mathfrak{c} &= a-b+c-e \\ \mathfrak{e} &= a-b-c+e, \end{aligned}$$

ein, so dass

$$(2^*)\qquad \mathfrak{a}\mathfrak{e}-\mathfrak{b}\mathfrak{c} = 4(ae-bc)$$

ist, und nehme an, dass

$$(2^{**})\qquad a > b > c > e,$$

dann ist aus den Gleichungen (1) ersichtlich, dass auch

$$a_1 > b_1 > c_1 > e_1.$$

Wenn die Ungleichheiten (2^{**}) stattfinden, was von jetzt an stillschweigend angenommen wird, so sind $ab-ce$, $ac-be$ von selbst positiv, daher reducirt sich die Bedingung $\varpi > 0$ auf $ae-bc > 0$, oder nach (2^*) auf

$$\mathfrak{a}\mathfrak{e}-\mathfrak{b}\mathfrak{c} > 0.$$

Diese Bedingung kann aber, da $\mathfrak{a}$, $\mathfrak{b}$, $\mathfrak{c}$ von selbst positiv sind, nur erfüllt werden, wenn auch $\mathfrak{e}$ positiv ist. Man hat daher das Ergebniss: Sind a, b, c, e vier positive Grössen, welche ein eigentliches System von vier Elementen bilden, so sind die vier Hülfsgrössen $\mathfrak{a}$, $\mathfrak{b}$, $\mathfrak{c}$, $\mathfrak{e}$ ebenfalls positiv und bilden ein eigentliches System; ein Satz, welcher sich umkehren lässt, da die Gleichungen (2) bestehen bleiben, wenn man a, b, c, e mit $\frac{1}{2}\mathfrak{a}$, $\frac{1}{2}\mathfrak{b}$, $\frac{1}{2}\mathfrak{c}$, $\frac{1}{2}\mathfrak{e}$ vertauscht.

Man bezeichne mit $\mathfrak{a}_1$, $\mathfrak{b}_1$, $\mathfrak{c}_1$, $\mathfrak{e}_1$ vier Hülfsgrössen, welche aus den transformirten a_1, b_1, c_1, e_1 ebenso gebildet sind, wie $\mathfrak{a}$, $\mathfrak{b}$, $\mathfrak{c}$, $\mathfrak{e}$ aus den Elementen a, b, c, e, dann ergeben die vier Gleichungen, welche in (1^*) enthalten sind,

$$\mathfrak{a}_1\mathfrak{e}_1-\mathfrak{b}_1\mathfrak{c}_1 = 4(a_1e_1-b_1c_1) = \tfrac{1}{2}(a-b-c+e)(\sqrt{ae}-\sqrt{bc}),$$

woraus

$$a_1e_1-b_1c_1 > 0$$

hervorgeht, d. h. *aus einem eigentlichen System von Elementen a, b, c, e ergiebt der Algorithmus* (1) *wiederum ein eigentliches System von transformirten Grössen* a_1, b_1, c_1, e_1.

Der Algorithmus (1), wiederholt angewandt, führe auf die ferneren transformirten Systeme a_2, b_2, c_2, e_2, ... a_n, b_n, c_n, e_n, von denen jedes aus dem vorhergehenden durch den Algorithmus (1) abgeleitet ist. Aus den beiden in (1^*) enthaltenen Gleichungen

$$4(a_1+b_1-c_1-e_1) = (\sqrt{a}+\sqrt{b}-\sqrt{c}-\sqrt{e})^2$$
$$4(a_1-b_1+c_1-e_1) = (\sqrt{a}-\sqrt{b}+\sqrt{c}-\sqrt{e})^2$$

folgt

$$a_1-e_1 = \tfrac{1}{4}\{(\sqrt{a}-\sqrt{e})^2+(\sqrt{b}-\sqrt{c})^2\},$$

und da nach (2^{**})

$$(\sqrt{a}-\sqrt{e})^2+(\sqrt{b}-\sqrt{c})^2 < 2(\sqrt{a}-\sqrt{e})^2 < 2(a-e)$$

ist, so hat man

$$a_1 - e_1 < \tfrac{1}{2}(a-e),$$

woraus durch wiederholte Anwendung

$$a_n - e_n < \frac{1}{2^n}(a-e)$$

folgt, d. h. *mit wachsendem n nähern sich die n^{ten} transformirten Grössen a_n, b_n, c_n, e_n ein und derselben Grenze g, welche ein zwischen dem grössten und kleinsten der Elemente a, b, c, e liegender Mittelwerth ist und welche ich das arithmetisch-geometrische Mittel aus den vier Elementen a, b, c, e nenne.*

Aus dem Zusammenfallen der Grössen a_n, b_n, c_n, e_n in den einen von der Null verschiedenen Grenzwerth g folgt überdies, dass der Quotient aus je zweien dieser Grössen sich der Grenze 1 nähert.

2.

Einführung von sechs zu den Elementen coordinirten Grössen.

Zu den vier quadratischen Functionen a_1, b_1, c_1, e_1 von $\sqrt{a}$, $\sqrt{b}$, $\sqrt{c}$, $\sqrt{e}$ mögen durch die folgenden Gleichungen, deren rechte Seiten sich in ihrer Zusammensetzung von den rechten Seiten von (1) nur durch die Zeichen unterscheiden, sechs neue ebenfalls positive Grössen:

$$(3)\qquad \begin{aligned} b'_1 &= \tfrac{1}{4}(a+b-c-e), & b''_1 &= \tfrac{1}{2}(\sqrt{ab}-\sqrt{ce}\,) \\ c'_1 &= \tfrac{1}{4}(a-b+c-e), & c''_1 &= \tfrac{1}{2}(\sqrt{ac}-\sqrt{be}\,) \\ e'_1 &= \tfrac{1}{4}(a-b-c+e), & e''_1 &= \tfrac{1}{2}(\sqrt{ae}-\sqrt{bc}\,) \end{aligned}$$

hinzugefügt werden.

Vergleicht man die zehn Ausdrücke (1, 3) mit den Eulerschen rationalen Werthen für die Coefficienten einer orthogonalen Substitution, so zeigt es sich, dass die neun Brüche

$$\left\{\begin{matrix} b'_1 & e_1 & -c''_1 \\ -e''_1 & c'_1 & b_1 \\ c_1 & -b''_1 & e'_1 \end{matrix}\right\} : a_1$$

die Coefficienten einer orthogonalen Substitution mit der Determinante $+1$ bilden.

Die sechs durch (3) als Functionen von $\sqrt{a}$, $\sqrt{b}$, $\sqrt{c}$, $\sqrt{e}$ definirten Grössen b_1', c_1', e_1', b_1'', c_1'', e_1'' lassen sich auch als Functionen der ihnen coordinirten Grössen a_1, b_1, c_1, e_1 darstellen. Denn die vier in (1*) enthaltenen Gleichungen, nach $\sqrt{a}$, $\sqrt{b}$, $\sqrt{c}$, $\sqrt{e}$ aufgelöst, geben diese vier Grössen als lineare Functionen von $\sqrt{\mathfrak{a}_1}$, $\sqrt{\mathfrak{b}_1}$, $\sqrt{\mathfrak{c}_1}$, $\sqrt{\mathfrak{e}_1}$ und diese Werthe von $\sqrt{a}$, $\sqrt{b}$, $\sqrt{c}$, $\sqrt{e}$, in (3) eingesetzt, geben

$$(3^*)\quad \begin{aligned} b_1' &= \tfrac{1}{2}(\sqrt{\mathfrak{a}_1\mathfrak{b}_1}+\sqrt{\mathfrak{c}_1\mathfrak{e}_1}), & b_1'' &= \tfrac{1}{2}(\sqrt{\mathfrak{a}_1\mathfrak{b}_1}-\sqrt{\mathfrak{c}_1\mathfrak{e}_1})\\ c_1' &= \tfrac{1}{2}(\sqrt{\mathfrak{a}_1\mathfrak{c}_1}+\sqrt{\mathfrak{b}_1\mathfrak{e}_1}), & c_1'' &= \tfrac{1}{2}(\sqrt{\mathfrak{a}_1\mathfrak{c}_1}-\sqrt{\mathfrak{b}_1\mathfrak{e}_1})\\ e_1' &= \tfrac{1}{2}(\sqrt{\mathfrak{a}_1\mathfrak{e}_1}+\sqrt{\mathfrak{b}_1\mathfrak{c}_1}), & e_1'' &= \tfrac{1}{2}(\sqrt{\mathfrak{a}_1\mathfrak{e}_1}-\sqrt{\mathfrak{b}_1\mathfrak{c}_1}), \end{aligned}$$

wo alle Quadratwurzeln positiv zu nehmen sind.

Da die sechs Grössen b_1', c_1', e_1', b_1'', c_1'', e_1'' durch die vier ihnen coordinirten Grössen a_1, b_1, c_1, e_1 eindeutig darstellbar sind, so kann man auf dieselbe Weise zu den gegebenen Elementen a, b, c, e sechs coordinirte positive Grössen b', c', e', b'', c'', e'' hinzufügen, indem man dieselben durch die Gleichungen

$$(4)\quad \begin{aligned} b' &= \tfrac{1}{2}(\sqrt{\mathfrak{a}\mathfrak{b}}+\sqrt{\mathfrak{c}\mathfrak{e}}), & b'' &= \tfrac{1}{2}(\sqrt{\mathfrak{a}\mathfrak{b}}-\sqrt{\mathfrak{c}\mathfrak{e}})\\ c' &= \tfrac{1}{2}(\sqrt{\mathfrak{a}\mathfrak{c}}+\sqrt{\mathfrak{b}\mathfrak{e}}), & c'' &= \tfrac{1}{2}(\sqrt{\mathfrak{a}\mathfrak{c}}-\sqrt{\mathfrak{b}\mathfrak{e}})\\ e' &= \tfrac{1}{2}(\sqrt{\mathfrak{a}\mathfrak{e}}+\sqrt{\mathfrak{b}\mathfrak{c}}), & e'' &= \tfrac{1}{2}(\sqrt{\mathfrak{a}\mathfrak{e}}-\sqrt{\mathfrak{b}\mathfrak{c}}) \end{aligned}$$

definirt, in welchen alle Quadratwurzeln positiv zu nehmen und die Hülfsgrössen $\mathfrak{a}$, $\mathfrak{b}$, $\mathfrak{c}$, $\mathfrak{e}$ nach (2) zu bestimmen sind.

Die sechs durch (4) definirten zu den Elementen a, b, c, e coordinirten Grössen hangen von diesen ebenso ab, wie die sechs durch (3) definirten Grössen von a_1, b_1, c_1, e_1, daher bilden die neun Brüche

$$\left\{\begin{matrix} b' & e & -c'' \\ -e'' & c' & b \\ c & -b'' & e' \end{matrix}\right\} : a$$

wiederum die Coefficienten einer orthogonalen Substitution mit der Determinante $+1$.

Die hieraus sich ergebenden Relationen zwischen den zehn positiven Grössen a, b, c, e, b', b'', c', c'', e', e'' stelle ich unter Einführung der Hülfsgrösse λ in dem folgenden Schema zusammen:

(A)

$$
\begin{array}{ll}
1. & b'^2+b''^2 = a^2+b^2-c^2-e^2 = \tfrac{1}{2}(\mathfrak{ab}+\mathfrak{ce}) \\
2. & c'^2+c''^2 = a^2+c^2-b^2-e^2 = \tfrac{1}{2}(\mathfrak{ac}+\mathfrak{be}) \\
3. & e'^2+e''^2 = a^2+e^2-b^2-c^2 = \tfrac{1}{2}(\mathfrak{ae}+\mathfrak{bc}) \\
4. & \lambda = b'^2-b''^2 = c'^2-c''^2 = e'^2-e''^2 = \sqrt{\mathfrak{abce}} \\
5. & b'b'' = ab-ce = \tfrac{1}{4}(\mathfrak{ab}-\mathfrak{ce}) \\
6. & c'c'' = ac-be = \tfrac{1}{4}(\mathfrak{ac}-\mathfrak{be}) \\
7. & e'e'' = ae-bc = \tfrac{1}{4}(\mathfrak{ae}-\mathfrak{bc}) \\
8. & \varpi = (ab-ce)(ac-be)(ae-bc) = b'b''c'c''e'e''
\end{array}
$$

$$
\begin{array}{llll}
9. & c'\,e' = ab'-bb'' & 15. & e''b' = ec'-bc'' \\
10. & c''e'' = bb'-ab'' & 16. & e'\,b'' = bc'-ec'' \\
11. & c''e' = cb'-eb'' & 17. & b'\,c' = ae'-ee'' \\
12. & c'\,e'' = eb'-cb'' & 18. & b''c'' = ee'-ae'' \\
13. & e'\,b' = ac'-cc'' & 19. & b''c' = be'-ce'' \\
14. & e''b'' = cc'-ac'' & 20. & b'\,c'' = ce'-be''
\end{array}
$$

$$
\begin{array}{ll}
21. & a\lambda = b'c'e'+b''c''e'' = \tfrac{1}{4}\sqrt{\mathfrak{abce}}(\mathfrak{a}+\mathfrak{b}+\mathfrak{c}+\mathfrak{e}) \\
22. & b\lambda = b'c''e''+b''c'e' = \tfrac{1}{4}\sqrt{\mathfrak{abce}}(\mathfrak{a}+\mathfrak{b}-\mathfrak{c}-\mathfrak{e}) \\
23. & c\lambda = b''c'e''+b'c''e' = \tfrac{1}{4}\sqrt{\mathfrak{abce}}(\mathfrak{a}-\mathfrak{b}+\mathfrak{c}-\mathfrak{e}) \\
24. & e\lambda = b''c''e'+b'c'e'' = \tfrac{1}{4}\sqrt{\mathfrak{abce}}(\mathfrak{a}-\mathfrak{b}-\mathfrak{c}+\mathfrak{e}).
\end{array}
$$

Definirt man im Anschluss an die vier letzten Gleichungen vier neue Grössen $\mathfrak{A}$, $\mathfrak{B}$, $\mathfrak{C}$, $\mathfrak{E}$ durch die Gleichungen

(B)

$$
\begin{array}{ll}
1. & \mathfrak{A}\lambda = b'c'e'-b''c''e'' = \tfrac{1}{4}(\mathfrak{bce}+\mathfrak{ace}+\mathfrak{abe}+\mathfrak{abc}) \\
2. & \mathfrak{B}\lambda = b'c''e''-b''c'e' = \tfrac{1}{4}(\mathfrak{bce}+\mathfrak{ace}-\mathfrak{abe}-\mathfrak{abc}) \\
3. & \mathfrak{C}\lambda = b''c'e''-b'c''e' = \tfrac{1}{4}(\mathfrak{bce}-\mathfrak{ace}+\mathfrak{abe}-\mathfrak{abc}) \\
4. & \mathfrak{E}\lambda = b''c''e'-b'c'e'' = \tfrac{1}{4}(\mathfrak{bce}-\mathfrak{ace}-\mathfrak{abe}+\mathfrak{abc}),
\end{array}
$$

so genügen dieselben den folgenden unter Einführung der neuen Hülfsgrösse $\mu^2 = \frac{\varpi}{\lambda^2}$ aufgestellten Relationen:

(C)

$$
\begin{array}{llll}
1. & (a+\mathfrak{A})\lambda = 2b'c'e' & 5. & (a-\mathfrak{A})\lambda = 2b''c''e'' \\
2. & (b+\mathfrak{B})\lambda = 2b'c''e'' & 6. & (b-\mathfrak{B})\lambda = 2b''c'e' \\
3. & (c+\mathfrak{C})\lambda = 2b''c'e'' & 7. & (c-\mathfrak{C})\lambda = 2b'c''e' \\
4. & (e+\mathfrak{E})\lambda = 2b''c''e' & 8. & (e-\mathfrak{E})\lambda = 2b'c'e''
\end{array}
$$

$$9. \quad a^2-\mathfrak{A}^2 = b^2-\mathfrak{B}^2 = c^2-\mathfrak{C}^2 = e^2-\mathfrak{E}^2 = 4\mu^2$$

$$10. \quad 2(ab+\mathfrak{A}\mathfrak{B}) = 2(ce+\mathfrak{C}\mathfrak{E}) = 4\mu^2\frac{b'^2+b''^2}{b'b''}$$

$$11. \quad 2(ac+\mathfrak{A}\mathfrak{C}) = 2(be+\mathfrak{B}\mathfrak{E}) = 4\mu^2\frac{c'^2+c''^2}{c'c''}$$

$$12. \quad 2(ae+\mathfrak{A}\mathfrak{E}) = 2(bc+\mathfrak{B}\mathfrak{C}) = 4\mu^2\frac{e'^2+e''^2}{e'e''}$$

$$13. \quad \mu^2 = \frac{\varpi}{\lambda^2} = \frac{b'b''c'c''e'e''}{\lambda^2} = \frac{(ab-ce)(ac-be)(ae-bc)}{\mathfrak{abce}}$$

$$14. \quad a\mathfrak{A}+b\mathfrak{B}+c\mathfrak{C}+e\mathfrak{E} = \lambda$$

$$15. \quad b'\mathfrak{A}+b''\mathfrak{B} = c'e'$$

$$16. \quad c'\mathfrak{A}+c''\mathfrak{C} = e'b'$$

$$17. \quad e'\mathfrak{A}+e''\mathfrak{E} = b'c'.$$

Es seien b'_n, c'_n, e'_n, b''_n, c''_n, e''_n die Grössen, welche von a_n, b_n, c_n, e_n ebenso abhangen, wie b', c', e', b'', c'', e'' von a, b, c, e, dann ist, wegen der für $n=\infty$ stattfindenden Werthe

$$(4^*) \qquad \lim\frac{b_n}{a_n} = \lim\frac{c_n}{a_n} = \lim\frac{e_n}{a_n} = 1,$$

aus (A 1-3) ersichtlich, dass jede der sechs coordinirten Grössen b'_n, c'_n, e'_n, b''_n, c''_n, e''_n für $n=\infty$ Null zur Grenze hat.

Da jede dieser sechs Grössen unendlich klein wird, während a_n, b_n, c_n, e_n sich derselben von Null verschiedenen Grenze g nähern, so liegt die Vermuthung nahe, dass die Producte $c'_n e'_n$, etc., welche den linken Seiten der Gleichungen (A 9-20) analog gebildet sind, unendlich klein von der zweiten Ordnung werden, dass dagegen jedes der beiden Producte $a_n b'_n$, $b_n b''_n$, etc., deren Differenz dem Product $c'_n e'_n$, etc. gleich ist, unendlich klein nur von der ersten Ordnung wird, woraus dann weiter folgen würde, dass sich jeder der drei Quotienten

$$\frac{b''_n}{b'_n}, \quad \frac{c''_n}{c'_n}, \quad \frac{e''_n}{e'_n}$$

für $n=\infty$ der Einheit als Grenze nähert.

Um diese Vermuthung zu bestätigen, setze man

$$\mathfrak{p} = \frac{c'e'}{ab'}, \quad \mathfrak{q} = \frac{b'e'}{ac'}, \quad \mathfrak{r} = \frac{b'c'}{ae'}$$

und allgemein

$$\mathfrak{p}_n = \frac{c'_n e'_n}{a_n b'_n}, \quad \mathfrak{q}_n = \frac{b'_n e'_n}{a_n c'_n}, \quad \mathfrak{r}_n = \frac{b'_n c'_n}{a_n e'_n}.$$

Die Gleichungen (A 9, 13, 17) auf die Form

$$\frac{c'e'}{ab'} + \frac{bb''}{ab'} = 1, \quad \frac{b'e'}{ac'} + \frac{cc''}{ac'} = 1, \quad \frac{b'c'}{ae'} + \frac{ee''}{ae'} = 1$$

gebracht, zeigen, dass $\mathfrak{p}$, $\mathfrak{q}$, $\mathfrak{r}$ zwischen 0 und 1 liegen; da überdies nach (4) b', c', e' der Ungleichheit $b' > c' > e'$ genügen, so ist

$$\mathfrak{p} < \mathfrak{q} < \mathfrak{r}$$

und ebenso

$$\mathfrak{p}_n < \mathfrak{q}_n < \mathfrak{r}_n.$$

Dies vorausgesetzt, ist nach (1, 2, 3)

$$\mathfrak{r}_1 = \frac{b'_1 c'_1}{a_1 e'_1} = \frac{\mathfrak{b}\mathfrak{c}}{\mathfrak{a}\mathfrak{e}},$$

andrerseits nach (4)

$$\mathfrak{r} = \frac{b'c'}{ae'} = \frac{(\sqrt{\mathfrak{a}\mathfrak{b}} + \sqrt{\mathfrak{c}\mathfrak{e}})(\sqrt{\mathfrak{a}\mathfrak{c}} + \sqrt{\mathfrak{b}\mathfrak{e}})}{2a(\sqrt{\mathfrak{a}\mathfrak{e}} + \sqrt{\mathfrak{b}\mathfrak{c}})} = \frac{(\mathfrak{a}+\mathfrak{e})\sqrt{\mathfrak{b}\mathfrak{c}} + (\mathfrak{b}+\mathfrak{c})\sqrt{\mathfrak{a}\mathfrak{e}}}{2a(\sqrt{\mathfrak{a}\mathfrak{e}} + \sqrt{\mathfrak{b}\mathfrak{c}})}$$

und hieraus ergiebt sich, da $\sqrt{\mathfrak{a}\mathfrak{e}} > \sqrt{\mathfrak{b}\mathfrak{c}}$ ist,

$$\mathfrak{r} > \frac{(\mathfrak{a}+\mathfrak{b}+\mathfrak{c}+\mathfrak{e})\sqrt{\mathfrak{b}\mathfrak{c}}}{4a\sqrt{\mathfrak{a}\mathfrak{e}}}, \quad \text{d. h.} \quad > \sqrt{\frac{\mathfrak{b}\mathfrak{c}}{\mathfrak{a}\mathfrak{e}}},$$

folglich

$$\mathfrak{r}_1 < \mathfrak{r}^2$$

und, durch wiederholte Anwendung dieser Ungleichheit,

$$\mathfrak{r}_n < \mathfrak{r}^{2^n},$$

also für $n = \infty$, da $\mathfrak{r} < 1$ ist,

$$\lim \mathfrak{r}_n = 0,$$

woraus, da $\mathfrak{p}_n$, $\mathfrak{q}_n$ kleiner als $\mathfrak{r}_n$ sind, hervorgeht, dass auch diese Grössen Null zur Grenze haben. Demnach hat man mit Berücksichtigung von (A 9, 13, 17)

$$(5) \qquad \lim \frac{b''_n}{b'_n} = 1, \quad \lim \frac{c''_n}{c'_n} = 1, \quad \lim \frac{e''_n}{e'_n} = 1.$$

Mit Hülfe hiervon erhält man aus (A 16, 20)

$$(5^*) \qquad \lim \frac{e'_n b''_n}{b_n c'_n} = 0, \quad \lim \frac{b'_n c''_n}{b_n e''_n} = 0.$$

3.

Umkehrung des Algorithmus.

Man löse die Gleichungen (1) nach $\sqrt{a}$, $\sqrt{b}$, $\sqrt{c}$, $\sqrt{e}$ auf und nenne die hieraus hervorgehende Operation, vermittelst welcher man von a_1, b_1, c_1, e_1 zu a, b, c, e übergeht, den umgekehrten Algorithmus. Man nehme ferner an, die positiven Grössen $a_1 > b_1 > c_1 > e_1$, welche ein eigentliches System bilden, seien gegeben, die Grössen a, b, c, e aber durch den umgekehrten Algorithmus aus den ersteren zu bestimmen. Nach $\sqrt{a}$, $\sqrt{b}$, $\sqrt{c}$, $\sqrt{e}$ aufgelöst, geben die Gleichungen (1)

$$(6) \qquad \begin{aligned} 2\sqrt{a} &= \sqrt{\mathfrak{a}_1} + \sqrt{\mathfrak{b}_1} + \sqrt{\mathfrak{c}_1} + \sqrt{\mathfrak{e}_1} \\ 2\sqrt{b} &= \sqrt{\mathfrak{a}_1} + \sqrt{\mathfrak{b}_1} - \sqrt{\mathfrak{c}_1} - \sqrt{\mathfrak{e}_1} \\ 2\sqrt{c} &= \sqrt{\mathfrak{a}_1} - \sqrt{\mathfrak{b}_1} + \sqrt{\mathfrak{c}_1} - \sqrt{\mathfrak{e}_1} \\ 2\sqrt{e} &= \sqrt{\mathfrak{a}_1} - \sqrt{\mathfrak{b}_1} - \sqrt{\mathfrak{c}_1} + \sqrt{\mathfrak{e}_1}. \end{aligned}$$

Wenn man jeder der vier Quadratwurzeln auf der rechten Seite von (6) ihre beiden Vorzeichen giebt, so enthält das System (6) sechzehn verschiedene Lösungen für $\sqrt{a}$, $\sqrt{b}$, $\sqrt{c}$, $\sqrt{e}$. Aus diesen sechzehn Lösungen wähle ich zunächst diejenige aus und nenne sie die eigentliche Lösung, in welcher jede der vier Quadratwurzeln $\sqrt{\mathfrak{a}_1}$, $\sqrt{\mathfrak{b}_1}$, $\sqrt{\mathfrak{c}_1}$, $\sqrt{\mathfrak{e}_1}$ positiv genommen ist. Da der Voraussetzung nach a_1, b_1, c_1, e_1, also auch $\mathfrak{a}_1$, $\mathfrak{b}_1$, $\mathfrak{c}_1$, $\mathfrak{e}_1$, ein eigentliches System bilden, so bilden in Folge der Identität

$$\sqrt{\mathfrak{a}_1 \mathfrak{e}_1} - \sqrt{\mathfrak{b}_1 \mathfrak{c}_1} = \sqrt{ae} - \sqrt{bc}$$

$\sqrt{a}$, $\sqrt{b}$, $\sqrt{c}$, $\sqrt{e}$ ebenfalls ein eigentliches System, und da die drei ersteren dieser vier Grössen nach (6) positiv sind, so muss auch $\sqrt{e}$ positiv sein. Man hat daher folgendes Resultat:

Es seien $a_1 > b_1 > c_1 > e_1$ vier gegebene positive Grössen, welche ein eigentliches System bilden. Man bestimme aus denselben durch die Gleichungen (6), in welchen alle Quadratwurzeln positiv genommen werden, $\sqrt{a}$, $\sqrt{b}$, $\sqrt{c}$,

$\sqrt{e}$, so sind diese vier Grössen ebenfalls positiv, bilden ein eigentliches System und genügen der Bedingung $\sqrt{a} > \sqrt{b} > \sqrt{c} > \sqrt{e}$.

Nimmt man in (6) zwei der drei Quadratwurzeln $\sqrt{\mathfrak{b}_1}$, $\sqrt{\mathfrak{c}_1}$, $\sqrt{\mathfrak{e}_1}$ negativ, die dritte und $\sqrt{\mathfrak{a}_1}$ positiv, so erhält man drei Lösungen, welche aus der eigentlichen Lösung durch die Permutationen (B), (C), (E) hervorgehen. Nimmt man dagegen $\sqrt{\mathfrak{a}_1}$ und eine der drei Quadratwurzeln $\sqrt{\mathfrak{b}_1}$, $\sqrt{\mathfrak{c}_1}$, $\sqrt{\mathfrak{e}_1}$ negativ, die beiden anderen positiv oder endlich alle vier Quadratwurzeln negativ, so erhält man vier fernere Lösungen, welche sich von den vier bereits betrachteten nur durch gleichzeitige Umkehrung der Zeichen von $\sqrt{a}$, $\sqrt{b}$, $\sqrt{c}$, $\sqrt{e}$ unterscheiden.

Diese acht Lösungen, in welchen eine gerade Anzahl von Quadratwurzeln auf den rechten Seiten von (6) positiv, die übrigen negativ genommen werden, sind also nicht wesentlich von einander verschieden und sämmtlich auf die eigentliche Lösung zurückzuführen.

Es bleiben nun acht fernere Lösungen übrig, welche aus (6) hervorgehen, wenn man von den Quadratwurzeln $\sqrt{\mathfrak{a}_1}$, $\sqrt{\mathfrak{b}_1}$, $\sqrt{\mathfrak{c}_1}$, $\sqrt{\mathfrak{e}_1}$ eine ungerade Anzahl mit positivem, die übrigen mit negativem Vorzeichen nimmt. Diese acht Lösungen lassen sich auf ähnliche Weise, wie dies mit den ersten acht Lösungen geschehen ist, auf eine derselben zurückführen, nämlich auf die Lösung

$$\begin{aligned} 2\sqrt{a^*} &= \sqrt{\mathfrak{a}_1} - \sqrt{\mathfrak{b}_1} - \sqrt{\mathfrak{c}_1} - \sqrt{\mathfrak{e}_1} \\ 2\sqrt{b^*} &= \sqrt{\mathfrak{a}_1} - \sqrt{\mathfrak{b}_1} + \sqrt{\mathfrak{c}_1} + \sqrt{\mathfrak{e}_1} \\ 2\sqrt{c^*} &= \sqrt{\mathfrak{a}_1} + \sqrt{\mathfrak{b}_1} - \sqrt{\mathfrak{c}_1} + \sqrt{\mathfrak{e}_1} \\ 2\sqrt{e^*} &= \sqrt{\mathfrak{a}_1} + \sqrt{\mathfrak{b}_1} + \sqrt{\mathfrak{c}_1} - \sqrt{\mathfrak{e}_1}, \end{aligned}$$

wo die vier Quadratwurzeln $\sqrt{\mathfrak{a}_1}$, $\sqrt{\mathfrak{b}_1}$, $\sqrt{\mathfrak{c}_1}$, $\sqrt{\mathfrak{e}_1}$ wiederum positiv zu nehmen sind und welche ich die uneigentliche Lösung nenne.

Durch Elimination der Quadratwurzeln $\sqrt{\mathfrak{a}_1}$, $\sqrt{\mathfrak{b}_1}$, $\sqrt{\mathfrak{c}_1}$, $\sqrt{\mathfrak{e}_1}$ zwischen der eigentlichen und uneigentlichen Lösung drückt man die letztere durch die erstere vermittelst der Gleichungen

$$(6^*)\qquad \begin{aligned} 2\sqrt{a^*} &= -\sqrt{a} + \sqrt{b} + \sqrt{c} + \sqrt{e} \\ 2\sqrt{b^*} &= \sqrt{a} - \sqrt{b} + \sqrt{c} + \sqrt{e} \\ 2\sqrt{c^*} &= \sqrt{a} + \sqrt{b} - \sqrt{c} + \sqrt{e} \\ 2\sqrt{e^*} &= \sqrt{a} + \sqrt{b} + \sqrt{c} - \sqrt{e} \end{aligned}$$

aus.

Aus den Gleichungen (6*) folgen, wie sich von selbst versteht, die Bedingungen

$$\begin{aligned}
a_1^* &= \tfrac{1}{4}(a^*+b^*+c^*+e^*) = a_1 = \tfrac{1}{4}(a+b+c+e)\\
b_1^* &= \tfrac{1}{2}(\sqrt{a^*b^*}+\sqrt{c^*e^*}) = b_1 = \tfrac{1}{2}(\sqrt{ab}+\sqrt{ce})\\
c_1^* &= \tfrac{1}{2}(\sqrt{a^*c^*}+\sqrt{b^*e^*}) = c_1 = \tfrac{1}{2}(\sqrt{ac}+\sqrt{be})\\
e_1^* &= \tfrac{1}{2}(\sqrt{a^*e^*}+\sqrt{b^*c^*}) = e_1 = \tfrac{1}{2}(\sqrt{ae}+\sqrt{bc}),
\end{aligned}$$

dagegen hat man

$$(7)\quad \begin{aligned}
b_1'^* &= \tfrac{1}{4}(a^*+b^*-c^*-e^*) = -b_1'' = -\tfrac{1}{2}(\sqrt{ab}-\sqrt{ce})\\
c_1'^* &= \tfrac{1}{4}(a^*+c^*-b^*-e^*) = -c_1'' = -\tfrac{1}{2}(\sqrt{ac}-\sqrt{be})\\
e_1'^* &= \tfrac{1}{4}(a^*+e^*-b^*-c^*) = -e_1'' = -\tfrac{1}{2}(\sqrt{ae}-\sqrt{bc})\\
b_1''^* &= \tfrac{1}{2}(\sqrt{a^*b^*}-\sqrt{c^*e^*}) = -b_1' = -\tfrac{1}{4}(a+b-c-e)\\
c_1''^* &= \tfrac{1}{2}(\sqrt{a^*c^*}-\sqrt{b^*e^*}) = -c_1' = -\tfrac{1}{4}(a+c-b-e)\\
e_1''^* &= \tfrac{1}{2}(\sqrt{a^*e^*}-\sqrt{b^*c^*}) = -e_1' = -\tfrac{1}{4}(a+e-b-c),
\end{aligned}$$

woraus hervorgeht, dass

$$\varpi^* = (a^*b^*-c^*e^*)(a^*c^*-b^*e^*)(a^*e^*-b^*c^*) = -64\, b_1 c_1 e_1 b_1' c_1' e_1'$$

negativ ist. Die Grössen a^*, b^*, c^*, e^* bilden also ein uneigentliches System und man hat folgendes Ergebniss:

Wenn man den Algorithmus (1) *umkehrt und diesen umgekehrten Algorithmus auf die positiven Grössen* a_1, b_1, c_1, e_1 *anwendet, welche ein eigentliches System bilden, so erhält man ein einziges eigentliches System von positiven Elementen* a, b, c, e. *Ausserdem erhält man ein zweites durch* (6*) *definirtes System* a^*, b^*, c^*, e^*; *dies ist aber ein uneigentliches.*

Da das System a^*, b^*, c^*, e^* aus a, b, c, e dadurch hervorgeht, dass von den Grössen $\sqrt{\mathfrak{a}_1}$, $\sqrt{\mathfrak{b}_1}$, $\sqrt{\mathfrak{c}_1}$, $\sqrt{\mathfrak{e}_1}$ eine ungerade Anzahl das Zeichen wechseln, so besteht zwischen

$$\lambda_1 = \sqrt{\mathfrak{a}_1\mathfrak{b}_1\mathfrak{c}_1\mathfrak{e}_1}, \quad \lambda_1^* = \sqrt{\mathfrak{a}_1^*\mathfrak{b}_1^*\mathfrak{c}_1^*\mathfrak{e}_1^*}$$

die Relation

$$\lambda_1^* = -\lambda_1;$$

man hat daher unter Berücksichtigung von (B 1-4) die Gleichungen

$$(7^*)\quad \mathfrak{A}_1^* = -\mathfrak{A}_1, \quad \mathfrak{B}_1^* = -\mathfrak{B}_1, \quad \mathfrak{C}_1^* = -\mathfrak{C}_1, \quad \mathfrak{E}_1^* = -\mathfrak{E}_1, \quad \lambda_1^* = -\lambda_1.$$

4.

Variabelnsysteme, welche mit den Elementen und den transformirten Grössen in Verbindung stehen. Coordinirte Variabeln erster Art.

Man ordne den Quadratwurzeln $\sqrt{a}$, $\sqrt{b}$, $\sqrt{c}$, $\sqrt{e}$ der Elemente ein System von Variabeln w, x, y, z (die ursprünglichen Variabeln) und den Quadratwurzeln $\sqrt{a_1}$, $\sqrt{b_1}$, $\sqrt{c_1}$, $\sqrt{e_1}$ der transformirten Grössen ein zweites System von Variabeln w_1, x_1, y_1, z_1 (die transformirten Variabeln) zu und definire die Abhängigkeit beider Systeme von einander durch die Transformationsgleichungen

$$(8)\qquad \begin{aligned} 4\sqrt{a_1}\,w_1 &= w^2+x^2+y^2+z^2 \\ 4\sqrt{b_1}\,x_1 &= 2wx + 2yz \\ 4\sqrt{c_1}\,y_1 &= 2wy + 2xz \\ 4\sqrt{e_1}\,z_1 &= 2wz + 2xy, \end{aligned}$$

welche man in die eine Gleichung

$$(8^*)\qquad 4(\sqrt{a_1}\,w_1+\varepsilon\sqrt{b_1}\,x_1+\varepsilon'\sqrt{c_1}\,y_1+\varepsilon\varepsilon'\sqrt{e_1}\,z_1) = (w+\varepsilon x+\varepsilon' y+\varepsilon\varepsilon' z)^2$$

zusammenfassen kann und aus welchen sich als entsprechende Werthsysteme beider Variabelnsysteme

$$\begin{aligned} w &= \sqrt{a}, & x &= \sqrt{b}, & y &= \sqrt{c}, & z &= \sqrt{e} \\ w_1 &= \sqrt{a_1}, & x_1 &= \sqrt{b_1}; & y_1 &= \sqrt{c_1}, & z_1 &= \sqrt{e_1} \end{aligned}$$

ergeben. Positiven Werthen von w, x, y, z entsprechen positive Werthe von w_1, x_1, y_1, z_1 und diese letzteren Variabeln, als Functionen der ersteren betrachtet, haben wiederum die Fundamental-Eigenschaft, unverändert zu bleiben, wenn man auf w, x, y, z eine der drei Permutationen

$$(\mathrm{X}) = \begin{pmatrix} w & x & y & z \\ x & w & z & y \end{pmatrix}, \quad (\mathrm{Y}) = \begin{pmatrix} w & x & y & z \\ y & z & w & x \end{pmatrix}, \quad (\mathrm{Z}) = \begin{pmatrix} w & x & y & z \\ z & y & x & w \end{pmatrix}$$

anwendet. Jedes Werthsystem w_1, x_1, y_1, z_1 wird daher viermal durch positive Werthe w, x, y, z dargestellt, nämlich durch die vier Systeme

$$\begin{matrix} w, & x, & y, & z \\ x, & w, & z, & y \\ y, & z, & w, & x \\ z, & y, & x, & w. \end{matrix}$$

Den vier transformirten Variabeln w_1, x_1, y_1, z_1 seien sechs neue Variable durch die Gleichungen

$$(9)\qquad \begin{aligned} 4\sqrt{b_1'}\,x_1' &= w^2+x^2-y^2-z^2, & 4\sqrt{b_1''}\,x_1'' &= 2wx-2yz \\ 4\sqrt{c_1'}\,y_1' &= w^2+y^2-x^2-z^2, & 4\sqrt{c_1''}\,y_1'' &= 2wy-2xz \\ 4\sqrt{e_1'}\,z_1' &= w^2+z^2-x^2-y^2, & 4\sqrt{e_1''}\,z_1'' &= 2wz-2xy \end{aligned}$$

coordinirt, so dass den Werthen $w=\sqrt{a}$, $x=\sqrt{b}$, $y=\sqrt{c}$, $z=\sqrt{e}$ nach (3) die Werthe $x_1'=\sqrt{b_1'}$, $y_1'=\sqrt{c_1'}$, $z_1'=\sqrt{e_1'}$, $x_1''=\sqrt{b_1''}$, $y_1''=\sqrt{c_1''}$, $z_1''=\sqrt{e_1''}$ entsprechen, dann bilden wiederum die Brüche

$$\left\{\begin{matrix} \sqrt{b_1}\,x_1 & \sqrt{e_1'}\,z_1' & -\sqrt{c_1''}\,y_1'' \\ -\sqrt{e_1''}\,z_1'' & \sqrt{c_1}\,y_1 & \sqrt{b_1'}\,x_1' \\ \sqrt{c_1'}\,y_1' & -\sqrt{b_1''}\,x_1'' & \sqrt{e_1}\,z_1 \end{matrix}\right\} : \sqrt{a_1}\,w_1$$

ein System von neun Coefficienten einer orthogonalen Substitution mit der Determinante $+1$.

Man denke sich die sechs Variabeln x_1', y_1', z_1', x_1'', y_1'', z_1'' als Functionen der ihnen coordinirten Variabeln w_1, x_1, y_1, z_1 ausgedrückt und bezeichne mit x', y', z', x'', y'', z'' die nämlichen Functionen der ursprünglichen Variabeln w, x, y, z, so dass $w=\sqrt{a}$, $x=\sqrt{b}$, $y=\sqrt{c}$, $z=\sqrt{e}$, $x'=\sqrt{b'}$, $y'=\sqrt{c'}$, $z'=\sqrt{e'}$, $x''=\sqrt{b''}$, $y''=\sqrt{c''}$, $z''=\sqrt{e''}$ zusammengehörige Werthe der zehn Variabeln sind, dann bilden die Variabeln w, x, y, z mit den ihnen coordinirten x', y', z', x'', y'', z'' ein System von zehn Variabeln, deren Verhältnisse die Eigenschaft haben, dass die neun Brüche

$$(\mathrm{I})\qquad \left\{\begin{matrix} \sqrt{b}\,x & \sqrt{e'}\,z' & -\sqrt{c''}\,y'' \\ -\sqrt{e''}\,z'' & \sqrt{c}\,y & \sqrt{b'}\,x' \\ \sqrt{c'}\,y' & -\sqrt{b''}\,x'' & \sqrt{e}\,z \end{matrix}\right\} : \sqrt{a}\,w$$

die Coefficienten einer orthogonalen Substitution mit der Determinante $+1$ sind.

Aus dieser Bedingung folgen Relationen, welche theils zwischen den Quadraten, theils zwischen den Producten der zehn Variabeln stattfinden. Zwischen den Quadraten derselben hat man fünf lineare Relationen, nämlich

$$(\mathrm{D})\qquad \begin{aligned} &1. & b'x'^2+b''x''^2 &= aw^2+bx^2-cy^2-ez^2 \\ &2. & c'y'^2+c''y''^2 &= aw^2-bx^2+cy^2-ez^2 \\ &3. & e'z'^2+e''z''^2 &= aw^2-bx^2-cy^2+ez^2 \\ &4. & b'x'^2-b''x''^2 &= c'y'^2-c''y''^2 = e'z'^2-e''z''^2, \end{aligned}$$

aus welchen zwischen je vier Quadraten folgende zwölf lineare Relationen folgen, die ich in Form von Doppelgleichungen darstelle*):

$$
(E)\quad
\begin{array}{ll}
1.\ 2. & c'y'^2+e''z''^2 = c''y''^2+e'z'^2 = aw^2-bx^2 \\
3.\ 4. & e'z'^2+b''x''^2 = e''z''^2+b'x'^2 = aw^2-cy^2 \\
5.\ 6. & b'x'^2+c''y''^2 = b''x''^2+c'y'^2 = aw^2-ez^2 \\
7.\ 8. & c'y'^2-e'z'^2 = c''y''^2-e''z''^2 = cy^2-ez^2 \\
9.\ 10. & e'z'^2-b'x'^2 = e''z''^2-b''x''^2 = ez^2-bx^2 \\
11.\ 12. & b'x'^2-c'y'^2 = b''x''^2-c''y''^2 = bx^2-cy^2.
\end{array}
$$

Hierzu kommen funfzehn Relationen zwischen den Producten, nämlich

$$
\begin{array}{ll}
1. & \sqrt{b'b''}\,x'x'' = \sqrt{ab}\,wx-\sqrt{ce}\,yz \\
2. & \sqrt{c'c''}\,y'y'' = \sqrt{ac}\,wy-\sqrt{be}\,xz \\
3. & \sqrt{e'e''}\,z'z'' = \sqrt{ae}\,wz-\sqrt{bc}\,xy
\end{array}
$$

$$
(F)\quad
\begin{array}{ll}
4. & \sqrt{c'e'}\,y'z' = \sqrt{ab'}\,wx'-\sqrt{bb''}\,xx'' \\
5. & \sqrt{c''e''}\,y''z'' = \sqrt{bb'}\,xx'-\sqrt{ab''}\,wx'' \\
6. & \sqrt{c''e'}\,y''z' = \sqrt{cb'}\,yx'-\sqrt{eb''}\,zx'' \\
7. & \sqrt{c'e''}\,y'z'' = \sqrt{eb'}\,zx'-\sqrt{cb''}\,yx'' \\
8. & \sqrt{b'e'}\,x'z' = \sqrt{ac'}\,wy'-\sqrt{cc''}\,yy'' \\
9. & \sqrt{b''e''}\,x''z'' = \sqrt{cc'}\,yy'-\sqrt{ac''}\,wy'' \\
10. & \sqrt{b'e''}\,x'z'' = \sqrt{ec'}\,zy'-\sqrt{bc''}\,xy'' \\
11. & \sqrt{b''e'}\,x''z' = \sqrt{bc'}\,xy'-\sqrt{ec''}\,zy'' \\
12. & \sqrt{b'c'}\,x'y' = \sqrt{ae'}\,wz'-\sqrt{ee''}\,zz'' \\
13. & \sqrt{b''c''}\,x''y'' = \sqrt{ee'}\,zz'-\sqrt{ae''}\,wz'' \\
14. & \sqrt{b''c'}\,x''y' = \sqrt{be'}\,xz'-\sqrt{ce''}\,yz'' \\
15. & \sqrt{b'c''}\,x'y'' = \sqrt{ce'}\,yz'-\sqrt{be''}\,xz''.
\end{array}
$$

*) Von den beiden jeder Doppelgleichung gegebenen Nummern bezieht sich die erstere auf Gleichsetzung des ersten und dritten Theils, die letztere auf Gleichsetzung des zweiten und dritten Theils.

5.

Coordinirte Variabeln zweiter Art. Göpelsche biquadratische Relation.

Nachdem im letzten Artikel zu den ursprünglichen Variabeln w, x, y, z sechs Functionen derselben x', y', z', x'', y'', z'' als coordinirte Variable hinzugefügt worden sind, welche ich im Folgenden coordinirte Variable der ersten Art nennen werde, untersuche ich jetzt, welche neuen Variabeln aus x', y', z', x'', y'', z'' hervorgehen, wenn man auf w, x, y, z eine der drei Permutationen

$$(\mathrm{X}) = \begin{pmatrix} w & x & y & z \\ x & w & z & y \end{pmatrix}, \quad (\mathrm{Y}) = \begin{pmatrix} w & x & y & z \\ y & z & w & x \end{pmatrix}, \quad (\mathrm{Z}) = \begin{pmatrix} w & x & y & z \\ z & y & x & w \end{pmatrix}$$

anwendet, welche die Eigenschaft haben, dass erstens jede derselben doppelt angewandt die ursprüngliche Variabelnfolge wiederherstellt und dass zweitens zwei derselben hinter einander angewandt die dritte ergeben.

Im Allgemeinen würden diese drei Permutationen den 6 coordinirten Variabeln erster Art 18 neue hinzufügen, also die Anzahl aller auf 24 bringen. Aber es giebt einen besonderen Fall, in welchem sich diese 24 Variabeln durch Coincidenzen auf 12 reduciren. Dieser specielle Fall, welcher *eine* Bedingungsgleichung zwischen w, x, y, z erfordert, liegt der folgenden Untersuchung zu Grunde.

Man wende zunächst die Permutation (X) auf die Variabeln x', x'' an. Nach der Relation

$$(\mathrm{F}\,1) \qquad \sqrt{b'b''}\,x'x'' = \sqrt{ab}\,wx - \sqrt{ce}\,yz$$

bleibt bei Anwendung der Permutation (X) das Product $x'x''$ unverändert, d. h. geht x' in lx'' über, so geht gleichzeitig x'' in $\frac{1}{l}x'$ über. Es bedarf daher nur *einer* Bedingungsgleichung $l = 1$, damit unter Anwendung der Permutation (X) die Variabeln x', x'' in einander übergehen. Diese Bedingungsgleichung in die Variabeln w, x, y, z auszudrücken, hat keine Schwierigkeit. In der That nach den Gleichungen (D 1), (F 1) des vorigen Artikels stehen die Variabeln x', x'' mit w, x, y, z durch zwei Relationen in Verbindung, nämlich

$$(\mathrm{D}\,1) \qquad b'x'^2 + b''x''^2 = aw^2 + bx^2 - cy^2 - ez^2$$

$$(\mathrm{F}\,1) \qquad \sqrt{b'b''}\,x'x'' = \sqrt{ab}\,wx - \sqrt{ce}\,yz.$$

Gehen überdies unter Anwendung der Permutation (X) die Variabeln x', x'' in einander über, so hat man die dritte Gleichung*)

(D 1, X) $$b''x'^2+b'x''^2 = ax^2+bw^2-cz^2-ey^2.$$

Die gesuchte Bedingungsgleichung ist daher das Resultat der Elimination von x' und x'' zwischen diesen drei Gleichungen, d. h. sie ist, wie man sofort übersieht, eine homogene biquadratische Gleichung in w, x, y, z.

Die sich zunächst darbietende Art der Elimination von x', x'' zwischen den obigen drei Gleichungen besteht darin, dass man (D 1) und (D 1, X) nach x'^2 und x''^2 auflöst, wodurch man unter Berücksichtigung der Gleichungen (A 4, 9-12) die Werthe

(10) $$\begin{aligned} \lambda x'^2 &= c'e'w^2+c''e''x^2-c''e'y^2-c'e''z^2 = \lambda L' \\ \lambda x''^2 &= c''e''w^2+c'e'x^2-c'e''y^2-c''e'z^2 = \lambda L'' \end{aligned}$$

erhält. Quadrirt man ferner die Gleichung (F 1) und substituirt für x'^2, x''^2 ihre Werthe aus (10), so ergiebt sich, wenn man die rechte Seite von (F 1) mit L bezeichnet, $b'b''L'L''-L^2=0$, eine Gleichung, welche mit Benutzung der Formeln (A 21-24) und (C 13) die Form

(11) $$\mu^2\Phi = b'b''L'L''-L^2 = 0$$

annimmt. Hierin sind L', L'' durch (10) bestimmt, L ist durch die Gleichung

(11*) $$L = \sqrt{ab}\,wx-\sqrt{ce}\,yz$$

gegeben und Φ ist die biquadratische Function

(12) $$\Phi = P-BQ-CR-ES+2KT,$$

(12*) $$\left\{\begin{aligned} P &= w^4+x^4+y^4+z^4, & B &= \frac{b'^2+b''^2}{b'b''} = \frac{a^2+b^2-c^2-e^2}{ab-ce} \\ Q &= w^2x^2+y^2z^2, & C &= \frac{c'^2+c''^2}{c'c''} = \frac{a^2+c^2-b^2-e^2}{ac-be} \\ R &= w^2y^2+x^2z^2, & & \\ S &= w^2z^2+x^2y^2, & E &= \frac{e'^2+e''^2}{e'e''} = \frac{a^2+e^2-b^2-c^2}{ae-bc} \\ T &= wxyz, & K &= \frac{\sqrt{abce}\,\lambda^2}{b'b''c'c''e'e''} = \frac{\sqrt{abce}}{\mu^2} = \frac{\sqrt{abce}\,\mathfrak{abce}}{\varpi}. \end{aligned}\right.$$

*) Ich werde im Folgenden alle aus den Gleichungen des vorigen Artikels durch eine der Permutationen (X), (Y), (Z) hervorgehenden Gleichungen dadurch bezeichnen, dass ich X, Y, Z zur Bezeichnung der ursprünglichen Gleichung hinzufüge.

welche, gleich Null gesetzt, mit dem Namen der Göpelschen biquadratischen Relation bezeichnet wird.

Von den Eigenschaften der Function Φ führe ich folgende an:

1) sie bleibt unverändert bei den Permutationen (X), (Y), (Z), sowie wenn man zweien der Variabeln w, x, y, z das entgegengesetzte Zeichen giebt;

2) die Function Φ und ihre vier ersten Differentialquotienten, nach w, x, y, z genommen, verschwinden gleichzeitig für

$$(\mathfrak{W}) \qquad w=\sqrt{a}\,, \quad x=\sqrt{b}\,, \quad y=\sqrt{c}\,, \quad z=\sqrt{e}\,;$$

3) die Function Φ verschwindet überdies für

$$(\mathfrak{X}) \qquad w=\sqrt{b'}\,, \quad x=\sqrt{b''}\,, \quad y=0\,, \quad z=0$$

$$(\mathfrak{Y}) \qquad w=\sqrt{c'}\,, \quad x=0\,, \quad y=\sqrt{c''}\,, \quad z=0$$

$$(\mathfrak{Z}) \qquad w=\sqrt{e'}\,, \quad x=0\,, \quad y=0\,, \quad z=\sqrt{e''}\,;$$

4) *eine homogene biquadratische Function von w, x, y, z, welche sich als lineare Function der fünf Ausdrücke P, Q, R, S, T darstellen lässt und für die vier Werthsysteme* ($\mathfrak{W}$), ($\mathfrak{X}$), ($\mathfrak{Y}$), ($\mathfrak{Z}$) *verschwindet, ist von Φ nur um einen constanten Factor verschieden;*

von welchen die ersten beiden bereits früher von mir ausgesprochen sind (Bd. 83 p. 239—240 des Journals für die reine und angewandte Mathematik), [p. 348—349 dieser Ausgabe].

Unter einer etwas veränderten Form erscheint die Function Φ, wenn man die Elimination zwischen den Gleichungen (D 1), (F 1) und (D 1, X) folgendermassen bewerkstelligt: Man bilde die Summe und Differenz der Gleichung (D 1) und der doppelt genommenen Gleichung (F 1), so ergeben sich die beiden Gleichungen

$$(12^{**}) \qquad (\sqrt{b'}\,x'+\sqrt{b''}\,x'')^2=\mathfrak{w}\mathfrak{x}, \quad (\sqrt{b'}\,x'-\sqrt{b''}\,x'')^2=\mathfrak{y}\mathfrak{z},$$

wo,

$$(13) \qquad \begin{aligned} \mathfrak{w} &= \sqrt{a}\,w+\sqrt{b}\,x+\sqrt{c}\,y+\sqrt{e}\,z \\ \mathfrak{x} &= \sqrt{a}\,w+\sqrt{b}\,x-\sqrt{c}\,y-\sqrt{e}\,z \\ \mathfrak{y} &= \sqrt{a}\,w-\sqrt{b}\,x+\sqrt{c}\,y-\sqrt{e}\,z \\ \mathfrak{z} &= \sqrt{a}\,w-\sqrt{b}\,x-\sqrt{c}\,y+\sqrt{e}\,z, \end{aligned}$$

und hieraus

$$b'x'^2-b''x''^2=\sqrt{\mathfrak{w}\mathfrak{x}\mathfrak{y}\mathfrak{z}}\,.$$

Zwischen dieser Gleichung, (D 1) und (D 1, X), welche alle drei in x'^2, x''^2 linear sind, eliminire man diese beiden Grössen, so ergiebt sich

$$\sqrt{\mathfrak{w}\mathfrak{x}\mathfrak{y}\mathfrak{z}} = M,$$

wo

$$\begin{aligned}\lambda M &= (b'^2+b''^2)(aw^2+bx^2-cy^2-ez^2)-2b'b''(bw^2+ax^2-ey^2-cz^2)\\ &= \lambda(\mathfrak{A}w^2+\mathfrak{B}x^2+\mathfrak{C}y^2+\mathfrak{E}z^2)\end{aligned}$$

und $\mathfrak{A}$, $\mathfrak{B}$, $\mathfrak{C}$, $\mathfrak{E}$ die durch (B) definirten Grössen sind.

Diese Elimination führt daher zu folgender Form der biquadratischen Function Φ:

$$(13^*) \qquad 4\mu^2\Phi = \mathfrak{w}\mathfrak{x}\mathfrak{y}\mathfrak{z}-(\mathfrak{A}w^2+\mathfrak{B}x^2+\mathfrak{C}y^2+\mathfrak{E}z^2)^2,$$

wo Φ durch (12), $\mathfrak{w}$, $\mathfrak{x}$, $\mathfrak{y}$, $\mathfrak{z}$ durch (13) und $\mathfrak{A}$, $\mathfrak{B}$, $\mathfrak{C}$, $\mathfrak{E}$, μ^2 durch (B) und (C 13) definirt sind.

Bemerkt man, dass die quadratische Form

$$M = \mathfrak{A}w^2+\mathfrak{B}x^2+\mathfrak{C}y^2+\mathfrak{E}z^2$$

gleichzeitig unter den drei Gestalten

$$\begin{aligned}\lambda M &= (b'^2+b''^2)(aw^2+bx^2-cy^2-ez^2)-2b'b''(bw^2+ax^2-ey^2-cz^2)\\ &= (c'^2+c''^2)(aw^2+cy^2-bx^2-ez^2)-2c'c''(cw^2+ay^2-ex^2-bz^2)\\ &= (e'^2+e''^2)(aw^2+ez^2-bx^2-cy^2)-2e'e''(ew^2+az^2-cx^2-by^2)\end{aligned}$$

und das Product $\mathfrak{w}\mathfrak{x}\mathfrak{y}\mathfrak{z}$ unter den drei folgenden:

$$\mathfrak{w}\mathfrak{x}\mathfrak{y}\mathfrak{z} = (b'x'^2-b''x''^2)^2 = (c'y'^2-c''y''^2)^2 = (e'z'^2-e''z''^2)^2$$

dargestellt werden kann, so geht hieraus hervor, dass $\Phi = 0$ zugleich das Resultat der Elimination von y', y'' zwischen (D 2), (D 2, Y) und (F 2) und das Resultat der Elimination von z', z'' zwischen (D 3), (D 3, Z) und (F 3) ist. Man hat also das Ergebniss:

Es seien von jetzt an w, x, y, z nicht mehr von einander unabhängige Variable, sie seien vielmehr durch die homogene biquadratische Göpelsche Relation $\Phi = 0$ mit einander verbunden, wo Φ durch Gleichung (12) *definirt ist, dann gehen bei gleichzeitiger Vertauschung*

von w	*mit*	x	*und* y	*mit*	z	*die*	*Variabeln*	x', x'',
„ w	„	y	„ z	„	x	„	„	y', y'',
„ w	„	z	„ x	„	y	„	„	z', z'',

in einander über.

Von den 18 Variabeln, die aus x', y', z', x'', y'', z'' durch die drei Permutationen (X), (Y), (Z) hervorgehen, coincidiren also 6 mit den ursprünglichen. Die noch übrigen 12 coincidiren ebenfalls paarweise. In der That, definirt man die Variabeln

Y', Y''	als die Werthe, in welche resp.	y', y''	durch die Substitution	(X)
Z', Z''	" " " " " "	z', z''	" " "	(Y)
X', X''	" " " " " "	x', x''	" " "	(Z)

übergehen, so sind gleichzeitig

Z'', Z'	die Werthe, in welche	z', z''	durch die Substitution	(X)
X'', X'	" " " "	x', x''	" " "	(Y)
Y'', Y'	" " " "	y', y''	" " "	(Z)

übergehen. Denn durch (Z) gehen z', z'' in z'', z', durch (Y) gehen z', z'' in Z', Z'', folglich gehen durch beide Permutationen (Z), (Y) hinter einander angewandt, d. h. durch (X), die Variabeln z', z'' in Z'', Z' über, w. z. b. w.; und ähnlich wird die zweite Entstehungsweise der Variabeln X'', X', Y'', Y' aus der vorausgesetzten ersten bewiesen.

Es kommen also durch Anwendung der Permutationen (X), (Y), (Z) auf die coordinirten Variabeln x', y', z', x'', y'', z'' erster Art sechs und nur sechs coordinirte Variable X', Y', Z', X'', Y'', Z'' zweiter Art hinzu. Beide Arten mit den ursprünglichen Variabeln w, x, y, z zusammen bilden also ein System von 16 Variabeln, welche in folgendem Quadrat:

$$\begin{matrix} w & x & y & z \\ x' & x'' & X'' & X' \\ y' & Y' & y'' & Y'' \\ z' & Z'' & Z' & z'' \end{matrix}$$

angeordnet werden mögen.

Die gegenseitige Abhängigkeit dieser 16 Variabeln wird dadurch definirt, dass das System der neun Brüche

$$\text{(I)} \qquad \left\{ \begin{matrix} \sqrt{b}\,x & \sqrt{e'}\,z' & -\sqrt{c''}\,y'' \\ -\sqrt{e''}\,z'' & \sqrt{c}\,y & \sqrt{b'}\,x' \\ \sqrt{c'}\,y' & -\sqrt{b''}\,x'' & \sqrt{e}\,z \end{matrix} \right\} : \sqrt{a}\,w$$

und die drei Systeme von neun Brüchen (II), (III), (IV), welche aus (I) durch die Permutationen (X), (Y), (Z) hervorgehen, die Coefficienten einer orthogonalen Substitution mit der Determinante $+1$ sind. Diese vier Forderungen sind zwar nicht unabhängig von einander, die vierte ist vielmehr von selbst erfüllt, wenn es die drei ersten sind; es genügt indessen für das Folgende zu wissen, dass jede aus einer der vier Forderungen folgende Gleichung eine nothwendige Relation zwischen den 16 Variabeln giebt.

Die aus der Forderung (I) folgenden Relationen zwischen den 10 Variabeln $w, x, y, z, x', y', z', x'', y'', z''$ sind in den Formelsystemen (D, E, F) erschöpfend dargestellt. Die aus den Forderungen (II, III, IV) sich ergebenden Formeln erhält man daher aus den Systemen (D, E, F), indem man auf dieselben die Permutationen (X), (Y), (Z) anwendet und dabei berücksichtigt, dass die Variabeln

	w	x	y	z	x'	x''	y'	y''	z'	z''
durch (X) in	x	w	z	y	x''	x'	Y'	Y''	Z''	Z'
„ (Y) „	y	z	w	x	X''	X'	y''	y'	Z'	Z''
„ (Z) „	z	y	x	w	X'	X''	Y''	Y'	z''	z'

übergehen und dass jede Permutation zweimal hinter einander angewandt auf den Werth, von welchem man ausging, zurückführt.

6.

Ausdrücke der sechzehn Variabeln durch unabhängige Veränderliche.

Indem man die im vorigen Artikel gegebenen Definitionen des Zusammenhanges zwischen den ursprünglichen und coordinirten Variabeln erster und zweiter Art zu Grunde legt, kann man sich die Aufgabe stellen, entweder die coordinirten Variabeln durch die ursprünglichen auszudrücken, oder alle 16 Variabeln durch die nämlichen unabhängigen Veränderlichen darzustellen; ich werde mich zunächst mit der letzteren Aufgabe beschäftigen.

Man kennt bereits in

$$(\mathfrak{W}) \qquad w = \sqrt{a}, \quad x = \sqrt{b}, \quad y = \sqrt{c}, \quad z = \sqrt{e}$$

ein für diese Variabeln mögliches, d. h. die Gleichung $\Phi = 0$ befriedigendes,

Werthsystem und weiss, dass

$$(\mathfrak{W}')\quad x'=\sqrt{b'},\quad y'=\sqrt{c'},\quad z'=\sqrt{e'},\quad x''=\sqrt{b''},\quad y''=\sqrt{c''},\quad z''=\sqrt{e''}$$

ein gleichzeitiges Werthsystem der coordinirten Variabeln erster Art ist. Bildet man überdies die sechs Gleichungen (D 1, Y), (D 1, Z), (D 2, Z), (D 2, X), (D 3, X), (D 3, Y) und substituirt in dieselben das Werthsystem ($\mathfrak{W}$), so findet man

$$(\mathfrak{W}'')\qquad X'=Y'=Z'=X''=Y''=Z''=0$$

als die gleichzeitigen Werthe der Variabeln zweiter Art. In dem Complex der 16 Werthe ($\mathfrak{W}$, $\mathfrak{W}'$, $\mathfrak{W}''$), die man zusammen mit ($\mathfrak{W}_0$) bezeichne, besitzt man also ein zusammengehöriges *reelles* Werthsystem der 16 Variabeln. Dies festgestellt, denke man sich die Gesammtheit der mit dem Werthsystem ($\mathfrak{W}_0$) continuirlich zusammenhangenden *reellen* Werthsysteme der 16 Variabeln, dann ist die Aufgabe, die 16 Variabeln durch neue von einander unabhängige Veränderliche so darzustellen, dass diese Ausdrücke die Gesammtheit jener Werthsysteme erschöpfen.

Da alle Relationen zwischen den 16 Variabeln homogen sind, so bleibt eine Variable, z. B. w, willkürlich und nur die Verhältnisse unter denselben bilden den Gegenstand der Untersuchung. Für die Anwendung auf das arithmetisch-geometrische Mittel genügt es, von den 15 Quotienten die folgenden sieben:

$$\frac{x}{w},\quad \frac{Z''}{w},\quad \frac{z''}{w},\quad \frac{Y''}{w},\quad \frac{y'}{w},\quad \frac{y}{w},\quad \frac{z}{w}$$

in Betracht zu ziehen. Es lässt sich aus den Relationen zwischen den 16 Variabeln leicht beweisen, dass, wenn w, x, Z'', z'', Y'', y', y, z bekannt sind, die übrigen 8 Variabeln sich rational aus diesen darstellen lassen, so dass die Realität der letzteren aus der Realität der ersteren folgt.

Unter den Quadraten der 6 Functionen w, x, Z'', z'', Y'', y' finden folgende Relationen statt:

$$\begin{array}{ll}
(\mathrm{E}\,1) & c'y'^2+e''z''^2=aw^2-bx^2\\
(\mathrm{E}\,2,\mathrm{X}) & c''Y''^2+e'Z''^2=ax^2-bw^2\\
(\mathrm{E}\,7,\mathrm{Z}) & c'Y''^2-e'z''^2=cx^2-ew^2\\
(\mathrm{E}\,8,\mathrm{Y}) & c''y'^2-e''Z''^2=cw^2-ex^2.
\end{array}$$

Eine derselben ist eine Folge aus den drei übrigen, welche von einander unabhängig sind. Man kann daher aus dreien der sechs Quadrate, z. B. aus w^2,

Y''^2, y'^2, die übrigen x^2, Z''^2, z''^2 linear zusammensetzen. Man eliminire z''^2 zwischen der ersten und dritten, x^2 zwischen der ersten und dritten, x^2 zwischen der zweiten und vierten Gleichung, so ergiebt sich unter Benutzung der Relationen (A 6, 17-20)

$$(14)\qquad \begin{aligned} b''x^2 &= b'w^2 - e''Y''^2 - e'y'^2 \\ b''Z''^2 &= c'w^2 - eY''^2 - ay'^2 \\ b''z''^2 &= -c''w^2 + bY''^2 + cy'^2. \end{aligned}$$

Es seien α_3, α_4 zwei willkürliche reelle Constanten, welche nur der einen Bedingung unterworfen sein sollen, dass

$$(14^*)\qquad k = \alpha_3 - \alpha_4$$

positiv sei; dies vorausgesetzt, stelle ich die Gleichung zweiten Grades in t auf

$$\frac{bee''Y''^2}{t-\alpha_3} + \frac{ace'y'^2}{t-\alpha_4} - \frac{b'c'c''w^2}{\alpha_3-\alpha_4} = 0.$$

Da der Voraussetzung nach sämmtliche 16 Variabeln reell sind, so sind die Zähler $bee''Y''^2$, $ace'y'^2$ positiv und das letzte Glied $-\frac{b'c'c''w^2}{\alpha_3-\alpha_4}$ negativ, daher hat die Gleichung in t nach den bekannten Eigenschaften der Gleichungen dieser Form zwei reelle Wurzeln, von denen die grössere p zwischen $+\infty$ und α_3, die kleinere q zwischen α_3 und α_4 liegt, und man hat, wenn man

$$f(t) = (t-p)(t-q)$$

setzt, die Identität

$$(15)\qquad \begin{aligned} -\frac{b'c'c''w^2 f(t)}{(\alpha_3-\alpha_4)(t-\alpha_3)(t-\alpha_4)} &= -\frac{b'c'c''w^2(t-p)(t-q)}{(\alpha_3-\alpha_4)(t-\alpha_3)(t-\alpha_4)} \\ &= \frac{bee''Y''^2}{t-\alpha_3} + \frac{ace'y'^2}{t-\alpha_4} - \frac{b'c'c''w^2}{\alpha_3-\alpha_4}. \end{aligned}$$

Man bestimme drei neue Constanten α_0, α_1, α_2 aus den drei ersten der folgenden neun Gleichungen:

$$(16)\qquad \begin{aligned} &1.\ \frac{\alpha_0-\alpha_4}{\alpha_3-\alpha_4} = \frac{ac}{c'c''}, &&2.\ \frac{\alpha_1-\alpha_4}{\alpha_3-\alpha_4} = \frac{ce'}{b'c''}, &&3.\ \frac{\alpha_2-\alpha_4}{\alpha_3-\alpha_4} = \frac{ae'}{b'c'} \\ &4.\ \frac{\alpha_0-\alpha_1}{\alpha_3-\alpha_4} = \frac{bcb''}{b'c'c''}, &&5.\ \frac{\alpha_0-\alpha_2}{\alpha_3-\alpha_4} = \frac{aeb''}{b'c'c''}, &&6.\ \frac{\alpha_1-\alpha_2}{\alpha_3-\alpha_4} = \frac{e'b''e''}{b'c'c''} \\ &7.\ \frac{\alpha_0-\alpha_3}{\alpha_3-\alpha_4} = \frac{be}{c'c''}, &&8.\ \frac{\alpha_1-\alpha_3}{\alpha_3-\alpha_4} = \frac{be''}{b'c''}, &&9.\ \frac{\alpha_2-\alpha_3}{\alpha_3-\alpha_4} = \frac{ee''}{b'c'}, \end{aligned}$$

so dass die letzten 6 aus den drei ersten mit Hülfe von (A 6, 9, 11, 14, 17, 20) hervorgehen. Diese Gleichungen zeigen, dass zwischen den α die Ungleichheiten

$$\alpha_0 > \alpha_1 > \alpha_2 > \alpha_3 > \alpha_4$$

bestehen. Man setze in Gleichung (15) nach einander $t = \alpha_0, \alpha_1, \alpha_2, \alpha_3, \alpha_4$ ein, so ergiebt sich

$$\frac{b' w^2 f(\alpha_0)}{(\alpha_0-\alpha_3)(\alpha_0-\alpha_4)} = -(e'' Y''^2 + e' y'^2 - b' w^2) = \quad b'' x^2$$

$$\frac{c' w^2 f(\alpha_1)}{(\alpha_1-\alpha_3)(\alpha_1-\alpha_4)} = -(e Y''^2 + a y'^2 - c' w^2) = \quad b'' Z''^2$$

$$\frac{c'' w^2 f(\alpha_2)}{(\alpha_2-\alpha_3)(\alpha_2-\alpha_4)} = -(b Y''^2 + c y'^2 - c'' w^2) = -b'' z''^2$$

$$\frac{b' c' c'' w^2 f(\alpha_3)}{(\alpha_3-\alpha_4)^2} = -b e e'' Y''^2$$

$$\frac{b' c' c'' w^2 f(\alpha_4)}{(\alpha_3-\alpha_4)^2} = \quad a c e' y'^2,$$

woraus hervorgeht, dass $f(t)$ zwischen α_1 und α_2, sowie zwischen α_3 und α_4 das Zeichen wechselt, dass also p zwischen α_1 und α_2 liegt, so dass

$$\alpha_0 > \alpha_1 > p > \alpha_2 > \alpha_3 > q > \alpha_4.$$

Die obigen fünf Gleichungen ergeben folgende Ausdrücke für die fünf Quotienten $\frac{x}{w}, \frac{Z''}{w}, \frac{z''}{w}, \frac{Y''}{w}, \frac{y'}{w}$:

Man setze

$$(17) \quad \begin{aligned} p_0 &= \sqrt{\alpha_0 - p}, & p_1 &= \sqrt{\alpha_1 - p}, & p_2 &= \sqrt{p - \alpha_2}, & p_3 &= \sqrt{p - \alpha_3}, & p_4 &= \sqrt{p - \alpha_4} \\ q_0 &= \sqrt{\alpha_0 - q}, & q_1 &= \sqrt{\alpha_1 - q}, & q_2 &= \sqrt{\alpha_2 - q}, & q_3 &= \sqrt{\alpha_3 - q}, & q_4 &= \sqrt{q - \alpha_4}, \end{aligned}$$

so dass diese 10 Quadratwurzeln, über deren Vorzeichen die Bestimmung vorbehalten bleibt, sämmtlich reell sind, ferner seien E_0, E_1, E_2, E_3, E_4 die fünf positiven Grössen, deren Quadrate durch die Gleichungen

$$(18) \quad \begin{aligned} &E_0^2 = k^2 \frac{b''}{b'} \cdot \frac{a b c e}{(c' c'')^2}, \quad E_1^2 = k^2 \frac{b''}{c'} \cdot \frac{b c e' e''}{(b' c'')^2}, \quad E_2^2 = k^2 \frac{b''}{c''} \cdot \frac{a e e' e''}{(b' c')^2} \\ &E_3^2 = k^2 \frac{b e e''}{b' c' c''}, \quad E_4^2 = k^2 \frac{a c e'}{b' c' c''} \end{aligned}$$

bestimmt sind und zwischen welchen unter Einführung einer neuen positiven Constante h die Relation

$$(18^*) \qquad h^2 = k^3 \frac{abcee'e''}{b'^3(c'c'')^2} = \frac{1}{b''}\frac{E_1^2 E_2^2}{\alpha_1-\alpha_2} = \frac{1}{b'}\frac{E_3^2 E_4^2}{\alpha_3-\alpha_4}$$

besteht, dann hat man

$$(19) \qquad \begin{array}{c} E_0 \frac{x}{w} = p_0 q_0, \quad E_1 \frac{Z''}{w} = p_1 q_1, \quad E_2 \frac{z''}{w} = p_2 q_2 \\ E_3 \frac{Y''}{w} = p_3 q_3, \quad E_4 \frac{y'}{w} = p_4 q_4. \end{array}$$

Ausser den obigen fünf Ausdrücken $f(\alpha_0)$, ... $f(\alpha_4)$ bilde ich aus Gleichung (15) noch überdies $f'(t)$ und setze darin $t = \alpha_0$, dann ergiebt sich

$$-\frac{b'c'c''w^2}{k} f'(\alpha_0) = -\frac{b'c'c''w^2}{k}(2\alpha_0-p-q) = bee''Y''^2+ace'y'^2-b'(ac+be)w^2,$$

oder nach Elimination von Y''^2 vermöge der ersten Gleichung (14)

$$(20) \qquad \frac{b'c'c''w^2}{k}(2\alpha_0-p-q) = acb'w^2+beb''x^2-c'c''e'y'^2.$$

Nachdem in den Gleichungen (19) die Werthe der fünf Quotienten $\frac{x}{w}$, $\frac{Z''}{w}$, $\frac{z''}{w}$, $\frac{Y''}{w}$, $\frac{y'}{w}$ in p, q gegeben sind, bleiben noch die beiden Quotienten $\frac{y}{w}$, $\frac{z}{w}$ zu berechnen übrig. Hierzu müssen die Relationen zwischen den Producten der 16 Variabeln benutzt werden. Aus den beiden Gleichungen

$$(F\,7) \qquad \sqrt{c'e''}\, y'z'' = \sqrt{eb'}\, zx' - \sqrt{cb''}\, yx''$$

$$(F\,6,X) \qquad \sqrt{c''e'}\, Y''Z'' = \sqrt{cb'}\, zx'' - \sqrt{eb''}\, yx'$$

ergiebt sich durch Multiplication

$$\sqrt{b'b''c'c''e'e''}\, y'z''Y''Z'' = \sqrt{ce}\,(b''y^2+b'z^2)\sqrt{b'b''}\, x'x'' - b'b''yz(cx''^2+ex'^2) = U.$$

Die rechte Seite U dieser Gleichung ist, unter Benutzung der Bezeichnungen L, L', L'' (10, 11*), folgende homogene biquadratische Function von w, x, y, z:

$$U = \sqrt{ce}\,(b''y^2+b'z^2)L - b'b''yz(cL''+eL').$$

Es lässt sich leicht nachweisen, dass, wenn man mit $\delta\Phi$ diejenige biquadratische

Function bezeichnet, welche aus Φ durch die Operation

$$\delta\Phi = b'z\frac{\partial\Phi}{\partial y} + b''y\frac{\partial\Phi}{\partial z} \tag{21}$$

entsteht, U von $\delta\Phi$ nur um einen constanten Factor verschieden ist. In der That, nach (11) ist

$$\mu^2\Phi = b'b''L'L'' - L^2,$$

wo

$$\begin{aligned}\lambda L' &= c'e'w^2 + c''e''x^2 - c''e'y^2 - c'e''z^2\\ \lambda L'' &= c''e''w^2 + c'e'x^2 - c'e''y^2 - c''e'z^2\\ L &= \sqrt{ab}\,wx - \sqrt{ce}\,yz,\end{aligned}$$

daraus folgt unter Berücksichtigung von (A 23, 24)

$$\delta L' = -2cyz, \quad \delta L'' = -2eyz, \quad \delta L = -\sqrt{ce}\,(b''y^2 + b'z^2),$$

also

$$\begin{aligned}\mu^2\delta\Phi &= b'b''(L''\delta L' + L'\delta L'') - 2L\delta L\\ &= -2b'b''yz(cL'' + eL') + 2\sqrt{ce}\,(b''y^2 + b'z^2)L = 2U,\end{aligned}$$

w. z. b. w., und daher

$$\delta\Phi = \frac{2\lambda}{\mu}y'z''Y''Z''.$$

Einen anderen Ausdruck von U erhält man, wenn man nur für $\sqrt{b'b''}\,x'x''$ seinen Ausdruck L in w, x, y, z, nicht aber zugleich für x'^2, x''^2 ihre Ausdrücke L', L'' einsetzt. Dann ergiebt sich

$$\begin{aligned}U &= \sqrt{ce}\,(b''y^2 + b'z^2)(\sqrt{ab}\,wx - \sqrt{ce}\,yz) - b'b''yz(cx''^2 + ex'^2)\\ &= \sqrt{abce}\,wx(b''y^2 - b'z^2) - yzU',\end{aligned}$$

wo

$$U' = ce(b''y^2 + b'z^2) + b'b''(cx''^2 + ex'^2).$$

Aus U' eliminire man x''^2 und x'^2 vermöge der Relationen

$$b''x''^2 + c'y'^2 = aw^2 - ez^2 \tag{E 6}$$

$$b'x'^2 - c'y'^2 = bx^2 - cy^2, \tag{E 11}$$

so ergiebt sich

$$U' = acb'w^2 + beb''x^2 - c'c''e'y'^2,$$

oder nach (20)

$$U' = \frac{b'c'c''}{k} w^2(2\alpha_0 - p - q)$$

und demnach

$$(22)\qquad \begin{aligned} &\sqrt{b'b''c'c''e'e''}\, y'z''Y''Z'' = U \\ &= \sqrt{abce}\, wx(b''y^2 + b'z^2) - \frac{b'c'c''}{k}(2\alpha_0 - p - q)w^2yz. \end{aligned}$$

Man führe in diese Gleichung, nachdem sie mit

$$h^2\sqrt{b'b''} = \frac{E_1 E_2 E_3 E_4}{\sqrt{(\alpha_1 - \alpha_2)(\alpha_3 - \alpha_4)}}$$

multiplicirt ist, für $\frac{y}{w}$, $\frac{z}{w}$ ihnen proportionale Variable ein, indem man

$$(23)\qquad Y = \frac{E_1 E_2}{\sqrt{\alpha_1 - \alpha_2}} \frac{y}{w}, \quad Z = \frac{E_3 E_4}{\sqrt{\alpha_3 - \alpha_4}} \frac{z}{w}$$

setzt, und bezeichne zur Abkürzung mit P, Q die Producte

$$(23^*)\qquad P = p_1 p_2 q_3 q_4, \quad Q = q_1 q_2 p_3 p_4,$$

dann verwandelt sich, unter Berücksichtigung der Identitäten

$$\begin{aligned} h^2\sqrt{b'b''}\,.\sqrt{b'b''c'c''e'e''}\, y'z''Y''Z'' &= \frac{b'c'c''}{k} PQw^4 \\ \sqrt{b'b''}\,.\sqrt{abce}\, x &= \frac{b'c'c''}{k} p_0 q_0 w \\ h^2(b''y^2 + b'z^2) &= (Y^2 + Z^2)w^2 \\ h^2\sqrt{b'b''}\, yz &= YZw^2, \end{aligned}$$

die Gleichung (22) in

$$(24)\qquad PQ = p_0 q_0 (Y^2 + Z^2) - (p_0^2 + q_0^2)YZ.$$

Eine zweite Gleichung zur Bestimmung von Y, Z ergiebt sich folgendermassen: Man setze

$$f_1(t) = (t - \alpha_1)(t - \alpha_2), \quad f_2(t) = (t - \alpha_3)(t - \alpha_4),$$

so hat man

$$(24^*)\qquad \begin{aligned} &\frac{f_1(p)f_2(q) - f_1(q)f_2(p)}{p - q} \\ &= (\alpha_1 + \alpha_2 - \alpha_3 - \alpha_4)pq - (\alpha_1\alpha_2 - \alpha_3\alpha_4)(p + q) + \alpha_1\alpha_2(\alpha_3 + \alpha_4) - \alpha_3\alpha_4(\alpha_1 + \alpha_2) \\ &= \frac{(\alpha_1 - \alpha_4)(\alpha_2 - \alpha_4)(p - \alpha_3)(q - \alpha_3) - (\alpha_1 - \alpha_3)(\alpha_2 - \alpha_3)(p - \alpha_4)(q - \alpha_4)}{\alpha_3 - \alpha_4}, \end{aligned}$$

oder, mit Benutzung der Gleichungen (16, 18, 19),

$$\frac{f_1(p)f_2(q)-f_1(q)f_2(p)}{p-q} = -\frac{h^2}{w^2}(e'Y''^2+e''y'^2).$$

Aus der ersten Gleichung (14) leitet man durch die Substitution (Z)

$$e'Y''^2+e''y'^2 = -(b''y^2-b'z^2)$$

her, folglich ergiebt sich

$$(24^{**})\qquad \frac{f_1(p)f_2(q)-f_1(q)f_2(p)}{p-q} = -\frac{P^2-Q^2}{p_0^2-q_0^2} = \frac{h^2}{w^2}(b''y^2-b'z^2) = Y^2-Z^2,$$

d. h. man hat zur Bestimmung von Y, Z die zweite Gleichung

$$(25)\qquad P^2-Q^2 = -(p_0^2-q_0^2)(Y^2-Z^2).$$

Man addire zu dieser Gleichung die mit $2i = 2\sqrt{-1}$ multiplicirte Gleichung (24), so erhält man

$$(P+iQ)^2 = \{Y(q_0+ip_0)-Z(p_0+iq_0)\}^2,$$

also

$$\pm(P+iQ) = Y(q_0+ip_0)-Z(p_0+iq_0).$$

Da der Voraussetzung nach Y, Z reell sind, so kann diese Gleichung nur dadurch bestehen, dass der von i unabhängige Theil besonders befriedigt wird und der in i multiplicirte ebenfalls besonders, d. h. man hat

$$\pm P = q_0Y-p_0Z, \qquad \pm Q = p_0Y-q_0Z$$

$$Y = \pm\frac{p_0Q-q_0P}{p_0^2-q_0^2}, \quad Z = \pm\frac{q_0Q-p_0P}{p_0^2-q_0^2},$$

wo das $\pm$-Zeichen überall dieselbe Bedeutung hat.

Hiermit sind zwar die Werthe der 7 Quotienten gefunden, aber die Vorzeichen der Wurzeln bleiben noch zu bestimmen.

In den Gleichungen (19) kann man von jedem Wurzelgrössenpaar p_m, q_m die *eine* willkürlich nehmen und die zu machende Zeichenbestimmung auf die andere werfen. Die 10 Wurzelgrössen p_m, q_m zerfallen in zwei Kategorien: p_1, p_2, q_3, q_4 können verschwinden, die übrigen sechs aber nicht. Die letzteren behalten daher immer das nämliche Zeichen. Die ersteren, welche verschwinden können, sind beider Zeichen fähig, aber welches Zeichen sie auch haben mögen, man wird immer zwei reelle Winkel φ, ψ so bestimmen können, dass

$$(26)\quad \begin{aligned} p_1 &= \sqrt{\alpha_1 - p} = \sqrt{\alpha_1 - \alpha_2}\,.\sin\varphi, \quad q_3 = \sqrt{\alpha_3 - q} = \sqrt{\alpha_3 - \alpha_4}\,.\sin\psi \\ p_2 &= \sqrt{p - \alpha_2} = \sqrt{\alpha_1 - \alpha_2}\,.\cos\varphi, \quad q_4 = \sqrt{q - \alpha_4} = \sqrt{\alpha_3 - \alpha_4}\,.\cos\psi \end{aligned}$$

und dass φ, ψ innerhalb der Grenzen $-\pi$ und $+\pi$ liegen. Verfügt man gleichzeitig über das Zeichen der anderen Factoren p_3, p_4, q_1, q_2, welche nie ihr Zeichen ändern, so, dass sie alle positiv genommen werden, so haben die Winkel φ, ψ eine ganz bestimmte Bedeutung, und zwar die nämliche für die hyperelliptischen Functionen von zwei Variabeln, wie für die elliptischen die Amplitude.

Es handelt sich jetzt nur noch um die Zeichen in den Werthen von $\frac{x}{w}$, $\frac{y}{w}$, $\frac{z}{w}$. Nimmt man q_0 willkürlich positiv, so richtet sich das Zeichen von $\frac{x}{w}$ nach dem Zeichen von p_0. Da p_0, q_0 beide das Zeichen nicht wechseln, so ist der Quotient $\frac{x}{w}$ nur positiver oder nur negativer Werthe fähig, je nachdem p_0 mit positivem oder negativem Zeichen genommen wird. Es wurde aber angenommen, dass unter den Werthen dieses Quotienten der positive Werth $\sqrt{\frac{b}{a}}$ enthalten sei, folglich muss auch p_0 positiv genommen werden.

Es bleibt endlich das doppelte Zeichen der Werthe von Y, Z zu bestimmen. Nach der oben gefundenen Gleichung

$$\frac{f_1(p)f_2(q) - f_1(q)f_2(p)}{p-q} = \frac{P^2 - Q^2}{p-q} = -\frac{h^2}{w^2}(e'Y'^2 + e''y'^2)$$

ist

$$Q^2 > P^2,$$

überdies ist

$$q_0^2 > p_0^2,$$

daher

$$q_0 Q - p_0 P > 0,$$

die Werthe von

$$Z = \pm \frac{q_0 Q - p_0 P}{p_0^2 - q_0^2}$$

sind daher sämmtlich positiv oder sämmtlich negativ, je nachdem das untere oder obere Zeichen genommen wird. Dasselbe gilt von dem Quotienten $\frac{z}{w}$, welcher nach (23) von Z nur um den positiven constanten Factor $\frac{\mathrm{E}_3\mathrm{E}_4}{\sqrt{\alpha_3 - \alpha_4}}$ verschieden ist; da aber unter den Werthen dieses Quotienten der positive

Werth $\sqrt{\frac{e}{a}}$ sich befinden soll, so muss das untere Zeichen gelten und man hat

$$Z = \frac{q_0 Q - p_0 P}{q_0^2 - p_0^2}, \quad Y = \frac{p_0 Q - q_0 P}{q_0^2 - p_0^2}$$

$$P = q_0 Y - p_0 Z, \quad Q = p_0 Y - q_0 Z,$$

woraus man sieht, dass auch Y nur positiver Werthe fähig ist, da sonst die Gleichung

$$Q = p_0 Y - q_0 Z,$$

in welcher Q, p_0, q_0, Z positiv sind, einen Widerspruch enthielte.

Die gesuchten Ausdrücke der 7 Quotienten $\frac{x}{w}$, $\frac{Z''}{w}$, $\frac{z''}{w}$, $\frac{Y''}{w}$, $\frac{y'}{w}$, $\frac{y}{w}$, $\frac{z}{w}$, welche die reellen mit dem Werthsystem $(\mathfrak{W}_0)$ continuirlich zusammenhangenden Werthe dieser Quotienten erschöpfen und jede mögliche Combination von 7 Werthen einmal darstellen, sind daher durch die Gleichungen

$$\begin{gathered}
\mathrm{E}_1 \frac{Z''}{w} = p_1 q_1, \quad \mathrm{E}_2 \frac{z''}{w} = p_2 q_2, \quad \mathrm{E}_3 \frac{Y''}{w} = p_3 q_3, \quad \mathrm{E}_4 \frac{y'}{w} = p_4 q_4, \quad \mathrm{E}_0 \frac{x}{w} = p_0 q_0 \\
\frac{\mathrm{E}_1 \mathrm{E}_2}{\sqrt{\alpha_1 - \alpha_2}} \frac{y}{w} = \frac{p_0 Q - q_0 P}{q_0^2 - p_0^2}, \quad \frac{\mathrm{E}_3 \mathrm{E}_4}{\sqrt{\alpha_3 - \alpha_4}} \frac{z}{w} = \frac{q_0 Q - p_0 P}{q_0^2 - p_0^2} \\
P = p_1 p_2 q_3 q_4, \quad Q = q_1 q_2 p_3 p_4
\end{gathered} \tag{27}$$

gegeben, in welchen die Werthe der α, E aus (16, 18) zu nehmen sind. Hierin sind die zehn Grössen p_m, q_m durch die Gleichungen

$$\begin{aligned}
p_0 &= \sqrt{(\alpha_0 - \alpha_1)\cos\varphi^2 + (\alpha_0 - \alpha_2)\sin\varphi^2} \\
p_1 &= \sqrt{\alpha_1 - \alpha_2} \,.\, \sin\varphi \\
p_2 &= \sqrt{\alpha_1 - \alpha_2} \,.\, \cos\varphi \\
p_3 &= \sqrt{(\alpha_1 - \alpha_3)\cos\varphi^2 + (\alpha_2 - \alpha_3)\sin\varphi^2} \\
p_4 &= \sqrt{(\alpha_1 - \alpha_4)\cos\varphi^2 + (\alpha_2 - \alpha_4)\sin\varphi^2} \\
q_0 &= \sqrt{(\alpha_0 - \alpha_3)\cos\psi^2 + (\alpha_0 - \alpha_4)\sin\psi^2} \\
q_1 &= \sqrt{(\alpha_1 - \alpha_3)\cos\psi^2 + (\alpha_1 - \alpha_4)\sin\psi^2} \\
q_2 &= \sqrt{(\alpha_2 - \alpha_3)\cos\psi^2 + (\alpha_2 - \alpha_4)\sin\psi^2} \\
q_3 &= \sqrt{\alpha_3 - \alpha_4} \,.\, \sin\psi \\
q_4 &= \sqrt{\alpha_3 - \alpha_4} \,.\, \cos\psi
\end{aligned} \tag{27*}$$

zu bestimmen, wo allen Wurzeln ihr positiver Werth beizulegen ist und die Winkel φ, ψ alle Werthe von $-\pi$ bis $+\pi$ durchlaufen müssen.

Stellt man sich dagegen die analoge beschränktere nur auf die 3 Quotienten $\frac{x}{w}$, $\frac{y}{w}$, $\frac{z}{w}$ bezügliche Aufgabe, so bemerkt man, dass in den Ausdrücken (27) dieser 3 Quotienten die Sinus und Cosinus von φ und ψ nur in ihren Quadraten und in ihren Producten $\sin\varphi\cos\varphi$, $\sin\psi\cos\psi$ vorkommen, woraus hervorgeht, dass die 3 Quotienten unverändert bleiben, wenn man φ oder ψ um π vermehrt.

Man erhält daher alle mit dem Werthsystem ($\mathfrak{W}$) continuirlich zusammenhangenden Werthe der 3 Quotienten $\frac{x}{w}$, $\frac{y}{w}$, $\frac{z}{w}$ *und zwar jede mögliche Combination von 3 Werthen einmal durch die Ausdrücke*

$$(28)\qquad \mathrm{E}_0\frac{x}{w}=p_0q_0,\quad \frac{\mathrm{E}_1\mathrm{E}_2}{\sqrt{\alpha_1-\alpha_2}}\frac{y}{w}=\frac{p_0Q-q_0P}{q_0^2-p_0^2},\quad \frac{\mathrm{E}_3\mathrm{E}_4}{\sqrt{\alpha_3-\alpha_4}}\frac{z}{w}=\frac{q_0Q-p_0P}{q_0^2-p_0^2}$$

$$P=p_1p_2q_3q_4,\quad Q=q_1q_2p_3p_4,$$

wenn man in den Werthen (27*) *der* p_m, q_m *durch* φ, ψ *jeden dieser Winkel die Werthe von* $-\frac{1}{2}\pi$ *bis* $+\frac{1}{2}\pi$ *durchlaufen lässt.*

Aus der Eigenschaft der Quotienten $\frac{x}{w}$, $\frac{y}{w}$, $\frac{z}{w}$, ihr Zeichen nicht zu ändern, geht hervor, dass die Bedingung, mit dem Werthsystem ($\mathfrak{W}$) continuirlich zusammenzuhangen, welche die Werthe (28) erfüllen, gleichbedeutend mit der Bedingung ist, dass w, x, y, z überhaupt gleiches Zeichen haben.

7.

Sechzehn aus den Variabeln w, x, y, z gebildete lineare Verbindungen. Zusammenhang zwischen den Zeichen derselben. Darstellung einer Kummerschen biquadratischen Fläche mit sechzehn Knotenpunkten durch die Göpelsche Relation.

Während sich einerseits die 16 Variabeln durch eine derselben und die im vorigen Artikel eingeführten unabhängigen Veränderlichen p, q ausdrücken lassen, kann man andrerseits die 12 coordinirten Variabeln erster und zweiter Art als homogene irrationale Ausdrücke in den durch die Göpelsche Relation

$\Phi = 0$ mit einander verbundenen Variabeln w, x, y, z darstellen. In der That auf demselben Wege, welcher in Artikel 2 aus den Gleichungen (1, 3) zu den Ausdrücken (3*) der b_1', c_1', e_1', b_1'', c_1'', e_1'' in a_1, b_1, c_1, e_1 und auf diese Weise zu den Ausdrücken (4) führte, auf demselben Wege gelangt man durch Auflösung der Gleichungen (8) und Einsetzung der aufgelösten Werthe in (9) zu den Ausdrücken der x_1', ... z_1'' durch w_1, x_1, y_1, z_1 oder zu den ebenso gebildeten Ausdrücken der x', ... z'' durch w, x, y, z. Mit Hülfe der in w, x, y, z linearen Verbindungen $\mathfrak{w}$, $\mathfrak{x}$, $\mathfrak{y}$, $\mathfrak{z}$, welche in (13) definirt sind, erhält man nämlich

$$2\sqrt{b'}\,x' = \sqrt{\mathfrak{w}\mathfrak{x}} + \sqrt{\mathfrak{y}\mathfrak{z}}, \quad 2\sqrt{b''}\,x'' = \sqrt{\mathfrak{w}\mathfrak{x}} - \sqrt{\mathfrak{y}\mathfrak{z}}$$

und die beiden anderen Gleichungspaare, welche hieraus hervorgehen, wenn man gleichzeitig $\mathfrak{x}$, $\sqrt{b'}\,x'$, $\sqrt{b''}\,x''$ resp. mit $\mathfrak{y}$, $\sqrt{c'}\,y'$, $\sqrt{c''}\,y''$ oder mit $\mathfrak{z}$, $\sqrt{e'}\,z'$, $\sqrt{e''}\,z''$ vertauscht.

Man definire ausser den vier in w, x, y, z linearen Verbindungen $\mathfrak{w}$, $\mathfrak{x}$, $\mathfrak{y}$, $\mathfrak{z}$, welche in (13) gegeben sind, noch 12 andere dadurch, dass

$\mathfrak{w}, \mathfrak{x}, \mathfrak{y}, \mathfrak{z}$	durch die Permutation	(X)	in $\mathfrak{w}'$, $\mathfrak{x}'$, $\mathfrak{y}'$, $\mathfrak{z}'$
$\mathfrak{w}, \mathfrak{x}, \mathfrak{y}, \mathfrak{z}$	" " "	(Y)	" $\mathfrak{w}''$, $\mathfrak{x}''$, $\mathfrak{y}''$, $\mathfrak{z}''$
$\mathfrak{w}, \mathfrak{x}, \mathfrak{y}, \mathfrak{z}$	" " "	(Z)	" $\mathfrak{w}'''$, $\mathfrak{x}'''$, $\mathfrak{y}'''$, $\mathfrak{z}'''$

übergehen sollen. Dann erhält man, nach der in den Artikeln 4, 5 gegebenen Definition der coordinirten Variabeln, für jede derselben eine doppelte Art des Ausdrucks durch die 16 Grössen $\mathfrak{w}$, ... $\mathfrak{z}'''$, nämlich

(29)
$$\begin{aligned}
x' &= \frac{\sqrt{\mathfrak{w}\mathfrak{x}} + \sqrt{\mathfrak{y}\mathfrak{z}}}{2\sqrt{b'}} = \frac{\sqrt{\mathfrak{w}'\mathfrak{x}'} - \sqrt{\mathfrak{y}'\mathfrak{z}'}}{2\sqrt{b''}}, & x'' &= \frac{\sqrt{\mathfrak{w}\mathfrak{x}} - \sqrt{\mathfrak{y}\mathfrak{z}}}{2\sqrt{b''}} = \frac{\sqrt{\mathfrak{w}'\mathfrak{x}'} + \sqrt{\mathfrak{y}'\mathfrak{z}'}}{2\sqrt{b'}}\\
y' &= \frac{\sqrt{\mathfrak{w}\mathfrak{y}} + \sqrt{\mathfrak{x}\mathfrak{z}}}{2\sqrt{c'}} = \frac{\sqrt{\mathfrak{w}''\mathfrak{y}''} - \sqrt{\mathfrak{x}''\mathfrak{z}''}}{2\sqrt{c''}}, & y'' &= \frac{\sqrt{\mathfrak{w}\mathfrak{y}} - \sqrt{\mathfrak{x}\mathfrak{z}}}{2\sqrt{c''}} = \frac{\sqrt{\mathfrak{w}''\mathfrak{y}''} + \sqrt{\mathfrak{x}''\mathfrak{z}''}}{2\sqrt{c'}}\\
z' &= \frac{\sqrt{\mathfrak{w}\mathfrak{z}} + \sqrt{\mathfrak{x}\mathfrak{y}}}{2\sqrt{e'}} = \frac{\sqrt{\mathfrak{w}'''\mathfrak{z}'''} - \sqrt{\mathfrak{x}'''\mathfrak{y}'''}}{2\sqrt{e''}}, & z'' &= \frac{\sqrt{\mathfrak{w}\mathfrak{z}} - \sqrt{\mathfrak{x}\mathfrak{y}}}{2\sqrt{e''}} = \frac{\sqrt{\mathfrak{w}'''\mathfrak{z}'''} + \sqrt{\mathfrak{x}'''\mathfrak{y}'''}}{2\sqrt{e'}}\\
X' &= \frac{\sqrt{\mathfrak{w}'''\mathfrak{x}'''} + \sqrt{\mathfrak{y}'''\mathfrak{z}'''}}{2\sqrt{b'}} = \frac{\sqrt{\mathfrak{w}''\mathfrak{x}''} - \sqrt{\mathfrak{y}''\mathfrak{z}''}}{2\sqrt{b''}}, & X'' &= \frac{\sqrt{\mathfrak{w}'''\mathfrak{x}'''} - \sqrt{\mathfrak{y}'''\mathfrak{z}'''}}{2\sqrt{b''}} = \frac{\sqrt{\mathfrak{w}''\mathfrak{x}''} + \sqrt{\mathfrak{y}''\mathfrak{z}''}}{2\sqrt{b'}}\\
Y' &= \frac{\sqrt{\mathfrak{w}'\mathfrak{y}'} + \sqrt{\mathfrak{x}'\mathfrak{z}'}}{2\sqrt{c'}} = \frac{\sqrt{\mathfrak{w}'''\mathfrak{y}'''} - \sqrt{\mathfrak{x}'''\mathfrak{z}'''}}{2\sqrt{c''}}, & Y'' &= \frac{\sqrt{\mathfrak{w}'\mathfrak{y}'} - \sqrt{\mathfrak{x}'\mathfrak{z}'}}{2\sqrt{c''}} = \frac{\sqrt{\mathfrak{w}'''\mathfrak{y}'''} + \sqrt{\mathfrak{x}'''\mathfrak{z}'''}}{2\sqrt{c'}}\\
Z' &= \frac{\sqrt{\mathfrak{w}''\mathfrak{z}''} + \sqrt{\mathfrak{x}''\mathfrak{y}''}}{2\sqrt{e'}} = \frac{\sqrt{\mathfrak{w}'\mathfrak{z}'} - \sqrt{\mathfrak{x}'\mathfrak{y}'}}{2\sqrt{e''}}, & Z'' &= \frac{\sqrt{\mathfrak{w}''\mathfrak{z}''} - \sqrt{\mathfrak{x}''\mathfrak{y}''}}{2\sqrt{e''}} = \frac{\sqrt{\mathfrak{w}'\mathfrak{z}'} + \sqrt{\mathfrak{x}'\mathfrak{y}'}}{2\sqrt{e'}}.
\end{aligned}$$

Die zwölf Doppelgleichungen (29) gelten für alle Werthe von w, x, y, z, welche der Göpelschen Relation $\Phi = 0$ genügen, sie geben zwischen je vier Wurzelgrössen, welche wie $\sqrt{\mathfrak{w}\mathfrak{x}}$, $\sqrt{\mathfrak{y}\mathfrak{z}}$, $\sqrt{\mathfrak{w}'\mathfrak{x}'}$, $\sqrt{\mathfrak{y}'\mathfrak{z}'}$ in *einer* Zeile des Systems (29) enthalten sind, zwei homogene lineare Gleichungen mit reellen Coefficienten, also *eine* Gleichung derselben Art zwischen je dreien dieser Wurzelgrössen. Hieraus folgt, dass unter den vier Producten $\mathfrak{w}\mathfrak{x}$, $\mathfrak{y}\mathfrak{z}$, $\mathfrak{w}'\mathfrak{x}'$, $\mathfrak{y}'\mathfrak{z}'$ nicht zwei von entgegengesetztem Zeichen sein können. In der That gesetzt irgend drei derselben seien nicht von gleichem Zeichen, so hat eins der drei Producte das entgegengesetzte Zeichen von dem der beiden übrigen; von den drei Quadratwurzeln sind also zwei reell, die dritte rein imaginär, oder eine reell, die beiden übrigen rein imaginär. Die homogene lineare Gleichung mit reellen Coefficienten zwischen den drei Quadratwurzeln zerfällt daher in zwei Gleichungen und nach der einen dieser Gleichungen verschwindet dasjenige Product, von dem angenommen wurde, sein Zeichen sei dem der beiden übrigen entgegengesetzt. Man kann daher, den Grenzfall des Nullwerdens mit einbegreifend, kurz sagen: Die vier in Rede stehenden Producte haben gleiches Zeichen; denn wenn eins derselben unendlich klein wird, ist man dennoch berechtigt, ihm das Zeichen der übrigen beizulegen, da das entgegengesetzte Zeichen ausgeschlossen ist.

Es haben demnach

die vier Producte	$\mathfrak{w}\mathfrak{x}$	$\mathfrak{y}\mathfrak{z}$	$\mathfrak{w}'\mathfrak{x}'$	$\mathfrak{y}'\mathfrak{z}'$	dasselbe Zeichen γ'
» » »	$\mathfrak{w}\mathfrak{y}$	$\mathfrak{x}\mathfrak{z}$	$\mathfrak{w}''\mathfrak{y}''$	$\mathfrak{x}''\mathfrak{z}''$	» » γ''
» » »	$\mathfrak{w}\mathfrak{z}$	$\mathfrak{x}\mathfrak{y}$	$\mathfrak{w}'''\mathfrak{z}'''$	$\mathfrak{x}'''\mathfrak{y}'''$	» » γ'''
» » »	$\mathfrak{w}''\mathfrak{x}''$	$\mathfrak{y}''\mathfrak{z}''$	$\mathfrak{w}'''\mathfrak{x}'''$	$\mathfrak{y}'''\mathfrak{z}'''$	» » δ'
» » »	$\mathfrak{w}'''\mathfrak{y}'''$	$\mathfrak{x}'''\mathfrak{z}'''$	$\mathfrak{w}'\mathfrak{y}'$	$\mathfrak{x}'\mathfrak{z}'$	» » δ''
» » »	$\mathfrak{w}'\mathfrak{z}'$	$\mathfrak{x}'\mathfrak{y}'$	$\mathfrak{w}''\mathfrak{z}''$	$\mathfrak{x}''\mathfrak{y}''$	» » δ'''.

Da δ'', δ''', γ' die Zeichen der Producte $\mathfrak{w}'\mathfrak{y}'$, $\mathfrak{w}'\mathfrak{z}'$, $\mathfrak{y}'\mathfrak{z}'$ sind und Aehnliches für je zwei δ's und ein γ gilt, so hat man

$$\gamma' = \delta''\delta''', \quad \gamma'' = \delta'\delta''', \quad \gamma''' = \delta'\delta''.$$

Die Zeichen aller 16 Grössen $\mathfrak{w}, \ldots \mathfrak{z}'''$ hangen daher von den Zeichen der vier Grössen $\mathfrak{w}$, $\mathfrak{w}'$, $\mathfrak{w}''$, $\mathfrak{w}'''$, die ich mit β, β', β'', β''' bezeichne, und den drei Zeichen δ', δ'', δ''' ab. Aber die vier Zeichen $\beta, \ldots \beta'''$ sind nicht von einander unabhängig. Man bilde die beiden Producte der ersten und zweiten, sowie der dritten und vierten der vier Grössen

$$\begin{aligned}
\mathfrak{w} &= \sqrt{a}\,w + \sqrt{b}\,x + \sqrt{c}\,y + \sqrt{e}\,z \\
\mathfrak{w}' &= \sqrt{a}\,x + \sqrt{b}\,w + \sqrt{c}\,z + \sqrt{e}\,y \\
\mathfrak{w}'' &= \sqrt{a}\,y + \sqrt{b}\,z + \sqrt{c}\,w + \sqrt{e}\,x \\
\mathfrak{w}''' &= \sqrt{a}\,z + \sqrt{b}\,y + \sqrt{c}\,x + \sqrt{e}\,w,
\end{aligned}$$

so ergiebt sich, wenn man zur Abkürzung

$$V = (\sqrt{ac} + \sqrt{be})(wz + xy) + (\sqrt{ae} + \sqrt{bc})(wy + xz) = 4\sqrt{c_1 e_1}(\sqrt{c_1}\,z_1 + \sqrt{e_1}\,y_1)$$

setzt,

$$\begin{aligned}
\mathfrak{w}\mathfrak{w}' &= (a+b)wx + (c+e)yz + \sqrt{ab}(w^2+x^2) + \sqrt{ce}\,(y^2+z^2) + V \\
\mathfrak{w}''\mathfrak{w}''' &= (a+b)yz + (c+e)wx + \sqrt{ab}(y^2+z^2) + \sqrt{ce}\,(w^2+x^2) + V,
\end{aligned}$$

hieraus

$$\begin{aligned}
\mathfrak{w}\mathfrak{w}' + \mathfrak{w}''\mathfrak{w}''' &= 8\sqrt{a_1 b_1}(\sqrt{a_1}\,x_1 + \sqrt{b_1}\,w_1) + 2V \\
&= 8\{\sqrt{a_1 b_1}(\sqrt{a_1}\,x_1 + \sqrt{b_1}\,w_1) + \sqrt{c_1 e_1}\,(\sqrt{c_1}\,z_1 + \sqrt{e_1}\,y_1)\} \\
\mathfrak{w}\mathfrak{w}' - \mathfrak{w}''\mathfrak{w}''' &= (a+b-c-e)(wx-yz) + (\sqrt{ab} - \sqrt{ce})(w^2+x^2-y^2-z^2) \\
&= 8\sqrt{b_1' b_1''}\,(\sqrt{b_1'}\,x_1'' + \sqrt{b_1''}\,x_1'),
\end{aligned}$$

und daher

$$\begin{aligned}
&\tfrac{1}{16}\,\mathfrak{w}\mathfrak{w}'\mathfrak{w}''\mathfrak{w}''' \\
&= \{\sqrt{a_1 b_1}(\sqrt{a_1}\,x_1 + \sqrt{b_1}\,w_1) + \sqrt{c_1 e_1}\,(\sqrt{c_1}\,z_1 + \sqrt{e_1}\,y_1)\}^2 - b_1' b_1''(\sqrt{b_1'}\,x_1'' + \sqrt{b_1''}\,x_1')^2.
\end{aligned}$$

Es ist aber

$$\begin{aligned}
b_1' b_1'' &= a_1 b_1 - c_1 e_1 \\
(\sqrt{b_1'}\,x_1'' + \sqrt{b_1''}\,x_1')^2 &= \mathfrak{w}_1' \mathfrak{x}_1' = (\sqrt{a_1}\,x_1 + \sqrt{b_1}\,w_1)^2 - (\sqrt{c_1}\,z_1 + \sqrt{e_1}\,y_1)^2,
\end{aligned}$$

dies eingesetzt giebt

$$\begin{aligned}
\tfrac{1}{16}\,\mathfrak{w}\mathfrak{w}'\mathfrak{w}''\mathfrak{w}''' &= \{\sqrt{c_1 e_1}\,(\sqrt{a_1}\,x_1 + \sqrt{b_1}\,w_1) + \sqrt{a_1 b_1}(\sqrt{c_1}\,z_1 + \sqrt{e_1}\,y_1)\}^2 \\
&= a_1 b_1 c_1 e_1 \left(\frac{w_1}{\sqrt{a_1}} + \frac{x_1}{\sqrt{b_1}} + \frac{y_1}{\sqrt{c_1}} + \frac{z_1}{\sqrt{e_1}}\right)^2, \qquad (30)
\end{aligned}$$

worin eine neue Form der Gleichung $\Phi = 0$ enthalten ist. Aus derselben geht hervor, dass das Product $\mathfrak{w}\mathfrak{w}'\mathfrak{w}''\mathfrak{w}'''$ eine nothwendig positive Grösse ist, also hat man

$$\beta\beta'\beta''\beta''' = +1.$$

Die Zeichen aller 16 Verbindungen $\mathfrak{w}, \ldots \mathfrak{z}'''$ hangen daher von den sechs Zeichen $\beta', \beta'', \beta''', \delta', \delta'', \delta'''$ ab, da β durch $\beta', \beta'', \beta'''$ gegeben ist, und es haben

$$(G)\quad \begin{array}{llllll} \mathfrak{w}\ \ \mathfrak{x}\ \ \mathfrak{y}\ \ \mathfrak{z} & \text{die Zeichen} & \beta & \beta\delta''\delta''' & \beta\delta'\delta''' & \beta\delta'\delta'' \\ \mathfrak{w}'\ \ \mathfrak{x}'\ \ \mathfrak{y}'\ \ \mathfrak{z}' & \quad " \quad " & \beta' & \beta'\delta''\delta''' & \beta'\delta'' & \beta'\delta''' \\ \mathfrak{w}''\ \ \mathfrak{x}''\ \ \mathfrak{y}''\ \ \mathfrak{z}'' & \quad " \quad " & \beta'' & \beta''\delta' & \beta''\delta'\delta''' & \beta''\delta''' \\ \mathfrak{w}'''\ \ \mathfrak{x}'''\ \ \mathfrak{y}'''\ \ \mathfrak{z}''' & \quad " \quad " & \beta''' & \beta'''\delta' & \beta'''\delta'' & \beta'''\delta'\delta'', \end{array}$$

wo

$$\beta\beta'\beta''\beta''' = +1.$$

Sollen die sämmtlichen coordinirten Variabeln $x', \ldots z'', X', \ldots Z''$ reell sein, so ist hierzu nach (29) erforderlich und hinreichend, dass die Zeichen $\delta', \delta'', \delta'''$ positiv sind. Soll ferner zu dem betrachteten Continuum das Werthsystem

$$w = \sqrt{a}, \quad x = \sqrt{b}, \quad y = \sqrt{c}, \quad z = \sqrt{e}$$

gehören, oder, was bei positiv angenommenen w damit gleichbedeutend ist (s. das Ende des vorigen Artikels), sollen w, x, y, z überhaupt positiv sein, so sind $\mathfrak{w}, \mathfrak{w}', \mathfrak{w}'', \mathfrak{w}'''$ als lineare Verbindungen von w, x, y, z mit positiven Coefficienten positiv, also $\beta = \beta' = \beta'' = \beta''' = +1$, d. h. *die Gesammtheit der Werthsysteme w, x, y, z, welche durch die Gleichungen* (28) *des vorigen Artikels bestimmt sind, fällt, wenn man überdies der Variable w das positive Zeichen giebt, mit der Gesammtheit der Werthsysteme w, x, y, z zusammen, für welche die* 16 *linearen Verbindungen $\mathfrak{w}, \mathfrak{x}, \ldots \mathfrak{z}'''$ sämmtlich positives Zeichen haben.*

Nach der bereits in der Einleitung erörterten geometrischen Bedeutung der Gleichung $\Phi = 0$ stellt dieselbe eine Kummersche biquadratische Fläche mit sechzehn Knotenpunkten dar, welche in acht nur durch die Knotenpunkte mit einander in Verbindung stehende Theile zerfällt. Denjenigen Theil, welcher in den vier Knotenpunkten endigt, deren Coordinaten durch das Schema

w	x	y	z
$\sqrt{a}$	$\sqrt{b}$	$\sqrt{c}$	$\sqrt{e}$
$\sqrt{b}$	$\sqrt{a}$	$\sqrt{e}$	$\sqrt{c}$
$\sqrt{c}$	$\sqrt{e}$	$\sqrt{a}$	$\sqrt{b}$
$\sqrt{e}$	$\sqrt{c}$	$\sqrt{b}$	$\sqrt{a}$

gegeben sind, habe ich den centralen Theil der Fläche $\Phi = 0$ genannt.

Verlangt man nun, dass alle coordinirten Variabeln reell und w, x, y, z positiv seien, oder, was dasselbe ist, dass die sechzehn linearen Verbindungen $\mathfrak{w}$, $\mathfrak{x}$, ... $\mathfrak{z}'''$ sämmtlich positiv seien, so heisst dies, wie man sich leicht überzeugt, nichts anderes, als *dass der Punkt* (w, x, y, z) *auf dem centralen Theile der Kummerschen Fläche* $\Phi = 0$ *liegen muss.*

8.

Invariantiver Charakter der Göpelschen biquadratischen Function.

Ich kehre jetzt zu der im Artikel 5 definirten homogenen biquadratischen Function Φ zurück, um den Zusammenhang nachzuweisen, in welchem sie mit der Transformation zweiten Grades (1, 8) steht, ein Zusammenhang, der sich übrigens auch auf Transformationen höheren Grades erstreckt.

Wo es nothwendig ist, werde ich die durch die Gleichung (12) definirte biquadratische Function durch $\Phi(\sqrt{a}, \sqrt{b}, \sqrt{c}, \sqrt{e}, w, x, y, z)$ bezeichnen. Werden die Constanten und Variabeln der Function nicht hingeschrieben, so ist unter Φ immer die Function mit den obigen Werthen der Constanten und Variabeln zu verstehen. Setzt man dagegen an die Stelle der Constanten die transformirten $\sqrt{a_1}$, $\sqrt{b_1}$, $\sqrt{c_1}$, $\sqrt{e_1}$ und an die Stelle der Variabeln die transformirten w_1, x_1, y_1, z_1, so werde ich diese Function Φ mit Φ_1 bezeichnen und ebenso werde ich allgemein, wenn aus irgend einer Function Ξ von $\sqrt{a}$, $\sqrt{b}$, $\sqrt{c}$, $\sqrt{e}$, w, x, y, z die nämliche Function von $\sqrt{a_1}$, $\sqrt{b_1}$, $\sqrt{c_1}$, $\sqrt{e_1}$, w_1, x_1, y_1, z_1 gebildet wird, diese letztere mit Ξ_1 bezeichnen.

Dies vorausgesetzt, so hat die Function Φ in Beziehung auf die Transformation (1, 8) einen invariantiven Charakter. *Besteht nämlich zwischen den Variabeln* w, x, y, z *die Gleichung*

$$\Phi = \Phi(\sqrt{a}, \sqrt{b}, \sqrt{c}, \sqrt{e}, w, x, y, z) = 0$$

und leitet man nach (1, 8) *aus diesen Constanten und Variabeln die neuen* $\sqrt{a_1}$, $\sqrt{b_1}$, $\sqrt{c_1}$, $\sqrt{e_1}$, w_1, x_1, y_1, z_1 *her, so besteht zwischen den transformirten Variabeln die Gleichung*

$$\Phi_1 = \Phi(\sqrt{a_1}, \sqrt{b_1}, \sqrt{c_1}, \sqrt{e_1}, w_1, x_1, y_1, z_1) = 0.$$

Um dies zu beweisen, betrachte ich die Function Φ in der Form von Gleichung (13*). Danach hat man

$$4\mu^2\Phi = \mathfrak{w}\mathfrak{x}\mathfrak{y}\mathfrak{z} - M^2$$
$$M = \mathfrak{A}w^2 + \mathfrak{B}x^2 + \mathfrak{C}y^2 + \mathfrak{E}z^2,$$

also ebenso

$$4\mu_1^2\Phi_1 = \mathfrak{w}_1\mathfrak{x}_1\mathfrak{y}_1\mathfrak{z}_1 - M_1^2$$
$$M_1 = \mathfrak{A}_1 w_1^2 + \mathfrak{B}_1 x_1^2 + \mathfrak{C}_1 y_1^2 + \mathfrak{E}_1 z_1^2.$$

Man setze in Φ_1 für w_1, x_1, y_1, z_1 ihre Ausdrücke in w, x, y, z aus (8) ein, *so wird Φ_1 eine Function achter Ordnung in w, x, y, z, welche sich in zwei biquadratische Factoren zerlegt.* Bildet man nämlich das Product der vier in (8*) enthaltenen Gleichungen, so ergiebt sich

$$\mathfrak{w}_1\mathfrak{x}_1\mathfrak{y}_1\mathfrak{z}_1 = \Psi^2,$$

wo

$$16\Psi = (w+x+y+z)(w+x-y-z)(w-x+y-z)(w-x-y+z),$$

folglich zerlegt sich

$$4\mu_1^2\Phi_1 = \Psi^2 - M_1^2$$

in die beiden Factoren

$$H = \Psi - M_1, \quad H^* = \Psi + M_1$$

und man erhält

$$4\mu_1^2\Phi_1 = H.H^*.$$

Ich behaupte nun, das H nur um einen constanten Factor von Φ verschieden ist. In der That für die vier in Art. 5 betrachteten Werthsysteme ($\mathfrak{W}$), ($\mathfrak{X}$), ($\mathfrak{Y}$), ($\mathfrak{Z}$) erhält nach (C 14-17) M die Werthe λ, $c'e'$, $b'e'$, $b'c'$ und dem entsprechend M_1 die Werthe λ_1, $c_1'e_1'$, $b_1'e_1'$, $b_1'c_1'$. Die gleichzeitigen Werthe von Ψ sind $\frac{1}{16}\Pi(\sqrt{a}+\varepsilon\sqrt{b}+\varepsilon'\sqrt{c}+\varepsilon\varepsilon'\sqrt{e}) = \sqrt{\mathfrak{a}_1\mathfrak{b}_1\mathfrak{c}_1\mathfrak{e}_1} = \lambda_1$, $\frac{1}{16}(b'-b'')^2 = \frac{1}{16}\mathfrak{c}\mathfrak{e} = c_1'e_1'$, $\frac{1}{16}(c'-c'')^2 = b_1'e_1'$, $\frac{1}{16}(e'-e'')^2 = b_1'c_1'$, also genau dieselben, d. h. die Differenz

$$\Psi - M_1 = H$$

verschwindet für die Werthsysteme ($\mathfrak{W}$), ($\mathfrak{X}$), ($\mathfrak{Y}$), ($\mathfrak{Z}$). Andrerseits ist H eine homogene biquadratische Function von w, x, y, z, welche sich als lineare Function der durch (12*) definirten Ausdrücke P, Q, R, S, T darstellen lässt, denn man hat

$$16\Psi = P - 2Q - 2R - 2S + 8T$$

und die vier Quadrate w_1^2, x_1^2, y_1^2, z_1^2, aus welchen M_1 linear zusammengesetzt ist, sind resp. den Ausdrücken $P+2Q+2R+2S$, $Q+2T$, $R+2T$, $S+2T$ proportional. Folglich fällt H unter die Art. 5 unter 4) betrachteten biquadratischen Functionen und ist nur um einen constanten Factor von Φ verschieden. Dieser constante Factor ergiebt sich durch Betrachtung des Coefficienten von $P = w^4 + x^4 + y^4 + z^4$ in Φ und in $H = \Psi - M_1$ und man erhält

$$H = \tfrac{1}{16}\left(1 - \frac{\mathfrak{A}_1}{a_1}\right)\Phi = \tfrac{1}{8}\frac{b_1'' c_1'' e_1''}{\lambda_1 a_1}\Phi.$$

Für den anderen Factor H^* ist es nicht nöthig eine neue Rechnung zu machen. Man setze in Φ für $\sqrt{a}$, $\sqrt{b}$, $\sqrt{c}$, $\sqrt{e}$ die vier in Art. 3 Gl. (6*) definirten Constanten $\sqrt{a^*}$, $\sqrt{b^*}$, $\sqrt{c^*}$, $\sqrt{e^*}$, welche die Eigenschaft haben, dass sie, wenn der Algorithmus (1) auf sie angewandt wird, dieselben Grössen a_1, b_1, c_1, e_1 ergeben, wie $\sqrt{a}$, $\sqrt{b}$, $\sqrt{c}$, $\sqrt{e}$, und bezeichne diese biquadratische Function durch

$$\Phi^* = \Phi(\sqrt{a^*}, \sqrt{b^*}, \sqrt{c^*}, \sqrt{e^*}, w, x, y, z),$$

so behaupte ich, dass H^* ebenso von $\sqrt{a^*}$, $\sqrt{b^*}$, $\sqrt{c^*}$, $\sqrt{e^*}$, w, x, y, z abhängt, wie H von $\sqrt{a}$, $\sqrt{b}$, $\sqrt{c}$, $\sqrt{e}$, w, x, y, z, folglich Φ^* proportional wird. In der That setzt man $\sqrt{a^*}$, $\sqrt{b^*}$, $\sqrt{c^*}$, $\sqrt{e^*}$ für $\sqrt{a}$, $\sqrt{b}$, $\sqrt{c}$, $\sqrt{e}$, indem man w, x, y, z unverändert lässt, so bleibt Ψ unverändert, während nach Art. 3 Gl. (7*) $\mathfrak{A}_1$, $\mathfrak{B}_1$, $\mathfrak{C}_1$, $\mathfrak{E}_1$ in $-\mathfrak{A}_1$, $-\mathfrak{B}_1$, $-\mathfrak{C}_1$, $-\mathfrak{E}_1$ übergehen. Da a_1, b_1, c_1, e_1 unverändert bleiben, so ist dasselbe mit w_1, x_1, y_1, z_1 der Fall, folglich geht M_1 in $-M_1$ über und H in H^*. Hieraus folgt nicht nur, das H^* der Function Φ^* proportional ist, sondern, da nach (7, 7*) b_1'', c_1'', e_1'', λ_1 in $-b_1'$, $-c_1'$, $-e_1'$, $-\lambda_1$ übergehen, wenn $\sqrt{a}$, $\sqrt{b}$, $\sqrt{c}$, $\sqrt{e}$ in $\sqrt{a^*}$, $\sqrt{b^*}$, $\sqrt{c^*}$, $\sqrt{e^*}$ übergehen, so wird

$$H^* = \tfrac{1}{8}\frac{b_1' c_1' e_1'}{\lambda_1 a_1}\Phi^*.$$

Durch Multiplication der beiden Resultate für H und H^* und unter Berücksichtigung der Gleichung

$$\mu_1^2 = \frac{b_1' c_1' e_1' b_1'' c_1'' e_1''}{\lambda_1^2}$$

erhält man daher das merkwürdige Resultat

$$(31) \qquad 256 a_1^2 \Phi_1 = \Phi . \Phi^*.$$

Die Göpelsche biquadratische Function Φ hat also die Eigenschaft, dass ihre Transformirte Φ_1, abgesehen von einem constanten Factor, das Product der beiden Göpelschen Functionen ist, deren Constantensysteme $\sqrt{a}$, $\sqrt{b}$, $\sqrt{c}$, $\sqrt{e}$ und $\sqrt{a^*}$, $\sqrt{b^*}$, $\sqrt{c^*}$, $\sqrt{e^*}$ durch den Algorithmus des arithmetisch-geometrischen Mittels beide auf dasselbe System der in Φ_1 eintretenden transformirten Constanten $\sqrt{a_1}$, $\sqrt{b_1}$, $\sqrt{c_1}$, $\sqrt{e_1}$ führen.

Die Gleichung (31) zeigt, dass, wenn zwischen den ursprünglichen Variabeln w, x, y, z die Gleichung $\Phi = 0$ besteht, zugleich zwischen den transformirten Variabeln w_1, x_1, y_1, z_1 die Gleichung $\Phi_1 = 0$ besteht, w. z. b. w.

Geometrisch ausgedrückt heisst dies: Jedem auf der Fläche $\Phi = 0$ liegenden Punkt (w, x, y, z) entspricht vermöge der durch die Gl. (8) definirten geometrischen Verwandtschaft ein und nur ein Punkt (w_1, x_1, y_1, z_1) auf der Fläche $\Phi_1 = 0$. Geht man umgekehrt von einem beliebig gegebenen Punkt (w_1, x_1, y_1, z_1) auf der Fläche $\Phi_1 = 0$ aus, so hat man die Wahl, ob man die Fläche $\Phi = 0$ oder die Fläche $\Phi^* = 0$ als die der Fläche $\Phi_1 = 0$ entsprechende ansehen will. Wie man aber auch diese Entscheidung trifft, so liegen auf der Fläche $\Phi = 0$ (oder $\Phi^* = 0$) vier und nur vier Punkte (w, x, y, z), welche dem Punkt (w_1, x_1, y_1, z_1) entsprechen. In der That, die Gleichungen (8), nach w, x, y, z aufgelöst, geben

$$\begin{aligned}
2w &= \sqrt{\mathfrak{w}_1} + \sqrt{\mathfrak{x}_1} + \sqrt{\mathfrak{y}_1} + \sqrt{\mathfrak{z}_1} \\
2x &= \sqrt{\mathfrak{w}_1} + \sqrt{\mathfrak{x}_1} - \sqrt{\mathfrak{y}_1} - \sqrt{\mathfrak{z}_1} \\
2y &= \sqrt{\mathfrak{w}_1} - \sqrt{\mathfrak{x}_1} + \sqrt{\mathfrak{y}_1} - \sqrt{\mathfrak{z}_1} \\
2z &= \sqrt{\mathfrak{w}_1} - \sqrt{\mathfrak{x}_1} - \sqrt{\mathfrak{y}_1} + \sqrt{\mathfrak{z}_1}.
\end{aligned}$$

Hierin sind 16 Systeme von Werthen w, x, y, z enthalten, wenn man jeder der vier Quadratwurzeln das eine wie das andere Zeichen giebt, oder, wenn man zwei entgegengesetzte Systeme, da sie denselben Punkt geben, nur für eins rechnet, 8 Systeme. Aber die Zeichen der vier Quadratwurzeln sind nicht mehr von einander unabhängig, sobald man sich für die eine oder andere der beiden Flächen $\Phi = 0$, $\Phi^* = 0$, oder, was dasselbe ist, $H = 0$, $H^* = 0$ entschieden hat, denn auf der Fläche $H = 0$ hat man

$$\sqrt{\mathfrak{w}_1 \mathfrak{x}_1 \mathfrak{y}_1 \mathfrak{z}_1} = \Psi = M_1,$$

dagegen auf der Fläche $H^* = 0$

$$\sqrt{\mathfrak{w}_1 \mathfrak{x}_1 \mathfrak{y}_1 \mathfrak{z}_1} = \Psi = -M_1,$$

wo

$$M_1 = \mathfrak{A}_1 w_1^2 + \mathfrak{B}_1 x_1^2 + \mathfrak{C}_1 y_1^2 + \mathfrak{E}_1 z_1^2,$$

folglich theilen sich die 8 Systeme oder Punkte (w, x, y, z) in vier, welche auf der Fläche $\Phi = 0$ liegen, und vier, welche auf der Fläche $\Phi^* = 0$ liegen. Ueberdies gehen in der einen wie in der anderen Gruppe von vier Punkten aus einem derselben die drei übrigen durch die drei auf die Coordinaten angewandten Permutationen (X), (Y), (Z) hervor.

Aus den Gleichungen

$$H = \Psi - M_1, \quad H^* = \Psi + M_1$$

folgt

$$2\Psi = H + H^*,$$

man kann daher Φ_1 in der Form

$$4\mu_1^2 \Phi_1 = H(2\Psi - H),$$

oder, nach Einsetzung des Werthes von H, in der Form

$$\Phi_1 = \tfrac{1}{16} \frac{\lambda_1}{a_1 b_1' c_1' e_1'} \Phi \left\{ \Psi - \tfrac{1}{16} \frac{b_1'' c_1'' e_1''}{\lambda_1 a_1} \Phi \right\}$$

darstellen, welche, da

$$a_1 b_1' c_1' e_1' = \frac{1}{4^4} \mathfrak{a}\mathfrak{b}\mathfrak{c}\mathfrak{e} = (\tfrac{1}{16}\lambda)^2$$

ist, kürzer so:

$$\text{(31*)} \qquad \Phi_1 = \frac{16\lambda_1}{\lambda^2} \Phi \left\{ \Psi - \tfrac{1}{16} \frac{b_1'' c_1'' e_1''}{\lambda_1 a_1} \Phi \right\}$$

geschrieben werden kann. Hieraus geht hervor, dass, wenn zwischen den Variabeln w, x, y, z die Relation $\Phi = 0$ besteht, wie wir voraussetzen, die Differentiale von Φ und von Φ_1 einander proportional werden, und dass

$$\text{(32)} \qquad d\Phi_1 = \frac{16\lambda_1}{\lambda^2} \Psi . d\Phi .$$

Wenn man (31*) partiell nach x differentiirt, so folgt unter derselben Annahme

$$\text{(32*)} \qquad \frac{\partial \Phi_1}{\partial x} = \frac{16\lambda_1}{\lambda^2} \Psi . \frac{\partial \Phi}{\partial x} .$$

9.

Die centralen Theile zweier durch Transformation von einander abhangenden Kummerschen Flächen entsprechen sich gegenseitig.

Es soll jetzt nachgewiesen werden, dass jedem Punkt (w, x, y, z), welcher auf dem centralen Theile der Kummerschen Fläche $\Phi = 0$ liegt, *ein* Punkt (w_1, x_1, y_1, z_1) auf dem centralen Theile der Kummerschen Fläche $\Phi_1 = 0$ entspricht, und umgekehrt dass, wenn man, von der Fläche $\Phi_1 = 0$ ausgehend, sich dafür entschieden hat die Fläche $\Phi = 0$ (und nicht $\Phi^* = 0$) als ihre entsprechende anzusehen, jedem Punkt (w_1, x_1, y_1, z_1) auf dem centralen Theile der Kummerschen Fläche $\Phi_1 = 0$ vier und nur vier Punkte auf dem centralen Theile der Kummerschen Fläche $\Phi = 0$ entsprechen.

Zum Beweise hiervon stelle ich zunächst folgende sechs Gleichungen auf, welche unter Voraussetzung der Gleichungen (1, 8) reine Identitäten sind:

$$(\mathrm{H})\qquad \begin{aligned}
&1.\quad 8\sqrt{a_1 b_1}\,(\mathfrak{w}_1' + \mathfrak{x}_1') = \mathfrak{w}\mathfrak{w}' + \mathfrak{w}''\mathfrak{w}''' + \mathfrak{x}\mathfrak{x}' + \mathfrak{x}''\mathfrak{x}'''\\
&2.\quad 8\sqrt{a_1 c_1}\,(\mathfrak{w}_1'' + \mathfrak{y}_1'') = \mathfrak{w}\mathfrak{w}'' + \mathfrak{w}'\mathfrak{w}''' + \mathfrak{y}\mathfrak{y}'' + \mathfrak{y}'\mathfrak{y}'''\\
&3.\quad 8\sqrt{a_1 e_1}\,(\mathfrak{w}_1''' + \mathfrak{z}_1''') = \mathfrak{w}\mathfrak{w}''' + \mathfrak{w}'\mathfrak{w}'' + \mathfrak{z}\mathfrak{z}''' + \mathfrak{z}'\mathfrak{z}''\\
&4.\quad 8\sqrt{a_1 b_1}\,(\mathfrak{y}_1' + \mathfrak{z}_1') = \mathfrak{y}\mathfrak{y}' + \mathfrak{y}''\mathfrak{y}''' + \mathfrak{z}\mathfrak{z}' + \mathfrak{z}''\mathfrak{z}'''\\
&5.\quad 8\sqrt{a_1 c_1}\,(\mathfrak{z}_1'' + \mathfrak{x}_1'') = \mathfrak{z}\mathfrak{z}'' + \mathfrak{z}'\mathfrak{z}''' + \mathfrak{x}\mathfrak{x}'' + \mathfrak{x}'\mathfrak{x}'''\\
&6.\quad 8\sqrt{a_1 e_1}\,(\mathfrak{x}_1''' + \mathfrak{y}_1''') = \mathfrak{x}\mathfrak{x}''' + \mathfrak{x}'\mathfrak{x}'' + \mathfrak{y}\mathfrak{y}''' + \mathfrak{y}'\mathfrak{y}''.
\end{aligned}$$

Es liege der Punkt (w, x, y, z) auf dem centralen Theile von $\Phi = 0$, so sind w, x, y, z positiv, woraus nach (8) folgt, dass w_1, x_1, y_1, z_1, mithin $\mathfrak{w}_1, \mathfrak{w}_1', \mathfrak{w}_1'', \mathfrak{w}_1'''$, und nach (8*), dass auch $\mathfrak{x}_1, \mathfrak{y}_1, \mathfrak{z}_1$ positiv sind. Definirt man für $\mathfrak{w}_1, \mathfrak{x}_1, \ldots \mathfrak{z}_1'''$ die Zeichen $\beta_1, \beta_1', \beta_1'', \beta_1''', \delta_1', \delta_1'', \delta_1'''$ ebenso, wie in Art. 7 $\beta, \beta', \beta'', \beta''', \delta', \delta'', \delta'''$ für $\mathfrak{w}, \mathfrak{x}, \ldots \mathfrak{z}'''$ definirt worden sind, so ergiebt sich aus dem positiven Zeichen der genannten 7 Grössen $\mathfrak{w}_1, \mathfrak{w}_1', \mathfrak{w}_1'', \mathfrak{w}_1''', \mathfrak{x}_1, \mathfrak{y}_1, \mathfrak{z}_1$ und im Hinblick auf das Schema (G) die Zeichenbestimmung

$$\beta_1 = \beta_1' = \beta_1'' = \beta_1''' = +1, \quad \delta_1' = \delta_1'' = \delta_1'''.$$

Hieraus geht ferner hervor, dass $\mathfrak{y}', \mathfrak{z}', \mathfrak{x}'', \mathfrak{z}'', \mathfrak{x}''', \mathfrak{y}'''$ ein und dasselbe noch zu ermittelnde Zeichen haben. Dieses Zeichen ergiebt sich aus einer der Gleichungen (H 4, 5, 6).

Denn da der Voraussetzung nach der Punkt (w, x, y, z) auf dem centralen Theil der Fläche $\Phi = 0$ liegt, so sind sämmtliche 16 lineare Verbindungen $\mathfrak{w}$, $\mathfrak{x}$, ... $\mathfrak{z}'''$ gleichen Zeichens, folglich die rechten Seiten der genannten drei Gleichungen positiv und daher auch ihre linken Seiten. Hiermit ist der Nachweis geliefert, dass die 16 linearen Verbindungen $\mathfrak{w}_1$, $\mathfrak{x}_1$, ... $\mathfrak{z}_1'''$ sämmtlich positiv sind, d. h. dass der Punkt (w_1, x_1, y_1, z_1) auf dem centralen Theil der Fläche $\Phi_1 = 0$ liegt.

Ich nehme jetzt umgekehrt an, der Punkt (w_1, x_1, y_1, z_1) liege auf dem centralen Theil der Kummerschen Fläche $\Phi_1 = 0$, die 16 linearen Verbindungen $\mathfrak{w}_1$, $\mathfrak{x}_1$, ... $\mathfrak{z}_1'''$, welche demgemäss gleichen Zeichens sein müssen, seien positiv und man sehe die Fläche $\Phi_1 = 0$ (und nicht $\Phi^* = 0$) als die entsprechende der Fläche $\Phi_1 = 0$ an. Dann sind nach dem vorigen Artikel die vier dem Punkt (w_1, x_1, y_1, z_1) auf der Fläche $\Phi = 0$ entsprechenden Punkte (w, x, y, z) durch die Gleichungen

$$\begin{aligned}
2w &= \sqrt{\mathfrak{w}_1} + \sqrt{\mathfrak{x}_1} + \sqrt{\mathfrak{y}_1} + \sqrt{\mathfrak{z}_1} \\
2x &= \sqrt{\mathfrak{w}_1} + \sqrt{\mathfrak{x}_1} - \sqrt{\mathfrak{y}_1} - \sqrt{\mathfrak{z}_1} \\
2y &= \sqrt{\mathfrak{w}_1} - \sqrt{\mathfrak{x}_1} + \sqrt{\mathfrak{y}_1} - \sqrt{\mathfrak{z}_1} \\
2z &= \sqrt{\mathfrak{w}_1} - \sqrt{\mathfrak{x}_1} - \sqrt{\mathfrak{y}_1} + \sqrt{\mathfrak{z}_1}
\end{aligned}$$

gegeben, in welchen die Zeichen der vier Quadratwurzeln durch die Gleichung

$$\sqrt{\mathfrak{w}_1\mathfrak{x}_1\mathfrak{y}_1\mathfrak{z}_1} = M_1 = \mathfrak{A}_1 w_1^2 + \mathfrak{B}_1 x_1^2 + \mathfrak{C}_1 y_1^2 + \mathfrak{E}_1 z_1^2$$

mit einander verbunden sind. Aus diesen Werthen von w, x, y, z folgen für deren lineare Verbindungen $\mathfrak{w}$, $\mathfrak{x}$, $\mathfrak{y}$, $\mathfrak{z}$ unter Berücksichtigung der Gleichungen (6) die Werthe

$$\begin{aligned}
\mathfrak{w} &= \sqrt{\mathfrak{a}_1}\sqrt{\mathfrak{w}_1} + \sqrt{\mathfrak{b}_1}\sqrt{\mathfrak{x}_1} + \sqrt{\mathfrak{c}_1}\sqrt{\mathfrak{y}_1} + \sqrt{\mathfrak{e}_1}\sqrt{\mathfrak{z}_1} \\
\mathfrak{x} &= \sqrt{\mathfrak{b}_1}\sqrt{\mathfrak{w}_1} + \sqrt{\mathfrak{a}_1}\sqrt{\mathfrak{x}_1} + \sqrt{\mathfrak{e}_1}\sqrt{\mathfrak{y}_1} + \sqrt{\mathfrak{c}_1}\sqrt{\mathfrak{z}_1} \\
\mathfrak{y} &= \sqrt{\mathfrak{c}_1}\sqrt{\mathfrak{w}_1} + \sqrt{\mathfrak{e}_1}\sqrt{\mathfrak{x}_1} + \sqrt{\mathfrak{a}_1}\sqrt{\mathfrak{y}_1} + \sqrt{\mathfrak{b}_1}\sqrt{\mathfrak{z}_1} \\
\mathfrak{z} &= \sqrt{\mathfrak{e}_1}\sqrt{\mathfrak{w}_1} + \sqrt{\mathfrak{c}_1}\sqrt{\mathfrak{x}_1} + \sqrt{\mathfrak{b}_1}\sqrt{\mathfrak{y}_1} + \sqrt{\mathfrak{a}_1}\sqrt{\mathfrak{z}_1}.
\end{aligned}$$

Dreien der Quadratwurzeln $\sqrt{\mathfrak{w}_1}$, $\sqrt{\mathfrak{x}_1}$, $\sqrt{\mathfrak{y}_1}$, $\sqrt{\mathfrak{z}_1}$ kann man willkürlich das positive Zeichen geben, während die vierte alsdann das Zeichen von M_1 bekommt. Ist z. B. $\mathfrak{z}_1$ die kleinste der vier Grössen $\mathfrak{w}_1$, $\mathfrak{x}_1$, $\mathfrak{y}_1$, $\mathfrak{z}_1$, so gebe man $\sqrt{\mathfrak{w}_1}$, $\sqrt{\mathfrak{x}_1}$, $\sqrt{\mathfrak{y}_1}$ das positive Zeichen, dann bekommen, selbst wenn $\sqrt{\mathfrak{z}_1}$ negativ ist, $\mathfrak{w}$, $\mathfrak{x}$, $\mathfrak{y}$ evident positive Werthe, d. h. die in (G) vorkommenden Zeichen

$$\beta, \quad \beta\delta''\delta''', \quad \beta\delta'\delta'''$$

sind positiv und demnach

$$\beta = 1, \quad \delta' = \delta'' = \delta'''.$$

Genau dasselbe Resultat erhält man, welche der vier Grössen $\mathfrak{w}_1$, $\mathfrak{x}_1$, $\mathfrak{y}_1$, $\mathfrak{z}_1$ die kleinste sein mag, da man immer drei der vier Verbindungen $\mathfrak{w}$, $\mathfrak{x}$, $\mathfrak{y}$, $\mathfrak{z}$ positiv machen kann.

Ohne auf diese bereits erhaltene Zeichenbestimmung Rücksicht zu nehmen, würden nach (G) die rechten Seiten (H 1, 2, 3) die Zeichen

$$\beta\beta', \quad \beta\beta'', \quad \beta\beta'''$$

erhalten und die rechten Seiten von (H 4, 5, 6) diese drei Zeichen multiplicirt mit

$$\delta'\delta''\delta'''.$$

Da der Voraussetzung nach die 16 Verbindungen $\mathfrak{w}_1$, $\mathfrak{x}_1$, ... $\mathfrak{z}_1'''$ positives Zeichen haben, so sind die linken Seiten der Gleichungen (H) positiv, folglich müssen die vier obigen Zeichenverbindungen positiv sein, d. h. man hat

$$\beta\beta' = 1, \quad \beta\beta'' = 1, \quad \beta\beta''' = 1, \quad \delta'\delta''\delta''' = 1.$$

Die Gleichungen, mit den früheren verbunden, geben

$$\beta = \beta' = \beta'' = \beta''' = 1, \quad \delta' = \delta'' = \delta''' = 1,$$

d. h. die 16 linearen Verbindungen $\mathfrak{w}$, $\mathfrak{x}$, ... $\mathfrak{z}'''$ sind sämmtlich positiv, der Punkt (w, x, y, z) liegt also auf dem centralen Theil der Fläche $\Phi = 0$. Aus diesem einen Punkt gehen aber durch die Permutationen (X), (Y), (Z) drei andere hervor, und da diese dieselben 16 Grössen $\mathfrak{w}$, $\mathfrak{x}$, ... $\mathfrak{z}'''$, nur in anderer Ordnung, ergeben, so liegen sie ebenfalls auf dem centralen Theil der Fläche $\Phi = 0$.

Hiermit ist nachgewiesen, dass vermöge der durch die Gleichungen (8) definirten geometrischen Verwandtschaft die centralen Theile der Oberflächen $\Phi = 0$ und $\Phi_1 = 0$ sich entsprechen, und zwar so, dass, wenn der Punkt (w, x, y, z) den centralen Theil der Fläche $\Phi = 0$ einmal durchläuft, der Punkt (w_1, x_1, y_1, z_1) den centralen Theil der Fläche $\Phi_1 = 0$ viermal durchläuft.

10.

Aufstellung eines Differentials, welches bei der Transformation, abgesehen von dem numerischen Factor $\frac{1}{4}$, in sich selbst übergeht.

In Jacobi's berühmter Abhandlung *„de binis quibuslibet functionibus homogeneis etc.“* (Crelle's Journal für die reine und angewandte Mathematik,

Bd. 12 p. 39 [Jacobi's Gesammelte Werke, Bd. 3 p. 234]) findet sich ein Theorem, welches im Falle von 3 Variabeln folgendermassen lautet:

„Wenn zwischen den drei Variabeln ξ_1, η_1, ζ_1, welche als Functionen dreier neuen Variabeln ξ, η, ζ gegeben sind, die Gleichung

$$f(\xi_1, \eta_1, \zeta_1) = 0$$

besteht, so dass f ebensowohl als Function des einen wie des anderen Systems von drei Variabeln angesehen werden kann, so ist*)

$$\frac{d\eta_1\, d\zeta_1}{\frac{\partial f}{\partial \xi_1}} = \frac{\partial(\xi_1, \eta_1, \zeta_1)}{\partial(\xi, \eta, \zeta)} \cdot \frac{d\eta\, d\zeta}{\frac{\partial f}{\partial \xi}}, \tag{33}$$

wo der erste Factor auf der rechten Seite die Functionaldeterminante der Variabeln ξ_1, η_1, ζ_1, nach den ξ, η, ζ genommen, bedeutet."

Nimmt man an, dass die Function f in den Variabeln ξ, η, ζ gegeben sei, und lässt man ξ_1 mit f zusammenfallen, so ergiebt sich als Corollar des obigen Theorems aus (33) folgendes Resultat:

Besteht zwischen den drei Variabeln ξ, η, ζ die Gleichung

$$f = 0,$$

so kann man das Differential

$$\frac{d\eta\, d\zeta}{\frac{\partial f}{\partial \xi}}$$

in ein anderes transformiren, in welchem $d\eta\, d\zeta$ durch $d\eta_1\, d\zeta_1$ ersetzt ist, wo η_1, ζ_1 beliebig gegebene Functionen von ξ, η, ζ sein können, und zwar ergiebt sich

$$\frac{d\eta\, d\zeta}{\frac{\partial f}{\partial \xi}} = \frac{d\eta_1\, d\zeta_1}{\frac{\partial(f, \eta_1, \zeta_1)}{\partial(\xi, \eta, \zeta)}}. \tag{33*}$$

Es seien im Theorem (33) ξ_1, η_1, ζ_1 gebrochene Functionen

$$\xi_1 = \frac{x_1}{w_1}, \quad \eta_1 = \frac{y_1}{w_1}, \quad \zeta_1 = \frac{z_1}{w_1}$$

und w_1, x_1, y_1, z_1 als Functionen von ξ, η, ζ gegeben, so giebt Jacobi am

---

*) S. über den Sinn, in welchem die Differentiale $d\eta\, d\zeta$, etc. in diesem Artikel zu verstehen sind, die Einleitung p. 379.

angeführten Orte p. 40 [Jacobi's Gesammelte Werke, Bd. 3 p. 235] die Formel

$$\frac{\partial(\xi_1, \eta_1, \zeta_1)}{\partial(\xi, \eta, \zeta)} = \frac{1}{w_1^4} \Sigma \pm w_1 \frac{\partial x_1}{\partial \xi} \frac{\partial y_1}{\partial \eta} \frac{\partial z_1}{\partial \zeta}.$$

Es seien überdies

$$\xi = \frac{x}{w}, \quad \eta = \frac{y}{w}, \quad \zeta = \frac{z}{w}$$

und w_1, x_1, y_1, z_1 als ganze homogene Functionen desselben Grades $\mathfrak{m}$ von w, x, y, z gegeben, so verwandelt sich die letzte Formel in die folgende:

$$(34) \qquad \mathfrak{m}\frac{\partial(\xi_1, \eta_1, \zeta_1)}{\partial(\xi, \eta, \zeta)} = \frac{w^4}{w_1^4} \cdot \frac{\partial(w_1, x_1, y_1, z_1)}{\partial(w, x, y, z)},$$

und wenn insbesondere $\mathfrak{m} = 2$ ist, hat man

$$(34^*) \qquad \frac{\partial(\xi_1, \eta_1, \zeta_1)}{\partial(\xi, \eta, \zeta)} = \tfrac{1}{2}\frac{w^4}{w_1^4} \cdot \frac{\partial(w_1, x_1, y_1, z_1)}{\partial(w, x, y, z)}.$$

Ich wende nun die Gleichung (33) auf den Fall an, wo die Variabeln $\xi = \frac{x}{w}$, $\eta = \frac{y}{w}$, $\zeta = \frac{z}{w}$ durch die Göpelsche Relation $\Phi(w, x, y, z) = 0$ von einander abhangen, die Variabeln $\xi_1 = \frac{x_1}{w_1}$, $\eta_1 = \frac{y_1}{w_1}$, $\zeta_1 = \frac{z_1}{w_1}$ als Functionen von $\xi = \frac{x}{w}$, $\eta = \frac{y}{w}$, $\zeta = \frac{z}{w}$ durch die homogenen Gleichungen (8) gegeben sind, und daher (Art. 8) die Variabeln ξ_1, η_1, ζ_1 durch die Gleichung $\Phi_1(w_1, x_1, y_1, z_1) = 0$ von einander abhangen. In diesem Fall ist in Gl. (33)

$$f = \Phi_1(w_1, x_1, y_1, z_1) = w_1^4 \Phi_1(1, \xi_1, \eta_1, \zeta_1) = w_1^4 F_1$$

zu setzen. Es wird daher

$$\frac{\partial f}{\partial \xi_1} = w_1 \frac{\partial \Phi_1}{\partial x_1} = w_1^4 \frac{\partial F_1}{\partial \xi_1}$$

und

$$\frac{\partial f}{\partial \xi} = w \frac{\partial \Phi_1}{\partial x}.$$

Da der Annahme nach die Gleichung $\Phi_1(w_1, x_1, y_1, z_1) = 0$ dadurch befriedigt wird, dass von den beiden Factoren Φ, Φ^* der rechten Seite der Gleichung (31) der erstere verschwindet, so ist nach (32*)

$$\frac{\partial \Phi_1}{\partial x} = \frac{16\lambda_1}{\lambda^2} \Psi \cdot \frac{\partial \Phi}{\partial x},$$

also

$$\frac{\partial f}{\partial \xi} = \frac{16\lambda_1}{\lambda^2}\Psi . w\frac{\partial \Phi}{\partial x},$$

oder, wenn man

$$\Phi(w, x, y, z) = w^4\Phi(1, \xi, \eta, \zeta) = w^4 F$$

setzt,

$$\frac{\partial f}{\partial \xi} = \frac{16\lambda_1}{\lambda^2}\Psi . w^4\frac{\partial F}{\partial \xi}.$$

Indem man diese Werthe von $\frac{\partial f}{\partial \xi_1}$, $\frac{\partial f}{\partial \xi}$ in (33) einsetzt und gleichzeitig die Formel (34*) zur Transformation der Functionaldeterminante benutzt, ergiebt sich

$$\frac{d\eta_1\, d\zeta_1}{\frac{\partial F_1}{\partial \xi_1}} = \frac{1}{32}\frac{\lambda^2}{\lambda_1}\cdot\frac{1}{\Psi}\frac{\partial(w_1, x_1, y_1, z_1)}{\partial(w, x, y, z)}\frac{d\eta\, d\zeta}{\frac{\partial F}{\partial \xi}}.$$

Aber nach den Transformationsgleichungen (8) findet man

$$16\sqrt{a_1 b_1 c_1 e_1}\frac{\partial(w_1, x_1, y_1, z_1)}{\partial(w, x, y, z)} = \begin{vmatrix} w & x & y & z \\ x & w & z & y \\ y & z & w & x \\ z & y & x & w \end{vmatrix} = 16\Psi$$

und hierdurch verwandelt sich die letzte Gleichung in

$$\frac{d\eta_1\, d\zeta_1}{\frac{\partial F_1}{\partial \xi_1}} = \frac{1}{32}\frac{\lambda^2}{\lambda_1\sqrt{a_1 b_1 c_1 e_1}}\frac{d\eta\, d\zeta}{\frac{\partial F}{\partial \xi}}.$$

Der constante Multiplicator auf der rechten Seite lässt sich auf die einfache Form

$$\frac{4\mu_1}{\mu}$$

bringen, wo μ die durch (C 13) definirte positive Constante ist. In der That, man hat

$$\mu^2 = \frac{b'c'e'b''c''e''}{\lambda^2}, \quad \mu_1^2 = \frac{b_1'c_1'e_1'b_1''c_1''e_1''}{\lambda_1^2}.$$

Nun ist nach (2, 3)

$$4^3 b_1' c_1' e_1' = \mathfrak{b}\mathfrak{c}\mathfrak{e}$$

und nach (1, 3) und (A 5, 6, 7)

$$4^3 b_1 c_1 e_1 b_1'' c_1'' e_1'' = b' c' e' b'' c'' e'',$$

daher

$$4^6 b_1 c_1 e_1 b_1' c_1' e_1' b_1'' c_1'' e_1'' = \mathfrak{b}\mathfrak{c}\mathfrak{e} . b' c' e' b'' c'' e'',$$

oder, was dasselbe ist,

$$4^6 b_1 c_1 e_1 \mu_1^2 \lambda_1^2 = \mathfrak{b}\mathfrak{c}\mathfrak{e} \mu^2 \lambda^2.$$

Man multiplicire diese Gleichung mit $4a_1 = \mathfrak{a}$ und setze für $\mathfrak{a}\mathfrak{b}\mathfrak{c}\mathfrak{e}$ seinen Werth λ^2 ein, so ergiebt sich

$$4^7 a_1 b_1 c_1 e_1 \mu_1^2 \lambda_1^2 = \mu^2 \lambda^4,$$

oder, wenn man die Quadratwurzel auszieht,

$$\frac{4\mu_1}{\mu} = \tfrac{1}{32} \frac{\lambda^2}{\lambda_1 \sqrt{a_1 b_1 c_1 e_1}}.$$

Hierdurch nimmt die oben erhaltene Gleichung die einfache Form an

$$(35) \qquad \tfrac{1}{4} \cdot \frac{d\eta_1 \, d\zeta_1}{\mu_1 \dfrac{\partial F_1}{\partial \xi_1}} = \frac{d\eta \, d\zeta}{\mu \dfrac{\partial F}{\partial \xi}},$$

ein Resultat, welches folgendermassen lautet:

Man bilde aus den Variabeln $\xi = \frac{x}{w}$, $\eta = \frac{y}{w}$, $\zeta = \frac{z}{w}$, *welche vermittelst der Göpelschen biquadratischen Gleichung*

$$\Phi(w, x, y, z) = w^4 F = 0$$

von einander abhangen, das Differential zweiter Ordnung

$$(35^*) \qquad \frac{d\eta \, d\zeta}{\mu \dfrac{\partial F}{\partial \xi}},$$

so ist dies ein Ausdruck, welcher, abgesehen von dem numerischen Factor $\frac{1}{4}$, *unverändert bleibt, wenn man in demselben für die Constanten* $\sqrt{a}$, $\sqrt{b}$, $\sqrt{c}$, $\sqrt{e}$ *und die Variabeln* w, x, y, z, *welche er enthält, die nach den Gleichungen* (1, 8) *transformirten Constanten* $\sqrt{a_1}$, $\sqrt{b_1}$, $\sqrt{c_1}$, $\sqrt{e_1}$ *und Variabeln* w_1, x_1, y_1, z_1 *setzt, d. h. der Differential-Ausdruck* (35*) *ist dem folgenden:*

$$(35^{**}) \qquad \tfrac{1}{4} \frac{d\eta_1 \, d\zeta_1}{\mu_1 \dfrac{\partial F_1}{\partial \xi_1}}$$

gleich.

Hierbei wird (s. die Einleitung) angenommen, dass die beiden Differentiale $d\eta\, d\zeta$ und $d\eta_1\, d\zeta_1$ durch das nämliche Differential $d\varphi\, d\psi$, multiplicirt in die zugehörige Functionaldeterminante, dargestellt seien und dass ξ, η, ζ, also auch ξ_1, η_1, ζ_1, sich in φ, ψ so ausdrücken lassen, dass diese Ausdrücke die Gleichung $F=0$, also auch $F_1=0$, identisch befriedigen.

Es versteht sich, dass das Differential (35*) die im obigen Satz angegebene Eigenschaft beibehält, wenn es mit einem rein numerischen willkürlichen Factor multiplicirt wird.

11.

Doppelintegral, über den centralen Theil der Kummerschen Fläche ausgedehnt, welches zur Bestimmung des arithmetisch-geometrischen Mittels führt.

Ich werde in das im vorigen Artikel erhaltene Differential (35*) die unabhängigen Veränderlichen p, q des Art. 6 einführen.

Indem ich in Gl. (33*) des vorigen Artikels

$$f = \frac{1}{w^4}\Phi = F, \quad \eta_1 = p, \quad \zeta_1 = q$$

setze, ergiebt sich

$$\frac{d\eta\, d\zeta}{\frac{\partial F}{\partial \xi}} = \frac{dp\, dq}{D},$$

wo

$$D = \frac{\partial(F, p, q)}{\partial(\xi, \eta, \zeta)},$$

oder, wenn man

$$r = p+q, \quad s = pq$$

$$D' = \frac{\partial(F, r, s)}{\partial(\xi, \eta, \zeta)} = (p-q)D$$

setzt,

$$\frac{d\eta\, d\zeta}{\frac{\partial F}{\partial \xi}} = \frac{(p-q)dp\, dq}{D'}.$$

Zur Bestimmung der Functionaldeterminante D' dient die erste Gleichung (19), aus welcher sich

$$E_0^2\xi^2 = \alpha_0^2-\alpha_0 r+s$$

ergiebt, und die in (24*), (24**) enthaltene Gleichung

$$h^2(b''\eta^2-b'\zeta^2) = (\alpha_1+\alpha_2-\alpha_3-\alpha_4)s-(\alpha_1\alpha_2-\alpha_3\alpha_4)r+\alpha_1\alpha_2(\alpha_3+\alpha_4)-\alpha_3\alpha_4(\alpha_1+\alpha_2),$$

aus welchen durch Elimination von s

$$h^2(b''\eta^2-b'\zeta^2)-(\alpha_1+\alpha_2-\alpha_3-\alpha_4)E_0^2\xi^2 = mr+m',$$

$$m = (\alpha_0-\alpha_3)(\alpha_0-\alpha_4)-(\alpha_0-\alpha_1)(\alpha_0-\alpha_2) = k^2\frac{\lambda abce}{(b'c'c'')^2}$$

$$m' = (\alpha_3+\alpha_4)(\alpha_0-\alpha_1)(\alpha_0-\alpha_2)-(\alpha_1+\alpha_2)(\alpha_0-\alpha_3)(\alpha_0-\alpha_4)$$

folgt. Die Determinante D' bleibt unverändert, wenn man für $\frac{\partial s}{\partial \xi}$, $\frac{\partial s}{\partial \eta}$, $\frac{\partial s}{\partial \zeta}$ resp. $\frac{\partial(s-\alpha_0 r)}{\partial \xi} = 2E_0^2\xi$, $\frac{\partial(s-\alpha_0 r)}{\partial \eta} = 0$, $\frac{\partial(s-\alpha_0 r)}{\partial \zeta} = 0$ setzt, demnach ergiebt sich

$$D' = 2E_0^2\xi\frac{\partial(F,r)}{\partial(\eta,\zeta)}$$

und, wenn man die Werthe

$$m\frac{\partial r}{\partial \eta} = 2b''h^2\eta, \quad m\frac{\partial r}{\partial \zeta} = -2b'h^2\zeta$$

einsetzt,

$$D' = -\frac{4E_0^2h^2}{m}\xi\left(b'\zeta\frac{\partial F}{\partial \eta}+b''\eta\frac{\partial F}{\partial \zeta}\right) = -\frac{4E_0^2h^2}{m}\xi\cdot\frac{\delta\Phi}{w^4},$$

wo $\delta\Phi$ der in (21) definirte Ausdruck ist. Setzt man für $\delta\Phi$ dessen p. 404, Zeile 16, erhaltenen Werth $\delta\Phi = \frac{2\lambda}{\mu}y'z''Y''Z''$, so ergiebt sich

$$D' = -\frac{8\lambda E_0^2h^2}{m\mu}\cdot\frac{xZ''z''Y''y'}{w^5}.$$

Das Differential (35*) ist daher

$$-\frac{m(p-q)dp\,dq}{8\lambda E_0^2h^2\frac{x}{w}\cdot\frac{Z''}{w}\cdot\frac{z''}{w}\cdot\frac{Y''}{w}\cdot\frac{y'}{w}}.$$

Man substituire für $\frac{x}{w}$, $\frac{Z''}{w}$, $\frac{z''}{w}$, $\frac{Y''}{w}$, $\frac{y'}{w}$ ihre Ausdrücke (19) und für h^2

nach (18*) den Werth

$$h^2 = \frac{E_1 E_2 E_3 E_4}{\sqrt{b'b''(\alpha_1-\alpha_2)(\alpha_3-\alpha_4)}},$$

so wird das Differential (35*), abgesehen von dem numerischen Factor $-\frac{1}{8}$,

$$(36)\qquad \frac{C(p-q)dp\,dq}{p_0 p_1 p_2 p_3 p_4 \cdot q_0 q_1 q_2 q_3 q_4},$$

wo

$$(36^*)\qquad C = \frac{m\sqrt{b'b''(\alpha_1-\alpha_2)(\alpha_3-\alpha_4)}}{\lambda E_0} = k^2 \frac{\sqrt{a\,b\,c\,e\,b'b''c'c''e'e''}}{(b'c'c'')^2}.$$

Verfügt man über die willkürliche Constante k so, dass $C = 1$ wird, setzt also

$$k = \frac{b'c'c''}{\sqrt[4]{a\,b\,c\,e\,b'b''c'c''e'e''}},$$

eine Specialisirung, von welcher ich gegenwärtig absehe, so erhalten die Grössen α_0, α_1, α_2, α_3, α_4 die Werthe, welche ich denselben in meiner ersten Veröffentlichung *) gegeben habe.

Man integrire nun das Differential (36), welches ich der Kürze wegen mit $d\Omega$ bezeichnen will und welches der Gleichung

$$d\Omega = \tfrac{1}{4} d\Omega_1$$

genügt, über alle Werthsysteme $\xi = \frac{x}{w}$, $\eta = \frac{y}{w}$, $\zeta = \frac{z}{w}$, für welche die 16 linearen Verbindungen $\mathfrak{w}$, $\mathfrak{x}$, ... $\mathfrak{z}'''$ sämmtlich positiv sind, oder, geometrisch ausgedrückt, über alle Punkte (w, x, y, z), welche auf dem centralen Theil der Kummerschen Fläche $\Phi = 0$ liegen. Während bei dieser Integration jeder Punkt des centralen Flächentheils $\Phi = 0$ einmal durchlaufen wird, bewegt sich der Punkt (w_1, x_1, y_1, z_1) auf dem centralen Theil der Kummerschen Fläche $\Phi_1 = 0$ und zwar so, dass jeder Punkt desselben viermal durchlaufen wird. Hieraus folgt, *dass das über die angegebenen Grenzen genommene Integral des Differentials* (36) *bei der Transformation* (1, 8) *unverändert bleibt.*

---

*) Monatsberichte der Akademie der Wissenschaften zu Berlin, 1876 p. 618 [p. 335 dieser Ausgabe].

Wenn man in (36) für p, q die Winkel φ, ψ einführt, so erhält man nach Art. 6 und 7 bei der Integration nach φ, ψ das in Rede stehende Integrationsgebiet, indem man nach jedem dieser Winkel von $-\frac{1}{2}\pi$ bis $+\frac{1}{2}\pi$ integrirt.

Man substituire in (36) für die zehn Wurzelgrössen $p_0; \dots p_4, q_0, \dots q_4$ ihre Ausdrücke (27*) in φ, ψ und führe die neuen Bezeichnungen

$$\begin{aligned}
&\varphi_0 = \sqrt{\cos\varphi^2 + \frac{ae}{bc}\sin\varphi^2}, &&\psi_0 = \sqrt{\cos\psi^2 + \frac{ac}{be}\sin\psi^2}\\
(37)\qquad &\varphi_3 = \sqrt{\cos\varphi^2 + \frac{ec''}{bc'}\sin\varphi^2}, &&\psi_1 = \sqrt{\cos\psi^2 + \frac{ce'}{be''}\sin\psi^2}\\
&\varphi_4 = \sqrt{\cos\varphi^2 + \frac{ac''}{cc'}\sin\varphi^2}, &&\psi_2 = \sqrt{\cos\psi^2 + \frac{ae'}{ee''}\sin\psi^2}
\end{aligned}$$

ein, so dass

$$\begin{aligned}
p_0 &= \sqrt{\alpha_0-\alpha_1}\,.\,\varphi_0, & q_0 &= \sqrt{\alpha_0-\alpha_3}\,.\,\psi_0\\
p_3 &= \sqrt{\alpha_1-\alpha_3}\,.\,\varphi_3, & q_1 &= \sqrt{\alpha_1-\alpha_3}\,.\,\psi_1\\
p_4 &= \sqrt{\alpha_1-\alpha_4}\,.\,\varphi_4, & q_2 &= \sqrt{\alpha_2-\alpha_3}\,.\,\psi_2
\end{aligned}$$

ist, dann verwandelt sich, bei Berücksichtigung der Gleichungen

$$dp = -2p_1p_2\,d\varphi,\quad dq = -2q_3q_4\,d\psi$$

$$p-q = (\alpha_1-\alpha_3)\left\{1-\frac{e'b''}{bc'}\sin\varphi^2 + \frac{b'c''}{be''}\sin\psi^2\right\}$$

und unter Fortlassung des numerischen Factors 4, das Differential (36) in

$$\frac{C}{\sqrt{(\alpha_0-\alpha_1)(\alpha_1-\alpha_4)(\alpha_0-\alpha_3)(\alpha_2-\alpha_3)}}\cdot\frac{1-\frac{e'b''}{bc'}\sin\varphi^2+\frac{b'c''}{be''}\sin\psi^2}{\varphi_0\varphi_3\varphi_4\,.\,\psi_0\psi_1\psi_2}\,d\varphi\,d\psi$$

und der constante Factor nimmt die einfache Gestalt

$$\sqrt{\frac{a}{bce}} = \frac{C}{\sqrt{(\alpha_0-\alpha_1)(\alpha_1-\alpha_4)(\alpha_0-\alpha_3)(\alpha_2-\alpha_3)}}$$

an. Man hat also das definitive Resultat:

Das Doppel-Integral

$$(38)\qquad J = \sqrt{\frac{a}{bce}}\int_{-\frac{1}{2}\pi}^{+\frac{1}{2}\pi}d\varphi\int_{-\frac{1}{2}\pi}^{+\frac{1}{2}\pi}d\psi\;\frac{1-\frac{e'b''}{bc'}\sin\varphi^2+\frac{b'c''}{be''}\sin\psi^2}{\varphi_0\varphi_3\varphi_4\,.\,\psi_0\psi_1\psi_2}$$

bleibt unverändert, wenn man in demselben für die Constanten $\sqrt{a}$, $\sqrt{b}$, $\sqrt{c}$, $\sqrt{e}$, *von welchen es allein abhängt, nach dem Algorithmus* (1) *die Constanten* $\sqrt{a_1}$, $\sqrt{b_1}$, $\sqrt{c_1}$, $\sqrt{e_1}$ *setzt.*

Eine Function von a, b, c, e, welche diese Eigenschaft besitzt, ist bekanntlich*) eine blosse Function des arithmetisch-geometrischen Mittels g dieser vier Elemente, zu deren Bestimmung es nur erübrigt, diesen Algorithmus wiederholt anzuwenden und zur Grenze überzugehen.

Bei diesem Uebergang zur Grenze nähern sich nach (4*), (5) die sechs Brüche

$$\frac{ae}{bc},\quad \frac{ec''}{bc'},\quad \frac{ac''}{cc'},\quad \frac{ac}{be},\quad \frac{ce'}{be''},\quad \frac{ae'}{ee''},$$

welche in φ_0, φ_3, φ_4, ψ_0, ψ_1, ψ_2 vorkommen, und demnach auch diese letzteren Grössen sämmtlich der Grenze 1, während die unter dem Doppel-Integral im Zähler vorkommenden Brüche

$$\frac{e'b''}{bc'},\quad \frac{b'c''}{be''}$$

sich nach (5*) der Null nähern. Die unter dem Doppel-Integral stehende Function von φ und ψ nähert sich also, wenn der Algorithmus (1) n-mal hinter einander angewandt wird, für $n = \infty$ der Grenze 1. Gleichzeitig nähert sich der constante Factor

$$\sqrt{\frac{a}{bce}}$$

des Integrals der Grenze $\frac{1}{g}$, folglich hat man für $n = \infty$

$$J = \frac{\pi^2}{g}.$$

Diese Untersuchung hat also zu folgendem Ergebniss geführt, welches von dem im Monatsbericht 1876 [pp. 334 und 335 dieser Ausgabe] ausgesprochenen nur in der Form verschieden ist:

Man leite aus den vier reellen positiven Elementen a, b, c, e durch unbegrenzte Wiederholung des Algorithmus (1) *deren arithmetisch-geometrisches Mittel g her und bestimme nach* (4) *die sechs zu den vier Elementen coordinirten*

*) S. Monatsberichte der Akademie der Wissenschaften zu Berlin, 1876 p. 614 [p. 332 dieser Ausgabe].

Grössen b', c', e', b'', c'', e'', *ferner bezeichne man mit* $\mathfrak{F}(\varphi)$, $\mathfrak{G}(\psi)$ *die beiden in* $\cos\varphi$, $\sin\varphi$ *und* $\cos\psi$, $\sin\psi$ *homogenen Ausdrücke sechster Ordnung*

$$(39)\qquad \begin{aligned} \mathfrak{F}(\varphi) &= (\cos\varphi^2 + \frac{ae}{bc}\sin\varphi^2)(\cos\varphi^2 + \frac{ec''}{bc'}\sin\varphi^2)(\cos\varphi^2 + \frac{ac''}{cc'}\sin\varphi^2) \\ \mathfrak{G}(\psi) &= (\cos\psi^2 + \frac{ac}{be}\sin\psi^2)(\cos\psi^2 + \frac{ce'}{be''}\sin\psi^2)(\cos\psi^2 + \frac{ae'}{ee''}\sin\psi^2), \end{aligned}$$

dann ist

$$(40)\qquad \frac{\pi^2}{g} = \sqrt{\frac{a}{bce}}\int_{-\frac{1}{2}\pi}^{+\frac{1}{2}\pi} d\varphi \int_{-\frac{1}{2}\pi}^{+\frac{1}{2}\pi} d\psi \, \frac{1 - \frac{e'b''}{bc'}\sin\varphi^2 + \frac{b'c''}{be''}\sin\psi^2}{\sqrt{\mathfrak{F}(\varphi)\,\mathfrak{G}(\psi)}},$$

wo die Quadratwurzeln mit positivem Zeichen zu nehmen sind.

In dieser gegen meine erste Veröffentlichung etwas abgekürzten Form der Aussage ist die Ausdehnung des von Lagrange und Gauss für das arithmetisch-geometrische Mittel aus zwei Elementen gefundenen Resultates auf das arithmetisch-geometrische Mittel aus vier Elementen in einfacher Gestalt enthalten.

Anzeige der vorhergehenden Abhandlung.

Comptes rendus hebdomadaires des séances de l'Académie des sciences de Paris, T. 88 p. 405—406, 1879.

M. C. W. Borchardt fait hommage à l'Académie d'un Mémoire imprimé en allemand et portant pour titre: „*Théorie des moyennes arithmético-géométriques de quatre éléments.*"

„Dans les six premières pages de ce Mémoire, écrit M. Borchardt, j'ai exposé la voie qui m'a conduit à l'expression de cette moyenne par une intégrale double hyperelliptique, et j'espère que cette exposition sera assez claire pour suffire à ceux qui n'entreront pas dans les détails des calculs.

Dans les deux dernières pages [pp. 430 et 431 de ce volume], j'ai présenté le résultat final dans une forme plus simple que celle qui est contenue dans ma publication de 1876. Les deux angles φ et ψ, qui sont les variables de l'intégrale double proportionelle à la valeur réciproque de la moyenne, se présentent dans cette recherche comme la vraie extension de l'amplitude des intégrales elliptiques."

Sur un système de trois équations différentielles totales qui définissent la moyenne arithmético-géométrique de quatre éléments.

Bulletin de la Société Mathématique de France, T. 7 p. 124—128, 1878—79.

Sur un système de trois équations différentielles totales qui définissent la moyenne arithmético-géométrique de quatre éléments.

Lu dans la séance du 25 avril 1879 de la Société Mathématique de France.

La moyenne arithmético-géométrique de deux éléments a, b est une fonction de ces éléments qui satisfait, comme on sait, à l'équation

$$f[\tfrac{1}{2}(a+b),\ \sqrt{ab}\,] = f(a, b).$$

En partant de cette équation, j'ai montré, dans un travail inséré au tome 58 de mon Journal [voir p. 119 de ce volume], que la moyenne arithmético-géométrique de deux éléments peut être définie par une équation différentielle ordinaire du premier ordre et du second degré par rapport à la variable dépendante, résultat que M. Bertrand a trouvé digne de faire entrer dans son grand Ouvrage sur le Calcul infinitésimal.

Dans mes études sur la moyenne arithmético-géométrique de quatre éléments, j'ai tâché de trouver une définition analogue de cette nouvelle transcendante. Le résultat que j'ai trouvé ne présente pas encore toute la simplicité que j'aurais désirée, et, dans la Note insérée aux Comptes rendus de l'Académie des Sciences de Berlin (séance du 2 novembre 1876), [voir p. 333 de ce volume], je me suis même contenté d'en indiquer seulement la forme générale, sans donner les formules dans leur détail.

Mais comme, dans un sujet nouveau, un résultat sûr, ne fût-ce même pas dans sa forme définitive, peut être utile pour des recherches ultérieures, j'espère qu'il ne sera pas sans intérêt pour la Société de connaître le système d'équations différentielles tel que je l'ai trouvé.

Soient a, b, c, e quatre éléments positifs rangés dans leur ordre décroissant et qui satisfont à l'inégalité

$$ae - bc > 0;$$

soient

$$\begin{aligned} \mathfrak{a} &= a + b + c + e \\ \mathfrak{b} &= a + b - c - e \\ \mathfrak{c} &= a - b + c - e \\ \mathfrak{e} &= a - b - c + e, \end{aligned}$$

$$\begin{aligned} 2b' &= \sqrt{\mathfrak{ab}} + \sqrt{\mathfrak{ce}}, & 2b'' &= \sqrt{\mathfrak{ab}} - \sqrt{\mathfrak{ce}} \\ 2c' &= \sqrt{\mathfrak{ac}} + \sqrt{\mathfrak{be}}, & 2c'' &= \sqrt{\mathfrak{ac}} - \sqrt{\mathfrak{be}} \\ 2e' &= \sqrt{\mathfrak{ae}} + \sqrt{\mathfrak{bc}}, & 2e'' &= \sqrt{\mathfrak{ae}} - \sqrt{\mathfrak{bc}}, \end{aligned}$$

toutes les racines étant prises avec le signe positif, et soit g la limite commune à laquelle on est conduit en appliquant un nombre indéfini de fois l'algorithme

$$\begin{aligned} a_1 &= \tfrac{1}{4}(a + b + c + e) \\ b_1 &= \tfrac{1}{2}(\sqrt{ab} + \sqrt{ce}) \\ c_1 &= \tfrac{1}{2}(\sqrt{ac} + \sqrt{be}) \\ e_1 &= \tfrac{1}{2}(\sqrt{ae} + \sqrt{bc}). \end{aligned}$$

Cela posé, il s'agit de définir la limite g par des équations différentielles.

Je choisirai comme variables indépendantes les trois quantités

$$p = \frac{eb''}{cb'}, \quad q = \frac{bc''}{ec'}, \quad r = \frac{ce''}{be'}.$$

En posant

$$p' = 1 - q + qr, \quad q' = 1 - r + rp, \quad r' = 1 - p + pq,$$

je déduirai de p, q, r les expressions rationelles

$$p_0 = \frac{(1-q)(1-r)}{p'}, \quad q_0 = \frac{(1-r)(1-p)}{q'}, \quad r_0 = \frac{(1-p)(1-q)}{r'}$$

$$p_1 = \frac{pp'}{p_0 q' r'}, \qquad q_1 = \frac{qq'}{q_0 r' p'}, \qquad r_1 = \frac{rr'}{r_0 p' q'}.$$

Comme variables dépendantes, j'introduirai trois quantités s, t, u qui dérivent de la transcendante g au moyen de différentiation partielle, et que l'on définit de la manière la plus simple par une seule équation différentielle totale

$$2\,d\log\frac{g}{a} = sp_0\frac{dp}{p} + tq_0\frac{dq}{q} + ur_0\frac{dr}{r}.$$

Cela posé, les différentielles ds, dt, du s'expriment en fonctions linéaires de dp, dq, dr et du second ordre en s, t, u.

Pour plus de simplicité, je poserai

$$p_0\frac{dp}{p} = \delta p, \qquad q_0\frac{dq}{q} = \delta q, \qquad r_0\frac{dr}{r} = \delta r$$

$$p_0 p_1\frac{dp}{p} = \delta_1 p, \quad q_0 q_1\frac{dq}{q} = \delta_1 q, \quad r_0 r_1\frac{dr}{r} = \delta_1 r$$

$$d\log(p_0 q_0 r_0) = \varDelta$$

$$s-t-u = 2s_1, \qquad -s+t-u = 2t_1, \qquad -s-t+u = 2u_1.$$

Alors les équations différentielles qui définissent s, t, u peuvent être écrites sous la forme suivante:

$$\begin{aligned}
0 &= 2ds + \varDelta.s + (q_1+r_1+u-t)\delta_1 p + (p_1+s)\delta_1 q + (p_1-s)\delta_1 r - S\\
0 &= 2dt + \varDelta.t + (q_1-t)\delta_1 p + (p_1+r_1+s-u)\delta_1 q + (q_1+t)\delta_1 r - T\\
0 &= 2du + \varDelta.u + (r_1+u)\delta_1 p + (r_1-u)\delta_1 q + (p_1+q_1+t-s)\delta_1 r - U,
\end{aligned}$$

S, T, U désignant les expressions suivantes:

$$\begin{aligned}
S &= s^2\,\delta p + u_1^2\delta q + t_1^2\,\delta r\\
T &= u_1^2\delta p + t^2\,\delta q + s_1^2\,\delta r\\
U &= t_1^2\,\delta p + s_1^2\,\delta q + u^2\delta r.
\end{aligned}$$

En choisissant s_1, t_1, u_1 comme variables dépendantes, les équations différentielles prennent la forme

$$\begin{aligned}
0 &= 2ds_1 + \varDelta.s_1 - (s_1+t_1+r_1)\delta_1 q + (s_1-q_1+u_1)\delta_1 r + S_1\\
0 &= 2dt_1 + \varDelta.t_1 - (p_1+t_1+u_1)\delta_1 r + (s_1+t_1-r_1)\delta_1 p + T_1\\
0 &= 2du_1 + \varDelta.u_1 - (s_1+q_1+u_1)\delta_1 p + (-p_1+t_1+u_1)\delta_1 q + U_1,
\end{aligned}$$

S_1, T_1, U_1 désignant les expressions

$$\begin{aligned}
S_1 &= -t_1 u_1\,\delta p + s_1(s_1+u_1)\delta q + s_1(s_1+t_1)\delta r\\
T_1 &= t_1(t_1+u_1)\delta p - s_1 u_1\,\delta q + t_1(s_1+t_1)\delta r\\
U_1 &= u_1(t_1+u_1)\delta p + u_1(s_1+u_1)\delta q - s_1 t_1\delta r.
\end{aligned}$$

Ce système de trois équations différentielles totales présente dans sa forme une analogie remarquable avec l'équation différentielle unique qui définit la moyenne arithmético-géométrique de deux éléments. Les variables indépendantes p, q, r ne sont pas les seules pour lesquelles on trouve un système d'équations différentielles semblable à celui que l'on vient de proposer, et c'est, comme je l'espère, un autre choix de variables indépendantes qui conduira à un système plus simple d'équations différentielles.

Le système proposé d'équations différentielles totales, étant intégré, donne des expressions qui contiennent des constantes arbitraires. Concevons que l'on ait donné à ces constantes les valeurs particulières qu'elles prennent dans le cas où g est la moyenne arithmético-géométrique des éléments a, b, c, e.

Dans ce cas, les équations différentielles proposées s'intègrent par des séries ordonnées suivant les puissances et produits de puissances ascendantes de $1-p$, $1-q$, $1-r$, qui convergent lorsque chacune de ces différences est plus petite que l'unité, ce que l'on démontre aisément en introduisant dans l'intégrale double*), par laquelle j'ai défini la moyenne arithmético-géométrique de a, b, c, e, les quantités p, q, r.

En négligeant, dans ce développement, les termes du second ordre et des ordres supérieurs, on obtient

$$\frac{a}{g} = 1,$$

c'est-à-dire que, dans ce développement, il n'y a point de termes du premier ordre, ce qui suffit pour déterminer les valeurs que prennent, dans le cas dont il s'agit, les constantes de l'intégration.

De ce qui précède il résulte que l'on peut développer suivant les puissances et produits de puissances de $1-p$, $1-q$, $1-r$ la transcendante $\frac{a}{g}$, en se servant, pour le calcul des coefficients, des équations différentielles données plus haut.

Je terminerai cette Note en indiquant, à cause de sa simplicité, le résultat auquel on parvient pour les termes du second ordre, qui sont

$$\tfrac{1}{4}(1-q)(1-r)+\tfrac{1}{4}(1-p)(1-r)+\tfrac{1}{4}(1-p)(1-q).$$

---

*) Voir Mémoires de l'Académie de Berlin, année 1878 p. 96 (Classe mathématique), [p. 431 de ce volume].

Sur le choix des modules dans les intégrales hyperelliptiques.

Comptes rendus hebdomadaires des séances de l'Académie des Sciences de Paris,
T. 88 p. 834—837, 1879.

Sur le choix des modules dans les intégrales hyperelliptiques.

Lu dans la séance du 28 avril 1879 de l'Académie des Sciences de Paris.

En comparant les formules compliquées que Richelot a données pour la transformation du second ordre des intégrales hyperelliptiques*) et les formules simples et symétriques que l'on rencontre dans la théorie de la moyenne arithmético-géométrique de quatre éléments, on reconnaît que la simplification obtenue est due à un nouveau point de vue relatif au choix des quantités qu'il faut considérer comme modules des intégrales hyperelliptiques.

Dans les intégrales elliptiques, le module peut être défini sous deux formes différentes qui s'accordent pourtant entièrement, l'une algébrique, qui repose sur la considération des valeurs pour lesquelles s'évanouit le radical qui se trouve sous l'intégrale; l'autre transcendante, qui donne la racine carrée du module en forme de quotient de deux fonctions ϑ à argument zéro.

C'est la première de ces définitions que Richelot a étendue aux intégrales hyperelliptiques. Ses modules $\varkappa$, λ, μ sont bien les quantités analogues au module k elliptique sous le point de vue algébrique, mais ils n'en présentent aucune analogie sous le point de vue transcendant.

*) Il n'est question ici que des intégrales hyperelliptiques du premier ordre, c'est-à-dire dans lesquelles la fonction sous le radical ne dépasse pas le sixième degré, ce que, dans la suite, je n'aurai pas besoin d'ajouter.

En effet, soient

$$\left.\begin{matrix} \vartheta_3, & \vartheta_0 \\ \vartheta_2, & \vartheta_1 \end{matrix}\right\} \text{ et } \left\{\begin{matrix} c_3, & c_0 \\ c_2, & 0 \end{matrix}\right.$$

les quatre fonctions ϑ elliptiques et leurs valeurs correspondantes à l'argument zéro, entre lesquelles on a l'équation

$$c_3^4 = c_0^4 + c_2^4;$$

soient de même

$$\left.\begin{matrix} \vartheta_5, & \vartheta_{12}, & \vartheta_{34}, & \vartheta_0 \\ \vartheta_{01}, & \vartheta_{02}, & \vartheta_2, & \vartheta_1 \\ \vartheta_4, & \vartheta_{03}, & \vartheta_3, & \vartheta_{04} \\ \vartheta_{23}, & \vartheta_{13}, & \vartheta_{24}, & \vartheta_{14} \end{matrix}\right\} \text{ et } \left\{\begin{matrix} c_5, & c_{12}, & c_{34}, & c_0 \\ c_{01}, & 0, & c_2, & 0 \\ c_4, & c_{03}, & 0, & 0 \\ c_{23}, & 0, & 0, & c_{14} \end{matrix}\right.$$

les seize fonctions ϑ hyperelliptiques de M. Weierstrass et leurs valeurs correspondantes aux arguments zéro, entre lesquelles il existe cette condition que les neuf quotients

$$\left.\begin{matrix} c_4^2, & c_0^2, & -c_2^2 \\ -c_{14}^2, & c_{01}^2, & c_{12}^2 \\ c_{34}^2, & -c_{03}^2, & c_{23}^2 \end{matrix}\right\} : c_5^2$$

forment les coefficients d'une substitution orthogonale au déterminant $+1$.

Cela posé, entre la définition transcendante du module elliptique

$$\sqrt{k} = \frac{c_2}{c_3}$$

et la définition transcendante des modules hyperelliptiques $\varkappa$, λ, μ de Richelot

$$\varkappa = \frac{c_{23}\,c_4}{c_{01}\,c_5}, \quad \lambda = \frac{c_{03}\,c_{23}}{c_{12}\,c_{01}}, \quad \mu = \frac{c_{03}\,c_4}{c_{12}\,c_5},$$

il n'y a point de ressemblance.

Cette considération fait présumer qu'il peut y avoir de l'avantage à abandonner les modules de Richelot en les remplaçant par d'autres qui forment l'extension du module elliptique sous le point de vue transcendant.

Considérons l'intégrale elliptique sous la forme

$$\int \frac{d\varphi}{\sqrt{\cos\varphi^2 + k'^2 \sin\varphi^2}},$$

qui est la plus propre pour la théorie de la moyenne arithmético-géométrique de deux éléments, et dans laquelle le module k' est défini par le quotient

$$\sqrt{k'} = \frac{c_0}{c_3},$$

c'est-à-dire par le quotient des valeurs correspondantes à l'argument zéro du ϑ principal ϑ_3 et de la fonction ϑ_0 qui en dérive par l'addition de la demi-période réelle. Cette définition transcendante du module k' elliptique s'étend aux fonctions hyperelliptiques de la manière suivante. Il faut considérer le ϑ principal ϑ_5 et les trois ϑ qui en dérivent par l'addition d'une demi-période réelle, c'est-à-dire les fonctions ϑ_{12}, ϑ_{34}, ϑ_0. En y posant les arguments égaux à zéro et définissant trois modules $\varkappa_1$, $\varkappa_2$, $\varkappa_3$ par les équations

$$\sqrt{\varkappa_1} = \frac{c_{12}}{c_5}, \quad \sqrt{\varkappa_2} = \frac{c_{34}}{c_5}, \quad \sqrt{\varkappa_3} = \frac{c_0}{c_5},$$

on a trois quantités qui forment l'extension exacte du module elliptique k' sous le point de vue transcendant, et ce sont précisément ces modules qui sont les plus propres pour la théorie de la moyenne arithmético-géométrique de quatre éléments.

Par les belles recherches de M. Hermite, on sait que les formules de transformation des fonctions hyperelliptiques s'expriment de la manière la plus simple en fonctions homogènes de quatre ϑ liés par une relation biquadratique de Göpel, condition remplie dans le cas des ϑ aux indices 5, 12, 34, 0. Mais de tels systèmes de quatre ϑ, il en existe, comme on sait, un grand nombre*), et à chaque système est attachée une transformation du second

*) Ce nombre est de soixante, et parmi ces systèmes il y en a quinze dans lesquels tous les quatre ϑ sont des fonctions paires.

ordre. Cela fait prévoir que les systèmes de trois modules tels que $\varkappa_1$, $\varkappa_2$, $\varkappa_3$ peuvent être modifiés de bien des manières, et que, suivant la transformation particulière de laquelle on s'occupe, il existera un système particulier de modules qui s'y prête le mieux.

J'espère présenter à l'Académie quelques considérations sur les formules de transformation du second ordre, qui confirmeront entièrement le point de vue que je viens d'exposer.

Sur les transformations du second ordre des fonctions hyperelliptiques qui, appliquées deux fois de suite, produisent la duplication.

Comptes rendus hebdomadaires des séances de l'Académie des Sciences de Paris,
T. 88 p. 885—888 et 955—957, 1879.

Sur les transformations du second ordre des fonctions hyperelliptiques qui, appliquées deux fois de suite, produisent la duplication.

Lu dans les séances des 5 et 12 mai 1879 de l'Académie des Sciences de Paris.

1. On sait que la théorie analytique des fonctions hyperelliptiques à deux variables a été découverte en même temps par Göpel et par M. Rosenhain, qui y sont parvenus en suivant des voies très-différentes. En comparant les résultats découverts par les deux géomètres *), on voit qu'ils se réduisent les uns aux autres par une transformation du second ordre.

Je dois à M. Hermite la remarque importante que cette transformation est une de celles qui, appliquées deux fois de suite, produisent la duplication. Cette remarque m'a amené à faire quelques recherches générales sur les transformations du second ordre douées de ce même caractère, recherches que j'ai l'honneur d'offrir à l'illustre Académie.

Avant d'attaquer le problème hyperelliptique dont il s'agit, je rappellerai ce qui existe d'analogue dans la théorie des fonctions elliptiques.

Les formules de la transformation de Landen établissent une liaison du second ordre entre des fonctions doublement périodiques au module $\frac{1-k'}{1+k'}$ et d'autres au module k. En composant les formules de Landen avec celles de la transformation imaginaire élémentaire, les fonctions doublement périodiques au module k se changent en d'autres au module k'. On parvient donc, par cette composition, à une transformation imaginaire et du second ordre qui conduit du module k' au module $\lambda = \frac{1-k'}{1+k'}$. L'expression $\frac{1-k'}{1+k'}$ ayant la

*) Voir les formules (86) du Mémoire de Göpel, Journal de Crelle, T. 35 p. 308.

propriété qu'appliquée deux fois de suite elle reconduit au module k' duquel on était parti, il est évident, sans en faire le calcul, que la transformation qui nous occupe, appliquée deux fois de suite, produit la duplication.

Pour parvenir à la transformation hyperelliptique la plus semblable à cette transformation elliptique, posons, avec M. Weierstrass,

$$\vartheta(v_1, v_2; \mu_1, \mu_2, \nu_1, \nu_2) = \sum_{n_1 n_2} e^{g(v_1 - \frac{1}{2}\mu_1, v_2 - \frac{1}{2}\mu_2; n_1 - \frac{1}{2}\nu_1, n_2 - \frac{1}{2}\nu_2)},$$

la sommation s'étendant à toutes les valeurs entières n_1, n_2 depuis $-\infty$ jusqu'à $+\infty$, et g désignant la fonction entière

$$g(v_1, v_2; n_1, n_2) = \pi i(2n_1 v_1 + 2n_2 v_2 + n_1^2 \tau_{11} + 2n_1 n_2 \tau_{12} + n_2^2 \tau_{22}).$$

En donnant à chacun des quatre indices μ_1, μ_2, ν_1, ν_2 les valeurs 0, 1, on obtient seize fonctions ϑ, qui correspondent aux seize combinaisons suivantes des quatre indices:

0, 0, 0, 0	1, 0, 0, 0	0, 1, 0, 0	1, 1, 0, 0
0, 0, 1, 0	1, 0, 1, 0	0, 1, 1, 0	1, 1, 1, 0
0, 0, 0, 1	1, 0, 0, 1	0, 1, 0, 1	1, 1, 0, 1
0, 0, 1, 1	1, 0, 1, 1	0, 1, 1, 1	1, 1, 1, 1,

fonctions que M. Weierstrass désigne par la notation

$$\begin{matrix} \vartheta_5, & \vartheta_{12}, & \vartheta_{34}, & \vartheta_0 \\ \vartheta_{01}, & \vartheta_{02}, & \vartheta_2, & \vartheta_1 \\ \vartheta_4, & \vartheta_{03}, & \vartheta_3, & \vartheta_{04} \\ \vartheta_{23}, & \vartheta_{13}, & \vartheta_{24}, & \vartheta_{14}. \end{matrix}$$

En conservant la notation primitive à quatre indices, on étend aisément aux seize fonctions ϑ la transformation imaginaire proposée par M. Rosenhain, dans le théorème III de son Mémoire couronné, pour le ϑ principal.

Soit

$$\tau = -(\tau_{11}\tau_{22} - \tau_{12}^2) = \frac{\tau_{11}}{i}\frac{\tau_{22}}{i} - \left(\frac{\tau_{12}}{i}\right)^2$$

le déterminant des trois paramètres pris avec le signe qui rend τ positif dans le cas des fonctions hyperelliptiques réelles. Posons

$$\tau'_{11} = \frac{\tau_{22}}{\tau}, \quad \tau'_{12} = -\frac{\tau_{12}}{\tau}, \quad \tau'_{22} = \frac{\tau_{11}}{\tau};$$

définissons deux nouveaux arguments par les équations

$$v_1 = -i(\tau_{11} v_1' + \tau_{12} v_2'), \quad v_2 = -i(\tau_{21} v_1' + \tau_{22} v_2'),$$

ou, ce qui est la même chose,

$$iv_1' = \tau_{11}' v_1 + \tau_{12}' v_2, \quad iv_2' = \tau_{21}' v_1 + \tau_{22}' v_2;$$

posons enfin

$$\varphi(v_1, v_2) = \pi i(\tau_{11}' v_1^2 + 2\tau_{12}' v_1 v_2 + \tau_{22}' v_2^2),$$

et désignons par η les fonctions ϑ aux paramètres τ_{11}', τ_{12}', τ_{22}'. Cela posé, la transformation imaginaire dont il s'agit peut être énoncée dans cette formule unique

$$\vartheta(v_1, v_2; \mu_1, \mu_2, \nu_1, \nu_2) = (-i)^{\mu_1\nu_1+\mu_2\nu_2} \frac{e^{\varphi(v_1, v_2)}}{\sqrt{\tau}} \eta(iv_1', iv_2'; \nu_1, \nu_2, \mu_1, \mu_2).$$

On en conclut que, faisant abstraction du facteur commun

$$\mathrm{M} = \frac{e^{\varphi(v_1, v_2)}}{\sqrt{\tau}},$$

les fonctions ϑ se changent en les fonctions η de la manière indiquée par le Tableau suivant:

ϑ_5,	ϑ_{12},	ϑ_{34},	ϑ_0	η_5,	η_{01},	η_4,	η_{23}
ϑ_{01},	ϑ_{02},	ϑ_2,	ϑ_1	η_{12},	$-i\eta_{02}$,	η_{03},	$-i\eta_{13}$
ϑ_4,	ϑ_{03},	ϑ_3,	ϑ_{04}	η_{34},	η_2,	$-i\eta_3$,	$-i\eta_{24}$
ϑ_{23},	ϑ_{13},	ϑ_{24},	ϑ_{14}	η_0,	$-i\eta_1$,	$-i\eta_{04}$,	$-\eta_{14}$.

Soient ζ les fonctions ϑ aux arguments $2iv_1'$, $2iv_2'$ et aux paramètres $2\tau_{11}'$, $2\tau_{12}'$, $2\tau_{22}'$, et γ les valeurs des ζ pour $v_1' = v_2' = 0$; de même, c les valeurs des ϑ pour $v_1 = v_2 = 0$. Cela posé, en composant les formules de transformation du second ordre qui lient les ζ aux η avec les formules de transformation imaginaire qui lient les η aux ϑ, on parvient au système final de relations

$$4\gamma_5 \zeta_5 = \eta_5^2 + \eta_{12}^2 + \eta_{34}^2 + \eta_0^2 = \frac{1}{\mathrm{M}^2}(\vartheta_5^2 + \vartheta_{01}^2 + \vartheta_4^2 + \vartheta_{23}^2)$$

$$4\gamma_{01}\zeta_{01} = \eta_5^2 - \eta_{12}^2 + \eta_{34}^2 - \eta_0^2 = \frac{1}{\mathrm{M}^2}(\vartheta_5^2 - \vartheta_{01}^2 + \vartheta_4^2 - \vartheta_{23}^2)$$

$$4\gamma_4 \zeta_4 = \eta_5^2 + \eta_{12}^2 - \eta_{34}^2 - \eta_0^2 = \frac{1}{\mathrm{M}^2}(\vartheta_5^2 + \vartheta_{01}^2 - \vartheta_4^2 - \vartheta_{23}^2)$$

$$4\gamma_{23}\zeta_{23} = \eta_5^2 - \eta_{12}^2 - \eta_{34}^2 + \eta_0^2 = \frac{1}{\mathrm{M}^2}(\vartheta_5^2 - \vartheta_{01}^2 - \vartheta_4^2 + \vartheta_{23}^2).$$

De ces formules on tire la conséquence suivante. Considérons les modules primitifs $\varkappa_1$, $\varkappa_2$, $\varkappa_3$ et les modules transformés λ_1, λ_2, λ_3, définis en posant

$$\sqrt{\varkappa_1} = \frac{c_{01}}{c_5}, \quad \sqrt{\varkappa_2} = \frac{c_4}{c_5}, \quad \sqrt{\varkappa_3} = \frac{c_{23}}{c_5}$$

$$\sqrt{\lambda_1} = \frac{\gamma_{01}}{\gamma_5}, \quad \sqrt{\lambda_2} = \frac{\gamma_4}{\gamma_5}, \quad \sqrt{\lambda_3} = \frac{\gamma_{23}}{\gamma_5};$$

ces deux systèmes de modules sont liés par les équations

$$\lambda_1 = \frac{1-\varkappa_1+\varkappa_2-\varkappa_3}{1+\varkappa_1+\varkappa_2+\varkappa_3}$$

$$\lambda_2 = \frac{1+\varkappa_1-\varkappa_2-\varkappa_3}{1+\varkappa_1+\varkappa_2+\varkappa_3}$$

$$\lambda_3 = \frac{1-\varkappa_1-\varkappa_2+\varkappa_3}{1+\varkappa_1+\varkappa_2+\varkappa_3},$$

équations qui, appliquées deux fois de suite, font retomber sur les modules primitifs. Il est donc évident que les formules de transformation entre les ζ et les ϑ, appliquées deux fois de suite, produisent la duplication.

2. La transformation hyperelliptique imaginaire et du second ordre exposée ci-dessus, présente une analogie parfaite avec la transformation elliptique considérée en premier lieu. Mais elle n'est pas la seule transformation hyperelliptique du caractère particulier qui nous occupe; il y a, au contraire, une grande variété de ces transformations, et, parmi elles, il existe un certain nombre de transformations réelles. Comme exemple de ces dernières, je choisirai celle qui lie entre eux les résultats de Göpel et de M. Rosenhain, et qui présente en même temps un si grand intérêt historique.

Soient ϑ les fonctions hyperelliptiques aux deux arguments v_1, v_2 et aux paramètres τ_{11}, τ_{12}, τ_{22}, et η les fonctions aux arguments

$$v_1' = v_1 + v_2, \quad v_2' = v_1 - v_2$$

et aux paramètres

$$\tau_{11}' = \tfrac{1}{2}(\tau_{11}+2\tau_{12}+\tau_{22}), \quad \tau_{12}' = \tfrac{1}{2}(\tau_{11}-\tau_{22}), \quad \tau_{22}' = \tfrac{1}{2}(\tau_{11}-2\tau_{12}+\tau_{22}),$$

et désignons respectivement par c et γ les valeurs que prennent, pour $v_1 = v_2 = 0$, les fonctions ϑ et η.

Cela posé, les fonctions ϑ et η se transforment les unes dans les autres par le système d'équations

$$\begin{aligned}
2\gamma_5\,\eta_5 &= \vartheta_5^2+\vartheta_0^2+\vartheta_{23}^2+\vartheta_{14}^2\\
2\gamma_0\,\eta_0 &= \vartheta_5^2+\vartheta_0^2-\vartheta_{23}^2-\vartheta_{14}^2\\
2\gamma_{23}\eta_{23} &= \vartheta_5^2-\vartheta_0^2+\vartheta_{23}^2-\vartheta_{14}^2\\
2\gamma_{14}\eta_{14} &= \vartheta_5^2-\vartheta_0^2-\vartheta_{23}^2+\vartheta_{14}^2.
\end{aligned}$$

Donc, en définissant deux systèmes de modules $\varkappa_1$, $\varkappa_2$, $\varkappa_3$ et λ_1, λ_2, λ_3 par les formules

$$\sqrt{\varkappa_1}=\frac{c_0}{c_5},\quad \sqrt{\varkappa_2}=\frac{c_{23}}{c_5},\quad \sqrt{\varkappa_3}=\frac{c_{14}}{c_5}$$

$$\sqrt{\lambda_1}=\frac{\gamma_0}{\gamma_5},\quad \sqrt{\lambda_2}=\frac{\gamma_{23}}{\gamma_5},\quad \sqrt{\lambda_3}=\frac{\gamma_{14}}{\gamma_5},$$

les deux systèmes de modules se trouvent liés entre eux par les équations

$$\begin{aligned}
\lambda_1 &= \frac{1+\varkappa_1-\varkappa_2-\varkappa_3}{1+\varkappa_1+\varkappa_2+\varkappa_3}\\
\lambda_2 &= \frac{1-\varkappa_1+\varkappa_2-\varkappa_3}{1+\varkappa_1+\varkappa_2+\varkappa_3}\\
\lambda_3 &= \frac{1-\varkappa_1-\varkappa_2+\varkappa_3}{1+\varkappa_1+\varkappa_2+\varkappa_3},
\end{aligned}$$

équations qui montrent que la transformation dont il s'agit, appliquée deux fois de suite, fait retomber sur les modules primitifs et produit la duplication.

La complète analogie de ces formules avec l'expression $\lambda=\frac{1-k'}{1+k'}$ mentionnée plus haut, justifie, d'une autre manière, l'introduction des quantités par lesquelles j'ai remplacé les modules de Richelot.

Les fonctions linéaires et fractionnaires, qui expriment dans ces recherches les modules transformés par les modules primitifs, ont cette propriété que l'on parvient à leurs fonctions inverses en échangeant entre eux les deux systèmes de modules. En rendant homogènes les équations qui lient les deux systèmes de modules, on les réduit aux équations suivantes:

$$\begin{aligned}
2y_0 &= x_0+x_1+x_2+x_3\\
2y_1 &= x_0+x_1-x_2-x_3\\
2y_2 &= x_0-x_1+x_2-x_3\\
2y_3 &= x_0-x_1-x_2+x_3,
\end{aligned}$$

que l'on résout également en échangeant entre eux les x et les y.

On forme aisément des équations linéaires de 8, 16, 32, ... inconnues, douées de la même propriété fondamentale; il suffira de les proposer dans le cas de huit inconnues.

Soient ε_1, ε_2, ε_3 trois quantités dont chacune est $=\pm 1$, et posons

$$\sqrt{8}.y = x_0+\varepsilon_1 x_1+\varepsilon_2 x_2+\varepsilon_3 x_3+\varepsilon_2\varepsilon_3 x_{23}+\varepsilon_1\varepsilon_3 x_{13}+\varepsilon_1\varepsilon_2 x_{12}+\varepsilon_1\varepsilon_2\varepsilon_3 x_{123}.$$

Désignons par α, β, γ les indices 1, 2, 3 dans un ordre quelconque, et donnons à y

l'indice	0	quand	$\varepsilon_1=+1$,	$\varepsilon_2=+1$,	$\varepsilon_3=+1$
„	α	„	$\varepsilon_\alpha=-1$,	$\varepsilon_\beta=+1$,	$\varepsilon_\gamma=+1$
„	$\beta\gamma$	„	$\varepsilon_\alpha=+1$,	$\varepsilon_\beta=-1$,	$\varepsilon_\gamma=-1$
„	123	„	$\varepsilon_1=-1$,	$\varepsilon_2=-1$,	$\varepsilon_3=-1$.

Cela posé, les huit équations linéaires entre les x et les y ont la propriété d'être résolues par un échange des x et des y.

Mais, quoique ces équations linéaires à huit inconnues jouent un rôle dans la question analogue relative aux fonctions hyperelliptiques à trois variables, elles n'y embrassent pas la question entière.

Sur deux algorithmes analogues à celui de la moyenne arithmético-géométrique de deux éléments.

In Memoriam Dominici Chelini. Collectanea mathematica edita cura et studio L. Cremona et E. Beltrami, 1881, p. 206—212.

Sur deux algorithmes analogues à celui de la moyenne arithmético-géométrique de deux éléments.

Lettre adressée à Mr. L. Cremona.

Cher ami et confrère,

Vous avez bien voulu me permettre de vous envoyer une Note scientifique pour faire partie du volume destiné à la mémoire de votre éminent compatriote Chelini, que j'ai eu l'avantage de connaître en 1844 pendant mon séjour à Rome. Cette aimable invitation m'encourage à vous offrir quelques considérations sur deux algorithmes analogues à celui de la moyenne arithmético-géométrique, mais d'un caractère plus élémentaire.

Je montrerai que la méthode, qui dans le volume 58 de mon Journal [p. 119 de ce volume] m'a conduit à déterminer par une équation différentielle du premier ordre la moyenne arithmético-géométrique, s'applique avec le même succès aux deux algorithmes qui font le sujet de cette Note, et qu'il y a même ici des circonstances qui simplifient notamment le résultat.

L'algorithme des moyennes arithmético-géométriques de deux éléments étant, comme on sait,

$$m_1 = \frac{m+n}{2}, \quad n_1 = \sqrt{mn},$$

je considère en premier lieu l'algorithme suivant:

Soient m, n deux quantités positives, et posons

$$\begin{aligned} m_1 &= \frac{m+n}{2}, & n_1 &= \sqrt{m_1 n} \\ m_2 &= \frac{m_1+n_1}{2}, & n_2 &= \sqrt{m_2 n_1} \\ &\ldots & &\ldots \end{aligned} \tag{1}$$

de sorte que l'on a

$$n^2 - m^2 = 4(n_1^2 - m_1^2) = 16(n_2^2 - m_2^2) = \ldots;$$

les quantités m_i, n_i convergeront pour des valeurs croissantes de i vers la même limite ω.

Désignons par $f(m, n)$ une fonction qui reste invariable, lorsqu'on remplace m, n par m_1, n_1; elle sera nécessairement fonction de ω seul. Soient

$$\frac{\partial f}{\partial m} = \mu, \quad \frac{\partial f}{\partial n} = \nu$$
$$\frac{\partial f}{\partial m_1} = \mu_1, \quad \frac{\partial f}{\partial n_1} = \nu_1,$$

entre μ, ν et μ_1, ν_1 on aura les deux relations linéaires

$$4\mu = 2\mu_1 + \frac{n_1}{m_1}\nu_1$$
$$4\nu = 2\mu_1 + \left(\frac{n_1}{m_1} + 2\frac{m_1}{n_1}\right)\nu_1,$$

d'où

$$u = m\mu + n\nu = u_1 = m_1\mu_1 + n_1\nu_1.$$

Mais la fonction linéaire $u = m\mu + n\nu$ de μ, ν n'est pas la seule qui reste invariable lorsqu'on remplace m, n, μ, ν par m_1, n_1, μ_1, ν_1. Une seconde fonction

$$v = n\mu + m\nu$$

a une propriété analogue exprimée par l'équation

$$nv = n(n\mu + m\nu) = n_1 v_1 = n_1(n_1\mu_1 + m_1\nu_1).$$

Comme $\frac{u}{v}$ est une fonction homogène de m, n, on peut définir par les équations doubles suivantes les expressions

$$\lambda = m\left(v\frac{\partial u}{\partial m} - u\frac{\partial v}{\partial m}\right) = -n\left(v\frac{\partial u}{\partial n} - u\frac{\partial v}{\partial n}\right)$$
$$\lambda_1 = m_1\left(v_1\frac{\partial u_1}{\partial m_1} - u_1\frac{\partial v_1}{\partial m_1}\right) = -n_1\left(v_1\frac{\partial u_1}{\partial n_1} - u_1\frac{\partial v_1}{\partial n_1}\right).$$

Cela posé, il y a entre λ, λ_1 la relation simple

$$\frac{\lambda}{m} = \frac{1}{4n_1}(\lambda_1 - u_1 v_1)$$

qui, multipliée par $n^2-m^2 = 4(n_1^2-m_1^2)$, se transforme en

$$\frac{n^2-m^2}{m}\lambda = \frac{n_1^2-m_1^2}{n_1}(\lambda_1-u_1v_1).$$

En y ajoutant l'équation

$$\frac{1}{n}(n^2v^2-mnuv) = \frac{1}{n}(n_1^2v_1^2-mn_1u_1v_1),$$

on trouve

$$\frac{n^2-m^2}{m}\lambda+nv^2-muv = \frac{n_1^2-m_1^2}{n_1}\lambda_1+m_1v_1^2-\frac{m_1^2}{n_1}u_1v_1,$$

c'est-à-dire qu'en prenant

$$L = \frac{n^2-m^2}{m}\lambda+nv^2-muv$$

$$L_1 = \frac{n_1^2-m_1^2}{m_1}\lambda_1+n_1v_1^2-m_1u_1v_1,$$

on a $L = \frac{m_1}{n_1}L_1$, ou, ce qui est la même chose,

$$nL = n_1L_1.$$

Il est évident que lorsque les variables m, n coïncident en la même valeur, L s'évanouit. Mais l'équation $nL = n_1L_1$, appliquée un nombre indéfini de fois, montre que, pour des valeurs quelconques de m, n, on a

$$L = 0.$$

En posant

$$\frac{m}{n} = x, \quad \frac{u}{v} = z,$$

l'équation $L = 0$ se transforme en

$$(2) \qquad (1-x^2)\frac{dz}{dx}-xz+1 = 0.$$

Le quotient

$$z = \frac{u}{v} = \frac{m\mu+n\nu}{n\mu+m\nu}$$

est toujours le même, quelque soit la fonction f de ω, de laquelle on est parti. Or, je dis qu'on a simplement

$$z = \frac{n}{\omega}.$$

En effet, dans le cas particulier de $f = \frac{1}{\omega}$ et en posant

$$r = \frac{n}{\omega} = nf,$$

on aura

$$u = m\mu + n\nu = -\frac{1}{\omega}$$

$$nu = -\frac{n}{\omega} = -r.$$

De plus, en désignant par r', z' les dérivées de r, z par rapport à x, on a

$$n^2\mu = r', \quad n^2\nu = -(xr'+r)$$

$$nv = n(n\mu + m\nu) = (1-x^2)r' - xr,$$

d'où

$$z = \frac{u}{v} = -\frac{r}{(1-x^2)r' - xr},$$

et de là

$$\frac{r'}{r} = \frac{1}{1-x^2} \cdot \frac{xz-1}{z},$$

ce qui, à l'aide de l'équation différentielle (2), se réduit à

$$\frac{r'}{r} = \frac{z'}{z},$$

d'où

$$r = cz,$$

c désignant une constante.

Supposons à présent que $m < n$, $x < 1$; alors l'équation différentielle (2) étant mise sous la forme

$$\frac{d}{dx}(\sqrt{1-x^2}\,.\,z) + \frac{1}{\sqrt{1-x^2}} = 0,$$

donne

$$\sqrt{1-x^2}\,.\,z = \text{const.} - \arcsin x.$$

Comme z doit rester fini pour $m = n$, c'est-à-dire pour $x = 1$, la constante ne peut être que $\frac{\pi}{2}$, d'où

$$\sqrt{1-x^2}\,.\,z = \arccos x = \arcsin\sqrt{1-x^2},$$

ce qui fait voir que, pour des valeurs infiniment petites de $\sqrt{1-x^2}$, z devient égal à l'unité. Comme d'ailleurs r a la même valeur pour $x = 1$, la constante c est $= 1$, et l'on a

$$\frac{n}{\omega} = z,$$

ce qui donne

$$(3) \qquad \omega = \frac{n\sqrt{1-x^2}}{\arccos x} = \frac{\sqrt{n^2-m^2}}{\arccos\frac{m}{n}}.$$

Si au contraire $m > n$, $x > 1$, l'équation différentielle (2) étant mise sous la forme

$$\frac{d}{dx}(\sqrt{x^2-1}\,.\,z) - \frac{1}{\sqrt{x^2-1}} = 0,$$

donne

$$\sqrt{x^2-1}\,.\,z = \log(x+\sqrt{x^2-1}) + \text{const.}$$

Mais la seconde partie de cette équation devant s'évanouir pour $x = 1$, la constante est $= 0$, donc

$$\sqrt{x^2-1}\,.\,z = \log(x+\sqrt{x^2-1}),$$

et comme, pour des valeurs infiniment petites de $\sqrt{1-\frac{1}{x^2}}$, z converge vers $\frac{1}{x}$, c'est-à-dire vers l'unité, on a aussi dans ce cas

$$z = r,$$

d'où

$$(4) \qquad \omega = \frac{\sqrt{m^2-n^2}}{\log\frac{m+\sqrt{m^2-n^2}}{n}}.$$

Comme second exemple on pourrait considérer l'algorithme donné par les équations

$$N_1 = \sqrt{MN}, \quad M_1 = \frac{M+N_1}{2}$$

$$(5) \qquad N_2 = \sqrt{M_1 N_1}, \quad M_2 = \frac{M_1+N_2}{2}$$

$$\cdots\cdots\cdots\cdots$$

mais cet algorithme se réduit immédiatement au précédent en posant

$$M = m, \quad N = \frac{n^2}{m},$$

ce qui conduit à

$$M_1 = m_1, \quad N_1 = n$$

$$M_2 = m_2, \quad N_2 = n_1$$

$$\cdots\cdots\cdots$$

de sorte que la limite Ω de l'algorithme (5) est donnée par

$$\Omega = \frac{\sqrt{M(N-M)}}{\arccos\sqrt{\frac{M}{N}}}$$

pour $M < N$, et par

$$\Omega = \frac{\sqrt{M(M-N)}}{\log\frac{\sqrt{M}+\sqrt{M-N}}{\sqrt{N}}}$$

pour $M > N$.

Pour $m < n$ l'algorithme (1) contient la règle connue pour calculer les circonférences des polygones à $2p$ côtés inscrits et circonscrits à un cercle donné, ces circonférences étant connues pour les polygones à p côtés.

En posant

$$m = \frac{R}{\operatorname{tg}\varphi}, \quad n = \frac{R}{\sin\varphi},$$

la limite ω se réduit à

$$\omega = \frac{R}{\varphi}.$$

Si, en particulier, on fait, p désignant un nombre entier,

$$m = \frac{1}{p \operatorname{tg} \frac{\pi}{p}}, \quad n = \frac{1}{p \sin \frac{\pi}{p}},$$

on trouve

$$\omega = \frac{1}{\pi}.$$

Dans le cas de $p = 4$, cela fait voir qu'en partant des valeurs

$$m = \frac{1}{4}, \quad n = \frac{1}{2\sqrt{2}},$$

l'algorithme (1) conduit à la limite $\frac{1}{\pi}$.

De même en posant dans l'algorithme (5) et pour $M < N$

$$M = \frac{R \cos \varphi}{\sin \varphi}, \quad N = \frac{R}{\sin \varphi \cos \varphi},$$

la limite Ω se réduit à

$$\Omega = \frac{R}{\varphi}.$$

Si, en particulier, on fait

$$M = \frac{\cos \frac{\pi}{p}}{p \sin \frac{\pi}{p}}, \quad N = \frac{1}{p \sin \frac{\pi}{p} \cos \frac{\pi}{p}},$$

on trouve

$$\Omega = \frac{1}{\pi}.$$

Dans le cas de $p = 4$, cela fait voir qu'en partant des valeurs rationnelles

$$M = \frac{1}{4}, \quad N = \frac{1}{2},$$

l'algorithme (5) conduit à la limite

$$\Omega = \frac{1}{\pi}.$$

Excusez, cher ami et confrère, le long retard de cette lettre, prolongé en dernier lieu par une maladie, dont je ne suis pas encore guéri.

Berlin, 5 mai 1880.

KLEINERE MITTHEILUNGEN.

Sull' integrazione di alcuni sistemi d'equazioni differenziali non lineari.

Atti della quinta unione degli scienziati italiani tenuta in Lucca nel Settembre del 1843, p. 500—501. Lucca 1844.

Adunanza del Giorno 28 Settembre.

Udito ed approvato dall' assemblea il processo verbale dell' antecedente tornata, cui leggeva il Segretario prof. Giorgi, si fece il sig. Borchardt di Berlino ad esporre le proprie ricerche sull' integrazione di alcuni sistemi d'equazioni differenziali non lineari, i cui integrali da esso ottenuti si compongono d'integrali ellittici. Usando egli vari metodi presenta i suoi risultati sotto diverse forme: e ravvicinate fra loro quelle di un medesimo resultato vien condotto a formole di trasformazione utili nella teorica degli integrali ellittici. Così dall' integrazione di uno di que' sistemi di equazioni differenziali ha ottenuto la formola d'integrazione data per la prima volta da Gauss: mentre da un altro esempio ricavava la formola di trasformazione del 3° ordine scoperta dal Legendre nella teoria delle funzioni ellittiche.

Il teorema fondamentale a cui s'appoggiano le sue ricerche, vertenti in specie sui casi particolari del medesimo in cui tre o quattro sono le variabili, è il seguente:

„Siano x_1, x_2, x_3, ... x_n n variabili disposte per ordine d'indici, intendendo che l'ultima preceda la prima, come se fossero disposte sulla periferia d'un circolo; si formino le differenze fra due variabili consecutive, cioè le differenze

$$x_1-x_2,\quad x_2-x_3,\quad \ldots\quad x_{n-1}-x_n,\quad x_n-x_1$$

e si ponga il differenziale d'ogni variabile proporzionale al prodotto delle due differenze in cui entra la variabile suddetta, di guisa che si abbia

$$dx_1 : dx_2 : \ldots : dx_{n-1} : dx_n$$

$$= (x_n - x_1)(x_1 - x_2) : (x_1 - x_2)(x_2 - x_3) : \ldots : (x_{n-2} - x_{n-1})(x_{n-1} - x_n) : (x_{n-1} - x_n)(x_n - x_1),$$

risulterà che il sistema proposto d'equazioni differenziali avrà sempre due integrali algebrici, cioè

$$(x_1 - x_2)(x_2 - x_3) \ldots (x_{n-1} - x_n)(x_n - x_1) = C$$

ed

$$(x_1 - x_2)(x_n - x_3) + (x_2 - x_3)(x_1 - x_4) + \cdots + (x_{n-1} - x_n)(x_{n-2} - x_1) + (x_n - x_1)(x_{n-1} - x_2) = \gamma,$$

il primo de' quali nel caso di un numero pari di variabili si decompone in due equazioni, cioè

$$(x_1 - x_2)(x_3 - x_4) \ldots (x_{n-1} - x_n) = C_1$$

$$(x_2 - x_3)(x_4 - x_5) \ldots (x_n \;\; - x_1) = C_2,$$

di maniera che nel caso di n pari si hanno tre equazioni integrali algebriche, e solamente due nel caso di n dispari.

Terminò l'autore col dire di proporsi la pubblicazione in altra opportunità dell' analisi relativa ai sistemi analoghi d'equazioni differenziali a 5 e 6 variabili, intorno ai quali ha trovato che per mezzo degli integrali forniti dal teorema generale sopra enunciato, e da un nuovo principio dello Jacobi chiamato da questo dell' *ultimo moltiplicatore* si perviene a ridurre que' due problemi alle quadrature.

Rede beim Eintritt in die Akademie der Wissenschaften zu Berlin, gehalten in der öffentlichen Sitzung am 3. Juli 1856.

Monatsbericht der Akademie der Wissenschaften zu Berlin, Juli 1856 p. 379—381.

Indem Sie mich durch Ihre Wahl in diese Körperschaft beriefen, haben Sie mich einer Ehre für würdig gehalten, die ich glücklich sein würde mir in der Zukunft zu verdienen.

Nach den beiden grossen Meistern, die bis vor Kurzem die Analysis an dieser Akademie vertreten und die ich zugleich als Lehrer und als glänzende Vorbilder verehre, wird es für den minder Begabten eine schwer zu lösende Aufgabe, das Missverhältniss zwischen der auszufüllenden Stelle und der Befähigung einigermassen auszugleichen. Es bedarf für ihn der Anspannung aller Kräfte, wenn er, zugleich in der eigentlichen Forschung und in der abgerundeten Darstellung des Gefundenen, solchen Mustern nicht ganz erfolglos nacheifern will. Dass ich in diesen beiden Beziehungen die Erfordernisse fruchtbringender wissenschaftlicher Thätigkeit wenigstens nicht aus den Augen verloren habe, davon mögen Ihnen vielleicht meine Arbeiten Belege gewesen sein; und allein der Anerkennung hiervon darf ich ein Wohlwollen zuschreiben, für welches ich mich Ihnen zu tiefer Dankbarkeit verpflichtet fühle.

In Folge der innigen Berührung, in welche in diesem Jahrhundert die Analysis der continuirlichen Grössen mit der Theorie der Zahlen getreten ist, hat die letztere nicht nur selbst eine neue Entwicklung erlangt, sondern auch auf die Analysis einen solchen Einfluss gewonnen, dass man gegenwärtig die analytischen Forschungen in zwei grosse Klassen trennen kann, je nachdem sie in ihren letzten Gründen auf rein algebraischen oder auf zahlentheoretischen Principien beruhen. Nur den hervorragendsten Geistern scheint es vorbehalten zu sein, sich beider Richtungen mit gleicher Meisterschaft zu bemächtigen, während alle Anderen sich einer derselben mit Vorliebe zuwenden.

Der ersteren dieser Richtungen liegt die Algebra der rationalen Ausdrücke zu Grunde, derjenige Theil der Mathematik, welchen man als ihre Logik bezeichnen kann und der sich ausschliesslich mit Identitäten beschäftigt. In früherer Zeit hat man ihn als ein sich von selbst verstehendes Mittel zu den weiteren Untersuchungen angesehen, dessen man sich nur zu bedienen habe, ohne dass es nöthig sei, ihn an sich zu studiren. Erst seitdem man gegen Ende des vorigen Jahrhunderts in die Construction jener durch die ganze Analysis verbreiteten algebraischen Verbindungen, deren Wichtigkeit sich fortwährend an neuen Beispielen zeigt, tiefer eingedrungen war, konnte sich die Algebra in ihrem heutigen Sinn als selbstständige Disciplin bilden. Wir sehen gegenwärtig in allen Ländern Mathematiker, die sich mit diesem formalen Theil der Wissenschaft beschäftigen, theils um ihm selbst eine grössere Ausdehnung zu geben, theils um seine Anwendungen auf die übrigen Gebiete zu vermehren.

Der wesentliche Nutzen dieser Richtung besteht darin, dass es durch dieselbe möglich wird, einfache Betrachtungen an die Stelle weitläufiger Entwicklungen zu setzen. Anstatt die Operationen wirklich durchzuführen, richtet man sein Augenmerk nur auf ihre Definition und leitet daraus die Eigenschaften der durch sie gebildeten Ausdrücke her. Mit diesen Eigenschaften vertraut führt man die Ausdrücke, unbekümmert um ihre wirkliche Darstellung, als Bausteine in den herzustellenden Bau ein, und während man auf direktem Wege in ein nicht zu entwirrendes Labyrinth mathematischer Zeichen gerathen war, ordnet sich jetzt Alles zu einer einfachen und übersichtlichen Gruppe von Grössen.

Dies ist der Weg, den auch ich bisher verfolgt habe, indem ich mich sowohl mit Aufgaben aus der Algebra selbst beschäftigte, als mit der Anwendung derselben theils auf Geometrie, theils auf jene Transcendenten, deren Theorie, auf dem unerschöpflichen Abelschen Theorem sich gründend, unter unseren Augen eine so mächtige Entwicklung nimmt.

Indem ich, auf dem betretenen Wege fortschreitend, meinen Arbeiten eine weitere Ausdehnung zu geben hoffe, werde ich mich glücklich schätzen, wenn die Ergebnisse, zu welchen ich gelange, Ihren Beifall zu erwerben vermögen.

Bemerkung über einen algebraischen Fundamentalsatz bei Gelegenheit eines Briefes des Herrn Hermite und eines nachgelassenen Jacobischen Aufsatzes[*].

Borchardt, Journal für die reine und angewandte Mathematik, Bd. 53 p. 281—283, 1857.

Das algebraische Princip, mit dessen Beweise sich die beiden Aufsätze Hermite's und Jacobi's beschäftigen, ist, wie mein scharfsinniger Freund Herr Hermite in seinem Briefe erwähnt, von Jacobi aufgestellt worden, der es indessen nicht bekannt gemacht hat.

Ausser dem hier gegebenen Jacobischen Beweise jenes Princips, der sich unter seinen hinterlassenen Handschriften gefunden hat, kennt man durch mündliche Ueberlieferung überdies eine Anwendung, die er davon gemacht hat, und von welcher Herr Hermite in seinem Briefe ebenfalls spricht. Um über diese Anwendung einige Erläuterungen zu geben, lasse ich eine Stelle aus einem Briefe folgen, den Jacobi im März 1847 an mich richtete:

„Ich weiss nicht, wie Sie Ihren Satz**) bewiesen haben; vielleicht mittelst einer Abhandlung von Sturm, wo er seinen Satz durch combinatorische Formeln darstellt. *Ich habe mir einen einfachen Beweis gesucht, der weder einen Satz über Gleichungen, noch über Determinanten voraussetzt.*"

Den Sinn dieser letzten Worte erfuhr ich bald darauf durch mündliche

---

[*] Die Titel der beiden in der Ueberschrift erwähnten Abhandlungen Hermite's und Jacobi's lauten: Extrait d'une lettre de M. C. Hermite à M. Borchardt sur l'invariabilité du nombre des carrés positifs et des carrés négatifs dans la transformation des polynomes homogènes du second degré, Journal für die reine und angewandte Mathematik, Bd. 53 p. 271—274; Jacobi, Ueber einen algebraischen Fundamentalsatz und seine Anwendungen, Journal für die reine und angewandte Mathematik, Bd. 53 p. 275—280, [Jacobi's Gesammelte Werke, Bd. 3 p. 591—598]. H.

**) Es ist der Satz über die Anzahl der Paare imaginärer Wurzeln einer Gleichung, welcher sich im Liouvilleschen Journal, T. XII p. 59, [p. 24 dieser Ausgabe], abgedruckt findet und den ich bereits vor dem Druck brieflich Jacobi mitgetheilt hatte.

Mittheilungen von Jacobi. Das von ihm zum Beweise jenes Satzes angewandte Verfahren bestand nämlich, wie er mir sagte, in Folgendem:

Um für eine gegebene Gleichung, deren Wurzeln mit $\alpha_1, \alpha_2, \ldots \alpha_n$ bezeichnet werden mögen, zu entscheiden, wie viel Paare derselben imaginär sind, bildete er den Ausdruck

$$(1) \qquad S = \Sigma(x_0 + \alpha x_1 + \alpha^2 x_2 + \cdots + \alpha^{n-1} x_{n-1})^2,$$

wo die Summe auf die Werthe $\alpha = \alpha_1, \alpha_2, \ldots \alpha_n$ auszudehnen ist; derselbe lässt sich auch so darstellen:

$$(2) \qquad \begin{aligned} S = s_0 x_0^2 + 2s_1 x_0 x_1 + 2s_2 x_0 x_2 + \cdots + 2s_{n-1} x_0 x_{n-1} \\ + s_2 x_1^2 + 2s_3 x_1 x_2 + \cdots + 2s_n x_1 x_{n-1} \\ \cdots\cdots\cdots\cdots \\ + s_{2n-2} x_{n-1}^2 \\ = \sum_{i=0}^{i=n-1} \sum_{k=0}^{k=n-1} s_{i+k} x_i x_k, \end{aligned}$$

wo s_i die Summe der i^{ten} Potenzen der Wurzeln $\alpha_1, \alpha_2, \ldots \alpha_n$ bedeutet.

Je zwei Glieder des Ausdrucks (1), welche *zwei conjugirten imaginären* Wurzeln $a + b\sqrt{-1}$ und $a - b\sqrt{-1}$ entsprechen, geben eine Summe der Form $(P + Q\sqrt{-1})^2 + (P - Q\sqrt{-1})^2 = 2P^2 - 2Q^2$, wo P und Q *reelle* lineare homogene Functionen von $x_0, x_1, \ldots x_{n-1}$ sind, d. h. sie liefern ein positives und ein negatives Quadrat; jedes einer *reellen* Wurzel entsprechende Glied von (1) dagegen ist das positive Quadrat einer reellen linearen homogenen Function derselben Variabeln.

Der Ausdruck (1) *von S wird also ein Aggregat reeller Quadrate, von denen eben so viele das negative Zeichen haben, als sich Paare imaginärer Wurzeln unter $\alpha_1, \alpha_2, \ldots \alpha_n$ befinden.*

Indem Jacobi andrerseits auf den Ausdruck (2) das bekannte Verfahren anwandte, wonach man denselben und zwar nur auf *eine* Weise unter der Form

$$A_0 U_0^2 + A_1 U_1^2 + A_2 U_2^2 + \cdots + A_{n-1} U_{n-1}^2$$

so darstellen kann, dass U_0 eine lineare homogene Function von $x_0, x_1, x_2, \ldots x_{n-1}$; U_1 von $x_1, x_2, \ldots x_{n-1}$; U_2 von $x_2, \ldots x_{n-1}$; etc. endlich U_{n-1} von x_{n-1} allein sei, ergaben sich für die Coefficienten $A_0, A_1, \ldots A_{n-1}$ die Werthe

$$A_0 = \frac{1}{p_0}, \quad A_1 = \frac{1}{p_0 p_1}, \quad A_2 = \frac{1}{p_1 p_2}, \quad \ldots \quad A_{n-1} = \frac{1}{p_{n-2} p_{n-1}},$$

wo p_m die Determinante des Systems

$$\begin{matrix} s_0 & s_1 & \dots & s_m \\ s_1 & s_2 & \dots & s_{m+1} \\ \cdot & \cdot & \dots & \cdot \\ s_m & s_{m+1} & \dots & s_{2m} \end{matrix}$$

bedeutet*).

In der Reihe $A_0, A_1, \dots A_{n-1}$ sind also eben so viel negative Glieder als Zeichenwechsel in der Reihe $p_0, p_1, p_2, \dots p_{n-1}$. Beide Resultate vereinigt, gaben dann mit Hülfe des Princips der Unveränderlichkeit der Anzahl der positiven und negativen Quadrate den zu beweisenden Satz, wonach die Anzahl der Zeichenwechsel in der Reihe $p_0, p_1, p_2, \dots p_{n-1}$ mit der Anzahl der Paare imaginärer Wurzeln der gegebenen Gleichung zusammenfällt.

Seit dem Jahre 1847, aus welchem ohne Zweifel auch der in der Ueberschrift zu dieser Bemerkung erwähnte unvollendete Jacobische Aufsatz stammt, sind in neuerer Zeit die Herren Sylvester und Hermite, ohne von der Jacobischen Arbeit zu wissen, auf das in Rede stehende Princip gekommen.

Herr Sylvester hat dasselbe aufgestellt und dafür den Namen des Trägheitsgesetzes der quadratischen Formen vorgeschlagen. Die von ihm gemachte Anwendung desselben bezieht sich auf die für die Sturmschen Functionen *erzeugende* quadratische Form, welche er als von Herrn Hermite ihm mitgetheilt anführt. (Siehe Sylvester, On a Theory of the Syzygetic relations etc., Philosophical Transactions of the Royal Society of London, Vol. 143 p. 481—484, 1853; und Sylvester, A Demonstration of the Theorem, that every Homogeneous Quadratic Polynomial is reducible etc., Philosophical Magazine, Fourth Series, Vol. IV p. 138, July—December 1852.)

Herr Hermite hat ausser dem hier veröffentlichten Beweise des Princips eine Anwendung davon gemacht, die, mit der Jacobischen im Grundgedanken übereinstimmend, umfassender als diese ist. Seine erwähnte *erzeugende* quadratische Form ist der oben mit S bezeichneten ganz ähnlich, aber sie ist allge-

*) Siehe Journal für die reine und angewandte Mathematik, Bd. 53 p. 270, [Jacobi's Gesammelte Werke, Bd. 3 p. 590].

meiner, und zwar in der Art, dass man aus ihr nicht nur den besonderen Fall des Sturmschen Satzes herzuleiten im Stande ist, wo $-\infty$ und $+\infty$ die Grenzen sind, zwischen denen die Anzahl der reellen Wurzeln bestimmt werden soll, sondern ebenso wohl den allgemeinen Fall, wo irgend zwei endliche reelle Grössen jene Grenzen sind. Eine weitere Verallgemeinerung des Gedankens der erzeugenden quadratischen Form hat Herrn Hermite dazu geführt, ähnliche Untersuchungen für Gleichungen mit imaginären Coefficienten anzustellen (Bd. 52 p. 39 des Journals für die reine und angewandte Mathematik), sowie den Sturmschen Satz auf zwei simultane Gleichungen auszudehnen. (Siehe Comptes rendus de l'Académie des Sciences de Paris, T. 36 p. 294—297, Janvier—Juin 1853.)

Schliesslich ist der Aufsatz des Herrn Brioschi anzuführen: „Sur les séries qui donnent le nombre de racines réelles etc.“ (Nouvelles Annales de Mathématiques, réd. par Terquem et Gerono, T. 15 p. 264, Juillet 1856), in welchem sich sowohl ein eleganter Beweis des in Rede stehenden Princips findet, als seine Anwendung auf die Bestimmung der Anzahl reeller Wurzeln.

Remarque relative à la note de M. Cayley: „Sur la méthode d'élimination de Bezout".

Borchardt, Journal für die reine und angewandte Mathematik, Bd. 53 p. 367—368, 1857.

Comme la forme élégante sous laquelle M. Cayley présente la méthode abrégée de Bezout pourrait être inintelligible aux mathématiciens qui ne sont pas familiarisés avec les notations nouvelles du géomètre distingué de Londres, je crois faire une chose utile en traduisant, comme l'a déjà fait M. Sylvester (Philosophical Transactions of the Royal Society of London, Vol. 143 p. 516, 1853), en signes algébriques ordinaires, l'énoncé de M. Cayley:

„Etant proposées deux équations du $n^{\text{ième}}$ degré

$$f(x) = 0, \quad \varphi(x) = 0,$$

divisez l'expression

$$f(x)\varphi(y) - f(y)\varphi(x)$$

par la différence

$$x - y,$$

le quotient sera une fonction entière en x et y du degré $n-1$ par rapport à chacune des deux variables, c. à d. une fonction de la forme

$$\sum_{i=0}^{i=n-1} \sum_{k=0}^{k=n-1} a_{i,k} x^i y^k,$$

et le déterminant

$$\Sigma \pm a_{0,0}\, a_{1,1} \ldots a_{n-1,n-1}$$

sera le résultat de l'élimination entre les deux équations proposées, présenté sous la forme à laquelle conduit la méthode abrégée de Bezout."

En posant $x = y$ on trouve l'équation

$$\varphi(x)\frac{df(x)}{dx} - f(x)\frac{d\varphi(x)}{dx} = \Sigma\, a_{i,k}\, x^{i+k},$$

qui a été déjà obtenue sous cette forme par Jacobi (Voyez T. 15 p. 103 du Journal de Crelle [Jacobi's Gesammelte Werke, Bd. 3 p. 299]), mais qui ne suffit pas pour définir les quantités $a_{i,k}$.

Berlin, août 1856.

Bemerkung zur Note des Herrn Spitzer: „Ueber die Differentialgleichung der hypergeometrischen Reihe“.

Borchardt, Journal für die reine und angewandte Mathematik, Bd. 57 p. 81, 1860.

Die von Herrn Spitzer für den besonderen Fall des Zusammenfallens der beiden Elemente α, β gegebene [*] vollständige Integration der Differentialgleichung der hypergeometrischen Reihe

$$(1) \qquad x(1-x)y''+[\gamma-(\alpha+\beta+1)x]y'-\alpha\beta y = 0$$

ergiebt sich ohne Rechnung aus ihrer Integration im allgemeinen Fall.

Unter den bekannten auf Seite 152 des 56. Bandes des Journals für die reine und angewandte Mathematik angeführten Integralen der Differentialgleichung (1) befindet sich das folgende mit (3) bezeichnete:

$$x^{-\alpha}F\left(\alpha,\ \alpha+1-\gamma,\ \alpha+1-\beta,\ \frac{1}{x}\right),$$

wo das Zeichen F in der von Gauss eingeführten Bedeutung genommen ist. Abgesehen von einem constanten Factor, ist dies bekanntlich gleich

$$\int_0^1 u^{\alpha-\gamma}(1-u)^{\gamma-\beta-1}(x-u)^{-\alpha}du,$$

welches der Kürze wegen mit $\varphi(\alpha, \beta)$ bezeichnet werden möge. Dann hat man wegen der Symmetrie der Differentialgleichung (1) in Bezug auf α und β die beiden particularen Integrale

$$\varphi(\alpha,\beta) \quad \text{und} \quad \varphi(\beta,\alpha).$$

An der Stelle des letzteren kann man auch als zweites particulares Integral

[*] Siehe Borchardt, Journal für die reine und angewandte Mathematik, Bd. 57 p. 78—80. In der Note des Herrn Spitzer wird vorausgesetzt, dass $0 < \gamma - \alpha < 1$ ist, eine Ungleichung, welche auch hier erfüllt sein muss. H.

das folgende:

$$\frac{\varphi(\alpha,\beta)-\varphi(\beta,\alpha)}{\alpha-\beta}$$

betrachten, dessen wahrer Werth für $\alpha=\beta$ gleich

$$\left\{\frac{\partial\varphi(\alpha,\beta)}{\partial\alpha}-\frac{\partial\varphi(\alpha,\beta)}{\partial\beta}\right\}_{(\alpha=\beta)},$$

d. h. nach Einführung des bestimmten Integrals, welches mit $\varphi(\alpha,\beta)$ bezeichnet worden ist, gleich

$$\int_0^1 u^{\alpha-\gamma}(1-u)^{\gamma-\alpha-1}(x-u)^{-\alpha}\log\frac{u(1-u)}{x-u}\,du$$

gefunden wird, während das erstere in $\varphi(\alpha,\alpha)$, d. h. in

$$\int_0^1 u^{\alpha-\gamma}(1-u)^{\gamma-\alpha-1}(x-u)^{-\alpha}\,du$$

übergeht. So erhält man die beiden particularen Integrale der Differentialgleichung

(2) $$x(1-x)y''+[\gamma-(2\alpha+1)x]y'-\alpha^2y=0,$$

welche Herr Spitzer durch wirkliche Differentiirung verificirt hat.

Gustav Lejeune-Dirichlet.

Borchardt, Journal für die reine und angewandte Mathematik, Bd. 57 p. 91—92, 1860.

Am 5. Mai d. J. verloren die mathematischen Wissenschaften in Gustav Lejeune-Dirichlet ihren tiefsten Forscher. Die Trauerkunde von seinem Tode, die sich sogleich durch unser Vaterland und in alle für Wissenschaft empfänglichen Länder verbreitet hat, ist den Lesern des Journals für die reine und angewandte Mathematik schon bekannt. Aber eine Zeitschrift, in welcher der Verewigte den bedeutendsten Theil seiner Arbeiten niedergelegt hat, kann nicht mit Stillschweigen ein solches Ereigniss vorübergehen lassen.

Dirichlet ist wiederum einer jener grossen Mathematiker, welche der Wissenschaft mitten in ihrer vollen Kraft entrissen werden. Seine Schriften sind, wie die Gaussischen, nicht bedeutend nach ihrer Zahl, aber sie bilden eine Reihe von Meisterwerken. Schon in seinen ersten Veröffentlichungen zeigt sich eine gleichzeitige Beschäftigung mit den höchsten Theilen der Infinitesimal-Rechnung und mit der Theorie der Zahlen. Jede dieser Disciplinen, besonders die erstere, hatte ihm bereits Bereicherungen von hervorragender Wichtigkeit zu verdanken, als er — im weiteren Verfolg seiner Laufbahn — zu der Verwirklichung des tiefen Gedankens geführt wurde, beide bis dahin getrennten Zweige der mathematischen Forschung durch Einführung der Methoden der Infinitesimalrechnung in die Zahlentheorie zu vereinigen. Dirichlet wird für alle Zukunft als Erfinder dieser Verbindung zwischen Zahlentheorie und Analysis des Unendlichen genannt werden, einer Verbindung, die schon bisher zu den merkwürdigsten Ergebnissen geführt hat. Was auch in anderen Gebieten als unvergängliche Frucht seiner Geistesarbeit auf die Nachwelt kommt, hierin wird man immer die höchste Entfaltung seiner schaffenden Kraft erkennen.

Dirichlet gehörte nicht, wie Euler und Jacobi, zu jenen universellen Analysten, denen jeder Gedanke zur Formel sich verkörpert und jede Formel wiederum zu einem Gedanken Anlass giebt, auch nicht zu jenen unerschrockenen Rechnern, die durch ein Labyrinth von Formeln hindurch zu dem gewünschten Ziele vordringen, er war vielmehr einer jener wenigen Mathematiker, von denen gesagt werden kann, dass ihre ganze Thätigkeit ein Wirken des Gedankens sei. Seine umfassendsten Arbeiten machte er im Kopf und höchstens kurze Zwischenrechnungen schrieb er auf einzelne Blätter nieder. So ist es gekommen, dass sich bei seinem Tode von den grossen Entwürfen, mit denen man ihn beschäftigt wusste, fast nichts vorgefunden hat und nur *eine* Arbeit hydrodynamischen Inhalts in so fertiger Form, dass man hoffen darf, sie bald veröffentlicht zu sehen.

Liegt hierin für Jeden ein Grund, den Verlust Dirichlet's in gesteigertem Maasse zu beklagen, so kommen für seine Schüler und für Alle, die ihm nahe standen, noch andere von nicht geringerem Gewicht hinzu.

Der ausserordentliche Mann verband mit seinen schöpferischen Eigenschaften eine Lehrgabe, die auf den gegenwärtigen Zustand der Mathematik in unserem Vaterlande von durchgreifendem Einfluss gewesen ist. Seine Vorlesungen „Ueber die Theorie der Zahlen", „Ueber die nach dem umgekehrten Quadrat der Entfernung wirkenden Kräfte", „Ueber partielle lineare Differentialgleichungen" und „Ueber bestimmte Integrale" werden, nach sorgfältigen Nachschriften abgedruckt, die besten Lehrbücher über diese Gegenstände bilden.

Die allgemeine Denk- und Handlungsweise Dirichlet's war durch Einfachheit der Sitten, Bescheidenheit und Wohlwollen bezeichnet. Er war von einer Wahrheitsliebe und einer Offenheit, die sich unter allen Verhältnissen treu blieben. Dafür geben auch seine mathematischen Schriften Zeugniss, denn er hat nicht bloss die grossen Ergebnisse seiner Untersuchungen, sondern auch die Gedanken, von denen er dahin geleitet worden war, unverhüllt dargestellt und es so seinen Zeitgenossen möglich gemacht, ihm auf den Wegen, die er betreten hatte, zu folgen.

Am 1. Juni 1859.

Bemerkungen zur Abhandlung des Herrn E. Franke: „Ueber Determinanten aus Unterdeterminanten" [*].

Borchardt, Journal für die reine und angewandte Mathematik, Bd. 61 p. 353 u. p. 355, 1863.

[Zwei adjungirte Systeme von Unterdeterminanten $(n-m)^{\text{ten}}$ und m^{ten} Grades der gegebenen Determinante

$$P = \begin{vmatrix} a_1^1 & a_2^1 & \dots & a_n^1 \\ \cdot & \cdot & \dots & \cdot \\ a_1^n & a_2^n & \dots & a_n^n \end{vmatrix}$$

mögen durch

$$\begin{matrix} b_1^1 & b_2^1 & \dots & b_\mu^1 \\ \cdot & \cdot & \dots & \cdot \\ b_1^\mu & b_2^\mu & \dots & b_\mu^\mu \end{matrix} \quad \text{und} \quad \begin{matrix} \beta_1^1 & \beta_2^1 & \dots & \beta_\mu^1 \\ \cdot & \cdot & \dots & \cdot \\ \beta_1^\mu & \beta_2^\mu & \dots & \beta_\mu^\mu \end{matrix}$$

dargestellt werden, wobei

$$\mu = \frac{n(n-1)\dots(n-m+1)}{1.2\dots m}$$

gesetzt ist. Die Grössen b_y^x, $(x, y = 1, 2, \dots \mu)$, sind mithin m^{te} Differentialquotienten der Form

$$\frac{\partial^m P}{\partial a_{s_1}^{r_1} \partial a_{s_2}^{r_2} \dots \partial a_{s_m}^{r_m}}.$$

Die Determinante des Systems der Grössen b_y^x werde mit $D(\partial^m P)$, oder auch mit B, die Determinante des Systems der Grössen β_y^x mit $D(\partial^{n-m} P)$ bezeichnet.

---

[*] Um das Verständniss der Bemerkungen Borchardt's zu der Abhandlung des Herrn Franke zu ermöglichen, ohne diese Abhandlung selbst nachschlagen zu müssen, sind die Bezeichnungen und Formeln, welche Herr Franke benutzt, soweit sich Borchardt auf dieselben bezieht, kurz angeführt worden; diese Einschaltungen sind in Klammern eingeschlossen. H.

Dann besteht bekanntlich das folgende System von Gleichungen:

$$(1)\qquad \begin{array}{ll} \beta_1^x b_1^x + \beta_2^x b_2^x + \cdots + \beta_\mu^x b_\mu^x = P, & (x = 1, 2, \ldots \mu) \\ \beta_1^x b_1^y + \beta_2^x b_2^y + \cdots + \beta_\mu^x b_\mu^y = 0, & (x \gtrless y;\ x, y = 1, 2, \ldots \mu) \end{array}$$

aus welchem man durch Elimination

$$(2)\qquad B.\beta_y^x = P.\frac{\partial P}{\partial b_y^x}, \qquad (x, y = 1, 2, \ldots \mu)$$

erhält. Mit Hülfe dieser Relationen beweist nun Herr Franke in der in der Ueberschrift citirten Abhandlung durch einen Schluss von $k = i - 1$ auf $k = i$ die Gleichung

$$(3)\qquad P^k.\frac{\partial^k B}{\partial b_{y_1}^{x_1} \partial b_{y_2}^{x_2} \ldots \partial b_{y_k}^{x_k}} = B.\begin{vmatrix} \beta_{y_1}^{x_1} & \beta_{y_2}^{x_1} & \ldots & \beta_{y_k}^{x_1} \\ \cdot & \cdot & \cdots & \cdot \\ \beta_{y_1}^{x_k} & \beta_{y_2}^{x_k} & \ldots & \beta_{y_k}^{x_k} \end{vmatrix},$$

in welcher $x_1, x_2, \ldots x_k$ und $y_1, y_2, \ldots y_k$ je k von einander verschiedene Zahlen der Reihe $1, 2, \ldots \mu$ bedeuten.]

Die stufenweise Verification der Gleichung (3) unter Voraussetzung von (2) lässt sich durch folgendes directe Verfahren ersetzen: Man bilde das Product der beiden Determinanten

$$\begin{vmatrix} b_1^1 & b_2^1 & \ldots & b_\mu^1 \\ b_1^2 & b_2^2 & \ldots & b_\mu^2 \\ \cdot & \cdot & \cdots & \cdot \\ b_1^\mu & b_2^\mu & \ldots & b_\mu^\mu \end{vmatrix}$$

und

$$\begin{vmatrix} \beta_1^1 & \beta_2^1 & \ldots & \beta_k^1 & \beta_{k+1}^1 & \beta_{k+2}^1 & \ldots & \beta_\mu^1 \\ \cdot & \cdot & \cdots & \cdot & \cdot & \cdot & \cdots & \cdot \\ \beta_1^k & \beta_2^k & \ldots & \beta_k^k & \beta_{k+1}^k & \beta_{k+2}^k & \ldots & \beta_\mu^k \\ 0 & 0 & \ldots & 0 & 1 & 0 & \ldots & 0 \\ 0 & 0 & \ldots & 0 & 0 & 1 & \ldots & 0 \\ \cdot & \cdot & \cdots & \cdot & \cdot & \cdot & \cdots & \cdot \\ 0 & 0 & \ldots & 0 & 0 & 0 & \ldots & 1 \end{vmatrix},$$

welches nach der bekannten Regel für die Multiplication und in Hinblick auf die Gleichungen (1) die resultirende Determinante giebt

$$\begin{vmatrix} P & 0 & \dots & 0 & b^1_{k+1} & \dots & b^1_\mu \\ \cdot & \cdot & \dots & \cdot & \cdot & \dots & \cdot \\ 0 & 0 & \dots & P & b^k_{k+1} & \dots & b^k_\mu \\ 0 & 0 & \dots & 0 & b^{k+1}_{k+1} & \dots & b^{k+1}_\mu \\ \cdot & \cdot & \dots & \cdot & \cdot & \dots & \cdot \\ 0 & 0 & \dots & 0 & b^\mu_{k+1} & \dots & b^\mu_\mu \end{vmatrix},$$

d. h. es ist

$$B\cdot\begin{vmatrix} \beta^1_1 & \dots & \beta^1_k \\ \cdot & \dots & \cdot \\ \beta^k_1 & \dots & \beta^k_k \end{vmatrix} = P^k . \frac{\partial^k B}{\partial b^1_1 \dots \partial b^k_k}.$$

Dieser Beweis ist nichts Anderes als eine Erweiterung desjenigen, welchen ich für die Herleitung der Jacobischen Formeln zur Zurückführung der Unterdeterminanten des adjungirten Systems auf Unterdeterminanten des ursprünglichen gegeben habe und welcher in dem Baltzerschen Buche über Determinanten eine Stelle gefunden hat.

[Die Gleichung (3) geht für $k=\mu$ in

$$(4) \qquad P^\mu = D(\partial^m P).D(\partial^{n-m} P)$$

über, woraus Herr Franke die Relation

$$(6) \qquad D(\partial^m P) = P^\nu, \quad \nu = \frac{(n-1)(n-2)\dots(n-m)}{1\ .\ 2\ \dots\ m}$$

ableitet, aus welcher nach (3) unmittelbar die Gleichung

$$(7) \qquad \frac{\partial^k B}{\partial b^{x_1}_{y_1}\partial b^{x_2}_{y_2}\dots\partial b^{x_k}_{y_k}} = P^{\nu-k}.\begin{vmatrix} \beta^{x_1}_{y_1} & \dots & \beta^{x_1}_{y_k} \\ \cdot & \dots & \cdot \\ \beta^{x_k}_{y_1} & \dots & \beta^{x_k}_{y_k} \end{vmatrix}$$

folgt.]

Wenn man die Bedingungen der Theilbarkeit ganzer Functionen durch einander in Rücksicht zieht, so würde schon die von Cauchy gegebene Gleichung (4) hinreichen zu beweisen, dass die Determinante $D(\partial^m P)$ sich auf eine Potenz der ursprünglichen Determinante P und zwar auf die ν^{te} reducirt, ein Ergebniss, welches übrigens auch als besonderer Fall in dem von Sylvester (Phil. Mag., April 1851) gegebenen Determinantensatz enthalten ist. Nach

Gleichung (4) ist nämlich $D(\partial^m P)$ ein Theiler von P^μ. Aber P ist in Beziehung auf jede Reihe von Grössen a, die einen und denselben oberen oder unteren Index haben, eine lineare Function, und hieraus folgt unmittelbar, dass es keine in P^μ theilbare ganze Function der Grössen a giebt ausser den Functionen der Form $c.P^\lambda$, wo λ eine der Zahlen 0, 1, 2, ... μ ist und c ein rein numerischer Factor. Die Dimension von $D(\partial^m P)$ ergiebt alsdann sofort

$$\lambda = \nu = \frac{(n-1)(n-2)\ldots(n-m)}{1\ .\ 2\ \ldots\ m}$$

und der besondere Fall, in welchem von den Grössen a nur die in der Diagonalreihe stehenden a_i^i von der Null verschieden sind, ergiebt $c = 1$.

Aber offenbar war es die Absicht des Herrn Franke, eine von diesen Betrachtungen unabhängige Herleitung der Gleichung (6) zu geben, und dies hat derselbe in der geschickten, in seiner Abhandlung ausgeführten, Weise geleistet.

Bemerkungen zur Note des Herrn Tardy: „Ueber eine Leibnizsche Formel“.

Monatsbericht der Akademie der Wissenschaften zu Berlin, December 1868 p. 623—625.

Herr Borchardt übergab im Namen des Fürsten Boncompagni, Ehrenmitgliedes der Akademie der Wissenschaften zu Berlin und Herausgebers des in Rom erscheinenden Bulletin für Geschichte und Bibliographie der Mathematik und Physik eine in demselben veröffentlichte Note des Herrn Tardy in Genua, welche den Titel führt: *„Ueber eine Leibnizsche Formel“*.

Die Formel, um welche es sich handelt, ist die für die Differentialrechnung so wichtige Gleichung, welche das von einem Product genommene Differential irgend einer Ordnung durch die Differentiale der Factoren ausdrückt.

Herr Tardy macht darauf aufmerksam, dass Leibniz zwar diese Formel und die symbolische Analogie, welche sie mit der Entwicklung der Potenz eines Binoms zeigt, erst im Jahre 1710 in den Berliner Miscellaneen veröffentlichte, dieselbe jedoch bereits funfzehn Jahre früher im Jahre 1695 entdeckt und ihre Bedeutung auf alle Werthe des Index*) ausgedehnt hatte.

In einem im Mai 1695 an Johann Bernoulli gerichteten Brief stellt Leibniz seine Formel für ganze positive Indices (d. h. für Differentiale beliebiger Ordnung) auf, und nachdem in der Fortsetzung des Briefwechsels zwischen beiden Mathematikern Johann Bernoulli das Analoge für die Integrale gesucht, aber nicht über das Integral erster Ordnung hinaus gefunden hatte, für welches er schon früher in den Acta Eruditorum auf anderem Wege zu dem nämlichen Resultat gelangt war, theilte ihm Leibniz im October 1695 die Ausdehnung auf Integrale jeder Ordnung in der einfachen Regel mit, dass

*) d. h. der Zahl, welche die Ordnung des Differentials bezeichnet.

die Ordnungen der Integrale in seiner Formel als negative Indices zu behandeln sind.

In einem wenige Wochen früher am 30. September 1695 an den Marquis de l'Hôpital gerichteten Brief hatte bereits Leibniz seine Formel nicht nur auf ganze negative, sondern auch auf gebrochene Indices ausgedehnt, deren Einführung in die Differentialrechnung bekanntlich ein von Leibniz herrührender Gedanke ist. Obgleich daselbst nur die Definition des für den Index $\frac{1}{2}$ genommenen Differentials als Beispiel gegeben wird, so findet sich in einem vom 28. December 1695 datirten Schreiben Leibnizens an Johann Bernoulli die allgemeinere Definition für ein Differential irgend einer gebrochenen Ordnung.

Die heutigen Tages gebräuchliche von Herrn Liouville eingeführte Definition unterscheidet sich von der Leibnizschen in dem Punkt, dass, während Leibniz sich auf den besonderen Fall beschränkt, in welchem die zu differentiirende Function sich durch eine einzige Exponentialgrösse mit einem der unabhängigen Variabeln proportionalen Exponenten ausdrücken lässt, gegenwärtig jener Function ihre Allgemeinheit erhalten wird, indem man sie durch eine endliche oder selbst unendliche Summe von Exponentialgrössen der bezeichneten Art, die in constante Coefficienten multiplicirt sind, ausgedrückt annimmt.

Herr Tardy verfolgt die geschichtliche Entwicklung, welche die von ihm betrachtete Leibnizsche Entdeckung genommen hat.

Als achtzehnjähriger junger Mann machte Lagrange 1754, ohne die Priorität Leibnizens zu kennen, dieselbe Entdeckung noch einmal und veröffentlichte sie in Form eines Briefes an den Graf Fagnano, ein unwillkürliches Plagiat, über welches er, als er dessen gewahr wurde, sich kaum zu beruhigen vermochte.

Achtzehn Jahre später gab Lagrange 1772 in den Schriften der Berliner Akademie der Leibnizschen Entdeckung eine bei weitem grössere Ausdehnung, indem er zeigte, dass zwischen den endlichen Differenzen und Potenzen eine Analogie besteht, aus welcher sehr allgemeine symbolische Formeln hervorgehen.

Herr Tardy erwähnt schliesslich den Laplaceschen Beweis dieser symbolischen Formeln und die noch grössere Erweiterung, welche die in denselben enthaltenen Principien durch den sogenannten Operations-Calcul erfahren haben. Die frühesten Spuren desselben findet er mit Recht in dem Briefwechsel zwischen Leibniz und Johann Bernoulli und zwar in der von dem letzteren aufgestellten Regel, wonach unter gewissen Voraussetzungen d, d^2, d^3, ... nicht als Operationszeichen, sondern als algebraische Grössen angesehen werden dürfen.

Eine italienische Uebersetzung dieser Bemerkungen findet sich im *Bulletino di Bibliografia e di Storia delle Science Matematiche et Fisiche*, *publ. da Boncompagni*, T. II p. 275—276, 1869, unter dem Titel: *Intorno ad una formola del Leibniz.*

Sur quelques passages des lettres de Leibniz relatifs aux différentielles à indices quelconques.

Boncompagni, Bullettino di Bibliografia e di Storia delle Scienze Matematiche e Fisiche, T. II p. 277—278, 1869.

Dans la séance du 3 décembre de l'Académie des sciences de Berlin, j'ai présenté de la part de M. le prince Boncompagni, à Rome, membre honoraire de l'Académie des sciences de Berlin et éditeur du Bulletin d'histoire et de bibliographie des sciences mathématiques et physiques, une note de M. Tardy, à Gènes, publiée dans ce recueil sous le titre: „*Sur une formule de Leibniz*".

En donnant [Voyez p. 483 de ce volume] dans la même séance un court aperçu des intéressantes notices historiques contenues dans cette note, j'ai ajouté quelques remarques sur la définition donnée par Leibniz des différentielles à indices quelconques. Ayant été invité par M. Boncompagni à exposer en langue française ces remarques pour son Bulletin, je les reproduis dans cette note avec quelques additions.

Dans un *post-scriptum* à une lettre au Marquis de l'Hôpital, datée du 30 septembre 1695, Leibniz avait déjà étendu sa formule, c'est-à-dire la formule qui exprime la différentielle d'ordre quelconque d'un produit par les différentielles des facteurs, au cas des indices entiers et négatifs et même au cas des indices fractionnaires, dont l'introduction dans l'analyse est due, comme on sait, à Leibniz. Dans cette lettre, il est vrai, on ne trouve que la définition de la différentielle de l'indice $\frac{1}{2}$, proposé comme exemple, mais dans une lettre à Jean Bernoulli du 28 décembre 1695, Leibniz donne la différentielle d'un indice quelconque fractionnaire. Cette définition est donnée de la manière suivante*):

*) Leibnitii et Johan. Bernoulli commercium philosophicum et mathematicum. Tomus primus, ab anno 1694 ad annum 1699. Lausannae et Genevae 1745. Epistola XX, Leibnitii ad Bernoullium, p. 107. — Leibnizens mathematische Schriften, herausgegeben von Gerhardt, 1. Abth. Bd. III, Halle 1855, p. 228.

„Sint x progressionis geometricae; assumpta differentiali constante dh, ut fiat $x\,dh : a = dx$, erit $d^2x = dx\,dh : a = x\,dh\,dh : aa$, et similiter $d^3x = x\,dh^3 : a^3$, et generaliter, $d^e x = x\,dh^e : a^e$."

La définition introduite par M. Liouville et dont on se sert aujourd'hui, diffère de celle donnée par Leibniz en ce point, que la définition de Leibniz est restreinte au cas particulier d'une fonction exprimable par une seule quantité exponentielle dont l'exposant est proportionnel à la variable indépendante, tandis que, dans la définition moderne, on a conservé à la fonction sa généralité, en supposant qu'elle s'exprime par une somme finie ou même infinie de quantités exponentielles de la forme indiquée et dont chacune se trouve multipliée par un coefficient constant. Une définition indépendante de l'hypothèse que la fonction dont il s'agit soit développable en une somme de ces quantités exponentielles a été donnée par M. Grünwald*), qui pose $\frac{d^\mu f(x)}{dx^\mu}$ égal à la limite (pour $\delta = 0$) de la fraction

$$\frac{f(x)-\mu f(x-\delta)+\frac{\mu(\mu-1)}{1.2}f(x-2\delta)-\frac{\mu(\mu-1)(\mu-2)}{1.2.3}f(x-3\delta)+\cdots}{\delta^\mu},$$

pour une valeur fractionnaire quelconque de l'indice μ.

*) Zeitschrift für Mathematik und Physik, herausg. von Schlömilch, Kahl und Cantor, 12. Jahrgang, 1867, p. 443.

Otto Hesse.

(geb. den 22. April 1811, gest. den 4. August 1874.)

Borchardt, Journal für die reine und angewandte Mathematik, Bd. 79 p. 345—347, 1875.

Das verflossene Jahr hat aus der Reihe der deutschen Mathematiker in Otto Hesse einen Mann durch den Tod ausscheiden sehen, dessen Arbeiten im Felde der analytischen Geometrie tiefe Spuren hinterlassen haben und einen bleibenden Fortschritt in dieser Disciplin bilden.

Otto Hesse, einer der bedeutendsten Schüler Jacobi's, begann um das Jahr 1840 seine selbstständigen Forschungen. Dieselben waren im Lauf seiner Entwicklung gelegentlich auf Fragen der Algebra, der Variationsrechnung, der Mechanik, der Integration partieller Differentialgleichungen gerichtet, hauptsächlich und unausgesetzt aber auf die analytische Geometrie der Ebene und des Raumes.

Ueber diese von ihm mit besonderer Vorliebe gepflegte Disciplin erwarb er vermöge der seltenen Gewandtheit, mit welcher er die Algebra der ganzen Functionen zu behandeln verstand, sehr bald eine allgemein anerkannte unbestrittene Herrschaft. Alle seine Abhandlungen sind überdies durch die Vollkommenheit der Darstellung, namentlich durch die Consequenz, mit welcher Symmetrie und Homogeneität der analytischen Ausdrücke durchgeführt werden, Muster mathematischer Eleganz.

Unter der Reihe schöner Untersuchungen, welche er hinterlassen hat, will ich drei hervorheben, welche ihn am vollständigsten charakterisiren und seinen Namen in der Geschichte der analytischen Geometrie verewigen.

Seine lineare Construction des achten Schnittpunktes dreier Oberflächen zweiter Ordnung, seine Bestimmung der Wendepunkte der Curven dritter Ordnung, seine Untersuchungen über die Doppeltangenten der Curven vierter Ordnung sind Meisterwerke, welche innerhalb der analytischen Geometrie ein neues Untersuchungsgebiet eröffnet haben.

In jeder dieser drei Arbeiten wird ein Problem behandelt, welches einer beschränkten Anzahl von Lösungen fähig ist und daher auf eine algebraische Gleichung höheren Grades führt. Aber die Lösungen sind nicht unabhängig von einander. Nach den merkwürdigen Untersuchungen, welche Jacobi über die Eliminationsresultante angestellt hatte*), bestehen Relationen zwischen den Lösungen und die Finalgleichung der Elimination, auf welche man schliesslich geführt wird, ist eine Gleichung, welcher eine besondere Eigenschaft zukommt.

Ohne Zweifel war es Jacobi selbst, welcher Hesse auf diesen algebraischen, aus der analytischen Geometrie zu hebenden, Schatz aufmerksam gemacht hatte. Aber es bedurfte eines seltenen Talents, einer unausgesetzten, consequenten Arbeit, um auf dem bezeichneten, bis dahin noch unbekannten, Felde Ergebnisse von solcher Tragweite zu gewinnen.

Hesse's Entdeckungen haben weitere Vervollkommnungen in den angrenzenden wissenschaftlichen Gebieten zur Folge gehabt. Am deutlichsten tritt dies an seinen Arbeiten über die Wendepunkte der Curven dritter Ordnung hervor, welche den Ausgangspunkt für die fundamentalen Untersuchungen des Herrn Aronhold über ternäre Formen dritten Grades bilden, Untersuchungen, denen die Theorie der Invarianten eine so bedeutende Förderung verdankt.

Das mathematische Journal, welchem die Ehre zu Theil geworden ist, die meisten von Hesse's Abhandlungen und namentlich die bezeichneten drei Hauptarbeiten in seine Spalten aufzunehmen, hat auch Hesse's letzte Arbeit, die das Problem der drei Körper behandelt, und zwar gleichzeitig mit den Denkschriften der Münchener Akademie, veröffentlicht. In dieser Arbeit, welche eine neue und durch ihre Symmetrie ausgezeichnete Darstellung der Lagrangeschen von der Pariser Akademie gekrönten Preisschrift enthält, ist ein das Resultat beeinflussender Irrthum untergelaufen, den öffentlich zuerst Herr Serret besprochen hat. Aus einem mit Hesse geführten Briefwechsel weiss ich, dass Hesse schon wenige Monate nach Veröffentlichung seiner Abhandlung den Irrthum kannte. Meine Bitte denselben in meinem Journal zu berichtigen, ehe es von anderer Seite geschehe, blieb fruchtlos, wahrscheinlich, weil Hesse sich auf eine blosse Berichtigung nicht beschränken, sondern damit

*) Bd. 14 p. 281 und Bd. 15 p. 285 des Journals für die reine und angewandte Mathematik [Jacobi's Gesammelte Werke, Bd. 3 p. 285 und p. 329].

die Veröffentlichung neuer Resultate verbinden wollte, die noch nicht in druckfertiger Form vorlagen.

Was Hesse als Lehrer nach einander in Königsberg, Halle, Heidelberg, München geleistet hat, davon geben seine zahlreichen Schüler ein beredtes Zeugniss. Noch weiter hat er seinen belehrenden Einfluss ausgebreitet und auf die Kenntniss der analytischen Geometrie in Deutschland befruchtend eingewirkt, indem er seine Vorlesungen über analytische Geometrie durch den Druck allgemein zugänglich machte.

Diese ganze Seite seiner Thätigkeit möge an einer anderen Stelle gewürdigt werden, mir kam es vorzugsweise darauf an, den Lesern meines Journals die unvergänglichen Ergebnisse ins Gedächtniss zurückzurufen, welche die Wissenschaft dem Forscher Otto Hesse verdankt.

Berlin, den 31. December 1874.

Zusatz zur Abhandlung des Herrn Cayley: „Algorithm for the characteristics of the triple ϑ-functions".

Borchardt, Journal für die reine und angewandte Mathematik, Bd. 87 p. 169—171, 1879.

Von Herrn Weierstrass rührt bekanntlich der Gedanke her, aus den 4^ϱ ϑ-Functionen von ϱ Variabeln $2\varrho+1$ Functionen, welche mit einem einfachen Index bezeichnet werden, so auszuwählen, dass die Composition dieser $2\varrho+1$ Indices zu 2, 3, ... ϱ sämmtliche ϑ-Functionen mit Ausnahme des Hauptheta erschöpfen. In der Weierstrassschen Theorie sind die $2\varrho+1$ Functionen, von welchen man ausgeht, so gewählt, dass sich unter ihnen ϱ ungerade Functionen finden, deren Indices α, β, ... seien, und $\varrho+1$ gerade Functionen, deren Indices $\mathfrak{a}$, $\mathfrak{b}$, ... seien. Alsdann ist irgend eine ϑ-Function mit einem aus ν Zahlen α, β, ... und $n-\nu$ Zahlen $\mathfrak{a}$, $\mathfrak{b}$, ..., also im Ganzen n Zahlen, componirten Index eine gerade oder ungerade Function, je nachdem

$$\frac{n^2-n}{2}+\nu$$

eine gerade oder ungerade Zahl ist. Die Auswahl der $2\varrho+1$ Functionen, welche man als ϑ's mit einfachem Index zu Grunde legt, kann auf verschiedenartige Weise modificirt werden. Für $\varrho=3$ hat Herr Heinrich Weber*) gefunden, dass man zu einer beliebig gewählten geraden Charakteristik p immer 7 ungerade Charakteristiken $p+\alpha_1$, ... $p+\alpha_7$ so auswählen kann, dass diese 7 und die 21 aus p und den Amben der α componirten Charakteristiken alle 28 ungeraden Charakteristiken, und alle aus p und den Ternen der α componirten Charakteristiken die von p verschiedenen 35 geraden Charakteristiken

*) Theorie der Abelschen Functionen vom Geschlecht 3. Berlin, G. Reimer, 1876; Theorem VII p. 25, VIII und X p. 27, XII p. 29. Nur scheinbar lautet das Ergebniss in der Weberschen Schrift dadurch etwas anders, dass dort $p+\alpha_\varkappa=\beta_\varkappa$ gesetzt ist.

62*

liefern. Diesen Satz hat Herr Schottky*) auf ϑ-Functionen von ϱ Variabeln dahin ausgedehnt:

Es ist möglich ein System primitiver Indices 1, 2, 3, ... $2\varrho+1$ und einen ausgezeichneten ε so zu wählen, dass εa ein gerader Index ist, wenn die Anzahl der primitiven Indices, aus denen a zusammengesetzt ist, $\equiv \varrho$ oder $\varrho+1$ (mod. 4) ist, dagegen ein ungerader, wenn diese Anzahl $\equiv \varrho+2$ oder $\varrho+3$ (mod. 4) ist.

Hiernach bezeichnet Herr Schottky für $\varrho = 3$, indem er $\varepsilon = 0$ setzt, die 64 ϑ-Functionen durch die Indices

$$0, \quad \varkappa, \quad \varkappa\lambda, \quad \varkappa\lambda\mu \qquad (\varkappa, \lambda, \mu = 1, \dots 7)$$

in der Weise, dass $\varkappa$, $\varkappa\lambda$ die $7+21 = 28$ ungeraden, 0, $\varkappa\lambda\mu$ die $1+35 = 36$ geraden Functionen liefern, welche Bezeichnung, wie man sieht, abgesehen von unwesentlichen Modificationen, mit derjenigen übereinstimmt, welche Herr Cayley im Vorstehenden angewandt hat.

Es ist noch zu bemerken, dass die $7+21 = 28$ Functionen, welche in der Weierstrassschen Bezeichnung mit einem einfachen und zweifachen Index bezeichnet werden, durch Hinzufügung einer gehörig bestimmten halben Periode in die 28 ungeraden Functionen übergehen.

In der That, man setze mit Herrn Weierstrass

$$\vartheta(v_1, \dots v_\varrho)_{\mu_1 \dots \mu_\varrho; \nu_1 \dots \nu_\varrho} = \sum_{n_1, \dots n_\varrho = -\infty}^{+\infty} e^{g(v_1 - \frac{1}{2}\mu_1, \dots v_\varrho - \frac{1}{2}\mu_\varrho; n_1 - \frac{1}{2}\nu_1, \dots n_\varrho - \frac{1}{2}\nu_\varrho)}$$

$$g(v_1, \dots v_\varrho; n_1, \dots n_\varrho) = \pi i \{2n_1 v_1 + \dots + 2n_\varrho v_\varrho + n_1^2 \tau_{11} + 2n_1 n_2 \tau_{12} + \dots + n_\varrho^2 \tau_{\varrho\varrho}\},$$

so geht bekanntlich für $\varrho = 3$ das Hauptheta $\vartheta_{000;000}$, wenn man nach einander alle möglichen halben Perioden zu den Argumenten v_1, v_2, v_3 hinzufügt, abgesehen von einem Exponentialfactor, in die ganze Reihe der 64 ϑ-Functionen über; so dass jeder Function $\vartheta_{\mu_1 \mu_2 \mu_3; \nu_1 \nu_2 \nu_3}$ eine bestimmte halbe Periode entspricht. Dies vorausgesetzt, entspricht die in Rede stehende halbe Periode der Combination

$$(1, 0, 1; 1, 1, 1)$$

der sechs Zahlen μ, ν.

Schliesslich möge in übersichtlicher Gestalt die Tabelle der 64 ϑ-Functionen nach der Weierstrassschen Bezeichnung folgen, welche sich in

*) Abriss einer Theorie der Abelschen Functionen von drei Variabeln. Habilitationsschrift, Breslau am 5. November 1878, p. 18.

Herrn Henoch's Inaugural-Dissertation: „*De Abelianarum functionum periodis*“ p. 15 findet.

$\nu_1\nu_2\nu_3$ \ $\mu_1\mu_2\mu_3$	000	100	010	001	011	101	110	111
000	7	12	34	56	012	034	056	0
100	01	$\underline{02}$	256	234	2	$\underline{134}$	$\underline{156}$	$\underline{1}$
010	456	03	$\underline{356}$	4	$\underline{3}$	124	$\underline{04}$	$\underline{123}$
001	6	126	346	$\underline{5}$	$\underline{345}$	$\underline{125}$	05	$\underline{06}$
011	45	036	$\underline{35}$	$\underline{46}$	36	$\underline{035}$	$\underline{046}$	045
101	016	$\underline{026}$	25	$\underline{015}$	$\underline{26}$	025	$\underline{15}$	16
110	23	$\underline{13}$	$\underline{24}$	014	$\underline{013}$	$\underline{024}$	14	023
111	236	$\underline{136}$	$\underline{246}$	$\underline{235}$	245	135	146	$\underline{145}$

In dieser Tafel mit doppeltem Eingang bilden der Complex der Zahlen μ_1, μ_2, μ_3 und der Complex der Zahlen ν_1, ν_2, ν_3 die beziehungsweise über den 8 Verticalreihen und vor den 8 Horizontalreihen stehenden Ueberschriften, während in jedem der 64 Felder der Tafel der einfache oder componirte Index steht, welcher nach der Weierstrassschen Bezeichnung der Combination beider Complexe μ_1, μ_2, μ_3 und ν_1, ν_2, ν_3, d. h. dem Zeiger der betreffenden ϑ-Function, entspricht. Die unterstrichenen Indices gehören zu ungeraden ϑ-Functionen.

Berlin, d. 15. December 1878.

Remarque relative au Mémoire de M. Sylvester: „Sur les déterminants composés“*).

Borchardt, Journal für die reine und angewandte Mathematik, Bd. 89 p. 82—85, 1880.

Dans une correspondance qui vient d'avoir lieu entre M. Sylvester et moi, M. Sylvester m'a autorisé de retirer, en son nom, le théorème sur les déterminants composés qu'il a énoncé p. 56 et 58 du volume 88 de mon Journal.

Soit proposé un déterminant dont les éléments forment $a+b+\cdots+z$ lignes horizontales et autant de colonnes verticales. Choisissons α quelconques des a premières lignes, β quelconques des b lignes qui suivent, etc., enfin ζ quelconques des z dernières lignes; choisissons de même α quelconques des a premières colonnes, β quelconques des b colonnes qui suivent, etc., enfin ζ quelconques des z dernières colonnes, et formons le déterminant de l'ordre $\alpha+\beta+\cdots+\zeta$ de tous les éléments qui se trouvent dans les lignes et colonnes choisies. Le déterminant composé, formé de tous les déterminants possibles du genre indiqué, est ce que M. Sylvester désigne par la notation

$$({}^{\alpha}A_{a}\,{}^{\beta}B_{b}\ldots{}^{\zeta}Z_{z}).$$

De plus le déterminant simple formé des a premières lignes et colonnes est désigné par (A), le déterminant formé des $a+b$ premières lignes et colonnes est désigné par (AB), et ainsi de suite. Cela posé, on trouve p. 58 l'équation

$$\frac{\log({}^{\alpha}A_{a}\,{}^{\beta}B_{b}\ldots{}^{\zeta}Z_{z})}{(a-1,\alpha)(b-1,\beta)\ldots(z-1,\zeta)} = \Sigma\frac{\alpha}{a-\alpha}\log(A)+\Sigma\frac{\alpha}{a-\alpha}\,\frac{\beta}{b-\beta}\log(AB)+\cdots$$
$$+\Sigma\frac{\alpha}{a-\alpha}\,\frac{\beta}{b-\beta}\cdots\frac{\zeta}{z-\zeta}\log(AB\ldots Z),$$

*) Borchardt, Journal für die reine und angewandte Mathematik, Bd. 88 p. 49—67, 1880.

dans laquelle

$$(a, \alpha) = \frac{a(a-1)\ldots(a-\alpha+1)}{1.2\ldots\alpha}.$$

C'est cette équation qui se trouve en défaut et sur laquelle M. Sylvester se réserve de revenir dans une autre occasion, en se bornant à présent à la retirer purement.

Pour connaître dans un cas simple la modification que la formule de M. Sylvester doit subir, considérons un déterminant de $a+b$ lignes et d'autant de colonnes. Dans ce cas, la formule de M. Sylvester se réduit à

$$\frac{\log({}^{\alpha}A_a\, {}^{\beta}B_b)}{(a-1,\alpha)(b-1,\beta)} = \frac{\alpha}{a-\alpha}\log(A)+\frac{\beta}{b-\beta}\log(B)+\frac{\alpha}{a-\alpha}\,\frac{\beta}{b-\beta}\log(AB).$$

Faisons $a = b = 2$, $\alpha = \beta = 1$. Alors la formule donne

$$\log({}^1A_2\, {}^1B_2) = \log(A)+\log(B)+\log(AB),$$

ou

$$({}^1A_2\, {}^1B_2) = (AB).(A)(B).$$

Considérons le déterminant

$$D = (AB)$$

du quatrième ordre formé des éléments $c_k^{(i)}$, i et k prenant les valeurs 1, 2, 3, 4, et posons

$$\begin{pmatrix} i & i' \\ k & k' \end{pmatrix} = c_k^{(i)} c_{k'}^{(i')} - c_{k'}^{(i)} c_k^{(i')}.$$

Les quatre indices 1, 2, 3, 4 étant divisés en deux classes 1, 2 et 3, 4, il y aura quatre combinaisons de deux indices i, i' telles que i, i' soient de classes différentes, et deux combinaisons telles que i, i' soient de même classe. Le déterminant composé $\Delta = ({}^1A_2\, {}^1B_2)$ est dont le déterminant du quatrième ordre formé des 16 quantités $\begin{pmatrix} i & i' \\ k & k' \end{pmatrix}$ dans lesquelles les indices supérieures ou inférieures ont les valeurs 13, 14, 23, 24. Ce déterminant du quatrième ordre peut être présenté sous la forme du déterminant du sixième ordre

$$\Delta = \begin{vmatrix} \binom{1\,3}{1\,3} & \binom{1\,3}{1\,4} & \binom{1\,3}{2\,3} & \binom{1\,3}{2\,4} & \binom{1\,3}{1\,2} & \binom{1\,3}{3\,4} \\ \binom{1\,4}{1\,3} & \binom{1\,4}{1\,4} & \binom{1\,4}{2\,3} & \binom{1\,4}{2\,4} & \binom{1\,4}{1\,2} & \binom{1\,4}{3\,4} \\ \binom{2\,3}{1\,3} & \binom{2\,3}{1\,4} & \binom{2\,3}{2\,3} & \binom{2\,3}{2\,4} & \binom{2\,3}{1\,2} & \binom{2\,3}{3\,4} \\ \binom{2\,4}{1\,3} & \binom{2\,4}{1\,4} & \binom{2\,4}{2\,3} & \binom{2\,4}{2\,4} & \binom{2\,4}{1\,2} & \binom{2\,4}{3\,4} \\ 0 & 0 & 0 & 0 & 1 & 0 \\ 0 & 0 & 0 & 0 & 0 & 1 \end{vmatrix}.$$

Soit $\begin{bmatrix} i & i' \\ k & k' \end{bmatrix}$ le déterminant du second ordre par lequel $\begin{pmatrix} i & i' \\ k & k' \end{pmatrix}$ se trouve multiplié dans le déterminant $D = (AB)$, et formons le déterminant du sixième ordre

$$\Delta' = \begin{vmatrix} \begin{bmatrix}1\,3\\1\,3\end{bmatrix} & \begin{bmatrix}1\,3\\1\,4\end{bmatrix} & \begin{bmatrix}1\,3\\2\,3\end{bmatrix} & \begin{bmatrix}1\,3\\2\,4\end{bmatrix} & \begin{bmatrix}1\,3\\1\,2\end{bmatrix} & \begin{bmatrix}1\,3\\3\,4\end{bmatrix} \\ \begin{bmatrix}1\,4\\1\,3\end{bmatrix} & \begin{bmatrix}1\,4\\1\,4\end{bmatrix} & \begin{bmatrix}1\,4\\2\,3\end{bmatrix} & \begin{bmatrix}1\,4\\2\,4\end{bmatrix} & \begin{bmatrix}1\,4\\1\,2\end{bmatrix} & \begin{bmatrix}1\,4\\3\,4\end{bmatrix} \\ \begin{bmatrix}2\,3\\1\,3\end{bmatrix} & \begin{bmatrix}2\,3\\1\,4\end{bmatrix} & \begin{bmatrix}2\,3\\2\,3\end{bmatrix} & \begin{bmatrix}2\,3\\2\,4\end{bmatrix} & \begin{bmatrix}2\,3\\1\,2\end{bmatrix} & \begin{bmatrix}2\,3\\3\,4\end{bmatrix} \\ \begin{bmatrix}2\,4\\1\,3\end{bmatrix} & \begin{bmatrix}2\,4\\1\,4\end{bmatrix} & \begin{bmatrix}2\,4\\2\,3\end{bmatrix} & \begin{bmatrix}2\,4\\2\,4\end{bmatrix} & \begin{bmatrix}2\,4\\1\,2\end{bmatrix} & \begin{bmatrix}2\,4\\3\,4\end{bmatrix} \\ \begin{bmatrix}1\,2\\1\,3\end{bmatrix} & \begin{bmatrix}1\,2\\1\,4\end{bmatrix} & \begin{bmatrix}1\,2\\2\,3\end{bmatrix} & \begin{bmatrix}1\,2\\2\,4\end{bmatrix} & \begin{bmatrix}1\,2\\1\,2\end{bmatrix} & \begin{bmatrix}1\,2\\3\,4\end{bmatrix} \\ \begin{bmatrix}3\,4\\1\,3\end{bmatrix} & \begin{bmatrix}3\,4\\1\,4\end{bmatrix} & \begin{bmatrix}3\,4\\2\,3\end{bmatrix} & \begin{bmatrix}3\,4\\2\,4\end{bmatrix} & \begin{bmatrix}3\,4\\1\,2\end{bmatrix} & \begin{bmatrix}3\,4\\3\,4\end{bmatrix} \end{vmatrix},$$

dont la valeur est, comme on sait,

$$\Delta' = D^3.$$

En multipliant les deux déterminants Δ et Δ' et en y appliquant les formules pour la composition des déterminants, les éléments composés étant formés par la combinaison d'une ligne quelconque de Δ et d'une ligne quelconque de Δ', on obtient

$$\Delta\Delta' = \begin{vmatrix} D & 0 & 0 & 0 & 0 & 0 \\ 0 & D & 0 & 0 & 0 & 0 \\ 0 & 0 & D & 0 & 0 & 0 \\ 0 & 0 & 0 & D & 0 & 0 \\ \begin{bmatrix}1\,3\\1\,2\end{bmatrix} & \begin{bmatrix}1\,4\\1\,2\end{bmatrix} & \begin{bmatrix}2\,3\\1\,2\end{bmatrix} & \begin{bmatrix}2\,4\\1\,2\end{bmatrix} & \begin{bmatrix}1\,2\\1\,2\end{bmatrix} & \begin{bmatrix}3\,4\\1\,2\end{bmatrix} \\ \begin{bmatrix}1\,3\\3\,4\end{bmatrix} & \begin{bmatrix}1\,4\\3\,4\end{bmatrix} & \begin{bmatrix}2\,3\\3\,4\end{bmatrix} & \begin{bmatrix}2\,4\\3\,4\end{bmatrix} & \begin{bmatrix}1\,2\\3\,4\end{bmatrix} & \begin{bmatrix}3\,4\\3\,4\end{bmatrix} \end{vmatrix},$$

ou

$$\Delta\Delta' = D^4 \left\{ \begin{bmatrix}1\,2\\1\,2\end{bmatrix} \begin{bmatrix}3\,4\\3\,4\end{bmatrix} - \begin{bmatrix}3\,4\\1\,2\end{bmatrix} \begin{bmatrix}1\,2\\3\,4\end{bmatrix} \right\}.$$

La quantité qui se trouve entre les crochets peut également être écrite sous la forme

$$\begin{pmatrix}1\,2\\1\,2\end{pmatrix} \begin{pmatrix}3\,4\\3\,4\end{pmatrix} - \begin{pmatrix}1\,2\\3\,4\end{pmatrix} \begin{pmatrix}3\,4\\1\,2\end{pmatrix},$$

donc, en divisant de part et d'autre par D^3, on obtient

$$\varDelta = D\left\{\begin{pmatrix}1\,2\\1\,2\end{pmatrix}\begin{pmatrix}3\,4\\3\,4\end{pmatrix}-\begin{pmatrix}1\,2\\3\,4\end{pmatrix}\begin{pmatrix}3\,4\\1\,2\end{pmatrix}\right\}.$$

Les déterminants $\begin{pmatrix}1\,2\\1\,2\end{pmatrix}$, $\begin{pmatrix}3\,4\\3\,4\end{pmatrix}$ sont identiques aux déterminants (A), (B) de la formule de M. Sylvester. Le déterminant $\varDelta = ({}^1A_2\,{}^1B_2)$ a donc, comme dans la formule de M. Sylvester, la propriété d'être divisible par le déterminant $D = (AB)$, mais le quotient, au lieu d'être $\begin{pmatrix}1\,2\\1\,2\end{pmatrix}\begin{pmatrix}3\,4\\3\,4\end{pmatrix}$, est l'expression

$$\begin{pmatrix}1\,2\\1\,2\end{pmatrix}\begin{pmatrix}3\,4\\3\,4\end{pmatrix}-\begin{pmatrix}1\,2\\3\,4\end{pmatrix}\begin{pmatrix}3\,4\\1\,2\end{pmatrix}.$$

Je me borne à ce cas particulier. Lorsque l'éminent géomètre qui a enrichi de si belles découvertes la théorie des déterminants et l'algèbre des fonctions entières en général, et dont les contributions forment un ornement bien précieux de mon Journal, reviendra sur sa théorie des déterminants composés et qu'il voudra bien destiner pour mon Journal la rectification dont sa formule générale est susceptible, il nous fera connaître, on peut en être sûr, un progrès nouveau que cette branche de l'algèbre devra à son initiative.

Berlin, 4 février 1880.

Préface de la correspondance mathématique entre Legendre et Jacobi.

Borchardt, Journal für die reine und angewandte Mathematik, Bd. 80 p. 205—208, 1875.

La correspondance mathématique entre Legendre et Jacobi est une des correspondances les plus mémorables qu'on trouve dans la littérature des sciences exactes. Il a fallu un concours de circonstances heureuses pour la conserver en entier à la postérité.

C'est à M. Bertrand que nous devons la publication de onze lettres de Jacobi à Legendre insérées aux Annales de l'école normale de 1869. En les faisant imprimer l'éminent géomètre a sauvé ce trésor, les manuscrits originaux ayant péri en 1871 dans les incendies de la Commune. Cette publication fut en même temps un acte de justice pour la mémoire de Jacobi.

Une grave erreur historique avait été répandue concernant la découverte de la nouvelle théorie des fonctions elliptiques. On avait avancé qu'à Abel seul revenait la découverte de cette théorie en vertu de ses mémoires contenus dans les volumes 2 et 3 du Journal de Crelle; que Jacobi, sans y ajouter rien d'essentiel, en avait seulement formé un corps de doctrine publié trois ans plus tard dans ses *Fundamenta nova.* Cette opinion se trouvait déjà, quand elle fut émise, en contradiction manifeste avec les notes et mémoires de Jacobi et d'Abel insérés dans le Journal astronomique de Schumacher*) et non moins avec le célèbre rapport de Poisson**) sur les *Fundamenta nova* de Jacobi. Mais rien n'y aurait pu donner un démenti plus formel que la publication des lettres de Jacobi dans lesquelles l'illustre analyste raconte

*) Astronomische Nachrichten, Bd. 6, n°. 123, 127, 138.

**) Lu à la séance de l'Académie des Sciences du 21 décembre 1829.

avec une rare franchise l'historique de ses découvertes et la filiation de ses idées*).

Au mois de septembre 1827 ont paru à Berlin le 2me cahier vol. 2 du Journal de Crelle**) et à Altona le no. 123 vol. 6 des Nouvelles astronomiques de Schumacher. Le cahier du Journal de Crelle contient la première publication d'Abel***) relative à la nouvelle théorie des fonctions elliptiques. On y trouve leur double périodicité, la théorie analytique de leur multiplication et de leur division, leur définition par des produits infinis. Le numéro des Nouvelles astronomiques contient deux lettres de Jacobi à Schumacher écrites de Koenigsberg et datées du 13 juin et du 2 août 1827. Dans la première lettre il donne les transformations du 3me et du 5me ordre dans leur forme algébrique avec les transformations supplémentaires à la multiplication. Dans la seconde il établit les formules analytiques générales pour la transformation de l'ordre n.

Pour un géomètre qui a sous les yeux ces deux publications simultanées, il est évident qu'en les écrivant Abel et Jacobi ont été chacun en possession de l'ensemble de la nouvelle théorie des fonctions elliptiques, qu'ils y sont parvenus indépendamment l'un de l'autre, Abel en partant de la multiplication, Jacobi en partant de la transformation des fonctions elliptiques.

Le fait historique de cette coïncidence remarquable a été reconnu par tous les géomètres contemporains, parmi lesquels il suffira de nommer Legendre, Poisson et Lejeune-Dirichlet. D'ailleurs jamais discussion de priorité n'a eu lieu entre Abel et Jacobi. Ils ont réalisé l'attente de Legendre: „vous serez sans doute dignes l'un de l'autre par la noblesse de vos sentiments et par la justice que vous vous rendrez réciproquement“†).

En comparant les onze lettres de Jacobi publiées par M. Bertrand avec douze lettres manuscrites de Legendre qui se sont trouvées dans la succession de Jacobi, j'ai pu vérifier que ces 23 lettres forment la correspondance

*) Lettre de Jacobi du 12 avril 1828.

**) M. G. Reimer en recherchant dans les livres de son imprimerie et de l'année 1827 a bien voulu constater le mois dans lequel ce cahier a été expédié aux abonnés.

***) Abel était de retour à Christiania depuis le mois de mai 1827.

†) Lettre de Legendre à Abel du 28 octobre 1828.

scientifique entière qui a eu lieu entre Legendre et Jacobi*). M. Bertrand ayant bien voulu m'exprimer son assentiment à l'impression de cette correspondance entière, je la fais paraître suivant l'ordre chronologique dans lequel les lettres ont été écrites. A côté des *Fundamenta nova* de Jacobi, des notes et mémoires d'Abel et de Jacobi imprimés dans le Journal de Crelle et dans les Nouvelles astronomiques de Schumacher, cette correspondance est un des documents les plus précieux pour l'histoire de la découverte de la nouvelle théorie des fonctions elliptiques.

Quatre grands géomètres, Legendre, Gauss, Abel et Jacobi, ont eu leur part dans cet événemeut. Legendre l'avait préparé; vieillard de 75 ans en 1827, il avait cultivé depuis 1786 pendant plus de quarante ans le calcul des intégrales elliptiques et en avait formé une discipline particulière. Ses travaux avaient été peu appréciés par les célèbres analystes de son propre pays dont l'intérêt se dirigeait plutôt vers les recherches applicables à l'astronomie et à la physique. Parmi les savants étrangers à la France Gauss connaissait parfaitement l'importance du sujet, mais dès son début il avait montré à l'égard de Legendre une froideur que ce dernier ne lui pardonnait pas. La découverte de 1827 avait d'ailleurs pour Gauss un intérêt très-personnel. Depuis plus de vingt ans il était en possession des résultats par lesquels Abel et Jacobi ont étonné les géomètres. Des recherches entreprises pendant les années de 1797 à 1808, dans lesquelles il partait de la transformation du second ordre et des moyennes arithmético-géométriques, l'y avaient conduit, mais il n'en avait rien publié. Pendant toute sa vie il n'en a jamais parlé que dans des lettres ou conversations privées.

Lorsqu'en 1827 Legendre reçut la première nouvelle de la récente découverte de Jacobi, d'abord par le n°. 123 du Journal de Schumacher, puis par la lettre de Jacobi du 5 août 1827, il l'accueillit avec un vrai enthousiasme. L'intérêt qu'il prenait à la discipline qui pendant une si grande partie de sa vie avait formé son travail principal, était en lui d'une telle pureté qu'il n'éprouvait point de jalousie de se voir surpassé et son oeuvre couronnée par un jeune homme de 23 ans qui se nommait avec raison son disciple. Mais lorsqu'il fut averti d'une assertion de Gauss qui aurait pu enlever à Jacobi

*) Outre ces 12 lettres de Legendre je n'ai trouvé qu'un billet du 6 septembre 1829 (séjour de Jacobi à Paris), simple billet d'invitation qui n'offre point d'intérêt et n'a aucun rapport aux mathématiques.

une partie de la gloire de sa découverte, son irritation fut grande. Il n'hésita pas à douter de la vérité de l'assertion, et ce fut alors Jacobi qui se chargea de la défense de Gauss.

Pour les caractères de Legendre et de Jacobi leur correspondance est un beau monument.

Legendre qui par son travail infatigable avait initié la nouvelle génération dans la théorie des intégrales elliptiques, montre pour Jacobi une bienveillance qui lui fait le plus grand honneur. En ce qui concerne Abel, après avoir vaincu la difficulté qu'il trouvait d'abord à se familiariser avec ses idées, il exprime la haute considération due à ses travaux.

Jacobi se montre plein de vénération pour Legendre dont les oeuvres lui ont fourni le point de départ de ses profondes études. C'est dans ce ton que sont écrites toutes ses lettres à l'exception d'un seul passage dans lequel il s'agit de la plus grande découverte de son émule Abel oubliée pendant deux ans parmi les papiers de Cauchy. A l'égard de Gauss son jugement est juste et sans prévention. Son admiration pour les travaux d'Abel est telle qu'il les place au-dessus des siens propres. La grande découverte à laquelle il a donné le nom de *théorème d'Abel* est désignée par lui comme „la découverte la plus importante de ce qu'a fait dans les Mathématiques le siècle dans lequel nous vivons".

En présentant au monde scientifique cette correspondance de deux géomètres de nationalité différente et pour lesquels l'intérêt de leur science fait disparaître toute autre considération, je ne puis me refuser à exprimer l'espérance que cet exemple ne sera pas perdu pour la génération présente.

C. W. Borchardt's Lebenslauf.

Carl Wilhelm Borchardt, einer der ausgezeichnetsten unter den aus der Schule C. G. J. Jacobi's hervorgegangenen Mathematikern, geboren zu Berlin den 22. Februar 1817, genoss bis zu seinem 19. Lebensjahre im elterlichen Hause eine sehr sorgfältig geleitete wissenschaftliche Erziehung und widmete sich dann von Ostern 1836 bis Ostern 1843 theils in seiner Vaterstadt, theils in Königsberg dem Studium der Mathematik, für das er schon früh eine ungewöhnliche Begabung gezeigt hatte und durch den Unterricht von L. J. Magnus, Plücker und Steiner auf's beste vorbereitet war. In Berlin schloss er sich vornehmlich an Lejeune-Dirichlet an, in Königsberg, wohin er 1839 sich begab, an Bessel, Neumann und vor allen an Jacobi, dessen Einfluss auf seine wissenschaftliche Entwicklung sich um so nachhaltiger erwies, als sich bald zwischen Lehrer und Schüler ein inniges persönliches Verhältniss bildete, das bis zum Tode des ersteren fortbestand. Nachdem Borchardt sodann in Königsberg promovirt (1843), ging er zunächst mit Jacobi nach Italien, wo beide den Winter 1843—44 in Florenz und Rom verbrachten, blieb darauf mehrere Jahre in Berlin, mit selbständigen mathematischen Untersuchungen beschäftigt, deren Resultate er 1845 zu veröffentlichen begann, verlebte den Winter 1846—47 in Paris, wo er mit Liouville, Chasles und Hermite verkehrte, habilitirte sich 1848 an der Universität zu Berlin, wo sich alsbald ein erlesener Kreis von Zuhörern um ihn sammelte, wurde 1855 ordentliches Mitglied der Akademie der Wissenschaften daselbst und übernahm kurz darauf, nach dem Tode Crelle's, auch die Fortführung des von diesem begründeten „Journal für die reine und angewandte Mathematik“, das unter seiner umsichtigen, nach strengen Grundsätzen geregelten, Leitung das Hauptorgan des Faches blieb. Als seinen eigentlichen Lebensberuf betrachtete er aber stets die Förderung der

Wissenschaft durch eigene Forschungen, was die zahlreichen Abhandlungen algebraischen, analytischen und mathematisch-physikalischen Inhalts bezeugen, mit denen er im Verlaufe von 35 Jahren die mathematische Litteratur bereicherte, sämmtlich Arbeiten von dauerndem Werthe, die sich nicht nur durch die gründliche und erschöpfende Behandlung des Stoffs, sondern auch durch die vollendete Eleganz der Form auszeichnen. Um so mehr ist zu beklagen, dass Borchardt's Thätigkeit allzu oft durch schwere Erkrankung unterbrochen wurde und er desshalb manche angefangene Untersuchung aufgeben musste, sowie er auch aus demselben Grunde seine Vorlesungen an der Universität seit 1861 ausgesetzt hatte und erst in den letzten Jahren seines Lebens wieder aufnehmen konnte. Er starb nach längerem Leiden zu Rüdersdorf bei Berlin den 27. Juni 1880, in der wissenschaftlichen Welt hochgeachtet und von allen, die ihm persönlich nahestanden, als ein Mann von lauterstem Charakter, anspruchslosem Wesen und feinster Bildung verehrt.

Verzeichniss der Titel der von C. W. Borchardt in der Akademie der Wissenschaften zu Berlin gelesenen Abhandlungen.[*]

3. Juli 1856.	Rede beim Eintritt in die Akademie (p. 467—468).
8. Januar 1857.	*Ueber die algebraische Zusammensetzung der Ausdrücke, welche zur Multiplication eines Abelschen Integrals von beliebiger Ordnung dienen.
8. Juni 1857.	Ueber eine Eigenschaft der Potenzsummen ungerader Ordnung (p. 107—118).
25. Februar 1858.	Ueber das arithmetisch-geometrische Mittel (p. 119—129).
12. Mai 1859.	Ueber ein die Elimination betreffendes Problem (p. 131—144).
7. Juni 1860.	Ueber eine Interpolationsformel für eine Art symmetrischer Functionen und über deren Anwendung (p. 151—172).
20. Januar 1862.	*Ueber vollkommene Zahlen.
21. April 1864.	*Ueber die Multiplicatoren höherer Ordnungen der gewöhnlichen Differentialgleichungen.
23. Mai 1864.	*Anwendung der Theorie der Multiplicatoren höherer Ordnungen auf die isoperimetrischen Differentialgleichungen.
29. Juni 1865.	Bestimmung des Tetraeders von grösstem Volumen bei gegebenem Inhalt seiner vier Seitenflächen (p. 179—200).
19. Februar 1866.	Ueber eine Aufgabe des Maximums (p. 201—232).
19. April 1866.	*Ueber den Inhalt und die Einrichtung der von Herrn Clebsch besorgten Ausgabe der Vorlesungen Jacobi's über Dynamik.
16. August 1866.	*Ueber Ellipsoide, welche eine Eigenschaft des Maximums besitzen.
5. December 1867.	Ueber das Ellipsoid von kleinstem Volumen bei gegebenem Flächeninhalt einer Anzahl von Centralschnitten (vergl. die am 24. Juni 1872 gelesene Abhandlung).
22. Juni 1868.	*Ueber die Bestimmung eines Fünfflaches von grösstem Volumen.
3. December 1868.	Bemerkungen zur Note des Herrn Tardy: „Ueber eine Leibnizsche Formel“ (p. 483—485).
15. April 1869.	*Ueber einige Probleme des relativen Maximums.
27. November 1870.	*Ueber ein die Pyramiden betreffendes Problem des Maximums.
26. October 1871.	*Ueber die Lösung eines Problems aus der Elasticitätslehre mit Hülfe der Potentiale.

[*] Ein Stern vor dem Titel kennzeichnet diejenigen Abhandlungen, welche von Borchardt überhaupt nicht veröffentlicht und daher in der vorliegenden Ausgabe nicht abgedruckt worden sind. Die den Titeln beigefügten Seitenzahlen beziehen sich auf diese Ausgabe. H.

24. Juni 1872.	Ueber das Ellipsoid von kleinstem Volumen bei gegebenem Flächeninhalt einer Anzahl von Centralschnitten (p. 233—244).
18. November 1872.	*Untersuchungen über Elasticität mit Berücksichtigung der Wärme.
9. Januar 1873.	Untersuchungen über die Elasticität fester isotroper Körper unter Berücksichtigung der Wärme (p. 245—288).
24. Juli 1873.	Ueber Deformationen elastischer isotroper Körper durch mechanische an ihrer Oberfläche wirkende Kräfte (p. 307—326).
16. April 1874.	*Ueber die Integration der Gleichungen des Gleichgewichtes krystallinischer elastischer Körper.
11. März 1875.	Ueber den Briefwechsel zwischen Legendre und Jacobi (vergl. p. 498—501).
9. December 1875.	*Ueber ein allgemeines Theorem in Betreff der Deformation einer elastischen isotropen Platte durch variable Erwärmung.
2. November 1876.	Ueber das arithmetisch-geometrische Mittel aus vier Elementen (p. 327—338).
18. Juni 1877.	Ueber die Darstellung der Kummerschen Fläche vierter Ordnung mit sechzehn Knotenpunkten durch die Göpelsche biquadratische Relation zwischen vier Thetafunctionen mit zwei Variabeln (p. 341—354).
31. Januar 1878.	Ueber die Theorie der Elimination (p. 355—372).
27. Juni 1878.	Ueber die Theorie des arithmetisch-geometrischen Mittels aus vier Elementen (p. 373—431).
6. Januar 1879.	Ueber hyperelliptische Transformationen zweiter Ordnung, welche durch ihre Wiederholung zur Duplication führen (vergl. p. 445—452).

Anmerkungen des Herausgebers.

In den nachfolgenden Anmerkungen sind nur solche Stellen erwähnt worden, die einer eingehenderen Besprechung bedurften, oder bei denen grössere Abweichungen vom Original beim Abdruck stattfanden, während Druck- und Rechenfehler, welche bei der dem Neudruck vorangegangenen Revision bemerkt wurden, ohne Weiteres berichtigt sind. Den Citaten, welche sich auf Abhandlungen von Lagrange, Gauss, Abel, Jacobi und Steiner beziehen, wurden die betreffenden Angaben aus den inzwischen erschienenen gesammelten Werken beigefügt. Die Abhandlungen No. 14, 16, 18 und 33 sind auch in französischer Uebersetzung veröffentlicht; die näheren Angaben über die Uebersetzung finden sich am Schlusse jener Abhandlungen.

Neue Eigenschaft der Gleichung, mit deren Hülfe man die seculären Störungen der Planeten bestimmt (p. 3—13)

und

Développements sur l'équation à l'aide de laquelle on détermine les inégalités séculaires du mouvement des planètes (p. 15—30).

In dem Monatsbericht der Akademie der Wissenschaften zu Berlin, Februar 1873 p. 142, hat Herr Kronecker darauf aufmerksam gemacht, dass „die Realität der Wurzeln der Gleichung $\Gamma = 0$ nicht nur erfordert, dass alle Glieder einer Sturmschen Reihe nicht negativ werden, sondern geradezu, dass dieselben positiv seien. Die Borchardtsche Darstellung Sturmscher Functionen für die Gleichung $\Gamma = 0$ kann desshalb nicht ohne Weiteres, wie Seitens anderer Autoren geschehen, als Beweis für die Realität der Wurzeln aufgefasst werden, hierzu bedürfte es vielmehr noch des Nachweises, dass die einzelnen Quadrate in jener Darstellung nicht sämmtlich gleich Null werden können, wenigstens nicht, so lange die Discriminante der Gleichung von Null verschieden ist."

Dem hier erwähnten Mangel lässt sich leicht durch Continuitätsbetrachtungen abhelfen, mittelst deren gezeigt werden kann, dass, wenn die Eigenschaft der Gleichung $\Gamma = 0$, reelle Wurzeln zu haben, im Allgemeinen stattfindet, sie auch für diejenigen besonderen Werthe bestehen bleibt, für welche Sturmsche Functionen gleich Null werden können. Aber bei Benutzung von Continuitätsbetrachtungen bedarf es für den Nachweis der Realität der Wurzeln der Gleichung $\Gamma = 0$ überhaupt nicht der Darstellung aller Sturmschen Functionen als Summe von Quadraten, sondern hierfür genügt die Darstellung der Discriminante, welche Borchardt bereits in der ersten Abhandlung gegeben. Auch mit Hülfe gewisser linearen Gleichungen, die Herr Kronecker in dem Monatsbericht der Akademie der Wissenschaften zu Berlin, Februar 1878 p. 118, aufgestellt hat, lässt sich die Eigenschaft einer Gleichung, die Anzahl ihrer reellen Wurzeln nicht zu ändern, so lange die Discriminante ihr Zeichen beibehält, nachweisen.

Sur la quadrature définie des surfaces courbes (p. 65—89).

Herrn Kronecker verdanke ich die folgende Mittheilung, die sich auf den Satz (p. 81): „Ce nombre n est donc égal au nombre de points isolés auxquels se réduit la surface fermée, déterminée par l'équation $f = c$ pour la valeur minimum de c" bezieht. Nach der Abhandlung des Herrn Kronecker „*Ueber Systeme von Functionen mehrerer Variabeln*" in dem Monatsbericht der Akademie der Wissenschaften zu Berlin, August 1869 p. 695, wird das Verhältniss der curvatura integra einer geschlossenen Oberfläche $f(x, y, z) = c$ zur Oberfläche der Einheitskugel durch den Ueberschuss derjenigen im Inneren der Fläche gelegenen Punkte, für welche $\frac{\partial f}{\partial x} = 0$, $\frac{\partial f}{\partial y} = 0$, $\frac{\partial f}{\partial z} = 0$ und die Hessesche Determinante von $f(x, y, z)$ positiv ist, über diejenigen im Inneren gelegenen Punkte, wofür $\frac{\partial f}{\partial x} = 0$, $\frac{\partial f}{\partial y} = 0$, $\frac{\partial f}{\partial z} = 0$ und die Hessesche Determinante negativ ist, gegeben. Hiernach findet man z. B. die curvatura integra der durch Rotation der Cassinischen Curve entstehenden Rotationsfläche

$$f(x, y, z) = (x^2 + y^2 + z^2 - 1)^2 + 4(y^2 + z^2) = c$$

für den Fall $c < 1$, in welchem die Fläche in zwei getrennte Stücke zerfällt, gleich 8π, dagegen für den Fall $c > 1$, in dem die Fläche aus einem zusammenhängenden Stück besteht, gleich 4π.

Borchardt knüpft (p. 73) seine Entwicklungen an die bestimmte Voraussetzung, dass der Parameter c nur so weit variirt werden solle, als nicht die Parallelfläche (F) von der Fläche $f = c$ oder von einer Parallelflächen (F), die einem unendlich wenig verschiedenen Werth von c entspricht, geschnitten wird; auch bei Ausdehnung der Gleichung (5) p. 74 auf endliche Differenzen $c_1 - c_0$ muss daher jene Voraussetzung berücksichtigt werden. In Folge dessen ist die von Borchardt (p. 81) gegebene Bestimmung der curvatura integra $\iint \frac{1}{\rho\rho'} ds = 4n\pi$, wobei n die in dem oben citirten Satze ausgesprochene Bedeutung hat, auch nur für solche Flächen $f(x, y, z) = c$ bewiesen, bei denen für jeden zwischen c und dem Minimalwerth c_0 von $f(x, y, z)$ gelegenen Werth c' jene Voraussetzung erfüllt ist, was z. B. im Falle $c > 1$ bei der Rotationsfläche der Cassinischen Curve für $c' = 1$ nicht der Fall ist.

Untersuchungen über die Elasticität fester isotroper Körper unter Berücksichtigung der Wärme (p. 245—288).

Borchardt hatte, als er sich zuerst mit der Untersuchung der elastischen Deformationen einer isotropen Kreisplatte unter Berücksichtigung der Wärme beschäftigte, die Componenten der Verrückungen in Form unendlicher Reihen dargestellt. Später war es ihm gelungen die unendlichen Reihen durch bestimmte Integrale zu summiren und er stellte sich daher die Aufgabe, die schliesslich erhaltenen Resultate direct abzuleiten und die Integration auch in einigen noch nicht behandelten Fällen durchzuführen. Durch diese Umarbeitung und Erweiterung einer früheren Arbeit, welche auf anderen Methoden beruhte, sind in der jetzt vorliegenden Abhandlung einige Incorrectheiten stehen geblieben, die, obwohl ohne Einfluss auf die Endresultate, doch einer näheren Besprechung bedürfen.

p. 253, Z. 2 v. u., ist die Bemerkung „eine eindeutige Function $f(x, y)$, welche der Gleichung

$$0 = \Delta^2 f = \frac{\partial^2 f}{\partial x^2} + \frac{\partial^2 f}{\partial y^2}$$

genügt, lässt bekanntlich eine Entwicklung in der Form

$$f = a_0 + b_0 \lg r + \Sigma r^n (a_n \cos n\vartheta + b_n \sin n\vartheta) \qquad (n = \pm 1, \ldots \pm \infty)$$

zu, wo $x = r\cos\vartheta$, $y = r\sin\vartheta$ ist und die Grössen a, b Constanten sind," für einen beliebigen Bereich in der (x, y)-Ebene nicht richtig. Die angeführte Entwicklung gilt aber für die beiden Fälle, welche allein von Borchardt behandelt werden, dass der Bereich in der (x, y)-Ebene durch das Innere und den Rand eines

Kreises oder eines durch zwei concentrische Kreise begrenzten Kreisringes gebildet wird, falls der Mittelpunkt der Kreise in dem Punkte ($x = 0$, $y = 0$) liegt. Bei der Ueberschrift des § 2 hätte daher erwähnt werden müssen, dass sich die Untersuchungen nur auf eine volle Kreisplatte oder einen Kreisring beziehen.

p. 254, Z. 9. q und q_1 sind eigentlich eindeutige Potentialfunctionen „und zwar mit der besonderen Eigenschaft, die beiden in r^{-1} multiplicirten Glieder $r^{-1}\cos\vartheta$, $r^{-1}\sin\vartheta$ nicht zu enthalten, weil aus ihnen vieldeutige Glieder in den Verrückungen u, v, d. h. solche, die ϑ ausserhalb des Sinus und Cosinus enthalten, hervorgehen würden.“ Dieser für das Fehlen der Glieder $(-1)^{\text{ter}}$ Ordnung angegebene Grund ist zwar nicht richtig, aber in dem von Borchardt unter Berücksichtigung der Randbedingungen allein durchgeführten Fall der vollen Kreisplatte dürfen jene Glieder in der That nicht vorhanden sein, weil sonst im Mittelpunkt der Kreisplatte q und q_1 unendlich gross würden.

p. 263, Z. 7 v. u. Die Differentialgleichung

$$\frac{\partial \mathfrak{M}}{\partial \rho} - \mathfrak{M} = 0$$

wird nicht nur, wie Borchardt angiebt, durch $\mathfrak{M} = 0$ befriedigt, sondern auch durch die eindeutige Potentialfunction

$$\mathfrak{M} = (c'\cos\vartheta + c''\sin\vartheta)e^{\rho} = c'x + c''y,$$

wo c' und c'' willkürliche Constanten bedeuten. Mithin folgt, wenn $A = 0$ gesetzt wird,

$$H = \mathfrak{M} - \frac{\mathfrak{a} - 2\mathfrak{b}}{4} M = c'x + c''y - \mathfrak{a}\left(Q + \frac{\partial Q}{\partial \rho}\right).$$

Bezeichnet man demnach die unter der Borchardtschen Annahme $c' = 0$ und $c'' = 0$ gefundenen Werthe der Componenten der Verrückung mit u_1 und v_1, so ist bei beliebigen Werthen von c' und c''

$$u = u_1 + c', \quad v = v_1 + c''.$$

Man erhält also eine Verschiebung der ganzen Platte ohne elastische Deformation, von der ebenso abgesehen werden kann, wie von einer der Platte mitgetheilten Drehung (vergl. p. 255).

p. 269, Z. 9. Der Satz „eine eindeutige Potentialfunction dreier Variabeln, d. h. eine eindeutige Function $f(x, y, z)$, welche der partiellen Differentialgleichung $\Delta^2 f = \frac{\partial^2 f}{\partial x^2} + \frac{\partial^2 f}{\partial y^2} + \frac{\partial^2 f}{\partial z^2} = 0$ genügt, gestattet bekanntlich immer eine Entwicklung nach positiven und negativen ganzen Potenzen des Radius vectors

$$r = \sqrt{x^2 + y^2 + z^2},$$

deren Coefficienten für die Exponenten n und $-(n+1)$ Kugelfunctionen n^{ter} Ordnung sind“ gilt zwar nicht für einen beliebigen Bereich, er wird aber von Borchardt nur in den beiden Fällen gebraucht, wo der Punkt (x, y, z) im Inneren oder an der Oberfläche einer Kugel oder einer durch zwei concentrische Kugeln begrenzten Kugelschale liegt und der Punkt ($x = 0$, $y = 0$, $z = 0$) der Mittelpunkt der Kugeln ist. In diesen beiden Fällen besteht aber eine Entwicklung jener Form.

p. 283, Z. 12 v. u. Wenn Λ eine eindeutige Potentialfunction bedeutet, kann die partielle Differentialgleichung

$$\frac{\partial \Lambda}{\partial \rho} - \Lambda = 0$$

nicht nur durch $\Lambda = 0$ befriedigt werden, sondern auch durch $\Lambda = X_1 e^{\rho}$, wo X_1 eine Kugelfunction erster Ordnung darstellt, demnach ist

$$\Lambda = e^{\rho}(c_1\cos\vartheta + c_2\sin\vartheta\cos\eta + c_3\sin\vartheta\sin\eta) = c_1 x + c_2 y + c_3 z.$$

Bedeuten nun Z_1, N_1, u_1, v_1, w_1 die Werthe von Z, N, u, v, w, wenn man, wie Borchardt, $\Lambda = 0$ setzt, so ist

$$3Z = 3Z_1 - \tfrac{1}{2}\Lambda, \quad N = N_1 - \tfrac{1}{2}\Lambda = N_1 - \tfrac{1}{2}(c_1 x + c_2 y + c_3 z)$$
$$u = u_1 - \tfrac{1}{2}c_1, \quad v = v_1 - \tfrac{1}{2}c_2, \quad w = w_1 - \tfrac{1}{2}c_3,$$

d. h. es findet eine Verschiebung der Kugel ohne elastische Deformation statt, welche bei der Untersuchung der Deformationen unberücksichtigt bleiben kann.

p. 285, Z. 1. Aus der Differentialgleichung (25) für S

$$2\mathfrak{b}F = (1-\mathfrak{b})\left[\frac{\partial^2 S}{\partial\rho^2}+3\frac{\partial S}{\partial\rho}+2S\right]-\left[\frac{\partial S}{\partial\rho}+\tfrac{1}{2}S\right]$$

ergiebt sich

$$S = -\frac{2\mathfrak{b}}{1-\mathfrak{b}}\int_{-\infty}^{0} F(e^{\varrho+\tau})\,e^{\alpha\tau}\,\frac{\sin\beta\tau}{\beta}\,d\tau + f_1(\vartheta,\eta)e^{(-\alpha+\beta i)\varrho}+f_2(\vartheta,\eta)e^{(-\alpha-\beta i)\varrho},$$

wobei

$$\alpha = \frac{1+4\Theta}{2(1+2\Theta)},\quad \beta = \frac{\sqrt{3+12\Theta+8\Theta^2}}{2(1+2\Theta)}$$

ist und $f_1(\vartheta,\eta)$ und $f_2(\vartheta,\eta)$ willkürliche Functionen ihrer Argumente darstellen. Da S als eindeutige Potentialfunction sich in eine nach reellen, ganzzahligen Potenzen von $r = e^{\varrho}$ fortschreitende Reihe entwickeln lässt, so müsste, wenn die Functionen $f_1(\vartheta,\eta)$ und $f_2(\vartheta,\eta)$ nicht identisch gleich Null wären, $\beta = 0$ und α eine ganze Zahl oder Null sein, was für keinen Werth von Θ möglich ist.

Ueber Deformationen elastischer isotroper Körper durch mechanische an ihrer Oberfläche wirkende Kräfte (p. 307—326).

p. 315, Z. 2 und 3. Die Integration der partiellen Differentialgleichungen

$$\frac{\partial L}{\partial\rho}+L = M,\quad \frac{\partial\mathfrak{H}}{\partial\rho}-\mathfrak{H} = \mathfrak{M}$$

ergiebt

$$L = L_1+f(\vartheta)e^{-\varrho},\quad \mathfrak{H} = \mathfrak{H}_1+\varphi(\vartheta)e^{\varrho},$$

wenn unter L_1 und $\mathfrak{H}_1$ die von Borchardt für L und $\mathfrak{H}$ in Form von bestimmten Integralen gefundenen Ausdrücke und unter $f(\vartheta)$ und $\varphi(\vartheta)$ willkürliche Functionen von ϑ verstanden werden. L und L_1 sind im Endlichen endlich bleibende, eigentlich eindeutige Potentialfunctionen, mithin muss $f(\vartheta)$ identisch verschwinden, da sonst $f(\vartheta)e^{-\varrho}$ im Mittelpunkt der Kreisplatte unendlich gross würde. $\mathfrak{H}$ und $\mathfrak{H}_1$, also auch $\varphi(\vartheta)e^{\varrho}$, stellen ebenfalls eigentlich eindeutige Potentialfunctionen dar, demnach ist

$$\varphi(\vartheta) = a\cos\vartheta + b\sin\vartheta,\quad \mathfrak{H} = \mathfrak{H}_1 + ax + by.$$

Hieraus folgt

$$u = u_1 + a,\quad v = v_1 + b,$$

wenn mit u_1 und v_1 die Werthe von u und v für $a = 0$ und $b = 0$ bezeichnet werden. Nimmt man aber auf eine Verschiebung der ganzen Platte ohne elastische Deformation keine Rücksicht, so können a und b, mithin $\varphi(\vartheta)$ gleich Null gesetzt werden. Man erhält demnach für L und $\mathfrak{H}$ die von Borchardt gefundenen Ausdrücke.

p. 321, Z. 5 v. u. Dem als Integral der partiellen Differentialgleichung angegebenen Werthe Z^* könnte man in Hinblick darauf, dass Z^* eine im Endlichen endlich bleibende, eindeutige Potentialfunction ist, noch eine lineare Function von x, y, z hinzufügen. Dieselbe würde jedoch auf die elastischen Deformationen der Kugel keinen Einfluss haben, kann daher vernachlässigt werden.

p. 322, Z. 12 v. u. Ebenso ergiebt sich, dass dem von Borchardt angegebenen Integral der partiellen Differentialgleichung

$$\frac{\partial Y}{\partial\rho} - Y = -2\int\overline{B}\,d\rho - 2e^{-\varrho}\int\overline{B}e^{\varrho}\,d\rho$$

nicht noch eine lineare Function von x, y, z hinzugefügt zu werden braucht, wenn man von einer Drehung der Kugel ohne elastische Deformation absieht.

Sur un système de trois équations différentielles totales qui définissent la moyenne arithmético-géométrique de quatre éléments (p. 433—438).

p. 437, Z. 10—12. Das System von drei totalen Differentialgleichungen, welches s, t, u als Functionen von p, q, r definirt, lautet im Bulletin de la Société Mathématique de France

$$\begin{aligned}
0 &= 2\,ds + \Delta . s + (q_1 + r_1)\delta_1 p + (p_1 + s)\delta_1 q + (p_1 - s)\delta_1 r - S \\
0 &= 2\,dt + \Delta . t + (q_1 - t)\delta_1 p + (p_1 + r_1)\delta_1 q + (q_1 + t)\delta_1 r - T \\
0 &= 2\,du + \Delta . u + (r_1 + u)\delta_1 p + (r_1 - u)\delta_1 q + (p_1 + q_1)\delta_1 r - U.
\end{aligned}$$

Die Incorrectheit dieses Systems ergiebt sich durch Entwicklung von $\frac{a}{g}$ nach Potenzen von $1-p$, $1-q$, $1-r$ und Substitution der sich hieraus für s, t, u ergebenden Reihen in die Differentialgleichungen. Und in der That führt man s_1, t_1, u_1 als abhängige Variabeln in diese Differentialgleichungen ein, so weicht das transformirte System von dem p. 437, Z. 10—12 v. u., gegebenen ab, welches mit dem Originale genau gleichlautend ist.

Sur les transformations du second ordre des fonctions hyperelliptiques qui, appliquées deux fois de suite, produisent la duplication (p. 445—452).

p. 449, Z. 10, lautet die betreffende Gleichung in den Comptes rendus

$$\vartheta(v_1, v_2; \mu_1, \mu_2, \nu_1, \nu_2) = i^{\mu_1\nu_1 + \mu_2\nu_2} \frac{e^{\varphi(v_1, v_2)}}{\sqrt{\tau}} \eta(iv'_1, iv'_2; \nu_1, \nu_2, \mu_1, \mu_2).$$

Fixirt man $\sqrt{\tau}$ für alle Werthe μ_1, μ_2, ν_1, ν_2 übereinstimmend der Art, dass die Gleichung für $\mu_1 = 0$, $\mu_2 = 0$, $\nu_1 = 0$, $\nu_2 = 0$ gültig ist, so ist der erste Factor auf der rechten Seite $(-i)^{\mu_1\nu_1 + \mu_2\nu_2}$. Dies lässt sich auch prüfen, indem man $\tau_{12} = 0$ setzt, wodurch die ϑ-Functionen zweier Veränderlichen in Producte von ϑ-Functionen je einer Veränderlichen übergehen. Ebenso ist in der Tabelle p. 449, Z. 15—18, dem entsprechend $-i$ statt i gesetzt worden.

Sur deux algorithmes analogues à celui de la moyenne arithmético-géométrique de deux éléments (p. 453—462).

Wie Borchardt für den ersten Algorithmus kurz erwähnt, lassen für $m < n$ und $M < N$ die beiden Algorithmen eine bekannte geometrische Deutung zu und zwar lassen sich mit Hülfe derselben auch die Grenzwerthe ω und Ω ermitteln. Dem Bogen AA' des Kreissectors CAA' sei die aus p gleichen Strecken AA_1, $A_1A_2, \ldots A_{p-1}A'$ zusammengesetzte gebrochene Linie eingeschrieben und die aus den p gleichen Strecken BB_1, $B_1B_2, \ldots B_{p-1}B'$ gebildete Linie umgeschrieben. Ist dann m resp. n das Verhältniss der Sehne AA' zu der Länge der gebrochenen Linie $BB_1B_2 \ldots B_{p-1}B'$ resp. $AA_1A_2 \ldots A_{p-1}A'$ und hat m_1 resp. n_1 entsprechende Bedeutung für die aus $2p$ gleichen Strecken dem Kreisbogen AA' um- resp. eingeschriebene gebrochene Linie, so ist $m_1 = \frac{1}{2}(m+n)$, $n_1 = \sqrt{m_1 n}$. Demnach wird der Grenzwerth ω des ersten Algorithmus gleich dem Verhältniss der Sehne AA' zum Bogen AA', d. h. gleich $\sqrt{n^2 - m^2} : \arccos \frac{m}{n}$. Beim zweiten Algorithmus lässt sich N resp. M als der reciproke Werth des Flächeninhalts des dem Kreissector eingeschriebenen Polygons $CAA_1 \ldots A_{p-1}A'$ resp. umgeschriebenen Polygons $CBB_1 \ldots B_{p-1}B'$ deuten. Werden die entsprechenden Werthe für das aus $2p$ congruenten Dreiecken bestehende, dem Kreissector ein- resp. umgeschriebene Polygon mit N_1 resp. M_1 bezeichnet, so ist $N_1 = \sqrt{MN}$, $M_1 = \frac{1}{2}(M+N)$, mithin der Grenzwerth Ω des zweiten Algorithmus gleich dem reciproken Werth des Sectors CAA', also gleich $\sqrt{M(N-M)} : \arccos \sqrt{\frac{M}{N}}$.

Sull' integrazione di alcuni sistemi d'equazioni differenziali non lineari (p. 465—466).

Der auf der italienischen Naturforscherversammlung im September 1843 von Borchardt gehaltene Vortrag behandelte dasselbe Thema, wie die Dissertation, auf Grund deren Borchardt am 7. Juli 1843 in Königsberg zum Doctor promovirt wurde. Der Titel der Dissertation, die nicht gedruckt worden ist, lautete: *„De integratione quarundam aequationum differentialium una cum variis ad theoriam integralium ellipticarum applicationibus."* Weder im Nachlasse Borchardt's, noch unter den Acten der philosophischen Facultät der Universität zu Königsberg hat sich die Dissertation vorgefunden, während das vom 29. Juni 1843 datirte Urtheil Jacobi's über dieselbe noch vorhanden ist.

G. Hettner.